"十三五"普通高等教育本科规划教材
高等院校机械类专业"互联网+"创新规划教材

机械设计基础

(第2版)

主　编　苗淑杰　刘喜平
副主编　段成燕　刘春香
参　编　苗志滨　徐　莉　张春福
　　　　宁慧燕　赵慧杰　刘小勇

内 容 简 介

本书在体系上按照常用机构及各通用零部件在机械中所起的作用不同，归纳为机械设计基础知识、常用机构及其设计、机械动力学基础、机械传动设计总论、传动零件及其设计、支承件及其设计、联接件及其设计7个模块，每个模块前安排了教学导入，模块后附有实训项目任务书(模块一无)，以检验学生对所学基本知识的掌握情况及满足综合设计训练的需求。全书共18章，包括机械设计基础知识、平面机构分析基础、平面连杆机构及其设计、凸轮机构及其设计、齿轮机构、其他常用机构、机械运转速度波动及其调节、回转件的平衡、机械传动设计总论、带传动与链传动设计、齿轮传动设计、蜗杆传动设计、轴、轴承、螺纹联接、轴毂联接、联轴器和离合器及弹簧，每章后均附有一定数量的习题。

本书设置了大量与教学内容相关的动画视频、工程录像及彩色图片等，读者可通过扫描二维码观看相关内容。

本书可作为高等院校本科机械类和近机械类各专业“机械设计基础”课程的教材，也可供有关工程技术人员和大、中专学生参考使用。

图书在版编目(CIP)数据

机械设计基础/苗淑杰，刘喜平主编．—2版．—北京：北京大学出版社，2020.1
高等院校机械类专业“互联网+”创新规划教材
ISBN 978-7-301-30663-5

Ⅰ．①机…　Ⅱ．①苗…②刘…　Ⅲ．①机械设计—高等学校—教材　Ⅳ．①TH122

中国版本图书馆CIP数据核字(2019)第181124号

书　　名　机械设计基础（第2版）
JIXIE SHEJI JICHU (DI- ER BAN)
著作责任者　苗淑杰　刘喜平　主编
策划编辑　童君鑫
责任编辑　孙　丹　童君鑫
数字编辑　刘　蓉
标准书号　ISBN 978-7-301-30663-5
出版发行　北京大学出版社
地　　址　北京市海淀区成府路205号　100871
网　　址　http://www.pup.cn　新浪微博：@北京大学出版社
电子信箱　pup_6@163.com
电　　话　邮购部010-62752015　发行部010-62750672　编辑部010-62750667
印 刷 者　北京溢漾印刷有限公司
经 销 者　新华书店
787毫米×1092毫米　16开本　22.5印张　540千字
2012年12月第1版
2020年1月第2版　2020年1月第1次印刷
定　　价　59.00元

第 2 版前言

本书是在《机械设计基础》（第 1 版）的基础上，根据“高等教育面向 21 世纪教学内容和课程体系改革计划”要求，针对普通高等院校应用型工程技术人才的培养需要，广泛采纳教师和工程技术人员等在使用《机械设计基础》（第 1 版）过程中的反馈意见，并融入“互联网+”修订而成的。

本书在体系和教学内容上仍突出实用性和实践性，突出工程应用；教学内容按照常用机构及其各通用零部件在机械中所起的作用不同，分为 7 个教学模块；按照 CDIO（构思、设计、实现、运作）工程教育模式，在机械零件设计部分以典型机械——带式输送机设计为主线，进行项目化教学。

本次修订主要包括以下内容。

(1)针对本课程涉及大量的机械传动过程、机械零部件的工作过程、机械零部件的加工及装配过程等特点，将互联网及二维码技术引入本书，增加了与教学内容相关的动画视频、工程录像及彩色图片等内容，读者可通过扫描书中的二维码看到相关教学内容，使教学内容动态化、直观化，帮助读者更好地理解教学内容。

(2)由于同种机构或零部件具有不同的设计方法，因此补充了部分课后习题，使习题类型更加全面。

(3)在零部件设计中，按照现行国家标准，对带轮零件工作图、齿轮零件工作图及轴零件工作图进行了修改，也使其与相应例题中所设计的零件结构和尺寸相对应，使零件的设计更加完整。

(4)对名词术语、语言表述、图表及例题等进行了补充和修改，进一步提高了本书的质量。

本书由苗淑杰、刘喜平担任主编，段成燕、刘春香担任副主编，具体编写分工如下：段成燕编写第 1(除 1.3、1.4 节)、14 章；赵慧杰编写第 1.3、1.4 节；刘小勇编写第 2 章；刘春香编写第 3、4 章；刘喜平编写第 5(除 5.10 节)、7、8 章；苗志滨编写第 5.10 节，第 6、12、13 章；张春福编写第 9、17、18 章；苗淑杰编写第 10、11(除 11.6、11.7 节)章及各模块教学导入、实训；徐莉编写第 11.6 节，第 15、16 章；宁慧燕编写第 11.7 节。

在本书的编写过程中，编者参考了大量的文献资料，收集并采用了一些动画视频、工程录像等，在此，向有关单位及编者表示衷心的感谢！

由于编者水平有限，书中疏漏、欠妥之处在所难免，恳请同行专家和广大读者给予批评指正。

【资源列表】

编　者

2019 年 7 月

第 1 版前言

本书是在满足高等学校机械类专业机械设计基础课程教学基本要求的前提下，以培养应用型人才为目标，结合教育部“卓越工程师教育培养计划”及 CDIO 工程教育模式，在积累多年教学改革与课程建设的成功经验，认真吸取其他高等院校机械设计基础课程教学改革成果的基础上，认真组织教学内容，精心编写而成的。

本书的主要特点如下。

(1) 本书主要面向应用型人才培养，加强基本知识、基本理论、基本技能的掌握，精选教学内容，不强调理论分析，淡化过程推导，突出工程应用。

(2) 以培养学生工程实践能力、综合机械设计能力和创新能力为核心，在突出应用能力的培养和训练宗旨的指导下，突出教学内容的实用性和实践性，注意现代技术的应用及新标准的贯彻实施。

(3) 教学内容按模块设置，按照常用机构及其各通用零部件在机械中所起的作用不同，将全部内容归纳为 7 个模块。每一模块以工程应用案例导入，使读者了解本模块的主要教学内容及其在工程实际机械中的整体概念。

(4) 按照 CDIO 工程教育模式，以项目为牵引，在机械设计部分以典型机械——带式输送机设计项目为主线，围绕其结构组成逐一展开教学内容，介绍其中各组成零部件的基本知识、基本理论和设计方法，最终通过各零部件的设计例题，系统地完成带式输送机项目的设计。此种安排有利于学生掌握整部机械的设计过程，以便理论教学和课程设计同步进行。

(5) 各章开始安排了教学提纲和教学目标，各模块结束后安排了实训项目任务书，加强机械设计能力的训练。

(6) 各章安排了结合工程实际应用的阅读材料，以便开阔学生的工程视野。

(7) 本书大量采用零部件实体图，可增强读者对其结构的直观认识。

本书由苗淑杰、刘喜平担任主编，段成燕、苗志滨担任副主编，参加编写的人员有段成燕[第 1(除 1.3、1.4 节)、14 章]，赵慧杰(第 1.3、1.4 节)，刘小勇(第 2 章)，刘春香(第 3、4 章)，刘喜平[第 5(除 5.10 节)、7、8 章]，苗志滨(第 5.10 节，第 6、12、13 章)，张春福(第 9、17 章)，苗淑杰(第 10、11 章及各模块教学导入、实训)，王金(第 15、16、18 章)。

由于编者水平有限，书中疏漏、欠妥之处在所难免，恳请同行专家和广大读者给予批评指正。

编 者

2012 年 10 月

目　录

模块一

机械设计基础知识

教学导入

“机”和“械”两个字的起源在我国较早。机在古代曾指弩箭的发动部分，如《尚书·商书·太甲上》有“若虞机张”；《说文解字》有“主发谓之机”。这里“机”指某种特定的机械，即“弩机”（模块一图 1)。弩机是利用机械力量发射箭镞的一种远射兵器，是由弓演变而来的，是弓的发展。

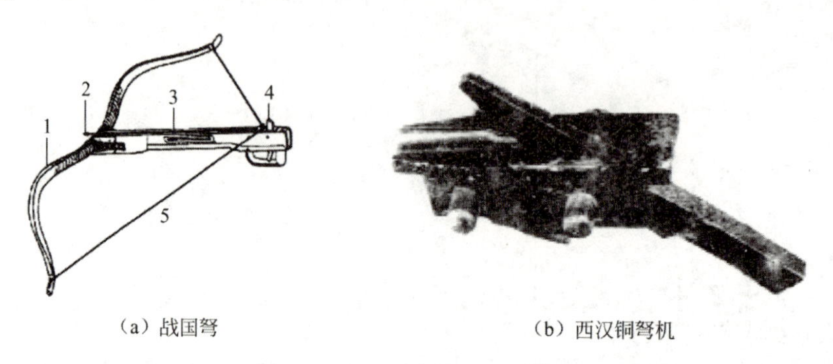

(a) 战国弩　　(b) 西汉铜弩机

1—弩弓；2—弩箭；3—弩臂；4—弩机；5—弓弦

模块一图 1　弩机

械的古意为器械、用具。《荀子·王制》：“农夫不斫削，不陶冶，而足械用。”此“械”指农具。《墨子·公输》：“公输盘为楚造云梯之械。”此“械”指军械。《文选·司马迁〈报任少卿书〉》：“淮阴，王也，受械于陈。”李善注：“械，谓桎梏也。”此“械”指刑具。机和械两个字有时同时使用，《庄子·外篇》中记载，子贡将机械定义为“能使人用力寡而见功多的器械”。“机械”一词是什么时候合二为一的至今说法不一，还有待考证。

综上所述，无论是机、械还是机械，都有“用力少、致功多”的作用，以达到某种预期的使用目的。因此，自古以来，人们认识的机械有如下特征：第一，机械的作用是省力、提高效率；第二，机械是机巧的发明，而绝不意味着“死板”。

机械历史悠久，根据人类文明发展，世界机械的发展史可以分为以下四个阶段。

原始阶段：发生在约 200 万年前至 50 万年前，人类学会使用了最简单的机械——石斧、石刀之类的天然工具。

古代机械发展阶段：发生在约公元前 7000 年至 18 世纪初。考古学家发现，公元前 7000 年，巴勒斯坦地区犹太人建立杰里科城，地球上首次出现城市文明，最早的车轮或许是此时诞生的。公元前 4700 年，埃及巴达里文化进入青铜器时代，出现了搬运重物的工具：滚子、撬棒[模块一图 2 (a)]、滑轮[模块一图 2 (b)]和滑橇等，在建造金字塔时就使用了这类工具。地动仪是中国东汉科学家张衡创造的传世杰作。公元 14 世纪以前，中国发明了指南车（利用齿轮传动系统，根据车轮的转动，由车上木人指示方向。无论车子转向何方，木人的手始终指向南方）[模块一图 2 (c)]等。到公元 15 世纪，西方国家的机械科学已超过中国。1698 年，英国的萨弗里制成第一台实用的用于矿井抽水的蒸汽机——“矿工之友”，开创了用蒸汽做功的先河。

近代机械发展阶段：从 18 世纪中叶到 20 世纪初。18 世纪从英国发起的技术革命，是技术发展史上的一次重要革命，开创了以机器代替手工工具的时代。这场革命是以工作机的诞生开始的，以蒸汽机[模块一图 3 (a)]作为动力机被广泛使用为标志。在该时期，英国的瓦洛和沃恩先后发明了球轴承；英国的威尔金森发明了较精密的炮筒镗床，这是第一台真正的机床——加工机器的机器，它被成功用于加工气缸体，使瓦特蒸汽机得以投入运行；英国的卡特莱特发明了动力织布机，完成了手工业和工场手工业向机器大工业的过渡；英国的威尔金森建成了第一艘铁船。织布机，又叫纺机、织机、棉纺机等。早期的织布机都是依靠人力带动的。自 19 世纪起就有科学家着手研究无梭织布机技术，于 50 年代逐步推向国际市场。这种织布机虽然看似很简单，但是已经有上下开启织口、左右引纬、前后打紧三个方向的运动，方便实用［模块一图 3（b）］。1870 年以后，科学技术的发展突飞猛进，引发了第二次工业革命。科学技术的突出发展主要表现在三个方面，即电力的广泛应用、内燃机和新交通工具的开发，新通信手段的发明。在该时期，德国机械工程师卡尔·本茨制成了第一辆汽车［模块一图 3（c）］。电话、飞机等也同期出现。

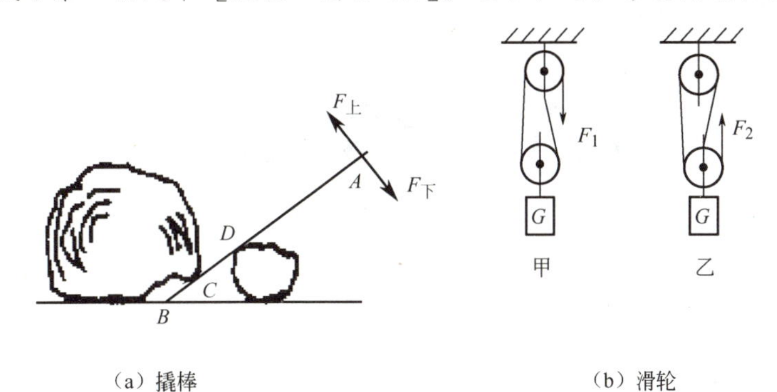

（a）撬棒　　（b）滑轮

【参考视频】

（c）指南车

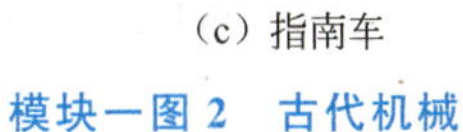

模块一图 2　古代机械

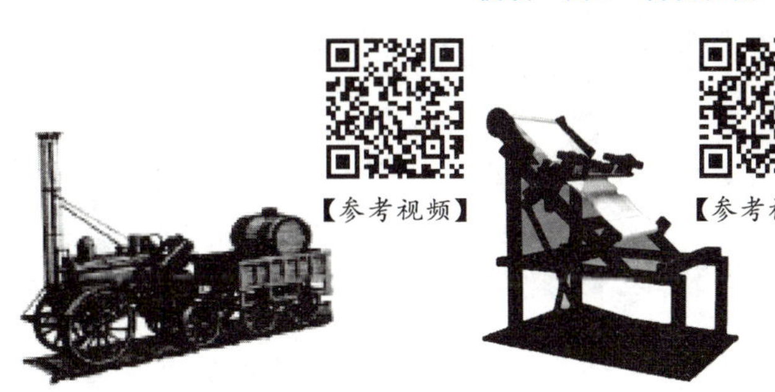

【参考视频】

【参考视频】

（a）蒸汽机　　（b）织布机　　（c）汽车

模块一图 3　近代机械

现代机械发展阶段：20 世纪初至今。20 世纪 60 年代以来，一大批高技术群体（如微电子技术、信息技术、自动化技术、生物技术、新材料技术、新能源技术、空间技术、海洋开发技术、激光和红外技术、光纤技术等）逐步形成和崛起，与机械结合，使机械得到飞速发展，并渗透到经济、军事等各个领域。

第1章 机械设计基础知识

教学提纲

本章主要介绍机械设计基础的研究对象、性质和任务；机械设计的基本要求和一般过程；机械零件的强度、失效形式和设计准则；机械中的摩擦、磨损与润滑；机械创新设计方法；等等。

教学目标

1. 掌握机器、机构、机械、构件、零件等名词的含义及机器的组成。
2. 了解机械设计的基本要求和一般过程。
3. 了解机械零件的工作能力及设计准则。
4. 了解机械中的摩擦与润滑。
5. 了解机械创新设计方法。

1.1 机械设计基础概述

1.1.1 机械的组成

人们在生产和生活中，广泛使用各种机器。机器可以减轻或代替人的体力劳动，并大大提高劳动生产率和产品质量。随着科学技术的发展，生产的机械化和自动化已经成为衡量一个国家社会生产力发展水平的重要标志之一。

1. 机器、机构、机械

尽管机器的用途和性能千差万别，但它们的组成却有共同之处。总体来说，机器有以下三个共同特征。

① 都是以人为的运动单元组合而成的。

② 各运动单元之间具有确定的相对运动。

③ 能实现能量、物料、信息转换或完成有用的机械功。

同时具备这三个特征的称为机器，仅具备前两个特征的称为机构。若抛开其在做功和转换能量方面所起的作用，仅从结构和运动观点来看两者并无差别，因此，工程上把机器和机构统称为“机械”。以单缸内燃机（图 1.1）为例，它是由气缸体 1、活塞 2、进气阀 3、排气阀 4、连杆 5、曲轴 6、顶杆 7、凸轮 8、齿轮 9 和齿轮 10 等组成的。通过燃气在气缸内的进气—压缩—做功—排气过程，燃烧的热能转换为曲轴转动的机械能。单缸内燃机作为一台机器，是由连杆机构、凸轮机构和齿轮机构组成的。由气缸体、活塞、连杆、曲轴组成的连杆机构，通过燃气推动活塞做往复运动，经连杆转换为曲轴的连续转动；气缸体、齿轮组成的齿轮机构将曲轴的转动传递给凸轮轴；而由凸轮、顶杆、气缸体组成的凸轮机构又将凸轮轴的转动转换为顶杆的直线往复运动，进而保证进、排气阀有规律地启闭。可见，机器由机构组成，简单的机器也可只有一个机构。

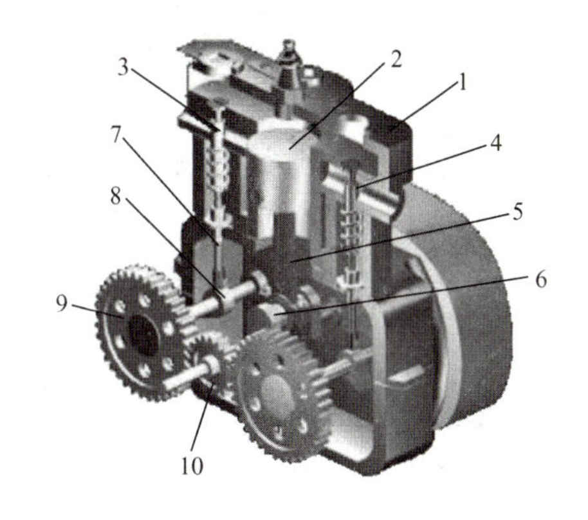

1—气缸体；2—活塞；3—进气阀；4—排气阀；5—连杆；6—曲轴；7—顶杆；8—凸轮；9、10—齿轮

图 1.1　单缸内燃机

【参考动画】

2. 构件、零件、部件

组成机器的运动单元称为构件，组成机器的制造单元称为零件。构件可以是单一的零件，如齿轮轴、蜗杆轴等；也可以由几个零件刚性组合在一起，如图 1.2 所示的连杆是由连杆体、连杆盖、螺栓、衬套、轴瓦、定位销、垫片等零件组成的，这些零件形成一个整体而进行运动，所以称为一个构件。在机械中还把为完成相同功能、彼此协同工作的一系列零件或构件组成的组合体称为部件，如滚动轴承、联轴器、减速器等。

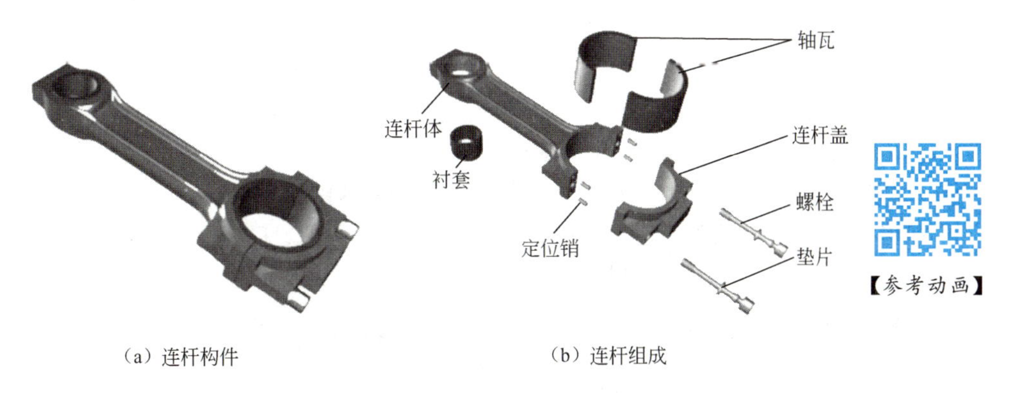

（a）连杆构件　（b）连杆组成

图 1.2　连杆

随着近代科学技术的发展，人类不断应用新知识和新技术创造出各种新型的机器，因此“机器”也有了新的含义。更广泛意义上的机器定义：一种用来转换或传递能量、物料和信息的，能执行机械运动的装置。

【参考动画】

3. 机器的基本组成部分

一部完整的机器就其基本组成来讲，一般有三个主要组成部分：原动机、工作机和传动装置。

原动机：驱动整个机器完成预定功能的动力源。常用的原动机有电动机（交流和直流）、内燃机等。

工作机：机器中具体完成工作任务的部分。其运动形式及运动和动力参数依据机器的用途不同而不同，执行构件有的做直线运动，有的做回转运动或间歇运动等。

传动装置：在机器中介于原动机和工作机之间，用来实现减速、增速、调速、改变运动形式或方位，从而使原动机传递过来的运动和动力满足工作机的各种要求。

1.1.2 本课程的性质、内容和任务

随着科学技术的进步和生产过程的机械化、自动化水平的不断提高，除机械制造部门外，动力、采矿、冶金、石油、化工、土建、轻纺、食品行业等各部门工作的工程技术人员，也常会遇到机械设备的使用、维护、管理问题和机械产品的研制与开发问题。这就要求各个专业的工程技术人员都具有一定的机械设计基础知识，这样才能更好地为国民经济现代化服务。“机械设计基础”是一门重要的技术基础课程，在机械类或近机械类专业教学计划中具有承前启后的重要作用，是一门主干课程。它将为这些专业的学生学习专业机械设备课程提供必要的理论基础，使其了解各种机械的传动原理、设备的正确使用和维护及故障分析等方面的基本知识。通过学习本课程和设计实践，学生能够初步具备运用设计手册设计机械传动装置和简单机械的能力，对机械设计的新发展有所了解，为日后从事机械创新设计创造条件。

本课程的主要研究内容涉及机械系统中常用机构和通用零部件的基本概念、基本理论、基本设计方法，以及与此相关的标准、规范、手册、图表等技术资料的运用。具体包括以下内容。

(1) 常用机构及其设计：平面机构分析基础、平面连杆机构、凸轮机构、齿轮机构、其他常用机构。

(2) 机械动力学基础：机械运转速度波动及其调节、回转件的平衡。

(3) 传动零件及其设计：带传动、链传动、齿轮传动、蜗杆传动。

(4) 支承件及其设计：轴、轴承。

(5) 联接件及其设计：螺纹联接、轴毂联接、联轴器和离合器。

本课程需要综合应用许多先修课程的知识（如机械制图、工程力学、金属工艺学、机械工程材料与热处理、互换性与测量技术基础等）和生产实践经验，解决常用机构和通用零部件的设计问题。

本课程的主要任务是培养学生以下几个方面的能力。

(1) 初步树立正确的设计思想。

(2) 掌握常用机构和通用机械零部件的设计方法，了解机械设计的一般规律，具备设

计机械系统方案、机械传动装置和简单机械的能力。

(3) 具备计算能力、绘图能力和综合运用标准、规范、手册、图册及查阅有关技术资料的能力。

(4) 掌握本课程实验的基本知识，得到实验技能的基本训练。

(5) 对机械设计的新发展有所了解。

1.2 机械设计的基本要求和设计过程

1.2.1 机械设计的基本要求

机械设计就是根据生产和生活上的某种需要，规划和设计出能实现预期功能的新机械或对原有机械进行改进的创造性工作过程。机械设计是机械生产的第一步，是影响机械产品制造过程和产品性能的重要环节。因此，尽管设计的机械种类繁多，但设计时都应满足下列基本要求。

1. 使用功能要求

要求所设计的机械具有预期的使用功能，既能保证执行机构实现所需的运动（包括运动形式、速度、精度和平稳性等），又能保证组成机械的零部件工作可靠，有足够的强度和使用寿命，而且使用、维护方便。这是机械设计的基本出发点。

2. 工艺性要求

所设计的机械无论是总体方案还是各部分结构方案，在满足使用功能要求的前提下，应尽量简单、实用，在毛坯制造、机械加工与热处理、装配与维修等方面都具有良好的工艺性。

3. 经济性要求

设计机械时，反对单纯追求技术指标而不顾经济成本。经济性要求是一个综合指标，体现在机械的全寿命周期中。因此，设计机械时，应全面、综合地进行考虑。

提高设计、制造经济性的主要措施如下：运用现代设计方法，使设计参数最优化；推广标准化、通用化和系列化；采用新工艺、新材料、新结构；改善零部件的结构工艺性；合理地规定制造精度和表面粗糙度；等等。

提高使用经济性的主要措施如下：选用效率高的传动系统和支承装置，以降低能源消耗；提高机械的自动化程度，以提高生产率；采用适当的防护及润滑措施，以延长机械的使用寿命等。

4. 安全性和实用性要求

设计机械时，必须考虑操作方便，力求改善使用条件和减轻劳动强度。同时注意安全，增强劳动保护。

另外，设计机械时还要考虑美观，便于搬运和拆卸，保持清洁、不污染环境等。

1.2.2 机械设计的一般过程

设计机械时，应按实际情况确定设计方法和步骤，通常按下列程序进行。

1. 确定设计任务书

根据生产或市场的需求，在调查研究的基础上确定设计任务书，对所设计机械的功能要求、性能指标、结构形式、主要技术参数、工作条件、生产批量等作出明确的规定。设计任务书是设计、调试和验收机械的主要依据。

2. 总体方案设计

根据设计任务书的规定，本着技术先进、使用可靠、经济合理的原则，拟定一种能够实现机械功能要求的总体方案。其主要内容包括设计研究机械功能，确定工作机的运动和阻力，拟定从原动机到工作机的传动系统，选择原动机，绘制整机的运动简图并判断其是否有确定的运动，初步进行运动学和动力学分析，确定各级传动比和各轴的运动及动力参数，合理安排各部件间的相互位置，等等。总体方案设计是最能体现机械设计具有多个解（方案）的特点和创新精神的设计阶段，常需设计多个方案，然后就功能、尺寸、寿命、工艺性、成本、使用与维护等方面进行分析比较，择优选定。

3. 技术设计

根据总体设计方案的要求，对机械的主要零部件进行工作能力计算，或与同类相近机械进行类比，并考虑结构设计上的需要，确定主要零部件的几何参数和基本尺寸。然后根据已确定的结构方案和主要零部件的基本尺寸，绘制机械的装配图、部件装配图和零件工作图。在该阶段，设计者既要重视理论设计计算，又要注重结构设计。

4. 编制技术文件

在完成技术设计后，应编制技术文件，主要有设计计算说明书、使用说明书、标准件明细表等。技术文件是生产、检验、安装、调试、运行和维护机械的依据。

5. 技术审定和产品鉴定

组织专家和有关部门审定设计资料，经认可后即可试制样机，并对样机进行技术审定。技术审定通过后可进行小批量生产，经过一段时间的使用、实践，作出产品鉴定，鉴定通过后即可根据市场需求组织生产。

1.2.3 现代设计方法

该部分为选学内容，请读者扫描二维码自行参考学习。

【参考图文】

1.3 机械零件设计

该节为选学内容，请读者扫描二维码自行参考学习。

【参考图文】

1.4 机械中的摩擦、磨损与润滑

该节为选学内容，请读者扫描二维码自行参考学习。

【参考图文】

习　　题

1. 机器的特征是什么？
2. 家用缝纫机和机械式手表分别是机器还是机构？
3. 机器的基本组成部分有哪些？
4. 举例说明常见的摩擦类型。

模块二

常用机构及其设计

教学导入

模块二图 1 所示为冲压式蜂窝煤成型机模型。冲压式蜂窝煤成型机可以将煤粉加入模筒转盘 11 上的模筒内，经冲头 7 冲压制成圆柱形带蜂窝孔的煤饼，是我国城镇蜂窝煤生产厂的主要生产设备。为了实现蜂窝煤冲压成型的功能，冲压式蜂窝煤成型机必须完成以下动作。

(1) 煤粉加料。

(2) 冲头将蜂窝煤压制成型。

(3) 冲头和脱模盘上的扫屑运动。

(4) 将模筒内冲压后的蜂窝煤脱模。

(5) 将冲压成型的蜂窝煤输送装箱。

以上 5 个动作中，不考虑加料和输送动作，则蜂窝煤成型机机械系统主要由减速机构、冲压和脱模机构、模筒转盘机构、扫屑机构组成。

(1) 减速机构。由带传动 2、圆柱齿轮机构 3 和锥齿轮机构 13 组成，将电动机 1 的运动和动力降速传递给工作装置。

(2) 冲压和脱模机构。曲柄滑块机构 4、冲头 7 和脱模盘 9 都与滑梁 8 连成一体且上下往复移动，当滑梁下冲时，针状冲头将位于模筒转盘 11 上的模筒中的煤粉压实成型；脱模盘将已冲压成型的煤饼压下去而脱离模筒。

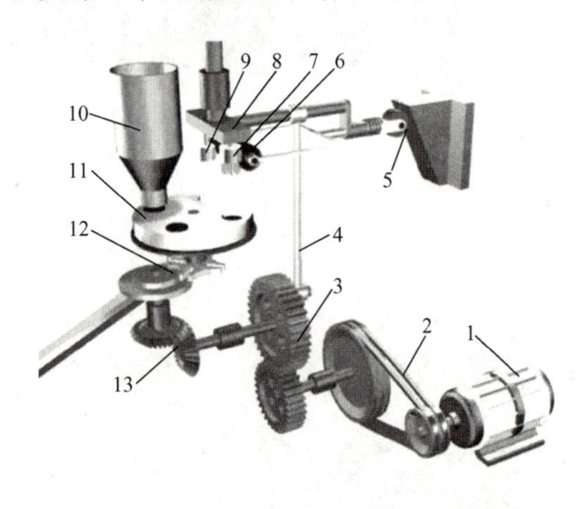

1—电动机；2—带传动；3—圆柱齿轮机构；4—曲柄滑块机构；5—凸轮机构；6—扫屑刷；7—冲头；8—滑梁；9—脱模盘；10—加料筒；11—模筒转盘；12—槽轮机构；13—锥齿轮机构

模块二图 1 冲压式蜂窝煤成型机模型

(3) 模筒转盘机构。由槽轮机构 12 和模筒转盘 11 组成。槽轮机构使加料的模筒进入冲压位置、成型后的模筒进入脱模位置、空模筒进入加料位置，完成加料、冲压和脱模三个工位的转换。

(4) 扫屑机构。由凸轮机构 5 和扫屑刷 6 组成。采用斜面形状固定凸轮，在滑梁带动冲头、脱模盘向上移动过程中，用扫屑刷刷除附着的煤粉。

冲压式蜂窝煤成型机中采用的曲柄滑块机构、凸轮机构、齿轮机构及槽轮机构均为常用机构，在机械中用于传递运动和力或改变运动状态。本模块主要介绍平面连杆机构、凸轮机构、齿轮机构和其他常用机构的类型、基本特性、结构分析、设计等基本知识。

【参考动画】

第2章 平面机构分析基础

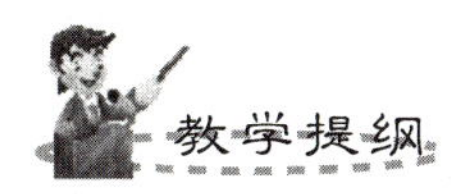

本章主要介绍平面机构的组成，平面机构运动简图的绘制，平面机构自由度的计算及机构具有确定运动的条件，平面机构的组成原理。

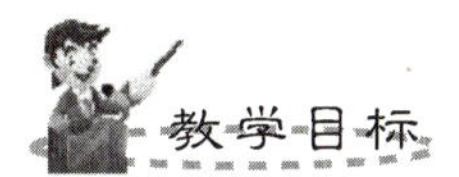

1. 了解机构的组成、运动副的概念及分类。
2. 掌握平面运动副和构件的一般表示方法，能绘制平面机构运动简图。
3. 能够正确识别和处理复合铰链、局部自由度和虚约束，掌握平面机构自由度的计算方法，并判断其运动是否确定。
4. 了解平面机构的组成原理。

2.1 平面机构的组成

根据组成机构的各构件之间的相对运动是平面运动还是空间运动，机构可分为平面机构和空间机构两类，其中平面机构应用较广泛。

虽然各种机构的形式、结构不同，但通过大量的分析可以看出，机构是具有相对运动的构件组合体，实际上是各构件按照一定的方式联接而成的。总体看来，机构是由构件和运动副两个要素构成的。

2.1.1 运动副

在机构中，每个构件都是以一定的方式与其他构件联接起来的，这种联接是可动的，但其相对运动又受到一定的约束，以保证两构件间具有确定的相对运动。两构件之间直接接触又能产生一定相对运动的可动联接，称为运动副。根据组成运动副两构件之间的接触特性，运动副可分为低副和高副。

1. 低副

两构件通过面接触形成的运动副称为低副，根据它们之间的相对运动是转动还是移动分为转动副和移动副。

(1) 转动副。若组成运动副的两构件之间只能绕某条轴线做相对转动，这种运动副称为转动副，如图 2.1 所示。由圆柱销和销孔及其两端面构成的转动副称为铰链。如果有一个构件是固定的，称为固定铰链；如果两构件都不是固定的，则称为活动铰链。

(2) 移动副。若组成运动副的两构件只能沿某个方向相对移动，这种运动副称为移动副，如图 2.2 所示。活塞与气缸体组成的运动副即移动副（图 1.1)。

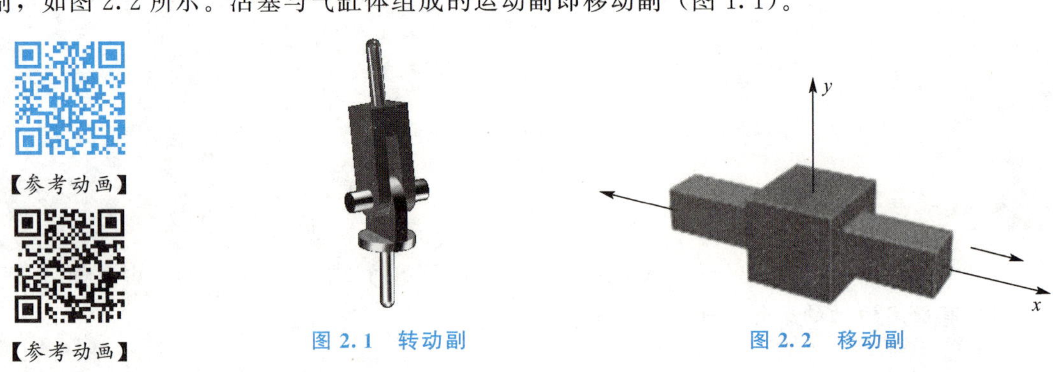

图 2.1　转动副　　　　图 2.2　移动副

构件具有的独立运动的数目称为自由度。但是当该构件与其他构件组成运动副后，构件的运动就要受到其他构件的限制，自由度减少，这种对构件独立运动所加的限制称为约束。由上述可知，平面机构中一个低副引入两个约束，而仅保留一个自由度。

2. 高副

两构件之间通过点或线接触组成的运动副称为高副。如图 2.3 所示，凸轮与从动件[图 2.3 (a)]及两轮齿[图 2.3 (b)]分别在其接触处组成高副。

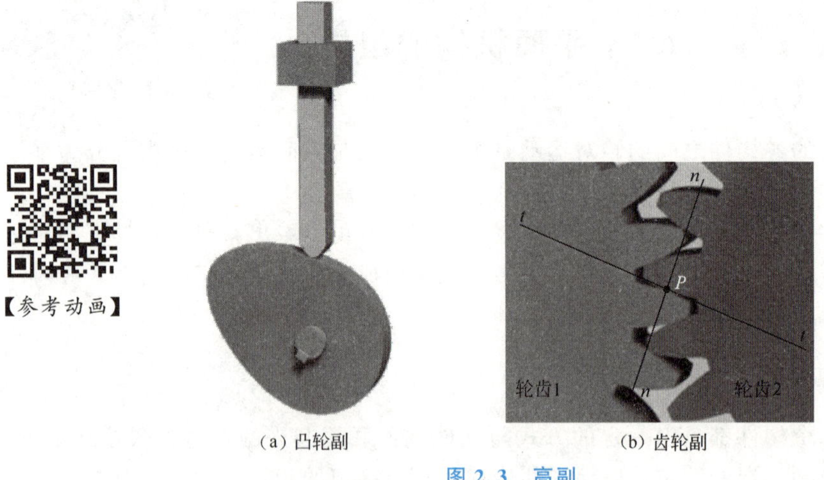

(a) 凸轮副　　(b) 齿轮副

图 2.3　高副

在平面机构中，两构件组成高副后，保留的自由度为2。如图2.3（b）所示，两轮齿组成的高副中，轮齿1沿公法线$n-n$方向的移动受到约束；而轮齿1相对于轮齿2则既可沿接触点P的切线$t-t$方向移动，还可绕P点转动。同理可对图2.3（a）中的尖顶从动件与凸轮组成的高副进行分析。由此可知，平面机构中的高副引入一个约束，而保留两个自由度。

2.1.2 运动链

若干个构件通过运动副联接而成的构件系统称为运动链（图2.4）。如果运动链中的各构件构成首尾封闭的系统，则称为闭式运动链[图2.4（a）]；否则称为开式运动链[图2.4（b）]。在一般机械中，大多采用闭式运动链，而在机器人中大多采用开式运动链。图2.4（c）所示的机器人，手和脚处均构成开式运动链。

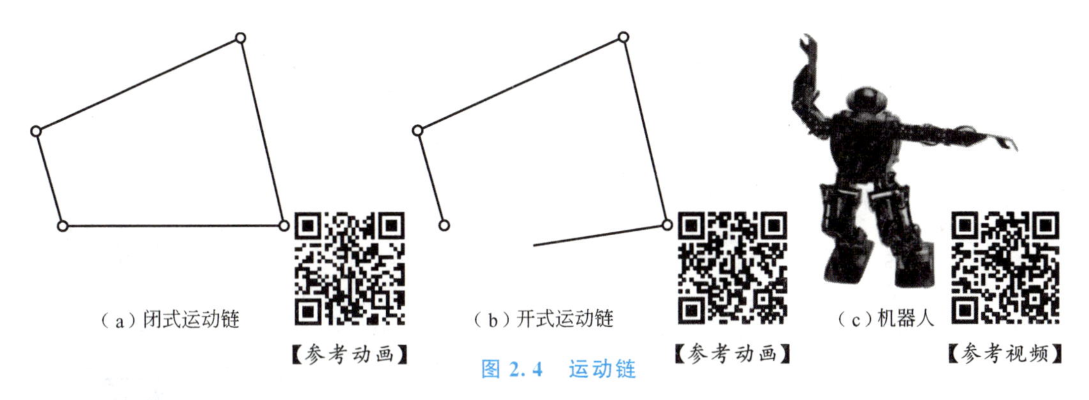

（a）闭式运动链　（b）开式运动链　（c）机器人

图2.4　运动链

2.1.3 机构

图2.5所示为平面四杆机构。若将闭式运动链的一个构件固定为机架，并且各构件之间具有确定的相对运动，则运动链便成为机构。机构中按照给定的运动规律独立运动的构件称为原动件（主动件），其余随原动件运动的构件称为从动件。当确定原动件后，其余从动件随之做确定的运动，此时构件的运动即确定。

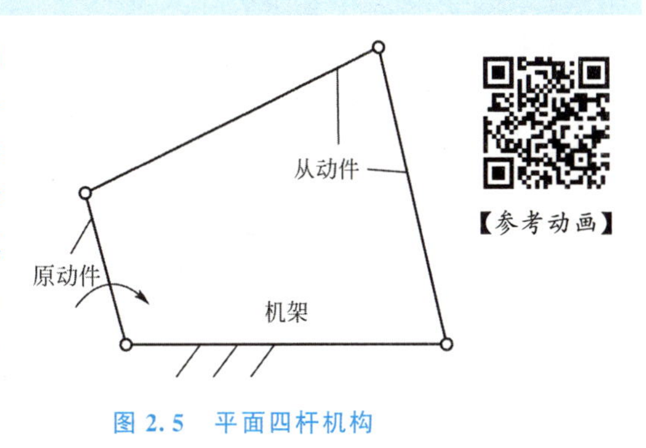

图2.5　平面四杆机构

2.2 平面机构运动简图

实际上机构往往是由外形和结构都很复杂的构件组成的。但从运动的观点来看，各种机构都是由构件通过运动副的联接构成的。构件的运动取决于运动副的类型和机构的运动尺寸，而与构件的外形、断面尺寸、组成构件的零件数目、固连方式及运动副的具体结构等无关。

因此，在设计新机械或分析研究现有机械的运动时，为了使问题简化，常用一些简单的线条和规定的符号来表示构件和运动副，并按确定的比例定出各运动副的位置。这种说明机构各构件间相对运动关系的简单图形，称为机构运动简图。机构运动简图具有与原机构相同的运动特性，所以，可根据机构运动简图对机构进行运动和动力分析。若图形不按精确的比例绘制，仅表达机械的结构特征，则这种简图称为机构示意图。构件及运动副的表示方法见表 2.1。

表 2.1　构件及运动副的表示方法

名称	符号	名称		符号
活动构件		齿轮传动	圆柱齿轮	
固定构件		齿轮传动	锥齿轮	
转动副		齿轮传动	齿轮齿条	
移动副		齿轮传动	蜗轮与圆柱蜗杆	
球面副				
螺旋副				
零件与轴连接	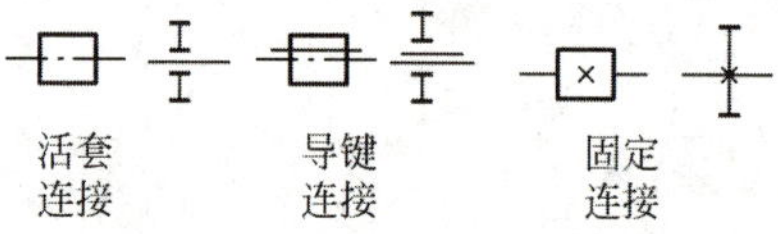 活套连接　导键连接　固定连接	轴承	向心轴承	普通轴承　滚动轴承
凸轮与从动件		轴承	推力轴承	单向推力轴承　双向推力轴承　推力滚动轴承
槽轮传动		轴承	向心推力轴承	单向向心推力轴承　双向向心推力轴承　向心推力滚动轴承

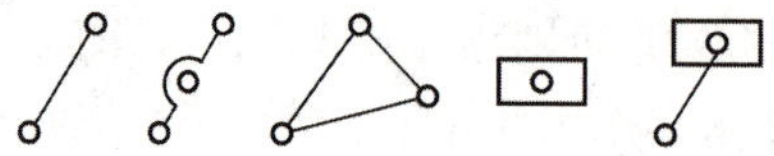

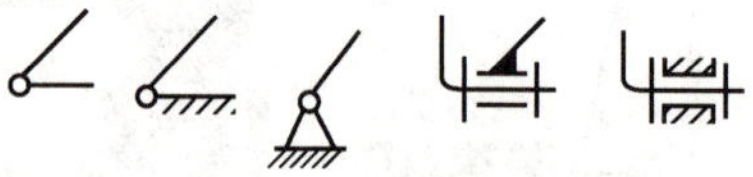

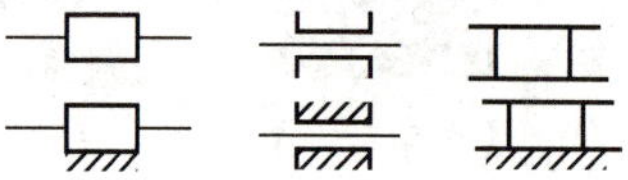

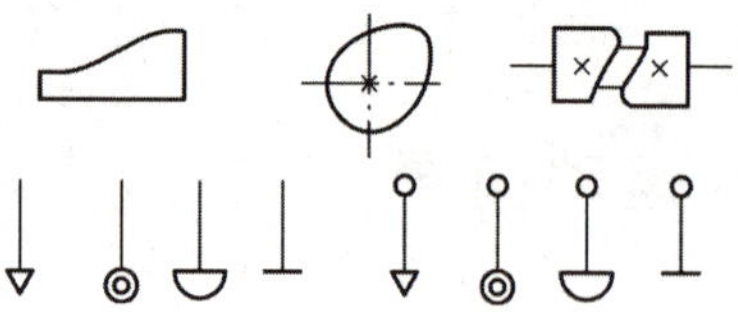

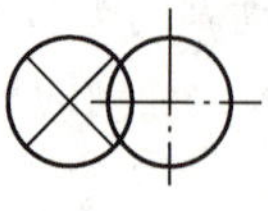

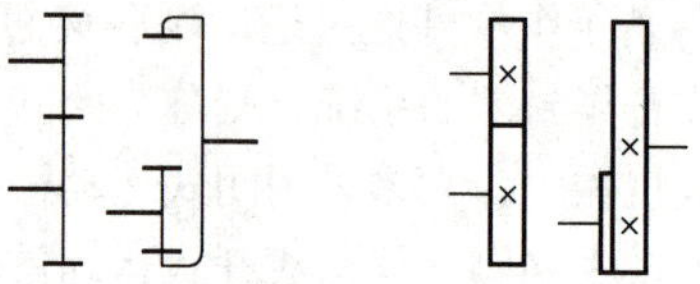

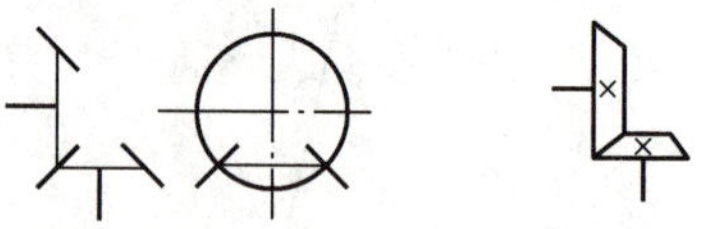

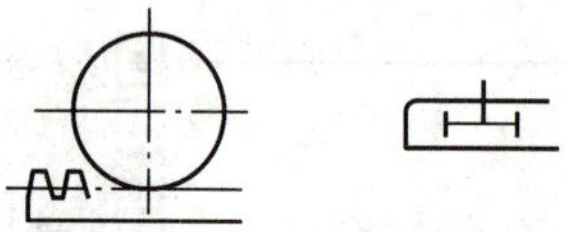

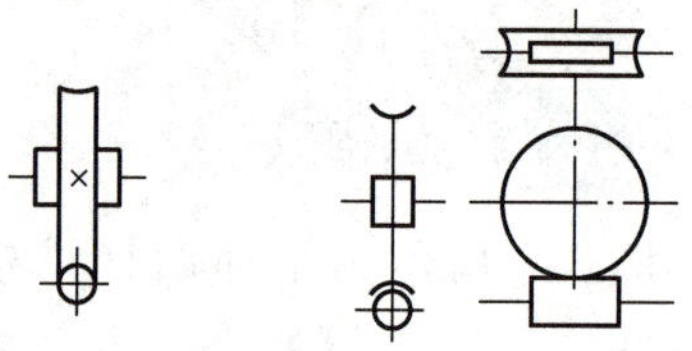

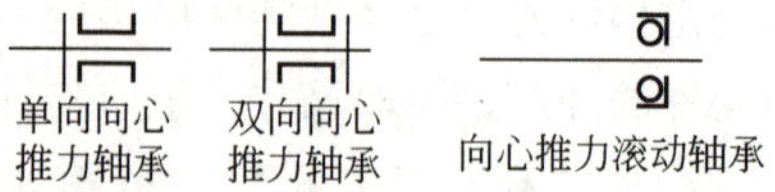

1. 绘制平面机构运动简图的步骤

(1) 确定要绘制机构的结构及运动情况。找出原动件、执行件及机架，按照运动的传递路线分析机构原动部分的运动如何经过传动部分传递到工作部分。

(2) 确定该机构由多少个构件组成，并根据相联接的两构件间的接触情况及运动的性质，确定各个运动副的类型。

(3) 选择与机构的多数构件运动平面平行的平面作为绘制机构运动简图的投影面。

(4) 选择恰当的长度比例尺，确定各运动副之间的相对位置，以规定的简单符号表示各运动副，用直线或曲线将同一构件上的各运动副符号联接起来。其中，比例尺为

$$\mu_L=\frac{\text{构件实际长度（m）}}{\text{构件图示长度（mm）}}$$

[例 2-1] 绘制内燃机的机构运动简图（图 2.6）。

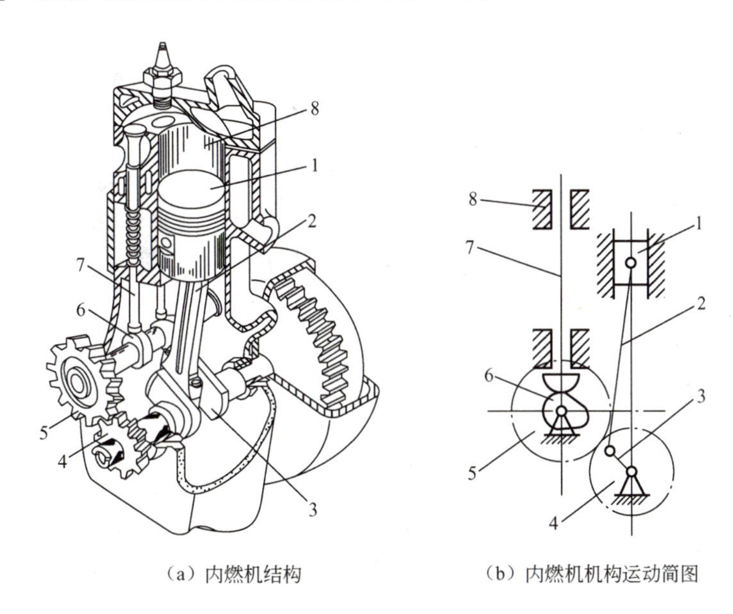

(a) 内燃机结构　　(b) 内燃机机构运动简图

1—活塞；2—连杆；3—曲轴；4—小齿轮；5—大齿轮；6—凸轮；7—气阀顶杆；8—气缸体

图 2.6　内燃机结构及机构运动简图

如图 2.6 (a) 所示，该内燃机是由曲柄滑块机构、凸轮机构和齿轮机构等组成的。其机构运动简图的绘制步骤如下。

(1) 确定构件的类型和数目。

① 曲柄滑块机构：活塞 1 为原动件，连杆 2、曲轴 3 为从动件，气缸体 8 为机架。

② 齿轮机构：与曲轴固连的小齿轮 4 为输入件，大齿轮 5 为从动件，气缸体为机架。

③ 凸轮机构：与大齿轮 5 固连的凸轮 6 为输入件，气阀顶杆 7 为从动件，气缸体为机架。

因以上组成内燃机的 3 个机构运动平面平行，故可视为 1 个平面机构。此机构共有 6 个构件（小齿轮与曲轴、大齿轮与凸轮皆分别固连，可各视为 1 个构件），其中可动构件有 5 个，机架有 1 个。活塞为原动件，其余为从动件。

(2) 确定运动副的种类和数目。根据组成运动副构件的相对运动关系可知，活塞与气缸体组成移动副；活塞与连杆组成转动副；连杆与曲轴组成转动副；曲轴与小齿轮固连成1个构件，与气缸体组成1个转动副。凸轮与大齿轮固连成1个构件，与气缸体组成1个转动副。而小齿轮与大齿轮组成齿轮副，凸轮与气阀顶杆组成凸轮副，它们皆为高副。气阀顶杆与气缸体为移动副。所以内燃机主体机构共有8个运动副，其中移动副有2个、转动副有4个、高副有2个。

(3) 合理选择投影面。因整个主体机构为平面机构，故取连杆运动平面为投影面。

(4) 选定比例尺，绘制机构运动简图。3个机构皆选定相同比例尺 μ_L (m/mm)，然后以相应构件和运动副符号绘制机构运动简图，如图2.6 (b) 所示。

在机构简图绘制完成后，还要校核较复杂机构的自由度，以判定其是否具有确定的相对运动及所绘制的简图是否正确。

2. 绘制机构运动简图的注意事项

(1) 构件数目不变。简图中构件的数目应与实际机构中的构件数目一致。

(2) 运动副的数目及类型不变。

(3) 机构的自由度数应不变，简图中的自由度数应与实际自由度数一致。

2.3 平面机构自由度的计算

2.3.1 平面机构的自由度

任何一个构件在空间自由运动时皆有6个自由度，它可表示为在直角坐标系内沿着3个坐标轴的移动和绕3个坐标轴的转动。而对于一个做平面运动的构件，则只有3个自由度，如图2.7所示，即沿 x 轴和 y 轴移动及在 xOy 平面内的转动。为了使组合起来的构件能产生确定的相对运动，有必要探讨平面机构自由度和平面机构具有确定运动的条件。

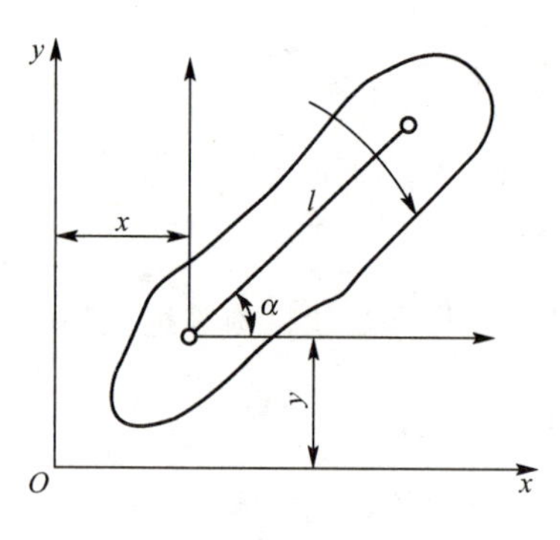

图2.7 构件的自由度

在平面机构中，各构件只做平面运动。一个不受任何约束的构件在平面中运动只有3个自由度。具有 n 个活动构件的平面机构，若各活动构件完全不受约束，则整个机构相对于机架共有 $3n$ 个自由度。但在运动链中，每个构件必须至少与另一个构件联接成运动副，当两构件联接成运动副时，其运动就受到约束，自由度将减少。自由度减少的数目应等于运动副引入的约束数目。由于平面机构中的运动副只可能是转动副、移动副或平面高副，其中每个低副（转动副、移动副）引入的约束数为2，每个平面高副引入的约束数为1。因此对于平面机构，若各构件之间构成了 p_l 个低副和 p_h 个高副，则它们共引入 $(2p_l+p_h)$ 个约束。机构的自由度 F 应为

【参考动画】

$$F=3n-(2p_l+p_h)=3n-2p_l-p_h \tag{2-1}$$

[例 2-2] 试计算图 2.6 所示的内燃机机构的自由度。

解: 图中曲轴 3 与小齿轮 4、大齿轮 5 和凸轮 6 固连在一起，故可分别视为一个构件。因此 $n=5$，$p_l=6$（有 2 个移动副、4 个转动副），$p_h=2$，所以该机构的自由度为

$$F=3n-2p_l-p_h=3\times5-2\times6-2=1$$

2.3.2 机构具有确定运动的条件

机构的自由度即机构所具有的独立运动的数目。由上述可知，从动件是不能独立运动的，只有原动件才能独立运动。

图 2.8 (a) 所示的五杆机构中，原动件数等于 1，而机构的自由度为

$$F=3n-2p_l-p_h=3\times4-2\times5=2$$

由于原动件数小于 F，显然，当只给定原动件 1 的位置角 φ_1 时，从动件 2、3、4 的位置既可为实线位置，也可为双点画线所处的位置，因此其运动是不确定的。只有给出 2 个原动件，使构件 1、4 都处于给定位置，才能使从动件获得确定运动。

图 2.8 (b) 所示的四杆机构中，原动件数为 2，机构的自由度为

$$F=3\times3-2\times4=1$$

原动件数大于 F，因此原动件 1 和原动件 3 不可能同时按图中给定方式运动。

图 2.8 (c) 所示的五杆机构中，机构自由度 $F=3\times4-2\times6=0$，它的各杆件之间不可能产生相对运动。

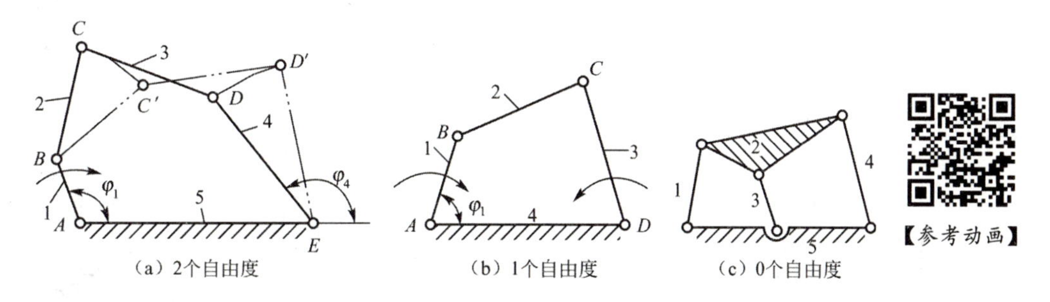

图 2.8 不同自由度机构的运动

综上所述，机构具有确定运动的条件是机构自由度大于零，并且原动件数与其自由度数相等。当 $F\leqslant0$ 时，机构蜕变为刚性桁架，构件之间没有相对运动。当 $F>0$ 时，若原动件数小于机构的自由度数，各构件没有确定的相对运动；若原动件数大于机构的自由度数，则机构的薄弱处将遭到破坏。

2.3.3 计算机构自由度时应注意的事项

在计算机构自由度时，应注意以下情况，否则计算结果往往会出现错误。

1. 复合铰链

两个以上构件组成两个或多个共轴线的转动副，称为复合铰链。复合铰链简图如图 2.9 (a)所示，3 个构件在 A 处构成复合铰链。由其示意图[图 2.9 (b)]可知，此 3 个构件共组成 2 个共轴线转动副。当由 k 个构件组成复合铰链时，则应当组成 $(k-1)$ 个共轴线转动副。

在计算机构的自由度时，应仔细观察是否存在复合铰链，以免算错运动副的数目。

［**例 2-3**］ 图 2.10 所示为某机构运动简图，试计算该机构的自由度。

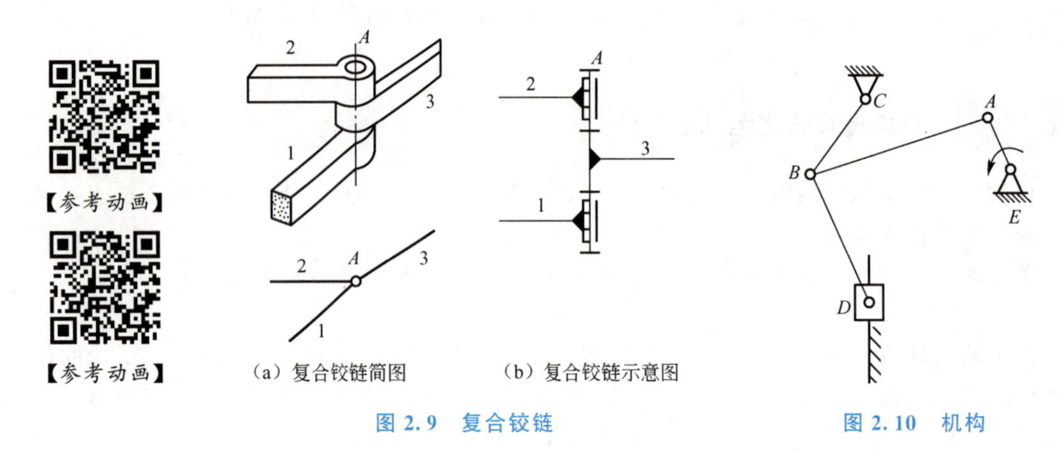

（a）复合铰链简图　　（b）复合铰链示意图

图 2.9　复合铰链

图 2.10　机构

解：该机构中，$n=5$，$p_l=7$（B 处为复合铰链），$p_h=0$，所以自由度为

$$F=3n-2p_l-p_h=3\times5-2\times7=1$$

2. 局部自由度

机构中不影响输出与输入运动关系的个别构件的独立运动自由度，称为机构的局部自由度。在计算机构自由度时，可预先排除。图 2.11（a）所示的平面凸轮机构中，为减少高副元素的磨损，在从动件上安装了一个滚子 3，使其与凸轮轮廓线滚动接触。显然，滚子绕其自身轴线的转动并不影响凸轮与从动件间的相对运动，因此滚子绕其自身轴线的转动为机构的局部自由度，在计算机构的自由度时应预先将转动副 C 除去不计；或如图 2.11（b）所示，将滚子 3 与从动件 2 固连在一起，作为一个构件来考虑。此时该机构中，$n=2$，$p_l=2$，$p_h=1$，自由度 $F=3n-2p_l-p_h=3\times2-2\times2-1=1$，即此凸轮机构只有一个自由度，符合实际情况。

3. 虚约束

在运动副所加的约束中，有些约束所起的限制作用可能是重复的，这种起重复限制作用的约束称为虚约束。如图 2.12 所示的机车车轮联动机构中，连杆 2 做平面运动，其上各点的轨迹均为圆心在 AF 线上、半径等于 AB 的圆。若在该机构中再加一个构件 3，使其与构件 1、4 相互平行，并且长度相等，图 2.12（b）所示。由于杆 3 上 C 点的运动轨迹与 BE 杆上 C 点的轨迹重合，因此增加杆 3 并不影响机构的运动。但此时若按式（2-1）计算自由度为 $F=3n-2p_l-p_h=3\times4-2\times6=0$，这个结果与实际情况不符。造成该结果的原因是加入了一个构件 3，引入了 3 个自由度，但同时增加了 2 个转动副，形式上引入了 4 个约束，即多引入了 1 个约束。但实际上这个约束对机构的运动

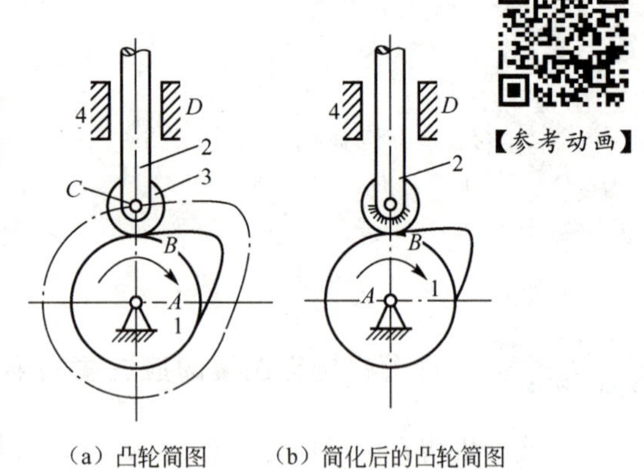

（a）凸轮简图　　（b）简化后的凸轮简图

1—凸轮；2—从动件；3—滚子；4—机架

图 2.11　局部自由度

起重复限制作用，因而它是一个虚约束。由此可以看出，在利用公式计算机构自由度时，应先将产生虚约束的构件和运动副去掉，再进行计算。

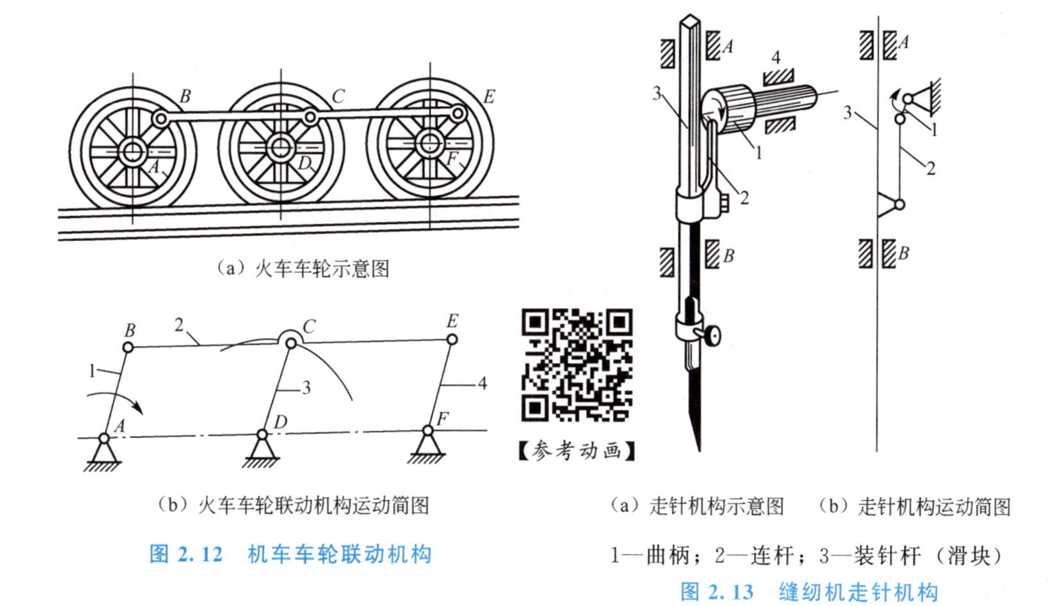

（a）火车车轮示意图

（b）火车车轮联动机构运动简图

图 2.12 机车车轮联动机构

（a）走针机构示意图 （b）走针机构运动简图

1—曲柄；2—连杆；3—装针杆（滑块）

图 2.13 缝纫机走针机构

平面机构中的虚约束通常发生在以下情况中。

(1) 机构中某两个构件用转动副相联的联接点在未组成转动副之前，其各自的轨迹已重合为一，则组成转动副以后必将存在虚约束，这类虚约束有时需要经过几何论证才能判定，如图 2.12 所示的情况。

(2) 两构件构成若干移动副，其导路均相互平行或重合时，只有一个移动副起约束作用，其余为虚约束。图 2.13 所示的缝纫机走针机构中，装针杆 3 在 A、B 处分别与机架组成导路重合的两移动副，计算机构自由度时只能算一个移动副，另一个为虚约束。

(3) 两构件构成若干转动副且轴线重合，则计算机构自由度时只算一个转动副，其余为虚约束，如图 2.14 所示。此种情况较常见，因为轴类零件一般由两个轴承支承。

(4) 机构中对传递运动不起独立作用的对称部分。如图 2.15 所示的轮系中，中心轮 1 经过两个对称布置的小齿轮 2 和 2′驱动内齿轮 3，其中有一个小齿轮对传递运动不起独立作用，因此是虚约束。

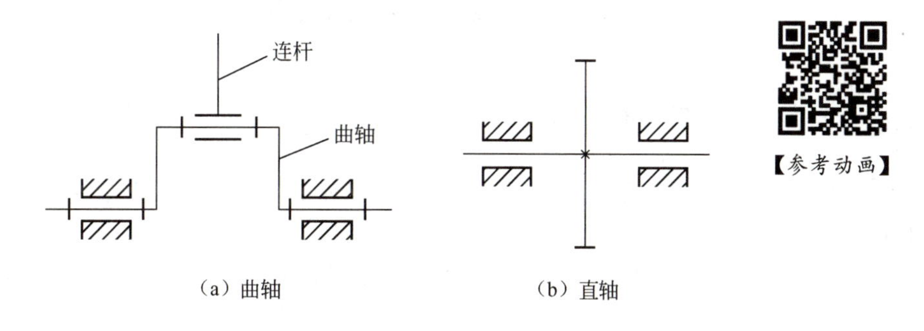

（a）曲轴 （b）直轴

图 2.14 轴线重合的虚约束

综上所述，在计算平面机构自由度时必须考虑是否存在复合铰链，并应将局部自由度和虚约束除去不计，才能得到正确结果。

对于虚约束，从机构的运动观点看是多余的，但从增强构件刚度、改善机构受力状况等方面看是必需的。同时机构中的虚约束是在一些特定的几何条件下引入的，如果不能满足这些几何条件，虚约束将转换为有效约束，从而改变机构的自由度，因此，机构引入虚约束后，其制造与装配精度要求更高。虚约束发生的情况较复杂，应具体情况具体分析，以免造成计算错误。

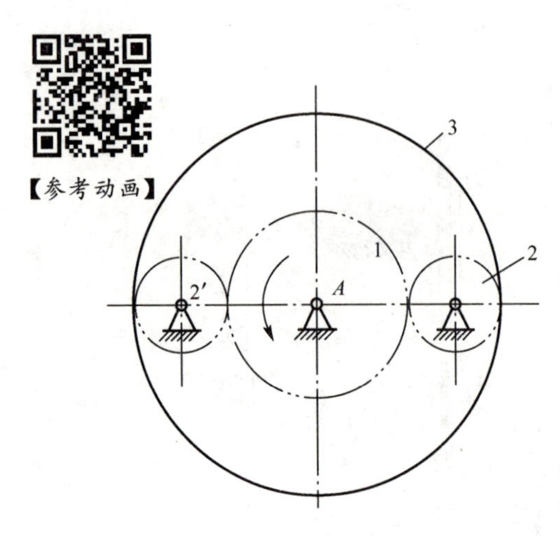

1—中心轮；2、2′—小齿轮；3—内齿轮

图 2.15　轮系

［**例 2-4**］　试计算图 2.16 所示大筛机构的自由度，并判定其是否有确定的运动。

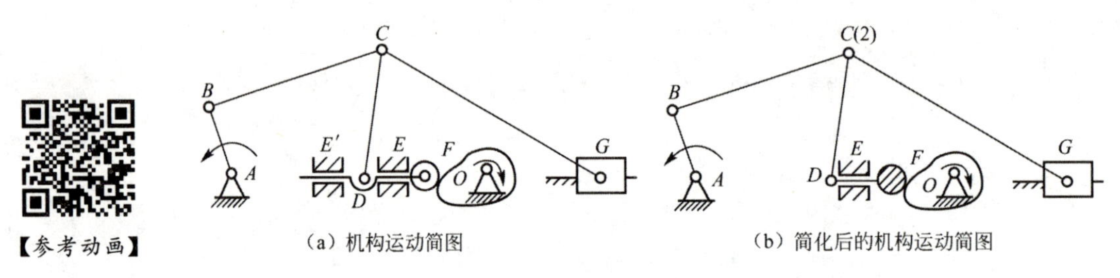

(a) 机构运动简图　　(b) 简化后的机构运动简图

图 2.16　大筛机构

解：如图 2.16 (a) 所示，机构中的滚子 F 处有一个局部自由度。顶杆与机架在 E 和 E' 组成两个导路平行的移动副，其中一个为虚约束。C 处是复合铰链。为了正确计算机构的自由度，可作图 2.16 (b) 处理，可将滚子与顶杆视为焊成一体，去掉移动副 E'，并在 C 点注明转动副的数目，由此得 $n=7$，$p_l=9$，$p_h=1$，则机构的自由度为

$$F=3n-2p_l-p_h=3\times7-2\times9-1=2$$

由于机构具有两个原动件，因此该机构有确定的运动。

2.4　平面机构组成原理简介

2.4.1　平面机构的组成原理

任何机构都包含机架、原动件和从动件系统三个部分。由于机构具有确定运动的条件是原动件的数目等于机构的自由度数，因此，如将机构的机架及和机架相连的原动件与从动件系统分开，则剩下的从动件系统的自由度为零。有时这种从动件系统还可分解为若干个更简单的、自由度为零的构件组，称为基本杆组。任何机构都可以看作由若干个基本杆组依次联接于原动件和机架上所组成的系统，这就是机构的组成原理。

根据式 (2-1)，组成平面机构基本杆组应满足以下条件

$$F=3n-2p_l-p_h=0$$

如果基本杆组的运动副全为低副（高副低代），则上式可变为

$$F=3n-2p_l=0 \quad \text{或} \quad n=\frac{2}{3}p_l$$

由于活动构件数 n 和低副数 p_l 都必须是整数，因此，根据上式，n 应是 2 的倍数，p_l 应是 3 的倍数。它们的组合有 $n=2$，$p_l=3$；$n=4$，$p_l=6$；… 由此可见，最简单的平面基本杆组是由两个构件、三个低副构成的杆组，称为Ⅱ级杆组，它是应用最广的基本杆组。除Ⅱ级杆组外，还有Ⅲ级、Ⅳ级等较高级的基本杆组，在实际机构中，这些比较复杂的基本杆组应用较少。

在同一个机构中可包含不同级别的基本杆组，机构中包含的基本杆组的最高级数作为机构的级数，如由最高级别为Ⅱ级基本杆组组成的机构称为Ⅱ级机构；如机构中既有Ⅱ级杆组又有Ⅲ级杆组，则称为Ⅲ级机构；而由原动件和机架组成的机构（如杠杆机构、斜面机构、电动机等）称为Ⅰ级机构。这就是机构的结构分类方法。

2.4.2 平面机构的结构分析

机构的结构分析是机构进行运动和动力分析的前提，其目的是了解机构的组成；方法是先将已知机构分解为原动件、机架和若干个基本杆组，然后确定机构的级别。通常从远离原动件的构件开始拆基本杆组。对于只含有低副的机构，其机构结构分析的步骤如下。

（1）除去虚约束和局部自由度，计算机构的自由度并确定原动件。

（2）拆杆组。从远离原动件的构件开始拆分，按基本杆组的特征，首先试拆Ⅱ级杆组。每拆出一个杆组，剩下部分仍组成机构，并且自由度与原机构相同，直至全部拆分成杆组，最后只剩下Ⅰ级机构。

（3）确定机构的级别。

如图 2.17 所示，对双滑块曲柄机构进行结构分析时，取构件 2 为原动件，可依次拆出构件 3 与构件 6 和构件 4 与构件 5 两个Ⅱ级杆组，最后剩下原动件 2 和机架 1[图 2.17（b)]。由于拆出的最高级别杆组为Ⅱ级杆组，因此该机构为Ⅱ级机构。

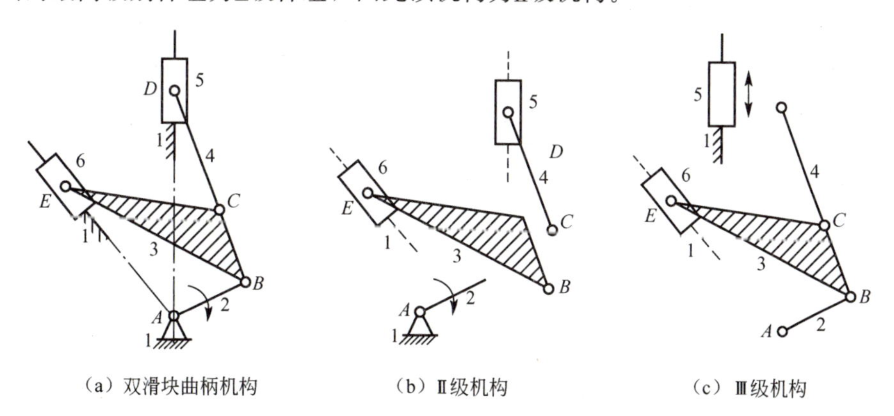

图 2.17 双滑块曲柄机构结构分析

此外，机构中原动件的位置不同，拆出杆组的顺序及拆出的结果也可能不同。如图 2.17（c)所示，若以构件 5 为原动件，则只可拆出一个由构件 2、构件 3、构件 4 和构件 6 组成的Ⅲ级杆组，最后剩下原动件 5，此时机构为Ⅲ级机构。

对含有高副的机构进行结构分析，可通过平面高副元素与平面低副元素之间的内在联

系，根据一定的条件，把机构中的高副用虚拟的低副来等效代替，将机构转换为只含有低副的等效机构，并根据上述步骤进行分析。

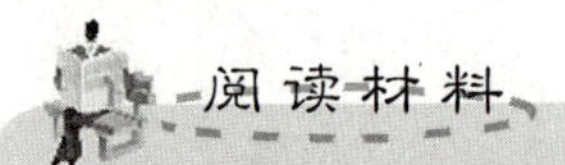

该部分为拓展内容，请读者扫描二维码自行参考学习。

【参考图文】

习 题

2-1 填空题

(1) 机构中的相对静止构件称为________，机构中按给定运动规律运动的构件称为________。

(2) 两构件通过______或______接触组成的运动副称为高副，通过____接触组成的运动副称为低副。

(3) 在平面机构中，若有一个高副就引入____个约束，若有一个低副就引入____个约束。

(4) 机构的自由度为2，则机构需______个原动件才有确定的运动。

(5) 机构有确定运动的条件是其自由度数____________。

(6) 运动副是指能使两构件之间既能保持________接触，又能产生一定形式的相对运动的________。

2-2 选择题

(1) 一个低副引入的约束数为______。

A. 1个　B. 2个　C. 3个　D. 4个

(2) 高副是指两构件之间是______。

A. 移动副接触　B. 转动副接触　C. 面接触　D. 点或线接触

(3) 构件是组成机器的__________。

A. 制造单元　B. 基本运动单元　C. 原动件　D. 从动件

(4) 用简单的线条和规定的符号代表构件和运动副，并按确定比例定出各运动副位置的简单图形称为______。

A. 机构运动简图　B. 机构示意图　C. 运动线图

(5) 当机构的自由度 $F>0$，并且______原动件数时，有确定的相对运动。

A. 小于　B. 等于　C. 大于　D. 大于或等于

(6) 计算机构自由度时，若计入虚约束，则计算所得结果与机构的实际自由度数相比______。

A. 增加了　B. 减少了　C. 相等　D. 可能增加也可能减少

(7) 由 m 个构件构成的复合铰链包含______个转动副。

A. $m-1$　B. $m+1$　C. m　D. 1

2-3 绘图及计算题

(1) 试绘制图2.18所示冲床和颚式破碎机的机构运动简图。

(2) 试计算图2.19所示各机构的自由度，并判断机构是否有确定运动，如有，则明确指出复合铰链、局部自由度、虚约束(图中绘有箭头的构件为主动件)。

(3) 计算图2.20所示机构的自由度，并进行杆组拆分，指出机构的级别。

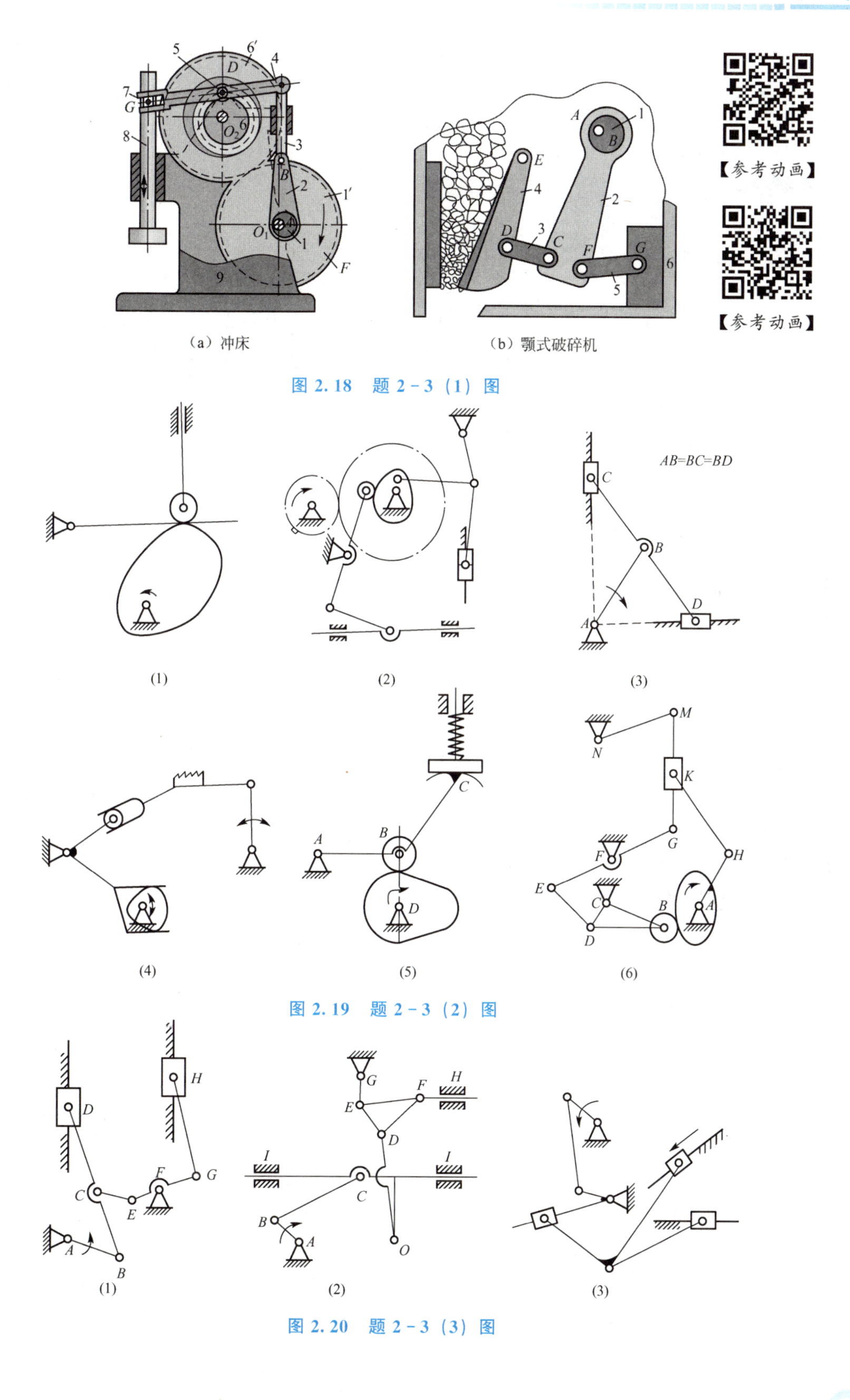

图 2.18 题 2-3（1）图

图 2.19 题 2-3（2）图

图 2.20 题 2-3（3）图

第3章 平面连杆机构及其设计

本章主要介绍速度瞬心及其在机构速度分析中的应用；平面四杆机构的基本形式、应用及其演化；平面四杆机构的基本工作特性；平面四杆机构的图解法及解析法设计。

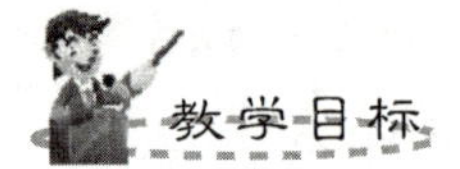

1. 掌握平面四杆机构的基本形式及其演化。
2. 掌握平面四杆机构的基本工作特性：曲柄存在条件、急回特性、压力角与传动角、机构的死点位置。
3. 掌握图解法设计平面四杆机构。
4. 能够利用速度瞬心法对简单平面机构进行速度分析。

3.1 概　　述

连杆机构是用低副联接若干构件而成的，故连杆机构又称低副机构。连杆机构中各构件间的相对运动为平面运动时，称为平面连杆机构；为空间运动时，则称为空间连杆机构。平面连杆机构广泛应用于各种机器、仪表及操纵控制设备中。本章主要介绍平面连杆机构。

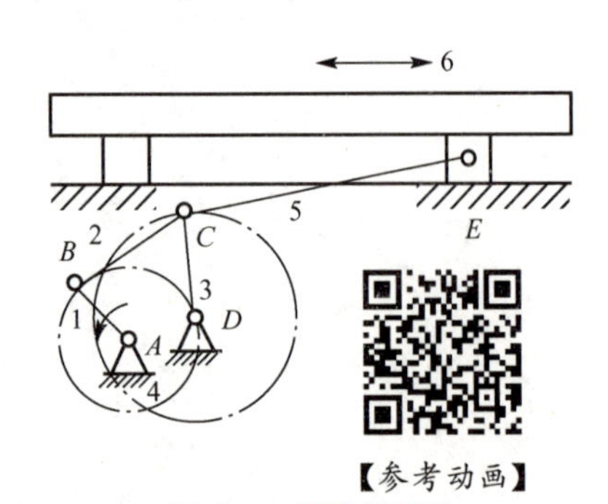

图 3.1　振动筛机构

图 3.1 所示为振动筛机构，它将原动件 1 的回转运动转换为筛子 6 的水平变速运动。

图 3.2 所示为雷达天线调整机构。当主动曲柄 1 回转时，从动摇杆 3 做往复摆动，使固定于其上的雷达天线做俯仰运动，以进行搜索。

图 3.3 所示为电风扇摆动机构。该机构可将连杆 AB 相对于连架杆 AD 的转动转换为连架杆的往复摆动，实现风扇的摇头动作。

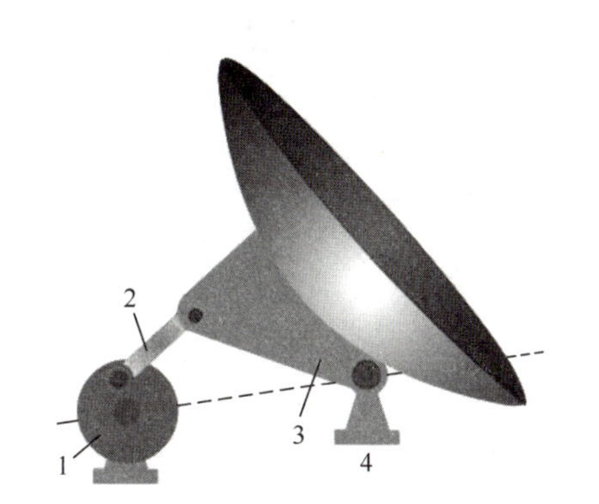

图 3.2　雷达天线调整机构

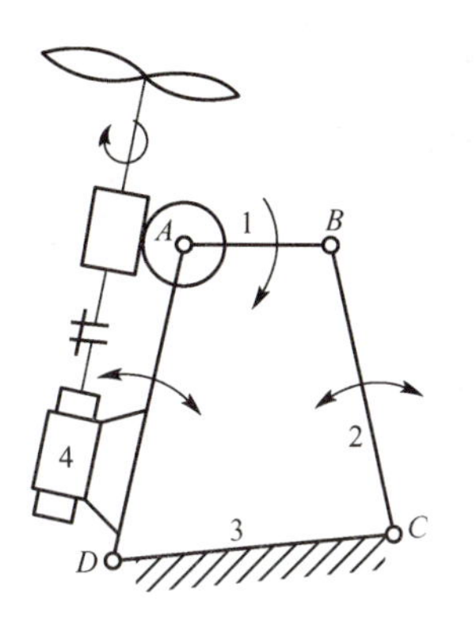

图 3.3　电风扇摆动机构

【参考动画】

【参考动画】

图 3.4 所示为牛头刨床主运动机构。该机构将曲柄 2 的连续转动转换为导杆 4 的摆动，并将运动传递给滑枕 5，实现往复移动。

平面连杆机构中构件的基本形状是杆状，故将构件称为杆。含有四个构件的机构称为平面四杆机构，含有六个构件的机构称为平面六杆机构等。平面四杆机构的组成构件最少、结构最简单，并且是构成多杆机构的基础，因此在机械中应用特别广泛。本章将重点讨论平面四杆机构的应用、基本类型、特性及设计方法等。

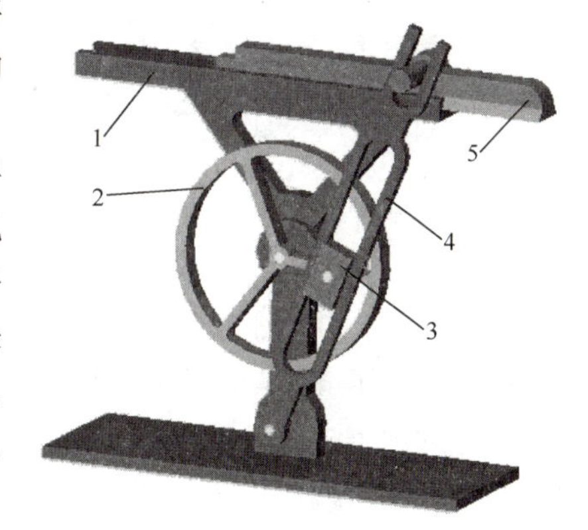

1—机架；2—曲柄；3—滑块；4—导杆；5—滑枕

图 3.4　牛头刨床主运动机构

平面连杆机构一般具有以下特点。

(1) 连杆机构各构件间以低副相连。低副元素为面接触，在承受相同载荷的情况下压强低，因而可用来传递比较大的动力；又由于低副元素的几何形状比较简单（如平面、圆柱面），因此容易加工。

【参考动画】

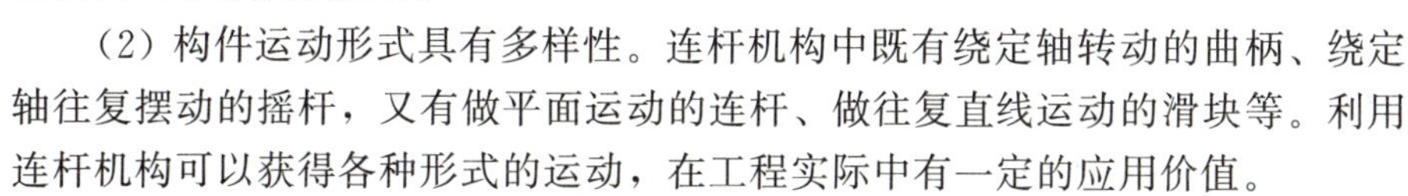

(2) 构件运动形式具有多样性。连杆机构中既有绕定轴转动的曲柄、绕定轴往复摆动的摇杆，又有做平面运动的连杆、做往复直线运动的滑块等。利用连杆机构可以获得各种形式的运动，在工程实际中有一定的应用价值。

(3) 在主动件运动规律不变的情况下，只要改变连杆机构各构件的相对尺寸，就可以使从动件实现不同的运动规律和运动要求。

(4) 连杆曲线具有多样性。连杆机构中的连杆可以看作在所有方向上无限扩展的一个平面，该平面称为连杆平面。在机构的运动过程中，固结在连杆平面上的各点将描绘出不同形状的曲线，这些曲线称为连杆曲线，如图 3.5 所示。连杆的位置不同，曲线形状也不同。改变构件的相对尺寸，曲线形状也随之改变。这些千变万化的连杆曲线可用来满足不同的轨迹设计要求，在机械工程中得到了广泛的应用。

【参考动画】

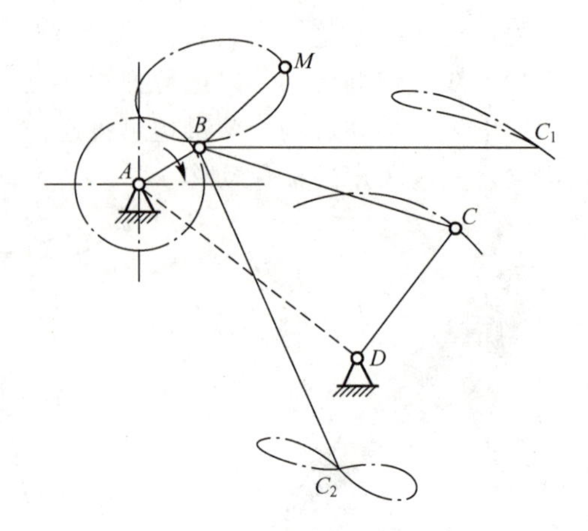

图 3.5 连杆曲线

（5）由于组成平面连杆机构的构件多，设计中待定尺寸多，当已知条件较多时，一般难以求出精确的设计结果。运动副磨损后，运动副间隙难以补偿。连杆机构的连杆做平面复合运动，其惯性力（矩）不易平衡，所以平面连杆机构只适用于对运动要求不太严格的场合。

3.2 速度瞬心及其在机构速度分析中的应用

速度分析是机构运动分析的重要内容，是加速度分析及确定机器动能和功率的基础，通过速度分析还可了解从动件速度的变化能否满足工作要求。例如，要求刨床刨刀在切削行程中接近于等速运动，以保证加工表面质量和延长刀具寿命；而要求刨刀的空回行程快速退回，以提高生产率。为了解所设计的刨床是否满足这些要求，就需要对它进行速度分析。运动分析的方法可以分为图解法和解析法两种。图解法又可分为速度瞬心法和矢量方程图解法等。简单平面机构（如四杆机构、齿轮机构等）的构件数目较少，对其运动构件进行速度分析时应用速度瞬心法分析往往比较简便清晰。本节仅介绍速度瞬心法的基本知识及应用。

3.2.1 速度瞬心及机构中瞬心的数目

1. 速度瞬心

当两构件（即两刚体）做平面相对运动时，在任一瞬时，都可以认为它们绕某个重合点做相对转动，该重合点称为瞬时速度中心，简称瞬心，如图 3.6 所示。

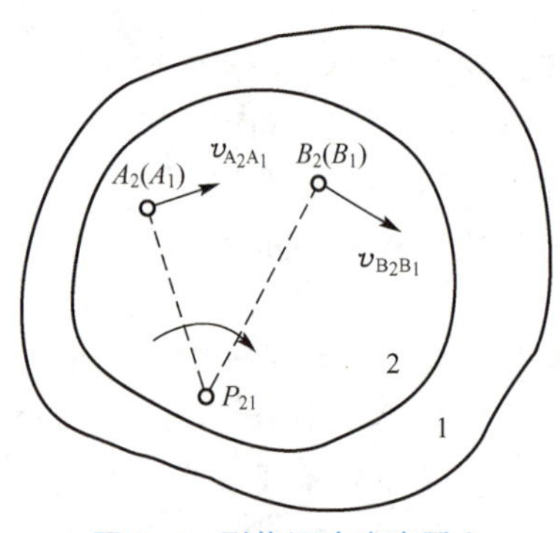

图 3.6 刚体运动速度瞬心

显然，两构件在其瞬心处没有相对速度，所以瞬心是指做平面相对运动的两构件在任一瞬时，其相对速度为零的重合点；或者做平面相对运动的两构件在任一瞬时，其绝对速度相等的重合点（即等速重合点）。若该点的绝对速度为零，则为绝对瞬心；若不为零，则为相对瞬心。用符号 P_{ij} 表示构件 i 和 j 的瞬心。

2. 机构中瞬心的数目

由于任何两个构件之间都存在一个瞬心，根据排列组合原理，由 n 个构件（包括机架）组成的机构，其总的瞬心数

$$N=\frac{n(n-1)}{2} \tag{3-1}$$

3.2.2 机构中瞬心位置的确定及应用

如上所述，机构中每两个构件之间就有一个瞬心，如果两个构件是通过运动副直接联接的，则其瞬心位置可以很容易地通过直接观察确定；如两构件并非直接联接形成运动副，则其瞬心位置需要用“三心定理”确定。

1. 通过运动副直接联接的两个构件的瞬心

(1) 以转动副联接的两个构件的瞬心。当构件 1、2 以转动副联接时，转动副中心即其瞬心 P_{12}。图 3.7 (a)、图 3.7 (b) 中的 P_{12} 分别为绝对瞬心和相对瞬心。

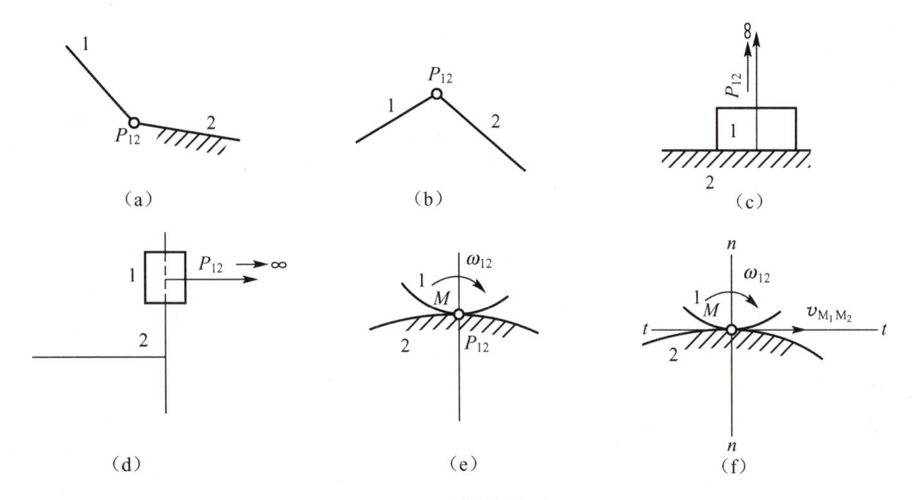

图 3.7 两构件的瞬心

(2) 以移动副联接的两构件的瞬心。当两构件以移动副联接时，构件 1 相对构件 2 移动的速度方向平行于导路方向，因此瞬心 P_{12} 应位于移动副导路方向的垂线上无穷远处。图 3.7 (c)、图 3.7 (d) 中的 P_{12} 分别为绝对瞬心和相对瞬心。

(3) 以平面高副联接的两构件的瞬心。如图 3.7 (e)、图 3.7 (f) 所示，当两构件以平面高副联接时，如果高副两元素之间为纯滚动（ω_{12} 为相对滚动的角速度），则两元素的接触点 M 即两构件的瞬心 P_{12}；如果高副两元素之间既有相对滚动又有相对滑动（$v_{M_1M_2}$ 为两元素接触点的相对滑动速度），则不能直接确定两构件的瞬心 P_{12} 的具体位置。但是，因为构成高副的两构件必须保持接触，而且两构件在接触点 M 处的相对移动速度必定沿高副接触点处的公切线 $t—t$ 方向，由此可知，两构件的瞬心 P_{12} 必位于高副元素在接触处的公法线 $n—n$ 上。

2. 三心定理

对于不直接组成运动副的两构件的瞬心，可应用三心定理来确定。所谓三心定理，就

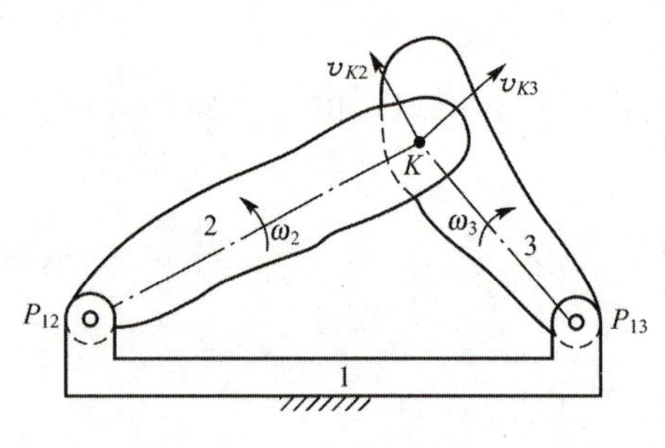

图 3.8 三心定理

是做平面运动的三个构件组成的三个瞬心必位于同一条直线上。现证明如下。

如图 3.8 所示，设构件 1、构件 2、构件 3 彼此做平面运动，根据式（3－1），它们共有三个瞬心，即 P_{12}、P_{13}、P_{23}。其中 P_{12}、P_{13} 分别位于构件 2 与构件 1 及构件 3 与构件 1 构成的转动副的中心处，故可直接求出。现证明 P_{23} 必定位于 P_{12} 和 P_{13} 的连线上。

为方便起见，假定构件 1 是固定不动的。因瞬心为两构件上绝对速度（大小和方向）相等的重合点，如果 P_{23} 不在 P_{12} 和 P_{13} 的连线上，而在图示的 K 点处，则其绝对速度 v_{K2} 和 v_{K3} 的方向不可能相同。显然，只有当 P_{23} 位于 P_{12} 和 P_{13} 的连线上时，构件 2 与构件 3 重合点绝对速度的方向才能一致，故知 P_{23} 必定位于 P_{12} 和 P_{13} 的连线上。

利用瞬心法进行速度分析，可求出两构件的角速度比、构件的角速度及构件上某点的线速度。

［例 3－1］ 在图 3.9 所示的平面四杆机构中，已知：各构件的尺寸，主动件 2 以角速度 ω_2 等速回转。求从动件 4 的角速度 ω_4、ω_3/ω_4 及 C 点速度 v_C。

解：由式（3－1）求出瞬心的个数 $N=(4\times3)/2=6$。其中，可直接在图中标出 P_{12}、P_{14}、P_{23} 及 P_{34}。利用三心定理，P_{24} 应在 P_{12} 和 P_{14} 的连线上，同时应在 P_{23} 和 P_{34} 的连线上，两条线的交点即 P_{24}；同理可找出 P_{13}。

因为 P_{24} 为构件 2 与构件 4 的等速重合点，故得

$$\omega_2 \overline{P_{12}P_{24}}\mu_L=\omega_4 \overline{P_{14}P_{24}}\mu_L$$

式中 μ_L——机构的尺寸比例尺（m/mm），是构件的真实长度与图示长度之比。

由上式可得

$$\frac{\omega_2}{\omega_4}=\overline{P_{14}P_{24}}/\overline{P_{12}P_{24}}$$

因此

$$\omega_4=\omega_2\frac{\overline{P_{12}P_{24}}}{\overline{P_{14}P_{24}}}$$

式中 ω_2/ω_4——该机构的主动件 2 与从动件 4 的瞬时角速度之比，即机构的传动比。

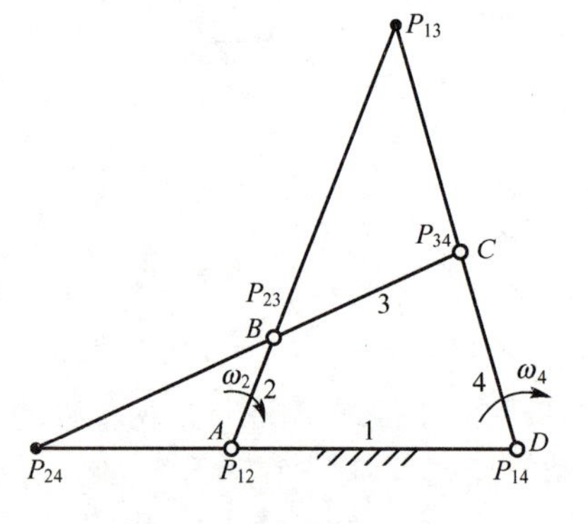

图 3.9 平面四杆机构

传动比等于两构件的绝对瞬心（P_{12}，P_{14}）至相对瞬心（P_{24}）的距离的反比，此关系可以推广到平面机构中任意两构件 i 与 j 的角速度之间的关系中，即

$$\frac{\omega_i}{\omega_j}=\overline{P_{1j}P_{ij}}/\overline{P_{1i}P_{ij}} \tag{3-2}$$

式中 ω_i，ω_j——构件 i 与构件 j 的瞬时角速度（rad/s）；

P_{1i}，P_{1j}——构件 i 与构件 j 的绝对瞬心；

P_{ij}——两构件的相对瞬心。

因此，在已知 P_{1i}、P_{1j} 及构件 i 的角速度 ω_i 的条件下，只要确定 P_{ij} 的位置，便可求得构件 j 的角速度 ω_j，由此可得

$$\frac{\omega_3}{\omega_4}=\frac{\overline{P_{14}P_{34}}}{\overline{P_{13}P_{34}}}$$

C 点的速度即瞬心 P_{34} 的速度，则有

$$v_C=\omega_3\overline{P_{13}P_{34}}\mu_L=\omega_4\overline{P_{14}P_{34}}\mu_L=\omega_2\frac{\overline{P_{12}P_{24}}}{\overline{P_{14}P_{24}}}\overline{P_{14}P_{34}}\mu_L$$

由例 3-1 可知，利用速度瞬心法对平面四杆机构进行速度分析较方便。但对瞬心数目多的多杆机构进行速度分析时就显得很烦琐，而且图解法精确度较低，作图时常有某些瞬心落在图纸之外，因此有很大的局限性。

用速度瞬心法对平面四杆机构进行速度分析除较方便外，也适用于对平面高副机构进行运动分析。

3.3 平面四杆机构的基本形式及演化

3.3.1 平面四杆机构的基本形式及应用

全部运动副均为转动副的四杆机构称为铰链四杆机构（图 3.10），它是四杆机构最基本的形式。在此机构中，固定不动的杆件 4 为机架，杆 1、杆 3 分别与机架以转动副联接，称为连架杆，其中能做整周回转运动的连架杆称为曲柄，只能在一定范围内做往复运动的连架杆称为摇杆（或摆杆）；与机架相对的杆 2 与两个连架杆联接，以实现运动和动力的传递，称为连杆。连杆做平面运动。

根据其两连架杆的运动情况，铰链四杆机构可分为以下三种类型。

1. 曲柄摇杆机构

具有一个曲柄和一个摇杆的铰链四杆机构称为曲柄摇杆机构。

曲柄摇杆机构一般以曲柄为主动件（做等速转动），以摇杆为从动件（做往复摆动），如图 3.2 所示的雷达天线调整机构。也有以摇杆为主动件，以曲柄为从动件的情况，如图 3.11 所示的缝纫机踏板机构。

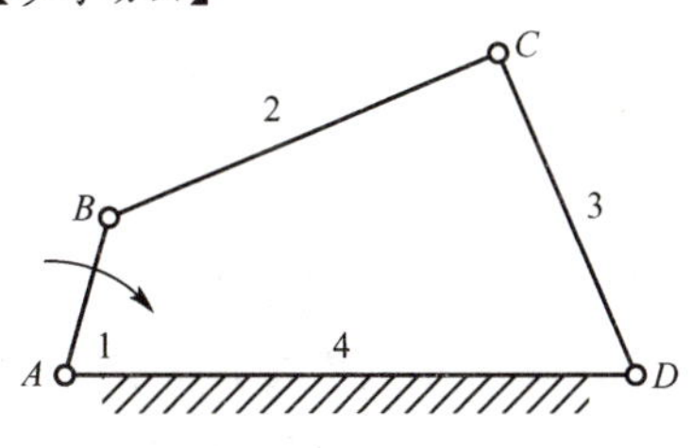

图 3.10 铰链四杆机构

【参考动画】

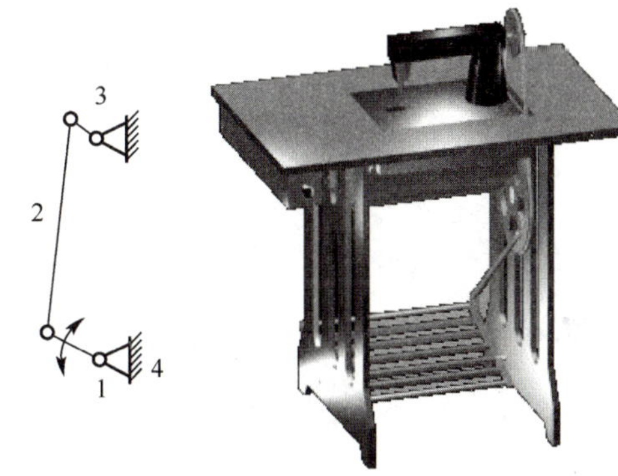

图 3.11 缝纫机踏板机构

2. 双曲柄机构

具有两个曲柄的铰链四杆机构称为双曲柄机构。在双曲柄机构中，通常主动曲柄做等速转动，从动曲柄做变速转动。

图 3.1 所示的振动筛机构中，四杆机构 $ABCD$ 为一个双曲柄机构，当主动曲柄 1 做等速转动、从动曲柄 3 做变速转动时，通过杆 5 带动筛子 6，使其具有所需的加速度，通过筛子中颗粒物料的惯性作用达到筛分的目的。

【参考动画】

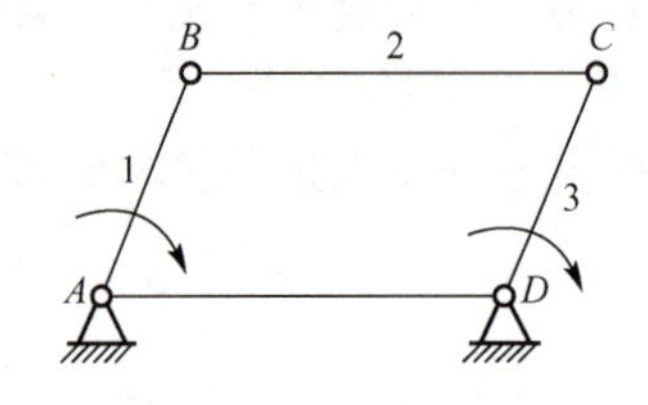

图 3.12 平行四边形机构

在双曲柄机构中，若连杆与机架的长度相等，并且两个曲柄的转向相同、长度相等，则称为平行四边形机构，如图 3.12 所示。由于这种机构的两曲柄的角速度始终保持相等且连杆始终做平动，故应用较广。例如，图 3.13 所示的机车车轮联动机构和健身器材。又如图 3.14 所示的摄影车升降机构，其升降高度的变化采用平行四边形机构来实现，并且利用连杆始终做平动的特点，使与连杆固连为一体的座椅始终保持水平位置，以保证摄影人员安全可靠地摄影。

【参考动画】

（a）机车车轮联动机构

（b）健身器材

图 3.13 平行四边形机构应用

对于两个曲柄转向相反的机构，即连杆与机架的长度相等，两个曲柄长度相等，组成转向相反的双曲柄机构，则称为逆平行四边形机构，如图 3.15 所示。如车门启闭机构，如图 3.16 所示。当主动曲柄 AB 转动时，从动曲柄 CD 做相反方向转动，从而使两扇车门同时开启或同时关闭。

【参考动画】

图 3.14 摄影车升降机构

3. 双摇杆机构

具有两个摇杆的铰链四杆机构称为双摇杆机构，它常用于操纵机构、仪表机构中等。

图 3.17 所示为铸造用大型造型机的翻箱机构，摇杆 AB 和摇杆 CD 以不同角速度摆动时，连杆 BC 上的沙箱完成 180°翻转。

在双摇杆机构中，若两摇杆长度相等，则称为等腰梯形机构。如图 3.18 所示的汽车前轮转向机构，当汽车转弯时，为了保证轮胎与地面之间为纯滚动，以减少轮胎磨损，希望两前轮转动轴线与后轮转动轴线交于一点 P（P 为瞬时回转中心）。为达到这一要求，显然在右转弯时，右前轮摆角 α 应大于左前轮摆角 β，采用等腰梯形机构操纵前轮转向，即可实现该要求。

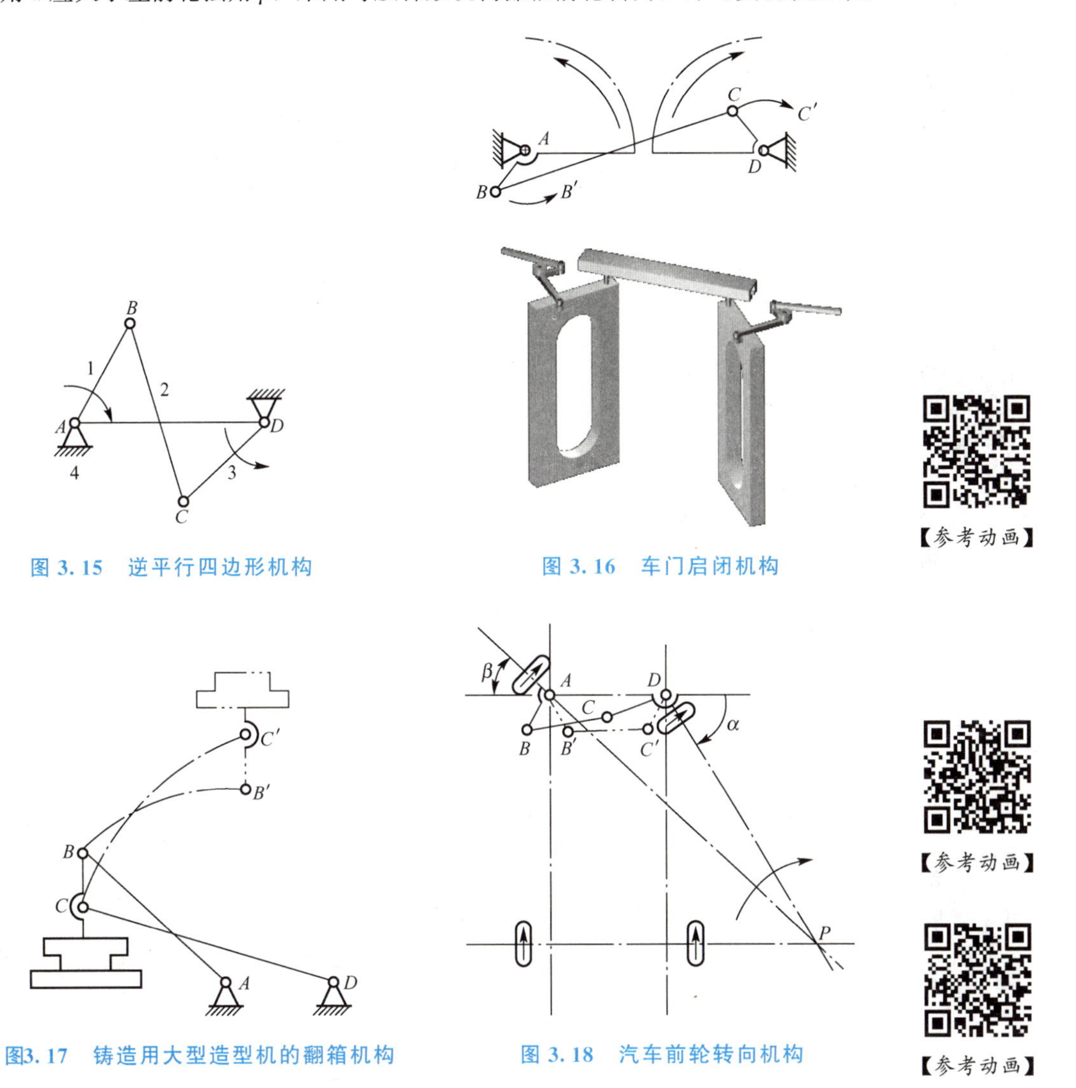

图 3.15 逆平行四边形机构

图 3.16 车门启闭机构

图3.17 铸造用大型造型机的翻箱机构

图 3.18 汽车前轮转向机构

3.3.2 平面连杆机构的演化

1. 改变构件尺寸，转动副演变为移动副

在一个机构中，当某些构件长度改变时，从动件的运动就会改变。

如图 3.19（a）所示，若将曲柄摇杆机构中摇杆 3 的长度增至无穷大，则铰链 C 的运动轨迹$\overset{\frown}{mm}$将变成直线，如图 3.19（b）所示，摇杆 3 演化成直线运动的滑块，转动副 D 演化成移动副，曲柄摇杆机构则演化成为如图 3.20 所示的曲柄滑块机构。其中图 3.20（a）所示的机构中滑块导路通过曲柄转动中心 A，称为对心曲柄滑块机构；图 3.20（b）所示的机构中滑块导路至曲柄回转中心存在偏距 e（$e\neq0$），则称为偏置曲柄滑块机构。

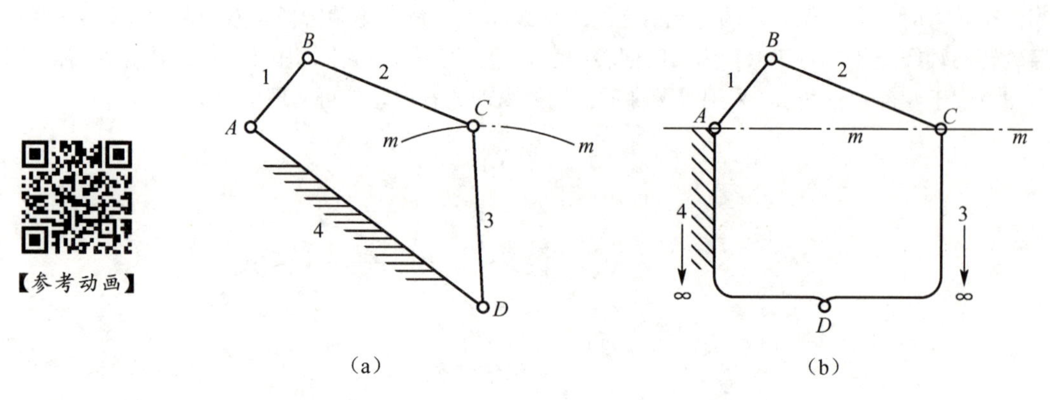

图 3.19　曲柄摇杆机构的演化

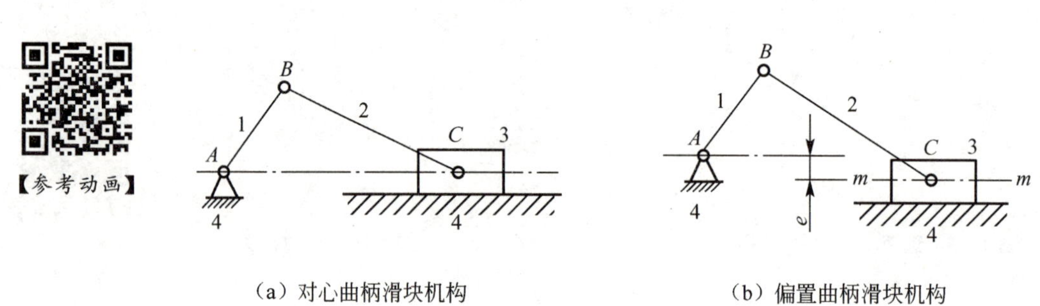

（a）对心曲柄滑块机构　　（b）偏置曲柄滑块机构

图 3.20　曲柄滑块机构

此外，在图 3.20（a）所示的对心曲柄滑块机构中，由于铰链 B 相对于铰链 C 的运动轨迹为以 C 为圆心、以 BC 为半径的圆弧，因此若将连杆 2 做成滑块形式，并使之沿圆弧导轨$\overset{\frown}{\alpha\alpha}$运动，如图 3.21（a）所示，则其运动性质不发生改变，所演化成的机构称为双滑块机构。若将图 3.21（a）所示的双滑块机构中圆弧导轨$\overset{\frown}{\alpha\alpha}$曲率半径增至无穷大，则圆弧导轨$\overset{\frown}{\alpha\alpha}$将成为一条直线，于是该机构将演化成双滑块机构中的一个特殊机构——正弦机构，如图 3.21（b）所示。在此机构中，从动件 3 的位移 S 与原动件 1 的转角 φ 的正弦成正比，即 $S=l_{AB}\sin\varphi$。

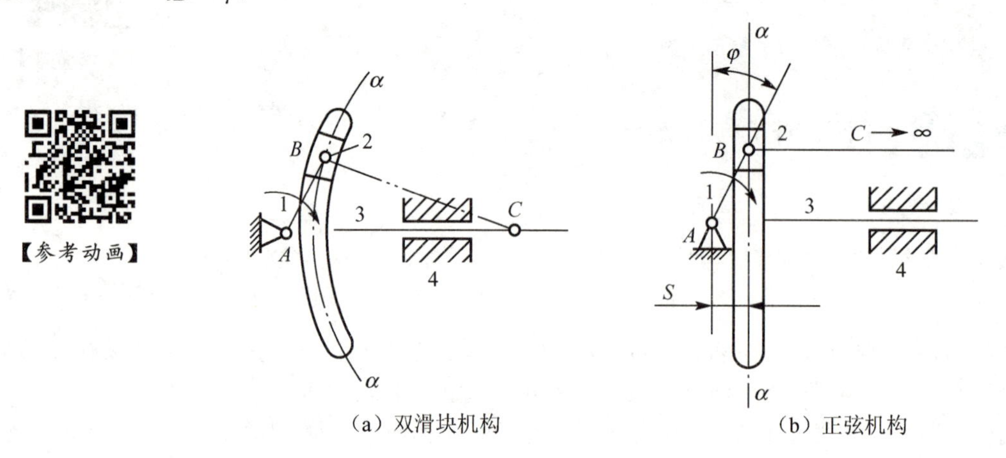

（a）双滑块机构　　（b）正弦机构

图 3.21　双滑块机构

2. 机架置换

对连杆机构而言，若组成转动副的两构件之间能做整周相对转动，则该转动副称为周转副；若不能做整周相对转动，则称为摆转副。转动副是周转副还是摆转副，只与组成铰链四杆机构的构件尺寸有关，而与哪个构件为机架无关。图 3.22（a）所示的曲柄摇杆机构，若取 *AB* 杆为机架，由于 *A*、*B* 为周转副，则该机构演化成为图 3.22（b）所示的双曲柄机构；若取 *CD* 杆为机架，由于 *C*、*D* 为摆转副，则该机构演化成为图 3.22（c）所示的双摇杆机构。

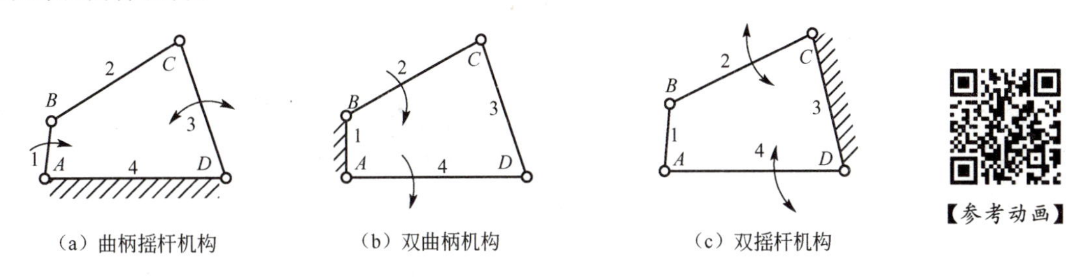

（a）曲柄摇杆机构　（b）双曲柄机构　（c）双摇杆机构

图 3.22　四杆机构的三种形式

如图 3.23（a）所示的曲柄滑块机构，*AB* 杆为曲柄，*A*、*B* 为周转副，*C* 为摆转副。若取 *AB* 杆为机架，则机构演化成图 3.23（b）所示的转动导杆机构；若取 *BC* 杆为机架，则机构演化成图 3.23（c）所示的曲柄摇块机构；若取构件 3（滑块）为机架，则机构演化成图 3.23（d）所示的定块机构。

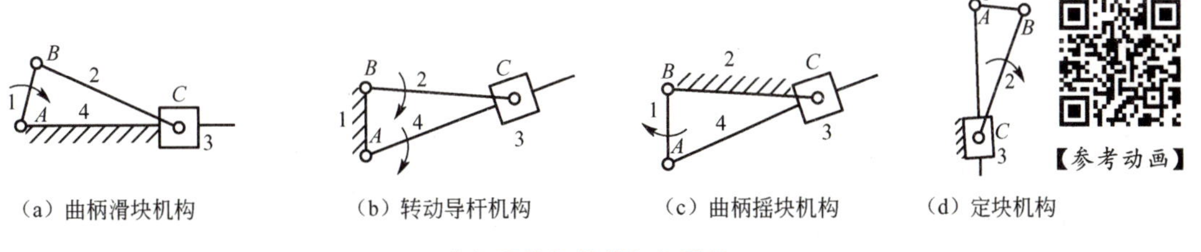

（a）曲柄滑块机构　（b）转动导杆机构　（c）曲柄摇块机构　（d）定块机构

图 3.23　曲柄滑块机构的机架置换

可见，对同一个闭式运动链，若取不同的构件为机架，可获得不同的机构。这种利用改变机架演化成的机构称为原机构的倒置机构。机构置换后，机构中各构件的绝对运动随之改变，但各构件的相对运动仍保持不变。

3. 扩大转动副

图 3.24（a）所示的曲柄滑块机构中，若增大转动副 *B* 的尺寸，使其半径大于曲柄 *AB* 的长度，则曲柄将演化成一个几何中心与回转中心不重合的圆盘，如图 3.24（b）所示，称为偏心轮。此偏心轮的回转中心 *A* 即原曲柄的回转中心，而几何中心 *B* 即铰链 *B* 的几何中心。*A*、*B* 的距离 e 称为偏心距，此偏心距实际上就是原曲柄的长度，这种机构称为偏心轮机构。显然，演化后的偏心轮机构与图 3.24（a）所示的曲柄滑块机构的运动特性相同。

同理，曲柄摇杆机构［图 3.24（c）］也可演化成偏心轮机构，如图 3.24（d）所示。

【参考动画】

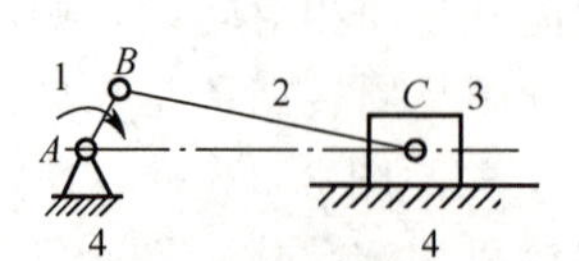

(a) 曲柄滑块机构

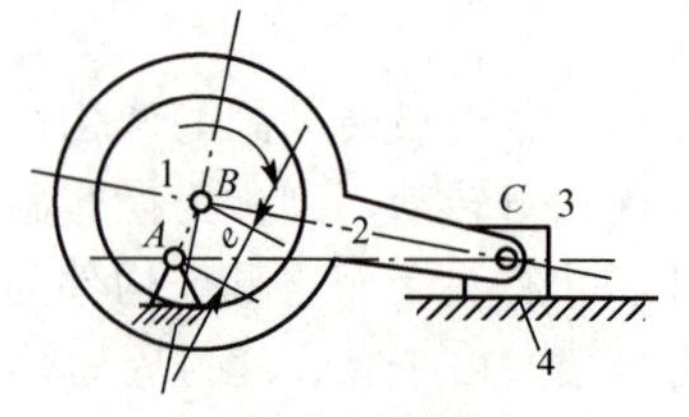

(b) 偏心轮机构

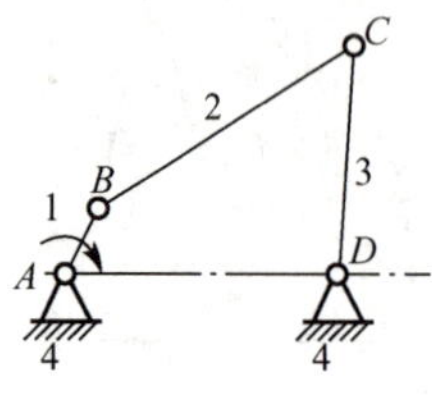

(c) 曲柄摇杆机构

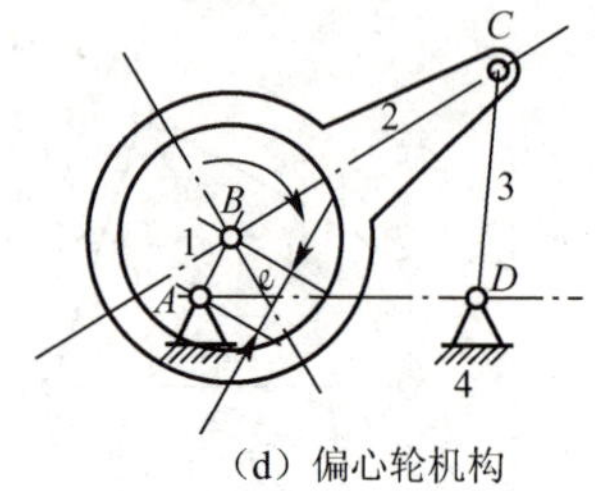

(d) 偏心轮机构

图 3.24 演化后的偏心轮机构

3.3.3 四杆机构存在曲柄的条件

平面连杆机构中是否存在曲柄，取决于机构中各构件间的相对尺寸关系和机架的选择。下面对常用机构进行分析。

图 3.25 所示为曲柄摇杆机构，图中各杆长度分别为 a、b、c、d。杆 1 为曲柄，杆 4 为机架。当曲柄转动一周时，曲柄与连杆两次共线，其相应位置分别为 AB_1C_1D 和 AB_2C_2D，根据三角形的边长关系得出机构各杆长度之间的关系。

在$\triangle AC_1D$ 中，　　$(b-a)+d\geqslant c$ 及 $(b-a)+c\geqslant d$

即

$$\left.\begin{aligned}c+a\leqslant b+d\\ d+a\leqslant b+c\end{aligned}\right\}\tag{3-3}$$

在$\triangle AC_2D$ 中，有

$$b+a\leqslant c+d\tag{3-4}$$

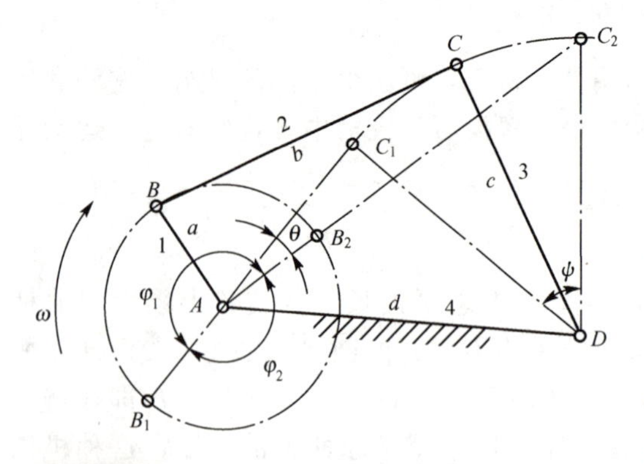

图 3.25 曲柄摇杆机构

【参考动画】

根据式 (3-3)、式 (3-4) 化简得

$$\left.\begin{aligned}a\leqslant b\\ a\leqslant c\\ a\leqslant d\end{aligned}\right\}\tag{3-5}$$

因此，可以得出曲柄摇杆机构中各杆长度应满足以下条件。

(1) 曲柄为最短杆。

(2) 最短杆与最长杆长度之和小于或等于其余两杆长度之和。此条件称为杆长和条件。

可利用以下条件判断满足杆长和条件的铰链四杆机构是哪种机构。

(1) 当最短杆为连架杆时，最短杆为曲柄，另一个连架杆为摇杆，得到曲柄摇杆机构。

（2）当最短杆为机架时，两固定铰链均为周转副，两连架杆均为曲柄，得到双曲柄机构。

【参考动画】

（3）当最短杆为连杆时，两固定铰链均为摆动副，即两连架杆均为摇杆，得到双摇杆机构。

当最短杆长度与最长杆长度之和大于其他两杆长度之和时，无论取哪个构件为机架都不会存在曲柄，只能构成双摇杆机构。

【参考动画】

图 3.26（a）所示的曲柄滑块机构，若 AB 为曲柄，曲柄滑块机构的曲柄存在条件是 $a+e\leqslant b$，当 $e=0$ 时得到对心滑块机构，存在曲柄的条件即 $a\leqslant b$；当 $a+e>b$ 时，得到摇杆滑块机构，如图 3.26（b）所示。

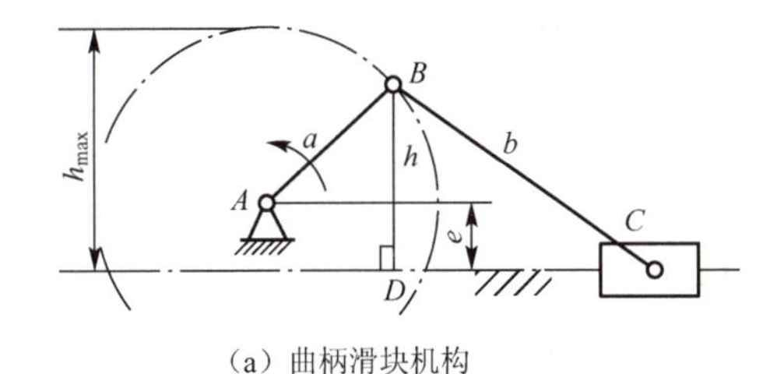

（a）曲柄滑块机构

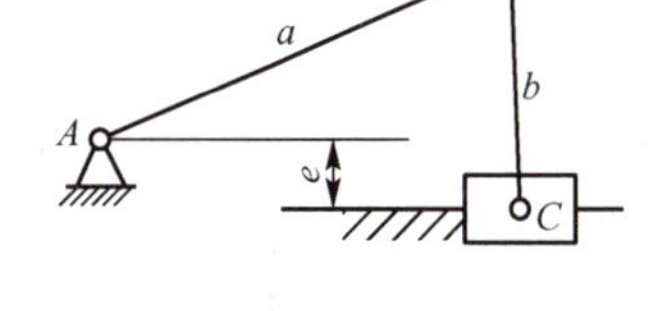

（b）摇杆滑块机构

图 3.26 曲柄滑块机构与摇杆滑块机构的杆长条件

3.4 平面四杆机构的基本工作特性

3.4.1 急回特性

图 3.25 所示的曲柄摇杆机构中，曲柄 AB 在转动一周的过程中，两次与连杆 BC 共线，即在曲柄处于 AB_1 和 AB_2 位置时，铰链中心 A 至 C 点的距离 AC_1 和 AC_2 分别为最短距离和最长距离，并使摇杆分别处于极限位置 C_1D 和 C_2D。摇杆在两极限位置之间做往复摆动的角 ψ 称为工作摆角；曲柄在相应位置 AB_1 和 AB_2 之间所夹的锐角 θ 称为极位夹角。

【参考动画】

当曲柄 AB 等速顺时针由位置 AB_1 转动角度 φ_1（$\varphi_1=180°+\theta$）至 AB_2 时，摇杆 CD 由 C_1D 摆过角度 ψ 至 C_2D，对应的时间为 t_1，则 C 点的平均速度 $v_1=\overparen{C_1C_2}/t_1$；当曲柄继续转过 φ_2（$\varphi_2=180°-\theta$）时，摇杆自 C_2D 摆回到 C_1D，摆角仍为 ψ，对应的时间为 t_2，而 C 点的平均速度为 $v_2=\overparen{C_1C_2}/t_2$。由于等角速度转动的曲柄所对应的转角不等，即 $\varphi_1>\varphi_2$，因此必然有 $t_1>t_2$。而往复摆动的摇杆摆角相同，则 $v_2>v_1$。一般用慢速行程作为工作行程，用快速行程作为返回行程，输出构件的这种快速返回的运动特性称为急回特性。急回的程度用行程速比系数 K 表示，即

$$K=\frac{v_2}{v_1}=\frac{\overparen{C_1C_2}/t_2}{\overparen{C_1C_2}/t_1}=\frac{t_1}{t_2}=\frac{\varphi_1}{\varphi_2}=\frac{180°+\theta}{180°-\theta} \tag{3-6}$$

式（3-6）表明，曲柄摇杆机构是否存在急回特性，取决于它是否存在极位夹角 θ。角 θ 越大，K 值越大，急回特性越明显，但从动件加速度越大，惯性力越大，机

构振动稳定性越差。对于一般机械，$K \leqslant 2$。当 $\theta=0$ 时，$K=1$，则 $v_1=v_2$，机构无急回特性。

偏置曲柄滑块机构和摆动导杆机构均有急回特性。

3.4.2 压力角和传动角

图 3.27 所示的曲柄摇杆机构中，曲柄 AB 为原动件，若不计各构件的重力、惯性力和运动副中的摩擦力，则连杆 BC 为二力杆。通过连杆作用于从动摇杆上的力 F 的作用线沿着 BC 方向，此力 F 的作用线与力的作用点的速度 v_C 方向之间所夹锐角 α 称为压力角。力 F 在 v_C 方向上的分力 F_t（$=F\cos\alpha$）是推动摇杆 CD 绕点 D 转动的有效分力；而力 F 沿从动摇杆 CD 方向上的分力 F_r（$=F\sin\alpha$）只能增大铰链中的约束反力，因此是有害分力。显然，压力角越大，有效分力越小，有害分力就越大，机构传动越费劲，效率就越低。

在设计中为了度量方便，连杆机构常用压力角的余角（即传动角 γ）衡量传力性能。传动角 γ 的取值如下：当连杆与从动件之间的夹角 δ 为锐角时，$\gamma=\delta=90°-\alpha$；当 δ 为钝角时，$\gamma=180°-\delta$，δ 角随曲柄转角的变化而变化。同理，α 越小，γ 越大，机构的传力性能越好。

为了保证机构具有良好的传力性能，规定最小传动角的下限 $[\gamma]$，设计时通常应使 $\gamma_{min} \geqslant [\gamma]$。对于一般机械，取 $[\gamma]=40°$；对于传递力矩较大的重载机械，如颚式破碎机、冲床、剪床等，取 $[\gamma]=50°$。最小传动角 γ_{min} 所在位置，可以通过计算或由机构运动简图直观地确定。对于曲柄摇杆机构，如图 3.27 所示，最小传动角 γ_{min} 出现在机构处于曲柄 AB 与机架 AD 两次共线之一的位置，不是 $\angle B_2C_2D$ 最小，就是 $\angle B_1C_1D$ 的补角最小。图 3.28 所示的偏置曲柄滑块机构，当曲柄为原动件时，机构的最小传动角 γ_{min} 出现在图中虚线 $AB'C'$ 位置。

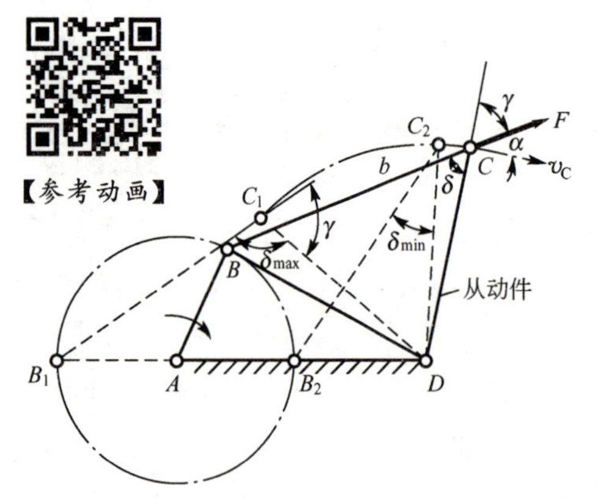

图 3.27 曲柄摇杆机构中的压力角与传动角

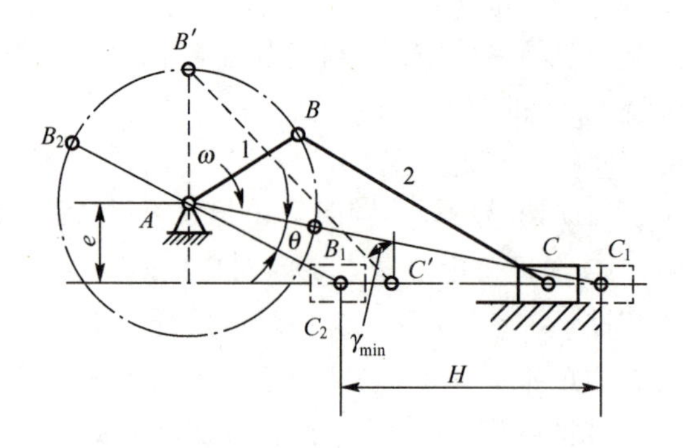

图 3.28 偏置曲柄滑块机构中的最小传动角

3.4.3 机构的死点位置

对于图 3.25 所示的曲柄摇杆机构，如以摇杆 3 为原动件，以曲柄 1 为从动件，则当摇杆摆到极限位置 C_1D 和 C_2D 时，连杆 2 与曲柄 1 共线。若不计各杆的质量，则此时连杆加给曲柄的力将通过铰链中心 A，此力对 A 点不产生力矩，因此不能使曲柄转动。机构的这种位置称为死点位置。死点位置会使机构的从动件出现卡死或运动不确定现象。为了消除死点位置的不良影响，可以对从动曲柄施加外力；或利用飞轮及构件自身的惯性作用，使机构通过死点位置。

图 3.11 所示的缝纫机踏板机构，在实际使用中，缝纫机有时会出现踏不动或倒车现象，这就是由机构处于死点位置引起的。在正常运转时，借助安装在机头主轴上的飞轮（带轮）的惯性作用，可以使缝纫机踏板机构的曲柄冲过死点位置。机构具有死点位置对传动是有害的，应设法避免。

机构静止于死点位置时，若不改变原动件，机构具有保持原位置不变的特性。机构的这一特性常被用来实现一定的工作要求。图 3.29 所示为机床夹具的夹紧机构，图示位置为夹紧状态，机构 $ABCD$ 处于死点位置，工件反力 F_Q 不能使机构运动，故工件不会松脱。当需要放开工件时，在连杆 BC 的手柄上加一个反力 F_P 即可。飞机起落架也是利用死点位置的机构。

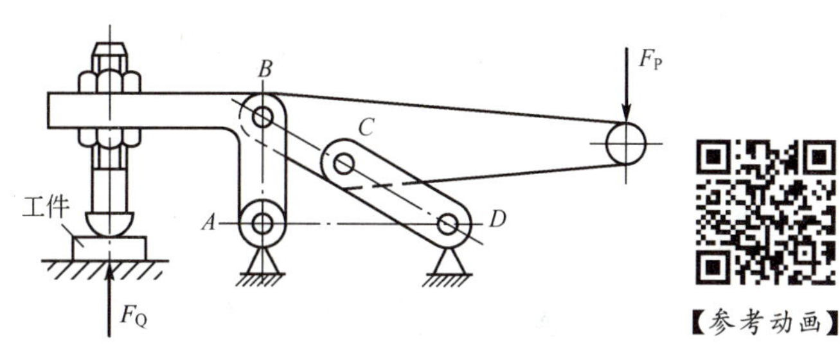

图 3.29　机床夹具的夹紧机构

具有死点位置的机构，多数在改变原动件时，机构死点位置随之消失，所以机构是否具有死点位置一般取决于原动件的选择。

3.5　平面四杆机构的设计

平面四杆机构设计主要是根据给定的运动条件，确定机构简图尺寸参数。有时为了使机构设计得可靠、合理，还要考虑几何条件和动力条件等。一般来讲，连杆机构的设计常常遇到两类问题：一是按给定运动规律设计四杆机构，给定的运动规律一般是指主动件与输出构件之间的运动关系或对应位置关系、行程和行程速比系数的要求等；二是按照给定点的运动轨迹设计四杆机构。

平面四杆机构的设计方法有图解法、解析法和实验法三种。图解法直观，实验法简便，但这两种方法精度都不高。随着计算机的普及，解析法是设计方法的发展方向。由于图解法求解过程中已知条件与设计量之间有清晰的几何关系，因此可应用于计算机求解建立数学模型，可见图解法在平面四杆机构设计中起重要作用。

3.5.1　按连杆的给定位置设计平面四杆机构

按给定连杆位置设计四杆机构的实质在于确定连架杆与机架组成的转动副中心的位置。

如图 3.30 所示，已知连杆长度 BC 及连杆的三个给定位置 B_1C_1、B_2C_2、B_3C_3，设计四杆机构。

由于连杆 BC 上的两个活动铰链中心 B 及 C 的位置已被确定，只需确定它的两个固定铰链中心 A 及 D 的位置。由于四杆机构的铰链中心 B 和 C 的运动轨迹分别是以 A 和 D 为

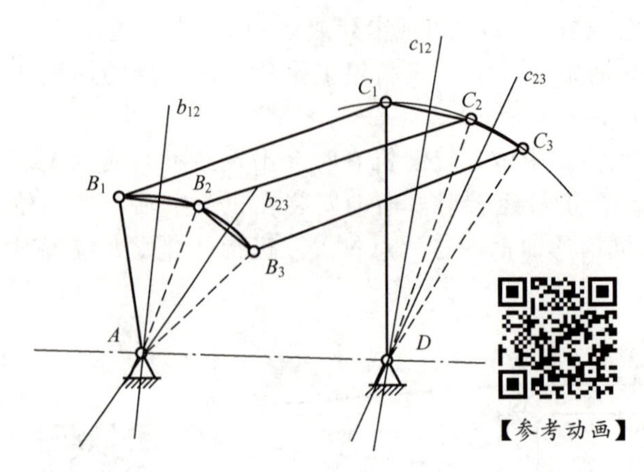

图 3.30 按连杆的给定位置设计平面四杆机构

圆心的圆弧，因此可由 B_1、B_2、B_3 求 A 点；由 C_1、C_2、C_3 求 D 点。为此，连接 B_1 与 B_2、B_2 与 B_3、C_1 与 C_2、C_2 与 C_3，分别作 $\overline{B_1B_2}$、$\overline{B_2B_3}$ 的垂直平分线 b_{12} 及 b_{23}，其交点就是固定铰链 A 点的位置；同理，分别作出 $\overline{C_1C_2}$、$\overline{C_2C_3}$ 的垂直平分线 c_{12} 及 c_{23}，交点为固定铰链中心 D，连接 AB_1、DC_1 得设计机构 AB_1C_1D，设计结果是唯一的。

若给定连杆两个位置，则 A、D 不能唯一确定，设计结果无穷多。必须给定辅助条件，如构件尺寸、最小传动角或机架位置等，才能唯一确定 A、D 的位置。

3.5.2 按给定的行程速比系数 K 设计四杆机构

在设计具有急回特性的四杆机构时，通常按实际需要先给定行程速比系数 K 的数值，根据机构在极限位置的几何关系，再结合有关辅助条件，以确定机构运动的尺寸参数。

1. 曲柄摇杆机构

已知行程速比系数 K、摇杆长度 CD 及其摆角 ψ，试设计四杆机构。

设计的实质是确定曲柄 AB 的固定铰链中心 A 点的位置，然后确定其余三杆的长度。设计步骤如下。

（1）由给定的行程速比系数 K，计算极位夹角 θ

$$\theta=180^\circ\frac{K-1}{K+1}$$

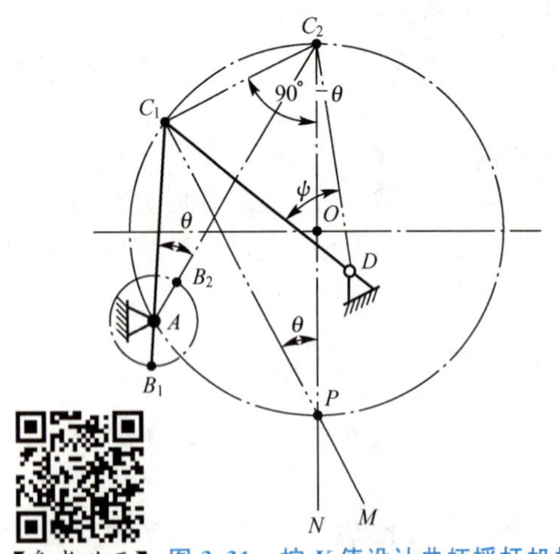

图 3.31 按 K 值设计曲柄摇杆机构

（2）如图 3.31 所示，确定比例尺 μ_L。按角 ψ 和 CD 杆长作出摇杆的两极限位置 C_1D 和 C_2D。

（3）连接 C_1 和 C_2，并过 C_1 点作 $\overline{C_1C_2}$ 的垂线 $\overline{C_1M}$，过 C_2 点作与 $\overline{C_1C_2}$ 成 $\angle C_1C_2N=90^\circ-\theta$ 的直线 $\overline{C_2N}$，交 $\overline{C_1M}$ 于点 P，则 $\angle C_1PC_2=\theta$。

（4）作 $\triangle C_1PC_2$ 的外接圆，在圆上任选一点 A 作为曲柄与机架的固定铰链中心，并分别与 C_1、C_2 点相连，得 $\angle C_1AC_2=\angle C_1PC_2=\theta$。

（5）由在极限位置时曲柄与连杆共线的关系可知：$\overline{AC_1}=\overline{B_1C_1}-\overline{AB_1}$，$\overline{AC_2}=\overline{B_2C_2}+\overline{AB_2}$，从而得 $L_{AB}=\frac{1}{2}\mu_L\ (\overline{AC_2}-\overline{AC_1})$，

$L_{BC}=\frac{1}{2}\mu_L\ (\overline{AC_1}+\overline{AC_2})$。

由于 A 点是任选的，因此有无穷多个解，为了获得良好的传动性能，可按照最小传动角或其他辅助条件，使其有确定解。

2. 曲柄滑块机构

已知行程速比系数 K、滑块的行程 H、偏距 e，试设计四杆机构。

设计步骤如下。

(1) 由已知条件 K 可求得 θ

$$\theta=180°\frac{K-1}{K+1}$$

(2) 如图 3.32 所示，确定比例尺 μ_L，作直线 $\overline{C_1C_2}=H$，并过 C_1 点作 $\overline{C_1C_2}$ 的垂线 $\overline{C_1M}$，过 C_2 点作与 $\overline{C_1C_2}$ 成 $\angle C_1C_2N=90°-\theta$ 的直线 $\overline{C_2N}$，交 $\overline{C_1M}$ 于点 P，则 $\angle C_1PC_2=\theta$。作 $\triangle C_1PC_2$ 的外接圆。

(3) 作一条与 C_1C_2 平行的直线，并且距离为 e，此直线交外接圆于点 A，则 $\angle C_1AC_2=\theta$。

(4) 因在两极限位置曲柄与连杆共线，故有 $\overline{AC_1}=\overline{B_1C_1}-\overline{AB_1}$，$\overline{AC_2}=\overline{B_2C_2}+\overline{AB_2}$，从而得 $L_{AB}=\frac{1}{2}\mu_L\ (\overline{AC_2}-\overline{AC_1})$，$L_{BC}=\frac{1}{2}\mu_L\ (\overline{AC_1}+\overline{AC_2})$。得曲柄滑块机构 ABC。

3. 导杆机构

已知机架长度 l_4、行程速比系数 K，试设计四杆机构。

由图 3.33 可知，导杆机构的极位夹角 θ 等于导杆摆角 ψ，所需确定的尺寸是曲柄长度。

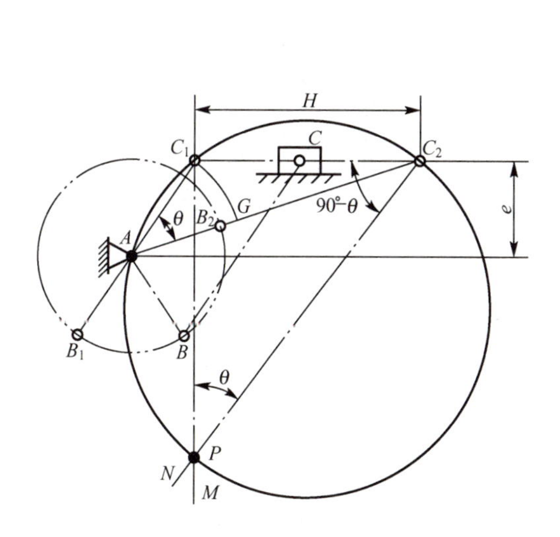

图 3.32 按 K 值设计曲柄滑块机构

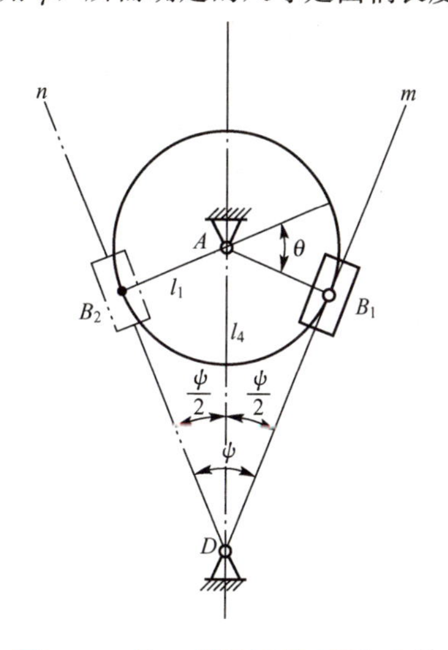

图 3.33 按 K 值设计摆动导杆机构

设计步骤如下。

(1) 由已知条件 K 可求得 θ

$$\theta=\psi=180°\frac{K-1}{K+1}$$

(2) 任选固定铰链中心 D，以夹角 ψ 作出导杆两个极限位置 Dn 和 Dm。

(3) 作摆角 ψ 的平分线 AD，并在线上取 $AD=l_4$，得固定铰链中心 A 点的位置。

(4) 过 A 点作导杆极限位置的垂线 AB_1（或 AB_2）即得曲柄长度 $l_1=\overline{AB_1}\mu_L$。

3.5.3 用解析法设计四杆机构

【参考图文】

该部分为选学内容，请读者扫描二维码自行参考学习。

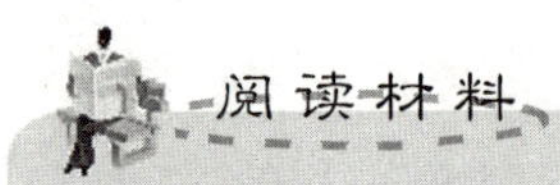

【参考图文】

该部分为拓展内容，请读者扫描二维码自行参考学习。

习　题

3-1　填空题

(1) 满足曲柄存在条件的铰链四杆机构，取与最短杆相邻的杆为机架时，为______机构；取最短杆为机架时，为______机构。

(2) 在______条件下，曲柄滑块机构具有急回特性。

(3) 在曲柄摇杆机构中，当______与________两次共线时出现最小传动角。

(4) 机构的压力角是指______，压力角越大，则机构传动性能______。

(5) 平面连杆机构是由若干个刚性构件通过______联接而成的机构。

(6) 机构处于死点位置时，其传动角为______，压力角为________。

(7) 铰链四杆机构分为______、________、________三种类型。

(8) 将铰链四杆机构中的一个杆件转换为块，铰链四杆机构演化成四种含一个移动副的四杆机构，分别是______、______、______、______。

(9) 在铰链四杆机构中，当最短杆和最长杆长度之和大于其他两杆长度之和时，只能得到________机构。

(10) 在摆动导杆机构中，导杆摆角 $\psi=30°$，其行程速比系数 K 的值为______。

3-2　选择题

(1) 曲柄摇杆机构中，摇杆为主动件时，____死点位置。

A. 不存在　　B. 曲柄与连杆共线时为

C. 摇杆与连杆共线时为

(2) 为保证四杆机构具有良好的机械性能，____不应小于最小许用值。

A. 压力角　　B. 传动角　　C. 极位夹角

(3) 曲柄摇杆机构中，当曲柄与____处于两次共线位置之一时出现最小传动角。

A. 连杆　　B. 摇杆　　C. 机架

(4) 平面铰链四杆机构 $ABCD$ 中，AD 为机架，$l_{AB}=40$mm，$l_{BC}=60$mm，$l_{CD}=110$mm，$l_{AD}=120$mm，那么____。

A. AB 杆为曲柄，CD 杆为摇杆　　B. CD 杆与 AB 杆均为曲柄
C. AB 杆与 CD 杆均为摇杆

(5) 在铰链四杆机构中，可能出现死点的机构是____机构。

A. 双曲柄　　B. 双摇杆　　C. 曲柄摇杆

(6) 一个对心曲柄滑块机构，曲柄长度为100mm，则滑块的行程是____。

A. 50mm　　B. 100mm　　C. 200mm　　D. 150mm

3-3　思考题

(1) 平面四杆机构分为哪几种基本类型？分别应用在哪些机械中？

(2) 何谓曲柄？不同形式的平面四杆机构存在曲柄的条件是否相同？试举例说明。

(3) 具有行程速比系数 K 的机构有什么特性？试分析 K 值大小对机构工作的影响。

(4) 压力角、传动角分别表示机构的什么特性？曲柄摇杆机构、曲柄滑块机构的最小传动角分别出现在机构的什么位置？机构的原动件改变时，最小传动角的大小是否变化？举例说明。

(5) 在曲柄摇杆机构和摆动导杆机构中，当以曲柄为原动件时，两个机构是否都一定存在急回特性？

(6) 在曲柄摇杆机构中，存在曲柄的条件是什么？什么条件下四个转动副都是周转副？

(7) 什么叫速度瞬心？相对瞬心与绝对瞬心的区别是什么？

(8) 如何计算一个机构的全部速度瞬心的数目？

3-4　分析、设计计算题

(1) 图3.34所示的铰链四杆机构中，已知 $l_{BC}=55$mm，$l_{CD}=40$mm，$l_{AD}=35$mm。求：①若此机构为曲柄摇杆机构，并且 AB 杆为曲柄，求 l_{AB} 的最大值；②若此机构为双曲柄机构，求 l_{AB} 的取值范围；③若此机构为双摇杆机构，求 l_{AB} 的取值范围。

(2) 按图3.35所注出的各构件尺寸，分析、确定机构的名称。

(3) 试确定图3.36所示各机构在图示位置时的全部速度瞬心。

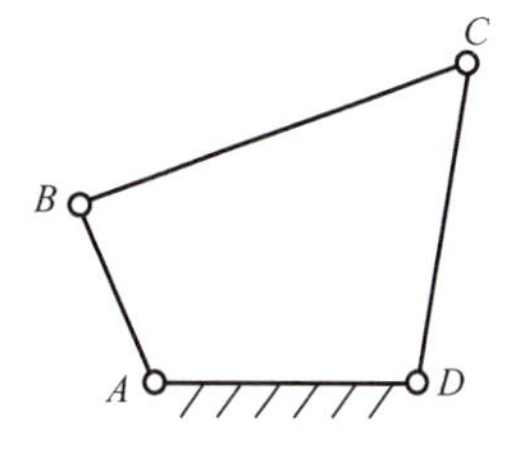

图3.34　题3-4(1)图

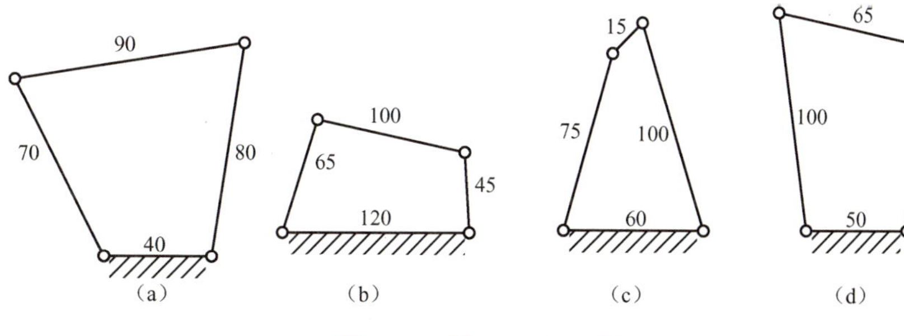

图3.35　题3-4(2)图

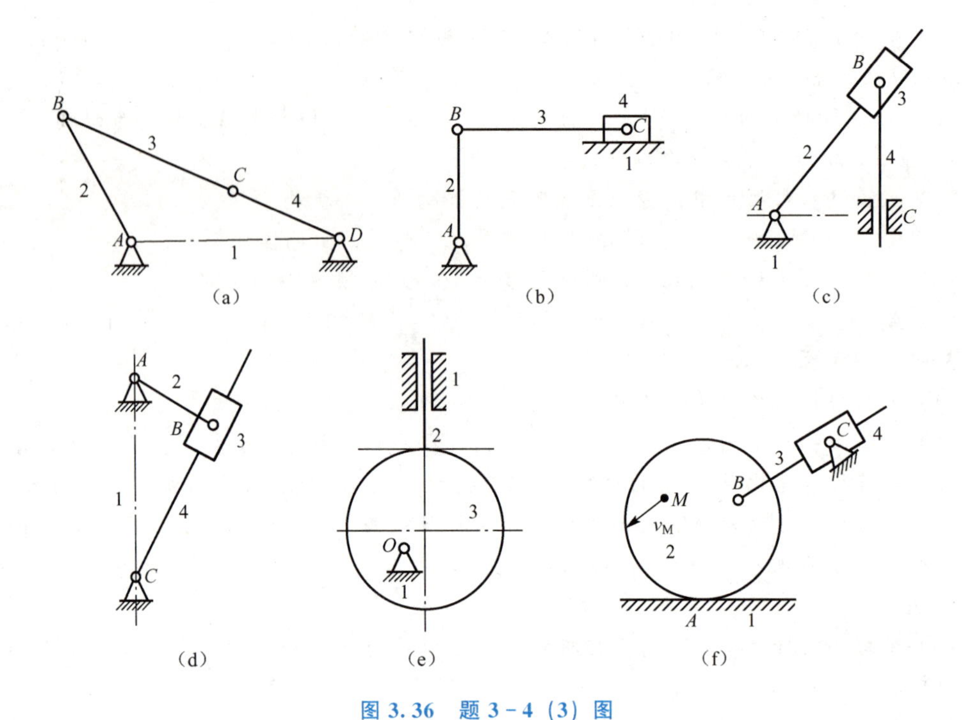

图 3.36 题 3-4 (3) 图

(4) 已知图 3.37 所示机构的尺寸及曲柄 1 的角速度 ω_1。试确定图示机构的全部速度瞬心，并用瞬心法求图示位置滑块 3 的速度 v_3 及构件 2 的角速度 ω_2 的大小和方向（用字母表示）。

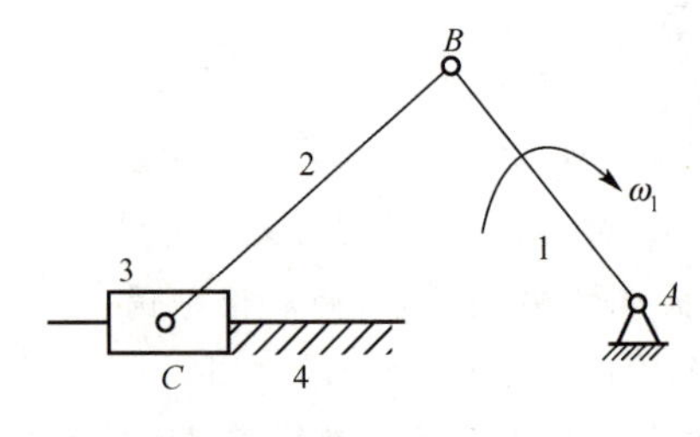

图 3.37 题 3-4 (4) 图

(5) 一个偏置曲柄滑块机构的曲柄 $l_{AB}=25$mm，连杆 $l_{BC}=75$mm，偏距 $e=10$mm。试作图求解。

① 滑块行程 H 和极位夹角 θ，并计算机构行程速比系数 K 值。

② 曲柄为原动件时，机构的最小传动角 γ_{min}。

(6) 用图解法设计曲柄滑块机构。已知滑块的行程 $H=50$mm，偏距 $e=20$mm，行程速比系数 $K=1.5$。试确定 l_{AB} 和 l_{BC} 的长度。

(7) 用图解法设计一个摆动导杆机构。已知机架长度为 80mm，行程速比系数 $K=1.5$。求曲柄长度。

(8) 如图 3.38 所示，已知四杆机构各杆长度分别为 $l_1=30$mm，$l_2=56$mm，$l_3=54$mm，$l_4=76$mm。①当取杆 4 为机架时，确定该机构为何种类型机构？②画图确定该机构的极位夹角 θ，计算行程速比系数 K，并在图上标出杆 3 的摆角 ψ。

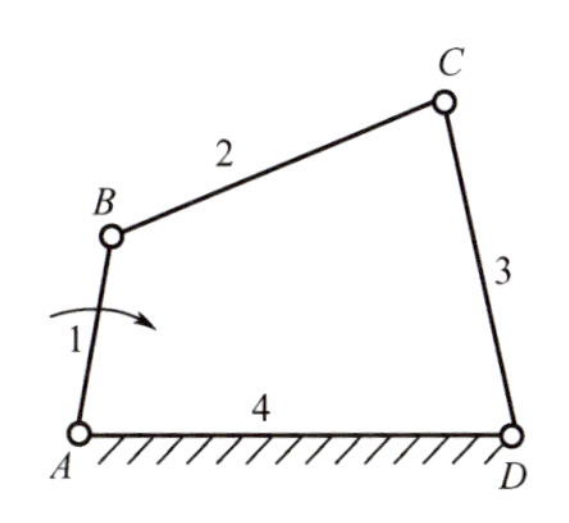

图 3.38 题 3-4 (8) 图

(9) 如图 3.39 所示，铰链四杆机构中要求两连架杆的对应位置为 $\varphi_1=40°$，$\psi_1=45°$；$\varphi_2=90°$，$\psi_2=70°$；$\varphi_3=120°$，$\psi_3=100°$，机架长度 $l_{AD}=50\text{mm}$。试用解析法求其余三杆的长度。

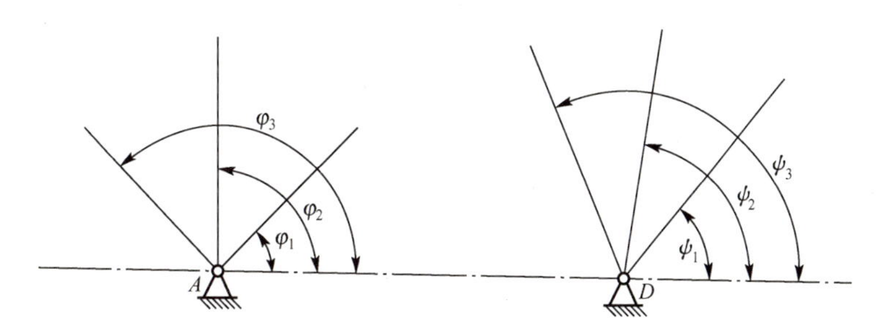

图 3.39 题 3-4 (9) 图

提示：本章其他设计习题见模块二实训项目任务书一。

第4章
凸轮机构及其设计

本章主要介绍凸轮机构的应用和分类；从动件的常用运动规律；盘形凸轮轮廓曲线设计的基本原理和方法；凸轮机构基本尺寸的确定。

1. 了解凸轮机构的应用和分类。
2. 熟悉从动件的常用运动规律及特性。
3. 掌握盘形凸轮轮廓曲线的设计原理及图解法设计，了解盘形凸轮轮廓曲线的解析法设计。
4. 掌握机构压力角、基圆半径及滚子半径的确定原则。

4.1 凸轮机构的应用及分类

凸轮机构是由具有某种曲线轮廓或凹槽的构件，通过高副接触带动从动件实现预期运动规律的传动机构。凸轮机构广泛应用于各种机械，特别是自动机械、自动控制装置和装配生产线中。

4.1.1 凸轮机构的应用

图 4.1 所示为车削加工给定廓线的靠模凸轮机构。靠模凸轮 2 做等速直线运动时，它的廓线推动从动件 3 以一定运动规律做垂直往复直线运动，车刀 4 在水平移动工件 5 上加工出给定的廓线。显然，给定廓线的形状与靠模凸轮的轮廓有关。

图 4.2 所示为绕线机中用于排线的凸轮机构。当绕线轴 3 快速转动时，绕线轴上的齿

轮带动凸轮1缓慢地转动，通过凸轮轮廓与尖顶 A 之间的作用，驱使从动件2往复摆动，因而使线均匀地绕在绕线轴3上。

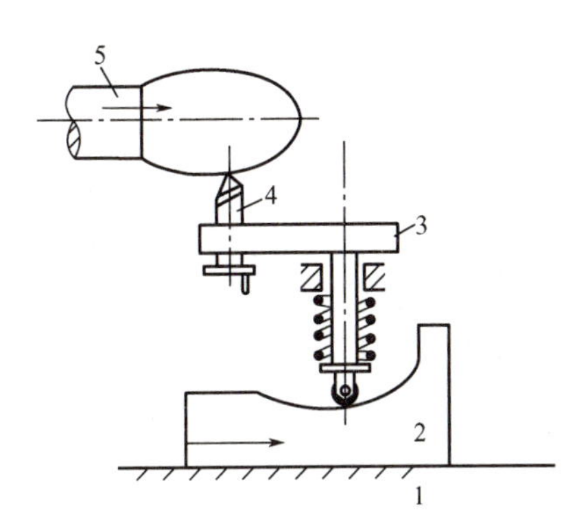

1—机架；2—靠模凸轮；3—从动件；4—车刀；5—水平移动工件

图 4.1　车削加工给定廓线的靠模凸轮机构

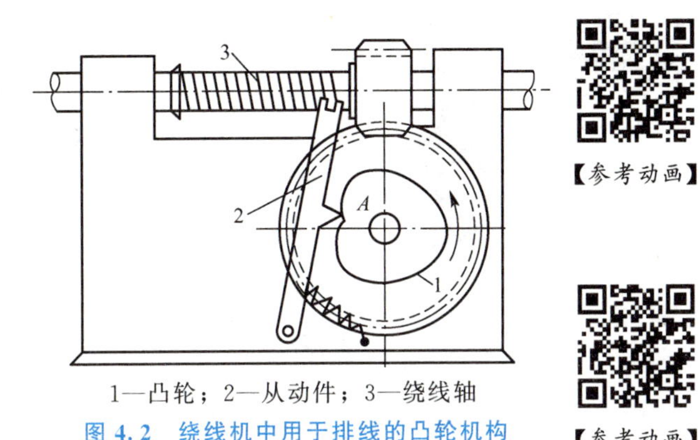

1—凸轮；2—从动件；3—绕线轴

图 4.2　绕线机中用于排线的凸轮机构

【参考动画】

【参考动画】

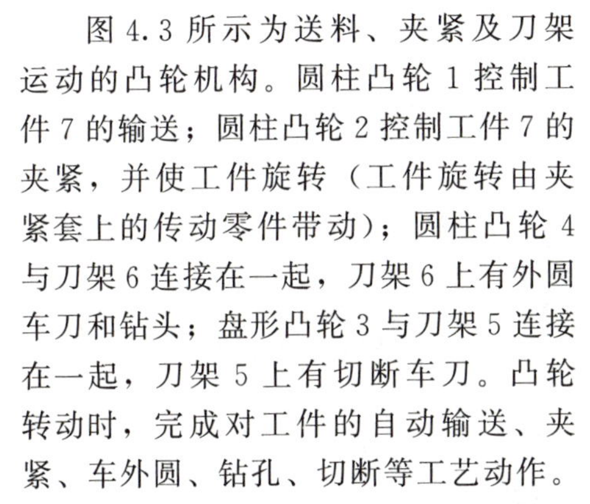

图4.3所示为送料、夹紧及刀架运动的凸轮机构。圆柱凸轮1控制工件7的输送；圆柱凸轮2控制工件7的夹紧，并使工件旋转（工件旋转由夹紧套上的传动零件带动）；圆柱凸轮4与刀架6连接在一起，刀架6上有外圆车刀和钻头；盘形凸轮3与刀架5连接在一起，刀架5上有切断车刀。凸轮转动时，完成对工件的自动输送、夹紧、车外圆、钻孔、切断等工艺动作。

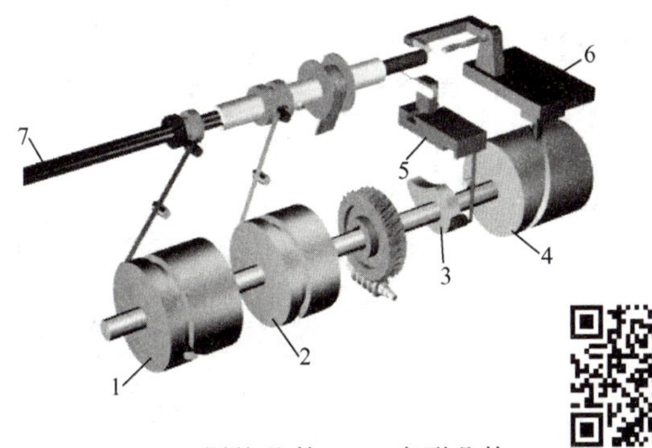

1、2、4—圆柱凸轮；3—盘形凸轮；5、6—刀架；7—工件

图 4.3　送料、夹紧及刀架运动的凸轮机构

【参考动画】

由上述可知，凸轮机构一般由凸轮、从动件和机架组成。其优点是选择适当的凸轮轮廓，能使从动件获得预期的运动规律，机构结构紧凑；缺点是凸轮与从动件是高副接触，易磨损。凸轮机构多用于传递动力不大的场合。

4.1.2 凸轮机构的分类

凸轮机构的类型很多，通常按凸轮和从动件的几何形状及运动类型分类。

1. 按凸轮形状分

(1) 盘形凸轮。仅具有径向轮廓尺寸变化的盘形零件称为盘形凸轮[图4.4 (a)]。图4.4 (b) 所示为内燃机配气机构。盘形凸轮是主动件，气阀为从动件，机架为气阀上下运动的导路。当凸轮做连续等速回转运动时，从动件按一定的运动规律有节奏地启闭气门。盘形凸轮结构简单、应用广泛，但从动件行程不宜过大，否则凸轮径向尺寸变化太大，不利于工作。

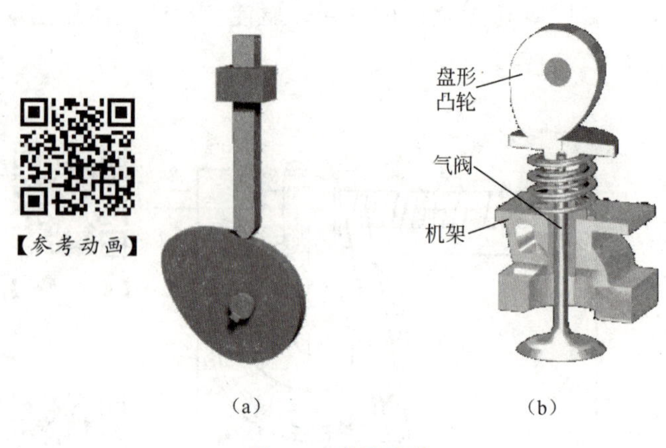

图 4.4　盘形凸轮

(2) 圆柱凸轮。圆柱凸轮是具有曲线凹槽或凸缘的圆柱形构件［图 4.5 (a)］。图 4.5 (b) 所示为送料机构，圆柱凸轮回转时，凹槽侧面推动从动件绕固定轴 A 摆动，扇形齿轮与齿条啮合传动，使工作台往复移动，完成送料工作。圆柱凸轮可使从动件有较大的行程，但制造较困难。

(3) 移动凸轮。移动凸轮沿机架做直线移动［图 4.6 (a)］。图 4.6 (b) 所示为冲床送料机构，工作时，移动凸轮在曲柄和连杆的带动下上下往复移动。凸轮上的斜槽通过滚子推动从动件左右移动。当凸轮下移时，滚子沿斜槽带动从动件向左移动，把工件送到冲头下面的工作位置；当凸轮上移时，从动件从冲头下右移退出；滚子进入直档部分时，从动件停止不动，冲头进行冲压。移动凸轮可视为回转轴线在无穷远处的盘形凸轮演化而来。

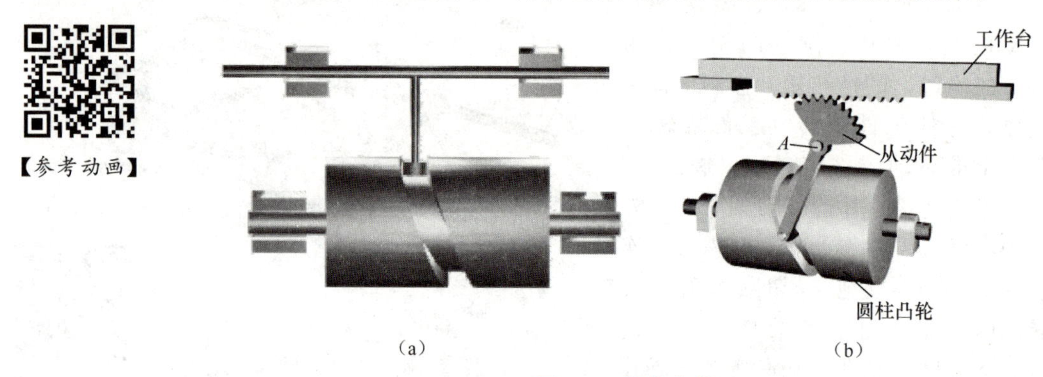

图 4.5　圆柱凸轮

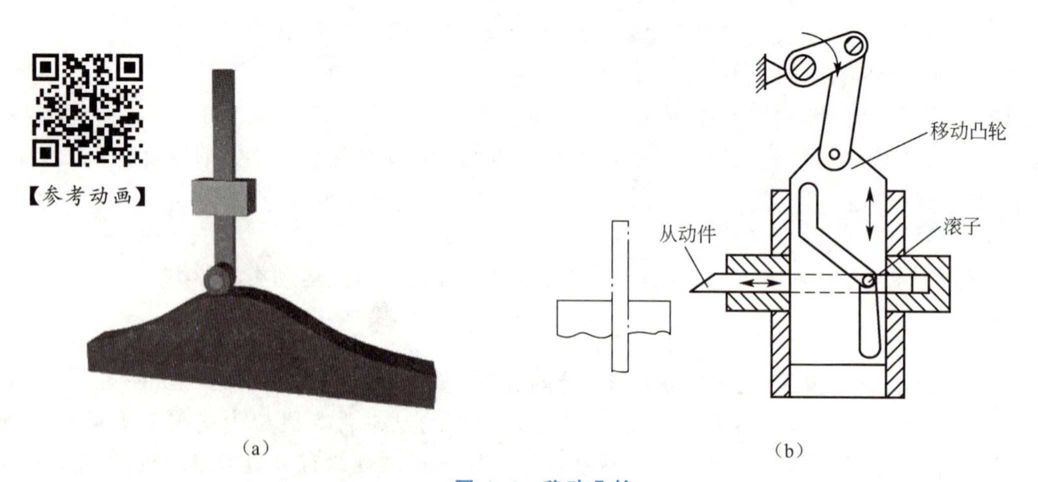

图 4.6　移动凸轮

2. 按从动件端部结构分

(1) 尖顶从动件[图 4.7 (a)]。这种从动件结构最简单，并且能与任意复杂的凸轮轮廓接触，因而可以实现复杂的运动规律。但因尖端易磨损，故只适用于传力不大的场合。

(2) 滚子从动件[图 4.7 (b)]。由于滚子与凸轮间为滚动摩擦，因而摩擦损失小，可用来传递较大的动力，故应用广泛。

(3) 平底从动件[图 4.7 (c)]。从动件的平底与凸轮间形成楔形油膜，可减少摩擦、磨损。另外，凸轮对从动件的作用力始终垂直于平底，故受力平稳、效率较高，所以高速凸轮机构多用平底从动件。但平底从动件不能用于有内凹轮廓的凸轮机构中。

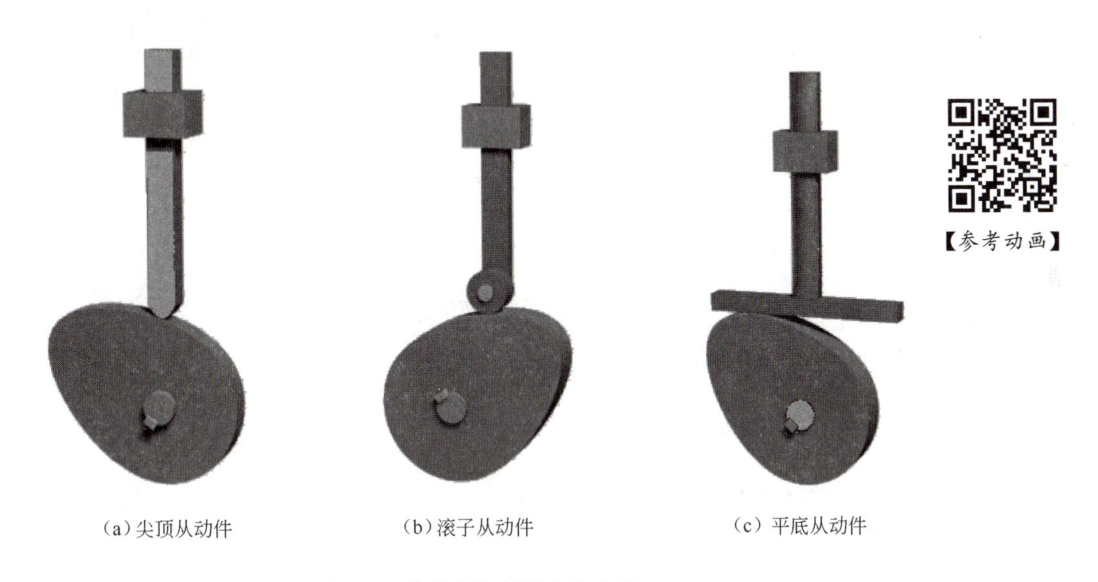

(a) 尖顶从动件　(b) 滚子从动件　(c) 平底从动件

【参考动画】

图 4.7　按从动件端部结构分类

3. 按从动件的运动形式分

(1) 直动从动件。从动件相对于机架做往复直线移动。如图 4.7 (a) 所示，导路通过凸轮轴心，称为对心直动从动件盘形凸轮机构；否则称为偏置直动从动件盘形凸轮机构，如图 4.7 (b) 所示。

(2) 摆动从动件。从动件相对于机架做往复摆动，如图 4.8 所示。

4. 按锁合方式分

(1) 力锁合。利用从动件的重力或弹簧力等使从动件与凸轮轮廓始终保持接触，如图 4.9 所示。

(2) 形锁合。依靠凸轮与从动件的特殊几何结构来保持两者始终接触，如图 4.10 所示。

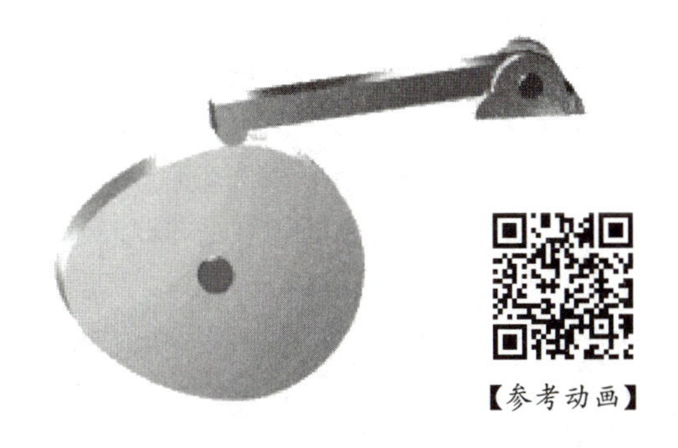

【参考动画】

图 4.8　摆动从动件凸轮机构

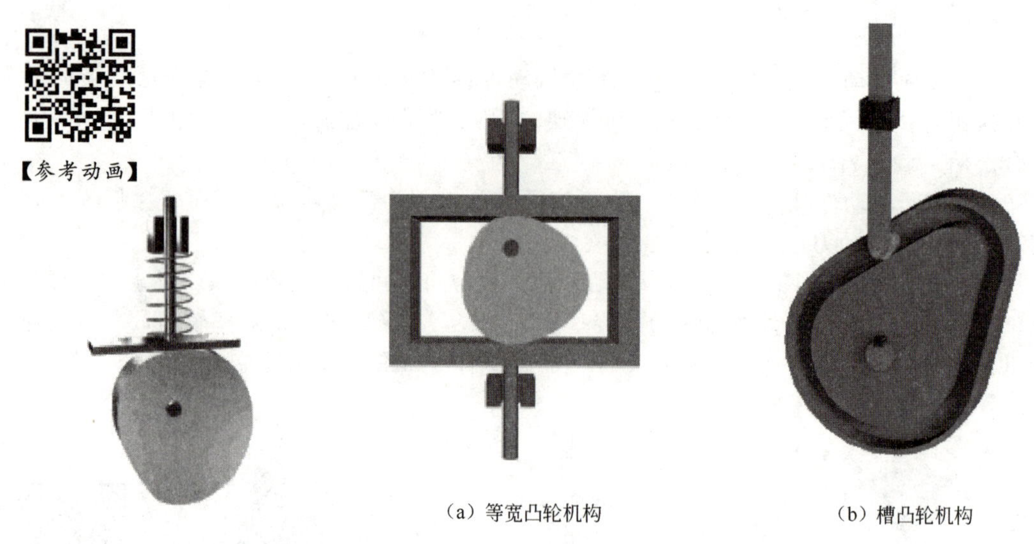

（a）等宽凸轮机构　（b）槽凸轮机构

图 4.9　力锁合凸轮机构

图 4.10　形锁合凸轮机构

4.2　从动件运动规律

4.2.1　凸轮的运动过程和基本参数

图 4.11（a）所示为对心尖顶直动从动件盘形凸轮机构，凸轮的轮廓由非圆曲线 BC 和 DE 及圆弧曲线 CD 和 EB 组成。以凸轮轮廓上的最小向径 r_b 为半径所画的圆称为凸轮的基圆，r_b 为基圆半径。当从动件尖顶与凸轮轮廓曲线在 B 点接触时，从动件处于最低位置。

（1）推程和推程运动角 φ_0。当凸轮以等角速度 ω 顺时针转动时，从动件由最低位置 B 开始与凸轮廓线 BC 段接触，此时从动件由 B 被推至最高位置 C，该过程称为推程；它所上升的距离称为行程，以 h 表示；凸轮对应的转角称为推程运动角，以 φ_0 表示。

（2）远休止角 φ_s。当凸轮以 CD 圆弧段与尖顶接触时，从动件处于最高位置而静止不动，该过程称为远休止，相应的凸轮转角 φ_s 称为远休止角。

（3）回程和回程运动角 φ_0'。当凸轮继续转动，从动件与凸轮于 DE 曲线段接触时，从动件由最高位置 D 回到最低位置 E 的过程称为回程，凸轮相应的转角 φ_0' 称为回程运动角。

（4）近休止角 φ_s'。从动件与凸轮在曲线 EB 段接触时，从动件在最低位置静止不动，这一过程称为近休止，凸轮相应的转角 φ_s' 称为近休止角。当凸轮继续转动时，从动件重复上述升—停—回—停的循环运动。

从动件的位移 s、速度 v 和加速度 a 与凸轮转角 φ（或时间 t）的变化规律称为从动件的运动规律。图 4.11（b）为从动件位移线图，其纵坐标代表从动件位移 s，横坐标代表凸轮转角 φ。凸轮轮廓曲线取决于从动件的运动规律，而从动件的运动规律又取决于工艺动作的要求。所以，设计凸轮轮廓之前，首先要根据工艺要求确定运动规律，然后根据运动规律设计凸轮轮廓曲线。

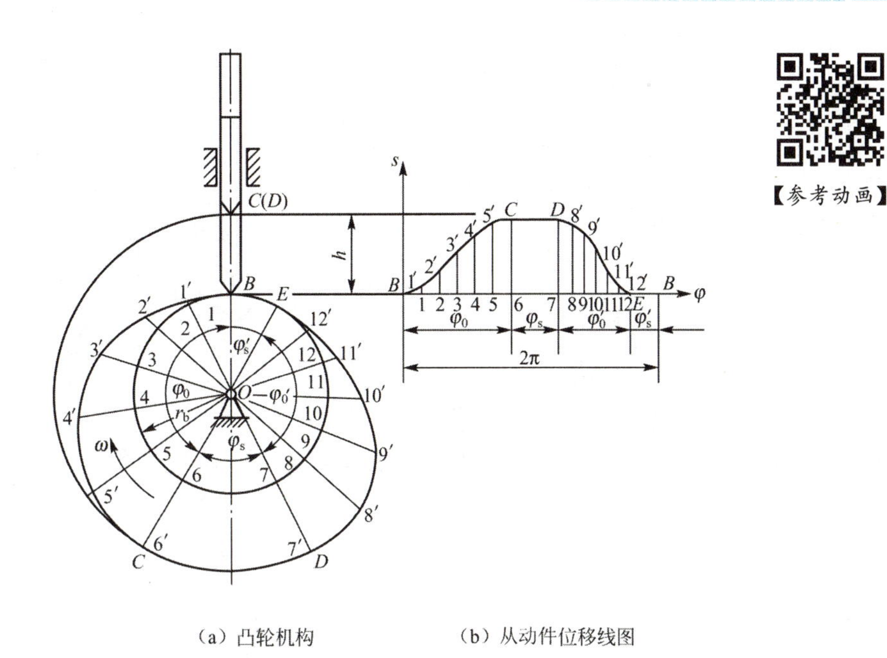

（a）凸轮机构　　　　（b）从动件位移线图

图 4.11　对心尖顶直动从动件盘形凸轮机构

4.2.2　从动件的常用运动规律

1. 等速运动规律

从动件运动的速度为常数时的运动规律，称为等速运动规律。在推程阶段，凸轮以等角速度 ω 转动，经过时间 t_0，凸轮转过的推程运动角为 φ_0，行程为 h，则从动件的速度为常数，即 $v=v_0=h/t_0$，从动件位移 $s=v_0t$，从动件加速度 $a=0$。由于从动件的移动与凸轮的转动是同时进行的，因此有 $\varphi=\omega t$、$\varphi_0=\omega t_0$，将其代入式 $v=v_0=h/t_0$ 及 $s=v_0t$，便可推得从动件推程时的运动方程为

$$\left.\begin{aligned} s&=\frac{h}{\varphi_0}\varphi \\ v=v_0&=\frac{h}{\varphi_0}\omega \\ a&=\frac{\mathrm{d}v}{\mathrm{d}t}=0 \end{aligned}\right\} \tag{4-1}$$

图 4.12 所示为等速运动规律线图，由图可知，从动件在运动开始和终止的瞬间，速度有突变，而此时的加速度在理论上为无穷大，致使从动件突然产生非常大的惯性力，因而使凸轮机构受到极大的冲击，这种冲击称为刚性冲击。刚性冲击会引起机械的振动、加速凸轮的磨损，损坏构件。因此，如果单独采用这种运动规律，只宜用于低速轻载的场合。

2. 等加速等减速运动规律

所谓等加速等减速运动，是指从动件在一个推程中，前半程做等加速运动，后半程做等减速运动，并且通常加速度与减速度的绝对值相等。

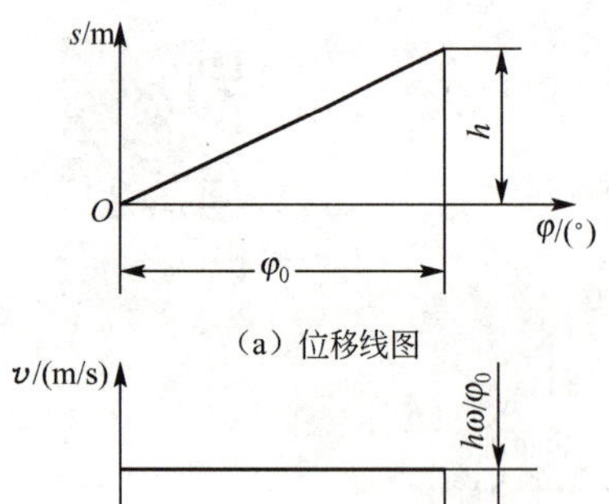

(a) 位移线图

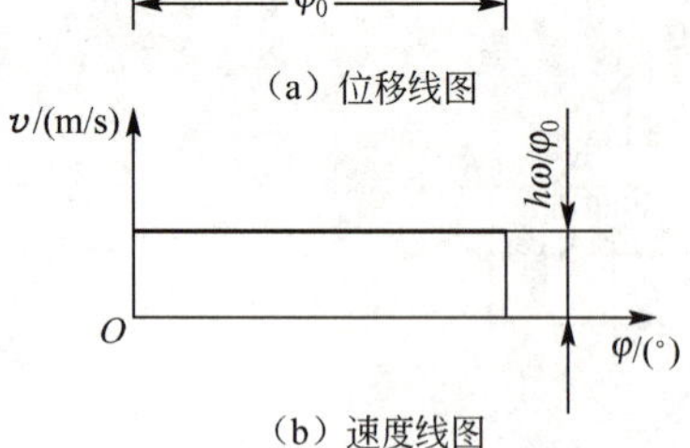

(b) 速度线图

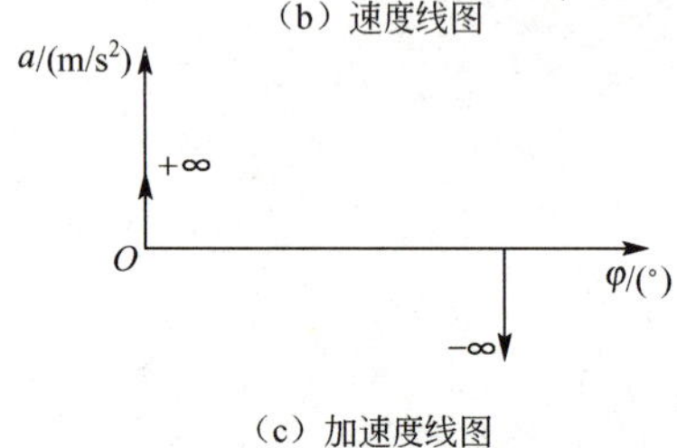

(c) 加速度线图

图 4.12　等速运动规律线图

前半个推程时，从动件等加速运动段，加速度为正值常数，$a=a_0=$常数。当 $t=t_0/2$ 时，$s=h/2$，将这些参数代入运动方程 $s=\frac{1}{2}a_0t^2$，$v=a_0t$ 中可得

$$\left.\begin{aligned} s&=\frac{2h}{\varphi_0^2}\varphi^2 \\ v&=\frac{4h\omega}{\varphi_0^2}\varphi \\ a&=\frac{4h\omega^2}{\varphi_0^2} \end{aligned}\right\}\tag{4-2}$$

同理，可推出从动件后半个推程等减速段的运动方程为

$$\left.\begin{aligned} s&=h-\frac{2h}{\varphi_0^2}(\varphi_0-\varphi)^2 \\ v&=\frac{4h\omega}{\varphi_0^2}(\varphi_0-\varphi) \\ a&=-\frac{4h\omega^2}{\varphi_0^2} \end{aligned}\right\}\tag{4-3}$$

图 4.13 所示为等加速等减速运动规律线图。由图可知，这种运动规律的速度曲线是连续的，不会产生刚性冲击，但加速度有突变，这种加速度有限值的突变，表明所产生的惯性力突变也是有限值的，由此引起的冲击称为柔性冲击。因此，这种运动规律可用于中速轻载的场合。

现以图 4.13 (a) 为例，当已知推程角 φ_0 和行程 h 时，位移曲线的作法如下。

(1) 选取横坐标轴代表凸轮转角 φ，纵坐标轴代表从动件位移 s。

(2) 选择适当的角度比例尺 μ_φ (°/mm) 和长度比例尺 μ_L (m/mm)，分别在 φ 轴上量取线段 $\overline{O3}$ 代表 $\varphi_0/2$，在 s 轴上量取线段 $\overline{33'}$ 代表 $h/2$。

(3) 将 $\varphi_0/2$ 和 $h/2$ 对应等分为相同份数，得等分点 1、2、3 和 1′、2′、3′（等分数视具体情况而定）。

(4) 由原点 O 向 1′、2′、3′作射线，与过同名点 1、2、3 所作纵轴平行线相交，得交点 1″、2″、3″。将各交点与原点 O 用光滑曲线连接即得等加速段位移曲线。

同理可得推程等减速段位移曲线。

3. 余弦加速度运动规律

质点在圆周上做等速运动时，在这个

【参考动画】

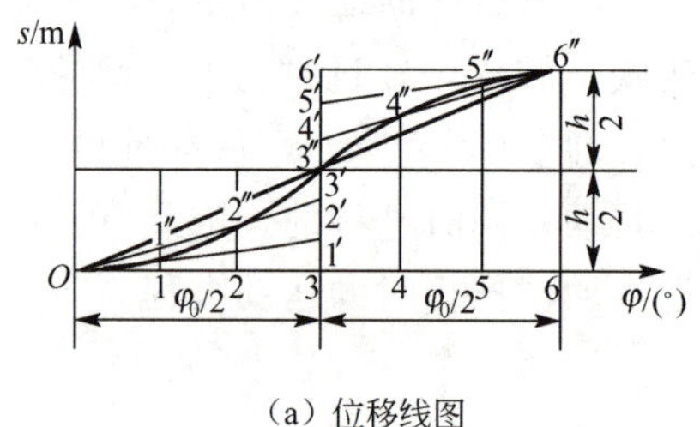

(a) 位移线图

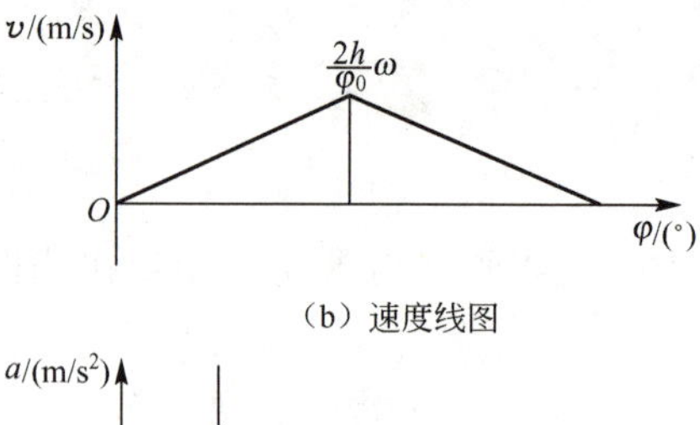

(b) 速度线图

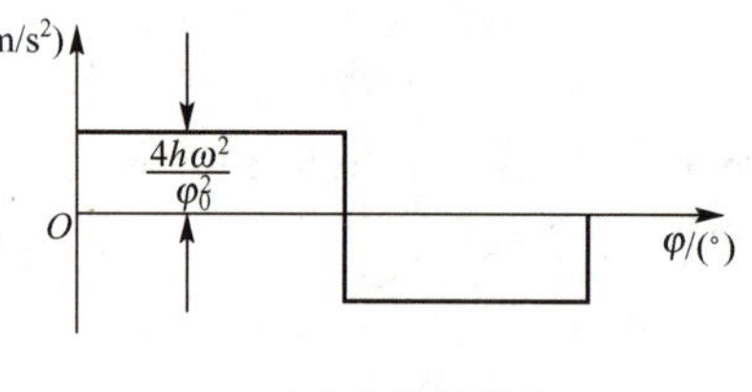

(c) 加速度线图

图 4.13　等加速等减速运动规律线图

圆直径上的投影所构成的运动称为简谐运动。从动件做简谐运动时，其加速度按余弦规律变化，故这种运动规律称为余弦加速度运动规律，也称简谐运动规律。在推程阶段，从动件的运动方程式为

$$\left.\begin{aligned}s&=\frac{h}{2}\left[1-\cos\left(\frac{\pi}{\varphi_0}\varphi\right)\right]\\v&=\frac{\pi h\omega}{2\varphi_0}\sin\left(\frac{\pi}{\varphi_0}\varphi\right)\\a&=\frac{\pi^2 h\omega^2}{2\varphi_0^2}\cos\left(\frac{\pi}{\varphi_0}\varphi\right)\end{aligned}\right\}\tag{4-4}$$

同理，从动件在回程阶段的运动方程式为

$$\left.\begin{aligned}s&=\frac{h}{2}\left[1+\cos\left(\frac{\pi}{\varphi_0'}\varphi\right)\right]\\v&=-\frac{\pi h\omega}{2\varphi_0'}\sin\left(\frac{\pi}{\varphi_0'}\varphi\right)\\a&=-\frac{\pi^2 h\omega^2}{2\varphi_0'^2}\cos\left(\frac{\pi}{\varphi_0'}\varphi\right)\end{aligned}\right\}\tag{4-5}$$

图4.14所示为推程按余弦加速度运动规律的运动线图。由图可见，加速度在始末两点有突变，故引起柔性冲击，一般情况下只适用于中速中载场合。当从动件做升—降—升连续运动循环时，若在推程和回程中都采用这种运动规律，则可获得除了启动、制动时有柔性冲击外，全程光滑连续的加速度曲线。在这种情况下不会产生冲击，故可用于高速凸轮机构。

余弦加速度运动规律位移曲线画法如图4.14 (a)所示。当已知推程角 φ_0 和行程 h 时，位移曲线的作法如下。

(1) 选取横坐标轴代表凸轮转角 φ，纵坐标轴代表从动件位移 s。

(2) 选择适当的角度比例尺 μ_φ (°/mm) 和长度比例尺 μ_L (m/mm)，分别在 φ 轴上量取线段 $\overline{O6}$ 代表 φ_0，在 s 轴上量取线段 $\overline{O6'}$ 代表 h。以坐标点 $(O, h/2)$ 为圆心、以 $h/2$ 为半径画辅助半圆，并将半圆弧分为与横坐标相同的份数，由等分点1，2，3…分别引平行于纵轴的直线与过同名点1′，2′，3′…所作横轴平行线相交，得交点1″，2″，3″…

(3) 用光滑曲线连接各交点与原点 O，即得余弦加速度位移曲线。

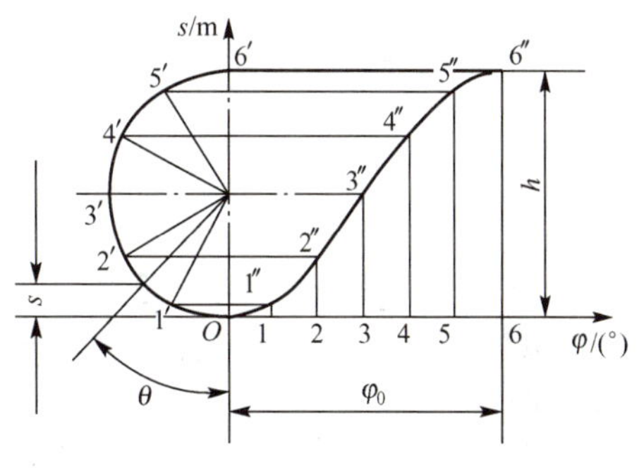

(a) 位移线图

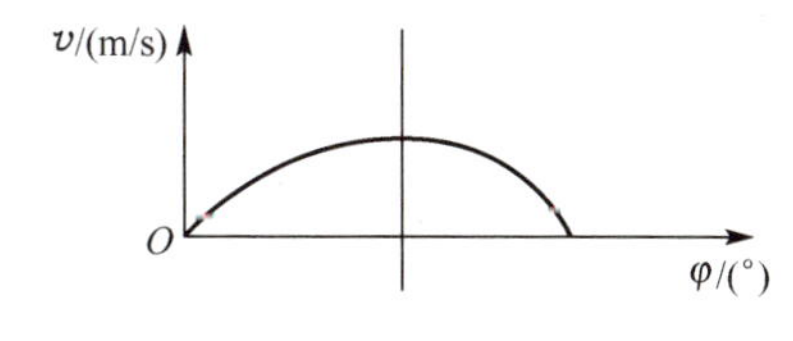

(b) 速度线图

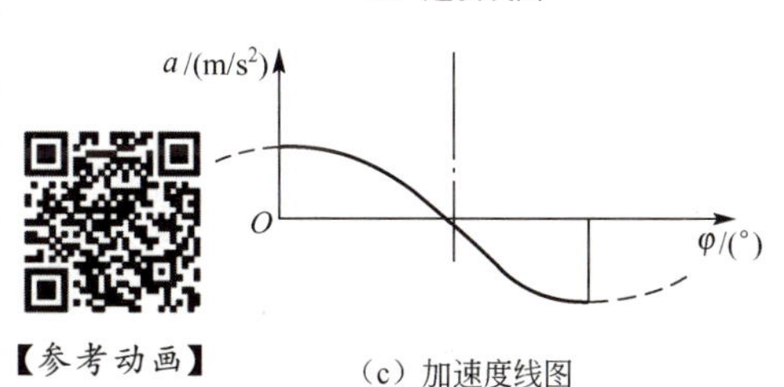

(c) 加速度线图

图4.14 推程按余弦加速度运动规律的运动线图

4.3 凸轮轮廓曲线的设计

凸轮轮廓曲线设计的主要任务是根据选定的从动件运动规律和其他必要的初始给定条件，设计出凸轮的轮廓曲线。凸轮轮廓曲线设计主要有图解法和解析法两种。

4.3.1 图解法设计凸轮轮廓曲线

凸轮机构的形式很多，从动件的运动规律也各不相同，但用作图法设计凸轮轮廓曲线的基本原理却相同。以对心尖顶直动从动件盘形凸轮机构为例，凸轮机构工作时，凸轮和从动件都在运动，为了在图纸上画出凸轮轮廓，应当使凸轮与图纸平面相对静止，为此，一般采用反转法：使整个机构以与凸轮转动的角速度 ω_1 大小相等，转向相反的角速度 $-\omega_1$ 绕 O 点转动，其结果是从动件与凸轮的相对运动并不改变，但凸轮固定不动，机架和导路以角速度 $-\omega_1$ 绕 O 点转动，同时从动件以原有运动规律相对机架做往复运动。由于尖顶始终与凸轮轮廓接触，因此反转后尖顶的运动轨迹就构成凸轮轮廓曲线。反转法原理如图 4.15 所示。

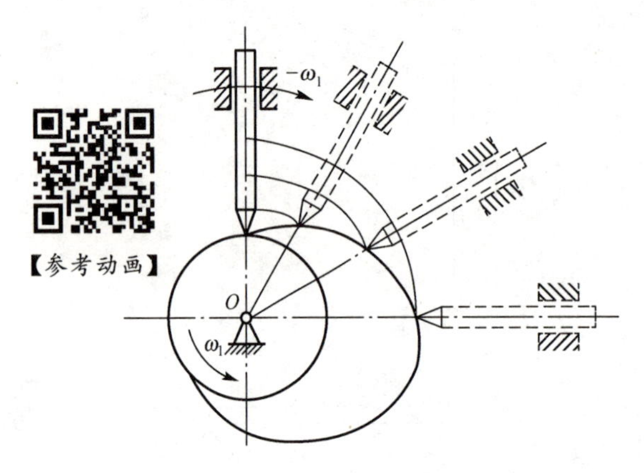

图 4.15 反转法原理

1. 对心尖顶直动从动件盘形凸轮轮廓曲线的设计

已知基圆半径 r_b、凸轮转向（假设逆时针）和从动件位移曲线[图 4.16(a)]。

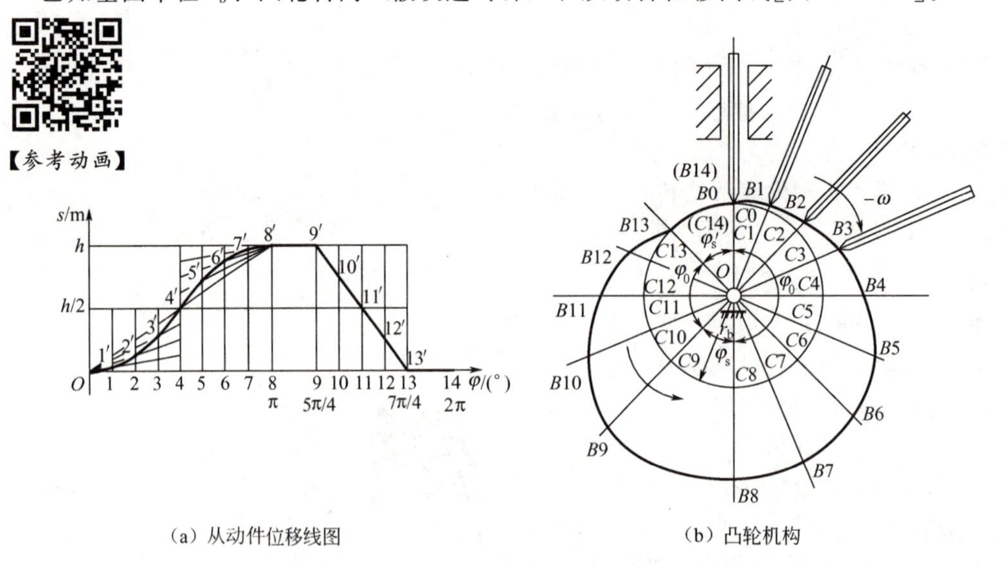

(a) 从动件位移线图　　(b) 凸轮机构

图 4.16 对心尖顶直动从动件盘形凸轮轮廓的绘制

(1) 尖顶从动件。作图步骤如下。

① 选定长度比例尺 μ_L，画出基圆及从动件最低位置 B_0（B_{14}）。

② 根据位移曲线的复杂程度和作图精度要求，将位移曲线横坐标轴上代表推程角 π 和回程角 $\frac{\pi}{2}$ 的两段各分为若干等份（推程分为 8 等份，回程分为 4 等份），并过这些等分点作垂线与位移曲线相交，得到线段 $\overline{11'}$，$\overline{22'}$，$\overline{33'}$，…，即代表相应位置的从动件位移量。

③ 自 OB_0（OC_0）开始，沿 $-\omega$ 方向按位移曲线横坐标轴上相同等分数在基圆上得等分点 C_1，C_2，C_3，…，连接 OC_1，OC_2，OC_3，…，即得代表机构反转后各瞬时位置的从动件导路中心线。

④ 在各从动件导路中心线上，自基圆向外量取相应的位移量，$\overline{C_1B_1}=\overline{11'}$，$\overline{C_2B_2}=\overline{22'}$，$\overline{C_3B_3}=\overline{33'}$，…，得到反转后从动件尖顶的一系列位置 B_1，B_2，B_3…

⑤ 将 B_1，B_2，B_3…顺次连成光滑曲线，即得所求的凸轮廓线。

用图解法绘制凸轮轮廓时，推程运动角和回程运动角的等分数不一定相同，需根据运动规律的复杂程度和精度要求确定，等分数越多，绘制的凸轮轮廓精度就越高。

(2) 滚子从动件。假设上述设计条件均不变，已知滚子半径 r_r。

① 由于滚子上其他各点与从动件的运动规律都不同，只有滚子中心与从动件的运动规律相同，因此把滚子中心看作尖顶从动件的尖顶，按上述方法得到的滚子中心轨迹，称为理论轮廓曲线，如图 4.17 所示。

② 以理论廓线上一系列的点为圆心，以滚子半径 r_r 为半径画一簇滚子圆，再作这一簇圆的包络线，便得凸轮的实际轮廓曲线。由作图过程可知，滚子从动件凸轮的基圆半径和压力角均应在理论轮廓曲线上度量。

(3) 平底从动件。平底从动件的凸轮轮廓的绘制方法也与上述相似。如图 4.18 所示，将从动件的平底与导路中心线的交点 A_0 看作从动件的尖顶，按照尖顶从动件凸轮轮廓的绘制方法，求出理论轮廓上一系列点 A_1，A_2，A_3…其次，过这些点画出各个位置的平底 A_1B_1，A_2B_2，A_3B_3…与导路中心线垂直，然后作这些平底的包络线，便得到凸轮的实际轮廓曲线。图中位置 4、10 是平底分别与凸轮轮廓相切于平底的最右位置和最左位置。为了保证平底始终与轮廓接触，平底左侧的长度应大于 m，右侧长度应大于 l。一般取平底的长度 $L=2l_{max}+(5\sim7)$mm。l_{max} 是 m 和 l 中的较大者。

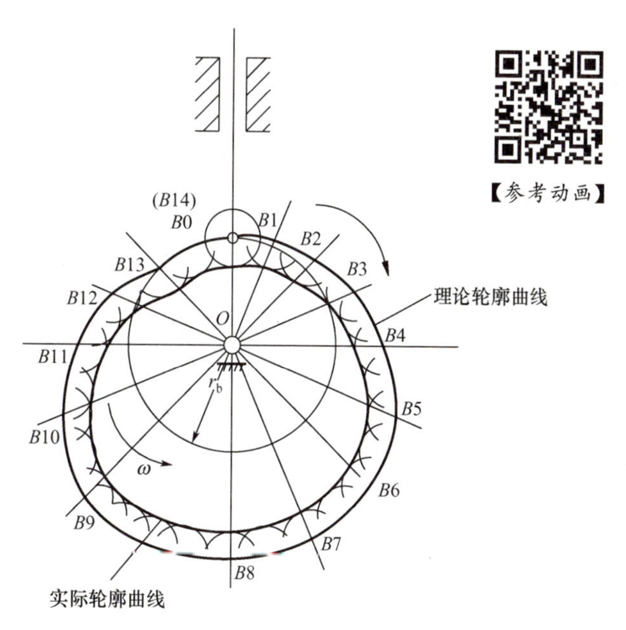

图 4.17 滚子从动件盘形凸轮轮廓的绘制

2. 偏置尖顶直动从动件盘形凸轮轮廓曲线的设计

由于从动件导路的轴线不通过凸轮的转动中心，其偏距为 e。因此，从动件在反转过

【参考动画】

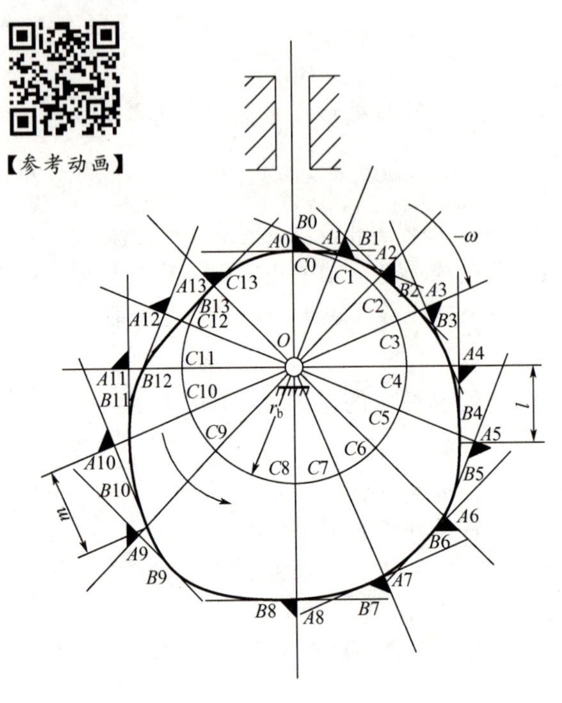

图 4.18 平底直动从动件盘形凸轮轮廓的绘制

程中，其导路轴线始终与以偏距 e 为半径所作的偏距圆相切，从动件的位移应沿这些切线量取。已知从动件的运动规律与对心凸轮运动规律相同，凸轮以等角速度 ω 逆时针方向转动，基圆半径为 r_b，偏距为 e。凸轮轮廓的作图方法如下。

(1) 选取适当的比例尺，画基圆、偏距圆及从动件起始位置 B_0。

(2) 自 OB_0 开始沿 $-\omega$ 方向，在基圆上量取推程运动角、远休止角、回程运动角和近休止角分别为 φ_0 (0～π)、φ_s(π～5π/4)、φ_0' (5π/4 ～ 7π/4)、φ_s'(7π/4～2π)，并将基圆分成与位移线图相同的等份，得各等分点 B_1'，B_2'，B_3'，…，过 B_1'，B_2'，B_3'…各点作偏距圆的切线并延长，则这些切线即从动件在反转过程中依次占据的位置。

(3) 在各条切线上自 B_1'，B_2'，B_3'…截取 $B_1'B_1=11'$，$B_2'B_2=22'$，$B_3'B_3=33'$，…，得 B_1，B_2，B_3…各点。将 B_0，B_1，B_2…各点连成光滑曲线，即凸轮轮廓曲线，如图 4.19 所示。

【参考动画】

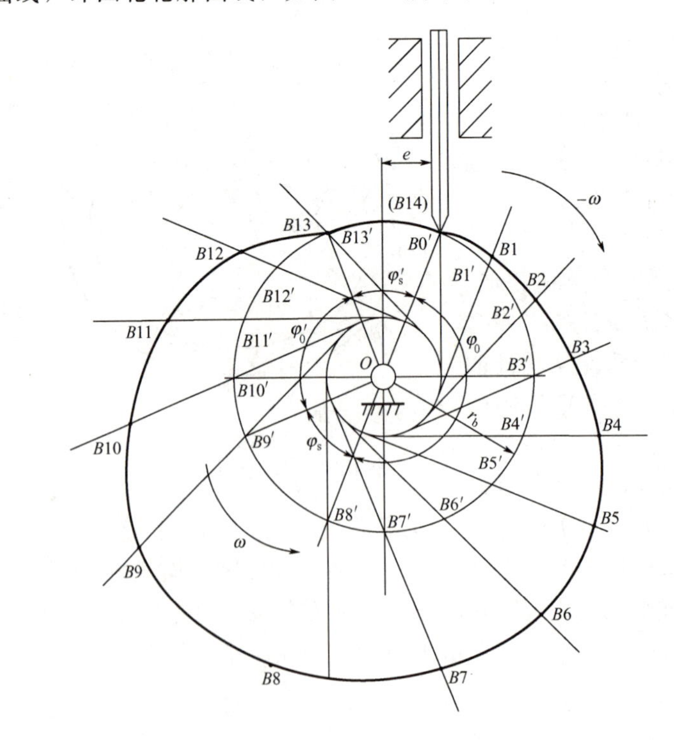

图 4.19 偏置尖顶直动从动件盘形凸轮轮廓的绘制

偏置滚子从动件和平底从动件的绘图方法同上，不再赘述。

3. 尖顶摆动从动件盘形凸轮轮廓曲线的设计

已知尖顶摆动从动件盘形凸轮基圆半径 r_b，凸轮与摆动从动件轴心间距离 L_{OA}，摆杆长度 L_{AB}，凸轮逆时针转动，推程时从动件顺时针摆动，从动件角位移线图如图 4.20（a）所示。要求绘出该凸轮轮廓。

仍用反转法，即令凸轮不动，从动件一方面与机架以角速度 $-\omega$ 绕凸轮轴心 O 回转，另一方面绕其转动中心 A_0 摆动。其设计步骤如下。

（1）根据给定的 r_b、L_{OA}、L_{AB}，按比例尺 μ_L 画出凸轮基圆，确定从动件轴心 A_0 及起始位置 B_0 点，B_0 点即为从动件尖顶的起始位置，ψ_0 为从动件的起始角。

（2）如图 4.20（b）所示，以 O 为圆心、OA_0 为半径画圆，由 OA_0 开始沿 $-\omega$ 方向量取角 φ_0、φ_0' 和 φ_s'。再将 φ_0、φ_0' 角各分为与图 4.20（a）相对应的若干等份，得 OA_1，OA_2，OA_3，…，这就是机架 OA_0 反转过程中所处的各个位置。

（3）由图 4.20（a）按角度比例尺量得从动件摆角 ψ 在不同位置的数值并加上起始角 ψ_0，然后在对应位置画出从动件相对机架摆动后的一系列位置 A_1B_1，A_2B_2，A_3B_3，…，使 $\angle OA_1B_1=\psi_1+\psi_0$，$\angle OA_2B_2=\psi_2+\psi_0$，$\angle OA_3B_3=\psi_3+\psi_0+\cdots$。

（4）以 A_1，A_2，A_3…各点为圆心、L_{AB} 为半径画弧，分别截取 A_1B_1，A_2B_2，A_3B_3，…，得 B_1，B_2，B_3…各点，将 B_1，B_2，B_3…各点连成光滑曲线，即所求的凸轮轮廓曲线。

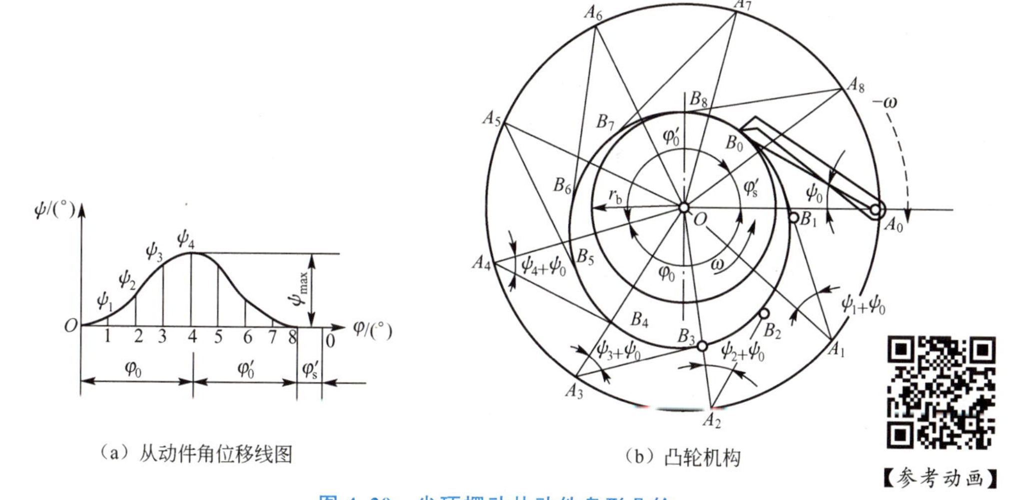

（a）从动件角位移线图　　（b）凸轮机构

图 4.20　尖顶摆动从动件盘形凸轮

若采用滚子或平底从动件，则上述所得凸轮轮廓曲线为理论轮廓曲线，其实际轮廓曲线可按对心滚子或平底直动从动件盘形凸轮实际工作轮廓曲线的绘制方法作出。

4.3.2 解析法设计凸轮轮廓

该部分为选学内容，请读者扫描二维码自行参考学习。

4.4 凸轮机构基本尺寸的确定

在用图解法和解析法设计凸轮轮廓时，凸轮的基圆半径、滚子从动件的滚子半径等都是事先给定的，而实际上这些尺寸及一些其他参数取决于机构的受力情况是否良好、动作是否灵活、结构是否紧凑等。下面就这些尺寸的确定问题加以讨论。

4.4.1 压力角

图4.21所示为对心尖顶直动从动件盘形凸轮的受力分析，从动件与凸轮在点 B 接触，W 为作用在从动件上的载荷，F 为凸轮作用在从动件上的推动力，当不计摩擦时，力 F 必须沿接触点处凸轮轮廓曲线的法线 nn 方向。将该力分别沿从动件运动方向和垂直于运动方向分解，得有效分力和有害分力分别为 $F_y=F\cos\alpha$ 和 $F_x=F\sin\alpha$，式中 α 为从动件上所受法向力的方向与受力点速度方向之间所夹的锐角（°），称为凸轮机构的压力角。显然，当推动从动件运动的力 F 一定时，压力角 α 越大，则有害分力 F_x 越大，凸轮推动从动件就越费力，从而使凸轮机构运动不灵活、效率低。当 α 增大到某个数值时，机构将处于自锁状态。为了保证在载荷 W 一定的条件下，凸轮机构中的作用力 F 不致过大，必须限制压力角 α 的最大值，使其不超过某个许用值 $[\alpha]$。一般推荐许用压力角的数值：对于直动从动件推程取 $[\alpha]=30°$，摆动从动件推程取 $[\alpha]=35°\sim45°$。若在回程时，从动件是在重力或弹簧力的作用下返回，一般不会出现自锁现象，则回程的许用压力角 $[\alpha]=70°\sim80°$。

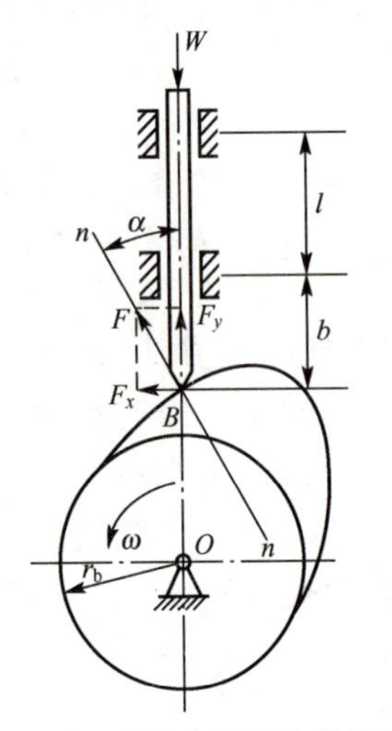

图4.21 对心尖顶直动从动件盘形凸轮的受力分析

由以上分析可知，从减小机构受力方面考虑，压力角越小越好。

4.4.2 基圆半径

图4.22所示为偏置尖顶直动从动件盘形凸轮机构推程的某个位置。从动件和凸轮在

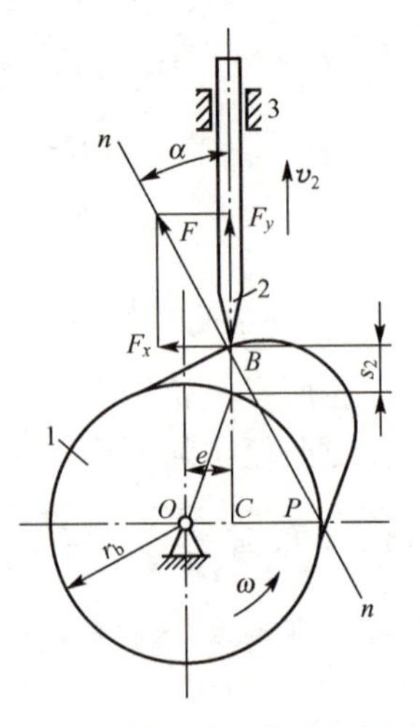

图4.22 凸轮机构压力角与基圆半径的关系

接触点 B 处的公法线 nn 与过凸轮轴 O 且垂直于从动件导路的直线相交于 P 点，则 P 点就是凸轮和从动件的相对速度瞬心。

由速度瞬心的定义可知

$$\overline{OP}=\frac{v_2}{\omega}=\frac{\mathrm{d}s}{\mathrm{d}\varphi} \tag{4-6}$$

$$\tan\alpha=\frac{\dfrac{\mathrm{d}s}{\mathrm{d}\varphi}\mp e}{s_2+\sqrt{r_b^2-e^2}} \tag{4-7}$$

式中 r_b——凸轮的基圆半径（mm）；

s_2——从动件对应凸轮转角 φ 的位移量（mm）；

e——偏距（mm）。

式中正负号与偏置方向有关，当凸轮顺时针转动时，从动件偏置在凸轮回转中心的左侧为正偏置，取负号“－”，反之为负偏置，取正号“＋”；当凸轮逆时针转动时，从动件偏置在凸轮回转中心的右侧为正偏置；反之为负偏置。

显然，在其他条件都不变时，基圆半径越小，压力角越大，机构的尺寸越紧凑。但如果因此使机构的压力角过大，甚至超过许用值[α]，则机构效率太低，甚至导致自锁。因此，设计时通常在保证凸轮轮廓的最大压力角不超过许用值的前提下，基图半径取小值。

4.4.3 滚子半径

当采用滚子从动件时，应注意滚子半径的选择，如滚子半径选择不当，从动件有可能实现不了预期的运动规律。设滚子半径为 r_r，理论轮廓曲线最小曲率半径为 ρ，对应的实际轮廓曲线曲率半径为 ρ_a［图 4.23（a）］。对于外凸的凸轮轮廓曲线，有 $\rho_a=\rho-r_r$。当 $\rho=r_r$ 时，则 $\rho_a=0$，在凸轮实际轮廓上出现尖点，这种现象称为变尖现象，如图 4.23（b）所示，尖点很容易被磨损；当 $\rho<r_r$ 时，则 $\rho_a<0$，实际轮廓曲线发生自交现象，交叉线的上面部分在实际加工中将被切掉（称为过切），使得从动件在这一部分的运动规律无法实现，这种现象称为运动失真，如图 4.23（c）所示。为了避免以上两种情况发生，就必须保证 $\rho_{a\min}>0$，即必须保证 $\rho_{\min}>r_r$。但滚子半径也不宜过小，因为过小的滚子将会使滚子与凸轮之间的接触应力增大，而且滚子本身的强度不足，所以通常取 $r_r\leqslant0.8\rho_{\min}$。从强度方面考虑，滚子半径应该满足 $r_r\geqslant(0.1\sim0.5)\ r_b$。对于内凹的凸轮轮廓曲线，滚子半径的选择无此影响。

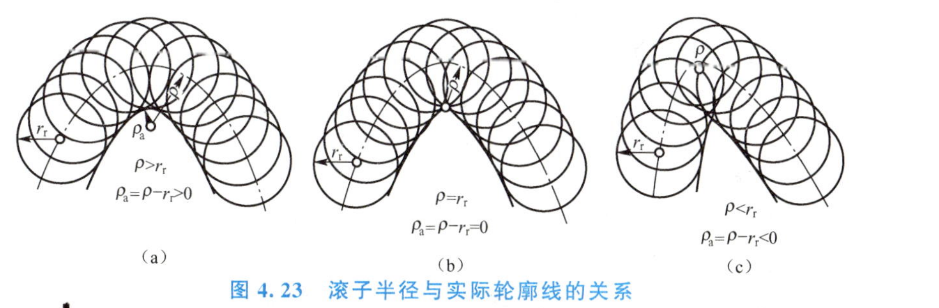

【参考动画】

图 4.23 滚子半径与实际轮廓线的关系

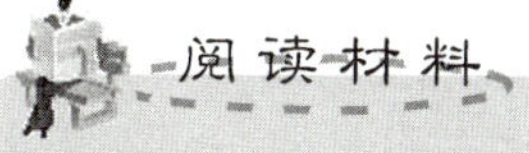

该部分为拓展内容，请读者扫描二维码自行参考学习。

【参考图文】

习　题

4-1　填空题

(1) 在凸轮机构从动件的几种常用运动规律中，________运动规律有刚性冲击；________、________运动规律有柔性冲击。

(2) 在设计凸轮机构时，凸轮的基圆半径取得越________，所设计的机构越紧凑，但压力角________，使机构的受力情况变坏。

(3) 按凸轮的形状，凸轮机构分为________、________、________三种。

(4) 按从动件的形状，凸轮机构分为________、________、________三种。

(5) 凸轮机构中，常用的从动件运动规律有________、________和________三种。

4-2　选择题

(1) ____决定了从动件的运动规律。

A. 凸轮转速　　　　B. 凸轮轮廓曲线

C. 凸轮形状

(2) 凸轮机构中，基圆半径是指凸轮转动中心到____半径。

A. 理论轮廓曲线上的最大　　　　B. 实际轮廓曲线上的最大

C. 实际轮廓曲线上的最小　　　　D. 理论轮廓曲线上的最小

(3) 凸轮机构中的压力角是指____间的夹角。

A. 凸轮上接触点的法线与从动件的运动方向

B. 凸轮上接触点的法线与该点线速度

C. 凸轮上接触点的切线与从动件的运动方向

(4) 对于外凸的凸轮理论轮廓曲线，____，凸轮的实际轮廓曲线总可以作出，不会出现变尖或交叉现象。

A. 当滚子半径大于理论轮廓曲线最小曲率半径时

B. 当滚子半径等于理论轮廓曲线最小曲率半径时

C. 当滚子半径小于理论轮廓曲线最小曲率半径时

D. 无论滚子半径为多大

4-3　思考题

(1) 从动件的常用运动规律有哪几种？各有什么特点？各适用于什么场合？

(2) 凸轮机构有哪些类型？

(3) 在用反转法设计盘形凸轮的轮廓曲线时，应注意哪些问题？

(4) 何谓凸轮机构的理论轮廓曲线？何谓凸轮机构的实际轮廓曲线？两者有何区别与联系？

(5) 在直动滚子从动件盘形凸轮机构中，若凸轮实际轮廓曲线保持不变，增大或减小滚子半径时，从动件运动规律是否发生变化？

(6) 何谓凸轮机构的压力角？当凸轮轮廓曲线设计完成后，如何检查凸轮转角为 φ 时机构的压力角 α？若发现压力角超过许用值，可采取什么措施减小推程压力角？

4-4　分析、设计题

(1) 试标明图 4.24 中各凸轮机构在图示位置时的压力角。

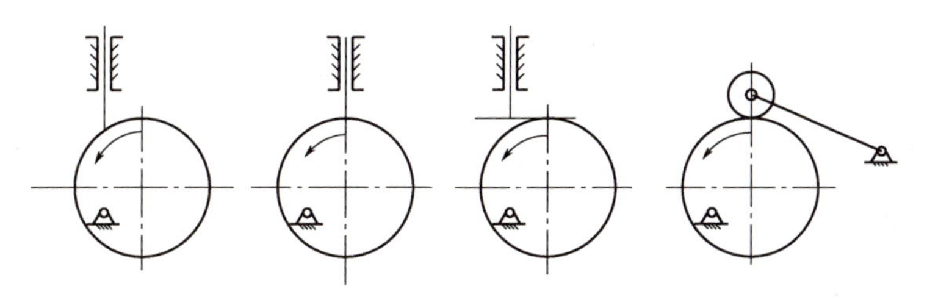

图 4.24 题 4-4 (1) 图

(2) 在图 4.25 所示的凸轮机构中，凸轮实际轮廓为以 $R=60\text{mm}$ 为半径的圆，其回转轴心 O 到圆心 O' 的距离 $e=30\text{mm}$，滚子半径 $r_r=10\text{mm}$。

① 给出该凸轮机构的名称。

② 在图上画出凸轮基圆，并求其半径 r_b。

③ 在图上标出机构位于图示位置时的从动件位移 s 及机构压力角 α，并求其大小。

④ 当凸轮由图示位置沿 ω 方向转过 90°后，标出从动件此时的位移 s' 及压力角 α'。

⑤ 标出从动件最大位移 h 及从动件处于最大位移时的压力角 α_h。

(3) 摆动滚子从动件盘形凸轮机构如图 4.26 所示。已知凸轮基圆半径 $r_b=30\text{mm}$，凸轮回转中心 O 到从动件的摆动中心 A 的距离 $L_{OA}=75\text{mm}$，从动件长度 $L_{AB}=58\text{mm}$，滚子半径 $r_r=10\text{mm}$，凸轮以等角速度 ω 逆时针转动，摆动从动件与凸轮初始位置如图 4.26 所示，从动件运动规律见表 4.1。

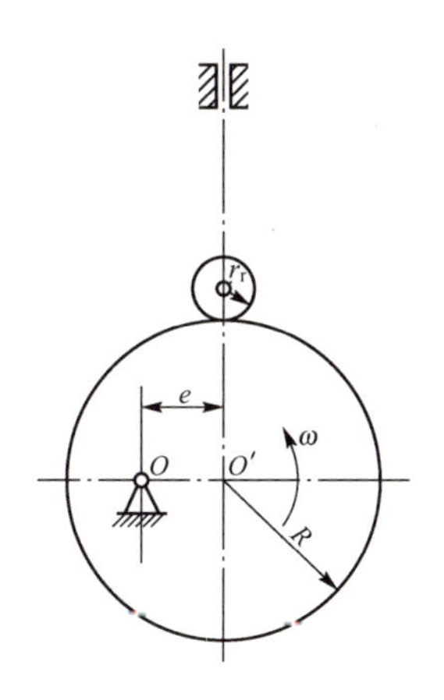

图 4.25 题 4-4 (2) 图

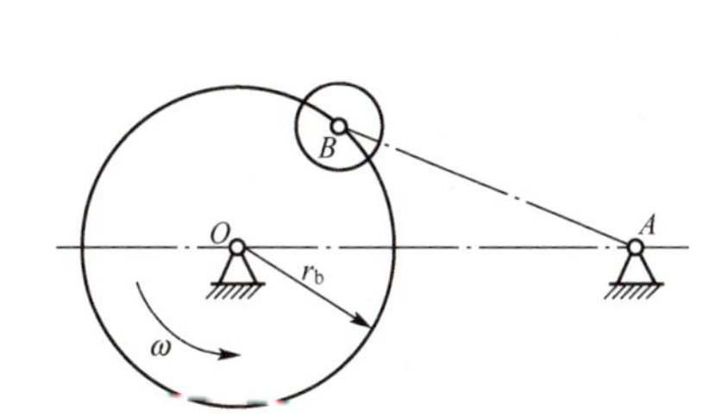

图 4.26 题 4-4 (3) 图

表 4.1 从动件运动规律

凸轮转角 φ/ (°)	0～180	180～300	300～360
从动件摆角 ψ	简谐运动上摆 30°	等加速等减速摆回原处	停止不动

试绘制凸轮轮廓曲线。

提示：本章其他设计习题见模块二实训项目任务书二。

第5章 齿轮机构

教学提纲

本章主要介绍齿轮机构的特点及类型；齿廓啮合基本定律；渐开线的形成、性质及渐开线齿廓的啮合特性；渐开线标准直齿圆柱齿轮各部分名称、基本参数和基本尺寸计算；渐开线标准直齿圆柱齿轮的啮合传动：正确啮合条件、连续传动条件、无侧隙啮合条件；渐开线齿轮的加工、根切现象及变位齿轮；平行轴斜齿圆柱齿轮机构；直齿锥齿轮机构；蜗杆蜗轮机构；齿轮系的类型、功用及各种轮系传动比的计算方法等。

教学目标

1. 了解齿轮机构的特点和类型。
2. 掌握齿廓啮合基本定律、渐开线的性质及渐开线齿廓的啮合特性。
3. 掌握渐开线标准直齿圆柱齿轮、平行轴斜齿圆柱齿轮和直齿锥齿轮的各部分名称、基本参数和几何尺寸计算。
4. 掌握渐开线标准直齿圆柱齿轮、平行轴斜齿圆柱齿轮和直齿锥齿轮的啮合特性。
5. 了解渐开线齿廓的切制原理：仿形法和展成法。
6. 掌握渐开线齿轮的根切现象及不根切的最少齿数。
7. 了解变位齿轮的概念。
8. 了解蜗杆传动的特点，掌握圆柱蜗杆传动的基本参数、几何尺寸计算及正确啮合条件。
9. 了解轮系的分类和应用，能正确计算定轴轮系、周转轮系及简单复合轮系的传动比，并能判断从动轮的转向。

5.1 齿轮机构的特点及类型

齿轮机构是现代机械中广泛应用的一种传动机构，是一种高副机构，通过两齿轮齿廓曲面接触来传递空间任意两轴之间的运动和动力，并可改变转动速度和转动方向。

5.1.1 齿轮机构的特点

齿轮机构的优点如下。

(1) 圆形齿轮机构能保证瞬时传动比恒定不变。

(2) 适用的功率和速度范围广，传递的功率可达到 10^5kW，圆周速度可达 300m/s。

(3) 结构紧凑。

(4) 效率高，$\eta=0.94\sim0.99$。

(5) 工作可靠且寿命长。

齿轮机构的缺点如下。

(1) 需要制造齿轮的专用设备和刀具，成本较高。

(2) 对制造及安装精度要求较高。精度低时，传动的噪声和振动较大。

(3) 不宜用于轴间距离较大的传动。

(4) 无过载保护作用。

齿轮机构是现代机器中应用最广泛的机构之一，也是历史上应用最早的传动机构。

5.1.2 齿轮机构的类型

齿轮机构的类型很多，根据一对齿轮在啮合过程中的传动比（$i_{12}=\omega_1/\omega_2$）是否恒定，可分为圆形（圆柱形或圆锥形）齿轮机构（i_{12}为常数）和非圆形（如椭圆形和三角形）齿轮机构（图 5.1，i_{12}不为常数）两类。在各种机械中应用最广泛的是圆形齿轮机构。本章主要研究圆形齿轮机构。

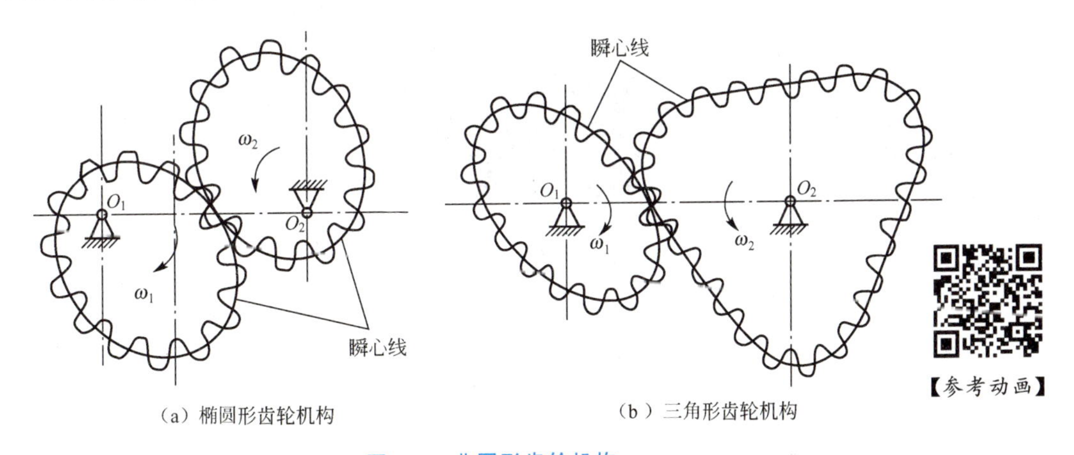

(a) 椭圆形齿轮机构　　(b) 三角形齿轮机构

图 5.1 非圆形齿轮机构

圆形齿轮机构的类型很多，根据两齿轮啮合传动时的相对运动是平面运动还是空间运动，可分为平面齿轮机构和空间齿轮机构两类。平面齿轮机构中两齿轮的轴线相互平行，空间齿轮机构中两齿轮的轴线相交或空间交错。

在几何体内加工的齿轮称为内齿轮（也称齿圈）；在几何体外加工出的齿轮称为外齿轮。在圆柱体上加工的齿轮称为圆柱齿轮。根据轮齿方向不同，圆柱齿轮分为直齿圆柱齿轮（齿轮轮齿方向与齿轮轴线平行）和斜齿圆柱齿轮（齿轮轮齿方向与齿轮轴线倾斜一定角度）。当齿轮半径无穷大时，齿轮就变成齿条。在圆锥体上加工的齿轮称为锥齿轮。

表5.1为圆形齿轮机构的类型、特点及应用。

表5.1 圆形齿轮机构的类型、特点及应用

齿轮机构类型			图例	特点及应用
平面齿轮机构（两齿轮轴线平行）	【参考动画】直齿圆柱齿轮机构	外啮合		两齿轮的转向相反，结构较简单，制造工艺成熟，使用寿命较长。 该机构是使用场合最多、用量最大的机构，可用于减速器、变速器、机床、内燃机、汽车中
		内啮合		两齿轮中一个是外齿轮，另一个是内齿轮，两齿轮的转向相同。 该机构使用较少，可用于行星齿轮减速器中
		齿轮齿条啮合		可以将直线运动转换为旋转运动或相反，齿条位移有限。 该机构可用于有运动转换要求的场合，如某些普通车床的进给传动系统等
	【参考动画】斜齿圆柱齿轮机构	外啮合		不发生根切的齿数较少，重合度较大，相同体积时比直齿圆柱齿轮传递的功率大，有附加轴向力。 应用范围较广，可用于减速器、变速器、机床、汽车、船只等机械中
		内啮合		
	【参考动画】人字齿轮机构			齿形如“人”字，相当于由两个螺旋线方向相反的斜齿轮拼接而成。 常用于大功率的传动装置中，但加工困难、制造成本高

续表

齿轮机构类型			图例	特点及应用
空间齿轮机构（两齿轮轴线不平行）	【参考动画】 锥齿轮机构（两齿轮轴线相交）	直齿锥齿轮		制造安装方便，传动平稳性差，承载能力弱，有轴向力。 应用于汽车差速器等需要改变两条轴空间位置的机构中，应用较广泛
		曲线齿锥齿轮		轮齿沿母线成弯曲的弧面，传动平稳，承载能力强。常用于高速、重载场合
	【参考动画】 两齿轮轴线空间交错	准双曲面齿轮机构		就单个齿轮而言，其外形和参数与曲线齿锥齿轮相同，但此机构的两条轴线是空间交错的
		交错轴斜齿圆柱齿轮机构		由两个斜齿圆柱齿轮组成，其齿面为点接触，承载能力较弱，两个轮齿相对滑动速度较大，效率低。可用于两个轴在空间成任意交错角且轻载低速的场合
		蜗杆蜗轮机构		传动比大，传动平稳，具有自锁性，但效率较低、制造成本高。多用于两轴的交错角为90°、传动比大、结构较紧凑的场合，也可用于有自锁要求的场合

按轮齿齿廓曲线的不同，齿轮又可分为渐开线齿轮、圆弧齿轮和摆线齿轮等。其中渐开线齿轮的制造及安装均较方便，故其应用最广泛。

5.2 齿廓啮合基本定律

齿轮是通过齿廓表面的接触来传递运动和动力的，齿廓表面的接触称为啮合。构成齿廓表面的曲线有许多种，无论两齿轮的齿廓形状如何，齿轮传动的瞬时传动比是两个齿轮的瞬时角速度之比，即

$$i_{12}=\frac{\omega_1}{\omega_2} \tag{5-1}$$

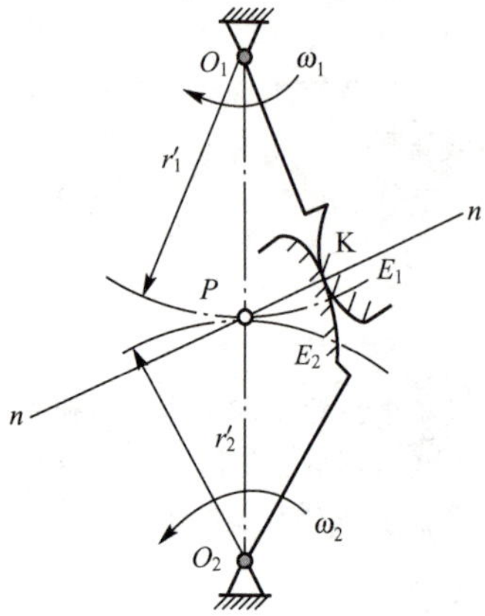

齿轮传动的基本要求之一是保证瞬时传动比恒定不变。下面讨论瞬时传动比不变应满足的条件。

如图5.2所示，齿轮机构中一对啮合的轮齿 E_1 和 E_2，设主动轮1以角速度 ω_1 绕 O_1 轴顺时针回转，推动从动轮2以角速度 ω_2 绕 O_2 轴逆时针回转，两齿廓在任意点 K 接触。由速度瞬心法三心定理知，过接触点 K 所做的两齿廓公法线 nn 与两齿轮的连心线 O_1O_2 的交点 P 为两齿轮的速度瞬心，有

$$v_{P1}=v_{P2}$$

则

$$\omega_1\overline{O_1P}=\omega_2\overline{O_2P}$$

得传动比

$$i_{12}=\frac{\omega_1}{\omega_2}=\frac{\overline{O_2P}}{\overline{O_1P}} \tag{5-2}$$

图5.2 齿廓啮合

可见齿轮传动的瞬时传动比等于两齿轮连心线被齿廓接触点的公法线所分成的两段长度的反比，此为齿廓啮合基本定律。

齿轮传动中，连心线长度不变，欲使传动比 i_{12} 为常数，则必须使点 P 为定点。因此，要使齿轮啮合传动的瞬时传动比恒定不变，齿廓应满足在啮合传动的任一瞬时，过接触点 K 所做两齿轮齿廓的公法线交连心线于定点 P。

点 P 为该对齿轮传动的节点。两齿轮做定传动比传动时，节点 P 为定点，则 O_1P 和 O_2P 为定长。经过 P 点所作的圆为节圆，节点 P 是两节圆的切点，而且两个齿轮在节点 P 处的线速度相等，故齿轮传动时两个齿轮节圆相切，做纯滚动。节点和节圆不是齿轮所固有的，只有两齿轮相啮合时才存在。

设两齿轮的节圆半径分别为 r_1' 和 r_2'，有

$$i_{12}=\frac{\omega_1}{\omega_2}=\frac{\overline{O_2P}}{\overline{O_1P}}=\frac{r_2'}{r_1'} \tag{5-3}$$

满足齿廓啮合基本定律的一对相互啮合的齿廓称为共轭齿廓。理论上，满足齿廓啮合

基本定律的曲线有很多，但考虑到便于制造和检测等因素，工程上只有极少数几种曲线可作为齿廓曲线。其中应用最广的是渐开线，其次是摆线，近年来提出了圆弧曲线和抛物线。

渐开线齿廓的提出已有两百多年的历史，目前还没有其他曲线可以替代，主要因为它具有很好的传动性能，而且便于制造、安装、测量和互换使用等。本章只研究渐开线齿廓的齿轮。

5.3 渐开线及渐开线齿廓啮合特性

5.3.1 渐开线的形成及性质

1. 渐开线的形成

如图5.3所示，当一条直线 nn 沿一个圆的圆周做纯滚动时，直线上任一点 K 的轨迹 AK 就是该圆的渐开线。这个被滚过的圆叫作基圆，半径用 r_b 表示；直线 nn 称为渐开线的发生线；θ_k 为渐开线 AK 段的展角。

2. 渐开线的性质

根据渐开线的形成过程，渐开线具有如下性质。

(1) 由于发生线在基圆上做纯滚动，因此发生线沿基圆滚过的直线长度等于基圆上被滚过的弧长，即

$$\overline{KB}=\overset{\frown}{AB}$$

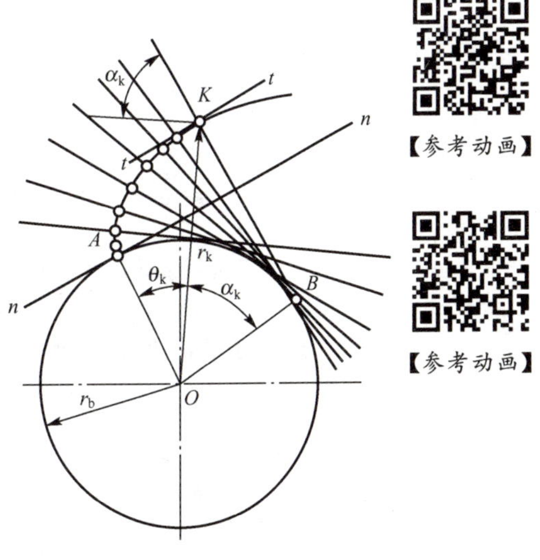

图5.3 渐开线的形成

(2) 由于发生线在基圆上做纯滚动，发生线与基圆的切点 B 即发生线和基圆的速度瞬心，发生线上 K 点的速度方向与 BK 垂直，即渐开线上 K 点的切线方向，则发生线 BK 为渐开线在 K 点的法线。渐开线上任一点的法线必与基圆相切。

(3) 发生线与基圆的切点 B 也是渐开线 K 点的曲率中心，BK 为渐开线在 K 点的曲率半径。由图5.3可知，渐开线离基圆越远，曲率半径越大。基圆上的曲率半径为零。

(4) 渐开线的形状取决于基圆半径（图5.4）。基圆半径越大，其曲率半径越大，渐开线越平直。当基圆半径无穷大时，渐开线就变成一条直线，齿轮也就演化为齿条。

(5) 因渐开线从基圆开始向外展开，故基圆内无渐开线。

(6) 同一个基圆上的任意两条渐开线，无论是同向的还是反向的，沿公法线方向对应点之间的距离处处相等，如图5.5所示，可以证明 $A_1B_1=A_2B_2$，$B_1E_1=B_2E_2$。

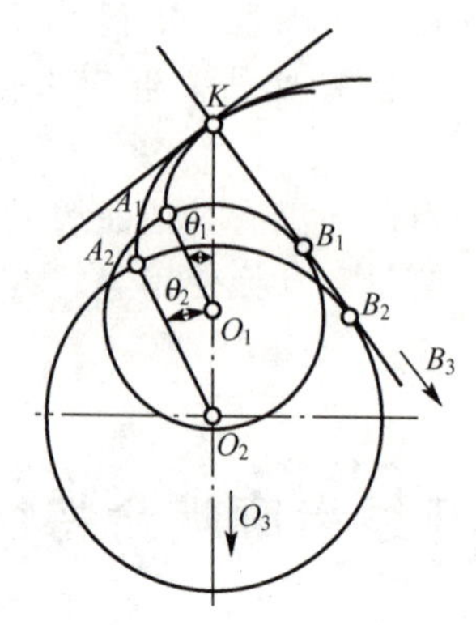

图 5.4 渐开线的形状取决于基圆半径

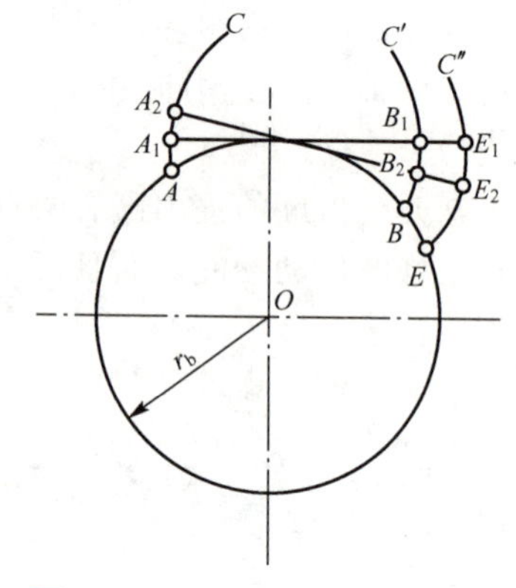

图 5.5 两渐开线之间的公法线

5.3.2 渐开线函数及渐开线方程

如图 5.3 所示，以 O 为极点，以 OA 为极坐标，渐开线上任意一点 K 的极坐标可以用向径 r_k 和展角 θ_k 来表示。当以此渐开线为齿轮的齿廓，并且两齿轮啮合传动时，该齿廓在接触点 K 所受正压力方向（即法线 KB 方向）与该点速度方向（垂直于直线 OK 方向）之间所夹的锐角称为渐开线上 K 点的压力角，用 α_k 表示。图中 $\alpha_k = \angle BOK$。

在△OBK 中

$$r_k = \frac{r_b}{\cos\alpha_k} \tag{5-4}$$

$$\tan\alpha_k = \frac{\overline{BK}}{r_b} = \frac{\widehat{AB}}{r_b} = \frac{r_b(\alpha_k + \theta_k)}{r_b} = \alpha_k + \theta_k$$

即 $\theta_k = \tan\alpha_k - \alpha_k$。

展角 θ_k 称为压力角 α_k 的渐开线函数，工程上常用 $\mathrm{inv}\alpha_k$ 来表示，即

$$\theta_k = \mathrm{inv}\alpha_k = \tan\alpha_k - \alpha_k$$

综上所述，渐开线的极坐标方程式为

$$\left.\begin{aligned} r_k &= \frac{r_b}{\cos\alpha_k} \\ \theta_k &= \mathrm{inv}\alpha_k = \tan\alpha_k - \alpha_k \end{aligned}\right\} \tag{5-5}$$

5.3.3 渐开线齿廓的啮合特性

1. 渐开线齿廓满足啮合基本定律

如图 5.6 所示，由渐开线上任意一点法线必与基圆相切的性质可知，两齿廓在任何位置啮合，过接触点的公法线都是相互啮合的两齿轮基圆的内公切线。当两齿轮啮合传动时，两齿轮位置不变，基圆位置不变，该方向的内公切线有且只有这一条。所以该直线是一条定直线，与连心线 O_1O_2 的交点 P 是固定点，满足啮合基本定律。因此，一对渐开线齿廓能实现定传动比传动，即

$$i_{12} = \frac{\omega_1}{\omega_2} = \frac{O_2P}{O_1P} = 常数$$

2. 渐开线齿廓传动具有中心距可分性

如图 5.6 所示，因为△O_1N_1P 相似于△O_2N_2P，所以两齿轮的传动比可以写成

$$i_{12}=\frac{\omega_1}{\omega_2}=\frac{O_2P}{O_1P}=\frac{r_2'}{r_1'}=\frac{r_{b2}}{r_{b1}} \tag{5-6}$$

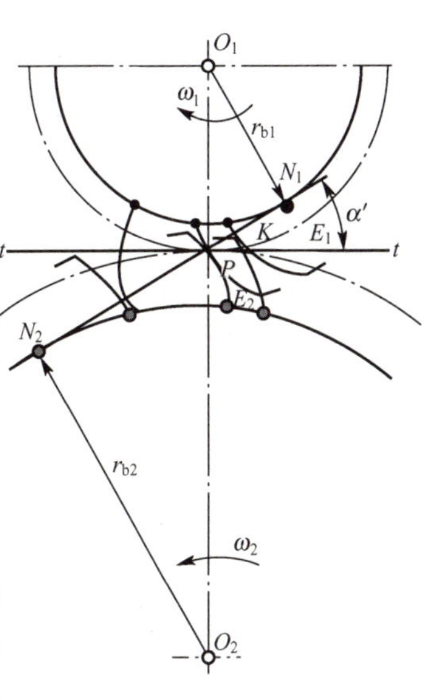

图 5.6　渐开线齿廓的啮合特性

式（5-6）说明，一对渐开线齿轮的传动比等于两齿轮基圆半径的反比。当两个齿轮加工完成后，其基圆大小完全确定，所以两齿轮的传动比完全确定。因此，即使两齿轮安装的实际中心距与设计中心距略有偏差，两齿轮之间的传动比也不会因为中心距改变而改变。该特性称为渐开线齿轮传动的中心距可分性，对渐开线齿轮的制造、安装都是十分有利的。

3. 渐开线齿廓啮合的啮合线为定直线

一对渐开线齿轮在任何位置啮合时，其接触点的公法线都是同一条直线——两齿轮基圆的内公切线 N_1N_2，即一对渐开线齿轮在啮合过程中的啮合点都在直线 N_1N_2 上，因此我们把直线 N_1N_2 称为啮合线，它是一条定直线。在渐开线齿轮啮合传动中，过齿廓接触点的公法线、渐开线齿廓的啮合线、两齿轮基圆的内公切线和齿轮传动的正压力作用线为同一条直线，即四线合一。

4. 渐开线齿廓啮合的啮合角不变

如图 5.6 所示，啮合线 N_1N_2 与两节圆的公切线 tt 所夹的锐角称为啮合角，用 α' 表示。由于 N_1N_2 是作用力的方向线，因此啮合角等于节点处的压力角。由于作用力的方向不变，因此啮合角不变。该特性对提高齿轮传动的平稳性十分有利。

5.4　渐开线标准直齿圆柱齿轮的基本参数及几何尺寸

5.4.1　齿轮各部分名称和符号

图 5.7 所示为某标准直齿圆柱外齿轮的一部分，齿轮各部分名称、符号和含义见表 5.2。

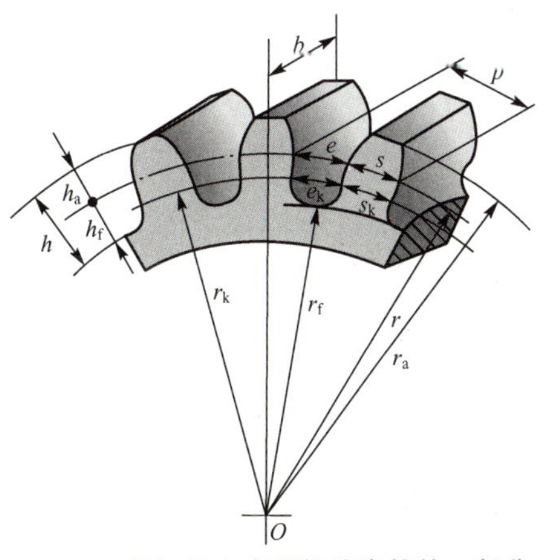

图 5.7　某标准直齿圆柱外齿轮的一部分

【参考动画】

表 5.2 齿轮各部分名称、符号及含义

名称	符号	含义
轮齿		齿轮上的每一个用于啮合的凸起部分
齿槽		轮齿之间的空间
齿顶圆	直径 d_a、半径 r_a	以齿轮轴心 O 为圆心，过齿轮各轮齿顶端所作的圆
齿根圆	直径 d_f、半径 r_f	以齿轮轴心 O 为圆心，过齿轮各齿槽底部所作的圆
齿厚	s_k	在半径为 r_k 的任意圆周上，一个轮齿两侧齿廓间的弧长为该圆上的齿厚。齿顶圆到齿根圆之间，不同圆上的齿厚是不等的
齿槽宽	e_k	在半径为 r_k 的任意圆周上，相邻两轮齿之间的弧长为该圆上的齿槽宽。齿顶圆到齿根圆之间，不同圆上的齿槽宽是不等的
齿距	p_k	在半径为 r_k 的任意圆周上，相邻两轮齿同侧齿廓间的弧长为该圆上的齿距。在同一圆上，齿距等于齿厚与齿槽宽之和，即 $p_k=s_k+e_k$
分度圆	直径 d、半径 r	在齿轮上取一个特定圆作为齿轮尺寸计算的基准，使这个圆上有标准模数和压力角。该圆上的所有尺寸和参数符号不带下标。其分度圆上的齿距、齿厚和齿槽宽的关系为 $p=s+e$
齿顶高	h_a	轮齿介于分度圆与齿顶圆之间的部分称为齿顶，其径向高度为齿顶高
齿根高	h_f	轮齿介于分度圆与齿根圆之间的部分称为齿根，其径向高度为齿根高
齿全高	h	齿顶圆与齿根圆之间的径向高度为齿全高，即 $h=h_a+h_f$
齿宽	b (B)	齿轮的有齿部分沿齿轮轴线方向度量的宽度

5.4.2 齿轮的基本参数

1. 齿数

在齿轮圆周上均匀分布的轮齿总数称为齿数，用 z 表示。

2. 模数和标准模数

由于齿轮任意圆的周长等于 zp_k，因此有 $\pi d_k=zp_k$。

任意圆周的直径为

$$d_k=\frac{p_k}{\pi}z \tag{5-7}$$

由于 π 是无理数，不便于计算和测量，因此定义 $m_k=\frac{p_k}{\pi}$ 为简单的有理数列，称为模数，则 $d_k=m_kz$。由于齿轮不同圆上的模数不相等，为了便于设计、制造和互换，规定一个特定圆上的模数为标准值，称为标准模数 m。这一特定圆为分度圆。圆柱齿轮标准模数系列值（GB/T 1357—2008）见表5.3。标准模数为

$$m=\frac{p}{\pi} \text{ 或 } p=\pi m \tag{5-8}$$

则分度圆直径为

$$d=mz \tag{5-9}$$

表5.3 圆柱齿轮标准模数系列值（GB/T 1357—2008） （单位：mm）

第一系列	…1 1.25 1.5 2 2.5 3 4 5 6 8 10 12 16 20 25 32 40
第二系列	…1.75 2.25 2.75 (3.25) 3.5 (3.75) 4.5 5.5 (6.5) 7 9 (11) 14 18 22 28 36 45

注：1. 选用模数时，应优先采用第一系列，其次是第二系列，括号内的模数尽可能不用。

2. 本标准适用于渐开线圆柱齿轮，对于斜齿轮是指法向模数。

模数的单位为mm。由式（5-8）、式（5-9）可知，模数 m 越大，齿距越大，齿轮的分度圆直径也越大（图5.8）。故模数是设计和制造齿轮的一个重要参数，模数的大小直接决定齿轮的大小。

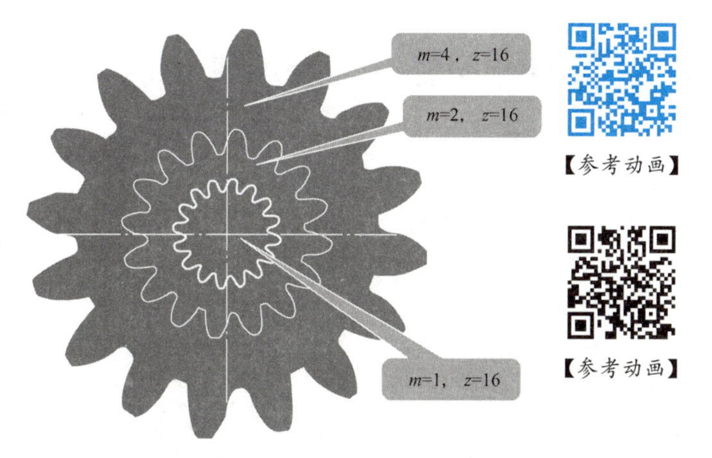

图5.8 不同模数齿轮尺寸的比较

3. 压力角 α

由式（5-4）可知，渐开线上任一点的压力角为

$$\cos\alpha_k=\frac{r_b}{r_k} \tag{5-10}$$

渐开线齿廓上各点的压力角是不同的，离基圆越近的点压力角越小，基圆上的压力角为零。将分度圆上的压力角规定为标准值，称为标准压力角，用 α 表示，则有

$$\alpha=\arccos\left(\frac{r_b}{r}\right)$$

可得基圆半径计算公式为

$$r_b=r\cos\alpha=\frac{mz}{2}\cos\alpha \tag{5-11}$$

国家标准规定，分度圆上压力角的标准值为20°。在某些特殊场合，α 也可采用其他值，如15°和25°等。

4. 齿顶高系数和顶隙系数

因为齿轮轮齿的齿顶高和齿根高都与模数 m 成正比，所以齿顶高和齿根高可分别表示为

$$\left.\begin{aligned} h_a &= h_a^* m \\ h_f &= (h_a^* + c^*) m \end{aligned}\right\} \quad (5-12)$$

式中 h_a^*、c^*——齿顶高系数和顶隙系数，均为标准值，见表5.4。

表5.4 齿顶高系数和顶隙系数(GB/T 1357—2008)

名称	正常齿制	短齿制
齿顶高系数 h_a^*	1	0.8
顶隙系数 c^*	0.25	0.3

从式(5-12)可以看出，齿根高与齿顶高有$c^* m$间隙，称为顶隙。如图5.9所示，顶隙是一对齿轮啮合时，一个齿轮的齿顶圆与另一个齿轮的齿根圆之间的径向距离，用c表示。顶隙可以储存润滑油，也可以防止轮齿干涉。

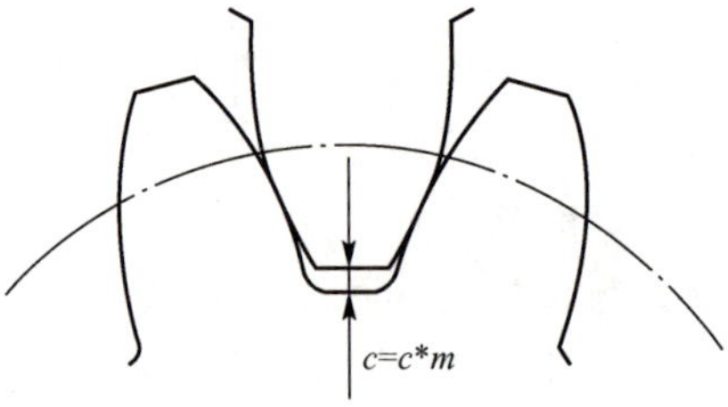

$c=c^*m$

图5.9 齿轮之间的顶隙

5.4.3 标准直齿圆柱齿轮的几何尺寸计算

若齿轮的基本参数中的m、α、h_a^*、c^*均为标准值，而且分度圆的齿厚等于齿槽宽，则这种齿轮称为渐开线标准齿轮。渐开线标准直齿圆柱齿轮的几何尺寸计算公式见表5.5。

表5.5 渐开线标准直齿圆柱齿轮的几何尺寸计算公式

名称	符号	计算公式	
		小齿轮	大齿轮
模数	m	根据齿轮的结构和受力情况，选取标准值	
压力角	α	选取标准值20°	
分度圆直径	d	$d_1=mz_1$	$d_2=mz_2$
齿顶高	h_a	$h_{a1}=h_{a2}=h_a^* m$	
齿根高	h_f	$h_{f1}=h_{f2}=(h_a^*+c^*)m$	
齿全高	h	$h_1=h_2=(2h_a^*+c^*)m$	
齿顶圆直径	d_a	$d_{a1}=(z_1 \pm 2h_a^*)m$	$d_{a2}=(z_2 \pm 2h_a^*)m$
齿根圆直径	d_f	$d_{f1}=(z_1 \mp 2h_a^* \mp 2c^*)m$	$d_{f2}=(z_2 \mp 2h_a^* \mp 2c^*)m$
基圆直径	d_b	$d_{b1}=z_1 m\cos\alpha$	$d_{b2}=z_2 m\cos\alpha$
齿距	p	$p=m\pi$	
基圆齿距	p_b	$p_b=m\pi\cos\alpha$	
分度圆齿厚	s	$s=p/2=m\pi/2$	

续表

名称	符号	计算公式	
		小齿轮	大齿轮
分度圆齿槽宽	e	$e=p/2=m\pi/2$	
标准中心距	a	$a=\frac{1}{2}(d_2\pm d_1)=\frac{1}{2}(z_2\pm z_1)m$	

注：含有“±”或“∓”的公式，上面的符号用于外齿轮（或外啮合），下面的符号用于内齿轮（或内啮合）。

5.4.4 内齿轮和齿条

1. 内齿轮

如图5.10所示，内齿圆柱齿轮的轮齿分布在空心圆柱内表面上，相同基圆的内、外齿轮的齿廓曲线为完全相同的渐开线，但轮齿的形状不同。内齿轮与外齿轮相比有以下不同点。

(1) 外齿轮的轮齿是外凸的，而内齿轮的轮齿是内凹的。所以内齿轮的齿厚相当于外齿轮的齿槽宽，内齿轮的齿槽宽相当于外齿轮的齿厚。

(2) 内齿轮的齿顶圆小于齿根圆，而外齿轮的齿顶圆大于齿根圆。

(3) 为保证内齿轮的齿顶部分全部为渐开线，齿顶圆必须大于基圆。

2. 齿条

图5.11所示为标准齿条。当齿轮齿数增加到无穷多时，基圆半径为无穷大，渐开线齿廓曲线变为直线，齿轮演化为齿条。同时，齿顶圆、齿根圆、分度圆也变为相应的齿顶线、齿根线、分度线（也称齿条中线）。

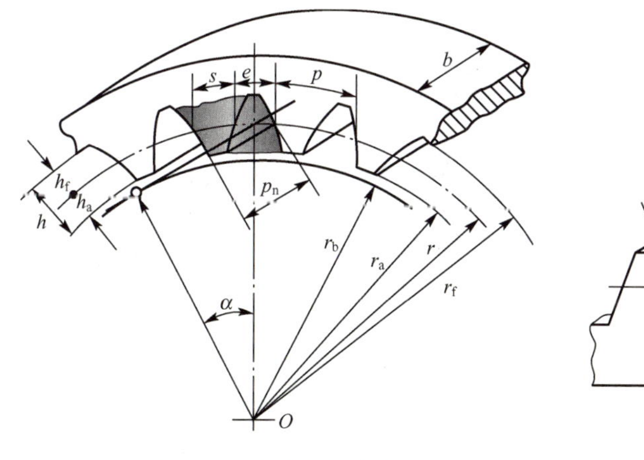

图5.10 内齿圆柱齿轮

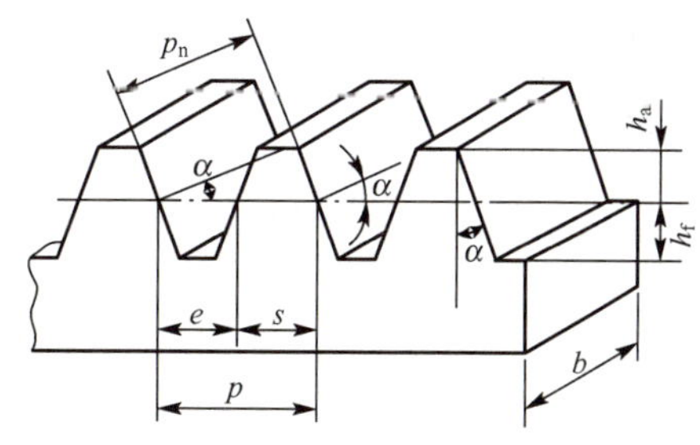

图5.11 标准齿条

齿条与齿轮相比有以下两点不同。

(1) 由于齿条的齿廓是直线，因此齿廓上各点的法线都是相互平行的，并且在传动时齿条平动，齿廓上各点速度的方向都相同。为此，齿条齿廓上各点的压力角都相等，其大小为标准值。齿条齿廓的倾角称为齿形角，其值等于标准压力角。

(2) 由于齿条的各同侧齿廓都是平行的，因此在与分度线平行的任一直线上的齿距处处相等，即 $p_k=p=m\pi$（$p_b=p\cos\alpha$ 例外），使齿廓不同高度线上的模数均相等，都等于标准模数。

齿条的基本尺寸计算可参照表 5.5 中外齿轮的尺寸计算公式。

5.5 渐开线标准直齿圆柱齿轮的啮合传动

不是任意两个齿轮组装在一起就可以正常工作的，要实现一对齿轮的正常工作还需要满足一些基本条件。

5.5.1 渐开线齿轮的正确啮合条件

如图 5.12 所示，齿轮相邻两齿同侧齿廓间沿公法线所量得的距离称为齿轮的法向齿距，用 p_n 表示。根据渐开线性质（1），法向齿距 p_n应等于基圆上的齿距 p_b，即

$$p_n=p_b=\pi d_b/z=\pi m\cos\alpha=p\cos\alpha \tag{5-13}$$

如果两个齿轮能够正确啮合传动，则必须使一个齿轮的轮齿能够顺利地进入到另一个齿轮的齿槽中，并且应使相互啮合的一对齿廓的接触点在啮合线 N_1N_2 上；否则，将无法进行正确的啮合传动。图 5.12 所示为齿轮啮合传动的三种情况，N_1N_2 线是啮合线。图 5.12 (a)中 $p_{b1}<p_{b2}$，两齿轮啮合时可能被卡住，不能正确啮合；图 5.12 (b) 中 $p_{b1}=p_{b2}$，两齿轮能正确啮合；图 5.12 (c) 中 $p_{b1}>p_{b2}$，两齿轮啮合时传动中断不连续，也不能正确啮合。故为了保证前后两对轮齿能在啮合线上同时接触而又不产生干涉，必须使两齿轮的法向齿距 p_n 相等，即 $p_{n1}=p_{n2}$ 或 $p_{b1}=p_{b2}$，则有

$$m_1\cos\alpha_1=m_2\cos\alpha_2$$

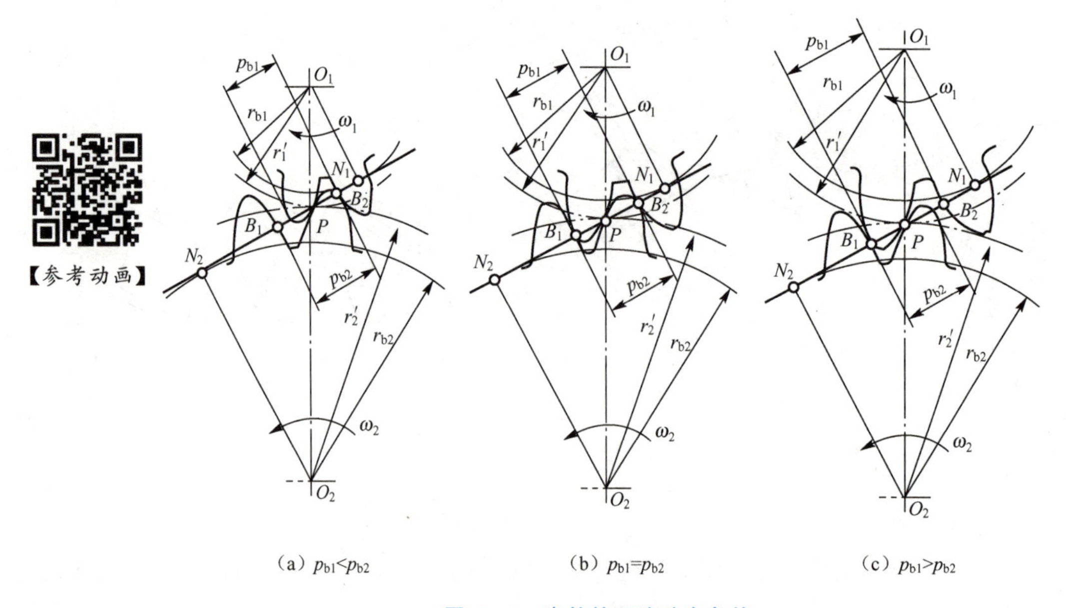

(a) $p_{b1}<p_{b2}$　　(b) $p_{b1}=p_{b2}$　　(c) $p_{b1}>p_{b2}$

图 5.12　齿轮的正确啮合条件

由于齿轮的模数、压力角都是标准值，则渐开线直齿圆柱齿轮的正确啮合条件为两齿轮的模数和压力角必须分别相等，即

$$\left.\begin{aligned} m_1 = m_2 = m \\ \alpha_1 = \alpha_2 = \alpha \end{aligned}\right\} \tag{5-14}$$

则一对渐开线直齿圆柱齿轮的传动比为

$$i_{12} = \frac{\omega_1}{\omega_2} = \frac{r_{b2}}{r_{b1}} = \frac{r_2 \cos\alpha}{r_1 \cos\alpha} = \frac{r_2}{r_1} = \frac{z_2}{z_1} \tag{5-15}$$

即传动比不仅等于两轮的基圆、节圆、分度圆半径的反比，而且等于两轮齿数的反比。

5.5.2 渐开线齿轮连续传动的条件

1. 齿轮啮合传动的过程

如图5.13 (a) 所示，齿轮开始进入啮合时，主动轮1的齿根部分齿廓与从动轮的齿顶在 B_2 点接触，该点为啮合起始点，为从动轮的齿顶圆与啮合线 N_1N_2 的交点；当啮合传动到主动轮的齿顶与从动轮的齿根处齿廓在 B_1 点接触时，两轮齿即将脱离啮合，则 B_1 点为啮合终止点，为主动轮的齿顶圆与啮合线 N_1N_2 的交点。线段 $\overline{B_1B_2}$ 为啮合点的实际运动轨迹，称为实际啮合线。由于基圆内无渐开线，因此啮合线 $\overline{N_1N_2}$ 是理论上最长的啮合线，为理论啮合线，N_1、N_2 点称为啮合极限点。

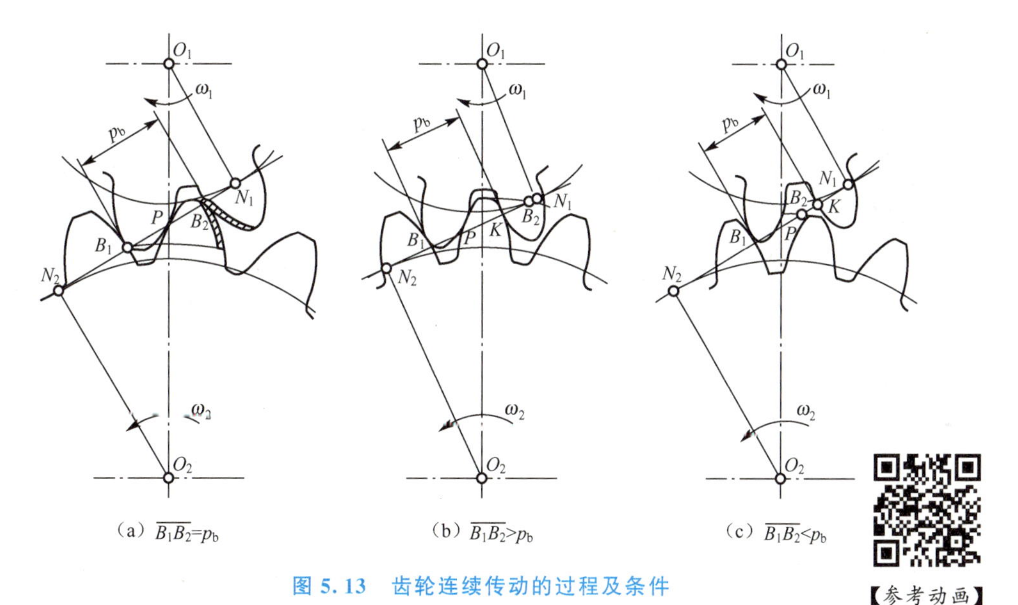

图5.13 齿轮连续传动的过程及条件

2. 齿轮连续传动的条件

一对齿轮除了满足正确的啮合条件外，还必须保证传动是连续的。下面进一步研究一对齿轮连续正确传动的条件。从上述轮齿啮合过程可以看出，为了使齿轮能连续传动，必须保证在前一对轮齿尚未脱离啮合时，后一对轮齿就及时进入啮合。当 $\overline{B_1B_2} = p_b$ 时[图5.13 (a)]，表示除在 B_1、B_2 点接触的瞬间是两对轮齿接触外，始终有一对轮齿

处于啮合状态，传动刚好连续；当$\overline{B_1B_2}>p_b$时[图 5.13（b)]，表示除节点附近是一对齿啮合外，多数情况是两对齿啮合，传动连续；当$\overline{B_1B_2}<p_b$时[图 5.13（c)]，则表示当前一对轮齿在B_1点要终止啮合时，后一对轮齿尚未进入啮合，啮合传动没有连续，不能保证原有的定传动比传动。

由此可见，齿轮连续传动的条件是

$$\overline{B_1B_2}\geqslant p_b$$

实际啮合线$\overline{B_1B_2}$与齿距p_b的比值称为齿轮传动的重合度，用ε_α表示，则渐开线齿轮连续传动的条件为

$$\varepsilon_\alpha=\frac{\overline{B_1B_2}}{p_b}\geqslant 1 \tag{5-16}$$

理论上讲，重合度$\varepsilon_\alpha=1$就能保证齿轮连续传动。但因齿轮的制造、安装有误差，为确保齿轮的连续传动，应使重合度大于1。在实际应用中，ε_α应大于或等于一定的许用值$[\varepsilon_\alpha]$，即$\varepsilon_\alpha\geqslant[\varepsilon_\alpha]$。$[\varepsilon_\alpha]$值是由齿轮传动的使用要求和制造精度而定的。常用的$[\varepsilon_\alpha]$推荐值见表5.6。

表 5.6　常用的$[\varepsilon_\alpha]$推荐值

适用场合	一般机械制造业	汽车、拖拉机	金属切削机床
$[\varepsilon_\alpha]$	1.4	1.1～1.2	1.3

重合度表示一对齿轮在啮合过程中，同时参与啮合的轮齿对数，其意义如下。

(1) $\varepsilon_\alpha=1$，表示在齿轮啮合的全过程中，始终只有一对轮齿啮合。

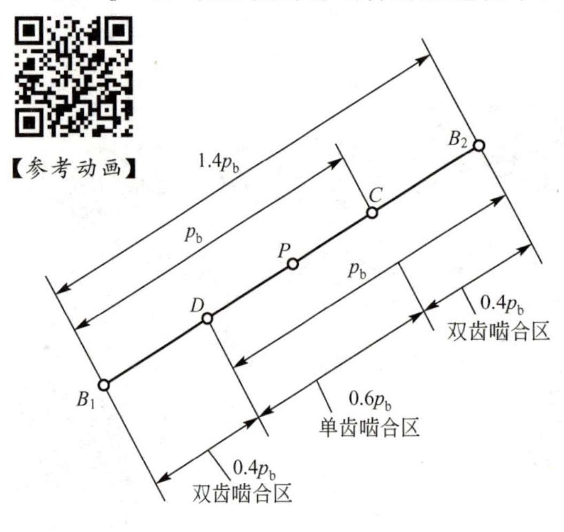

图 5.14　重合度的意义（$\varepsilon_\alpha=1.4$）

(2) $\varepsilon_\alpha=1.4$，如图5.14所示，由于$\overline{B_1B_2}=1.4p_b$，因此实际啮合线$\overline{B_2B_1}$上，前后$0.4p_b$两条线段内，均为两对轮齿参与啮合，为双齿啮合区；而中间$0.6p_b$线段内，只有一对轮齿啮合，为单齿啮合区。在齿轮转过一个齿距p_b的时间内，有40%的时间是两对轮齿啮合，60%的时间是一对轮齿啮合。

重合度不仅是齿轮传动的连续性条件，而且是衡量齿轮承载能力和传动平稳性的重要指标，重合度越大，同时参与啮合的轮齿对数越多，传动越平稳，承载能力越强。

5.5.3　渐开线标准齿轮传动的中心距

在齿轮啮合传动时，为了避免齿轮反转时发生冲击和出现空程，理论上要求无齿侧间隙啮合，即相互啮合的两齿轮中，一个齿轮的节圆齿厚应等于另一个齿轮的节圆齿槽宽($s_1'=e_2'$且$e_1'=s_2'$)。当安装两齿轮并使两齿轮分度圆与节圆重合时，这种安装称为标准安

装，有

$$\left.\begin{aligned} s_1 = e_1 = \frac{\pi m}{2} = s_2 = e_2 \\ s_1' = s_1 = e_2 = e_2' \end{aligned}\right\}$$

可实现无侧隙啮合要求。标准安装时，分度圆直径与节圆直径相等（$d=d'$），两齿轮分度圆相切，做纯滚动，并且 $\alpha'=\alpha$。此时中心距为标准中心距，即

$$a = r_1' + r_2' = r_1 + r_2 = \frac{m(z_1+z_2)}{2} \tag{5-17}$$

当实际中心距与标准中心距不相等时，两齿轮分度圆与节圆不再重合，两齿轮分度圆不相切而是分离，其安装为非标准安装。此时啮合角不再等于分度圆上的压力角。中心距为

$$a' = r_1' + r_2' = (r_1 + r_2)\frac{\cos\alpha}{\cos\alpha'} = a\frac{\cos\alpha}{\cos\alpha'} \tag{5-18}$$

5.6 渐开线齿轮的加工及根切现象

5.6.1 渐开线齿轮的加工原理

齿轮的加工方法有铸造法、热轧法、切削法等，最常用的是切削法。渐开线齿轮的切削加工方法按原理不同分为仿形法和展成法两种。

1. 仿形法

【参考视频】

仿形法是最简单的切齿方法。轮齿是在普通铣床上用盘状齿轮铣刀[图 5.15 (a)]或指状齿轮铣刀[图 5.15 (b)]加工出来的。铣刀为成形铣刀，即刀具的轴剖面形状与齿轮的齿槽齿廓形状相同。铣齿时，把齿轮毛坯安装在铣床工作台上，铣刀绕自身的轴线做旋转切削运动，同时齿轮毛坯随铣床工作台沿齿轮轴线方向做直线进给运动。铣出一个齿槽后，机床分度机构将齿轮毛坯转过 360°/z，再铣第二个齿槽，直至加工出全部轮齿。

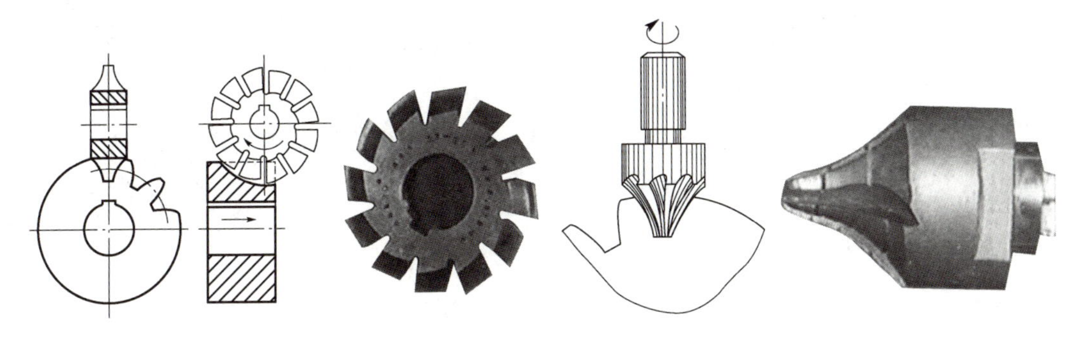

(a) 盘状齿轮铣刀　　(b) 指状齿轮铣刀

图 5.15　仿形法加工齿轮

仿形法加工齿轮的特点如下。

优点：加工方法简单，不需要专门的齿轮加工设备，在普通铣床上即可进行。

缺点：理论上，用仿形法加工齿轮时，一把铣刀只能精确地加工出模数和压力角与刀具相同的一种齿数的齿轮，该齿轮称为精确齿轮。要保证加工出的渐开线齿形都精确，就要求相同模数下，对不同的齿数各有一把刀具，致使铣刀的数量过多。而实际生产中，为减少刀具的数量，相同模数和压力角的铣刀通常有八把，因此，加工出的齿形不够准确。轮齿的分度误差也会造成齿轮加工精度低。由于加工不连续，生产效率也低。

因此，仿形法只适用于修配、单件生产及对齿轮精度要求不高的齿轮加工。

【参考视频】

2. 展成法

展成法也称范成法，是利用一对齿轮无侧隙啮合时，两齿轮的齿廓互为包络线的原理加工齿轮的一种加工方法。这种方法采用的刀具主要有插齿刀和滚刀。由于加工精度较高，展成法是目前齿轮切削加工的主要方法。

(1) 插齿加工。

机床：插齿机[图 5.16 (c)、图 5.16 (d) 和图 5.17 (c)]。

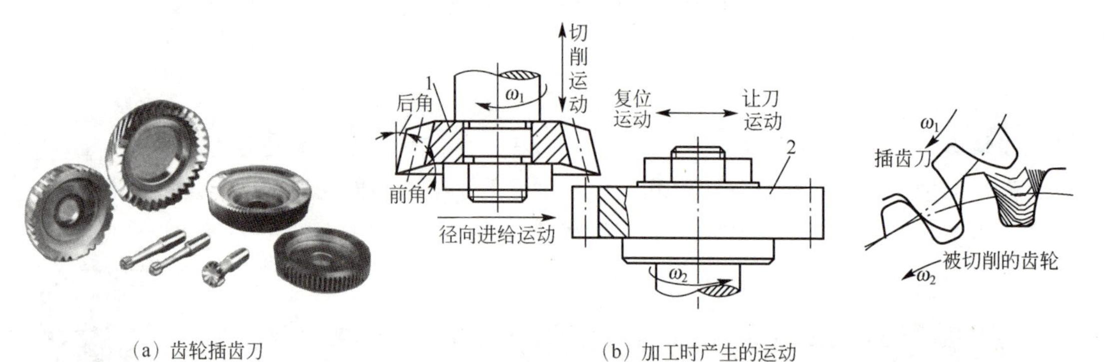

(a) 齿轮插齿刀　　(b) 加工时产生的运动

(c) 插齿机加工外齿轮

(d) 插齿机加工内齿轮

1—齿轮插齿刀；2—齿轮轮坯

图 5.16　用齿轮插刀加工齿轮

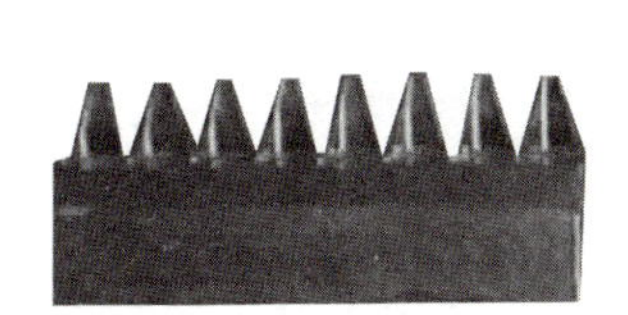

(a) 齿条插刀

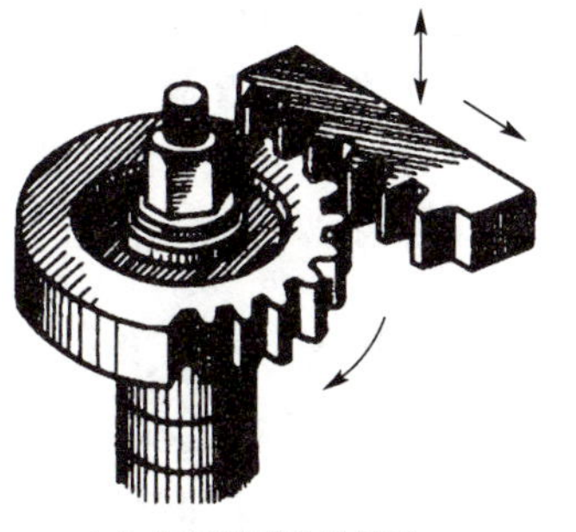

(b) 加工时产生的运动

(c) 齿轮加工

图 5.17 用齿条插刀加工齿轮

刀具：齿轮插齿刀[图 5.16（a）]或齿条插刀[图 5.17（a）]。插齿刀实际上是一个具有刀刃的渐开线直齿圆柱外齿轮（或齿条），只是刀具齿顶比传动齿轮（或齿条）高出顶隙 c 的距离，以保证切制的齿轮在传动时有顶隙。

加工时产生的运动[图 5.16（b）和图 5.17（b）]：①插齿刀沿齿坯轴线向下做切削运动；②插齿刀沿齿坯轴线向上做退刀空回运动；③通过机床传动系统，迫使刀具与被加工齿轮齿坯以一定传动比模仿一对齿轮的啮合转动（即展成运动），直至切出全部齿槽；④让刀运动，避免插齿刀在退刀时与齿轮轮坯齿面产生摩擦；⑤复位运动，插齿切削时，齿坯回到原位；⑥径向进给运动。

插齿加工的特点：由于插齿加工是应用一对齿轮的啮合关系切出齿廓，因此用同一把刀具可以加工出与刀具模数和压力角相等而齿数不等的所有齿轮，并且加工出来的齿形准确，轮齿分布均匀。插齿加工适用于加工双联或三联齿轮。齿轮插刀不仅能加工外齿轮，而且能加工内齿轮；齿条插刀只能加工外齿轮。但插齿有空行程，是间断切削，所以生产效率不高。用插齿刀加工斜齿轮也不方便。

（2）滚齿加工。

机床：滚齿机。

刀具：滚刀[图 5.18（a）]。滚刀的形状像螺杆，在与螺旋线垂直的方向上开有若干个槽，从而形成刀刃。其轴平面为一根齿条。

滚齿加工产生的运动[图 5.18（b）]：①滚刀绕自身轴线的旋转切削运动；②通过滚齿机[图 5.18（c）]传动系统，迫使刀具与被加工齿轮轮坯以一定传动比模仿一对齿轮啮合转动（即展成运动），直至切出全部齿槽；③滚刀沿齿轮轮坯轴向做进给运动，从而切出整个齿宽。

(a) 齿轮滚刀

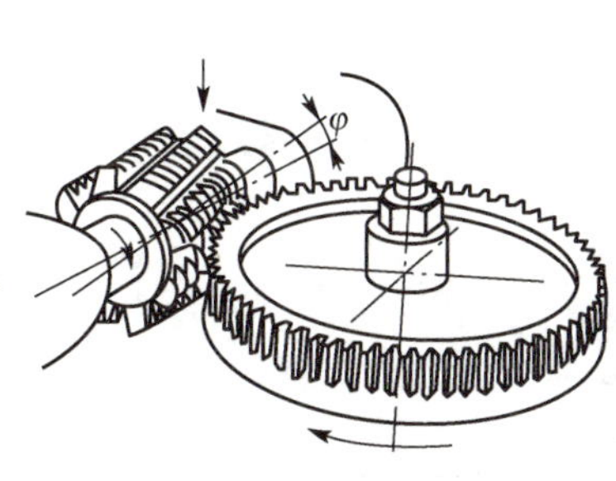

(b) 滚齿加工过程

(c) 滚齿机加工直齿轮

图 5.18 用齿轮滚刀加工齿轮

滚齿加工的特点：用滚刀加工齿轮本质上与用齿条插刀加工齿轮相同，所以加工精度高，而且滚刀连续切削，没有空行程，因此生产效率高，目前应用较广。应用滚刀还可以加工斜齿轮，但不能切削双联或三联齿轮，也不能切削内齿轮。滚刀加工也可以用一把刀具加工出模数和压力角与刀具相同的任意齿数的齿轮。

5.6.2 渐开线齿轮的根切及最少齿数

用展成法加工齿轮时，有时被加工齿轮齿根附近的渐开线齿廓被刀具的齿顶切去一部分，这种现象称为齿轮的根切，如图 5.19 所示。根切后轮齿的根部变薄，削弱了齿根强度，缩短了使用寿命，甚至会降低重合度，影响传动质量，应尽量避免。

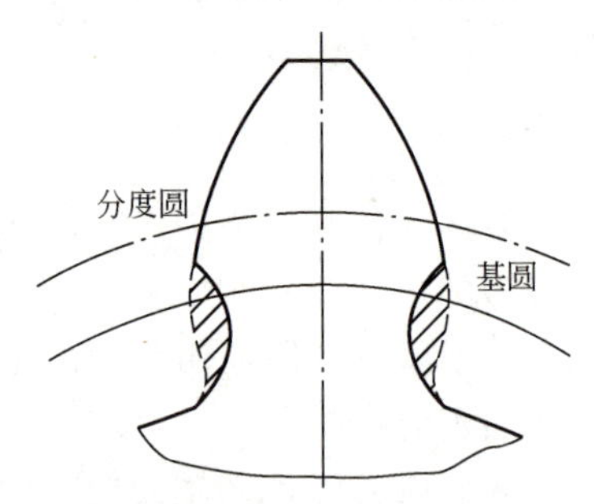

图 5.19 齿轮的根切现象

图 5.20 所示是用标准齿条型刀具切制标准齿轮的三种情况。下面通过该图说明产生根切的原因。用齿条插刀加工标准外齿轮时，插刀的分度线与齿轮的分度圆相切。B_1B_2 是实际啮合线。刀具的切削刃从啮合线上的 B_1 点开始切削齿轮齿廓，切削到啮合线与刀具齿顶线的交点 B_2 处时，被切齿轮齿廓的渐开线部分即被全部切出。若 B_2 点位于啮合极限点 N_1 以下或相重合时[图 5.20 (a)、图 5.20 (b)]，被切齿轮的齿廓从 B_2 点开始至齿顶为渐开线，不发生根切；若 B_2 点位于啮合极限点 N_1 上方[图 5.20 (c)]，当刀具移动到 N_1 点 3 位置时，理论上刀具与齿坯啮合结束，加工也结束，已形成完整的渐开线齿形，但实际上由于刀具的齿顶还没有进入啮合，故当刀具继续移动时切削继续进行，将齿根部已加工好的渐开线齿廓又切去一部分而产生根切。所以，产生根切的原因是刀具的齿顶线超过了啮合极限点 N_1。

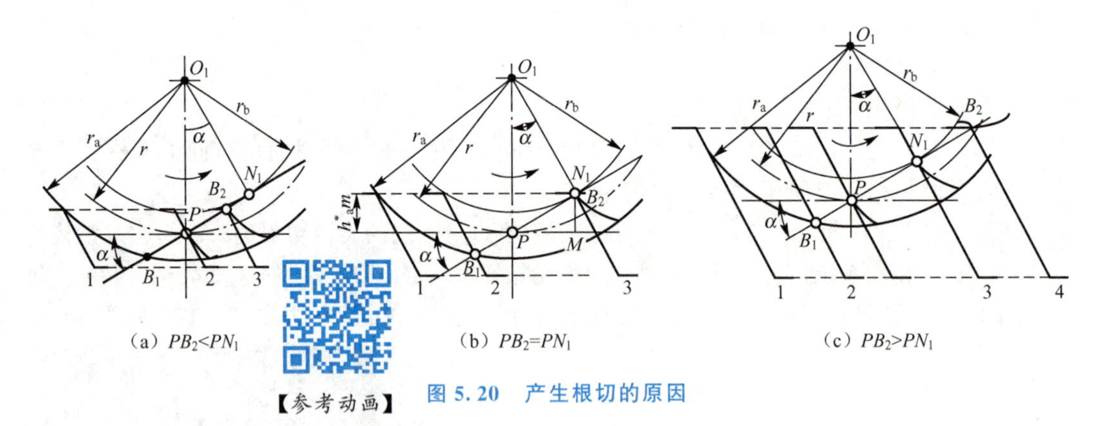

图 5.20 产生根切的原因

要使被加工齿轮不产生根切，刀具的齿顶线不得高于啮合极限点 N_1，如图 5.20 (b) 所示，即

$$h_a^* m \leqslant MN_1$$

对于标准齿轮，$MN_1 = PN_1\sin\alpha$，而 $PN_1 = r\sin\alpha = \frac{1}{2}mz\sin\alpha$，整理得

$$z \geqslant \frac{2h_a^*}{\sin^2\alpha}$$

所以，加工标准齿轮不发生根切的最少齿数为

$$z_{\min}=\frac{2h_a^*}{\sin^2\alpha} \tag{5-19}$$

标准直齿圆柱齿轮，当 $\alpha=20°$，$h_a^*=1$ 时，$z_{\min}=17$。设计齿轮时，应使齿轮的实际齿数 $z\geqslant z_{\min}$。

5.7 变位齿轮简介

当用展成法加工渐开线标准齿轮时，为了避免根切，应使被加工齿轮的齿数多于不发生根切的最少齿数。当被加工齿轮的齿数少于最少齿数时，为了不使齿轮发生根切，可以采用变位齿轮。

5.7.1 变位齿轮的概念

用展成法加工渐开线标准齿轮时，齿条刀具的分度线与标准齿轮的分度圆相切。如果改变刀具与齿坯的径向相对位置来加工齿轮，此方法称为径向变位法，加工出来的齿轮为变位齿轮。齿轮变位原理如图 5.21 所示，刀具移动的距离 xm 称为变位量，x 为变位系数。刀具远离齿坯中心的变位为正变位，$x>0$ 为正变位系数；刀具靠近齿坯中心的变位为负变位，$x<0$ 为负变位系数。

当被加工齿轮的齿数少于不发生根切的最少齿数时，采用正变位，将齿条刀具向远离齿坯中心方向移动，使齿条刀具的齿顶线低于啮合极限点 N_1，则可以避免根切。变位后，刀具的分度线不再与齿坯的分度圆相切，加工出来的齿轮分度圆上的齿厚不等于齿槽宽，故齿轮不是标准齿轮。

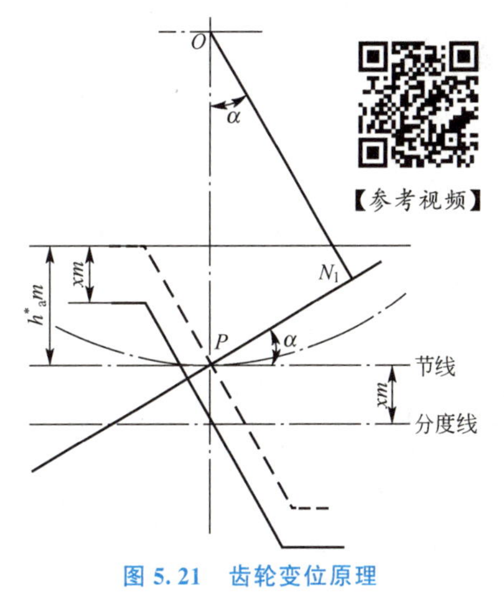

图 5.21 齿轮变位原理

5.7.2 变位齿轮的特点

加工变位齿轮时，由于采用的刀具不变，因此变位齿轮的模数 m、压力角 α、齿数 z 及齿距、分度圆、基圆均与标准齿轮的相同。在齿形方面，变位齿轮与标准齿轮的齿廓曲线相同，是由相同基圆展成的渐开线，如图 5.22 所示。

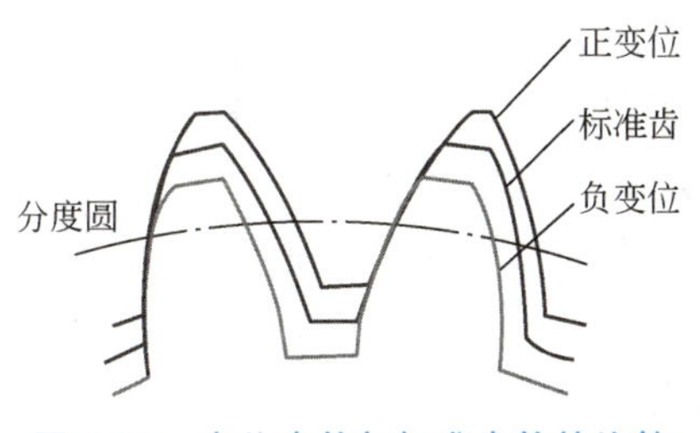

【参考动画】

图 5.22 变位齿轮与标准齿轮的比较

在保证齿全高不变的情况下，变位齿轮与标准齿轮的不同见表5.7。

表5.7 变位齿轮与标准齿轮的不同

名称	标准齿轮	正变位齿轮	负变位齿轮
分度圆齿厚	$s=m\pi/2$	变大	变小
分度圆齿槽宽	$e=m\pi/2$	变小	变大
齿顶圆	$d_{a1}=(z_1+2h_a^*)m$	变大	变小
齿根圆	$d_{f1}=(z_1-2h_a^*-2c^*)m$	变大	变小

标准齿轮具有设计简单、互换性好等优点，被广泛使用。但标准齿轮也存在以下缺点。

(1) 标准齿轮的齿数必须大于或等于不发生根切的最少齿数，否则会产生根切，齿轮的最小尺寸受到限制。

(2) 不适用于实际中心距a'不等于标准中心距a的场合。当$a'>a$时，虽然可以安装，但会出现过大的齿侧间隙，使重合度降低；当$a'<a$时，齿轮无法安装。

(3) 一对相互啮合的标准齿轮，小齿轮齿根厚小于大齿轮齿根厚，抗弯能力有明显差别，小齿轮容易损坏。

采用变位齿轮可以弥补标准齿轮的不足。变位齿轮有以下优点。

(1) 切削$z<z_{min}$的齿轮时不发生根切。

(2) 配凑中心距。一对齿轮在非标准中心距的情况下，不仅能安装，而且能满足无侧隙传动。

(3) 采用正变位，可以改善小齿轮的抗弯强度，提高齿轮机构的承载能力。

总之，采用变位修正法来制造渐开线齿轮，不仅当被切齿轮的齿数少于最少齿数时可以避免根切，而且与标准齿轮相比，切出的齿轮除了分度圆、基圆及齿距不变外，其齿厚、齿槽宽、齿廓曲线的工作段、齿顶高和齿根高等都发生了变化。因此，可以运用这种方法来提高齿轮机构的承载能力、配凑中心距和减小机构的几何尺寸等，而且在切制渐开线齿轮时，仍使用标准刀具，并不增加制造的困难，所以在机械中广泛应用变位齿轮传动。

5.8 平行轴斜齿圆柱齿轮机构

5.8.1 斜齿轮齿廓曲面的形成与啮合特点

1. 直齿轮

如图5.23所示，直齿轮的齿廓曲面是发生面在基圆柱面上做纯滚动时，发生面S上一条与齿轮轴相平行的直线KK所展成的渐开线曲面。

直齿轮啮合的特点如下。

(1) 如图5.24所示，齿面上的接触线都平行于轴线。

(2) 当齿轮传递载荷时，沿全齿宽同时进入啮合，同时退出啮合，受力是突然加载又突然卸载的，故传动平稳性较差、噪声较大，不适用于高速和重载传动中。

2. 斜齿轮

如图5.25所示，斜齿轮齿廓形成时，发生面S上的直线KK不平行于基圆柱的母线

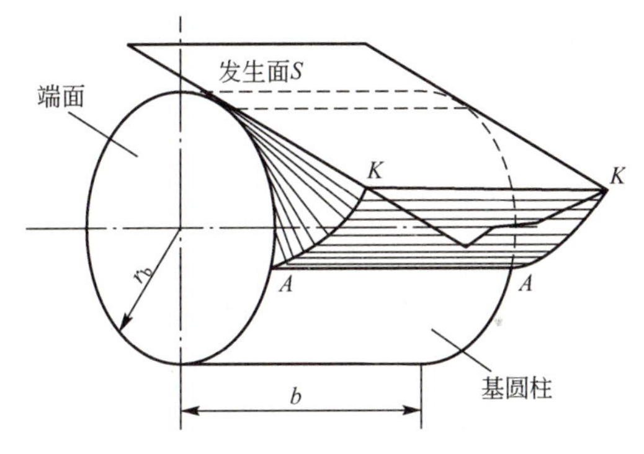

图 5.23 渐开线直齿轮齿面的形成

图 5.24 直齿轮的齿廓接触线

NN，KK 与母线 NN 有一个夹角 β_b。当发生面沿基圆柱面做纯滚动时，直线 KK 的轨迹即斜齿轮的齿廓曲面，为渐开线螺旋面，其轮齿齿向与轴线倾斜。该齿廓曲面与基圆柱面的交线 AA 是一条螺旋线，其夹角 β_b 为斜齿轮基圆柱上的螺旋角。斜齿轮的齿廓曲面与其分度圆柱面相交的螺旋线的切线与齿轮轴线之间所夹的锐角 β 为斜齿轮分度圆柱上的螺旋角。根据斜齿轮齿廓螺旋线在圆柱体上的绕行方向，斜齿轮轮齿旋向分为右旋和左旋，如图 5.26 所示。

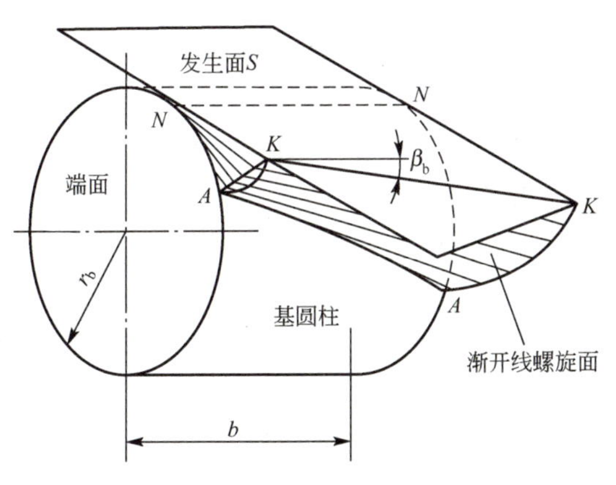

图 5.25 渐开线斜齿轮齿面的形成

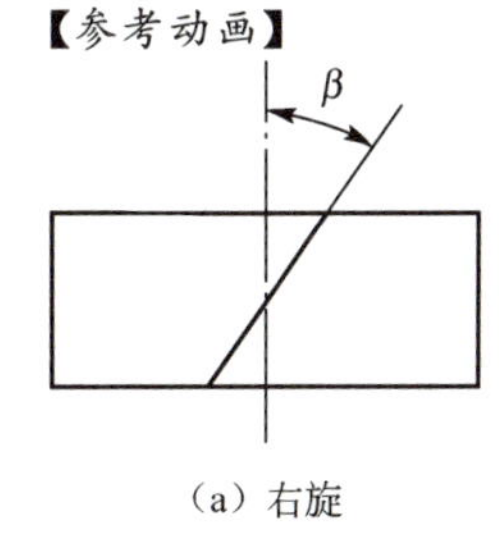

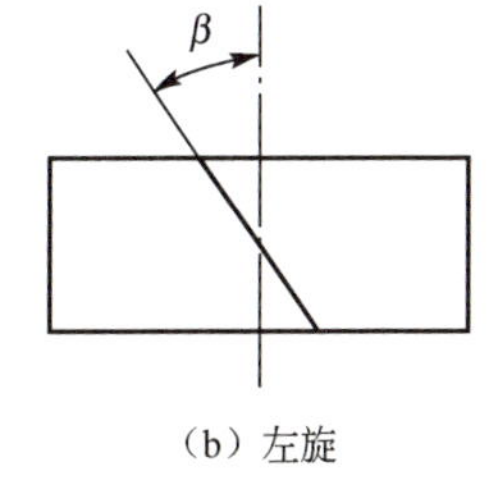

图 5.26 斜齿轮轮齿旋向

斜齿轮啮合传动的特点如下。

(1) 如图 5.27 所示，两齿廓啮合的接触线是与轴线倾斜的直线。

(2) 啮合时，一对轮齿沿齿宽逐渐进入啮合，又逐渐退出啮合，其接触线由短变长，又由长变短，因此传动平稳、承载能力强。

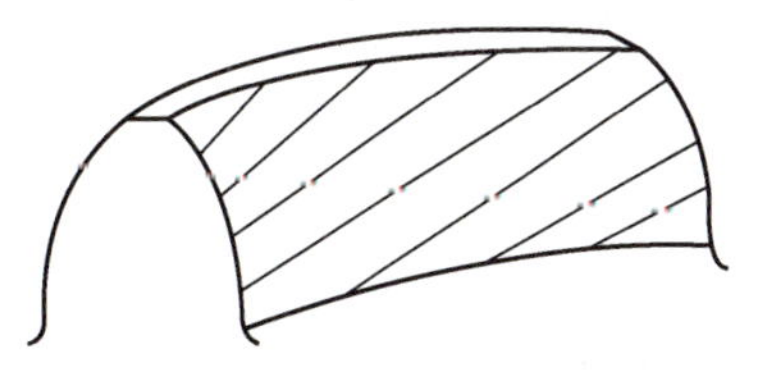

图 5.27 斜齿轮的齿廓接触线

5.8.2 斜齿轮的基本参数

斜齿轮的轮齿与齿轮的轴线倾斜，故斜齿轮有法面和端面之分。法面是垂直于分度圆柱面上螺旋线的齿向的平面；端面是垂直于齿轮轴线的平面，在端面内有与直齿轮相同的渐开线齿廓。

斜齿轮的端面参数与法面参数不同，端面与法面参数分别用下标 t 和 n 表示。用仿形法加工斜齿轮时，铣刀是沿齿槽的螺旋线方向进刀的，进刀方向与齿轮法面垂直，则齿轮法面齿形与刀具齿形相同，法面上的参数与刀具的参数相同，均为标准值，故规定斜齿轮的法面模数和压力角为标准值。但在计算斜齿轮的几何尺寸时需按端面的参数进行。因此需要建立法面参数与端面参数的换算关系。

1. 螺旋角 β

如图 5.28 所示，分度圆柱上展开的螺旋线是一条斜直线，它与齿轮轴线间的夹角就是分度圆柱上的螺旋角，简称螺旋角，用 β 表示。螺旋角 β 反映轮齿相对于齿轮轴线的倾斜程度。在斜齿轮中，不同直径圆柱面上的螺旋角不同。基圆柱上的螺旋角为 β_b，与分度圆柱上的螺旋角 β 的关系为

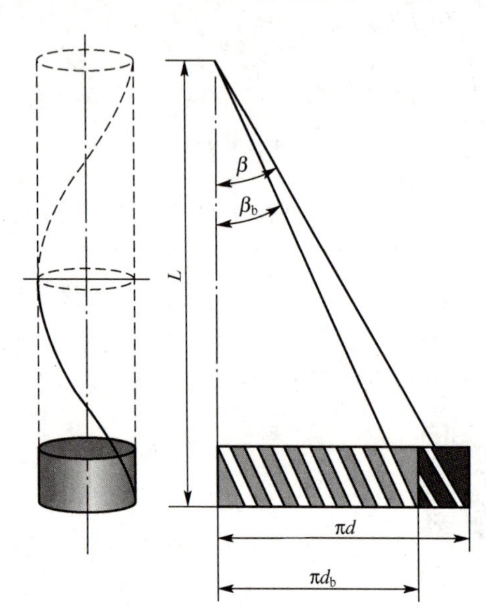

图 5.28 斜齿轮的螺旋角 β

$$\tan\beta=\frac{\pi d}{L} \qquad \tan\beta_b=\frac{\pi d_b}{L}$$

因为 $d_b=d\cos\alpha_t$，所以有

$$\tan\beta_b=\frac{d_b}{d}\tan\beta=\tan\beta\cos\alpha_t \tag{5-20}$$

式中 α_t——斜齿轮端面压力角。

2. 模数

如图 5.29 所示，斜齿轮法面齿距 p_n 与端面齿距 p_t 之间的关系为

$$p_n=p_t\cos\beta$$

因为 $p_t=\pi m_t$，$p_n=\pi m_n$，所以法面模数 m_n 与端面模数 m_t 之间的关系为

$$m_n=m_t\cos\beta \tag{5-21}$$

法面模数为标准值，其值见表 5.3。

3. 压力角

图 5.30 所示的斜齿条，平面 abc 为端面，α_t 为端面压力角；平面 $a'b'c$ 为法面，α_n 为法面压力角，是标准值，$\alpha_n=20°$。

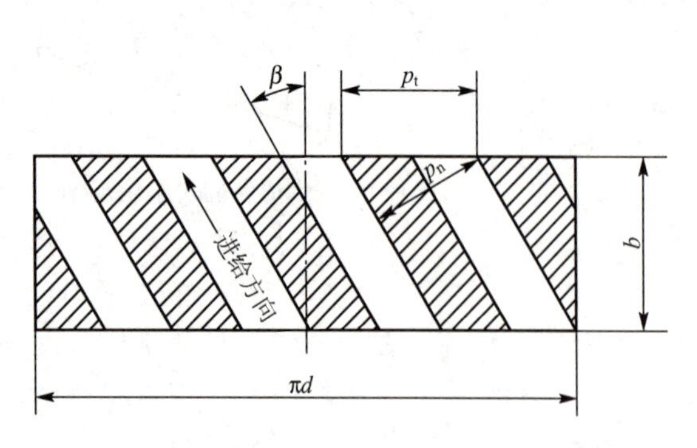

图 5.29 斜齿轮法面齿距与端面齿距的关系

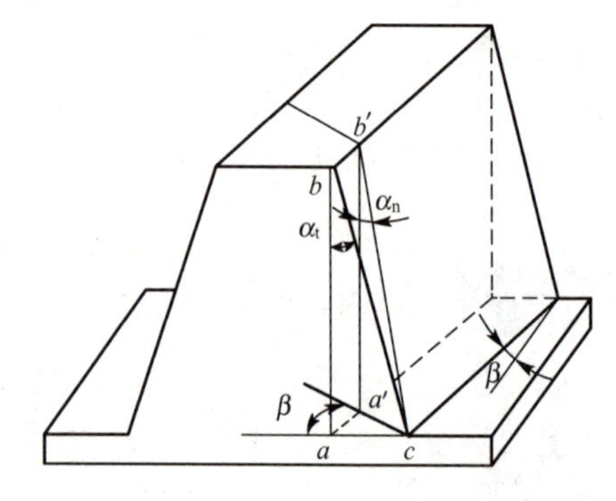

图 5.30 斜齿条法面压力角与端面压力角

在△abc中，有

$$\tan\alpha_t=\frac{ac}{ab}$$

在△$a'b'c$中，有

$$\tan\alpha_n=\frac{a'c}{a'b'}$$

在△aca'中，有

$$\cos\beta=\frac{a'c}{ac}$$

所以法面压力角与端面压力角之间的关系为

$$\tan\alpha_n=\tan\alpha_t\cos\beta \tag{5-22}$$

4. 齿顶高系数和顶隙系数

如图5.30所示，从端面或法面看，斜齿轮的齿顶高是相同的，齿根高也是相同的，即

$$h_{an}=h_{at} \qquad h_{fn}=h_{ft}$$

所以有

$$h_{an}^* m_n=h_{at}^* m_t \qquad c_n^* m_n=c_t^* m_t \tag{5-23}$$

将式(5-21)代入式(5-23)，可得

$$\left.\begin{aligned} h_{at}^*&=h_{an}^*\cos\beta \\ c_t^*&=c_n^*\cos\beta \end{aligned}\right\} \tag{5-24}$$

法面齿顶高系数和法面顶隙系数为标准值，$h_{an}^*=1$，$c_n^*=0.25$。

5.8.3 斜齿轮的几何尺寸计算

由于一对平行轴斜齿轮传动在端面上相当于一对直齿轮传动，因此斜齿轮的几何尺寸计算，只要将其端面参数代入直齿轮的尺寸计算公式即可。斜齿圆柱齿轮的参数及几何尺寸计算见表5.8。

表5.8 斜齿圆柱齿轮的参数及几何尺寸计算

名称	符号	计算公式
螺旋角	β	一般取8°～20°
基圆柱螺旋角	β_b	$\tan\beta_b=\tan\beta\cos\alpha_t$
法面模数	m_n	按表5.3选取标准值
端面模数	m_t	$m_t=m_n/\cos\beta$
法面压力角	α_n	$\alpha_n=20°$
端面压力角	α_t	$\tan\alpha_t=\tan\alpha_n/\cos\beta$
法面齿距	p_n	$p_n=m_n\pi$
法面基圆齿距	p_{nb}	$p_{nb}=p_n\cos\alpha_n$
端面齿距	p_t	$p_t=m_t\pi=p_n/\cos\beta$
分度圆直径	d	$d=m_t z=m_n z/\cos\beta$
法面齿顶高系数	h_{an}^*	$h_{an}^*=1$
法面顶隙系数	c_n^*	$c_n^*=0.25$

续表

名称	符号	计算公式
齿顶高	h_a	$h_a=h_{an}^*m_n$
齿根高	h_f	$h_f=(h_{an}^*+c_n^*)m_n$
齿全高	h	$h=(2h_{an}^*+c_n^*)m_n$
齿顶圆直径	d_a	$d_a=\frac{zm_n}{\cos\beta}\pm 2h_{an}^*m_n$
齿根圆直径	d_f	$d_f=\frac{zm_n}{\cos\beta}\mp(2h_{an}^*+2c_n^*)m_n$
基圆直径	d_b	$d_b=d\cos\alpha_t$
标准中心距	a	$a=\frac{1}{2}(d_1\pm d_2)=\frac{1}{2\cos\beta}(z_2\pm z_1)m_n$

注：含有“±”或“∓”的公式，上面的符号用于外啮合(或外齿轮)，下面的符号用于内啮合(或内齿轮)。

5.8.4 平行轴斜齿轮传动的正确啮合条件和重合度

1. 正确啮合条件

斜齿轮在端面内的啮合相当于两直齿轮的啮合，则一对斜齿轮正确啮合时，除保证两齿轮在端面正确啮合满足直齿轮正确啮合条件（即两齿轮的端面模数及端面压力角分别相等）外，它们的螺旋角还必须匹配，即两齿轮的螺旋角还必须大小相等且旋向相反（外啮合）或相同（内啮合）。因此，斜齿轮正确啮合条件为

$$\left.\begin{array}{l}m_{t1}=m_{t2}\\ \alpha_{t1}=\alpha_{t2}\end{array}\right\}\text{或}\left\{\begin{array}{l}m_{n1}=m_{n2}\\ \alpha_{n1}=\alpha_{n2}\end{array}\right.$$

$$|\beta_1|=|\beta_2|\Rightarrow\beta_1=\pm\beta_2$$

“+”号表示内啮合，“−”号表示外啮合。

2. 斜齿轮传动的重合度

图5.31所示为一对斜齿圆柱齿轮与一对直齿圆柱齿轮基圆柱面的展开图，两对齿轮的端面参数完全相同。对于直齿圆柱齿轮传动来说，轮齿在 B_2B_2 处进入啮合，沿整个齿宽接触；在 B_1B_1 处脱离啮合时，也是沿整个齿宽同时分开，B_2B_2 与 B_1B_1 之间的区域为轮齿的啮合区，故直齿圆柱齿轮传动的重合度为

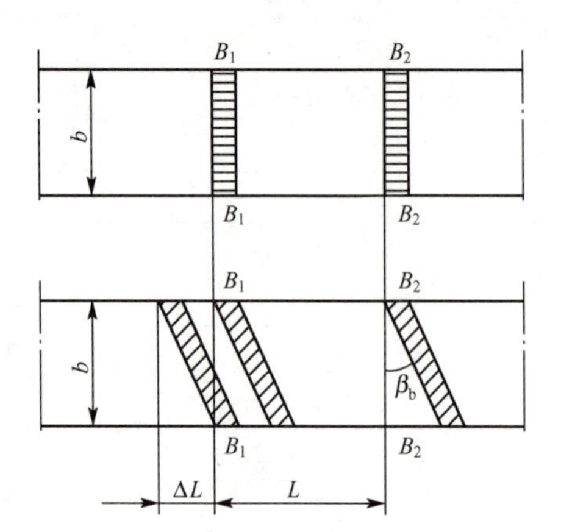

图5.31 直齿轮和斜齿轮的基圆柱面展开图

$$\varepsilon_\alpha=\frac{L}{p_{bt}}$$

式中 p_{bt}——端面上的基圆齿距（mm），对于直齿圆柱齿轮也是法面基圆齿距。

对于斜齿圆柱齿轮传动，轮齿也是在 B_2B_2 处进入啮合，但不是沿整个齿宽同时进入啮合，而是由齿轮的一端先进入啮合；在 B_1B_1 处脱离啮合时也是轮齿的一端先脱离啮合，直到该轮齿的另一端转到 B_1B_1 位置时，该轮齿才完全脱离

啮合。这样，斜齿圆柱齿轮的实际啮合区就比直齿圆柱齿轮传动长了 $\Delta L=b\tan\beta_b$，这部分的重合度用 ε_β 表示。

$$\varepsilon_\beta=\frac{\Delta L}{p_{bt}}=\frac{b\tan\beta_b}{p_{bt}} \tag{5-25}$$

ε_β 与斜齿轮的轴向宽度 b 有关，故称为轴向重合度。

将式（5－20）及 $p_{bt}=p_t\cos\alpha_t=m_t\pi\cos\alpha_t=\frac{\pi m_n\cos\alpha_t}{\cos\beta}$ 代入式（5－25），得

$$\varepsilon_\beta=\frac{b\sin\beta}{\pi m_n} \tag{5-26}$$

所以，斜齿圆柱齿轮传动的总重合度 ε_r 为 ε_α 与 ε_β 两部分之和，即

$$\varepsilon_r=\varepsilon_\alpha+\varepsilon_\beta \tag{5-27}$$

式中 ε_α——端面重合度，相当于相应的直齿轮的重合度。

在参数相同的情况下，斜齿轮比直齿轮增加了轴向重合度 ε_β，并且轴向重合度随齿宽和螺旋角 β 的增大而增大，因此，斜齿轮比直齿轮工作更加平稳，传动性能更加可靠，噪声小，承载能力强，适用于高速重载的传动中。

5.8.5 斜齿轮的当量齿数

如上所述，用仿形法加工斜齿轮时，刀具的齿形与斜齿轮的法面齿形相同，需按斜齿轮法面齿形来选择铣刀；在进行斜齿轮强度计算时，因为力作用在法面内，也需按法面齿形进行计算。但在法面，斜齿轮的分度圆变为椭圆，法面齿形已经变形，要精确求出法面齿形比较困难，所以要研究具有与斜齿轮法面齿形相当齿形的斜齿轮当量齿轮和当量齿数。

如图5.32所示，过斜齿圆柱齿轮分度圆柱上 C 点作轮齿的法面 nn，将斜齿轮的分度圆柱剖开，其截面为一个椭圆。在此截面上，点 C 附近的齿形近似为斜齿圆柱齿轮法面上的齿形，仿形铣刀齿形应与该齿形相同。以椭圆 C 点处曲率半径 ρ 为分度圆半径，用斜齿轮的 m_n 和 α_n 作为模数和压力角作一个虚拟的直齿轮，其齿形与斜齿轮的法面齿形最接近。这个虚拟直齿圆柱齿轮称为该斜齿轮的当量齿轮，而其齿数即为当量齿数，用 z_V 表示。

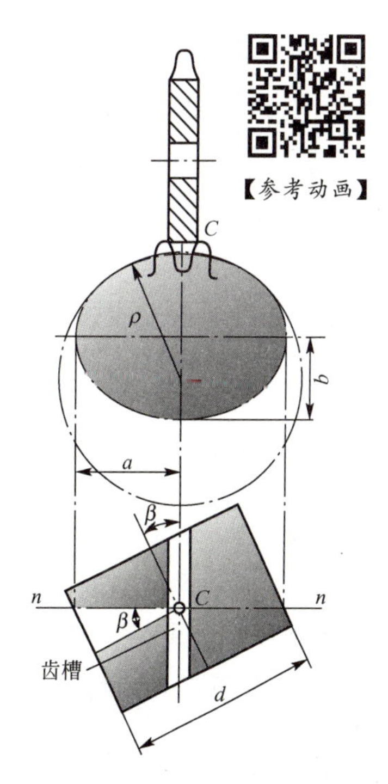

图5.32 斜齿轮的当量齿轮

由图5.32可知，椭圆的长半轴 $a=\frac{r}{\cos\beta}$，短半轴 $b=r$。由高等数学可知，椭圆上 C 点的曲率半径为

$$\rho=\frac{a^2}{b}=\frac{(r/\cos\beta)^2}{r}=\frac{r}{\cos^2\beta}=\frac{m_n z}{2\cos^3\beta}$$

当量齿轮的分度圆半径 $\rho=\frac{m_n z_V}{2}$，整理得当量齿数为

$$z_V=\frac{z}{\cos^3\beta} \tag{5-28}$$

由于 $\cos^3\beta\leqslant1$，因此当量齿数 z_V 必定大于或等于斜

齿轮实际齿数 z，z_V 通常不为整数。由于当量齿轮是直齿圆柱齿轮，因此正常齿标准斜齿圆柱齿轮不发生根切的最少齿数为

$$z_{min}=z_{Vmin}\cos^3\beta<17 \tag{5-29}$$

由此可知，斜齿轮不发生根切的最少齿数要小于直齿轮不发生根切的最少齿数，故结构更紧凑。

5.9 直齿锥齿轮机构

5.9.1 锥齿轮机构的特点

锥齿轮机构（图 5.33）是用来传递两相交轴之间的运动和动力的。两轴之间的夹角（轴交角 Σ）可以根据结构需要而定，可为任意角，在一般机械中多采用轴交角 Σ=90°的传动。由于锥齿轮是一个锥体，所以轮齿是分布在圆锥面上的，与圆柱齿轮相对应，在锥齿轮上有齿顶圆锥、分度圆锥和齿根圆锥等。一对标准直齿锥齿轮传动时，分度圆锥与节圆锥重合，两节圆锥相对做纯滚动。圆柱齿轮在垂直于轴线的各截面上齿形相同，但锥齿轮的齿形从大端到小端逐渐减小。为了计算和测量方便，通常取锥齿轮大端的参数为标准值，尺寸计算也以大端为基准。大端的标准模数按表 5.9 选取，压力角 $\alpha=20°$，齿顶高系数 $h_a^*=1$，顶隙系数 $c^*=0.2$。

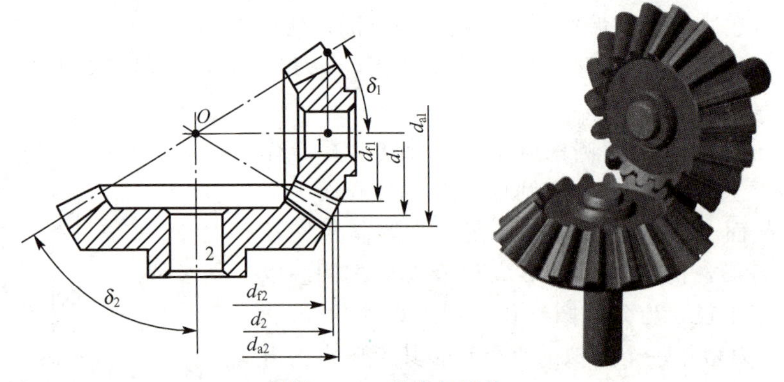

图 5.33　锥齿轮机构

表 5.9　圆锥齿轮标准模数　（单位：mm）

…	1	1.125	1.25	1.375	1.5	1.75	2	2.25	2.5	2.75	3	3.25
3.5	3.75	4	4.5	5	5.5	6	6.5	7	8	9	10	…

前面讲过锥齿轮分为直齿锥齿轮、斜齿锥齿轮、曲齿锥齿轮等多种形式。由于直齿锥齿轮的设计、制造和安装均较简便，因此应用非常广泛。这里只讨论直齿锥齿轮机构。

【参考动画】

5.9.2 渐开线直齿锥齿轮齿廓曲面的形成

渐开线直齿锥齿轮齿廓曲面与渐开线直齿圆柱齿轮齿廓曲面的形成相似。如图 5.34 所示，一个半径与基圆锥母线相等的圆平面（发生面），其圆心与基圆锥的锥顶重

合，且与基圆锥相切。当圆平面沿基圆锥做纯滚动时，圆平面圆周上一点的轨迹形成了球面渐开线。锥齿轮的齿廓曲面理论上是球面渐开面，如图 5.35 所示。球面无法展开成平面，因而给锥齿轮的设计、制造和检测带来不便，通常采用近似的方法来研究锥齿轮的齿廓曲线。

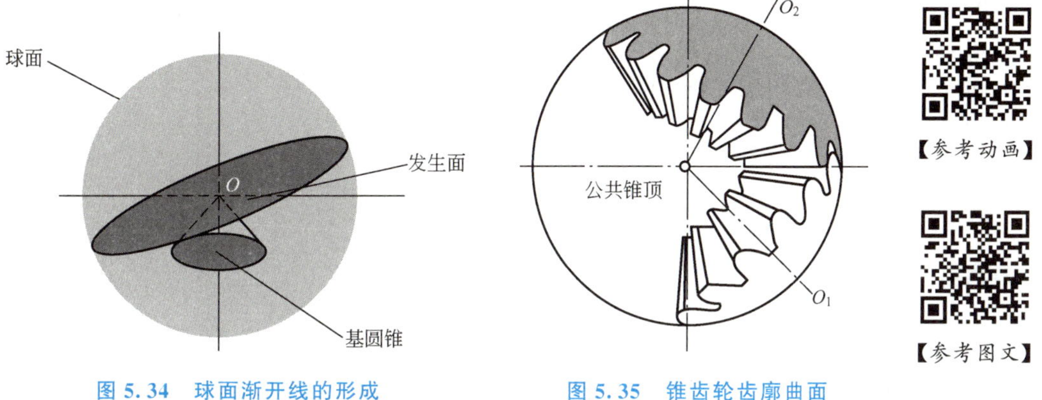

图 5.34 球面渐开线的形成　　图 5.35 锥齿轮齿廓曲面

5.9.3 锥齿轮的背锥和当量齿数

锥齿轮的齿廓曲面是由球面渐开线组成的，因球面不能展成平面，给锥齿轮的设计和制造带来很大困难，常借助当量齿轮来研究。

图 5.36 所示的一对直齿锥齿轮啮合的剖面图中，OAC 和 OBC 分别为齿轮 1 和齿轮 2 的分度圆锥。分度圆锥母线 OC 与锥齿轮轴线之间的夹角称为分度圆锥角，分别用 δ_1、δ_2 表示。两锥齿轮大端分度圆半径分别为 r_1、r_2。过小锥齿轮大端分度圆上 C 点作球面的切线 O_1C，与其轴线交于 O_1 点，以 OO_1 为轴线、O_1C 为母线作一个圆锥，这个圆锥称为小锥齿轮的背锥。O_2BC 为大锥齿轮的背锥，与锥齿轮大端分度圆相切。将锥齿轮大端的球面渐开线齿廓向背锥上做投影，即可得到锥齿轮大端的近似齿形。将背锥连同其上的齿形

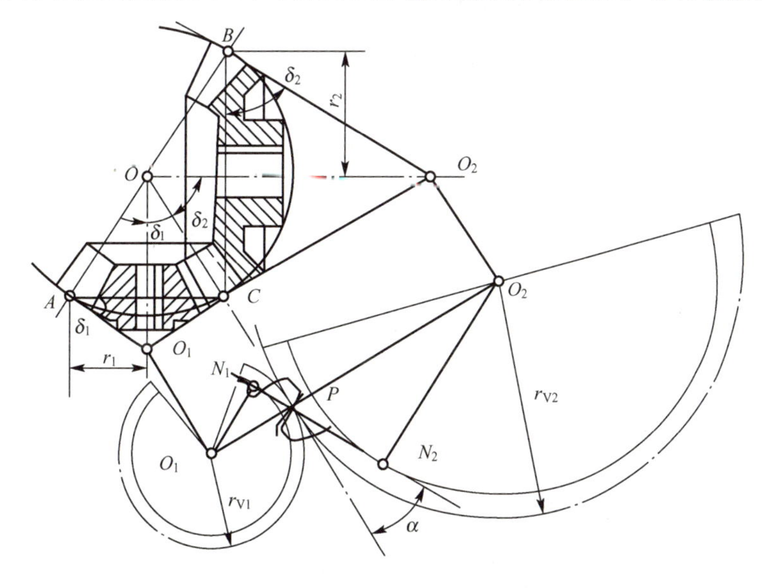

图 5.36 锥齿轮的背锥和当量齿轮

投影一同展开后就形成了一个扇形齿轮，该扇形齿轮的齿形就是以锥齿轮大端模数和压力角为标准参数形成的近似齿形，扇形齿轮的分度圆半径为 r_{V1}、r_{V2}，为背锥母线长。

设想把背锥展开形成的扇形齿轮的缺口补满，将获得一个直齿圆柱齿轮。这个假想的圆柱齿轮称为锥齿轮的当量齿轮，其齿数 z_{V1}、z_{V2} 称为锥齿轮的当量齿数。当量齿轮的齿形与锥齿轮在背锥上的齿形是一致的，也就是其模数和压力角与锥齿轮大端的模数和压力角是一致的。

由图 5.36 可知，当量齿轮的分度圆半径为

$$r_{V1}=O_1C=\frac{r_1}{\cos\delta_1}=\frac{z_1m}{2\cos\delta_1} \qquad r_{V2}=O_2C=\frac{r_2}{\cos\delta_2}=\frac{z_2m}{2\cos\delta_2}$$

而

$$r_{V1}=\frac{mz_{V1}}{2} \qquad r_{V2}=\frac{mz_{V2}}{2}$$

得当量齿数

$$\left.\begin{aligned} z_{V1}&=\frac{z_1}{\cos\delta_1}\\ z_{V2}&=\frac{z_2}{\cos\delta_2}\end{aligned}\right\} \tag{5-30}$$

由式（5-30）得标准直齿锥齿轮不发生根切的最少齿数为

$$z_{\min}=z_{V\min}\cos\delta=17\cos\delta \tag{5-31}$$

5.9.4 直齿锥齿轮的基本参数及几何尺寸计算

计算锥齿轮的几何尺寸时是以大端为基准的。两锥齿轮的分度圆直径分别为

$$d_1=mz_1 \qquad d_2=mz_2$$

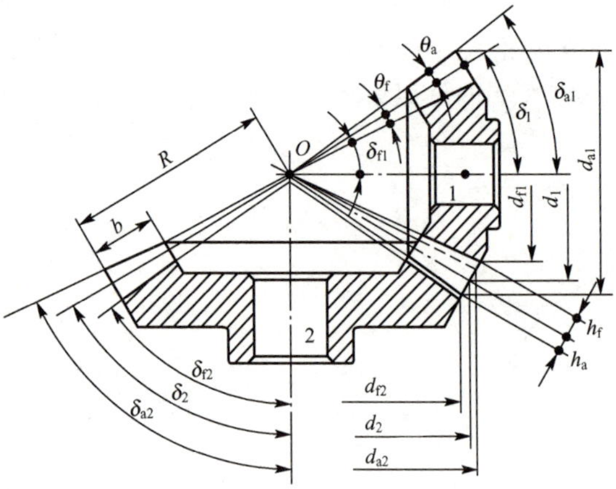

图 5.37 锥齿轮的几何尺寸

分度圆锥的母线长称为锥距，用 R 表示。由图 5.37 可知，锥距 R 为

$$R=\sqrt{\left(\frac{d_1}{2}\right)^2+\left(\frac{d_2}{2}\right)^2}=\frac{m}{2}\sqrt{z_1^2+z_2^2} \tag{5-32}$$

一对轴交角 $\Sigma=90°$ 的标准直齿锥齿轮啮合传动时，其分度圆直径还可以用式（5-33）计算

$$d_1=2R\sin\delta_1 \qquad d_2=2R\sin\delta_2 \tag{5-33}$$

所以，一对直齿锥齿轮传动的传动比为

$$i=\frac{n_1}{n_2}=\frac{z_2}{z_1}=\frac{d_2}{d_1}=\frac{\sin\delta_2}{\sin\delta_1}=\tan\delta_2=\cot\delta_1 \tag{5-34}$$

一对直齿锥齿轮的啮合，相当于一对当量直齿圆柱齿轮的啮合。故一对直齿锥齿轮的正确啮合条件是两锥齿轮大端的模数和压力角分别相等，并且锥距相等。

标准直齿锥齿轮机构的几何参数及尺寸计算（$\Sigma=90°$）见表 5.10。

表 5.10　标准直齿锥齿轮机构的几何参数及尺寸计算（$\Sigma=90°$）

名称	符号	计算公式	
		小齿轮	大齿轮
分度圆锥角	δ	$\delta_1=\arctan(z_1/z_2)$	$\delta_2=90°-\delta_1$
压力角	α	选取标准值	
齿顶高	h_a	$h_{a1}=h_{a2}=h_a^* m=m\ (h_a^*=1)$	
齿根高	h_f	$h_{f1}=h_{f2}=(h_a^*+c^*)\ m=1.2m\ (c^*=0.2)$	
齿全高	h	$h_1=h_2=(2h_a^*+c^*)\ m=2.2m$	
分度圆直径	d	$d_1=mz_1=2R\sin\delta_1$	$d_2=mz_2=2R\sin\delta_2$
齿顶圆直径	d_a	$d_{a1}=d_1+2h_a\cos\delta_1$	$d_{a2}=d_2+2h_a\cos\delta_2$
齿根圆直径	d_f	$d_{f1}=d_1-2h_f\cos\delta_1$	$d_{f2}=d_2-2h_f\cos\delta_2$
锥距	R	$R=\frac{m}{2}\sqrt{z_1^2+z_2^2}$	
齿顶角	θ_a	$\tan\theta_a=h_a/R$	
齿根角	θ_f	$\tan\theta_f=h_f/R$	
顶锥角	δ_a	$\delta_{a1}=\delta_1+\theta_a$	$\delta_{a2}=\delta_2+\theta_a$
根锥角	δ_f	$\delta_{f1}=\delta_1-\theta_f$	$\delta_{f2}=\delta_2-\theta_f$
顶隙	c	$c=c^* m=0.2m$	
分度圆齿厚	s	$s=p/2=m\pi/2$	
当量齿数	z_V	$z_{V1}=z_1/\cos\delta_1$	$z_{V2}=z_2/\cos\delta_2$
齿宽	b	$b\leqslant R/3$	

注：1. 当 $m\leqslant1$mm 时，$c^*=0.25$，$h_f=1.25$m。
　　2. 各角度计算应精确到××°××′。

5.10　蜗杆蜗轮机构

如图 5.38 所示，蜗杆蜗轮机构由蜗杆 1 和蜗轮 2 组成，常用于空间交错轴为 90°的两轴间运动和动力的传递。一般蜗杆为主动件，做减速运动。蜗杆蜗轮机构具有传动比大、

1—蜗杆；2—蜗轮

图 5.38　蜗杆蜗轮机构

【参考动画】

结构紧凑等优点，所以在各类机械（如机床、冶金、矿山、起重运输等机械）中得到广泛应用。

5.10.1 蜗杆蜗轮机构的特点及类型

1. 蜗杆蜗轮机构的特点

蜗杆的形状像圆柱形螺杆；蜗轮的形状像斜齿轮，它的齿顶沿齿宽方向弯曲成圆弧形，以便与蜗杆更好地啮合。

蜗杆蜗轮机构与齿轮机构相比，具有以下特点。

(1) 传动比大，结构紧凑。一般在动力传动中，传动比 $i_{12}=5\sim80$；在传递运动中，其传动比可达1000，因而结构紧凑、体积小、质量轻。

(2) 传动平稳，噪声低。因为蜗杆齿是连续不间断的螺旋齿，它与蜗轮的啮合是连续不断的，蜗杆齿没有进入和退出啮合的过程，所以工作平稳，振动、噪声小。

(3) 具有自锁性能。当蜗杆的导程角小于啮合面的当量摩擦角时，蜗杆传动可实现自锁。此时蜗杆只能带动蜗轮转动，而蜗轮不能带动蜗杆转动。手动葫芦和起重机械等常采用蜗杆传动满足自锁要求。

(4) 传动效率低。蜗杆蜗轮机构的啮合处有很大的相对滑动，会产生较严重的摩擦和磨损，所以其传动效率较低，并引起过分发热。尤其是具有自锁性的蜗杆蜗轮机构，其效率在0.5以下，一般蜗杆蜗轮机构的效率只有0.7～0.9。

(5) 蜗轮成本较高。为了减轻齿面的摩擦与磨损，并且使蜗轮有较好的耐磨性，蜗轮齿圈常用贵重的青铜制造，故材料成本较高。

2. 蜗杆蜗轮机构的类型

蜗杆与螺杆一样，有右旋和左旋之分，分别称为右旋蜗杆和左旋蜗杆，通常应用右旋蜗杆。蜗杆上只有一条螺旋线的称为单头蜗杆，有两条螺旋线的则称为双头蜗杆。根据蜗杆的形状，蜗杆可分为圆柱蜗杆[图5.39 (a)]、环面蜗杆[图5.39 (b)]及锥面蜗杆[图5.39 (c)]。圆柱蜗杆制造简单，应用广泛。

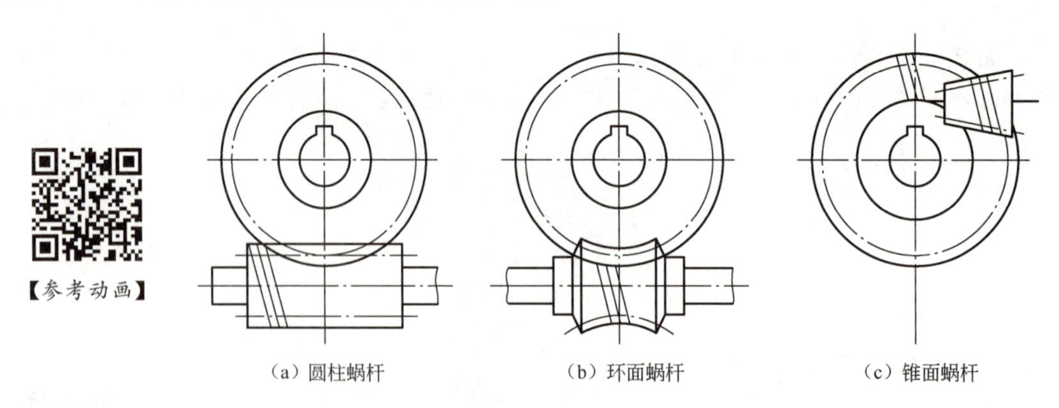

(a) 圆柱蜗杆　(b) 环面蜗杆　(c) 锥面蜗杆

图5.39　蜗杆蜗轮机构的类型

圆柱蜗杆按其齿廓曲线形状的不同，又可分为普通圆柱蜗杆和圆弧圆柱蜗杆。

(1) 普通圆柱蜗杆。普通圆柱蜗杆目前应用最广泛。可以用直线切削刃车刀在车床上加工这种蜗杆。由于刀具相对于蜗杆毛坯的加工位置不同，加工出的蜗杆齿廓曲线形状不同。普通圆柱蜗杆又分为阿基米德蜗杆（ZA 型）、渐开线蜗杆（ZI 型）、法向直廓蜗杆（ZN 型）和锥面包络圆柱蜗杆（ZK 型）等。

车制阿基米德蜗杆（图 5.40）时，将车刀的刀刃水平放置在蜗杆轴线所在的平面内，切削刃夹角 $2\alpha=40°$。这样车出的蜗杆在轴向剖面上的齿形相当于齿条齿形，在垂直于蜗杆轴线端面上的齿廓是阿基米德螺旋线。与之啮合的蜗轮一般是在滚齿机上用蜗轮滚刀展成切制的。滚刀形状和尺寸必须与所切制蜗轮啮合的蜗杆相当，只是滚刀外径要比实际蜗杆大 2 倍顶隙，以使蜗杆与蜗轮啮合时有齿顶间隙，这样加工出来的蜗轮在中间平面上的齿形是渐开线齿形。阿基米德蜗杆易车削、难磨削，通常用于无须磨削加工的情况，广泛用于转速较低的场合。

（2）圆弧圆柱蜗杆（ZC 型）。圆弧圆柱蜗杆与普通圆柱蜗杆的齿廓形状不同。如图 5.41 所示，圆弧圆柱蜗杆轴向截面上的齿形为内凹圆弧线，而配对蜗轮的齿廓为凸弧形。由于圆弧圆柱蜗杆传动的接触应力小、承载能力强、传动效率高、结构紧凑，适用于重载传动，因此目前动力传动的标准蜗杆减速器多采用圆弧圆柱蜗杆蜗轮机构。

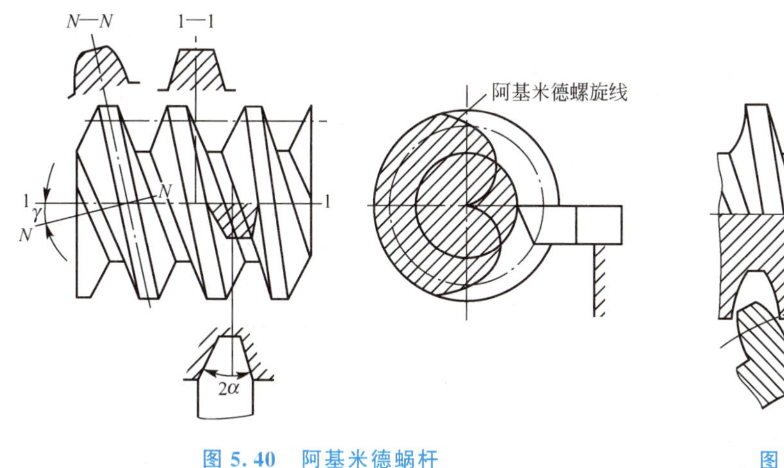

图 5.40 阿基米德蜗杆

图 5.41 圆弧圆柱蜗杆

由于阿基米德蜗杆容易加工制造、应用最广，故本章主要讨论阿基米德蜗杆蜗轮机构。

5.10.2 阿基米德蜗杆蜗轮机构的主要参数和几何尺寸

图 5.42 所示为阿基米德蜗杆蜗轮机构。通过蜗杆轴线并垂直于蜗轮轴线的平面称为中间平面。在中间平面内，蜗杆与蜗轮的啮合相当于齿条与齿轮的啮合。故在设计蜗杆蜗轮机构时，均取中间平面内的参数（如模数、压力角等）和尺寸（如齿顶圆、分度圆等）为基准，并用齿轮机构的计算公式来计算蜗杆和蜗轮各部分尺寸。中间平面为蜗杆的轴面，为蜗轮的端面。

1. 主要参数

（1）模数 m 和压力角 α。

为了加工方便，规定中间平面的参数为标准值。普通圆柱蜗杆蜗轮机构的基本尺寸和参数（$\Sigma=90°$）见表 5.11，标准压力角 $\alpha=20°$。与齿轮机构相同，在中间平面上蜗杆与蜗

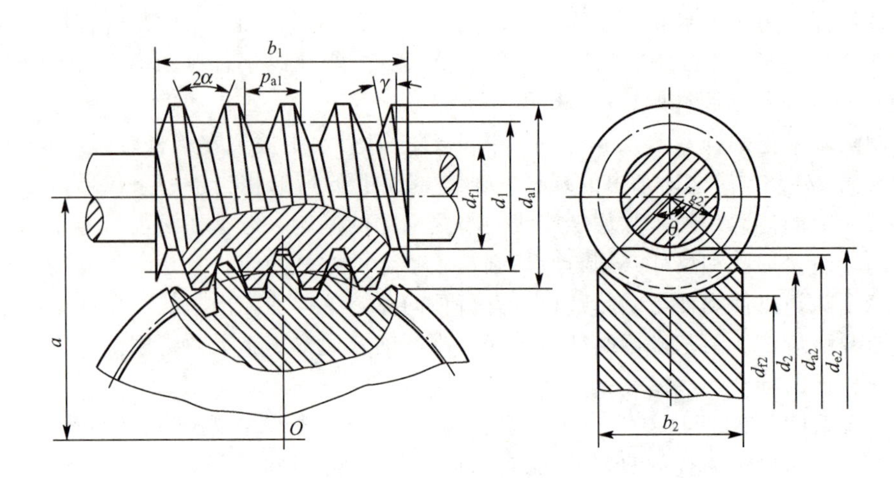

图 5.42　阿基米德蜗杆蜗轮机构

轮正确啮合时，蜗杆的轴向模数 m_{a1} 与蜗轮的端面模数 m_{t2} 必须相等；蜗杆的轴向压力角 α_{a1} 与蜗轮的端面压力角 α_{t2} 必须相等，即 $m_{a1}=m_{t2}=m$，$\alpha_{a1}=\alpha_{t2}=\alpha$。

表 5.11　普通圆柱蜗杆蜗轮机构的基本尺寸和参数（$\Sigma=90°$）

模数 m/mm	分度圆直径 d_1/mm	蜗杆头数 z_1	直径系数 q	m^2d_1/mm³	模数 m/mm	分度圆直径 d_1/mm	蜗杆头数 z_1	直径系数 q	m^2d_1/mm³
1	18	1	18.000	18	4	(31.5)	1，2，4	7.875	504
1.25	20	1	16.000	31.25		40	1，2，4，6	10.000	640
	22.4	1	17.920	35		(50)	1，2，4	12.500	800
1.6	20	1，2，4	12.500	51.2		71	1	17.750	1136
	28	1	17.500	71.68	5	(40)	1，2，4	8.000	1000
2	(18)	1，2，4	9.000	72		50	1，2，4，6	10.000	1250
	22.4	1，2，4，6	11.200	89.6		(63)	1，2，4	12.600	1575
	(28)	1，2，4	14.000	112		90	1	18.000	2250
	35.5	1	17.750	142	6.3	(50)	1，2，4	7.936	1985
2.5	(22.4)	1，2，4	8.960	140		63	1，2，4，6	10.000	2500
	28	1，2，4，6	11.200	175		(80)	1，2，4	12.698	3175
	(35.5)	1，2，4	14.200	221.9		112	1	17.778	4445
	45	1	18.000	281	8	(63)	1，2，4	7.875	4032
3.15	(28)	1，2，4	8.889	278		80	1，2，4，6	10.000	5120
	35.5	1，2，4，6	11.270	352		(100)	1，2，4	12.500	6400
	(45)	1，2，4	14.286	447.5		140	1	17.500	8960
	56	1	17.778	556					

续表

模数 m/mm	分度圆直径 d_1/mm	蜗杆头数 z_1	直径系数 q	m^2d_1/mm³	模数 m/mm	分度圆直径 d_1/mm	蜗杆头数 z_1	直径系数 q	m^2d_1/mm³
10	(71)	1，2，4	7.100	7100	16	(180)	1，2，4	11.250	46080
	90	1，2，4，6	9.000	9000		250	1	15.625	64000
	(112)	1，2，4	11.200	11200	20	(140)	1，2，4	7.000	56000
	160	1	16.000	16000		160	1，2，4	8.000	64000
12.5	(90)	1，2，4	7.200	14062		(224)	1，2，4	11.200	89600
	112	1，2，4	8.960	17500		315	1	15.750	126000
	(140)	1，2，4	11.200	21875	25	(180)	1，2，4	7.200	112500
	200	1	16.000	31250		200	1，2，4	8.000	125000
16	(112)	1，2，4	7.000	28672		(280)	1，2，4	11.200	175000
	140	1，2，4	8.750	35840		400	1	16.000	250000

注：1. 表中模数和分度圆直径仅列出了第一系列的较常用数据。

2. 括号内的数字尽可能不用。

(2) 蜗杆头数（齿数）z_1、蜗轮齿数 z_2 及传动比 i。

蜗杆头数 z_1 即蜗杆螺旋线数目。选择蜗杆头数时，主要考虑传动比、效率及加工等因素。通常蜗杆头数 $z_1=1$、2、4。当要得到大的传动比或要求自锁时，可取 $z_1=1$；当传递功率较大时，为提高传动效率，可采用多头蜗杆，通常取 $z_1=2$ 或 4。但蜗杆头数过多时，加工困难。

为了避免蜗轮轮齿发生根切，蜗轮齿数 z_2 不应小于26，但不宜大于80。因为 z_2 过大会使结构尺寸增大，蜗杆长度也随之增加，致使蜗杆刚度降低而影响啮合精度。

当蜗杆回转一圈时，蜗轮被蜗杆推动转过 z_1 个齿，因此蜗杆蜗轮机构的传动比为

$$i=\frac{n_1}{n_2}=\frac{z_2}{z_1} \tag{5-35}$$

式中 n_1、n_2——蜗杆和蜗轮的转速（r/min）。

(3) 蜗杆分度圆柱导程角 γ 和蜗轮螺旋角 β。

蜗杆分度圆柱螺旋线上任一点的切线与端面之间所夹的锐角称为蜗杆分度圆柱导程角，用 γ 表示。如图5.43所示，蜗杆分度圆柱上的导程 p_z 与导程角 γ 的关系为

$$\tan\gamma=\frac{p_z}{\pi d_1}=\frac{z_1\pi m}{\pi d_1}=m\frac{z_1}{d_1} \tag{5-36}$$

式中 d_1——蜗杆分度圆直径（mm）。

蜗轮的螺旋角 β 和蜗杆的导程角 γ 应数值相等、旋向相同。所以，蜗杆蜗轮机构的正确啮合条件为

$$\left.\begin{aligned} m_{a1}&=m_{t2}=m\\ \alpha_{a1}&=\alpha_{t2}=\alpha\\ \gamma&=\beta \end{aligned}\right\} \tag{5-37}$$

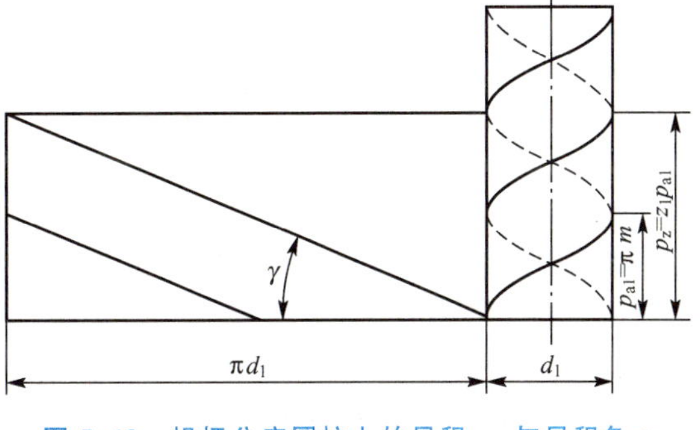

图5.43 蜗杆分度圆柱上的导程 p_z 与导程角 γ

(4) 蜗杆分度圆直径 d_1 和直径系数 q。

由式(5-36)可知，蜗杆分度圆直径 $d_1=mz_1/\tan\gamma$，表明 d_1 不仅与模数 m 有关，还与 $z_1/\tan\gamma$ 有关。当 m 一定时，改变蜗杆头数 z_1 或导程角 γ，蜗杆分度圆直径 d_1 也随之改变。若用与蜗杆尺寸相同的滚刀加工蜗轮，则同一模数下就需配备许多把滚刀。为减少滚刀数量、便于刀具的标准化，规定蜗杆分度圆直径为标准值，并且对于每个标准模数，规定蜗杆分度圆直径不多于4个。蜗杆分度圆直径标准系列见表5.11。

蜗杆分度圆直径与模数的比值称为蜗杆直径系数，即

$$q=\frac{d_1}{m} \tag{5-38}$$

因 d_1 和 m 均为标准值，故 q 为导出值(表5.11)，可以不为整数。因 $\tan\gamma=\frac{mz_1}{d_1}=\frac{z_1}{q}$，当 z_1 一定时，q 减小，γ 增大，效率 η 随之提高；而当 m 一定时，q 增大，则 d_1 增大，蜗杆的刚度和强度相应提高。所以，在蜗杆轴刚度允许的情况下，应尽可能选用较小的 q 值。

2. 几何尺寸计算

普通圆柱蜗杆蜗轮机构的基本几何尺寸计算可参考图5.42和表5.12。

表5.12 普通圆柱蜗杆蜗轮机构的基本几何尺寸计算

名称	符号	计算公式	
		蜗杆	蜗轮
分度圆直径	d	$d_1=mq$	$d_2=mz_2$
齿顶高	h_a	$h_a=h_a^* m=m \quad (h_a^*=1)$	
齿根高	h_f	$h_f=(h_a^*+c^*)m=1.2m \quad (c^*=0.2)$	
齿顶圆直径	d_a	$d_{a1}=d_1+2h_a$	$d_{a2}=d_2+2h_a$
齿根圆直径	d_f	$d_{f1}=d_1-2h_f$	$d_{f2}=d_2-2h_f$
蜗杆分度圆导程角	γ	$\tan\gamma=\frac{mz_1}{d_1}=\frac{z_1}{q}$	
径向间隙	c	$c=c^* m=0.2m$	
中心距	a	$a=\frac{1}{2}(d_1+d_2)=\frac{1}{2}m(q+z_2)$	
蜗杆蜗轮齿距	p	$p_{a1}=p_{t2}=\pi m$	
传动比	i	$i=\frac{z_2}{z_1}$	
杆螺纹部分长度	b_i	当 $z_1\leqslant 2$ 时，$b_1\geqslant(11+0.06z_2)m$ 当 $z_1>2$ 时，$b_1\geqslant(12.5+0.09z_2)m$	
蜗轮外圆直径	d_{e2}	当 $z_1=1$ 时，$d_{e2}\leqslant d_{a2}+2m$ 当 $z_1=2$ 时，$d_{e2}\leqslant d_{a2}+1.5m$ 当 $z_1=4,6$ 时，$d_{e2}\leqslant d_{a2}+m$	
蜗轮齿宽	b_2	当 $z_1\leqslant 2$ 时，$b_2\leqslant 0.75d_{a1}$ 当 $z_1>2$ 时，$b_2\leqslant 0.67d_{a1}$	

3. 蜗轮转动方向的判定

蜗杆蜗轮机构中，一般蜗杆为主动件。蜗轮的转向取决于蜗杆的转向、螺旋线方向及蜗杆与蜗轮的相对位置，用“左（右）手定则”判定。当蜗杆为右（左）旋时，用右（左）手，四指弯曲的方向代表蜗杆的旋转方向，拇指与蜗杆轴线平行，蜗轮的节点速度 v_2 的方向与大拇指指向相反，从而确定蜗轮的转向，如图 5.44 所示。

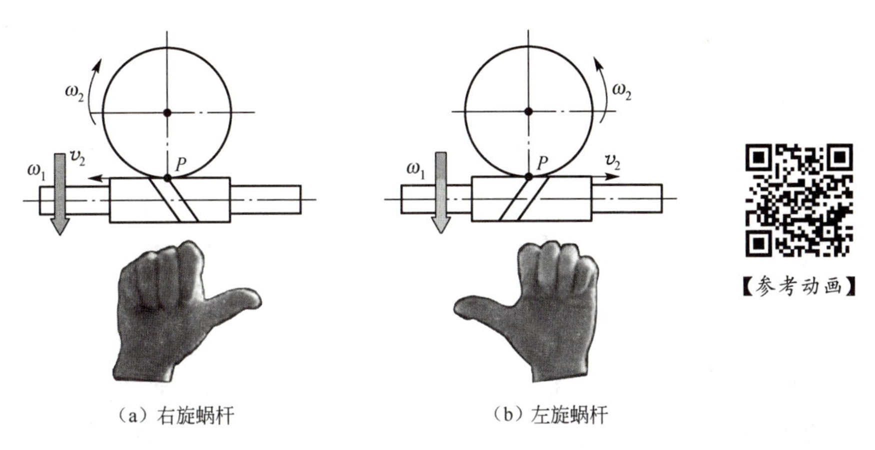

（a）右旋蜗杆　（b）左旋蜗杆

图 5.44　蜗轮转动方向的判定

5.11 齿轮系

5.11.1 轮系及其分类

在机械设备中，只用一对齿轮传动很难满足所有工作要求。为了满足机械中要求的大传动比、变速、换向等要求，一般需要采用多对齿轮进行传动。用一系列相互啮合的齿轮将主动轴和从动轴连接起来，这种多齿轮的传动装置称为轮系。一对相互啮合的齿轮是最简单的轮系。

按轮系运转时各齿轮轴线位置相对机架是否固定，轮系可以分为定轴轮系和周转轮系。

在轮系运转过程中，所有齿轮轴线位置相对机架固定不动的轮系为定轴轮系（图 5.45）。图 5.45（a）中所有齿轮的轴线都是平行的，由平面齿轮机构组成，为平面定轴轮系；图 5.45（b）中不是所有齿轮的轴线都平行，轮系中含有轴线相交的锥齿轮或轴线空间交错的蜗杆蜗轮空间齿轮机构，为空间定轴轮系。

如图 5.46 所示，在轮系运转过程中，至少有一个齿轮的几何轴线位置相对于机架不固定，而是绕着其他齿轮的固定几何轴线回转的轮系为周转轮系。在图 5.46（a）中，机构的自由度为 $F=3\times4-2\times4-2=2$，这种周转轮系为差动轮系；图 5.46（b）中，机构的自由度为 $F=3\times3-2\times3-2=1$，这种周转轮系为行星轮系。在周转轮系中，如果所有齿轮的轴线都是平行的为平面周转轮系（图 5.46）；如果不是都平行的则为空间周转轮系（图 5.47）。

【参考动画】

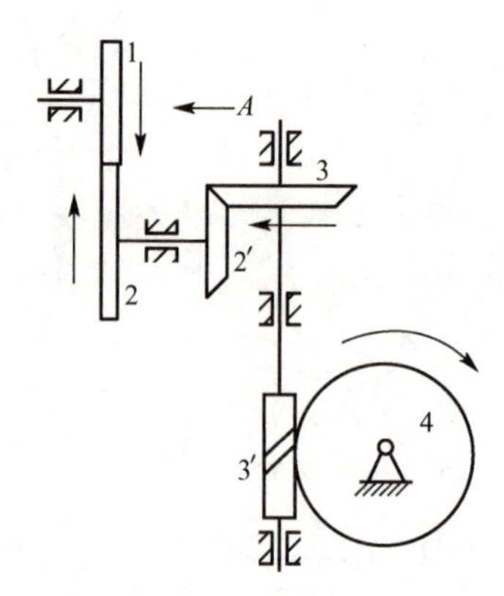

（a）平面定轴轮系　　（b）空间定轴轮系

图 5.45　定轴轮系

【参考动画】

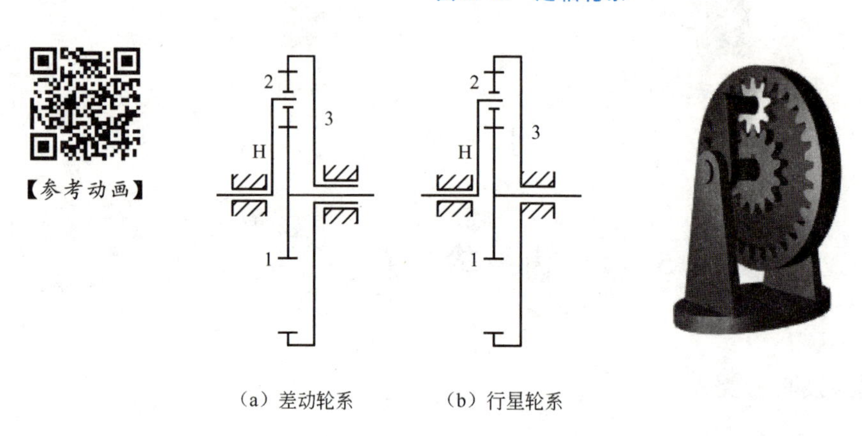

（a）差动轮系　　（b）行星轮系

图 5.46　周转轮系

【参考动画】

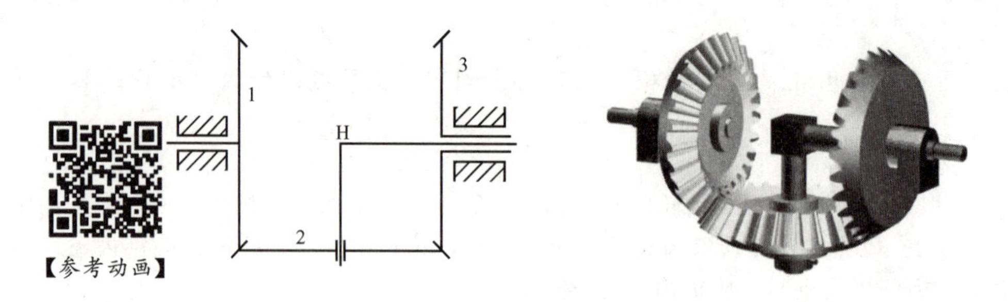

图 5.47　空间周转轮系

实际机械传动系统中，会有基本的定轴轮系或基本的周转轮系，还会根据需要设计较复杂的轮系。由基本的定轴轮系与基本的周转轮系组合而成的或由两个以上基本周转轮系组合而成的轮系称为复合轮系（图 5.48）。

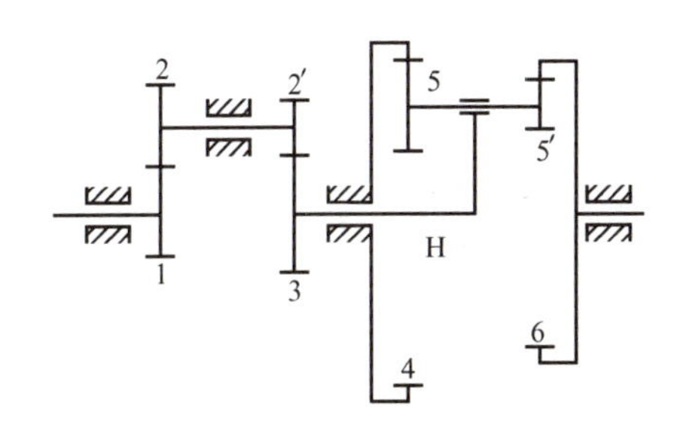

【参考动画】

(a) 平面复合轮系

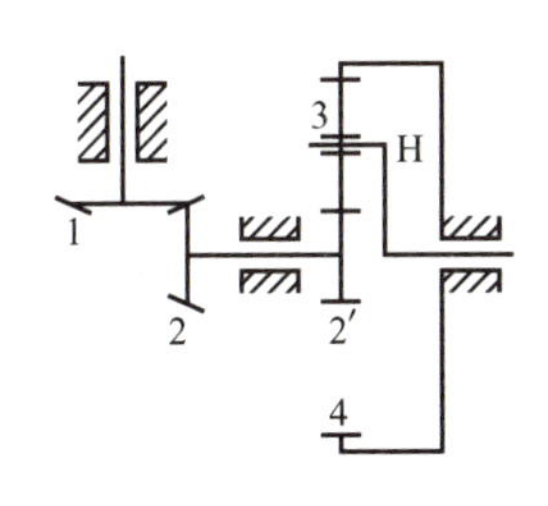

【参考动画】

(b) 空间复合轮系

图 5.48 复合轮系

5.11.2 定轴轮系的传动比计算

一对齿轮传动的传动比是指主动轮与从动轮的角速度（或转速）之比。而轮系的传动比是指首、末两轮角速度（或转速）之比，设 A 为轮系首轮，B 为轮系末轮，则轮系的传动比为

$$i_{AB}=\frac{\omega_A}{\omega_B}=\frac{n_A}{n_B} \tag{5-39}$$

式中 ω_A、ω_B——首、末两轮的角速度（rad/s）；

n_A、n_B——首、末两轮的转速（r/min）。

在计算轮系传动比时，既要确定传动比的大小，又要确定首、末两轮的转向关系。

1. 一对齿轮传动比的计算

一对相互啮合的齿轮的传动比等于其齿数的反比，转向关系可通过标注箭头的方法确定出来，如图 5.49 所示。一对平行轴外啮合圆柱齿轮传动[图 5.49 (a)]，两轮转向相反，可用方向相反的箭头表示；一对平行轴内啮合圆柱齿轮传动[图 5.49 (b)]，两轮转向相同，可用方向相同的箭头表示；一对锥齿轮传动，在节点具有相同的速度，故二者的转动方向要么同时指向节点[图 5.49 (c) 中实线箭头所示]，要么同时背离节点[图 5.49 (c) 中虚线箭头所示]；蜗杆蜗轮传动[图 5.49 (d)]，蜗轮转向可按照蜗杆的转向及螺旋线的旋向，应用左、右手定则确定。

对于轴线平行的一对圆柱齿轮传动，两轮转向的同异也可用传动比的正负表示。两轮转向相同时，传动比为“+”；两轮转向相反，传动比为“−”。一对外啮合圆柱齿轮的传动比可表示为

$$i_{12}=\frac{\omega_1}{\omega_2}=\frac{n_1}{n_2}=(-)\frac{z_2}{z_1}$$

一对内啮合圆柱齿轮的传动比可表示为

$$i_{12}=\frac{\omega_1}{\omega_2}=\frac{n_1}{n_2}=(+)\frac{z_2}{z_1}$$

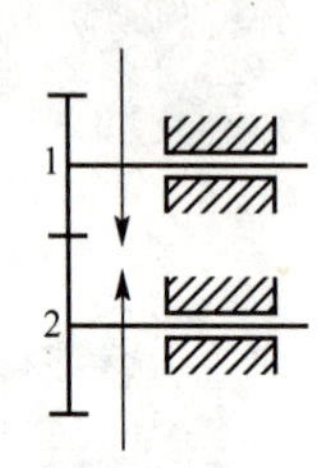

(a) 平行轴外啮合圆柱齿轮传动

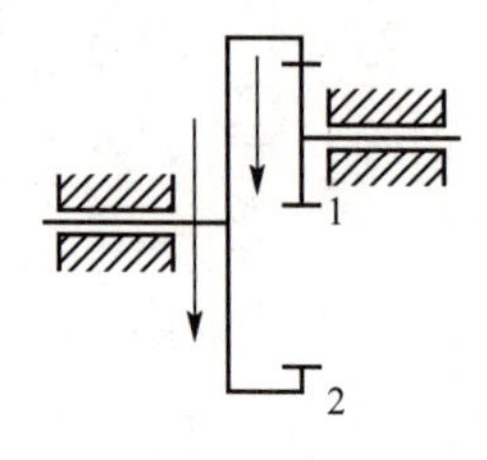

(b) 平行轴内啮合圆柱齿轮传动

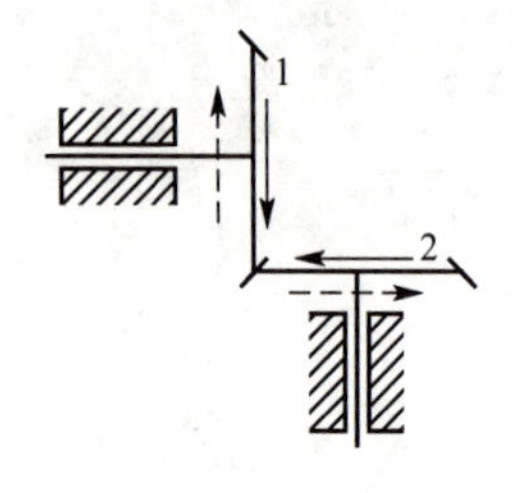

(c) 锥齿轮传动

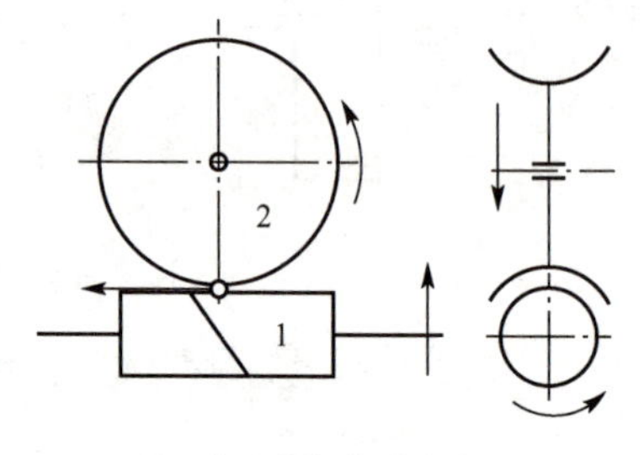

(d) 蜗杆蜗轮传动

图 5.49　一对齿轮传动的转向关系

2. 平面定轴轮系传动比的计算

定轴轮系中，输入轴到输出轴间的运动是通过逐对啮合的齿轮依次传动来实现的。根据一对齿轮传动比的计算，可推出定轴轮系的传动比计算。

(1) 传动比的大小。

平面定轴轮系如图 5.50 所示，运动从齿轮 1 输入，通过齿轮传动，从齿轮 5 输出，则该轮系传动比为

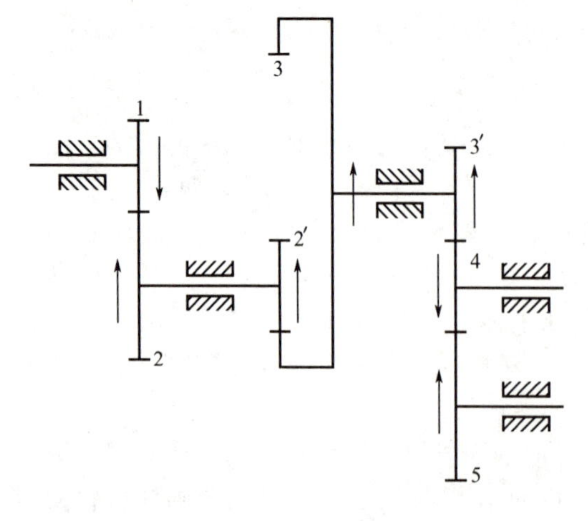

图 5.50　平面定轴轮系

$$i_{15}=\frac{\omega_1}{\omega_5}$$

轮系中各齿轮的齿数分别用 z_1、z_2、$z_{2'}$、z_3、$z_{3'}$、z_4 及 z_5 表示，各轮角速度分别为 ω_1、ω_2、$\omega_{2'}$、ω_3、$\omega_{3'}$、ω_4 及 ω_5，则组成轮系的相互啮合的各对齿轮的传动比大小为

$$i_{12}=\frac{\omega_1}{\omega_2}=\frac{z_2}{z_1}\qquad i_{2'3}=\frac{\omega_{2'}}{\omega_3}=\frac{z_3}{z_{2'}}$$

$$i_{3'4}=\frac{\omega_{3'}}{\omega_4}=\frac{z_4}{z_{3'}}\qquad i_{45}=\frac{\omega_4}{\omega_5}=\frac{z_5}{z_4}$$

因 $\omega_2=\omega_{2'}$，$\omega_3=\omega_{3'}$，故将以上各式两

边分别连乘后得

$$i_{12}i_{2'3}i_{3'4}i_{45}=\frac{\omega_1\omega_{2'}\omega_{3'}\omega_4}{\omega_2\omega_3\omega_4\omega_5}=\frac{\omega_1}{\omega_5}=i_{15}=\frac{z_2z_3z_4z_5}{z_1z_{2'}z_{3'}z_4}$$

所以，平面定轴轮系传动比等于首末两齿轮之间各级啮合齿轮副的传动比之积，其值等于各级啮合齿轮副中从动轮齿数的连乘积与各级啮合齿轮副中主动轮齿数的连乘积之比。

(2) 首、末两轮的转向关系。

平面定轴轮系首末两轮的转向关系可以用以下两种方法来确定。

① 如图5.50所示，在图中用箭头表示齿轮的转动方向，齿轮1与齿轮5的转动方向箭头相反，传动比 i_{15} 为负值。

② 利用轮系中的外啮合次数来确定。因为内啮合的两圆柱齿轮转动方向相同，不影响传动比符号。而外啮合时两轮转动方向相反，如果轮系中有 m 次外啮合，由首轮到末轮转动方向经过 m 次变化，因此平面定轴轮系传动比符号可用 $(-1)^m$ 来判断。图5.50所示轮系中，从齿轮1到齿轮5一共经过3次外啮合，传动比符号计算用 $(-1)^3$，为负，与用箭头表示的结果一致。

所以，首轮A与末轮B两齿轮间传动比 i_{AB} 的计算通式为

$$i_{AB}=\frac{\omega_A}{\omega_B}=(-1)^m\frac{\text{齿轮 A 到齿轮 B 之间所有从动轮齿数的乘积}}{\text{齿轮 A 到齿轮 B 之间所有主动轮齿数的乘积}} \tag{5-40}$$

式中 m——外啮合次数。

图5.50所示轮系中，齿轮4作为从动轮与齿轮3′啮合，又作为主动轮与齿轮5啮合，其齿数 z_4 在传动比计算公式的分子、分母中同时出现，可约去，说明齿数 z_4 不影响传动比 i_{15} 的大小，但可改变从动轮的转向。这种齿轮称为惰轮或过桥轮。

3. 空间定轴轮系传动比的计算

图5.51所示为空间定轴轮系。空间定轴轮系的传动比仍用式(5-40)计算。但由于轮系中空间齿轮机构的几何轴线不平行，它们的转向无所谓相同或相反，所以转向关系不能用 $(-1)^m$ 来确定，只能在图上用画箭头的方法表示。

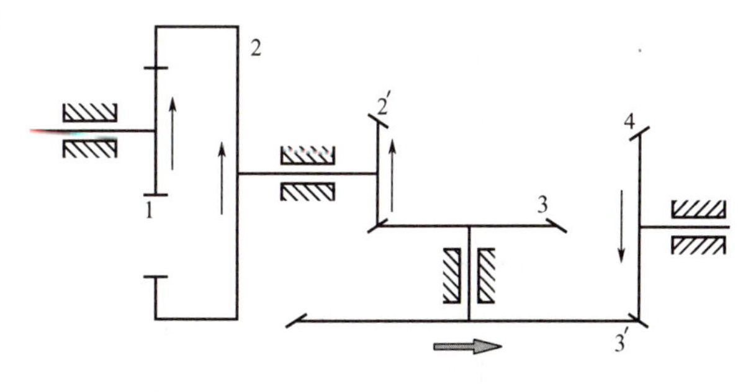

图5.51 空间定轴轮系

但若空间定轴轮系中首、末两轮的轴线相互平行，则仍可在计算结果中加上“+”“-”来表示首、末轮的转向关系。如图5.51所示，齿轮1和齿轮4的轴线相互平行，可用画箭头的方法确定两轮的转向相反，故其传动比为

$$i_{14}=\frac{\omega_1}{\omega_4}=-\frac{z_2z_3z_4}{z_1z_{2'}z_{3'}}$$

[例5-1] 在图5.45(b)所示的轮系中，已知各齿轮的齿数分别为 $z_1=18$，$z_2=20$，$z_{2'}=25$，$z_3=36$，$z_{3'}=2$（右旋蜗杆），$z_4=40$（蜗轮），并且已知 $n_1=640\text{r/min}$（A向看为顺时

针)。求蜗轮 4 的转速及其转向。

解：轮系中包含锥齿轮 2′、锥齿轮 3、蜗杆 3′和蜗轮 4，为空间定轴轮系。其轮系的传动比为

$$i_{14}=\frac{\omega_1}{\omega_4}=\frac{n_1}{n_4}=\frac{z_2z_3z_4}{z_1z_{2'}z_{3'}}=\frac{20\times36\times40}{18\times25\times2}=32$$

蜗轮 4 的转速为

$$n_4=\frac{n_1}{i_{14}}=\frac{640}{32}\ (\text{r/min})\ =20\text{r/min}$$

首轮 1、末轮 4 的轴线不平行，各轮的转向关系用箭头表示，蜗轮转动方向为逆时针。

5.11.3 周转轮系传动比计算

1. 周转轮系的组成

在图 5.52 所示的周转轮系中，轮系运转时，活套在构件 H 上的齿轮 2，一方面绕自身轴线 O_2 回转，另一方面随构件 H 绕固定轴线 O_H 回转。如天体中的行星，既自转又公转，故把既自转又公转的齿轮 2 称为行星轮，支撑行星轮的构件 H 称为行星架。与行星轮啮合且轴线固定的齿轮 1 和齿轮 3 称为中心轮或太阳轮。一个基本的周转轮系是由一个行星架、若干个行星轮、太阳轮及机架组成的。

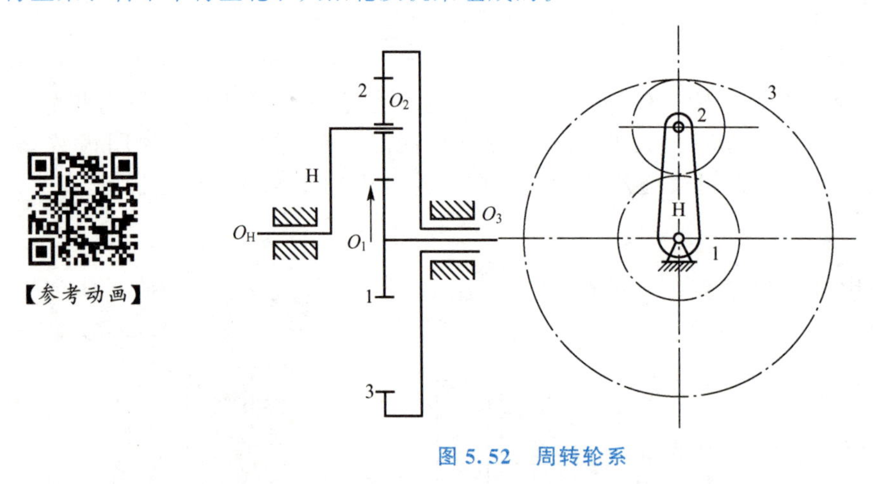

图 5.52 周转轮系

2. 周转轮系的传动比计算

周转轮系与定轴轮系的主要区别就是至少有一个齿轮的轴线是绕着其他齿轮的回转轴线运动的，所以周转轮系的传动比不能直接用定轴轮系传动比的计算公式计算。可以利用相对运动原理，将周转轮系转化为假想的定轴轮系，然后利用定轴轮系传动比的计算公式计算周转轮系传动比。这就是反转法或转化机构法。

如图 5.53 所示，给整个周转轮系加上一个绕行星架的固定轴线转动，与行星架 H 转动的角速度 ω_H 大小相等、方向相反的公共角速度 $-\omega_H$，并不改变周转轮系中各构件之间的相对运动，但可使行星架 H 变为相对固定，从而周转轮系转化为一个假想的定轴轮系。该假想的定轴轮系称为原周转轮系的转化轮系。

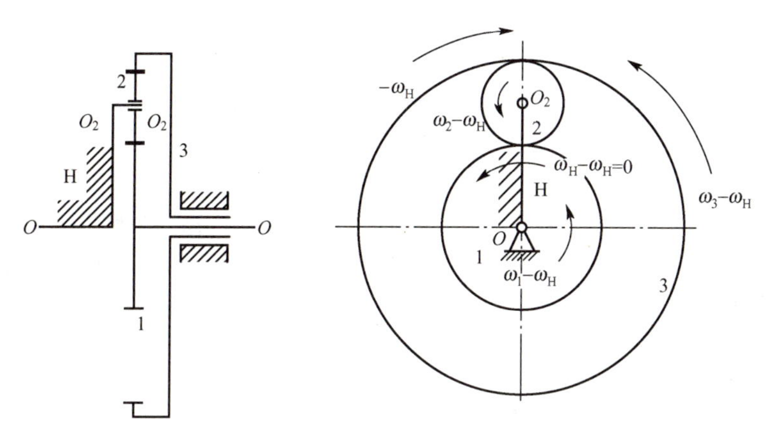

图 5.53 转化轮系

周转轮系加上一个公共角速度$-\omega_H$后，各构件的角速度是相对于行星架 H 固定时的相对角速度，分别记为ω_1^H、ω_2^H、ω_3^H、ω_H^H。轮系转化前、后各构件的角速度见表 5.13。

表 5.13 轮系转化前、后各构件的角速度

构件	周转轮系角速度/ (r/min)	转化轮系角速度/ (r/min)
1	ω_1	$\omega_1-\omega_H=\omega_1^H$
2	ω_2	$\omega_2-\omega_H=\omega_2^H$
3	ω_3	$\omega_3-\omega_H=\omega_3^H$
H	ω_H	$\omega_H-\omega_H=\omega_H^H=0$

因为转化轮系为定轴轮系，所以在转化轮系中，齿轮 1 与齿轮 3 的传动比i_{13}^H可按定轴轮系传动比计算方法求得。

$$i_{13}^H=\frac{\omega_1^H}{\omega_3^H}=\frac{\omega_1-\omega_H}{\omega_3-\omega_H}=(-1)^1\frac{z_2z_3}{z_1z_2}=-\frac{z_3}{z_1} \tag{5-41}$$

齿数比前面的“-”表示在转化轮系中齿轮 1 与齿轮 3 的转向相反，即ω_1^H与ω_3^H的方向相反。若已知各轮的齿数，当已知ω_1、ω_3、ω_H三个运动参数中的任意两个（包括大小和方向）时，通过式（5-41）即可确定第三个，从而求出周转轮系中任意两轮的传动比(大小和方向)。

推广到一般情况：设ω_A、ω_B为周转轮系中任意两个齿轮 A、B 的角速度，ω_H为行星架的角速度，它们之间的角速度关系为

$$i_{AB}^H=\frac{\omega_A^H}{\omega_B^H}=\frac{\omega_A-\omega_H}{\omega_B-\omega_H}=(-1)^m\frac{\text{齿轮 A 到齿轮 B 所有从动轮齿数的乘积}}{\text{齿轮 A 到齿轮 B 所有主动轮齿数的乘积}} \tag{5-42}$$

应用式（5-42）时应注意以下几点。

（1）只有周转轮系中齿轮 A 和齿轮 B 的轴线与行星架轴线平行，两轴之间的角速度才能用代数差表示；否则式（5-42）不成立。

（2）应用于由锥齿轮组成的周转轮系时，转化轮系传动比i_{AB}^H的正、负号不能用

$(-1)^m$ 来判定，必须用在图中画箭头的方法来判定。

(3) 将 ω_A、ω_B、ω_H 的已知数值代入公式时，必须考虑其正、负号。若假定其中某已知角速度的转向为正，则其他角速度的转向与其同向时取正，与其反向时取负。

(4) $i_{AB}^H \neq i_{AB}$。i_{AB}^H 为转化轮系中齿轮 A 与齿轮 B 的角速度之比，为相对角速度之比；而 i_{AB} 是周转轮系中齿轮 A 与齿轮 B 的角速度之比，为绝对角速度之比。

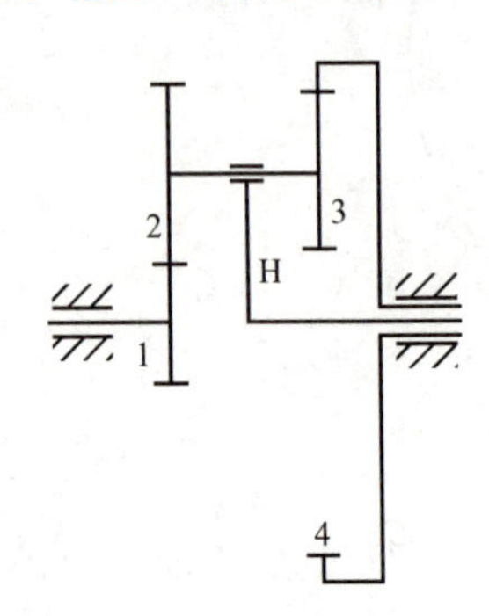

图 5.54 周转轮系

[例 5-2] 在图 5.54 所示周转轮系中，已知各齿轮齿数为 $z_1=15$，$z_2=25$，$z_3=20$，$z_4=60$。转速 $n_1=200\text{r/min}$（顺时针），$n_4=50\text{r/min}$（逆时针）。试求行星架 H 的转速。

解：该轮系为简单的周转轮系，两个太阳轮在转化轮系中的传动比为

$$i_{14}^H=\frac{\omega_1^H}{\omega_4^H}=\frac{n_1^H}{n_4^H}=\frac{n_1-n_H}{n_4-n_H}=-\frac{z_2 z_4}{z_1 z_3}$$

假设转速顺时针为正，则

$$i_{14}^H=\frac{200-n_H}{-50-n_H}=-\frac{25\times60}{15\times20}=-5$$

解得 $n_H=-\frac{50}{6}$ (r/min) $\approx-8.33\text{r/min}$，为逆时针转动（与齿轮 1 转动方向相反）。

[例 5-3] 图 5.55 (a) 所示为锥齿轮组成的周转轮系，已知各齿轮齿数 $z_1=z_2=60$，$z_{2'}=20$，$z_3=30$，$n_1=60\text{r/min}$，$n_H=180\text{r/min}$，n_1、n_H 转向相同。求 n_3 的大小和方向。

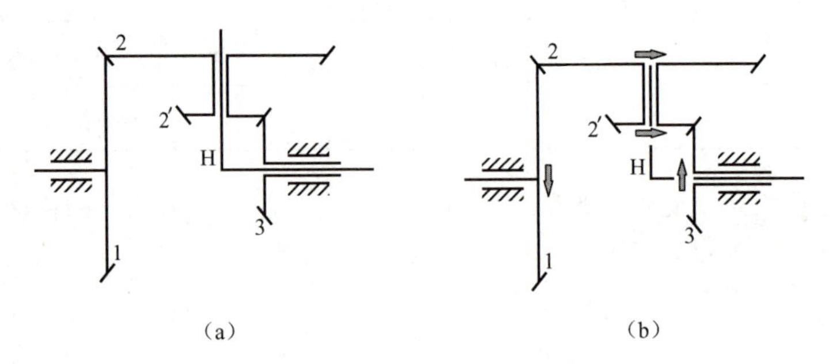

图 5.55 空间周转轮系

解：因为太阳轮 1 和太阳轮 3 的轴线与行星架 H 的轴线互相平行，所以它们在转化轮系中的传动比为

$$i_{13}^H=\frac{n_1^H}{n_3^H}=\frac{n_1-n_H}{n_3-n_H}=-\frac{z_2 z_3}{z_1 z_{2'}}$$

传动比 i_{13}^H 中的负号由图 5.55 (b) 判断。假设齿轮 1 转动方向向下，经过画箭头方法判定可知，齿轮 3 的转动方向向上，与齿轮 1 的假设转动方向相反，所以传动比 i_{13}^H 为负。依题意，齿轮 1 与行星架 H 的转动方向相同，所以代入公式时都为正，则

$$i_{13}^H=\frac{60-180}{n_3-180}=-\frac{60\times30}{60\times20}=-\frac{3}{2}$$

解得 $n_3=260\text{r/min}$，齿轮 3 的转动方向与齿轮 1 相同。

3. 复合轮系传动比计算

图5.56 (a) 所示为复合轮系，齿轮3为行星轮，构件H为行星架，齿轮2′、齿轮4为太阳轮，则由行星轮3、行星架H、太阳轮2′、太阳轮4组成一个基本周转轮系；而齿轮1、齿轮2组成定轴传动部分。图5.56 (b) 所示也为复合轮系，包含一个由行星轮2、行星架H_1、太阳轮1和太阳轮3组成的基本周转轮系，以及一个由行星轮5-5′、行星架H_2、太阳轮4和太阳轮6组成的基本周转轮系。

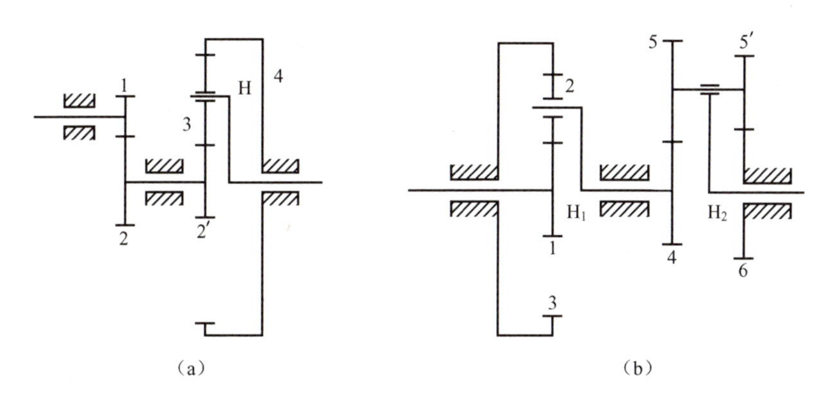

图5.56 复合轮系

基本周转轮系可以通过一次反转得到一个定轴轮系（转化轮系）。而对于既包含定轴轮系又包含基本周转轮系的复合轮系，不能通过一次反转得到一个定轴轮系。所以求解复合轮系传动比的关键问题就是如何拆分轮系，把复杂的轮系拆分为定轴轮系与简单的周转轮系，然后分别列出传动比的计算公式，并找出各简单轮系之间联接构件的转速关系，将各传动比计算式联立求解。

计算复合轮系传动比，最重要的是正确划分轮系的各组成部分，划分的关键是划出各个基本周转轮系。找基本周转轮系的方法如下：先找出行星轮，即找出那些几何轴线绕另一几何轴线转动的齿轮；其次找出支撑行星轮做公转的构件，即行星架；然后找出与该行星轮啮合的做定轴旋转的太阳轮。行星轮、行星架、太阳轮及机架组成一个基本周转轮系。找出各个周转轮系后，余下的定轴运转的轮系便为定轴轮系部分。

[例5-4] 图5.56 (a) 所示的轮系中，设已知各轮齿数$z_1=20$，$z_2=40$，$z_{2'}=20$，$z_3=30$，$z_4=80$，试求其传动比i_{1H}。

解：(1) 划分轮系。

齿轮1-2组成定轴轮系部分

齿轮2′-3-4-H组成周转轮系部分

(2) 计算各轮系传动比。

定轴轮系部分 $$i_{12}=\frac{n_1}{n_2}=-\frac{z_2}{z_1}=-\frac{40}{20}=-2$$

整理得

$$n_1=-2n_2 \tag{1}$$

周转轮系部分 $$i_{2'4}^{H}=\frac{n_{2'}-n_H}{n_4-n_H}=-\frac{z_4}{z_{2'}}$$

由 $n_4=0$，$n_2'=n_2$，$z_2'=20$，$z_4=80$，整理得

$$n_2=5n_H \tag{2}$$

（3）联立求解。

联立式（1）和式（2），轮系传动比为

$$i_{1H}=i_{12}i_{2'H}=(-2)\times 5=-10$$

负号表示齿轮 1 与行星架 H 转向相反。

［例 5-5］ 图 5.57（a）为某电动卷扬机的减速器运动简图，已知各轮齿数，试求传动比 i_{15}。

解：该轮系为复合轮系。

（1）齿轮 1、3、2-2′、5 组成周转轮系［图 5.57（b）］，有

$$i_{13}^H=\frac{\omega_1^H}{\omega_3^H}=\frac{\omega_1-\omega_H}{\omega_3-\omega_H}=-\frac{z_2z_3}{z_1z_{2'}} \tag{1}$$

（2）齿轮 3′、4、5 组成定轴轮系［图 5.57（c）］，有

$$i_{3'5}=\frac{\omega_{3'}}{\omega_5}=-\frac{z_5}{z_{3'}} \tag{2}$$

（3）联立求解。

由于 $n_3=n_{3'}$，$n_H=n_5$，联立式（1）和式（2），则传动比为

$$i_{15}=\frac{\omega_1}{\omega_5}=28.24$$

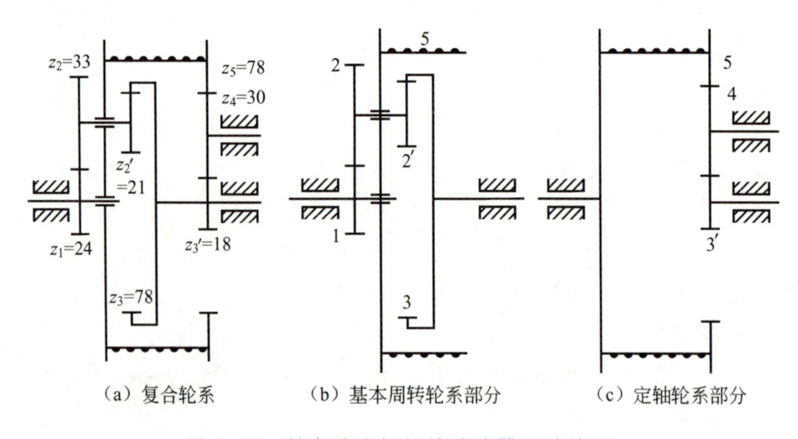

图 5.57　某电动卷扬机的减速器运动简图

5.11.4　轮系的功用

轮系在各种机械中得到了广泛应用，其主要功用是实现大传动比传动，实现分路传动，实现变速传动和换向传动，实现运动的合成与分解。

1. 实现大传动比传动

当两轮之间需要大的传动比时，若仅用一对齿轮传动，则两轮的尺寸相差悬殊，不仅使传动机构尺寸庞大，而且使小齿轮因轮齿工作次数过多而过早失效。当需要较大传动比时，应采用轮系来实现，如图 5.58 所示。当要求传动比很大时，可以采用周转轮系。

图 5.59所示的大传动比行星轮系，当 $z_1=100$，$z_2=101$，$z_{2'}=100$，$z_3=99$ 时，其传动比 $i_{H1}=10000$。因此轮系可以在使用很少的齿轮并且结构也很紧凑的条件下，得到很大的传动比。

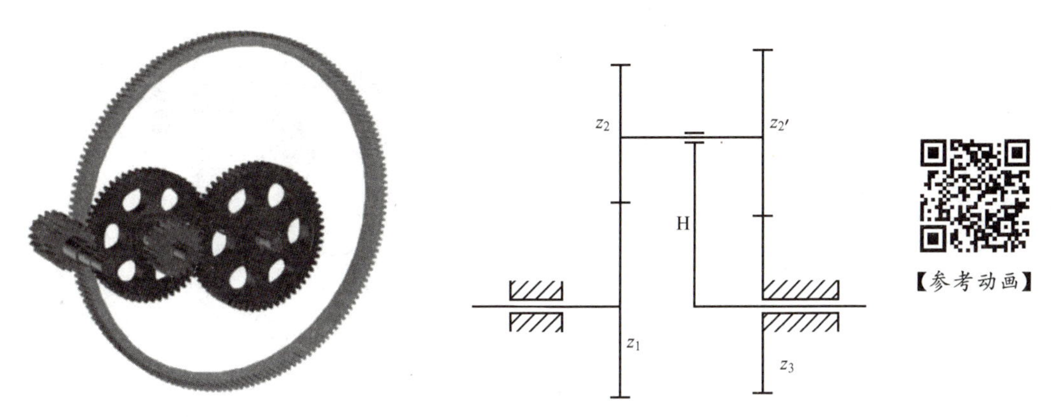

图 5.58　实现较大传动比的定轴轮系

图 5.59　大传动比行星轮系

2. 实现分路传动

可以利用轮系使一个主动轴带动若干个从动轴同时旋转，并获得不同的转速。图 5.60 所示为某航空发动机附件传动系统的运动示意。该传动系统通过定轴轮系将主动轮的运动分成 6 路传出，带动各附件以不同的转速同时工作。

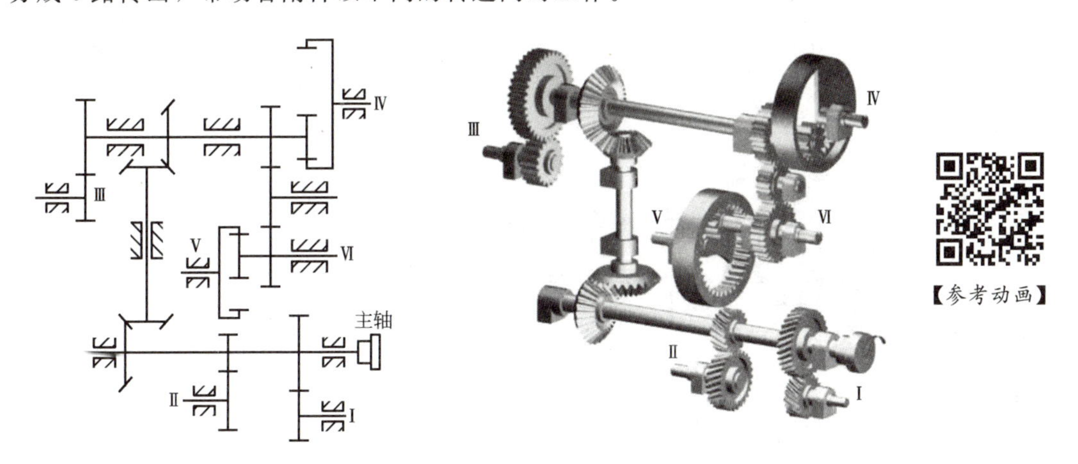

图 5.60　某航空发动机附件传动系统的运动示意

3. 实现变速传动和换向传动

在主动轴转速和转向不变的情况下，可利用轮系使从动轴获得不同转速和转向。如图 5.61 所示，当滑移齿轮 1－2 处于实线或虚线位置时，可以实现从动轴Ⅱ变速传动。在图 5.62 所示的轮系中，当齿轮 1、2、3、4 相互啮合时，经过 3 次外啮合，齿轮 1、4 的转动方向相反；通过转动刚性框架，使齿轮 1、3、4 相互啮合时，经过 2 次外啮合，齿轮 1、4 的转动方向相同。即当主动轮转向一定时，可通过改变齿轮的啮合实现从动轮换向。

图5.63所示为汽车变速器传动简图，图中Ⅰ轴为动力输入轴，Ⅱ轴为输出轴，齿轮4、6为滑移齿轮，A-B为牙嵌离合器。可通过齿轮1、2、3、4、5、6、7、8及离合器A、B的不同组合，使从动轴Ⅱ得到三挡不同的前进转速和一挡倒车转速。

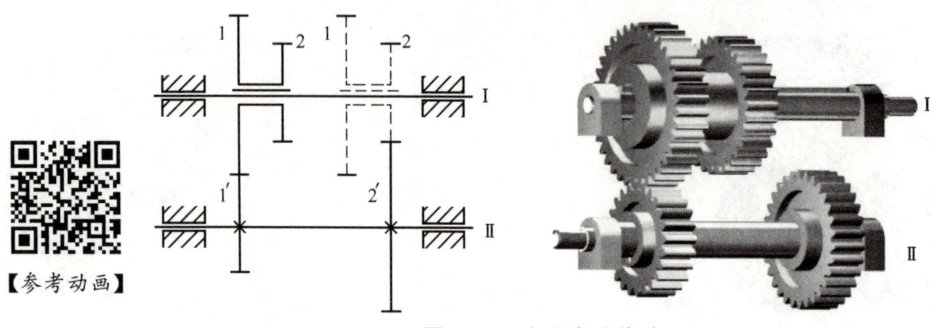

图5.61　实现变速传动

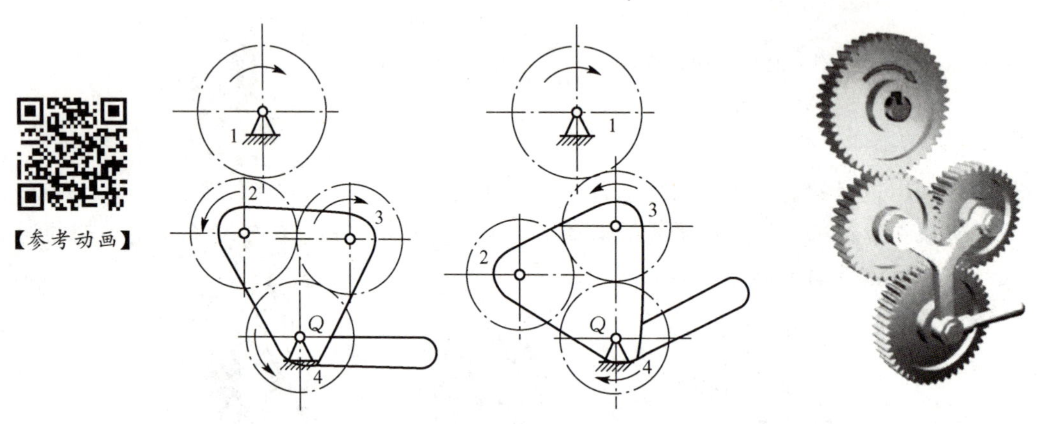

图5.62　实现换向传动

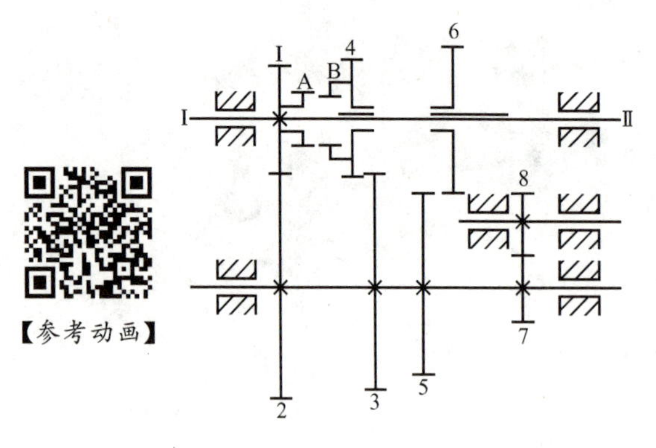

图5.63　汽车变速器传动简图

4. 实现运动的合成与分解

利用差动轮系具有两个自由度的特性，可以将两个输入运动合成一个输出运动，即运动的合成；也可以将一个输入运动分解为两个输出运动，即运动的分解。

在图5.64所示的锥齿轮差动轮系中，齿数$z_a=z_b$，如以齿轮a和齿轮b为输入件，则行星架H的转速计算为

$$i_{ab}^{H}=\frac{n_a^H}{n_b^H}=\frac{n_a-n_H}{n_b-n_H}=-\frac{z_b}{z_a}=-1$$

可得

$$2n_H=n_a+n_b$$

行星架H的转速是齿轮a和齿轮b转速的合成。这种合成作用在机床、计算机和补偿装置中得到了广泛应用。

图5.65（a）为汽车后桥上的差速器传动简图。发动机的运动通过传动轴传给齿轮1，再带动齿轮2及固接在齿轮2上的行星架H。当汽车直线行驶时，前轮的转向机构通过地

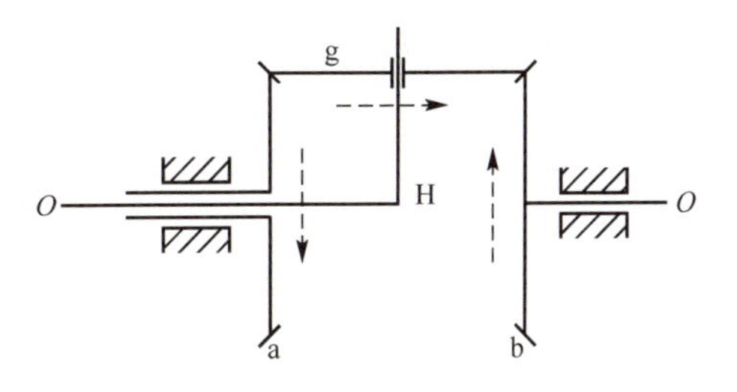

图 5.64　汽车后桥上的差速器传动简图

面的约束作用，要求两后轮有相同的转速，即要求齿轮 a 和齿轮 b 转速相等。由于在差动轮系中有 $2n_H = n_a + n_b$，因此 $n_a = n_b = n_H = n_2$，即齿轮 a、齿轮 b、齿轮 2 与行星架 H 之间没有相对运动，整个差动轮系相当于与齿轮 2 固接在一起的一个刚体，随齿轮 2 一起转动，此时行星轮 g 相对于行星架不转动。

当汽车向左转弯时，由于右侧车轮的转弯半径比左侧的大，为了使车轮与地面间不发生滑动，以减少轮胎磨损，要求右侧车轮比左侧车轮转得快，此时齿轮 a 和齿轮 b 发生相对转动。齿轮 g 除了随着齿轮 2 绕后轮轴线公转外，还绕自身轴线自转，由齿轮 a、齿轮 b、齿轮 g、齿轮 2（行星架 H）组成的差动轮系便发挥了作用，故有

$$2n_H = n_a + n_b \tag{5-43}$$

由图 5.65（a）可见，当车身绕瞬时转弯中心 O 点转动时，设两后轮中心距为 $2L$，弯道平均半径为 r，由于两后轮的转速与弯道半径成正比，故有

$$\frac{n_a}{n_b} = \frac{r-L}{r+L} \tag{5-44}$$

联立式（5－43）和式（5－44），可得此时汽车两后轮的转速分别为

$$n_a = \frac{r-L}{r} n_H \qquad n_b = \frac{r+L}{r} n_H$$

说明当汽车转弯时，可利用差速器自动将主轴的转速分解为两个后轮的不同转速。

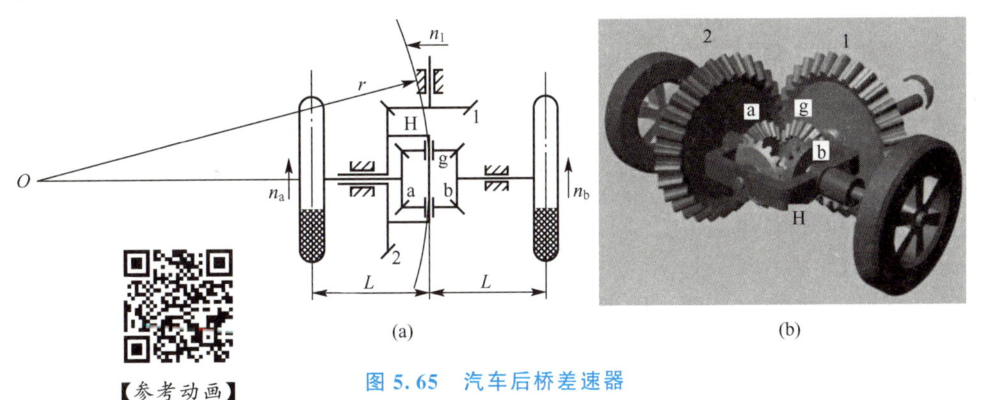

图 5.65　汽车后桥差速器

读部分为拓展内容，请读者扫描二维码自行参考学习。

【参考图文】

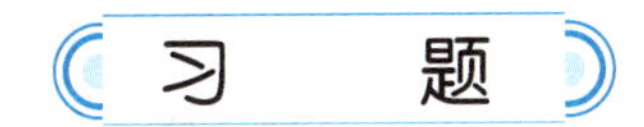

习　　题

5－1　填空题

(1) 渐开线上任一点的法线与基圆________。

(2) 由于渐开线齿轮的传动比等于________，因此即使两轮的安装中心距略有偏差，也不影响两轮的传动比。

(3) 渐开线直齿圆柱齿轮上具有标准________和标准________的圆，称为分度圆。

(4) 渐开线上各点的压力角________等。

(5) 一个标准直齿圆柱齿轮的齿距为15.7mm，齿顶圆直径为400mm，则该齿轮的齿数为________。

(6) 齿轮要连续传动，其重合度 ε_α ________。

(7) 齿轮传动的重合度越大，表示同时参与啮合的轮齿对数越________，齿轮传动也越________。

(8) 斜齿圆柱齿轮的标准模数是指________模数，直齿锥齿轮的标准模数是指________模数。

(9) 平行轴斜齿圆柱齿轮机构的正确啮合条件是______________。

(10) 直齿锥齿轮机构的背锥是与________相切的圆锥，背锥展开补齐的齿轮称为________，其齿数称为________。

(11) 阿基米德蜗杆蜗轮机构的正确啮合条件是蜗杆的轴向模数应等于蜗轮的________，蜗杆的________应等于蜗轮的端面压力角，蜗杆分度圆导程角应等于蜗轮的________角，并且两者旋向________。

(12) 在蜗杆蜗轮机构中，蜗杆头数越少，则传动的效率越________，自锁性越________。一般蜗杆头数取________。

(13) 所谓定轴轮系是指________，而周转轮系是指________。

(14) 周转轮系由________、________、________和机架组成。

(15) 惰轮对________并无影响，但能改变从动轮的________。

(16) 若周转轮系的自由度是2，则称其为________；若周转轮系的自由度为1，则称其为________。

(17) 周转轮系中，i_{13}^{H}表示________，i_{13}表示________。

5-2 选择题

(1) 一对齿轮啮合时，两齿轮的____始终相切做纯滚动。

A. 分度圆　　B. 基圆　　C. 节圆　　D. 齿根圆

(2) 渐开线齿轮基圆上的压力角是____。

A. 10°　　B. 0°

C. 大于分度圆上的压力角　　D. 大于零但小于分度圆上的压力角

(3) 渐开线齿轮的标准压力角为____。

A. 20°　　B. 30°　　C. 60°　　D. 40°

(4) 渐开线齿轮齿顶圆的压力角____。

A. 小于分度圆压力角　　B. 大于分度圆压力角

C. 等于分度圆压力角　　D. 不确定

(5) 在齿轮机构设计和计算中，对于下列参数和尺寸应标准化的有____。

A. 斜齿圆柱齿轮的法面模数 m_n　　B. 斜齿圆柱齿轮的端面模数 m_t

C. 分度圆直径 d　　D. 齿顶圆直径 d_a

E. 齿轮宽度 B　　F. 分度圆压力角 α

G. 斜齿轮螺旋角 β　　H. 中心距 a

(6) 齿轮机构的中心距略大于标准中心距时，其传动比____。

A. 增大　　B. 减小　　C. 不变　　D. 不确定

(7) 一对齿轮要正确啮合，它们的____和压力角必须分别相等。

A. 直径　　B. 宽度　　C. 模数　　D. 齿距

(8) 在蜗杆蜗轮机构中，通常____为主动件。

A. 蜗杆　　B. 蜗轮　　C. 蜗杆或蜗轮都可以

(9) 在蜗杆蜗轮机构中，应用比较广泛的是____。

A. 圆柱蜗杆　　B. 环面蜗杆　　C. 锥蜗杆

(10) 计算蜗杆蜗轮机构的传动比时，公式____是错误的。

A. $i=\omega_1/\omega_2$　　B. $i=n_1/n_2$

C. $i=d_2/d_1$　　D. $i=z_2/z_1$

(11) 蜗杆蜗轮机构正确啮合的条件中，蜗杆分度圆柱导程角与蜗轮螺旋角的关系为____。

A. 大小相等且旋向相同　　B. 大小相等且旋向相反

C. 都可以

(12) 蜗杆蜗轮机构中，将蜗杆分度圆直径标准化是为了____。

A. 中心距标准化　　B. 减少蜗轮滚刀数量

C. 提高效率　　D. 保证蜗杆刚度

(13) 阿基米德蜗杆的____模数应符合标准数值。

A. 端面　　B. 法面　　C. 轴向

(14) 蜗杆直径系数 q 的定义是____。

A. $q=d_1/m$　　B. $q=d_1 m$

C. $q=a/d_1$　　D. $q=a/m$

(15) 蜗杆蜗轮机构中，如果蜗杆的螺旋线方向为右旋，则蜗轮的螺旋线方向应为____。

A. 左旋　　B. 右旋　　C. 左旋、右旋都可以

(16) 阿基米德圆柱蜗杆传动在____内相当于齿条与齿轮啮合传动。

A. 端面　　B. 中间平面　　C. 轴面

(17) 为提高蜗杆蜗轮机构的效率，在保证润滑的条件下，最有效的措施是____。

A. 采用单头蜗杆　　B. 采用多头蜗杆

C. 采用大直径系数蜗杆　　D. 提高蜗杆转速

(18) 定轴轮系有下列情况：①所有齿轮轴线都平行；②首、末两轮轴线平行；③首、末两轮轴线不平行；④所有齿轮轴线都不平行。其中，有____情况的传动比可以冠以正、负号。

A. 1种　　B. 2种　　C. 3种　　D. 4种

(19) 某人总结惰轮在轮系中的作用如下：①改变从动轮转向；②改变从动轮转速；

③调节齿轮轴间距离；④提高齿轮强度。其中有____是正确的。

A. 1条　　B. 2条　　C. 3条　　D. 4条

(20) 周转轮系的传动比计算应用了转化轮系的概念，周转轮系的转化轮系是____。

A. 定轴轮系　　B. 行星轮系

C. 复合轮系　　D. 差动轮系

(21) 若周转轮系的转化轮系的传动比$i_{AB}^{H}=\dfrac{n_A-n_H}{n_B-n_H}$为负值，则齿轮A与齿轮B的转向____。

A. 一定相同　　B. 一定相反　　C. 不确定

(22) 轮系的下列功用中，____必须依靠周转轮系实现。

A. 实现变速传动　　B. 实现大的传动比

C. 实现分路传动　　D. 实现运动的合成与分解

5-3　思考题

(1) 满足定传动比的齿轮机构，其齿廓曲线应满足什么条件？

(2) 渐开线有哪些性质？

(3) 何谓齿轮中的分度圆？何谓节圆？二者的直径是否一定相等或一定不相等？

(4) 当$\alpha=20°$的渐开线标准直齿轮的齿根圆和基圆重合时，其齿数为多少？若齿数大于求出的数值，则基圆与齿根圆相比哪个大？

(5) 斜齿轮的当量齿轮是如何作出的？锥齿轮的背锥是如何作出的？

(6) 蜗杆蜗轮机构有哪些基本特点？

(7) 蜗杆蜗轮机构以哪个平面内的参数和尺寸为基准？这样做有什么好处？

(8) 周转轮系中，用什么方法确定主、从动件的转向关系？

(9) 如何划分一个复合轮系的定轴轮系部分和各基本周转轮系部分？

(10) 什么是轮系？有哪些类型和功用？

5-4　计算题

(1) 如图5.66所示，一个渐开线标准正常直齿圆柱齿轮，齿轮的齿数$z=17$，压力角$\alpha=20°$，模数$m=3$mm。试求在齿轮分度圆和齿顶圆上齿廓的曲率半径和齿顶圆压力角。

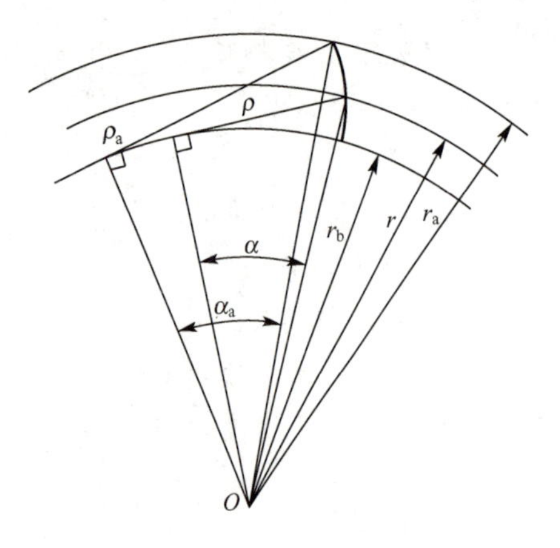

图5.66　题5-4 (1) 图

(2) 已知一对外啮合标准直齿圆柱齿轮的标准中心距$a=160$mm，齿数$z_1=20$，$z_2=60$。求模数和分度圆直径d_1、d_2。

(3) 设计一对渐开线外啮合标准直齿圆柱齿轮机构。已知$z_1=18$，$z_2=37$，$m=5$mm，$\alpha=20°$，$h_a^*=1$，$c^*=0.25$。试求两轮的几何尺寸及中心距。

(4) 外啮合斜齿轮机构，已知$m_n=1.5$mm，$z_1=z_2=18$，$\beta=15°$，$\alpha_n=20°$。求：齿距p_n和p_t；分度圆半径r_1和r_2及中心距a；当量齿数z_{V1}和z_{V2}。

(5) 某设备上有一对外啮合斜齿轮传动。

已知$z_1=18$，$z_2=36$，$m_n=2.5\text{mm}$，中心距$a=70\text{mm}$，$\alpha_n=20°$。求这对斜齿轮的螺旋角。

(6) 试设计一对外啮合圆柱齿轮，已知$z_1=21$，$z_2=32$，$m_n=2\text{mm}$，实际中心距为55mm。问：①该对齿轮能否采用标准直齿圆柱齿轮传动？②若采用标准斜齿圆柱齿轮传动来满足中心距要求，其分度圆螺旋角β、分度圆直径d_1、d_2各为多少？

(7) 有一对标准直齿锥齿轮。已知$m=3\text{mm}$，$z_1=24$，$z_2=32$，$\alpha=20°$及$\Sigma=90°$。试计算该对锥齿轮的几何尺寸。

(8) 设蜗轮的齿数$z_2=40$，分度圆直径$d_2=252\text{mm}$，与一个单头蜗杆啮合。求：①蜗轮的端面模数m_{t2}和蜗杆的轴向模数m_{a1}；②蜗杆的分度圆直径d_1和导程角γ；③中心距a。

(9) 某蜗杆蜗轮机构的参数如下：蜗杆$z_1=2$，$q=8$，蜗轮$z_2=46$，模数$m=8\text{mm}$。求：传动比i_{12}；中心距a；蜗杆和蜗轮的分度圆直径d_1和d_2。

(10) 在图5.67所示的轮系中，已知蜗杆为单头且右旋，转速$n_1=1440\text{r/min}$，转动方向如图所示，其余各轮齿数为$z_2=40$，$z_{2'}=20$，$z_3=30$，$z_{3'}=18$，$z_4=54$。试：①说明轮系属于何种类型；②计算齿轮4的转速n_4；③在图中标出齿轮4的转动方向。

(11) 图5.68所示为手摇提升装置，其中各轮齿数均为已知。试求传动比i_{15}，并指出当提升重物时手柄的转向。

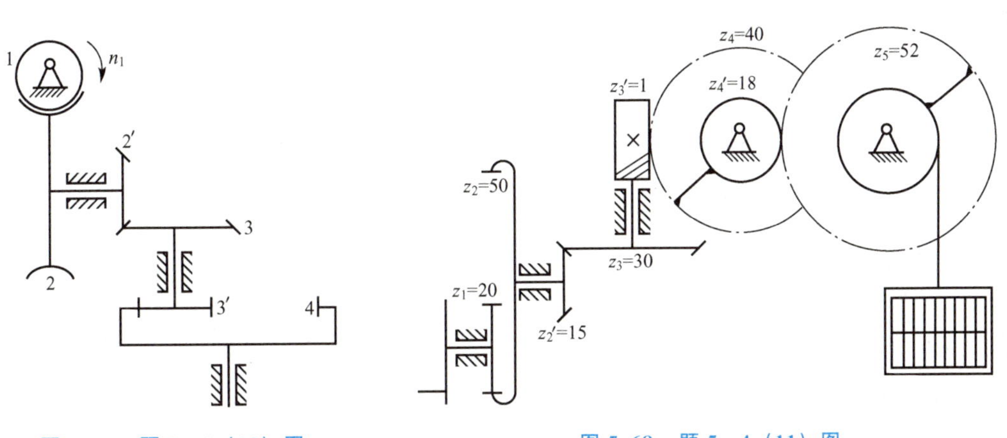

图5.67 题5-4(10)图　　　图5.68 题5-4(11)图

(12) 在图5.69所示的轮系中，已知各齿轮的齿数分别为$z_1=20$，$z_2=18$，$z_3=56$。求传动比i_{1H}。

(13) 图5.70所示为由锥齿轮组成的周转轮系。已知$z_1=60$，$z_2=40$，$z_{2'}=z_3=20$，$n_1=n_3=120\text{r/min}$，设太阳轮1、3的转向相反。试求n_H的大小与方向。

(14) 在图5.71所示的输送带行星轮系中，已知各齿轮的齿数分别为$z_1=12$，$z_2=33$，$z_{2'}=30$，$z_3=78$，$z_4=75$；电动机的转速$n_1=1450\text{r/min}$。试求输出轴转速n_4的大小与方向。

(15) 在图5.72所示的轮系中，已知各轮齿数$z_1=30$，$z_2=90$，$z_{2'}=45$，$z_3=27$，$z_4=90$，$z_5=30$，$z_6=60$，$z_{6'}=25$，$z_7=50$。求传动比i_{1A}。

(16) 在图5.73所示的自行车里程表机构中，C为车轮轴。已知$z_1=17$，$z_3=23$，$z_4=19$，$z_{4'}=20$，$z_5=24$。设轮胎受压变形后使28in(1in≈2.54cm)的车轮有效直径为0.7m。当车行驶1km时，表上的指针P刚好回转一周。求齿轮2的齿数。

【参考动画】

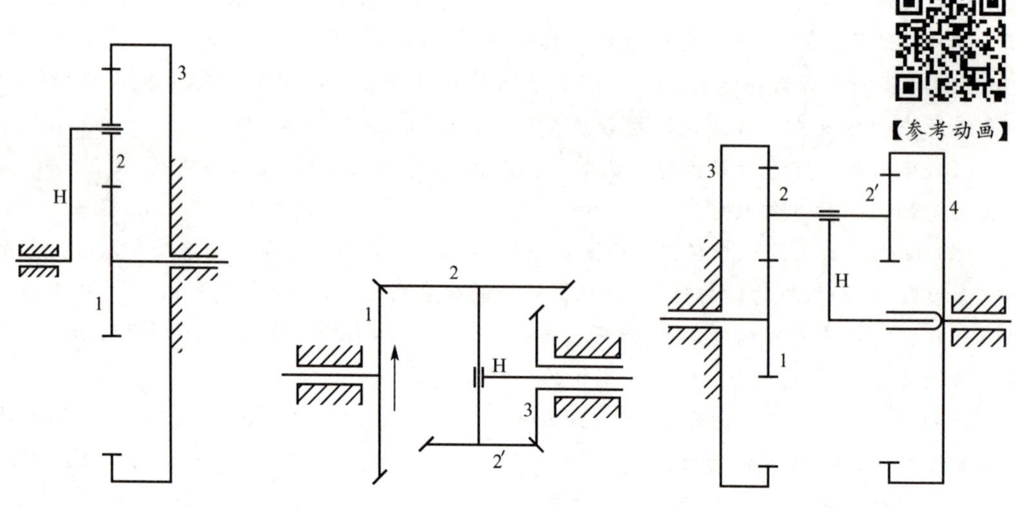

图 5.69　题 5-4（12）图

图 5.70　题 5-4（13）图

图 5.71　题 5-4（14）图

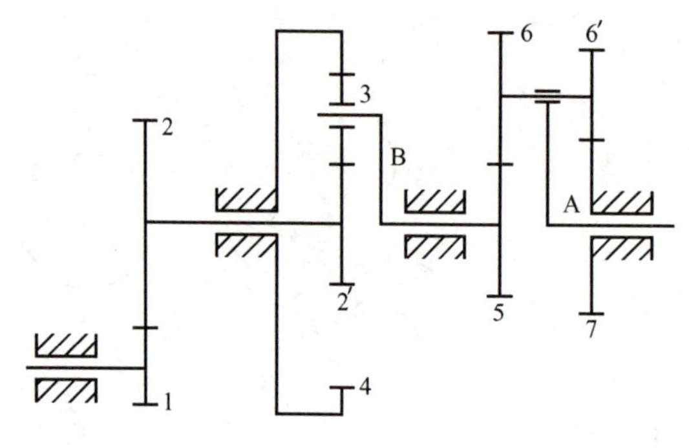

图 5.72　题 5-4（15）图

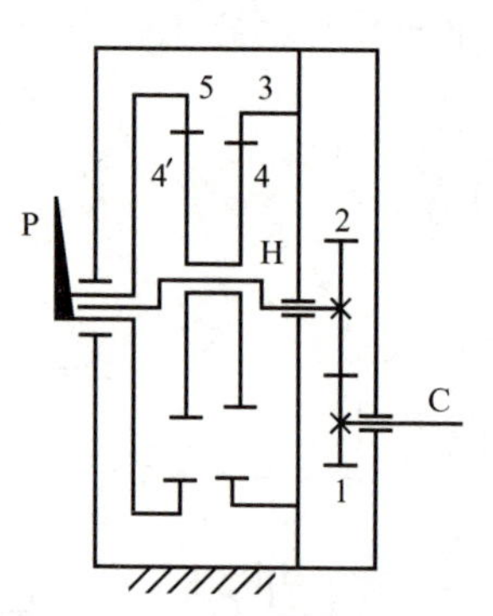

图 5.73　题 5-4（16）图

第6章 其他常用机构

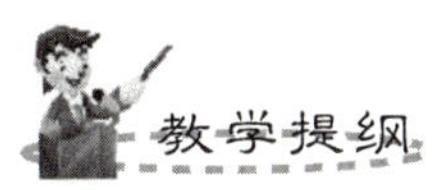

本章主要介绍棘轮机构、槽轮机构、不完全齿轮机构、螺旋机构、凸轮间歇运动机构及组合机构的工作原理、特点及应用。

了解各种间歇运动机构的组成、工作原理、传动特点及应用场合。

除了前几章讲过的平面四杆机构、齿轮机构和凸轮机构等典型机构，还有一些常用机构，其中间歇运动机构应用较广。能够将原动件的连续运动转变为从动件的周期性间歇运动的机构称为间歇运动机构。在机械中，特别是在各种自动和半自动机械中，间歇运动机构有广泛的应用，如机床的进给机构、分度机构、自动进料机构、电影放映机的送片机构及计数器的进位机构等。

该章为选学内容，请读者扫描二维码自行参考学习。

【参考图文】

模块二实训

实训项目任务书一

实训名称	平面四杆机构设计
实训目的	1. 掌握平面四杆机构的基本工作特性及运动特性。 2. 掌握平面四杆机构的图解法设计
实训内容	1. 已知铰链四杆机构的行程速比系数 $K=1.4$，摇杆长度 $l_{CD}=300\text{mm}$，摆角 $\psi=35°$，摇杆在极限位置 DC_1 时铰链 C_1 与 A 点间的距离 $l_{AC1}=225\text{mm}$。试设计该机构，并确定 l_{AB}、l_{BC}、l_{AD} 的长度，校验最小传动角 γ_{min}。 2. 设计一震实式造型机工作台的翻转机构，如模块二实训图 1 所示。已知连杆长度 $l_{BC}=100\text{mm}$，工作台在两极限位置时 $B_1B_2=400\text{mm}$，并且 B_1 和 B_2 在同一水平线上，要求 A、D 在另一水平线上，并且 C_1 点至 A、D 所在水平线的距离为 150mm 【参考动画】 C_2 B_1 B_2 C_1 150 A、D所在水平线 模块二实训图 1
实训要求	1. 用图解法设计。 2. 采用适当的比例尺，将设计的机构画在 A3 图纸上。 3. 设计图保留作图线，将完成的设计图线加深

实训项目任务书二

实训名称	凸轮机构设计
实训目的	1. 熟悉从动件常用运动规律。 2. 掌握凸轮机构的运动过程及反转法设计原理。 3. 掌握各种盘形凸轮轮廓曲线的设计方法
实训内容	已知凸轮以等角速度顺时针方向回转，从动件的行程 $h=32\text{mm}$，在推程做简谐运动，回程做等加速等减速运动。其中，推程运动角 $\varphi_0=150°$，远休止角 $\varphi_s=30°$；回程运动角 $\varphi'_0=120°$，近休止角 $\varphi'_s=60°$。凸轮基圆半径 $r_b=20\text{mm}$。绘制下列各种盘形凸轮轮廓曲线。 ① 对心尖顶直动从动件盘形凸轮轮廓。 ② 对心滚子直动从动件盘形凸轮轮廓，滚子半径 $r_r=10\text{mm}$。 ③ 对心平底直动从动件盘形凸轮轮廓。 ④ 偏置滚子直动从动件盘形凸轮轮廓，凸轮轴心偏于从动件右侧，偏距 $e=10\text{mm}$，滚子半径 $r_r=12\text{mm}$
实训要求	1. 用图解法设计。 2. 采用适当的比例尺，将设计的凸轮机构画在 A3 图纸上。 3. 画出位移线图及凸轮轮廓曲线，保留作图线，并将完成的设计图线加深

模块三

机械动力学基础

教学导入

1. 模块三图1所示为曲柄压力机。曲柄压力机是一种对模具中的材料实现冷冲压的最常用的设备，能进行各种冲压加工，直接生产出半成品或成品。因此，在汽车、农用机械、电器、仪表、电子、医疗机械、国防、航空航天及日用品等领域得到了广泛的应用。曲柄压力机由机身、传动系统、工作机构和操纵系统组成。工作时，电动机的能量和运动通过传动系统——带传动、齿轮传动传给曲轴，通过工作机构——曲柄滑块机构将曲轴的旋转运动变为滑块的往复直线运动，滑块带动上模对毛坯施加压力，完成冲压成型加工。

根据加工工艺要求，曲柄压力机的载荷是冲击性的，工作时当上模接触工件毛坯后出现很大的工作载荷，大量消耗能量；而在上模接触毛坯前（空程和回程）能量消耗很少。并且在整个工作周期内进行工艺操作的时间很短，即有负荷的工作时间很短，大部分时间为无负荷的空程运动。但短时的最大功率比平均功率大十几倍以上。由于工作载荷不均匀，机器速度发生变化，机械运转时不稳定的速度波动产生机械振动，空程运动又造成能源浪费，所以需要进行调节。

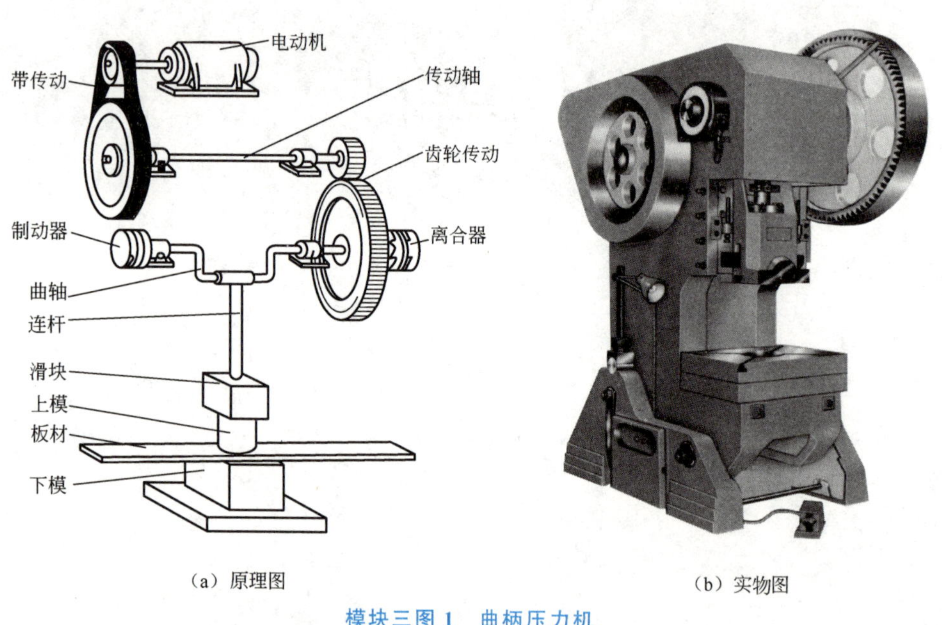

(a) 原理图　(b) 实物图

模块三图1　曲柄压力机

2. 磨床是精密机械加工必不可少的工作母机，为了适应日趋精密的工作精度需求及不断追求的高效率和低成本的目标，全球的磨床制造业都致力于提高机床的几何精度、刚性和性能稳定性。

砂轮是磨床的必要工具。想要让砂轮磨削出准确的尺寸和光洁的表面，必须防止磨削过程中出现振动。砂轮是由质量分布不均匀的大量颗粒组成的，先天的不平衡无法避免，运转时将作用有惯性力，必然会引起一定的偏心振动。而砂轮安装的偏心度、砂轮的厚度不均、主轴的不平衡及砂轮对冷却液的吸附等，会使振动更加强烈。这些振动不仅影响磨床的加工质量，还会增加运动副中的磨损，缩短磨床的主轴寿命、砂轮寿命，增大砂轮修正次数及修整金刚石的消耗等，所以需要对磨床砂轮进行平衡校正。

本模块介绍机械运转速度波动的产生和调节原理及回转件平衡的平衡原理和平衡方法。

第7章 机械运转速度波动及其调节

本章主要介绍在外力作用下机械的运转过程；机械运转速度波动调节的目的；周期性和非周期性速度波动产生的原因及调节方法；飞轮结构的尺寸设计。

教学目标

1. 了解机械的一般运转过程。
2. 了解机械速度波动的类型及产生原因。
3. 掌握周期性速度波动的调节方法及飞轮转动惯量的确定。
4. 了解非周期性速度波动的调节方法。
5. 了解飞轮主要尺寸的确定。

7.1 概　　述

一般认为原动件的运动规律是已知的，并且原动件做等速运动。但实际上，机构原动件的真实运动规律是由作用在其上的所有外力（驱动力和阻力）和机构中各构件的质量、转动惯量等因素决定的，因而在一般情况下，原动件的运动往往是随时间变化的。因此，研究在外力作用下机械的真实运动规律，对于机械设计，特别是高速、高精度和高自动化的机械设计是十分重要的。

机械是在外力作用下运转的。作用在机械上的外力有驱动力和阻力。所谓驱动力就是使原动件产生运动的力，驱动力所做的功称为驱动功，是机械的输入功，为正值；所谓阻力，就是阻止原动件产生运动的力，阻力又分为工作阻力和有害阻力，克服阻力所消耗的功称为阻力功，为负值。

如果机械工作中驱动功恒等于阻力功，则机械的主轴将保持匀速运转，如电动机驱动的离心式鼓风机和磨床等。但是大多数机械运转时，其驱动功与阻力功并不总是相等的。驱动功大于阻力功的部分称为盈功；反之，驱动功小于阻力功的部分称为亏功。驱动功与阻力功的差值统称为盈亏功。外力对机械做功的增减会引起机械动能的增减。因此，盈亏功的出现必将引起机械动能的增减，而使主轴的角速度发生变化，从而形成机械运转时速度的波动。这种波动必将在运动副中引起附加动压力，降低机械效率和工作可靠性。同时会引起机械振动，影响零件的强度和寿命，降低机械的精度和工艺性能，使产品质量下降，因此，必须对机械系统中过大的速度波动进行调节，使波动限制在允许的范围内，保证机械具有良好的工况。

7.1.1 机械运转过程

机械从开始运动到停止运动的全过程要经历起动、稳定运转和停车三个阶段，如图 7.1 所示。

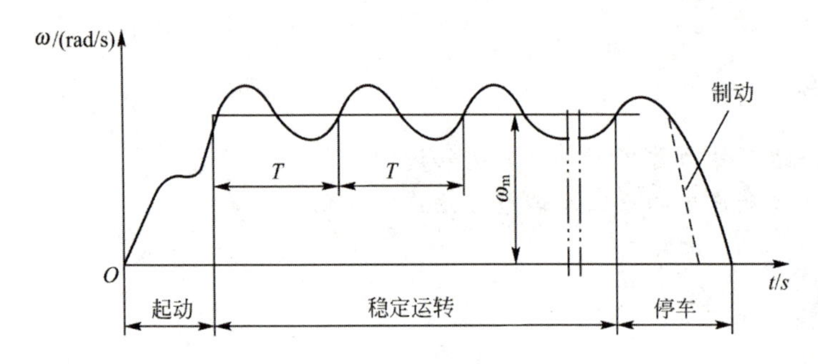

图 7.1 机械的运转过程

1. 机械的起动阶段

机械的起动阶段是指机械原动件的角速度由零逐渐上升到稳定运转角速度为止的过程。在该阶段，由于机械的驱动功大于阻力功，因此系统动能增加，原动件做加速运动。根据能量守恒定律，其功能关系表示为

$$W_d - W_r = \Delta E > 0 \tag{7-1}$$

式中 W_d——驱动功（J）；

W_r——总的阻力功（J），包括工作阻力和有害阻力所做的功；

ΔE——机械动能的增量（J）。

2. 机械的稳定运转阶段

起动阶段完成之后，机械进入正常工作的稳定运转阶段。在该阶段，有的机械原动件（如鼓风机、车床主轴等）的角速度保持不变，做等速稳定运转。但大多数机械在稳定运转阶段的速度并不是恒定的，原动件（如活塞式压缩机等）围绕平均角速度 ω_m 做周期性速度波动，称为周期变速稳定运转。机械原动件的速度从某个值开始又回复到该值的变化过程，称为一个运动循环，其所对应的时间 T 称为运动周期。在一个变化周期中，机械原动件的初速度等于末速度，机械中的动能不变，驱动功等于阻力功，即

$$W_d - W_r = \Delta E = 0 \tag{7-2}$$

3. 机械的停车阶段

停车阶段是指机械从稳定运转到完全停止运动的过程。此时要去掉驱动力，故驱动力的功 $W_d=0$。驱动功小于阻力功，机械所具有的动能减小，系统速度不断下降，直至速度为零。为了缩短停车时间及安全起见，机械上都安装有制动装置，加速消耗机械的动能。该阶段的功能关系为

$$-W_r=\Delta E<0 \tag{7-3}$$

机械的起动阶段和停车阶段称为过渡阶段。多数机械是在稳定运转阶段工作的，但是也有一些机械是在过渡阶段工作的，如挖掘机、起重机等。

7.1.2 机械系统的等效动力学模型

为了得到机械系统在外力作用下的真实运动规律，必须首先建立描述系统运动规律的参数随作用在机械上的外力变化的关系式，这种关系式称为机械系统的运动方程式。机械是由多构件组成的复杂系统，其运动方程式很复杂，求解烦琐。但机械中绝大多数系统只有一个自由度，对于有一个自由度的机械系统，只要知道其中一个构件的运动规律，通过机构运动尺寸就可以得到其他构件的运动规律。所以，可以将整个机械的运动问题转化为某个构件的运动问题来研究。

无论多么复杂的单自由度机构都可以通过高副低代、杆组拆分去除自由度为零的杆组，剩下一个原动件（转动或移动）和机架，我们把作用在机构上的所有外力和外力矩简化到该构件上，把所有构件的质量和转动惯量也简化到该构件上，此构件称为等效构件。简化到等效构件上的力或力矩称为等效力或等效力矩，简化到等效构件上的质量或转动惯量称为等效质量或等效转动惯量。具有等效质量或等效转动惯量的等效构件在等效力或等效力矩作用下的运动，与在真实外力和力矩作用下的原机构系统中该构件的真实运动一致，所以研究等效构件的运动大大简化了对整个机构的研究。

为了保证机械系统转化前后的动力学效果保持不变，机械系统向等效构件进行等效转化的原则如下。

(1) 等效构件的质量或转动惯量所具有的动能，应等于整个系统的总动能。

(2) 等效构件上的等效力或等效力矩所做的功或所产生的功率，应等于整个机械系统的所有外力和外力矩所做的功或所产生的功率之和。

由于等效力、等效力矩、等效质量、等效转动惯量的求解较复杂，这里就不具体求解了，但需要强调以下几点，便于今后大家自学。

(1) 等效构件的运动一般情况下为定轴转动或直线运动。在求解运动方程时，若等效构件的运动为定轴转动，求解等效力矩和等效转动惯量；若等效构件的运动为直线移动，求解等效力和等效质量。

(2) 等效力或等效力矩是一个假想的力或力矩，并不是被代替的已知力和力矩的合力或合力矩。

(3) 等效质量或等效转动惯量是一个假想的质量或转动惯量，并不是机构中所有运动构件的质量或转动惯量的总和。所以，在力的分析中不能用其确定机构总惯性力或惯性力偶矩。

(4) 等效力或等效力矩、等效质量或等效转动惯量，只与角速度、速度的相对值有

关。因此，在一般情况下，即使机械系统的真实运动未知，也可求出等效力或等效力矩、等效质量或等效转动惯量。

7.2 机械运转速度的波动及其调节

机械运转的速度波动分为两类：周期性速度波动和非周期性速度波动。

7.2.1 周期性速度波动及其调节

1. 周期性速度波动产生的原因

单自由度机械系统在稳定运转过程中，当外力周期性变化时，机械动能的增减也周期性变化，等效构件的角速度也随之周期性变化（图 7.2 中虚线所示），这种有规律的、周期性的速度变化称为周期性速度波动。

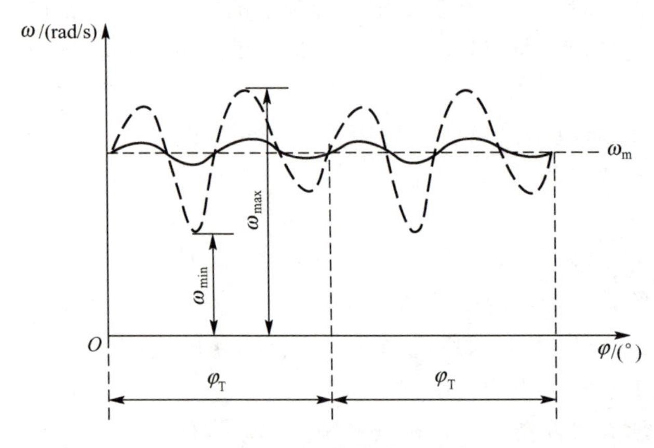

图 7.2 周期性速度波动

如图 7.2 所示，等效构件的角速度 ω 在一个周期 φ_T 之后又回到初始状态，一个运动周期内的动能没有增减。也就是说，在一个整周期中，驱动功与阻力功是相等的，这是周期性速度波动的重要特征。但在一个周期的某段时间内，由于驱动功与阻力功不相等，即存在盈功或亏功，使动能增加或减少，因此等效构件的角速度做周期性波动。

作用在机械上的驱动力矩和阻抗力矩在稳定运转状态下往往是原动件转角 φ 的周期性函数。其等效驱动力矩 M_d 与等效阻抗力矩 M_r 必然也是等效构件转角 φ 的周期性函数。

图 7.3（a）为某机械在稳定运转过程中，其等效构件在一个周期 φ_T 内所受等效驱动力矩 M_d 与等效阻抗力矩 M_r 的变化曲线。在等效构件转过角 φ 时（起始位置为 a 点），其等效驱动力矩与等效阻抗力矩所做功之差为

$$\Delta W = \int_{\varphi_a}^{\varphi} (M_d - M_r) d\varphi \tag{7-4}$$

ΔW 为正值时出现盈功，为负值时出现亏功。由图 7.3（a）可以看出，在 bc 段和 de 段，由于 $M_d > M_r$，因而驱动功大于阻抗功（为盈功），多余的功在图中以“+”标识；在 ab 段、cd 段和 ea' 段，由于 $M_d < M_r$，因而驱动功小于阻抗功（为亏功），不足的功以“−”标识。图 7.3（b）所示为机械动能增量随转角变化的曲线。在亏功区，等效构件的角速度由于机械动能的减少而下降；在盈功区，等效构件的角速度由于机械动能的增加而上升。如果在一个周期内，驱动力矩与阻抗力矩所做的功相等，则机械动能增量为零，即

$$\int_{\varphi_a}^{\varphi_{a'}} (M_d - M_r) d\varphi = \Delta E = \frac{1}{2} J (\omega_{a'}^2 - \omega_a^2) = 0 \tag{7-5}$$

式中 J——一个周期的等效构件的转动惯量（$\mathrm{kg \cdot m^2}$）；

ω_a、$\omega_{a'}$——一个周期的始、末等效构件的角速度（rad/s）。

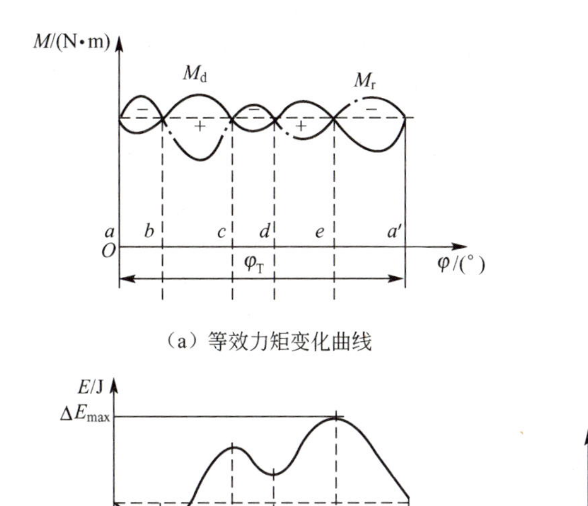

（a）等效力矩变化曲线

（b）动能变化曲线

（c）能量指示图

图 7.3 周期性速度波动产生的原因

经过一个周期，机械的动能又恢复到原来的值，因而等效构件的角速度也将恢复到原来值，等效构件角速度呈周期性波动。

2. 周期性速度波动的衡量指标

（1）平均角速度 ω_m。如果一个周期内角速度的变化如图 7.2 所示，即等效构件的角速度是绕某个角速度变化的，则该角速度为平均角速度 ω_m。在周期 φ_T 内的平均角速度 ω_m 可用式（7－6）计算

$$\omega_m = \frac{\int_0^{\varphi_T} \omega \mathrm{d}\varphi}{\varphi_T} \tag{7-6}$$

在工程实际中，为了简化计算，常用角速度的算术平均值来近似计算，即平均角速度 ω_m 为

$$\omega_m = \frac{\omega_{max} + \omega_{min}}{2} \tag{7-7}$$

式中 ω_{max}、ω_{min}——一个周期内等效构件的最大角速度和最小角速度（rad/s）。

（2）机械运转速度不均匀系数 δ。由图 7.2 可见，速度变化幅度（$\omega_{max} - \omega_{min}$）仅仅反映机械运转中相对其平均角速度的波动程度，不能仅用该值来表示机械速度波动的程度，因为在（$\omega_{max} - \omega_{min}$）一定的情况下，低速机械的速度波动显得严重些，而高速机械的速度波动就轻些。因此，需要综合考虑（$\omega_{max} - \omega_{min}$）与 ω_m 的因素，一般采用速度波动幅度与平均角速度的比值来衡量机器运转的不均匀程度。这个比值称为机械运转的速度不均匀系数 δ，即

$$\delta=\frac{\omega_{max}-\omega_{min}}{\omega_m} \tag{7-8}$$

由式（7-8）可知，当ω_m一定时，δ越小，则ω_{max}与ω_{min}之差越小，表示机械运转越均匀，运转的平稳性越好。不同机械的运转平稳性的要求不同，也就有不同的许用速度不均匀系数［δ］。表7.1列出了常用机械的许用速度不均匀系数［δ］。

表7.1　常用机械的许用速度不均匀系数［δ］

机械名称	［δ］	机械名称	［δ］
破碎机	0.05～0.20	汽车、拖拉机	0.016～0.05
冲床、剪床	0.05～0.15	金属切削机床	0.02～0.03
轧钢机	0.04～0.10	纺纱机	0.01～0.016
压缩机、水泵	0.03～0.05	直流发电机	0.005～0.01
减速器	0.015～0.020	交流发电机	0.003～0.005

若已知机械的ω_m和δ值，可由式（7-7）、式（7-8）求得等效构件的最大角速度ω_{max}和最小角速度ω_{min}，即

$$\omega_{max}=\omega_m\left(1+\frac{\delta}{2}\right) \tag{7-9}$$

$$\omega_{min}=\omega_m\left(1-\frac{\delta}{2}\right) \tag{7-10}$$

$$\omega_{max}^2-\omega_{min}^2=2\delta\omega_m^2 \tag{7-11}$$

3. 周期性速度波动的调节原理

调节周期性速度波动的常用方法是在机械中加入一个转动惯量很大的飞轮。实际上回转件飞轮在机械中相当于一个能量储存器。盈功时飞轮的动能增大，储存多余的能量，使机械速度上升的幅度减小；亏功时飞轮的动能减小，释放储存的能量，使机械速度下降的幅度减小。这样可以使机械的速度不致于波动太大。显然，当动能变化数值相等时，飞轮的转动惯量越大，角速度的波动越小。如图7.2所示，虚线所示为没有安装飞轮的速度变化，实线所示为安装飞轮后的速度波动。

为了调节速度波动，在模块三图中的曲柄压力机中设置了飞轮（机器中的大齿轮作为飞轮）。在压力机的空行程，靠飞轮的自身转动惯量积蓄动能；在冲压工件瞬间受力最大时，电动机的驱动功率小于载荷，转速降低，飞轮释放出积蓄的动能进行补偿，调节电动机的机械载荷，使其载荷均衡，减小电动机的额定功率，提高能源利用效率，减少振动。

飞轮设计的核心问题是确定飞轮的转动惯量。由图7.3可知，该机械系统在b点处具有最小动能增量ΔE_{min}，对应最大亏功ΔW_{min}，其值等于图7.3（a）中ab段两条曲线包围的面积；而在e点，机械具有最大动能增量ΔE_{max}，对应最大的盈功ΔW_{max}，其值等于图7.3（a）中ea'段两条曲线包围的面积。两者之差称为最大盈亏功，用［W］表示。对于图7.3所示的系统，有

$$[W]=\Delta W_{max}-\Delta W_{min}=\int_{\varphi_b}^{\varphi_e}(M_d-M_r)\mathrm{d}\varphi \tag{7-12}$$

如果假设机械系统的等效转动惯量J为常数；安装飞轮的转动惯量为J_F；机械系统

的最小动能增量 ΔE_{min} 处有最小角速度 ω_{min}，最大动能增量 ΔE_{max} 处有最大角速度 ω_{max}，则根据动能定理有

$$[W]=\Delta E_{max}-\Delta E_{min}=\frac{1}{2}(J+J_F)(\omega_{max}^2-\omega_{min}^2)=(J+J_F)\omega_m^2\delta \quad (7-13)$$

由此可得机械系统在安装飞轮后，速度不均匀系数表达式为

$$\delta=\frac{[W]}{(J+J_F)\omega_m^2} \quad (7-14)$$

为了使所设计的机械系统在运转过程中速度波动在允许范围内，设计时应保证 $\delta\leqslant[\delta]$，即

$$\delta=\frac{[W]}{(J+J_F)\omega_m^2}\leqslant[\delta] \quad (7-15)$$

由此可得飞轮的转动惯量为

$$J_F\geqslant\frac{[W]}{\omega_m^2[\delta]}-J \quad (7-16)$$

若 $J\ll J_F$，则 J 通常可忽略不计，式（7-16）可近似写为

$$J_F\geqslant\frac{[W]}{\omega_m^2[\delta]} \quad (7-17)$$

若用平均转速 n（r/min）取代式（7-17）中的平均角速度 ω_m，则有

$$J_F\geqslant\frac{900[W]}{\pi^2 n^2[\delta]} \quad (7-18)$$

由式（7-17）和式（7-18）分析可知以下内容。

（1）当 $[W]$ 与 ω_m 一定时，飞轮转动惯量 J_F 与机械运转速度不均匀系数 $[\delta]$ 之间成反比，关系曲线为等边双曲线，如图7.4所示。增大 J_F 可以减小机械的速度波动，但当 $[\delta]$ 值很小时，进一步减小 $[\delta]$ 值需要大幅度地增大 J_F，会使飞轮过于庞大、笨重，增加成本。

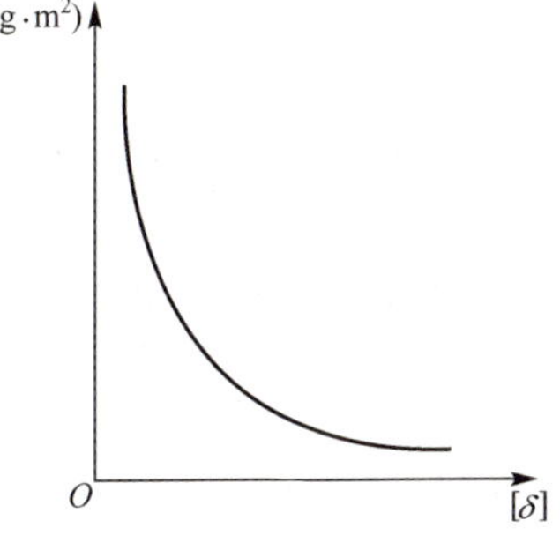

图7.4　J_F-δ 变化曲线

（2）当 J_F 与 ω_m 一定时，$[W]$ 与 $[\delta]$ 成正比，表明机械只要有盈亏功，无论飞轮有多大，δ 都不等于零，最大盈亏功越大，机械的运转速度越不均匀。所以机械的速度波动只能调节，不能消除。

（3）当 $[W]$ 与 $[\delta]$ 值一定时，J_F 与 ω_m^2 成反比，即轴的平均角速度越高，所需安装的飞轮转动惯量越小，所以飞轮应该安装在机械的高速轴上。一般机械的主轴刚性较好，所以多数飞轮安装在机器主轴上。

此外，由于飞轮能利用储蓄的动能克服短时过载，因此在确定原动机额定功率时只需考虑它的平均功率，而不必考虑高峰负荷所需的瞬时最大功率。由此可知，安装飞轮不仅可避免机械运转速度发生过大的波动，而且可以选择功率较小的原动机。

4. 最大盈亏功 $[W]$ 的确定

为了计算飞轮的转动惯量 J_F，需先确定最大盈亏功 $[W]$。对于一些比较简单的情况，机械最大动能和最小动能出现的位置可直接由图中看出；对于复杂情况，则可借助于能量

指示图来确定。现以图 7.3（c）所示的能量指示图为例来确定［W］。

能量指示图的做法：任选一条水平基线代表运动循环开始时机械的动能，取任意一点 a 为起点，按一定比例作矢量线段 ab、bc、cd、de、ea'，依次表示相应位置 M_d 与 M_r 之间所包围的面积（力矩所做功的代数和）的大小和正负。盈功为正，箭头向上；亏功为负，箭头向下，各段矢量首尾相连，构成封闭矢量图。由于在一个循环的起始位置与终止位置处动能相等，所以能量指示图的首尾应在同一水平线上，即形成封闭的阶梯形折线。在图中可以明显看出 b 点处动能最小，e 点处动能最大，而折线最高点和最低点的距离就代表了最大盈亏功［W］的值。

［例 7-1］ 某机械作用在主轴上的阻力矩 M_r 在一个工作循环中的变化规律如图 7.5（a）所示。已知主轴驱动力矩 M_d 为常数，主轴平均角速度 $\omega_m=90\text{rad/s}$，机械运转速度不均匀系数 $\delta=0.06$，若忽略飞轮以外各构件质量及转动惯量。试求：①驱动力矩 M_d；②最大盈亏功［W］；③安装在主轴上的飞轮转动惯量 J_F。

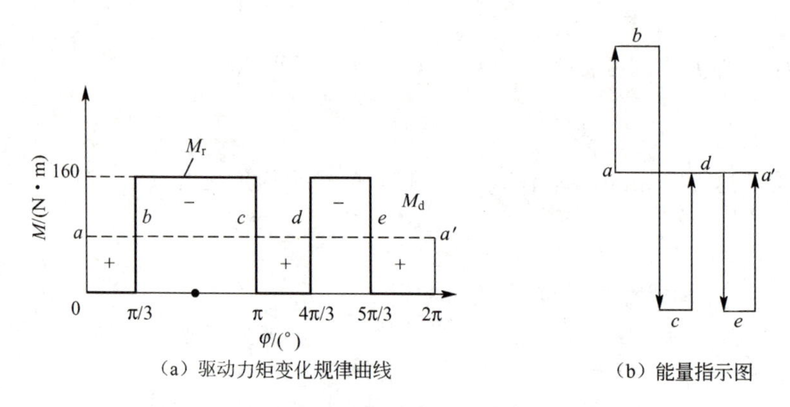

（a）驱动力矩变化规律曲线　　（b）能量指示图

图 7.5　飞轮转动惯量的确定

解：（1）确定驱动力矩 M_d。

因为主轴驱动力矩为常数，所以驱动力矩的变化规律曲线为一水平直线。在一个周期中，驱动力矩所做的功与阻力矩所做的功应相等，则

$$2\pi M_d=\frac{2\pi}{3}\times160+\frac{\pi}{3}\times160$$

得 $M_d=80\text{N}\cdot\text{m}$。驱动力矩变化规律曲线如图 7.5（a）中虚线所示。

（2）画能量指示图，确定最大盈亏功［W］。

先求各区间 M_d 曲线与 M_r 曲线所围成的面积，即各区间的盈亏功。

$$W_{ab}=80\times\frac{\pi}{3}\ (\text{N}\cdot\text{m})\ =\frac{80\pi}{3}\ (\text{N}\cdot\text{m})$$

$$W_{bc}=\ (80-160)\ \times\left(\pi-\frac{\pi}{3}\right)\ (\text{N}\cdot\text{m})\ =-\frac{160\pi}{3}\ (\text{N}\cdot\text{m})$$

$$W_{cd}=80\times\left(\frac{4\pi}{3}-\pi\right)\ (\text{N}\cdot\text{m})\ =\frac{80\pi}{3}\ (\text{N}\cdot\text{m})$$

$$W_{de}=\ (80-160)\ \times\left(\frac{5\pi}{3}-\frac{4\pi}{3}\right)\ (\text{N}\cdot\text{m})\ =-\frac{80\pi}{3}\ (\text{N}\cdot\text{m})$$

$$W_{ea'}=80\times\left(2\pi-\frac{5\pi}{3}\right)\ (\text{N}\cdot\text{m})\ =\frac{80\pi}{3}\ (\text{N}\cdot\text{m})$$

根据上述结果绘出能量指示图，如图 7.5（b）所示。由图可知，b 点最高，c 点或 e 点最低，则最大盈亏功

$$[W]=|W_{bc}|=\frac{160\pi}{3}\ (\mathrm{N\cdot m})\approx 167.5\mathrm{N\cdot m}$$

(3) 求飞轮转动惯量。

由式（7－17）得飞轮的转动惯量为

$$J_F=\frac{[W]}{\omega_m^2\ [\delta]}=\frac{167.5}{90^2\times 0.06}\ (\mathrm{kg\cdot m^2})\approx 0.34\mathrm{kg\cdot m^2}$$

7.2.2 非周期性速度波动及其调节

在机械运转过程中，如果等效力矩的变化是非周期性的，则机械运转的速度将出现非周期性的波动，从而破坏机械的稳定运转状态。如果驱动功在很长一段时间内总是大于阻抗功，则机械运转速度将不断升高，直至超越机械强度所允许的极限转速而导致机械损坏；反之，如果驱动功总是小于阻抗功，则机械运转速度将不断下降，直至停车。汽轮发电机组在供汽量不变而用电量突然增减时就会出现这种情况。这种速度波动是随机的、不规则的，没有一定的周期，因此称为非周期性速度波动（图 7.6）。

由于非周期性速度波动是无一定周期的，因此不能用飞轮来调节速度波动，只能采用特殊的装置使驱动功与阻抗功趋于平衡，以重新达到稳定运转。这种特殊装置称为调速器。调速器是一种自动调节装置，种类很多，常用的有机械式调速器和电子式调速器。

图 7.7 所示为机械式离心调速器的工作原理。原动机 2 的输入功与供油量成正比。当工作负荷突然减小时，原动机 2 和工作机 1 的主轴转速升高，由锥齿轮驱动的调速器主轴的转速也随之升高，重球因离心力增大而飞向上方，带动圆筒 N 上升，并通过套环和连杆将节流阀关小，使汽油输入量减少；反之，若负荷突然增大，原动机及调速器主轴转速下降，飞球下落，节流阀开大，促使供油量增加。用这种方法使驱动功和负荷消耗的功（包括摩擦损失）自动趋于平衡，从而保持速度稳定。

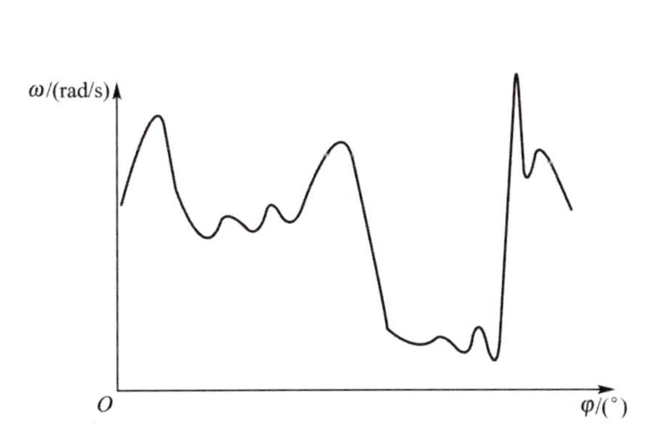

图 7.6 非周期性速度波动

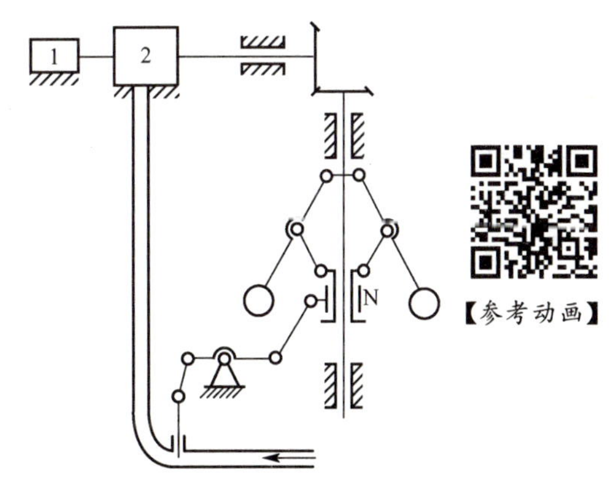

1—工作机；2—原动机

图 7.7 机械式离心调速器的工作原理

机械式离心调速器结构简单、成本低廉，但体积庞大、灵敏度低，近代机器多采用电子式调速器实现自动控制。

7.3　飞轮主要尺寸的确定

求出飞轮的转动惯量之后，还要确定飞轮的直径、宽度、轮缘厚度等有关尺寸。飞轮按形状不同分为轮形和盘形两种，工程中常用轮形飞轮，如图7.8所示。轮形飞轮由轮缘1、轮辐2和轮毂3三部分组成。与轮缘相比，轮辐及轮毂的转动惯量较小，故常略去不计，即假定轮缘的转动惯量就是整个飞轮的转动惯量。假设飞轮质量 m 集中于轮缘处，轮缘的平均直径为 D_m，则

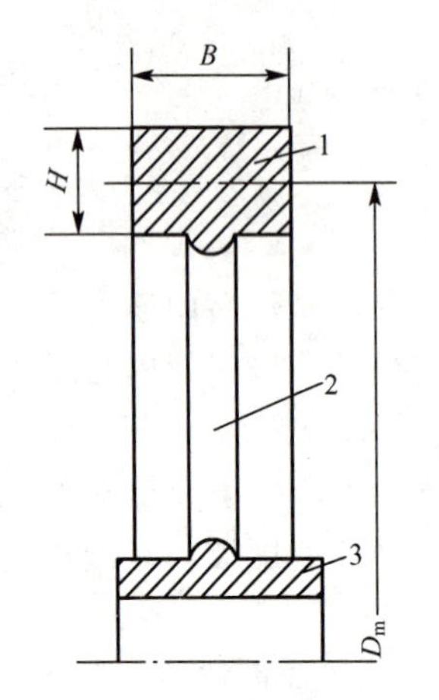

1—轮缘；2—轮辐；3—轮毂

图7.8　轮形飞轮的结构

$$J_F=m\left(\frac{D_m}{2}\right)^2=\frac{mD_m^2}{4} \tag{7-19}$$

轮缘的平均直径 D_m 根据机器的结构和空间位置选定之后，便可求出飞轮质量 m。设轮缘断面为矩形，它的体积、厚度、宽度分别为 V（m^3）、H（m）、B（m），材料的密度为 ρ（kg/m^3），则飞轮的质量为

$$m=V\rho=\pi D_m HB\rho \tag{7-20}$$

选定飞轮的材料和比值 H/B 之后，便可以求出轮缘的截面尺寸。

对于外径为 D 的实心圆盘形飞轮，由理论力学知

$$J_F=\frac{1}{2}m\left(\frac{D}{2}\right)^2=\frac{mD^2}{8} \tag{7-21}$$

选定圆盘直径 D，便可求出飞轮的质量 m。又因

$$m=V\rho=\frac{\pi D^2}{4}B\rho \tag{7-22}$$

选定材料之后，便可求出飞轮的宽度 B。

飞轮的转速越高，其轮缘材质产生的离心力越大，当轮缘材料所受离心力超过其材料的强度极限时，轮缘便会爆裂。为了安全，在选择平均直径 D_m 和外圆直径 D 时，应使飞轮外圆的圆周速度不大于表7.2中的安全值。

表7.2　飞轮的圆周速度安全值

飞轮材料	圆周速度安全值/（m/s）
铸铁	36
铸钢	50

飞轮不一定是外加的专门构件。实际机械中往往用增大带轮（或齿轮）的尺寸和质量的方法，使带轮兼有飞轮的作用。

习　题

7-1　填空题

(1) 机器产生速度波动的主要原因是______________。速度波动的类型有__________和__________两种。前者采用的调速方法是______________，后者一般采用的调速方法是______________。

(2) 在机器中加入飞轮的作用是______________。

(3) 在电动机驱动的冲床上加入飞轮之后，选用的电动机功率比原先的__________。

(4) 在以转动件为等效构件建立机械系统的等效动力学模型时，其主要工作是计算等效__________和等效__________。

(5) 在以移动件为等效构件建立机械系统的等效动力学模型时，其主要工作是计算等效__________和等效__________。

(6) 飞轮应优先装在被调速系统的__________上。

(7) 当机械系统中的驱动功与阻抗功不等时将出现__________功，若驱动功大于阻抗功，称为__________功。

7-2　选择题

(1) 对于存在周期性速度波动的机器，安装飞轮主要是为了在____阶段调节速度波动。

A. 起动　　B. 停车　　C. 稳定运转

(2) 对于单自由度的机构系统，假设用一个移动构件等效时，其等效质量按等效前后____相等的条件进行计算。

A. 动能　　B. 瞬时功率　　C. 转动惯量

(3) 在机械系统的起动阶段，系统的动能增大，并且____。

A. 驱动功大于总消耗功　　B. 驱动功小于总消耗功

C. 驱动功等于总消耗功

(4) 在机械系统中安装飞轮后可使其周期性速度波动____。

A. 消除　　B. 减小　　C. 不变

(5) 若不考虑其他因素，单从减小飞轮的质量上看，飞轮应安装在____。

A. 高速轴上　　B. 低速轴上　　C. 任意轴上

(6) 在机械系统速度波动的一个周期的某个时间间隔内，当系统出现____时，系统的运动速度____，此时飞轮将____能量。

A. 盈功、减小、释放　　B. 盈功、增大、储存

C. 亏功、增大、释放　　D. 亏功、减小、储存

7-3　思考题

(1) 一般机器在运转过程中有哪几个阶段？各阶段机械系统的动能和角速度如何变化？

(2) 试述机械运转的周期性速度波动的原因及调节方法。

(3) 什么是机械运转的非周期性速度波动？其产生的原因及调节方法分别是什么？

(4) 为什么用速度不均匀系数δ来反映速度波动程度，而不用速度变化幅度($\omega_{max}-\omega_{min}$)？

（5）如何确定飞轮的主要尺寸？

7－4　分析计算题

（1）在电动机驱动的剪床机械系统中，已知电动机的转速为1500r/min，折算到电动机轴上的等效阻抗力矩M_r如图7.9所示，其循环周期为20π。设驱动力矩为常数，机械系统中各构件的转动惯量忽略不计。试求：①驱动力矩M_d；②作能量指示图，求最大盈亏功［W］；③要求系统运转的速度不均匀系数$\delta \leqslant 0.05$，求安装在电动机轴上的飞轮转动惯量J_F；④$\delta \leqslant 0.05$时，系统的最大角速度ω_{max}和最小角速度ω_{min}。

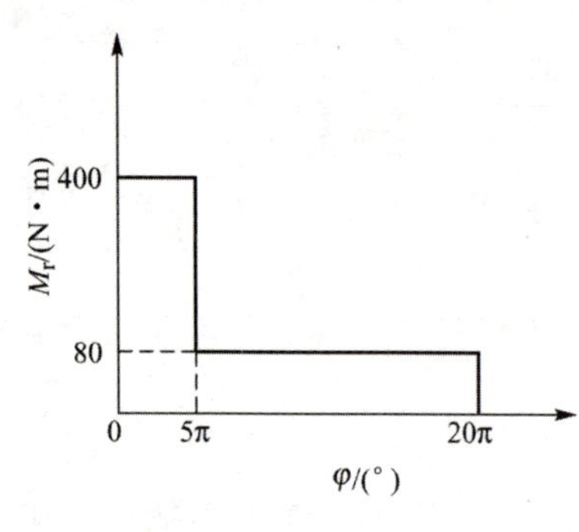

图7.9　题7－4（1）图

（2）某机器稳定运转，其中一个运动循环中等效阻抗力矩M_r与等效驱动力矩M_d的变化曲线如图7.10所示，等效阻抗力矩M_r的最大值为200N·m，等效转动惯量$J=0.14\text{kg}\cdot\text{m}^2$，在循环运转开始时，等效构件的平均角速度$\omega_m=20\text{rad/s}$。试计算：①等效驱动力矩$M_d$；②最大盈亏功［W］；③若运转速度不均匀系数$\delta=0.125$，则应在等效构件上加多大转动惯量的飞轮？

（3）某机械系统以其主轴为等效构件，已知主轴稳定运转一个周期内（4π）的等效阻抗力矩的变化情况如图7.11所示，等效驱动力矩为常数，主轴的平均角速度和许用的速度不均匀系数已给定。试确定：①等效驱动力矩的大小；②出现最大角速度和最小角速度时对应的主轴转角；③采取什么方法来调节该速度波动并简述调速原理。

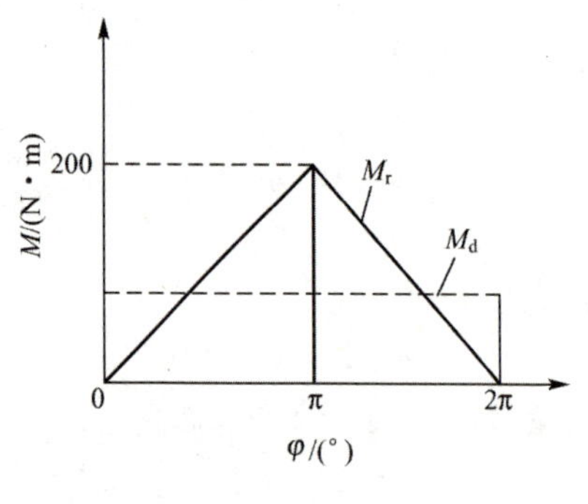

图7.10　题7－4（2）图

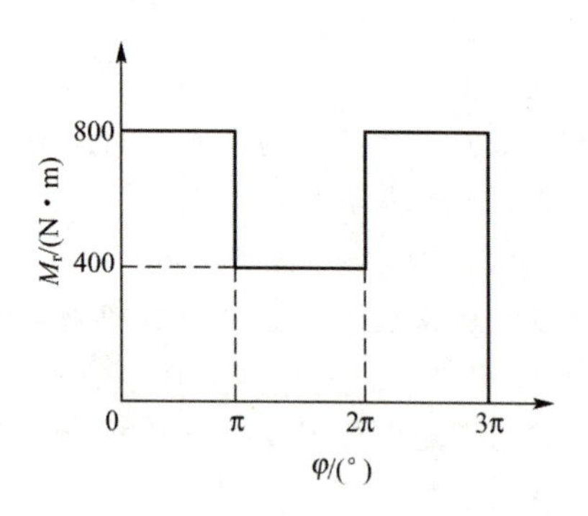

图7.11　题7－4（3）图

提示：本章其他设计习题见模块三实训项目任务书。

第8章 回转件的平衡

教学提纲

本章主要介绍回转件平衡的目的；回转件静平衡、动平衡的平衡原理和平衡方法（计算法和实验法）。

教学目标

1. 了解回转件平衡的目的。
2. 掌握回转件静平衡和动平衡的平衡原理和计算方法。
3. 了解回转件平衡的实验法。

8.1 回转件平衡的目的和分类

机械中有许多构件是绕固定轴线回转的，这种做回转运动的构件称为回转件（或转子），如齿轮、带轮、轴等。回转运动是机械中一种常见的运动形式。机械在运转时，除了主轴通过质心且做等角速度运动的回转构件外，所有其他构件都将产生惯性力。这是回转件结构不对称或质量分布不均匀，以及产生制造和安装误差等原因，使回转件的质心偏离其回转轴线，当回转件转动时，其偏心质量会产生离心惯性力。当机器运转时，构件产生的离心惯性力将在运动副中引起附加的动压力。这种附加的动压力不仅使轴承载荷增加、磨损加剧、效率降低，而且使构件承载能力下降、寿命缩短。同时，这种离心惯性力的方向是周期性变化的，这种周期性的载荷使机械的工作精度和可靠性下降并造成零件的疲劳损坏和环境噪声污染，从而引起机架及机架基础的受迫振动。

随着机械速度和精度要求的提高，机械的平衡问题已经成为现代机械设计中的重要课题之一。

由力学分析可知，离心惯性力与其速度的平方成正比。所以在高速回转的机构中，由这种离心惯性力引起的危害就更加严重。为了减轻或消除惯性力带来的不良影响，必须设法减小或消除离心惯性力，以改善机械工作性能和延长使用寿命。这就是机械平衡的目的。

构件的运动形式不同，所产生的惯性力的平衡方法也不同。对于绕固定轴转动的回转件，只需重新分布其质量，就其本身加以平衡；对于做往复移动或平面运动的构件，必须就所在机构的整个机构进行平衡。所以，机械的平衡问题分为回转件的平衡和机构的平衡两类。本章只研究回转件的平衡。

1. 刚性回转件的平衡

当回转件的工作转速较低、刚性较好时，运转过程中产生的弹性变形很小，这种工作状态下的回转件称为刚性回转件，如机床的主轴、齿轮、带轮等。对于刚性回转件，可以不考虑其弹性变形，其惯性力的平衡用理论力学中的力系平衡原理解决。

2. 挠性回转件的平衡

在机械中，工作转速很高、质量和跨度很大、径向尺寸较小、运转过程中在离心惯性力作用下产生明显变形的回转件称为挠性回转件，如航空发动机、汽轮机、发电机等设备中的大型高速回转件，其质量和跨度都很大，而且由于径向尺寸受到限制，转子日趋细长化，而工作转速又往往很高，运转时产生的弹性变形很大。挠性回转件的平衡问题比较复杂，本章主要介绍刚性回转件的平衡原理和计算方法。

回转件结构不对称，存在制造误差、安装误差或材质不均匀等，都会导致其质心不在回转轴上而不平衡。因此，在设计时就需要依据结构和质量分布等情况进行回转件的平衡计算，使回转件工作时的惯性力在理论上达到平衡。对于由制造及安装误差、材料不均等因素导致的不平衡，必要时可用实验方法解决。

不平衡惯性力并非完全是有害的，有些机械正是利用构件的不平衡惯性力进行工作的，如砸夯机、按摩器、振动打桩机、振实机等。

8.2 回转件的平衡计算

刚性回转件的平衡问题分为静平衡和动平衡两种。

8.2.1 刚性回转件的静平衡

1. 静平衡定义

如图 8.1 所示，对于轴向尺寸 L 比径向尺寸 d 小得多的回转件（$L/d<0.2$），如齿轮、带轮、链轮、叶轮、螺旋桨、盘状凸轮、飞轮等，其质量可近似地看作分布于同一垂直于轴线的平面内。如果质心不在其回转轴线上，表示存在偏心质量，那么当回转件回转时将产生离心惯性力，从而在转动副中引起附加动压力，造成不同程度的周期性振动。这种回转件的不平衡现象在静止时就能表现出来，所以把实现这种平衡的措施称为刚性回转件的静平衡。

2. 静平衡计算

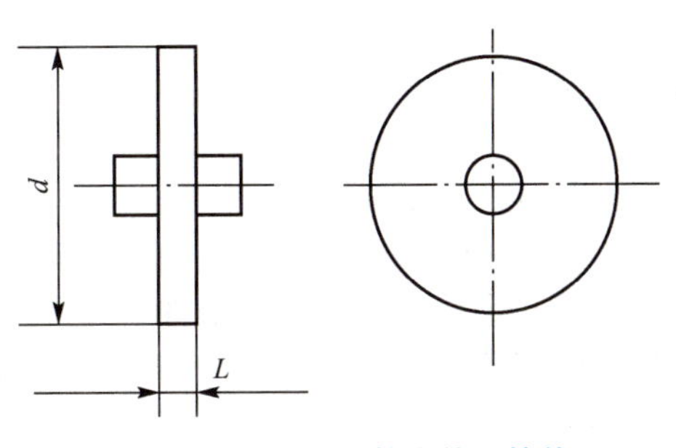

图 8.1 轴向尺寸较小的回转件

如图 8.2（a）所示，某静不平衡回转件上有偏心质量 m_1、m_2 和 m_3，位于同一回转平面内，它们的回转半径矢量分别为 $\boldsymbol{r}_1$、$\boldsymbol{r}_2$ 和 $\boldsymbol{r}_3$。当回转件以角速度 ω 等速回转时，各偏心质量所产生的离心惯性力分别为

$$\left.\begin{aligned}\boldsymbol{F}_1&=m_1\omega^2\boldsymbol{r}_1\\\boldsymbol{F}_2&=m_2\omega^2\boldsymbol{r}_2\\\boldsymbol{F}_3&=m_3\omega^2\boldsymbol{r}_3\end{aligned}\right\}$$

则 $\boldsymbol{F}_1$、$\boldsymbol{F}_2$、$\boldsymbol{F}_3$ 为平面汇交力系，其合力 $\sum_{i=1}^{3}\boldsymbol{F}_i\neq 0$，则回转件不平衡。由于这种回转件的质量分布在同一平面内，因此不会形成惯性力偶矩。所以，为平衡这些惯性力，可在回转件回转平面上向径 r_b 处加平衡质量 m_b，使其产生的离心惯性力 $\boldsymbol{F}_b$ 满足

$$\sum\boldsymbol{F}=\boldsymbol{F}_b+\sum_{i=1}^{3}\boldsymbol{F}_i=0 \tag{8-1}$$

则达到静平衡。式（8－1）也可展开写为

$$m_b\omega^2\boldsymbol{r}_b+m_1\omega^2\boldsymbol{r}_1+m_2\omega^2\boldsymbol{r}_2+m_3\omega^2\boldsymbol{r}_3=0 \tag{8-2}$$

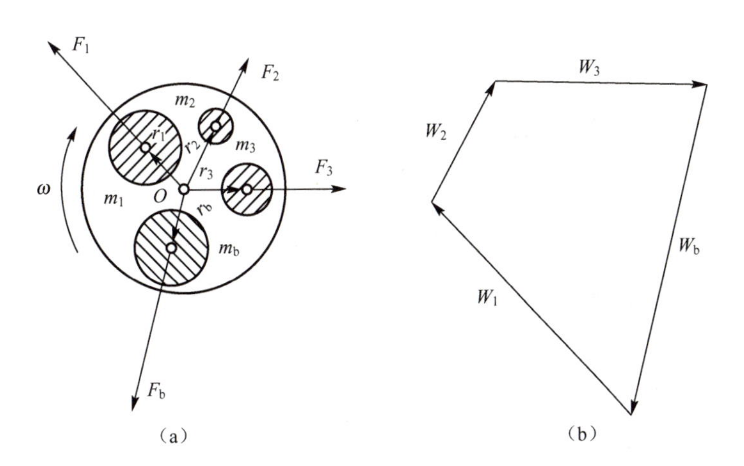

图 8.2 刚性回转件的静平衡计算

由于同一回转件的角速度相同，式（8－2）可简化为

$$m_b\boldsymbol{r}_b+m_1\boldsymbol{r}_1+m_2\boldsymbol{r}_2+m_3\boldsymbol{r}_3=0 \tag{8-3}$$

式中 $m_i\boldsymbol{r}_i$——质径积（kg·mm），是矢量。

所以，回转件静平衡的条件是分布在该回转件回转平面内的各个质量的质径积的矢量和等于零，即回转件的质心与回转轴线重合。其表达式为

$$m_b\boldsymbol{r}_b+\sum m_i\boldsymbol{r}_i=0 \tag{8-4}$$

平衡质量 m_b 的质径积 $m_b\boldsymbol{r}_b$ 的大小和方向可用矢量多边形法求得。如图 8.2（b）所示，根据已知的质径积 $m_i\boldsymbol{r}_i$ 取质径积比例尺 $\mu_W=m_ir_i/W_i$（kg·mm/mm），按矢径 $\boldsymbol{r}_1$、$\boldsymbol{r}_2$ 和 $\boldsymbol{r}_3$ 的

方向连续作矢量 $\boldsymbol{W}_1$、$\boldsymbol{W}_2$、$\boldsymbol{W}_3$，分别代表质径积 $m_1\boldsymbol{r}_1$、$m_2\boldsymbol{r}_2$、$m_3\boldsymbol{r}_3$。封闭矢量 $\boldsymbol{W}_b$ 表示平衡质量的质径积 $m_b\boldsymbol{r}_b$，因此可得

$$m_b r_b = \mu_w W_b$$

其方向与 $\boldsymbol{W}_b$ 指向相同。在根据回转件结构选定 r_b 后即可确定平衡质量 m_b 的值。再在回转件回转平面内作出向径 r_b 与 $\boldsymbol{W}_b$ 平行，以确定 m_b 的位置。

也可根据回转件的结构条件在应加平衡质量的相反方向 r'_b 处去掉一部分质量 m'_b 来使回转件得到平衡，并保证 $m_b r_b = m'_b r'_b$ 即可。

综上所述，对于一个静不平衡的回转件，无论其具有多少个偏心质量，只需在同一平面内增加（或去掉）一个平衡质量，并使 $m_b\boldsymbol{r}_b + \sum m_i\boldsymbol{r}_i = 0$，即可处于静平衡状态，即回转件处于任意位置均可静止不动。

[例 8-1] 如图 8.3（a）所示，圆盘上有两个圆孔，$d_1 = 40\text{mm}$，$d_2 = 50\text{mm}$，$r_1 = 100\text{mm}$，$r_2 = 140\text{mm}$，$\alpha = 120°$，$D = 400\text{mm}$，$L = 20\text{mm}$。拟在圆盘上再制一个圆孔，使之达到静平衡，要求该孔的向径 $r_b = 150\text{mm}$。试求该孔的直径及方位角。

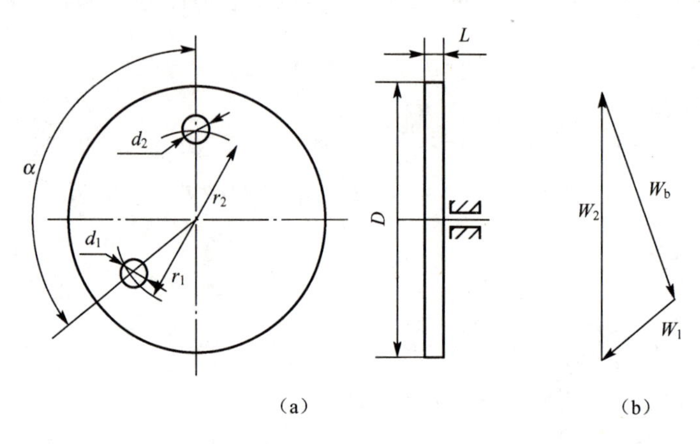

图 8.3 回转件的静平衡计算

解：认为圆盘是均质的，设圆盘的密度为 ρ，每个孔的质径积为

$$m_i r_i = \rho V_i r_i = \rho \frac{\pi d_i^2}{4} L r_i$$

由于 $\rho \frac{\pi}{4} L$ 都是一致的，因此只计算 $d_i^2 r_i$ 即可。

$$d_1^2 r_1 = 40^2 \times 100\text{mm}^3 = 16 \times 10^4\text{mm}^3$$

$$d_2^2 r_2 = 50^2 \times 140\text{mm}^3 = 35 \times 10^4\text{mm}^3$$

(1) 用图解法求解。

确定比例尺 $\mu_W = \dfrac{d_i^2 r_i}{W_i} = 10^4$（$\text{mm}^3/\text{mm}$），画 $\boldsymbol{W}_i$ 的矢量三角形[图 8.3（b）]，从图中量取 $W_b = 28\text{mm}$，所以

$$d_b^2 r_b = \mu_W W_b = 28 \times 10^4\text{mm}^3$$

计算得 $d_b \approx 43.2\text{mm}$，与 x 轴正向夹角约为 297°。

(2) 用解析法求解。

$$(d_b^2 r_b)_x = d_1^2 r_1 \cos 30° = 138564.1\text{mm}^3$$

$$(d_b^2 r_b)_y = d_1^2 r_1 \sin 30° - d_2^2 r_2 = -270000\text{mm}^3$$

$$d_b^2 r_b = \sqrt{(d_b^2 r_b)_x^2 + (d_b^2 r_b)_y^2} = 303479.8\text{mm}^3$$

解得孔的直径 $d_b = 45\text{mm}$，与 x 轴正向夹角为 $\theta = 360° - \arctan \dfrac{(d_b^2 r_b)_y}{(d_b^2 r_b)_x} \approx 297°$。

解析法与图解法得到的结果基本一致。由例题可以看出，无论用图解法还是解析法，其基本原理是相同的。解析法精度高，图解法比较直观。

8.2.2 刚性回转件的动平衡

1. 动平衡定义

对于轴向长度较大的回转体（$L/d > 0.2$），如滚筒、电动机转子、多级汽轮机转子、多缸发动机曲轴、机床主轴等，都可以看作偏心质量分布在不同平面内的回转件。如图 8.4 所示的回转件，设不平衡质量 m_1、m_2 分布于相距 l 的两个回转面内，并且 $m_1 = m_2$，$\boldsymbol{r}_1 = -\boldsymbol{r}_2$。虽然该回转件的质心落在回转轴上，而且 $m_1\boldsymbol{r}_1 + m_2\boldsymbol{r}_2 = 0$，满足静平衡条件，但因 m_1、m_2 不在同一回转面内，当回转件转动时，在包含 m_1、m_2 和回转轴的平面内存在一个由离心力 F_1 和 F_2 形成的惯性力偶，该力偶的方向随回转件的转动而周期性变化，故回转件仍处于不平衡状态。

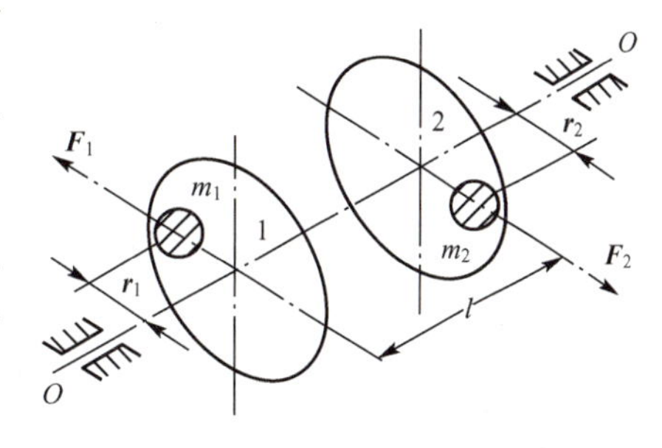

图 8.4　静平衡但动不平衡的回转件

这种不平衡只有在回转件运转时才能显示出来，故称为动不平衡。要使之平衡，不仅要使各个质量的惯性力合力等于零（$\sum \boldsymbol{F} = 0$），而且要使这些惯性力构成的合力偶也等于零（$\sum \boldsymbol{M} = 0$）。实现这种平衡的措施称为刚性回转件的动平衡。

2. 动平衡计算

如图 8.5 (a) 所示，若某轴类回转构件的偏心质量 m_1、m_2、m_3 分别位于三个平行的回转平面 1、2、3 内，它们的矢径分别为 $\boldsymbol{r}_1$、$\boldsymbol{r}_2$ 和 $\boldsymbol{r}_3$。当此回转件以等角速度 ω 回转时，各偏心质量产生的离心惯性力分别为

$$\left.\begin{aligned} \boldsymbol{F}_1 &= m_1 \omega^2 \boldsymbol{r}_1 \\ \boldsymbol{F}_2 &= m_2 \omega^2 \boldsymbol{r}_2 \\ \boldsymbol{F}_3 &= m_3 \omega^2 \boldsymbol{r}_3 \end{aligned}\right\}$$

这些惯性力将形成一个空间力系，故回转时既有不平衡惯性力又有不平衡惯性力偶矩。为了平衡这些惯性力及惯性力偶矩，选定两个平衡基面——Ⅰ和Ⅱ，并根据理论力学中一个力可以分解为与其平行的两个分力的原理，把不在同一平面的惯性力 $\boldsymbol{F}_1$、$\boldsymbol{F}_2$、$\boldsymbol{F}_3$ 分别分解到平面Ⅰ和平面Ⅱ内。这样就将原来空间力系的平衡问题转化为两个平面汇交力系的平衡问题。

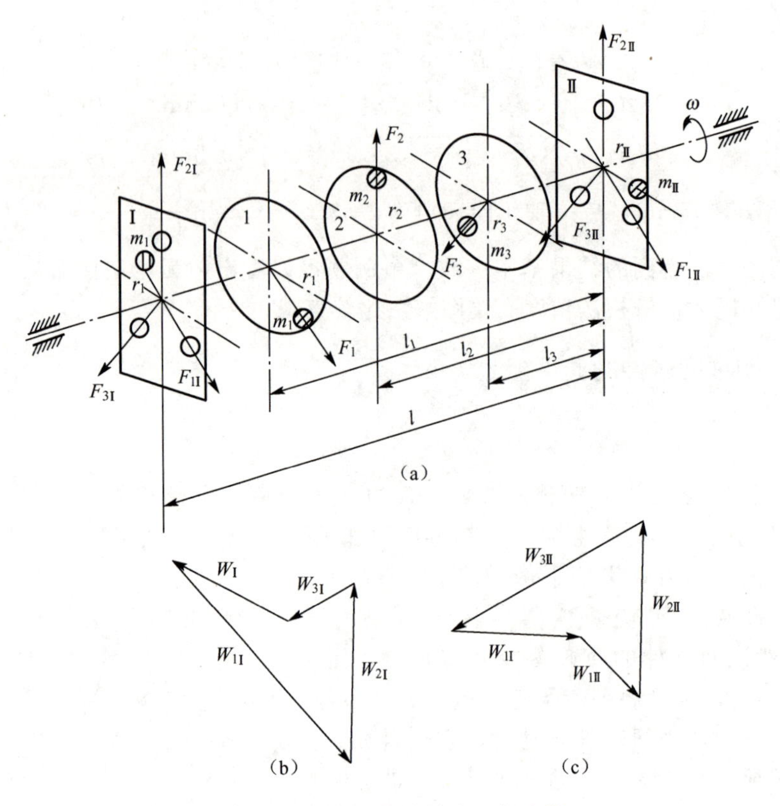

图 8.5 刚性回转件的动平衡计算

由此可得

$$\left.\begin{aligned}
\boldsymbol{F}_{1\,\mathrm{I}} &= \frac{l_1}{l}\boldsymbol{F}_1 = \frac{l_1}{l}m_1\omega^2\boldsymbol{r}_1 \\
\boldsymbol{F}_{2\,\mathrm{I}} &= \frac{l_2}{l}\boldsymbol{F}_2 = \frac{l_2}{l}m_2\omega^2\boldsymbol{r}_2 \\
\boldsymbol{F}_{3\,\mathrm{I}} &= \frac{l_3}{l}\boldsymbol{F}_3 = \frac{l_3}{l}m_3\omega^2\boldsymbol{r}_3 \\
\boldsymbol{F}_{1\,\mathrm{II}} &= \frac{l-l_1}{l}\boldsymbol{F}_1 = \frac{l-l_1}{l}m_1\omega^2\boldsymbol{r}_1 \\
\boldsymbol{F}_{2\,\mathrm{II}} &= \frac{l-l_2}{l}\boldsymbol{F}_2 = \frac{l-l_2}{l}m_2\omega^2\boldsymbol{r}_2 \\
\boldsymbol{F}_{3\,\mathrm{II}} &= \frac{l-l_3}{l}\boldsymbol{F}_3 = \frac{l-l_3}{l}m_3\omega^2\boldsymbol{r}_3
\end{aligned}\right\} \qquad (8-5)$$

对于平面Ⅰ和平面Ⅱ内力的平衡计算，就可按照静平衡的计算方法求得所需平衡质量。

对于平面Ⅰ，由式（8-1）得

$$\boldsymbol{F}_{1\,\mathrm{I}} + \boldsymbol{F}_{2\,\mathrm{I}} + \boldsymbol{F}_{3\,\mathrm{I}} + \boldsymbol{F}_{\mathrm{I}} = 0$$

或由式（8-3）得

$$\frac{l_1}{l}m_1\boldsymbol{r}_1 + \frac{l_2}{l}m_2\boldsymbol{r}_2 + \frac{l_3}{l}m_3\boldsymbol{r}_3 + m_{\mathrm{I}}\boldsymbol{r}_{\mathrm{I}} = 0$$

然后，选定比例尺 μ_W 并按矢径 $\boldsymbol{r}_1$、$\boldsymbol{r}_2$、$\boldsymbol{r}_3$ 的方向，连续作出代表质径积 $\frac{l_1}{l}m_1\boldsymbol{r}_1$、$\frac{l_2}{l}m_2\boldsymbol{r}_2$、$\frac{l_3}{l}m_3\boldsymbol{r}_3$ 的向量 $\boldsymbol{W}_{1\mathrm{I}}$、$\boldsymbol{W}_{2\mathrm{I}}$、$\boldsymbol{W}_{3\mathrm{I}}$，则封闭向量 $\boldsymbol{W}_{\mathrm{I}}$ 代表所求平面Ⅰ中的平衡质径积，其值为 $m_{\mathrm{I}}\boldsymbol{r}_{\mathrm{I}}=\mu_W\boldsymbol{W}_{\mathrm{I}}$，如图8.5（b）所示。

同理，可用上述方法作出平衡平面Ⅱ中的平衡质径积 $m_{\mathrm{II}}\boldsymbol{r}_{\mathrm{II}}=\mu_W\boldsymbol{W}_{\mathrm{II}}$［图8.5（c）］。

通过以上分析计算可以看出，无论回转件在不同回转平面内有多少个偏心质量，只需选择在两个平衡平面内加上（或除去）平衡质量，就能使回转件达到完全平衡。

静平衡应满足的平衡条件为 $\sum\boldsymbol{F}=0$；动平衡应满足的平衡条件是 $\sum\boldsymbol{F}=0$，$\sum\boldsymbol{M}=0$。因此，动平衡的回转件一定是静平衡的；静平衡的回转件则不一定是动平衡的。

8.3 回转件的平衡试验

回转件经过上述平衡计算，并安装了所需的平衡质量之后，只是从理论上达到了平衡。实际上由于制造误差、装配误差、材质不均匀及轴承偏心等原因，一般达不到设计要求，并且仅靠在设计时采用计算方法是难以彻底解决这种不平衡问题的。因此，还需借助平衡试验设备，通过试验来解决，达到预定的平衡精度要求。

【参考图文】

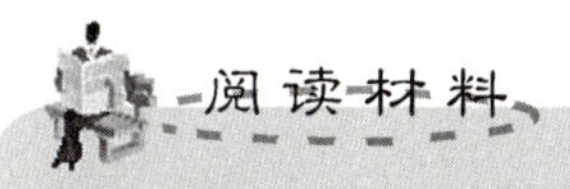

该部分为拓展内容，请读者扫描二维码自行参考学习。

【参考图文】

习　题

8-1　填空题

(1) 机械平衡问题包括________、________。

(2) 刚性回转件的平衡计算可分为两类：一类是__________，其质量分布特点是__________，平衡条件是__________；另一类是________，其质量分布特点是________，平衡条件是__________。

(3) 静平衡的刚性回转件________是动平衡，动平衡的刚性回转件________是静平衡。

(4) 符合静平衡条件的回转件，其质心位置在__________。

(5) 质径积是一个________量，表示相应质量回转时产生的离心惯性力的________。

8-2　选择题

(1) 回转件的动平衡是指消除____。

A. 不平衡惯性力　　　　B. 不平衡惯性力和惯性力偶矩

(2) 静平衡的回转件____是动平衡的，动平衡的回转件____是静平衡的。

A. 一定　　B. 不一定　　C. 一定不

(3) 刚性回转件进行单面平衡和双面平衡的依据是____。

A. 转子质量的大小　B. 转子转速的高低　C. 转子结构的宽径比

(4) 质量分布在同一个回转平面内的静平衡的刚性回转件____是动平衡的。

A. 一定　　　　　　B. 一定不　　　　　C. 不一定

8-3　思考题

(1) 什么是静平衡？什么是动平衡？各需要几个平衡面？平衡条件分别是什么？

(2)“动平衡的回转件一定是静平衡的，反之亦然”说法是否正确？为什么？

(3) 为什么进行平衡试验？

8-4　计算题

(1) 如图 8.6 所示，盘形回转件上存在四个偏心质量，已知：$m_1=10\text{kg}$，$m_2=14\text{kg}$，$m_3=16\text{kg}$，$m_4=10\text{kg}$，$r_1=50\text{mm}$，$r_2=100\text{mm}$，$r_3=75\text{mm}$，$r_4=50\text{mm}$，设所有不平衡质量分布在同一回转面内。问应在什么方位加多大的平衡质径积才能达到平衡？

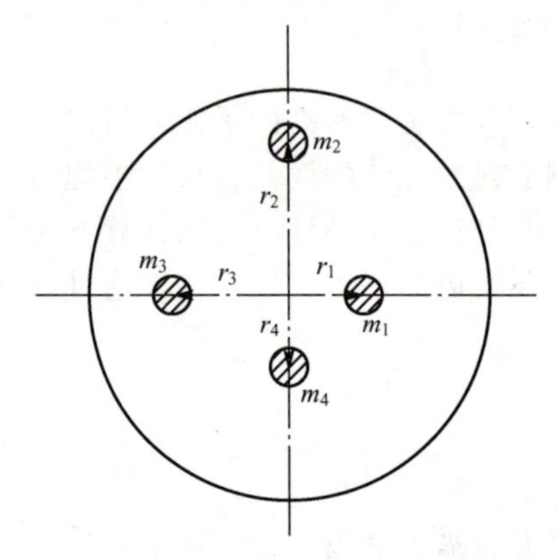

图 8.6　题 8-4 (1) 图

(2) 在图 8.7 所示的高速水泵的凸轮中，其凸轮由三个相互错开 120°的偏心轮组成，每个偏心轮的质量均为 4kg，其偏心距为 12.7mm。设在平面 A 和平面 B 上各加装一个平衡质量 m_A 和 m_B，使之达到平衡，其质心的回转半径均为 10mm，尺寸如图。求 m_A 和 m_B 的大小和方位。

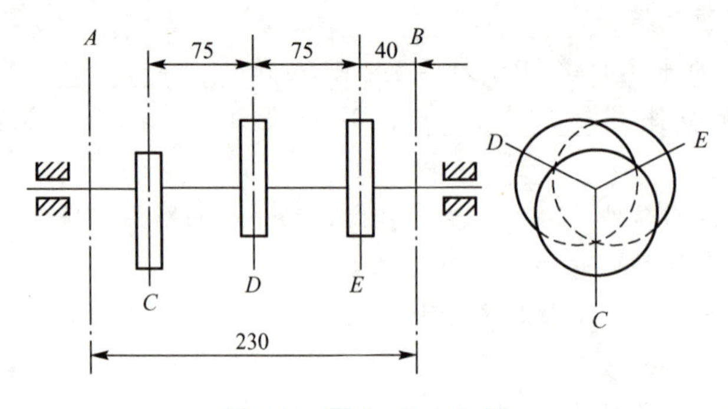

图 8.7　题 8-4 (2) 图

模块三实训

实训项目任务书

实训名称	飞轮设计
实训目的	1. 深化理解机械周期性速度波动调节的理论知识。 2. 掌握飞轮的设计方法及设计步骤
实训内容	电动机驱动的某机械系统，已知电动机的转速 n=1440r/min，转化到电动机轴上的等效阻抗力矩 M_{er}的变化情况如模块三实训图1所示。设等效驱动力矩 M_{ed}为常数，飞轮以外的各构件转动惯量略去不计，机械系统运转的许用速度不均匀系数 $[\delta]$ =0.05。取飞轮的材料为HT150，圆盘状飞轮直径 D=0.3m。试设计盘状飞轮（轴毂直径可自拟）。 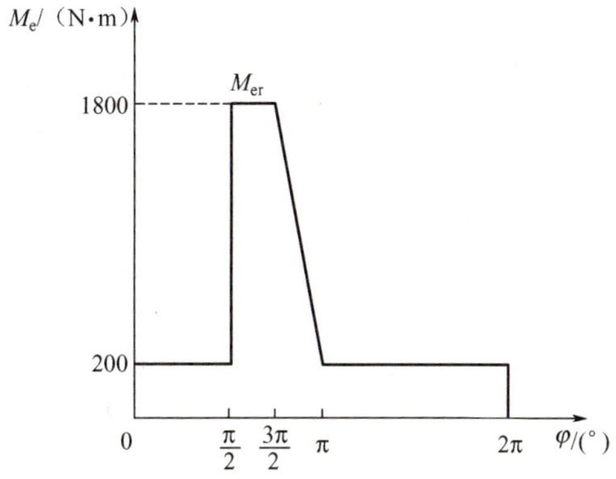 M_e/（N·m） M_{er} 1800 200 0 $\frac{\pi}{2}$ $\frac{3\pi}{2}$ π 2π φ/(°) 模块三实训图1
实训要求	1. 完成飞轮的设计计算。 2. 采用适当比例尺，将设计的飞轮结构画在A3图纸上

模块四

机械传动设计总论

教学导入

模块四图1所示为带式输送机。带式输送机是输送粮食、煤炭等货物的主要装置，是在化工、煤炭、冶金、建材、电力、轻工、粮食等领域广泛使用的运输设备，由原动机、传动装置和工作装置等组成。其中，原动机为电动机；传动装置主要由传动件、支承件、联接件和机体等组成；工作装置为卷筒式输送带。工作时，电动机通过机械传动装置将运动和动力传递给工作装置，以输送物料（如粮食、煤、砂石等），实现工作机预定的工作要求。

带式输送机是一种比较典型的机械设备，包含了机械中几乎所有的通用零部件，因此为了更系统地认识各通用零部件在机械中的功用及相互之间的联接关系等，建立整机概念，后续教学内容以带式输送机设计项目为主线，围绕其结构组成逐章逐节展开介绍；再结合例题和模块实训，系统地完成带式输送机项目的设计。

由于电动机的转速和功率决定输送带的工作能力，因此本模块结合带式输送机的设计，主要介绍机械传动方案的确定，电动机的选择，传动装置运动和动力参数的计算，为后续零部件设计提供依据。

(a) 组成

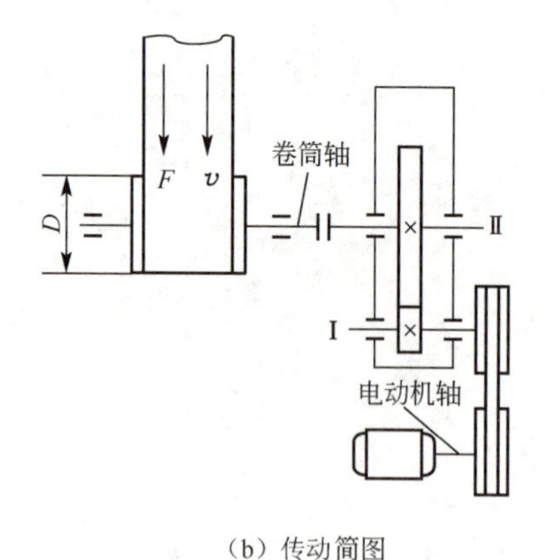

【参考动画】

(b) 传动简图

1—电动机；2—传动带；3—减速器；4—联轴器；5—输送带卷筒

模块四图1　带式输送机

第9章 机械传动设计总论

本章主要介绍机械传动方案的设计；电动机型号的选择；机械传动总传动比的计算和各级传动比的分配；机械传动装置运动和动力参数的计算。

1. 了解机械传动方案的设计要点。
2. 通过对机械所需功率和转速的计算，选择电动机型号。
3. 能够计算机械传动的总传动比，分配各级传动比，完成机械传动装置的运动和动力参数计算。

9.1 机械传动方案设计

机械传动方案设计是机械设计中最关键的环节，传动方案设计合理与否对整个机械的工作性能、尺寸、质量和成本等影响很大，因此，传动方案设计关系到整个机械的工作性能指标及经济效益。

传动方案一般用机构运动简图表示［模块四图（b）］，它能简单明了地表示机械的运动、动力的传递方式和路线，以及各部件的组成和相互联接关系。

合理的传动方案首先应满足工作机的性能（如传递功率、转速和运动方式）要求，适应工作条件（如工作时间、工作环境和工作场地），工作可靠、结构简单、尺寸紧凑、传动效率高、工艺性能好、使用和维护方便、成本低廉等。一种方案要同时满足上述要求是十分困难的。因此，应根据具体的设计要求，综合分析与比较多个传动方案的技术经济指标后，选择能满足重点要求的最佳传动方案。表 9.1 给出了带式输送机四种传动方案的分析。

表 9.1　带式输送机四种传动方案的分析

传动形式	图例	传动特点
一级带传动和一级闭式齿轮传动	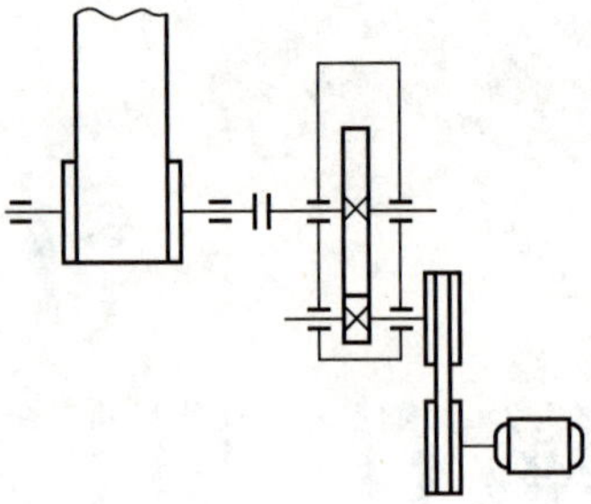	结构简单，成本低，使用和维护方便，具有良好的缓冲、吸振性能和过载保护作用。但外廓尺寸较大，V 带使用寿命较短，不适合在繁重的工作要求和恶劣的工作环境下工作
二级闭式圆柱齿轮传动	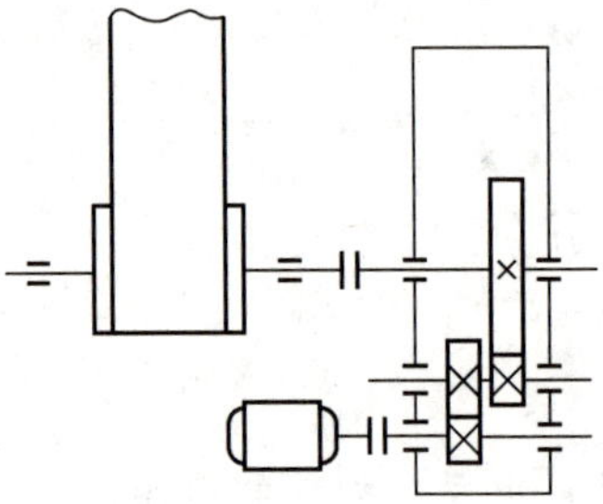	结构尺寸小，传动效率高，使用寿命长，可以得到良好的润滑与密封，使用和维护较方便。能在繁重及恶劣的条件下长期工作，但要求起动力矩大时，起动冲击较大
一级蜗杆传动	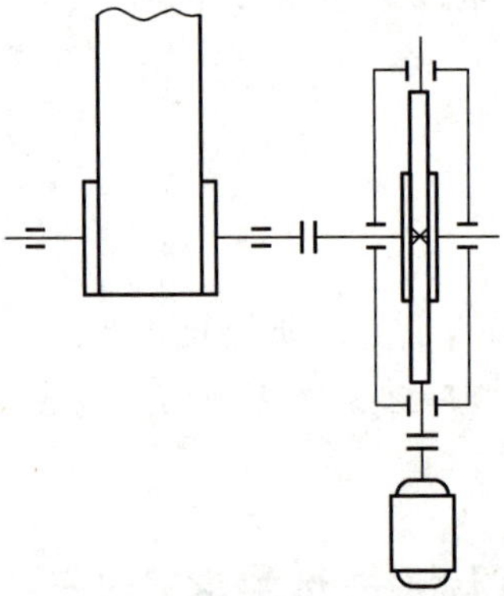	结构紧凑，但传动效率低，不适合长期工作
二级闭式圆锥—圆柱齿轮传动	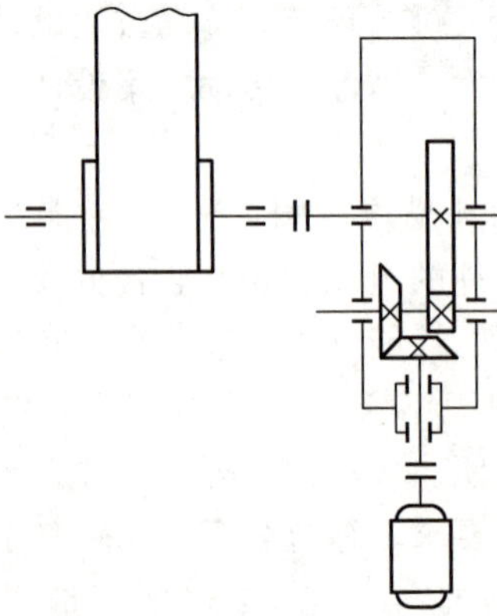	传动效率高，结构紧凑，使用寿命长，但制造成本较高

以上四种传动方案都可满足带式输送机的功能要求，但其结构、性能和经济成本各不相同，一般应由设计者按具体工作要求选定合理的传动方案。

为了满足工作机性能要求，传动方案可以由不同传动机构以不同的组合形式和布置顺序构成，要合理布置其传动顺序，一般应考虑以下几点。

(1) 带传动的承载能力较弱，传递相同转矩时，结构尺寸较其他传动形式大，但传动平稳，能减振，因此宜布置在高速级。

(2) 链传动运转时不能保持瞬时传动比恒定，传动平稳性差，传动时有噪声和冲击，磨损后易发生跳齿，所以不适用于高速传动场合，应布置在低速级，与工作机直接相连。

(3) 斜齿圆柱齿轮传动，因为它的齿廓接触线是斜线，所以传动平稳性较直齿圆柱齿轮好，常用在高速级或要求传动平稳的场合。

(4) 锥齿轮传动具有传动平稳、承载能力强等特点，但锥齿轮加工比较困难，特别是大直径、大模数的锥齿轮。所以，只在改变轴的传动方向时采用锥齿轮传动，并尽量放在高速级，以减小锥齿轮的直径和模数，但此时转速不宜过高。

(5) 蜗杆传动可以实现较大的传动比，结构紧凑，传动平稳；但效率较低，功耗损失大，长期连续运转时很不经济，故适用于功率小或间歇运转的场合。当与齿轮传动同时使用时，最好布置在高速级，使传递的转矩较小，以减小蜗轮尺寸，节约有色金属。而且蜗杆传动有较高的齿面相对滑动速度，布置在高速级利于形成润滑油膜，提高效率，延长使用寿命。对采用铝铁青铜或铸铁作为蜗轮材料的蜗杆传动，可布置在低速级，使齿面滑动速度较低，以防止产生胶合或严重磨损，并可使减速器结构紧凑；对采用锡青铜作为蜗轮材料的蜗杆传动，由于允许齿面有较高的相对滑动速度，可将蜗杆传动布置在高速级，以利于形成润滑油膜，提高承载能力和传动效率。

(6) 开式齿轮传动和半开式齿轮传动的工作环境一般较差，润滑条件不好，磨损较严重，寿命较短，应布置在低速级。

(7) 一般将改变运动形式的机构（如连杆机构、凸轮机构等）布置在传动系统的末端，并且常作为工作机的执行机构。

由于减速器在传动装置中应用最广，为了便于合理选择减速器的类型，将几种常用减速器的类型及特点列于表9.2中，供选择时参考。

表9.2 常用减速器的类型及特点

类型	机构简图及特点
【参考动画】 一级圆柱齿轮减速器	水平轴　立轴 传动比一般小于5，可用直齿、斜齿或人字齿，传递功率可达数万千瓦，效率较高，工艺简单，易保证精度，一般工厂均能制造，应用广泛。轴线可水平布置、上下布置或铅垂布置

续表

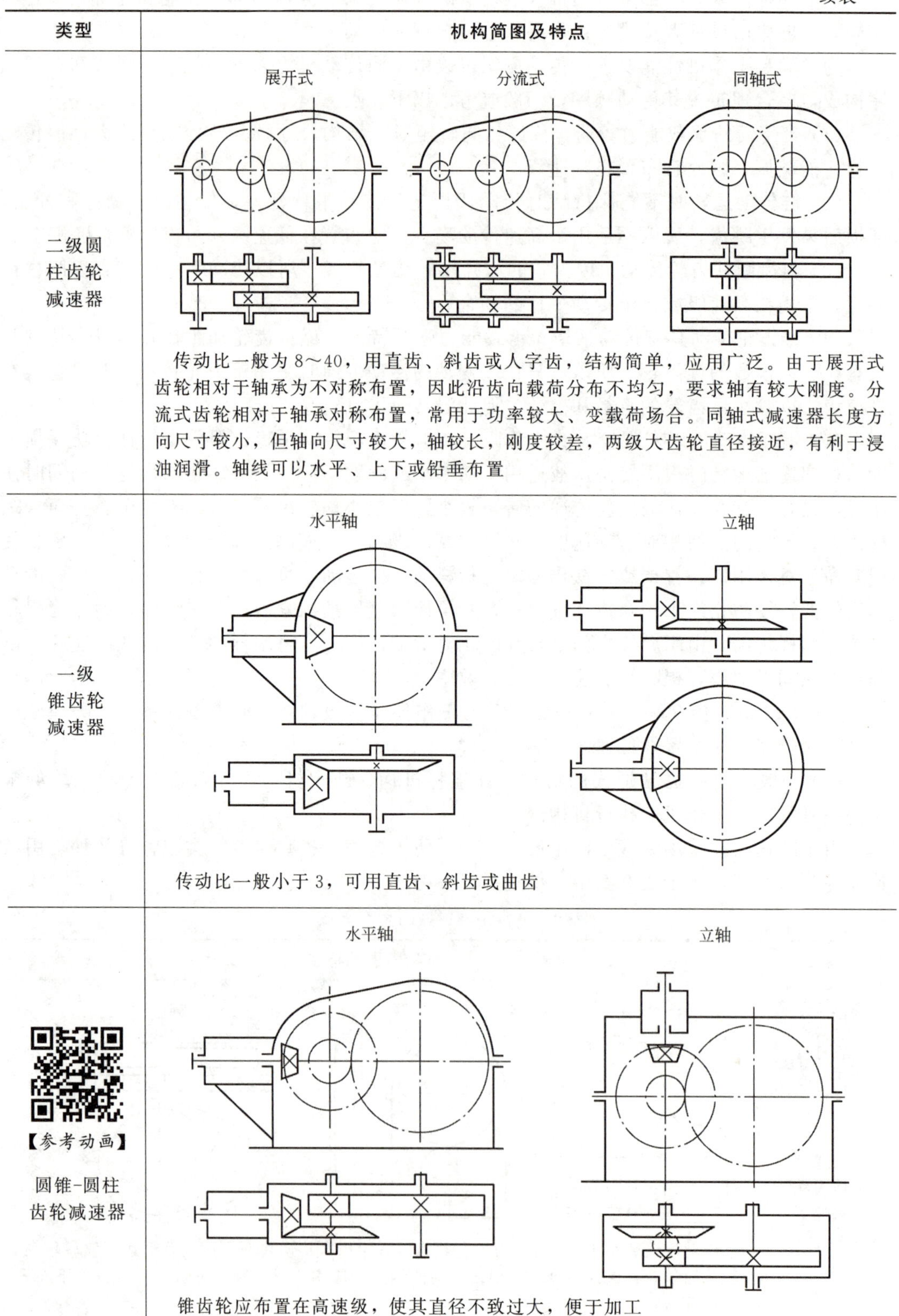

类型	机构简图及特点
二级圆柱齿轮减速器	展开式　分流式　同轴式 传动比一般为8～40，用直齿、斜齿或人字齿，结构简单，应用广泛。由于展开式齿轮相对于轴承为不对称布置，因此沿齿向载荷分布不均匀，要求轴有较大刚度。分流式齿轮相对于轴承对称布置，常用于功率较大、变载荷场合。同轴式减速器长度方向尺寸较小，但轴向尺寸较大，轴较长，刚度较差，两级大齿轮直径接近，有利于浸油润滑。轴线可以水平、上下或铅垂布置
一级锥齿轮减速器	水平轴　立轴 传动比一般小于3，可用直齿、斜齿或曲齿
【参考动画】 圆锥-圆柱齿轮减速器	水平轴　立轴 锥齿轮应布置在高速级，使其直径不致过大，便于加工

续表

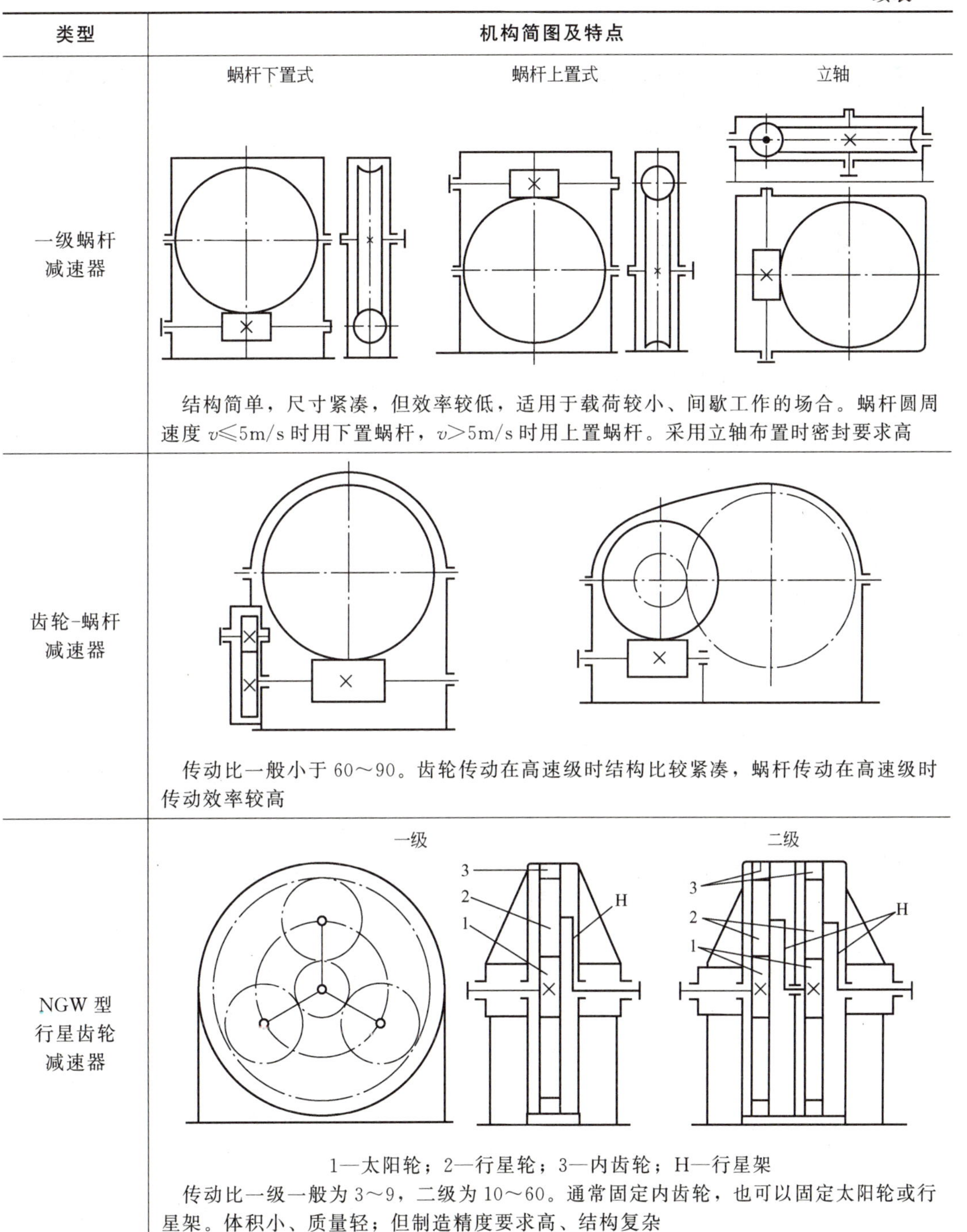

类型	机构简图及特点
一级蜗杆减速器	蜗杆下置式　蜗杆上置式　立轴 结构简单，尺寸紧凑，但效率较低，适用于载荷较小、间歇工作的场合。蜗杆圆周速度 $v \leqslant 5\mathrm{m/s}$ 时用下置蜗杆，$v > 5\mathrm{m/s}$ 时用上置蜗杆。采用立轴布置时密封要求高
齿轮-蜗杆减速器	传动比一般小于 60～90。齿轮传动在高速级时结构比较紧凑，蜗杆传动在高速级时传动效率较高
NGW 型行星齿轮减速器	一级　二级 1—太阳轮；2—行星轮；3—内齿轮；H—行星架 传动比一级一般为 3～9，二级为 10～60。通常固定内齿轮，也可以固定太阳轮或行星架。体积小、质量轻；但制造精度要求高、结构复杂

9.2　电动机的选择

电动机一般由专业工厂按标准系列成批大量生产，是标准化、系列化的部件，设计者只需根据工作载荷、工作机的特性和工作环境，合理地选择电动机的类型、结构形式、容量（功率）及转速，确定电动机的型号，然后购买即可。

9.2.1 电动机的类型及结构形式

该部分为选学内容，请读者扫描二维码自行参考学习。

【参考图文】

9.2.2 电动机的功率

标准电动机的容量（功率）用电动机的额定功率表示。电动机的功率合适与否对电动机的工作和经济性都有很大影响。如果所选电动机的功率小于工作要求功率，则不能保证机器正常工作或使电动机因长期过载、发热而过早损坏；如果所选电动机的功率过大，则电动机价格过高，且不能充分利用传动能力，由于不经常满载运行，效率和功率因数都较低，造成能量浪费，增加了不必要的成本。因此，设计时一定要选择合适的电动机功率。

对于长期连续运转、载荷不变或很少变化的机械（如运输机、鼓风机等），要求所选电动机的额定功率 P_{ed} 等于或稍大于电动机所需的输出功率 P_d，即 $P_{ed} \geqslant P_d$，这样，电动机在工作时就不会过热，一般不需要校验电动机的发热和起动转矩。

电动机所需的输出功率 P_d（kW）为

$$P_d = \frac{P_w}{\eta} \tag{9-1}$$

式中　P_w——工作机所需的工作功率（kW）；

η——电动机至工作机之间传动装置的总效率（%）。

若已知工作机的工作阻力 F（N）及工作速度 v（m/s），则工作机所需功率为

$$P_w = \frac{Fv}{1000} \tag{9-2a}$$

若已知作用在工作机上的转矩 T（N·m）及转速 n_w（r/min），则工作机所需功率为

$$P_w = \frac{Tn_w}{9550} \tag{9-2b}$$

机械的效率取决于组成机械的各个传动副和运动副的效率。电动机至工作机之间的总效率等于各部分效率的连乘积（包括运动副的效率），即

$$\eta = \eta_1 \eta_2 \eta_3 \cdots \eta_w \tag{9-3}$$

式中　η_1，η_2，η_3，…，η_w——分别为传动装置中每对传动副（齿轮传动、蜗杆传动、带传动或链传动）、每对轴承、每个联轴器的效率（%）。各种常用机械传动和轴承等的效率概略值见表9.3。

表9.3　常用机械传动及轴承效率概略值

种类		效率 η
圆柱齿轮传动	很好跑合的6级和7级精度齿轮传动（油润滑）	0.98～0.99
	8级精度的一般齿轮传动（油润滑）	0.97
	9级精度的齿轮传动（油润滑）	0.96
	加工齿的开式齿轮传动（脂润滑）	0.94～0.96

续表

种类		效率 η
锥齿轮传动	很好跑合的6级和7级精度齿轮传动（油润滑）	0.97～0.98
	8级精度的一般齿轮传动（油润滑）	0.94～0.97
	加工齿的开式齿轮传动（脂润滑）	0.92～0.95
蜗杆传动	自锁蜗杆（油润滑）	0.40～0.45
	单头蜗杆（油润滑）	0.70～0.75
	双头蜗杆（油润滑）	0.75～0.82
	三头和四头蜗杆（油润滑）	0.80～0.92
带传动	平带无张紧轮的开式传动	0.98
	平带有张紧轮的开式传动	0.97
	平带交叉传动	0.90
	V带传动	0.96
链传动	套筒滚子链	0.96
	齿形链	0.97
滑动轴承（一对）	润滑不良	0.94
	润滑正常	0.97
	液体摩擦	0.99
滚动轴承（一对）	球轴承	0.99
	滚子轴承	0.98
联轴器	十字滑块联轴器	0.97～0.99
	齿轮联轴器	0.99
	弹性联轴器	0.99～0.995
	万向联轴器（$\alpha \leqslant 3°$）	0.97～0.98
	万向联轴器（$\alpha > 3°$）	0.95～0.97
螺旋传动	滑动螺旋	0.30～0.60
	滚动螺旋	0.85～0.95
卷筒		0.96

在进行效率计算时，还应注意以下几点。

（1）轴承效率均针对一对轴承而言，当一根轴上有三个轴承时，按两对计算。

（2）同类型的多对传动副、轴承或联轴器，要分别计入各自的效率。

（3）表9.3中推荐的效率概略值为一个范围值，当工作条件差、加工精度低、维护不良时，效率取低值，反之则取高值，一般取中间值。

（4）蜗杆传动效率与蜗杆头数及材料有关，设计时应先选蜗杆头数，然后估计其效率，待设计出蜗杆传动的参数后再确定效率，并校核电动机所需功率。此外，蜗杆传动的效率中已包括蜗杆轴上一对轴承的效率，因此在计算总效率时，不再计入蜗杆轴上的轴承效率。

9.2.3 电动机的转速

电动机的转速有同步转速和满载转速。同步转速是理想空载时电动机的转速，满载转速是电动机满载工作时（即额定功率时）的转速。显然，满载转速比同步转速低。电动机型号按同步转速确定。

额定功率相同的同一类型电动机有多种转速，如三相异步电动机常用的同步转速有3000r/min、1500r/min、1000r/min、750r/min等。确定电动机的转速时，一般应综合分析电动机及传动装置的性能、尺寸、质量和价格等因素。如选用低速电动机，因电动机极数比较多而外廓尺寸及质量较大，而且价格比较高，但可使传动装置的总传动比小，从而使其结构尺寸减小；选用高转速电动机时则相反。所以，一般选用同步转速为 1500r/min 或 1000r/min。

为使传动装置设计合理，可根据工作机的转速要求和各级传动的合理传动比范围，按式（9－4）推算出电动机转速的可选范围。

$$n_d = (i_1' i_2' i_3' \cdots i_n')\ n_w \tag{9-4}$$

式中 n_d——电动机转速的可选范围（r/min）；

n_w——工作机转速（r/min）；

i_1'、i_2'、i_3'、…、i_n'——各级传动的传动比合理范围，见表 9.4。

表 9.4 各级传动的传动比合理范围

传动类型			传动比的荐用值	传动比的最大值
一级闭式齿轮传动	圆柱齿轮	直齿	3～4	≤8
		斜齿	3～5	
		人字齿	4～6	
	锥齿轮		2～3	≤5
一级开式圆柱齿轮传动			4～6	≤15～20
二级圆柱齿轮传动			8～40	≤60
一级蜗杆传动	闭式		10～40	≤80
	开式		15～60	≤100
带传动	开口平带		2～4	≤5
	有张紧轮的平带		3～5	≤7
	V 带		2～4	≤7
链传动			2～4	≤6

电动机的类型、同步转速和所需功率确定后，即可在标准中查出电动机的型号、额定功率 P_{ed}、满载转速 n_m、外形尺寸、电动机中心高、轴伸尺寸等，列表备用。

9.3 机械传动总传动比和各级传动比

由选定的电动机满载转速 n_m 和工作机转速 n_w，可得传动装置总传动比为

$$i = \frac{n_m}{n_w} \tag{9-5}$$

传动装置总传动比为各级传动比的连乘积，即

$$i = i_1 i_2 i_3 \cdots i_n \tag{9-6}$$

合理分配各级传动比，可使传动装置得到较小的外廓尺寸或较轻的质量，以实现降低成本和结构紧凑的目的，还可得到较好的润滑条件。分配传动比时，一般应遵循以下原则。

(1) 各级传动的传动比应在合理的推荐范围内选取（表 9.4），不超出允许的最大值，

以符合各种传动形式的工作特点，并使结构紧凑。

(2) 充分发挥各级传动的承载能力，使各传动件尺寸协调、结构均匀合理，避免各零件相互干涉及安装不便。如图 9.1 所示，高速级传动比过大，造成高速级大齿轮齿顶圆与低速级的大齿轮轴发生干涉。又如图 9.2 所示，电动机至减速器间有带传动，一般应使带传动的传动比小于齿轮传动的传动比，以免大带轮半径大于减速器中心高，使带轮与底座相碰。

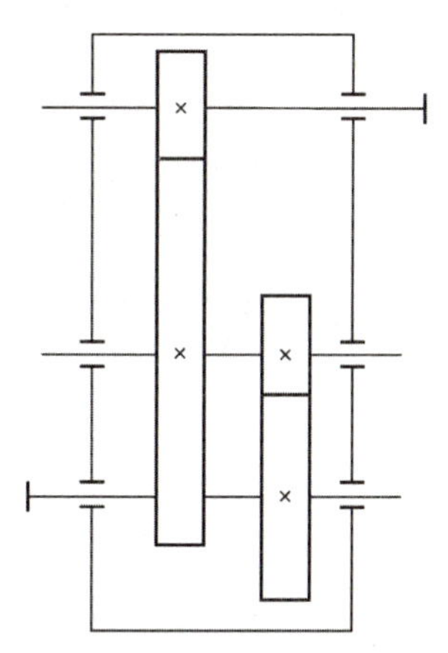

图 9.1 高速级大齿轮与输出轴干涉

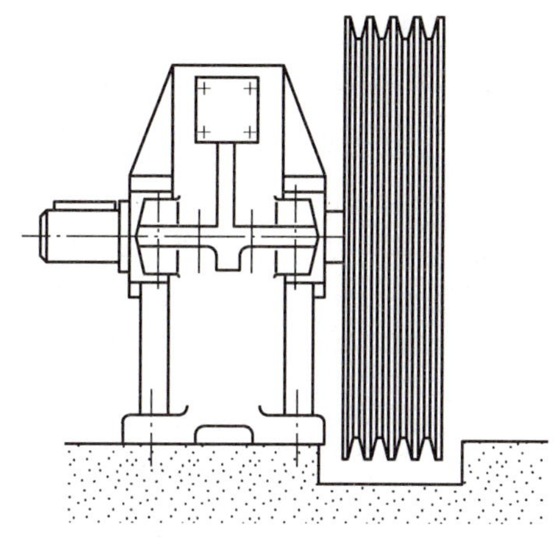

图 9.2 带轮与底座干涉

(3) 尽量使传动装置的总体结构紧凑，以使传动装置尺寸较小、质量较轻。如图 9.3 所示，在二级减速器总中心距和总传动比相同时，图 9.3 (a) 和图 9.3 (b) 表示两种传动比分配方案，图 9.3 (a)（因低速级大齿轮直径减小）所示方案较图 9.3 (b) 所示方案具有更小的外廓尺寸。

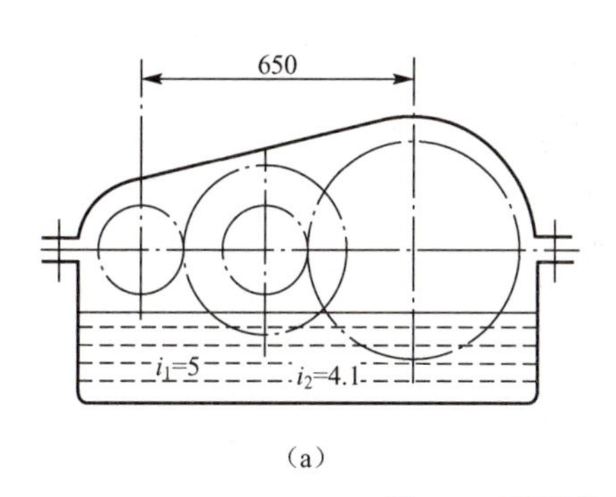

(a)

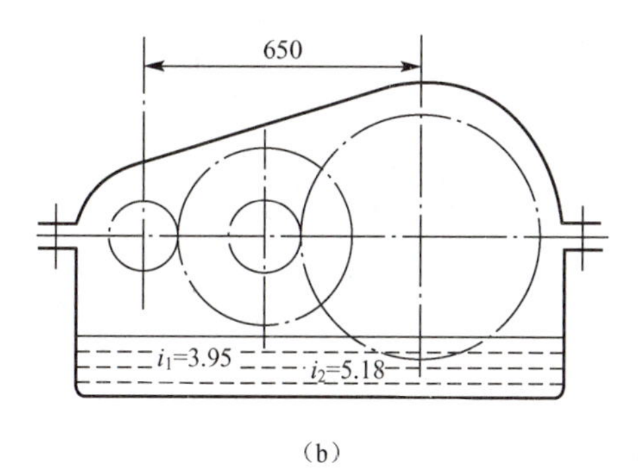

(b)

图 9.3 不同传动比对外廓尺寸的影响

(4) 对于两级或多级齿轮减速器，应使各级大齿轮直径接近，使各级传动的大齿轮浸油深度合理，如图 9.4 所示。为此，应保证高速级传动比大于低速级传动比。一般对于展开式二级圆柱齿轮减速器，高速级传动比可取 $i_1=(1.3\sim1.5)i_2$ 或 $i_1=\sqrt{(1.3\sim1.5)i}$；同轴式二级圆柱齿轮减速器，可取 $i_1=i_2$。

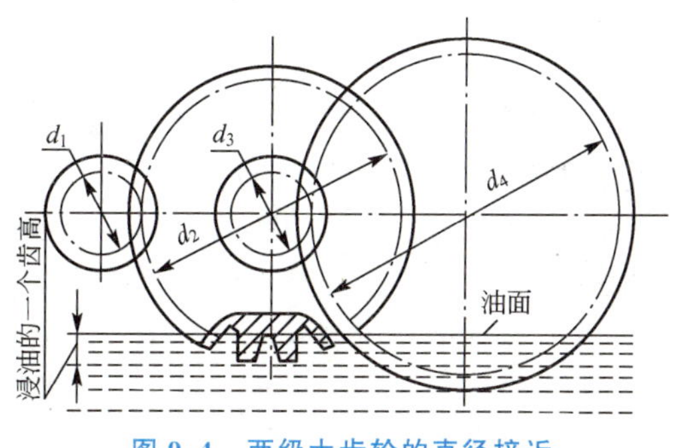

图 9.4 两级大齿轮的直径接近

9.4 机械传动装置的运动和动力参数计算

机械传动的运动和动力参数主要指传动装置中各轴的功率、转速及转矩，它们是进行传动零件和轴设计计算的重要依据。现以模块四图（b）为例说明各轴参数的关系。

1. 各轴的输入功率

传动装置设计计算所依据的功率可以是电动机的额定功率 P_{ed}，也可以是工作机实际需要的功率 P_d。对于通用机械，常用电动机的额定功率 P_{ed} 作为设计功率。对于传动装置的设计计算，一般取实际需要的电动机功率 P_d。

设带传动效率为 η_1，一对轴承的效率为 η_2，一对齿轮啮合时的效率为 η_3，联轴器效率为 η_4，则各轴输入功率分别为

$$\left.\begin{aligned} P_{\mathrm{I}} &= P_d \eta_1 \\ P_{\mathrm{II}} &= P_{\mathrm{I}} \eta_2 \eta_3 = P_d \eta_1 \eta_2 \eta_3 \\ P_w &= P_{\mathrm{II}} \eta_2 \eta_4 = P_d \eta_1 \eta_2^2 \eta_3 \eta_4 \end{aligned}\right\} \tag{9-7}$$

式中 P_{I}、P_{II}、P_w——Ⅰ轴、Ⅱ轴、卷筒轴的输入功率（kW）。

2. 各轴转速

带传动的传动比为 i_v、齿轮传动的传动比为 i_c，则各轴的转速分别为

$$\left.\begin{aligned} n_{\mathrm{I}} &= n_m / i_v \\ n_{\mathrm{II}} &= n_{\mathrm{I}} / i_c \\ n_w &= n_{\mathrm{II}} \end{aligned}\right\} \tag{9-8}$$

式中 n_{I}、n_{II}、n_w——Ⅰ轴、Ⅱ轴、卷筒轴的转速（r/min）。

3. 各轴的输入转矩

$$\left.\begin{aligned} T_{\mathrm{I}} &= 9550 \frac{P_{\mathrm{I}}}{n_{\mathrm{I}}} \\ T_{\mathrm{II}} &= 9550 \frac{P_{\mathrm{II}}}{n_{\mathrm{II}}} \\ T_w &= 9550 \frac{P_w}{n_w} \end{aligned}\right\} \tag{9-9}$$

式中 T_{I}、T_{II}、T_w——Ⅰ轴、Ⅱ轴、卷筒轴的输入转矩（N·m）。

由式（9-9）可知，轴的转矩 T 与转速 n 成反比，即减速传动时，转矩增大；加速传动时，转矩减小。因此，传动系统常采用减速传动以获得较大的转矩。

运动和动力参数的计算结果可以整理列表，以备查用。

[例 9-1] 模块四图（b）所示的带式输送机传动简图，已知卷筒直径 $D=300$mm，运输带的有效拉力 $F=1400$N，运输带的速度 $v=1.5$m/s，室温下长期连续工作，单向运转，载荷平稳，每天三班制工作，预期工作六年，每年按 300 个工作日计算，使用三相交流电源。试选择电动机型号，计算传动装置的总传动比并分配各级传动比，计算各轴的运动和动力参数。

解：设计过程如下。

计算及说明	结果
1. 选择电动机	
(1) 选择电动机类型。带式输送机为一般用途机械，根据工作和电源条件，选用Y系列三相异步电动机。	Y系列三相异步电动机
(2) 确定电动机功率。	
① 工作机所需功率 P_w。将 $F=1400\text{N}$、$v=1.5\text{m/s}$ 代入式（9-2a）得 $P_w=\frac{Fv}{1000}=\frac{1400\times1.5}{1000}\text{kW}=2.1\text{kW}$	$P_w=2.1\text{kW}$
② 电动机所需功率 P_d。依表9.3选取 $\eta_v=0.96$（V带效率）；$\eta_1=0.97$（齿轮传动效率按8级精度）；$\eta_2=0.99$（滚动轴承效率）；$\eta_3=0.99$（弹性联轴器效率）；$\eta_w=0.96$（卷筒效率）。由式（9-3）得从电动机至工作机的传动总效率 $\eta=\eta_v\eta_1\eta_2^3\eta_3\eta_w=0.96\times0.97\times0.99^3\times0.99\times0.96\approx0.86$	$\eta\approx0.86$
按式（9-1）得 $P_d=\frac{P_w}{\eta}=\frac{2.1}{0.86}\text{kW}\approx2.44\text{kW}$	$P_d\approx2.44\text{kW}$
③ 选择电动机额定功率 P_{ed}。因带式输送机载荷平稳、室温工作，电动机额定功率 P_{ed} 只需略大于 P_d 即可，查机械设计手册，取 $P_{ed}=3\text{kW}$。	$P_{ed}=3\text{kW}$
(3) 确定电动机转速。	
卷筒轴的工作转速为 $n_w=\frac{60\times1000v}{\pi D}=\frac{60000\times1.5}{3.14\times300}\text{r/min}\approx95.5\text{r/min}$	$n_w\approx95.5\text{r/min}$
按表9.4推荐的各级传动比范围，取V带传动比 $i_v=2\sim4$；单级斜齿圆柱齿轮传动比 $i_c=3\sim5$，则总传动比的推荐范围 $i'=i_vi_c=(2\times3)\sim(4\times5)$	
电动机的转速可选范围为 $n_d=i'\times n_w=[(6\sim20)\times95.5]\text{r/min}=(573\sim1910)\text{r/min}$	
符合这一范围的同步转速有1500r/min、1000r/min、750r/min三种。经比较，取同步转速1500r/min，电动机价格相对便宜。查机械设计手册，电动机型号为Y100L2-4，电动机的技术参数如下。	$n_m=1430\text{r/min}$ 电动机型号为Y100L2-4

电动机的技术参数

电动机型号	额定功率/kW	电动机转速/(r/min)	
		同步转速	满载转速
Y100L2-4	3	1500	1430

电动机结构如下图所示。

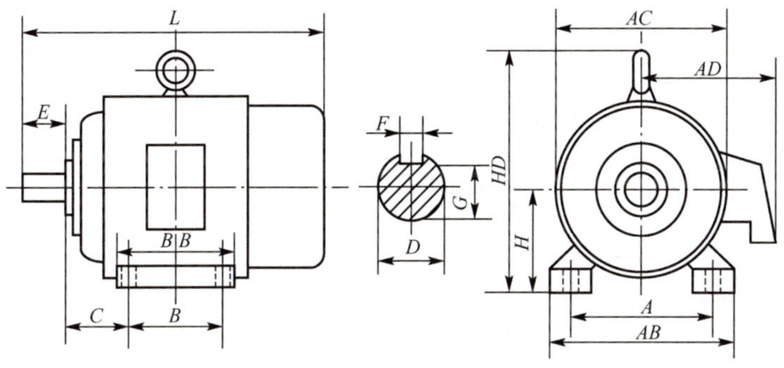

Y100L2-4电动机结构

续表

计算及说明	结果

电动机外形尺寸和安装尺寸如下。

电动机外形尺寸和安装尺寸 （单位：mm）

电动机型号	中心高 H	外形尺寸 $L\times\left(\frac{AC}{2}+AD\right)\times HD$	安装尺寸 $A\times B$	轴伸尺寸 $D\times E$	键槽尺寸 $F\times G$
Y100L2－4	100	380×282.5×245	160×140	28×60	8×24

2. 计算传动装置总传动比及分配各级传动比

（1）传动装置的总传动比。

$$i=\frac{n_m}{n_w}=\frac{1430}{95.5}\approx 14.97$$

$i\approx 14.97$

（2）分配各级传动比。该传动装置由一级带传动和一级齿轮传动组成，为使V带传动的轮廓尺寸不致过大，分配传动比时应保证 $i_v<i_c$，故取 $i_v=2.99$，$i_c=5$

$i_v=2.99$

$i_c=5$

3. 计算各轴的运动和动力参数

（1）计算各轴转速。

Ⅰ轴 $$n_{\mathrm{I}}=\frac{n_m}{i_v}=\frac{1430}{2.99}\mathrm{r/min}\approx 478.3\mathrm{r/min}$$

Ⅱ轴 $$n_{\mathrm{II}}=\frac{n_{\mathrm{I}}}{i_c}=\frac{478.3}{5}\mathrm{r/min}\approx 95.7\mathrm{r/min}$$

$n_{\mathrm{I}}\approx 478.3\mathrm{r/min}$

$n_{\mathrm{II}}\approx 95.7\mathrm{r/min}$

（2）计算各轴功率。

Ⅰ轴 $P_{\mathrm{I}}=P_d\eta_v=(2.44\times 0.96)\mathrm{kW}\approx 2.34\mathrm{kW}$

Ⅱ轴 $P_{\mathrm{II}}=P_{\mathrm{I}}\eta_1\eta_2=(2.34\times 0.97\times 0.99)\mathrm{kW}\approx 2.25\mathrm{kW}$

卷筒轴 $P_w=P_{\mathrm{II}}\eta_2\eta_3=(2.25\times 0.99\times 0.99)\mathrm{kW}\approx 2.21\mathrm{kW}$

$P_{\mathrm{I}}\approx 2.34\mathrm{kW}$

$P_{\mathrm{II}}\approx 2.25\mathrm{kW}$

$P_w\approx 2.21\mathrm{kW}$

（3）计算各轴转矩。

电动机轴 $$T_d=9550\times\frac{P_d}{n_m}=\left(9550\times\frac{2.44}{1430}\right)\mathrm{N\cdot m}\approx 16.30\mathrm{N\cdot m}$$

Ⅰ轴 $$T_{\mathrm{I}}=9550\times\frac{P_{\mathrm{I}}}{n_{\mathrm{I}}}=\left(9550\times\frac{2.34}{478.3}\right)\mathrm{N\cdot m}\approx 46.72\mathrm{N\cdot m}$$

Ⅱ轴 $$T_{\mathrm{II}}=9550\times\frac{P_{\mathrm{II}}}{n_{\mathrm{II}}}=\left(9550\times\frac{2.25}{95.7}\right)\mathrm{N\cdot m}\approx 224.53\mathrm{N\cdot m}$$

卷筒轴 $$T_w=9550\times\frac{P_w}{n_w}=\left(9550\times\frac{2.21}{95.7}\right)\mathrm{N\cdot m}\approx 220.54\mathrm{N\cdot m}$$

$T_d\approx 16.30\mathrm{N\cdot m}$

$T_{\mathrm{I}}\approx 46.72\mathrm{N\cdot m}$

$T_{\mathrm{II}}\approx 224.53\mathrm{N\cdot m}$

$T_w\approx 220.54\mathrm{N\cdot m}$

汇总以上计算结果，以备设计传动零件时查用。

各轴运动和动力参数

轴名	功率 P/kW	转速 n/(r/min)	转矩 T/(N·m)	传动比 i	效率 η
电动机轴	2.44	1430	16.30		
				2.99	0.96
Ⅰ轴	2.34	478.3	46.72		
				5	0.96
Ⅱ轴	2.25	95.7	224.53		
				1	0.98
卷筒轴	2.21	95.7	220.54		

习　题

9－1　填空题

（1）机械传动方案一般用____________表示。

（2）电动机有________电动机和________电动机两类。

（3）电动机转速有________转速和________转速。

（4）计算传动装置总传动比时，用电动机的________转速除以工作机转速。

（5）机械传动装置的总效率等于________________。

9－2　选择题

（1）在传动装置中，一般____放在高速级。

A. 开式齿轮传动　　B. 带传动　　C. 链传动

（2）设计计算时，三相异步电动机的同步转速一般取____或____。

A. 3000r/min　　B. 1500r/min　　C. 1000r/min　　D. 750r/min

（3）在展开式二级圆柱齿轮减速器中，高速级传动比i_1与低速级传动比i_2之间的关系为____。

A. $i_1=i_2$　　B. $i_1=2i_2$　　C. $i_1=(1.3\sim1.5)i_2$

（4）同一根轴的输出功率等于____。

A. 输入功率　　B. 输入功率乘以传动件效率　　C. 输入功率乘以轴承效率

（5）一根轴的输入功率等于前一根轴的____。

A. 输出功率　　B. 输出功率乘以传动件效率　　C. 输出功率乘以轴承效率

（6）在带-齿轮减速器传动中，____传动方案较好。

A. 电动机→齿轮传动→带传动→工作机

B. 电动机→带传动→齿轮传动→工作机

9－3　思考题

（1）传动装置的主要作用是什么？

（2）合理的传动方案应满足哪些要求？

（3）常用减速器有哪些类型？各有何特点？

（4）电动机的类型是根据哪些因素选择的？工业生产中应用最多的是哪种类型的电动机？它具有什么特点？

（5）如何确定电动机所需的工作功率P_d？它与所选电动机的额定功率P_{ed}有什么不同？它们之间要满足什么条件？设计传动装置时采用哪种功率？

（6）如何确定传动装置的总效率？计算总效率时要注意哪些问题？

（7）如何确定电动机的同步转速？

（8）如何合理分配传动中的各级传动比？

提示：本章其他设计习题见模块四实训项目任务书。

模块四实训

实训项目任务书

实训名称	传动装置总体设计
实训目的	1. 掌握电动机的选择。 2. 能够计算传动装置的总传动比，并合理分配各级传动比。 3. 能进行传动装置的运动和动力参数计算
实训内容	模块四实训图1为带式运输机传动方案，已知卷筒直径 $D=400\text{mm}$，驱动卷筒的有效拉力 $F=4000\text{N}$，运输带的工作速度 $v=1.4\text{m/s}$，运输机在室温下长期连续工作，单向运转，载荷平稳，每天两班制工作，预期工作五年，每年按300个工作日计算，使用三相交流电源 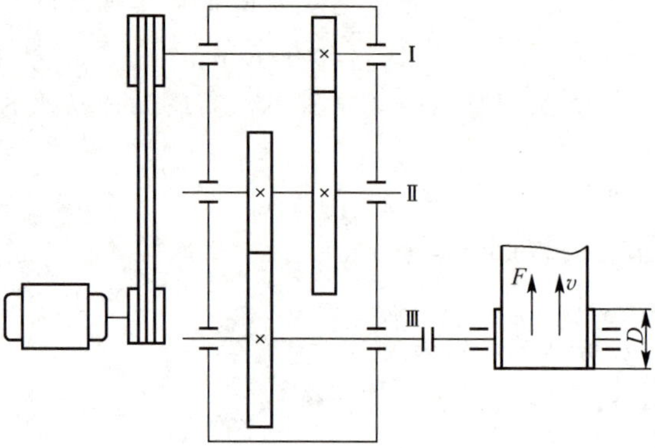 模块四实训图1
实训要求	1. 选择电动机型号。 2. 计算传动装置的总传动比并分配各级传动比。 3. 计算各轴的运动和动力参数。 4. 将电动机技术参数和尺寸、各轴的运动和动力参数分别列于表中

模块五

传动零件及其设计

教学导入

模块五图 1 所示为带式输送机的传动装置。该传动装置的作用是将电动机的运动和动力传递给工作装置。该传动装置由带传动和一级圆柱齿轮减速器组成，位于电动机和工作机之间，是机器的重要组成部分。

带传动、齿轮传动均为机械中的传动件。机械中最常用的传动形式有带传动、链传动、齿轮传动、蜗杆传动等，主要作用是将输入轴的运动和动力传递给输出轴。如模块五图所示，先通过带传动将与小带轮连接的电动机轴的运动和动力传递给大带轮；大带轮与小齿轮同轴，再通过齿轮传动将小齿轮轴的运动和动力传递给大齿轮，输出给工作装置。

本模块主要介绍带传动、链传动、齿轮传动、蜗杆传动的结构特点、工作原理、设计理论及设计方法等。

【参考图文】

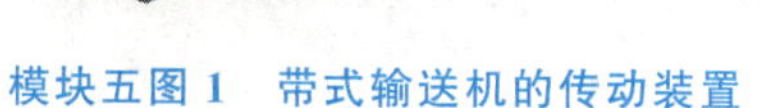
模块五图 1　带式输送机的传动装置

第10章 带传动与链传动设计

本章主要介绍带传动的工作原理、类型、特点和应用；V带及V带轮；带传动的受力分析、应力分析、弹性滑动与打滑现象；带传动的失效形式与设计准则；V带传动的设计计算；带传动的张紧装置；链传动。

教学目标

1. 了解带传动的类型、特点及应用。
2. 熟悉V带的结构及标准、带轮的材料及结构、带传动的张紧方法。
3. 掌握带传动的工作原理、受力分析、应力分析，以及带传动的弹性滑动与打滑理论。
4. 掌握带传动的失效形式与设计准则，以及V带传动的设计方法。
5. 了解链传动的类型和特点、滚子链和链轮的结构。

在机械传动中，带传动和链传动都是通过中间挠性元件实现的传动，适用于主动轴与从动轴相距较远时两轴之间的传动。

10.1 带传动概述

在机械传动中，带传动是常见的传动形式之一。带传动主要由主动带轮1、从动带轮2和张紧在两轮上的带3及机架组成，如图10.1所示。

10.1.1 带传动的类型

带传动按工作原理不同，分为摩擦型带传动（图10.1）和啮合型带传动（图10.2）两大类。带传动的类型、工作原理及特点见表10.1。

【参考动画】

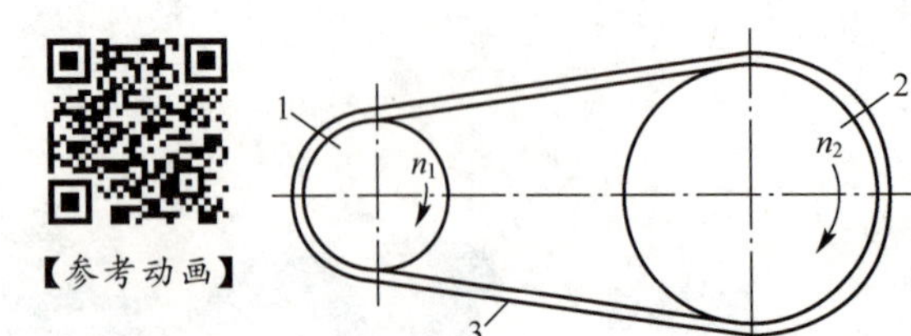

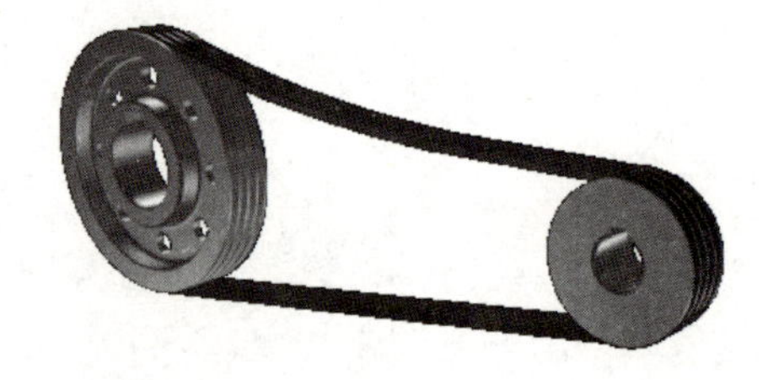

1—主动带轮；2—从动带轮；3—带

图 **10.1**　摩擦型带传动

【参考动画】

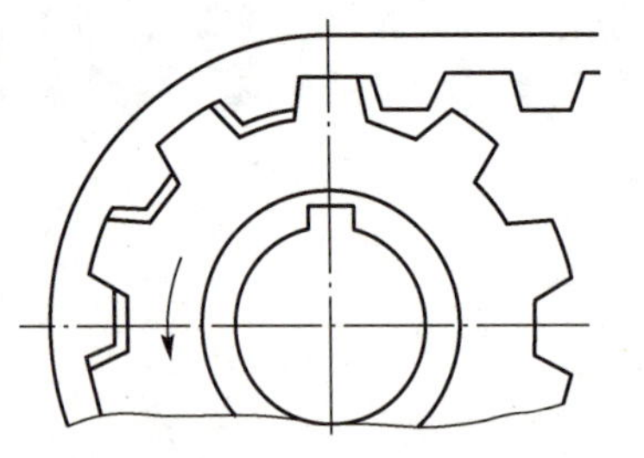

图 **10.2**　啮合型带传动

表 10.1　带传动的类型、工作原理及特点

类型		图例	工作原理	特点及应用
摩擦型带传动	平带传动		【参考动画】 由于带紧套在带轮上，带与带轮接触面间产生压力。当主动轮转动时，靠带与带轮接触面间产生摩擦力而驱动带运动，带又靠摩擦力带动从动轮转动，将运动和动力由主动轮传递给从动轮	平带的横截面为扁平矩形，与轮面接触的内表面为工作面。它分为有接头的平带和无接头的平带两种，有接头的平带带长可根据需要剪截后，用带接头接成封闭环形。应用最多的普通平带由多层橡胶帆布黏合而成。平带传动结构简单、制造容易，常用于传动中心距较大的场合，也广泛用于高速带传动中
	V带传动			V 带的横截面为等腰梯形，工作时带两侧面与轮槽的侧面接触为工作面，带的上、下面为非工作面。V 带与平带相比，由于正压力作用在楔形截面上，根据楔形增压原理，在相同初拉力下，V 带传动能产生更大的摩擦力，能传递较大的功率。而且 V 带无接头，传动平稳，还具有标准化程度高、传动比大、结构紧凑等优点，故 V 带传动在机械中应用很广泛

续表

<table>
<tr><th colspan="2">类型</th><th>图例</th><th>工作原理</th><th>特点及应用</th></tr>
<tr><td rowspan="2">摩擦型带传动</td><td>多楔带传动</td><td></td><td rowspan="2">由于带紧套在带轮上，带与带轮接触面间产生压力，当主动轮转动时，靠带与带轮接触面间产生摩擦力而驱动带运动，带又靠摩擦力带动从动轮转动，将运动和动力由主动轮传递给从动轮</td><td>多楔带以扁平矩形为基体，工作部分为若干纵向楔，相当于平带和V带的组合结构。工作时，楔形部分嵌入带轮的楔形槽内，靠楔面摩擦工作，其工作面为楔的侧面。带与带轮接触面较多，产生的摩擦力较大。多楔带兼有平带柔性好和V带摩擦力大的优点，故常用于要求传动平稳、传递功率较大且要求结构紧凑的场合</td></tr>
<tr><td>圆带传动</td><td></td><td>圆带的横截面为圆形，传递功率较小，一般用于传递功率较小的仪器和家用器械中，如缝纫机、仪表仪器等</td></tr>
<tr><td colspan="2">啮合型带传动</td><td>(a)带　(b)带轮</td><td>依靠带内侧的齿与齿形带轮的啮合来传递运动和动力，一般称同步带传动</td><td>啮合型带传动兼有齿轮传动和摩擦型带传动的特点。由于靠啮合传动，带的初拉力小，带与带轮间没有相对滑动，能保证准确的传动比。结构紧凑，传动效率较高，适用于高速传动</td></tr>
</table>

摩擦型带传动应用广泛，故本章主要介绍摩擦型带传动。

10.1.2 带传动的形式

根据带轮轴的相对位置及带绕在带轮上的形式不同，带传动分为开口传动、交叉传动和半交叉传动三种形式，见表10.2。交叉传动和半交叉传动只适用于平带传动和圆带传动。

表 10.2　带传动的形式

传动形式	开口传动	交叉传动	半交叉传动
图例	两轴相互平行，两轮转向相同	两轴相互平行，两轮转向相反	两轴空间交错

【参考动画】【参考动画】

10.1.3　摩擦型带传动的特点

摩擦型带传动具有如下特点。

(1) 带具有良好的弹性，能缓冲吸振，传动平稳，无噪声。

(2) 适合于两轴中心距较大的场合。

(3) 过载时，带在带轮上打滑，可防止其他零件损坏，起到过载保护作用。

(4) 结构简单，制造和安装精度不像啮合传动那么严格，制造容易，维护方便，成本低廉。

(5) 工作时有弹性滑动，使传动效率降低，不能保持准确的传动比。

(6) 传动的外廓尺寸较大。

【参考视频】

(7) 带需要张紧，故作用在轴和轴承上的压力较大，带的使用寿命较短。

所以，带传动主要应用于传动平稳、传动比要求不严格、两轴中心距较大的中小功率高速传动中；一般功率 $P \leqslant 50\text{kW}$，带的速度 $v=5\sim25\text{m/s}$，传动比 $i \leqslant 7$，传动效率 $\eta=0.94\sim0.97$。在多级传动系统中，带传动常配置于高速级，多用于原动机与工作机之间的传动。

10.2　V 带及 V 带轮

10.2.1　V 带的结构和标准

V 带有普通 V 带、窄 V 带、宽 V 带、联组 V 带、齿形 V 带等多种类型，其中普通 V 带应用最广，近年来窄 V 带的应用也日益广泛。本节主要介绍普通 V 带及 V 带轮。V 带的类型和特点如表 10.3 所示。

表 10.3　V 带的类型和特点

类型	图例	特点
普通 V 带		相对高度（截面高度 h 与节宽 b_p 的比值）约为 0.7

续表

类型	图例	特点
窄 V 带		相对高度约为 0.9。节宽相同时，比普通 V 带承载能力强。在传递相同功率时，其结构更紧凑、使用寿命更长。窄 V 带有 SPZ、SPA、SPB、SPC 四种型号
宽 V 带		相对高度约为 0.3
联组 V 带		由几根普通 V 带或窄 V 带的顶面用胶帘布等距黏结而成。一般用在功率和传动比较大的场合，但要求张紧力大
齿形 V 带		内周制成齿形，带的散热性、与带轮的黏附性、挠曲性好

普通 V 带为无接头的环形带。普通 V 带的横剖面结构如图 10.3 所示，由包布层 1、顶胶 2、抗拉层 3 和底胶 4 组成。包布层由橡胶帆布制成，包在带的外部，起保护作用；顶胶和底胶由橡胶制成，在带弯曲时分别受拉和受压；抗拉层由几层挂胶的帘布或浸胶的棉线（或尼龙）绳构成，在工作时主要承受基本拉力，是主要承载部分。按抗拉层的结构不同，V 带分为绳芯结构[图 10.3（a）]和帘布芯结构[图 10.3（b）]。绳芯结构柔性好，抗弯强度高，抗拉强度稍差，适用于转速较高、载荷不大或带轮直径较小的场合；帘布芯结构制造方便，价格低廉，抗拉强度高，故应用广泛。

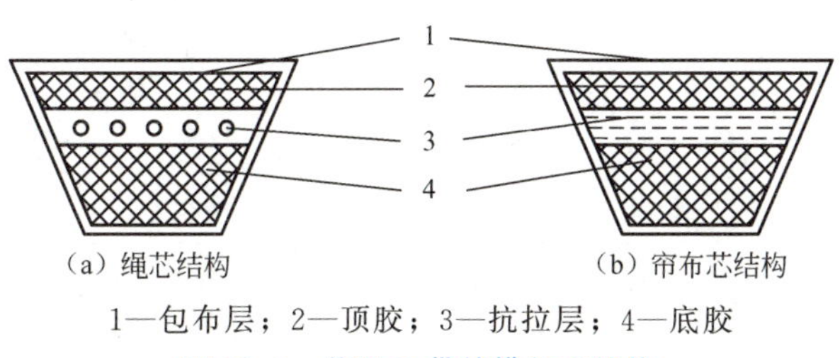

（a）绳芯结构　　（b）帘布芯结构

1—包布层；2—顶胶；3—抗拉层；4—底胶

图 10.3　普通 V 带的横剖面结构

普通V带已标准化，按其截面尺寸由小到大分为Y、Z、A、B、C、D、E七种型号，其截面尺寸见表10.4。相同条件下，截面尺寸越大，V带的承载能力越强。

表10.4 普通V带截面尺寸（GB/T 11544—2012）

类型	节宽 b_p/mm	顶宽 b/mm	高度 h/mm	单位长度质量 q/（kg/m）	楔角 α /（°）
Y	5.3	6.0	4.0	0.023	
Z	8.5	10.0	6.0	0.06	
A	11.0	13.0	8.0	0.105	
B	14.0	17.0	11.0	0.170	40
C	19.0	22.0	14.0	0.300	
D	27.0	32.0	19.0	0.630	
E	32.0	38.0	23.0	0.970	

当带绕到带轮上发生纵向弯曲变形时，顶胶受拉伸而变窄，底胶受压缩而变宽，带中保持长度和宽度均不变的面称为节面。节面宽度称为节宽 b_p。节面周线称为节线，其长度保持不变。在V带轮上，与所配用的V带节宽 b_p 相对应的带轮直径称为带轮基准直径 d_d。V带在规定的张紧力下，位于带轮基准直径上的周线长度称为带的基准长度 L_d。普通V带基准长度和V带轮基准直径均为标准值，见表10.5和表10.6。

表10.5 普通V带基准长度 L_d 和带长修正系数 K_L（GB/T 11544—2012）

Y		Z		A		B		C	
L_d/mm	K_L	L_d/mm	K_L	L_d/mm	K_L	L_d/mm	K_L	L_d/mm	K_L
200	0.81	406	0.87	630	0.81	930	0.83	1565	0.82
224	0.82	475	0.90	700	0.83	1000	0.84	1760	0.85
250	0.84	530	0.93	790	0.85	1100	0.86	1950	0.87
280	0.87	625	0.96	890	0.87	1210	0.87	2195	0.90
315	0.89	700	0.99	990	0.89	1370	0.90	2420	0.92
355	0.92	780	1.00	1100	0.91	1560	0.92	2715	0.94
400	0.96	920	1.04	1250	0.93	1760	0.94	2880	0.95
450	1.00	1080	1.07	1430	0.96	1950	0.97	3080	0.97
500	1.02	1330	1.13	1550	0.98	2180	0.99	3520	0.99
		1420	1.14	1640	0.99	2300	1.01	4060	1.02
		1540	1.54	1750	1.00	2500	1.03	4600	1.05
				1940	1.02	2700	1.04	5380	1.08

续表

Y		Z		A		B		C	
L_d/mm	K_L	L_d/mm	K_L	L_d/mm	K_L	L_d/mm	K_L	L_d/mm	K_L
				2050	1.04	2870	1.05	6100	1.11
				2200	1.06	3200	1.07	6815	1.14
				2300	1.07	3600	1.09	7600	1.17
				2480	1.09	4060	1.13	9100	1.21
				2700	1.10	4430	1.15	10700	1.24

表 10.6 V带轮基准直径系列

型号	Y	Z	A	B	C
最小基准直径 d_{dmin}/mm	20	50	75	125	200

注：带轮基准直径系列包括 20、22.4、25、28、31.5、35.5、40、45、50、56、63、71、75、80、85、90、95、100、106、112、118、125、132、140、150、160、170、180、200、212、224、236、250、265、280、300、315、335、355、375、400、425、450、475、500、530、560、600、630、670、710、750、800、900、1000、1120、1250、1400、1600、2000。

10.2.2 V带轮

1. V带轮的材料

V带轮的材料主要是铸铁，常用材料为 HT150 或 HT200，允许的最大圆周速度为 25m/s；转速较高时宜采用铸钢或钢板冲压后焊接；功率小时可用铸铝或塑料，以减轻带轮的质量。

2. V带轮的结构

V带轮由轮缘 1、轮辐 2 和轮毂 3 组成，如图 10.4 所示。轮缘上制有梯形轮槽，用于安装 V带，其结构尺寸和槽数应与所用 V带的型号、根数相对应。轮毂是与轴配合的部分。连接轮缘和轮毂的部分称为轮辐。表 10.7为 V带轮轮槽尺寸 (GB/T 13575.1—2008)。各种型号 V带楔角均为 40°，但当带绕上带轮而弯曲时，带外表面受拉而变窄，内表面受压而变宽，带的截面楔角变小，带轮直径越小，这种现象越明显。为使带与轮槽侧面保持良好的接触，应使轮槽角小于带的楔角，故 V带轮的轮槽角规定为 32°、34°、36°或 38°。

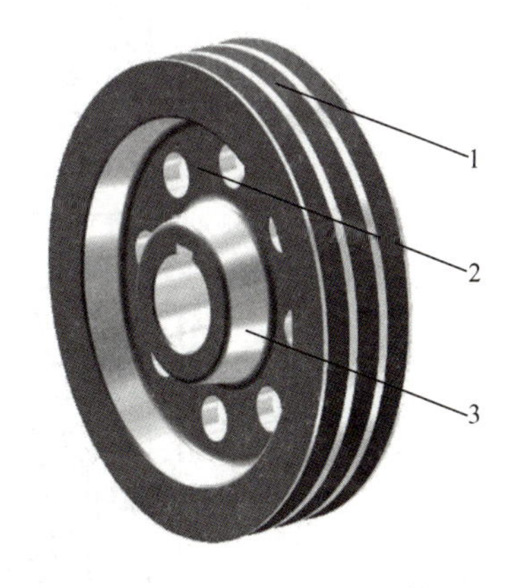

1—轮缘；2—轮辐；3—轮毂

图 10.4 V带轮的结构

表 10.7　V 带轮轮槽尺寸（GB/T 13575.1—2008）　　（单位：mm）

槽型剖面尺寸		型号						
		Y	Z	A	B	C	D	E
h_{fmin}		4.7	7.0	8.7	10.8	14.3	19.9	23.4
h_{amin}		1.6	2.0	2.75	3.5	4.8	8.1	9.6
e		8±0.3	12±0.3	15±0.3	19±0.4	25.5±0.5	37±0.6	44.5±0.7
$f_{\min}$		6	7	9	11.5	16	23	28
b_{d}		5.3	8.5	11	14	19	27	32
$\delta_{\min}$		5	5.5	6	7.5	10	12	15
B		$B=(z-1)e+2f$　z 为带根数						
φ 32°	d_{d}	≤60						
φ 34°	d_{d}		≤80	≤118	≤190	≤315		
φ 36°	d_{d}	>60				≤475	≤600	
φ 38°	d_{d}		>80	>118	>190	>315	>475	>600

铸造 V 带轮有实心式、腹板式、孔板式和椭圆轮辐式四种结构形式。普通 V 带轮结构及其尺寸见表 10.8。

表 10.8　普通 V 带轮结构及其尺寸

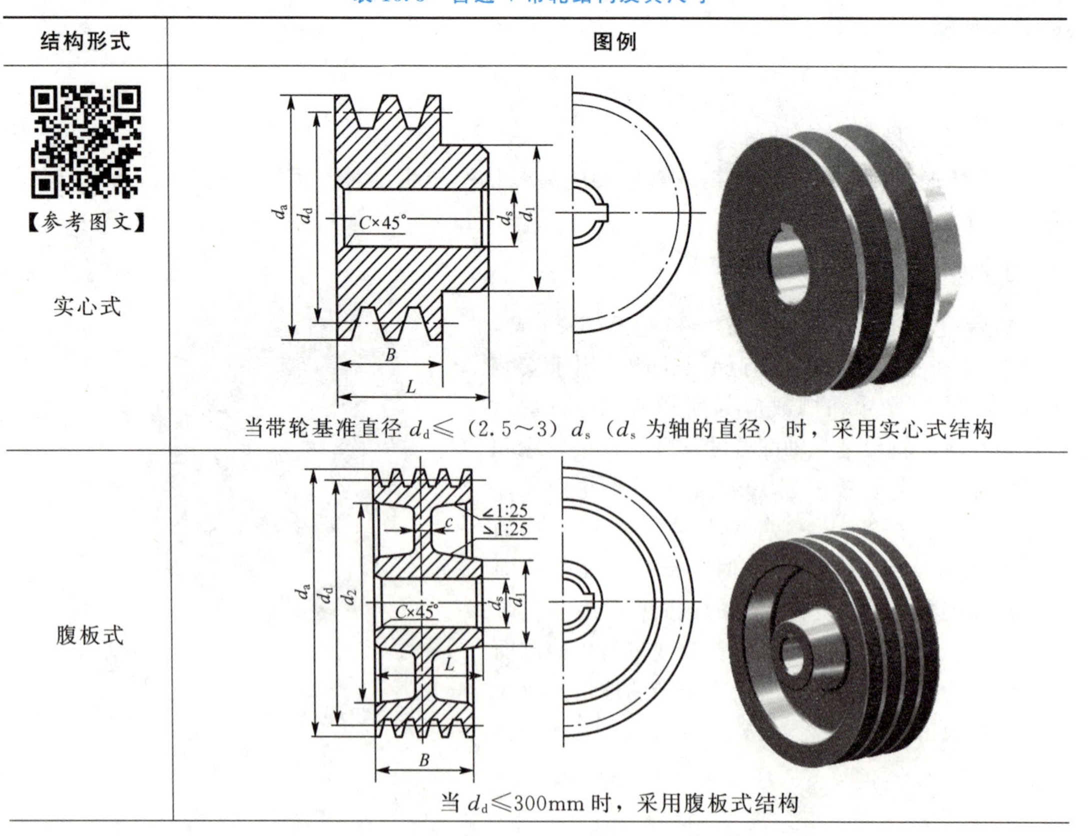

结构形式	图例
【参考图文】 实心式	当带轮基准直径 $d_{\mathrm{d}} \leqslant (2.5 \sim 3)d_{\mathrm{s}}$（$d_{\mathrm{s}}$ 为轴的直径）时，采用实心式结构
腹板式	当 $d_{\mathrm{d}} \leqslant 300\mathrm{mm}$ 时，采用腹板式结构

续表

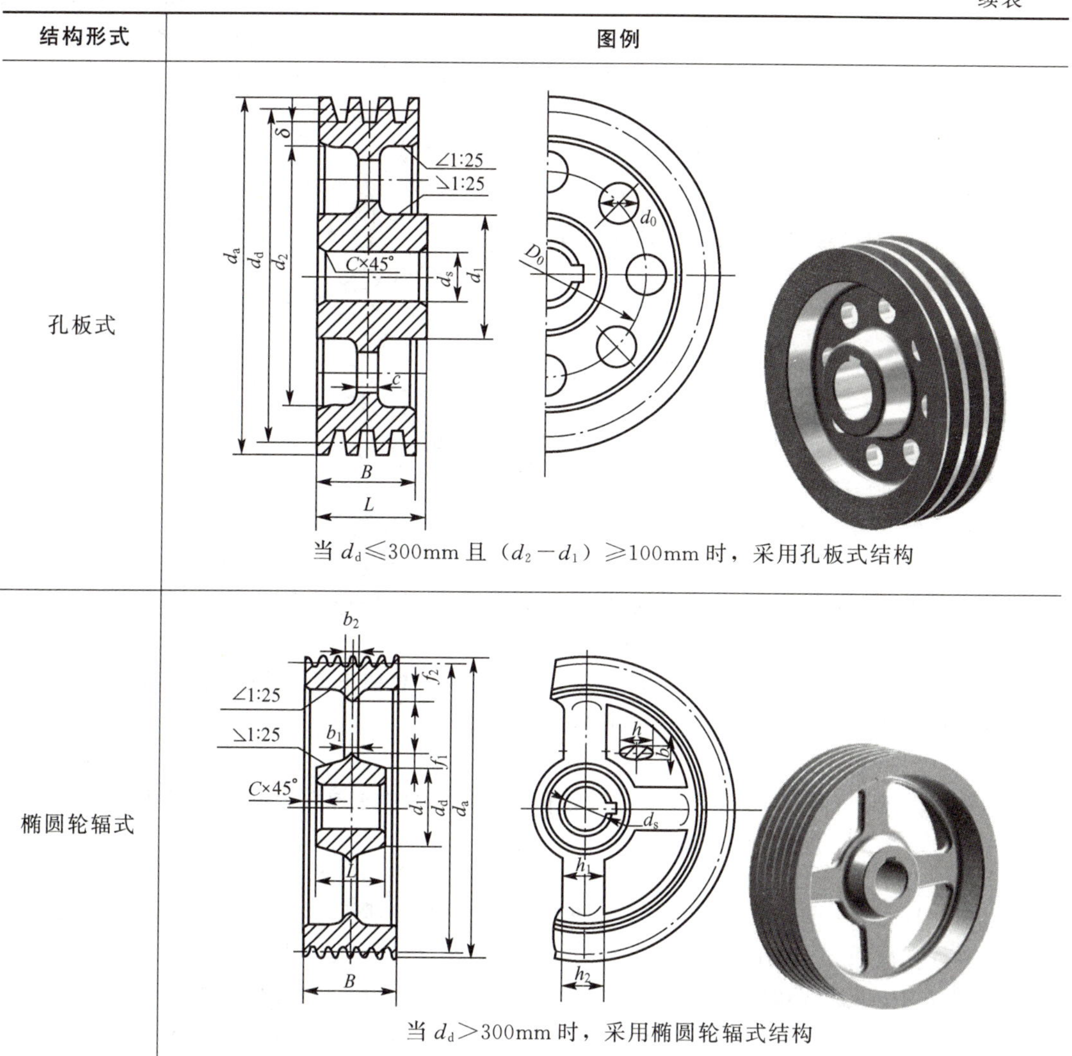

结构形式	图例
孔板式	当 $d_d \leqslant 300$mm 且（d_2-d_1）$\geqslant 100$mm 时，采用孔板式结构
椭圆轮辐式	当 $d_d > 300$mm 时，采用椭圆轮辐式结构

$d_0=(0.2\sim0.3)(d_2-d_1)$；$d_1=(1.8\sim2)d_s$；$c=(0.2\sim0.3)B$；$d_2=d_a-2(H+\delta)$，$H$、$\delta$ 见表 10.7；$D_0=0.5(d_1+d_2)$；$L=(1.5\sim2)d_s$，当 $B<1.5d_s$ 时，取 $L=B$；

$h_1=290\sqrt[3]{\frac{P}{nz_a}}$，其中，$P$ 为传递的功率（kW），n 为带轮的转速（r/min），z_a 为轮辐数；

$h_2=0.8h_1$；$b_1=0.4h_1$；$b_2=0.8b_1$；$f_1=0.2h_1$；$f_2=0.2h_2$

10.3 带传动的工作能力分析

10.3.1 带传动的受力分析

V 带传动是靠传动带与带轮之间的摩擦力传递运动和动力的。为使带与带轮之间产生摩擦力，安装带传动机构时，带必须以一定的初拉力 F_0（即张紧力）张紧在带轮上，使带和带轮相互压紧。带传动不工作时，带两边的拉力相等，均为初拉力 F_0，如图 10.5（a）所示。

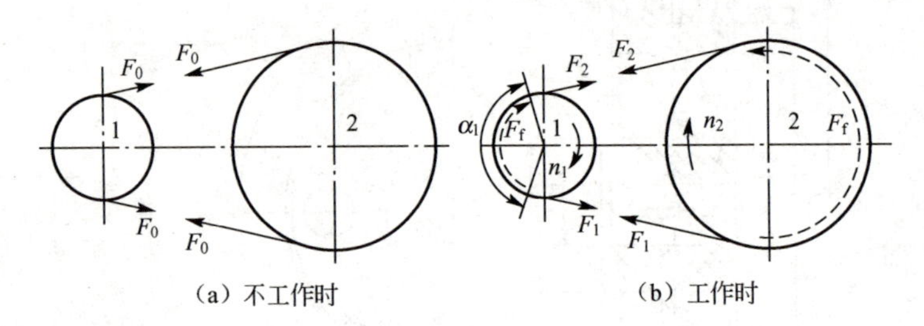

图 10.5　带传动的受力分析

带传动工作时，如图 10.5（b）所示，由于带与带轮之间产生摩擦力，主动轮对带产生的摩擦力方向与带的运动方向相同，从动轮对带产生的摩擦力方向与带的运动方向相反，因此带两边的拉力不再相等。带绕入主动轮的一边被拉紧，称为紧边，拉力由 F_0 增大到紧边拉力 F_1；带绕入从动轮的一边被放松，称为松边，拉力由 F_0 减小为松边拉力 F_2。设带工作时总长度不变，则带的紧边拉力增加量应等于松边拉力的减少量，即

$$F_1 - F_0 = F_0 - F_2 \tag{10-1}$$

带紧边和松边的拉力差称为带的有效拉力 F，它在数值上等于带与带轮接触面上产生的摩擦力的总和 F_f，也就是带所传递的圆周力，即

$$F = F_1 - F_2 = F_f \tag{10-2}$$

有效拉力 F（N）、带速 v（m/s）和带传递的功率 P（kW）之间的关系为

$$P = \frac{Fv}{1000} \tag{10-3}$$

由式（10-3）可知，当功率 P 一定时，带速 v 大，则有效拉力 F 小，因此，通常把带传动布置在机械设备的高速级传动上，以减小带传递的有效拉力。当带速 v 一定时，传递的有效拉力 F 随功率的增加而增大，需要带与带轮之间的摩擦力也增大。实际上，在一定的初拉力 F_0 下，带与带轮之间的摩擦力总和有极限值，当带所需传递的有效拉力超过这个极限值时，带将沿带轮表面发生明显滑动，这种现象称为打滑。出现打滑时，虽然主动轮还在转动，但带和从动轮都不能正常运动，甚至完全不动，使传动失效。打滑还使带磨损加剧，传动效率降低，故应避免。

当带传动处于有打滑趋势而尚未打滑的临界状态时，摩擦力达到最大值，带传动所传递的有效拉力最大。根据柔性体摩擦的欧拉公式，此时带的紧边拉力 F_1 和松边拉力 F_2 之间的关系为

$$\frac{F_1}{F_2} = e^{f\alpha} \tag{10-4}$$

式中　e——自然对数底（e=2.718）；

f——带与带轮间的摩擦因数（V 带传动时为当量摩擦因数 f_v）；

α——带与带轮接触弧段所对应的中心角（rad），称为包角。

将式（10-1）、式（10-2）和式（10-4）联立求解，对 V 带传动有

$$F_1 = F\frac{e^{f_v\alpha}}{e^{f_v\alpha} - 1} \tag{10-5}$$

$$F_2 = F \frac{1}{e^{f_v \alpha} - 1} \quad (10-6)$$

带的最大有效拉力

$$F_{max} = 2F_0 \frac{e^{f_v \alpha} - 1}{e^{f_v \alpha} + 1} \quad (10-7)$$

由式（10-7）可知，带传动的工作能力与初拉力 F_0、当量摩擦因数 f_v 和包角 α 有关。

（1）有效拉力与初拉力成正比。增大初拉力，带与带轮间的正压力增大，则传动时产生的摩擦力增大，故有效拉力增大。但初拉力过大会加剧带的磨损，致使带过快松弛，缩短其工作寿命；初拉力过小又容易发生打滑和跳动。因此，带的张紧程度应在合适的范围内。

（2）有效拉力随当量摩擦因数的增大而增大。摩擦因数越大，摩擦力越大，所传递的有效拉力也越大。

（3）有效拉力随包角的增大而增大。包角增大，带与带轮接触弧增长，使摩擦力的总和增大，从而传动能力提高。由于大带轮的包角 α_2 总是大于小带轮的包角 α_1，因此大带轮的传动能力强于小带轮的传动能力，先在小带轮上出现打滑。

10.3.2 带的应力分析

带传动工作时，带中将产生以下三种应力。

1. 由紧边、松边拉力产生的拉应力

紧边拉应力

$$\sigma_1 = \frac{F_1}{A} \quad (10-8)$$

松边拉应力

$$\sigma_2 = \frac{F_2}{A} \quad (10-9)$$

式（10-8）和式（10-9）中 A——带的横截面面积（mm^2）。

因为 $F_1 > F_2$，所以 $\sigma_1 > \sigma_2$，即紧边拉应力大于松边拉应力。

2. 由离心力产生的离心拉应力

带绕在带轮上做圆周运动时将产生离心力，虽然离心力只产生在带做圆周运动的部分，但由于离心力所产生的离心效力作用于带的全长，使带各截面都产生离心拉应力

$$\sigma_c = \frac{F_c}{A} = \frac{qv^2}{A} \quad (10-10)$$

式中 F_c——离心拉力（N）；

q——带每米长度质量（kg/m）；

v——带的圆周速度（m/s）。

3. 由带弯曲产生的弯曲应力

带绕过带轮时，因弯曲而产生弯曲应力。由材料力学可得弯曲应力为

$$\sigma_b = \frac{2Ey}{d_d} \quad (10-11)$$

式中 E——带的弹性模量（MPa）；

y——带的节面到最外层的垂直距离（mm）；

d_d——带轮基准直径（mm）。

对于同型号的带，高度 y 相同，而小带轮直径小，故带绕过小带轮时的弯曲应力大于绕过大带轮时的弯曲应力。为了避免弯曲应力过大，带轮直径不能过小。为了限制带传动中的最大弯曲应力，规定了各种型号的小带轮的最小基准直径，见表 10.6。

带的总应力即上述三种应力之和。图 10.6 所示为带工作时的应力分布。带在工作时受变应力作用，在带的任一截面上产生的应力随带的工作位置的改变而发生周期性变化，在应力循环次数达到一定值后，带将发生疲劳破坏。最大应力发生在带的紧边绕入小带轮处，其值为

$$\sigma_{max}=\sigma_1+\sigma_{b1}+\sigma_c \tag{10-12}$$

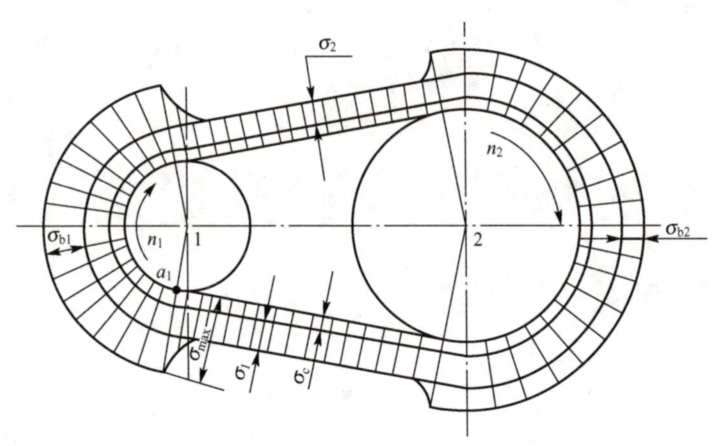

图 10.6　带工作时的应力分布

10.3.3　带传动的弹性滑动和传动比

【参考动画】

带是弹性体，受力作用后会产生弹性变形。由于带在紧边和松边所受的拉力不同，因此产生的弹性变形也不同。当带绕入主动轮时，带由紧边运动到松边，所受的拉力由 F_1 逐渐减小到 F_2，带的弹性变形量也随之逐渐减小，即带一方面由于摩擦力的作用随着带轮前进，同时因弹性变形的减小而向后收缩，使带的速度小于主动轮的圆周速度。带与主动轮之间发生了相对滑动。同理，在从动轮上，带由松边运动到紧边，所受的拉力由 F_2 逐渐增大到 F_1，带的弹性变形量也随之逐渐增大，即带一方面由于摩擦力的作用随着带轮前进，同时因弹性变形的增大而向前伸长，使带的速度大于从动轮的圆周速度。带与从动轮之间也发生了相对滑动。这种由带的弹性变形和紧边、松边的拉力差引起的滑动，称为弹性滑动。

弹性滑动不同于打滑。弹性滑动是在 $F<F_{max}$ 的情况下，带与带轮之间局部微小的相对滑动，是带传动正常工作时不可避免的。弹性滑动使零件磨损，传动效率降低。打滑是在 $F>F_{max}$ 过载时，带相对于带轮在整个接触弧上发生的相对滑动，是传动失效，可避免且应当避免。

由于弹性滑动的影响，从动轮的圆周速度总是小于主动轮的圆周速度（$v_2<v<v_1$），不能保证准确的传动比。由弹性滑动引起的从动轮圆周速度的降低率称为滑动率，用 ε 表

示，即

$$\varepsilon=\frac{v_1-v_2}{v_1}\times 100\% \qquad (10-13)$$

若主、从动轮的转速分别为 n_1、n_2，带轮基准直径分别为 d_{d1}、d_{d2}，则两轮的圆周速度分别为

$$v_1=\frac{\pi d_{d1}n_1}{60\times 1000} \qquad v_2=\frac{\pi d_{d2}n_2}{60\times 1000}$$

带传动的传动比为

$$i=\frac{n_1}{n_2}=\frac{d_{d2}}{d_{d1}(1-\varepsilon)} \qquad (10-14)$$

V 带传动的滑动率一般取 $\varepsilon=1\%\sim2\%$，因其值很小，一般在计算中可忽略不计。

10.4 普通 V 带传动的设计

10.4.1 带传动的失效形式和设计准则

由前面分析可知，带传动的主要失效形式是带在带轮上打滑和带的疲劳破坏（脱层、撕裂或折断）。

带传动的设计准则：在保证带传动不打滑的前提下，带具有一定的疲劳强度和使用寿命。

10.4.2 单根 V 带的基本额定功率

依据设计准则，为保证带传动不打滑，必须使带传动的有效拉力 F 不超过最大的有效拉力，即

$$F=\frac{1000P}{v}\leqslant F_{\max}=F_1-F_2=F_1\left(1-\frac{1}{e^{f_v\alpha_1}}\right)=\sigma_1 A\left(1-\frac{1}{e^{f_v\alpha_1}}\right) \qquad (10-15)$$

为避免带发生疲劳破坏，保证带具有足够的疲劳强度和寿命，应满足

$$\sigma_{\max}=\sigma_1+\sigma_c+\sigma_{b1}\leqslant[\sigma]$$

$$\sigma_1\leqslant[\sigma]-\sigma_c-\sigma_{b1} \qquad (10-16)$$

式中　$[\sigma]$——带的许用应力（MPa）。

由式（10－15）和式（10－16），可得单根 V 带在既不打滑又具有一定疲劳强度时所能传递的极限功率

$$P_0=\frac{F_{\max}v}{1000}=\frac{([\sigma]-\sigma_c-\sigma_{b1})A\left(1-\frac{1}{e^{f_v\alpha_1}}\right)v}{1000} \qquad (10-17)$$

带传动的设计准则是以功率形式来描述的，即带所传递的实际功率不能超过规定的极限功率值。由于带传动的极限功率与很多因素有关，为了设计方便，一般通过实验和理论计算，获得各种类型的单根 V 带在特定实验条件（即载荷平稳，包角 $\alpha_1=180°$，传动比 $i=1$，特定基准带长度）下所能传递的极限功率，该功率称为单根 V 带传递的基本额定功率 P_0。单根普通 V 带的基本额定功率 P_0（GB/T 1171—2017）见表 10.9。

表 10.9　单根普通 V 带的基本额定功率 P_0（GB/T 1171—2017）

（包角 $\alpha=180°$，特定基准长度，载荷平稳）　　（单位：kW）

型号	小带轮基准直径 d_{d1}/mm	小带轮转速 n_1（r/min）											
		200	400	800	950	1200	1450	1600	1800	2000	2400	2800	3200
Z	50	0.04	0.06	0.10	0.12	0.14	0.16	0.17	0.19	0.20	0.22	0.26	0.28
	56	0.04	0.06	0.12	0.14	0.17	0.19	0.20	0.23	0.25	0.30	0.33	0.35
	63	0.05	0.08	0.15	0.18	0.22	0.25	0.27	0.30	0.32	0.37	0.41	0.45
	71	0.06	0.09	0.20	0.23	0.27	0.30	0.33	0.36	0.39	0.46	0.50	0.54
	80	0.10	0.14	0.22	0.26	0.30	0.35	0.39	0.42	0.44	0.50	0.56	0.61
	90	0.10	0.14	0.24	0.28	0.33	0.36	0.40	0.44	0.48	0.54	0.60	0.64
A	75	0.15	0.26	0.45	0.51	0.60	0.68	0.73	0.79	0.84	0.92	1.00	1.04
	90	0.22	0.39	0.68	0.77	0.93	1.07	1.15	1.25	1.34	1.50	1.64	1.75
	100	0.26	0.47	0.83	0.95	1.14	1.32	1.42	1.58	1.66	1.87	2.05	2.19
	112	0.31	0.56	1.00	1.15	1.39	1.61	1.74	1.89	2.04	2.30	2.51	2.68
	125	0.37	0.67	1.19	1.37	1.66	1.92	2.07	2.26	2.44	2.74	2.98	3.15
	140	0.43	0.78	1.41	1.62	1.96	2.28	2.45	2.66	2.87	3.22	3.48	3.65
	160	0.51	0.94	1.69	1.95	2.36	2.73	2.53	2.98	3.42	3.80	4.06	4.19
	180	0.59	1.09	1.97	2.27	2.74	3.16	3.40	3.67	3.93	4.32	4.54	4.58
B	125	0.48	0.84	1.44	1.64	1.93	2.19	2.33	2.50	2.64	2.85	2.96	2.94
	140	0.59	1.05	1.82	2.08	2.47	2.82	3.00	3.23	3.42	3.70	3.85	3.83
	160	0.74	1.32	2.32	2.66	3.17	3.62	3.86	4.15	4.40	4.75	4.89	4.80
	180	0.88	1.59	2.81	3.22	3.85	4.39	4.68	5.02	5.30	5.67	5.76	5.52
	200	1.02	1.85	3.30	3.77	4.50	5.13	5.46	5.83	6.13	6.47	6.43	5.95
	224	1.19	2.17	3.86	4.42	5.26	5.97	6.33	6.73	7.02	7.25	6.95	6.05
	250	1.37	2.50	4.46	5.10	6.04	6.82	7.20	7.63	7.87	7.89	7.14	5.60
	280	1.58	2.89	5.13	5.85	6.90	7.76	8.13	8.46	8.60	8.22	6.80	4.26
C	200	1.39	2.41	4.07	4.58	5.29	5.84	6.07	6.28	6.34	6.02	5.01	3.23
	224	1.70	2.99	5.12	5.78	6.71	7.45	7.75	8.00	8.06	7.57	6.08	3.57
	250	2.03	3.62	6.23	7.04	8.21	9.08	9.38	9.63	9.62	8.75	6.56	2.93
	280	2.42	4.32	7.52	8.49	9.81	10.72	11.06	11.22	11.04	9.50	6.13	—
	315	2.84	5.14	8.92	10.05	11.53	12.46	12.72	12.67	12.14	9.43	4.16	—
	355	3.36	6.05	10.46	11.73	13.31	14.12	14.19	13.73	12.59	7.98	—	—
	400	3.91	7.06	12.10	13.48	15.04	15.53	15.24	14.08	11.95	4.34	—	—
	450	4.51	8.20	13.80	15.23	16.59	16.47	15.57	13.29	9.64	—	—	—

当带传动的实际传动比、带长及包角与上述特定条件不同时，还应考虑附加一个传递功率的增量 ΔP_0，并引入修正系数 K_α 和 K_L，对查得的基本额定功率 P_0 值加以修正。修正后的单根 V 带所能传递的功率，称为许用功率 $[P_0]$。因此，实际工作条件下，单根 V 带所能传递的许用功率为

$$[P_0]=(P_0+\Delta P_0)K_\alpha K_L \tag{10-18}$$

式中　ΔP_0——基本额定功率增量（kW）（考虑传动比 $i\neq1$ 时而引入的功率修正。当传动比增大时，大带轮直径增大，带绕在大带轮上时的弯曲应力减小，带传动的承载能力提高，故带所能传递的功率增大），其值见表 10.10；

K_α——包角修正系数（考虑包角 $\alpha_1 \neq 180°$时而引入的修正系数），见表 10.11；

K_L——带长修正系数（考虑带长不为特定长度而引入的修正系数），见表 10.5。

表 10.10　单根普通 V 带额定功率的增量 ΔP_0（GB/T 1171—2017）（单位：kW）

型号	传动比 i	小带轮转速 n_1/（r/min）										
		400	700	800	950	1200	1450	1600	2000	2400	2800	3200
Z	1.35～1.50	0.00	0.01	0.01	0.02	0.02	0.02	0.02	0.03	0.03	0.04	0.04
	1.51～1.99	0.01	0.01	0.02	0.02	0.02	0.02	0.03	0.03	0.04	0.04	0.04
	≥2	0.01	0.02	0.02	0.02	0.03	0.03	0.03	0.04	0.04	0.04	0.05
A	1.35～1.51	0.04	0.07	0.08	0.08	0.11	0.13	0.15	0.19	0.23	0.26	0.30
	1.52～1.99	0.04	0.08	0.09	0.10	0.13	0.15	0.17	0.22	0.26	0.30	0.34
	≥2	0.05	0.09	0.10	0.11	0.15	0.17	0.19	0.24	0.29	0.34	0.39
B	1.35～1.51	0.10	0.17	0.20	0.23	0.30	0.36	0.39	0.49	0.59	0.69	0.79
	1.52～1.99	0.11	0.20	0.23	0.26	0.34	0.40	0.45	0.56	0.68	0.79	0.90
	≥2	0.13	0.22	0.25	0.30	0.38	0.46	0.51	0.63	0.76	0.89	1.01
C	1.35～1.51	0.27	0.48	0.55	0.65	0.82	0.99	1.10	1.37	1.65	1.92	2.14
	1.52～1.99	0.31	0.55	0.63	0.74	0.94	1.14	1.25	1.57	1.88	2.19	2.44
	≥2	0.35	0.62	0.71	0.83	1.06	1.27	1.41	1.76	2.12	2.47	2.75

表 10.11　包角修正系数 K_α

小轮包角 α_1/（°）	180	175	170	165	160	155	150	145
K_α	1	0.99	0.98	0.96	0.95	0.93	0.92	0.91
小轮包角 α_1/（°）	140	135	130	125	120	110	100	90
K_α	0.89	0.88	0.86	0.84	0.82	0.78	0.74	0.69

10.4.3　V 带传动的设计计算

带传动设计的原始参数：传递功率 P、带轮转速 n 或传动比 i，传动位置要求和工作条件等。

设计的主要内容：确定 V 带的型号、长度和根数；传动中心距；带轮的材料、结构和尺寸；带的初拉力和作用在轴上的载荷等。

V 带传动设计的一般步骤如下。

1. 确定计算功率 P_c

计算功率是根据传递功率并考虑载荷性质和每天运转时间等因素的影响而确定的，即

$$P_c = K_A P \tag{10-19}$$

式中　P——V 带传递的功率（kW）；

K_A——工作情况系数，见表 10.12。

表 10.12 带传动工作情况系数 K_A

载荷性质	工作机	原动机					
		电动机（交流起动、直流并励、三角起动）、四缸以上的内燃机			电动机（联机交流起动、直流复励或串励）、四缸以下的内燃机		
		每天工作时间/h					
		<10	10~16	>16	<10	10~16	>16
载荷变动很小	液体搅拌机、鼓风机、通风机（≤7.5kW）、离心式水泵和压缩机、轻载荷输送机	1.0	1.1	1.2	1.1	1.2	1.3
载荷变动小	带式运输机、通风机（>7.5kW）、旋转式水泵和压缩机（非离心式）、发电机等	1.1	1.2	1.3	1.2	1.3	1.4
载荷变动较大	斗式提升机、压缩机、往复式水泵、起重机、冲剪机床、重载运输机、纺织机、振动筛	1.2	1.3	1.4	1.4	1.5	1.6
载荷变动很大	破碎机（旋转式、颚式等），磨碎机（球磨、棒磨、管磨）	1.3	1.4	1.5	1.5	1.6	1.8

2. 选择 V 带型号

根据带传动计算功率和小带轮的转速，查图 10.7 选取 V 带型号。图中粗实斜直线之间为带型区域，若所选带型临近两种型号的交界线，可按两种型号分别计算，分析比较后决定取舍。

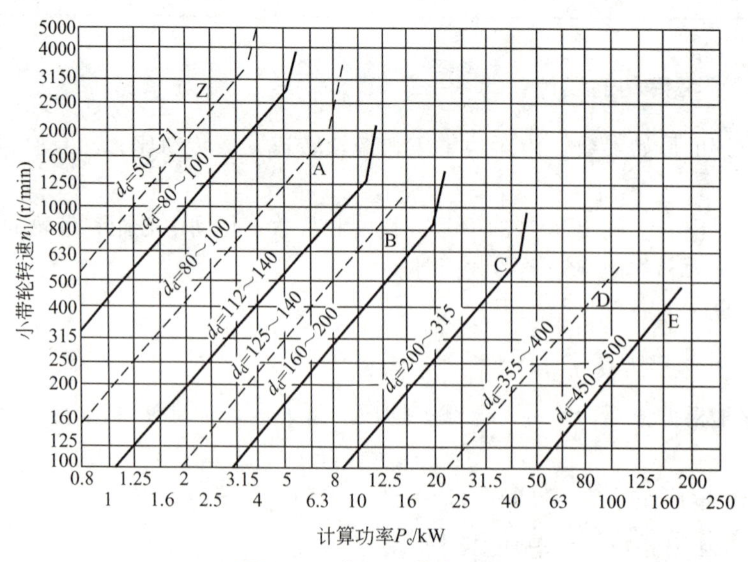

图 10.7 普通 V 带选型图

3. 确定带轮基准直径 d_{d1}、d_{d2}

小带轮直径 d_{d1} 是带传动最主要的设计参数。带轮直径小可使传动结构紧凑，但会增大带的弯曲应力、缩短带的使用寿命，而且在一定转矩下带的有效拉力增大，会使带的根数增加，所以带轮直径不宜过小。设计时，应使小带轮的基准直径 $d_{d1} \geqslant d_{dmin}$。带轮最小基准直径 d_{dmin} 见表 10.6；带轮直径过大，虽带的寿命延长，但带传动的外廓尺寸会增大。因此，若传动尺寸不受限制，为了延长带的寿命，在合理带速范围内，可以选用直径较大的带轮；但当要求传动结构紧凑时，则应在满足传动能力的条件下，尽可能地减小传动尺寸，即选用直径较小的带轮。

由式（10-14）可得大带轮基准直径计算公式

$$d_{d2}=\frac{n_1}{n_2}d_{d1}(1-\varepsilon) \tag{10-20}$$

d_{d1} 和 d_{d2} 应符合带轮基准直径尺寸系列，见表 10.6。

4. 验算带速 v

$$v=\frac{\pi d_{d1}n_1}{60\times 1000}$$

带速过高，则因带绕过带轮时离心力过大，带与带轮之间的压紧力减小，摩擦力减小，而使传动能力下降，并且单位时间内带绕过带轮的次数增加，也降低了带的疲劳强度、缩短了带的寿命；而带速太低，在传递相同功率时，带所传递的有效拉力增大，使带的根数增加。一般应使带的工作速度为 5～25m/s。

5. 确定中心距 a 和带的基准长度 L_d

带传动中心距也是要设计者自行选取的传动参数，中心距取值大小关系到带长和包角的大小，从而影响传递功率。传动中心距小，则结构紧凑，但因带长较短，使带在单位时间绕过带轮的次数增加，从而缝短带的寿命，同时使包角减小，导致传动能力下降；若中心距过大，则使传动外廓尺寸增大，结构不紧凑，在带速较高时会引起带的颤动。一般推荐按式（10-21）初步确定中心距 a_0，即

$$0.7(d_{d1}+d_{d2})\leqslant a_0\leqslant 2(d_{d1}+d_{d2}) \tag{10-21}$$

初定中心距后，根据传动的几何关系，带的基准长度 L_0 为

$$L_0=2a_0+\frac{\pi}{2}(d_{d1}+d_{d2})+\frac{(d_{d2}-d_{d1})^2}{4a_0} \tag{10-22}$$

由式（10-22）初步计算出带长后，根据表 10.5 选取接近的带的标准基准长度 L_d，然后按式（10-23）计算实际中心距 a 的近似值。

$$a=a_0+\frac{L_d-L_0}{2} \tag{10-23}$$

考虑带传动安装调整和补偿初拉力（如带伸长、松弛后的张紧）的需要，带传动中心距一般是可以调整的，中心距的变动范围为

$$(a-0.015L_d)\sim(a+0.03L_d) \tag{10-24}$$

6. 验算小带轮包角 α_1

根据传动的几何关系，可得小带轮包角

$$\alpha_1 = 180° - \frac{d_{d2} - d_{d1}}{a} \times 57.3° \quad (10-25)$$

因为带轮的包角也直接影响带的传动能力，所以小带轮的包角不能太小，一般应使 $\alpha_1 \geqslant 120°$。若不满足此条件，可增大中心距、减小两带轮的直径差或增设张紧轮。

7. 确定带的根数 z

V 带根数可按式（10-26）确定

$$z = \frac{P_c}{[P_0]} = \frac{P_c}{(P_0 + \Delta P_0)\ K_\alpha K_L} \quad (10-26)$$

带的根数应根据计算结果向上圆整取整数。为使每根带受力比较均匀，带的根数不宜过多，通常 $z<10$。若计算所得结果超出范围，应改选 V 带型号后重新设计。

8. 确定初拉力 F_0

适当的初拉力是保证带传动正常工作的前提。初拉力不足，摩擦力小，易发生打滑；初拉力过大，带的寿命缩短，并且对轴和轴承的压力增大。单根 V 带初拉力可按式（10-27）计算。

$$F_0 = 500\frac{P_c}{vz}\left(\frac{2.5}{K_\alpha} - 1\right) + qv^2 \quad (10-27)$$

9. 计算带传动作用在轴上的压力 F_Q

为了设计安装带轮的轴和轴承，必须确定带传动作用在轴上的压力 F_Q。为简化带传动对轴的压力的分析，忽略带两边的拉力差，用求初拉力 zF_0 合力的方法来近似计算 F_Q（图 10.8），即

$$F_Q = 2zF_0 \sin\frac{\alpha_1}{2} \quad (10-28)$$

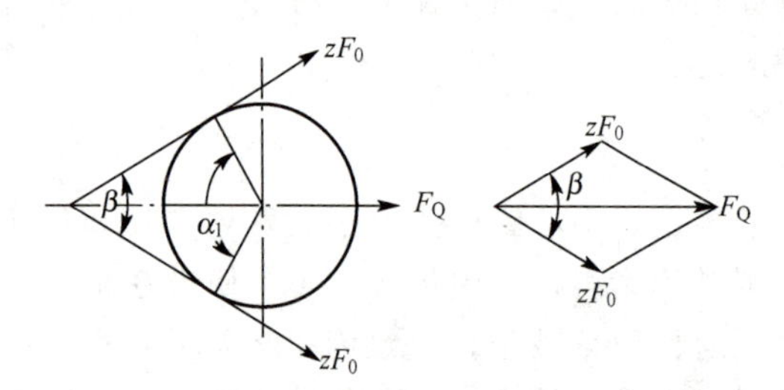

图 10.8 作用在带轮轴上的力

10. 带轮结构设计

带轮的结构设计主要是选择带轮材料；根据带轮基准直径的大小确定结构形式；根据带的类型确定轮缘尺寸；根据经验公式计算其他结构尺寸，绘制带轮零件工作图。

[例 10-1] 参考模块四图所示带式输送机传动简图，在例 9-1 设计的电动机参数及带传动的传动比 $i_v = 2.99$ 的基础上，设计其普通 V 带传动（其他条件与例 9-1 相同）。

解：设计过程如下。

计算及说明	结果
1. 确定计算功率 P_c 根据 V 带传动工作条件，查表 10.12，得 $K_A = 1.4$ $P_c = K_A P = 1.4 \times 3\text{kW} = 4.2\text{kW}$	$P_c = 4.2\text{kW}$
2. 选择 V 带型号 根据 $P_c = 4.2\text{kW}$，$n_1 = 1430\text{r/min}$，由图 10.7 选用 A 型普通 V 带	A 型 V 带
3. 确定带轮基准直径 d_{d1}、d_{d2} 由表 10.6 查得，d_{d1} 应不小于 75mm，取 $d_{d1} = 90\text{mm}$。忽略滑动率 ε 的影响，由式（10-20）得从动轮基准直径为	$d_{d1} = 90\text{mm}$

续表

计算及说明	结果
$d_{d2}=\frac{n_1}{n_2}d_{d1}=i_v d_{d1}=2.99\times 90\text{mm}\approx 269.1\text{mm}$ 根据表10.6，取直径系列值 $d_{d2}=280\text{mm}$ 实际传动比：$i=d_{d2}/d_{d1}=280/90\approx 3.1$ 传动比相对误差：$\Delta i=\frac{i_v-i}{i_v}=\frac{2.99-3.1}{2.99}\approx -3.7\%$，$3.7\%<5\%$，故允许	$d_{d2}=280\text{mm}$
4. 验算带速 v $v=\frac{\pi d_{d1}n_1}{60\times 1000}=\frac{\pi\times 90\times 1430}{60\times 1000}\text{m/s}\approx 6.7\text{m/s}$ 在5～25m/s范围内，故带的速度合适	$v\approx 6.7\text{m/s}$
5. 确定中心距 a 和带的基准长度 L_d 由式（10-21）得 $259\text{mm}\leqslant a_0\leqslant 740\text{mm}$，初取中心距 $a_0=400\text{mm}$，由式（10-22)得带长为 $L_0=2a_0+\frac{\pi}{2}(d_{d1}+d_{d2})+\frac{(d_{d2}-d_{d1})^2}{4a_0}$ $=\left[2\times 400+\frac{\pi}{2}(90+280)+\frac{(280-90)^2}{4\times 400}\right]\text{mm}\approx 1403.5\text{mm}$ 由表10.5选取相近的基准长度 $L_d=1400\text{mm}$	$L_d=1400\text{mm}$
按式（10-23）计算实际中心距 $a=a_0+\frac{L_d-L_0}{2}=\left(400+\frac{1400-1403.5}{2}\right)\text{mm}\approx 398\text{mm}$ 中心距的变化范围：377～440mm	$a\approx 398\text{mm}$
6. 验算小带轮包角 α_1 由式（10-25）得 $\alpha_1=180°-\frac{d_{d2}-d_{d1}}{a}\times 57.3°$ $=180°-\frac{280-90}{398}\times 57.3°\approx 152.6°>120°$ 所以包角合适	$\alpha_1\approx 152.6°$
7. 确定带的根数 z 由表10.9，查得 $P_0=1.07\text{kW}$；由表10.10，查得 $\Delta P_0=0.17\text{kW}$；由表10.11，查得 $K_\alpha=0.93$；由表10.5，查得 $K_L=0.96$。代入式（10-26）得 $z=\frac{P_c}{(P_0+\Delta P_0)K_\alpha K_L}=\frac{4.2}{(1.07+0.17)\times 0.93\times 0.96}\approx 3.8$ 取 $z=4$	$z\approx 4$
8. 确定初拉力 F_0 由表10.4查得 $q=0.105\text{kg/m}$，由式（10-27）得 $F_0=500\frac{P_c}{vz}\left(\frac{2.5}{K_\alpha}-1\right)+qv^2$ $=\left[500\times\frac{4.2}{6.7\times 4}\left(\frac{2.5}{0.93}-1\right)+0.105\times 6.7^2\right]\text{N}\approx 136.99\text{N}$	$F_0\approx 136.99\text{N}$
9. 计算带传动作用在轴上的压力 F_Q 由式（10-28）得 $F_Q=2zF_0\sin\frac{\alpha_1}{2}=\left(2\times 4\times 136.99\sin\frac{152.6°}{2}\right)\text{N}\approx 1064.7\text{N}$	$F_Q\approx 1064.7\text{N}$

续表

计算及说明	结果
10. 带轮结构设计 带速 $v=6.7\mathrm{m/s}<25\mathrm{m/s}$，故带轮材料取铸铁 HT150。 由表 10.8，小带轮基准直径 $300\mathrm{mm}>d_{d1}=90\mathrm{mm}>(2.5\sim3)\ d_s$（由例 9－1 中表知电动机轴径 $D=d_s=28\mathrm{mm}$），采用腹板式结构；大带轮 $d_{d2}=280\mathrm{mm}<300\mathrm{mm}$，但 $(d_2-d_1)\geqslant100\mathrm{mm}$，故采用孔板式结构。 带轮其他结构尺寸计算略。 11. 绘制带轮零件工作图 大带轮零件工作图如图 10.9 所示。 在模块四图中，大带轮安装在 I 轴上，根据例 9－1 中所得数据：$P_1=2.34\mathrm{kW}$，$n_1=478.3\mathrm{r/min}$，由第 13 章轴的设计可得大带轮内孔直径 $d_s=20\mathrm{mm}$	带轮材料铸铁 HT150 小带轮腹板式 大带轮孔板式

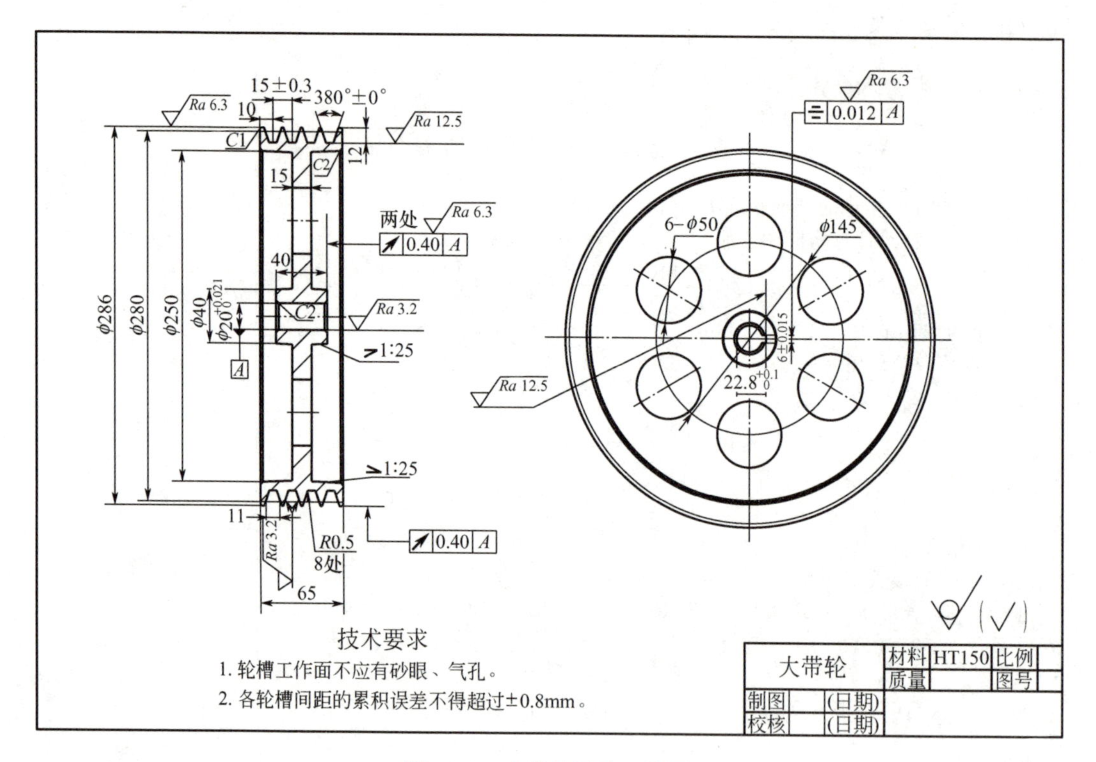

图 10.9　大带轮零件工作图

10.5　带传动的张紧与维护

10.5.1　带传动的张紧

带不是完全的弹性体，工作一段时间后会因塑性伸长而松弛，使初拉力减小，传动能力下降。为了保证带传动的传递能力和正常工作，带传动必须重新张紧。常见的张紧装置有定期张紧装置、自动张紧装置和张紧轮装置（表 10.13）。

表 10.13 带传动的张紧装置

张紧形式	图例	张紧方法
【参考动画】 定期张紧装置	适用于水平或倾斜不大的传动	需要定期调整。把装有带轮的电动机安装在有滑轨的基板上或摆动架上，当带需要张紧时，通过旋动调节螺钉或调节螺母改变电动机的位置，增大中心距，达到张紧的目的
	适用于垂直或接近垂直的传动	
【参考动画】 自动张紧装置		将装有带轮的电动机固定在浮动架上，靠电动机与摆架的自重，使带轮随浮动架绕固定轴摆动而改变中心距，自动张紧。自动张紧装置不需要人工调整
【参考动画】 张紧轮装置		当中心距不能调节时，可采用张紧轮装置。为使带只受单向弯曲，张紧轮应安置在带的松边内侧，并且靠近大带轮处，以免减小小带轮包角

10.5.2 带传动的维护

该部分为选学内容，请读者扫描二维码自行参考学习。

【参考动画】

10.6 链传动简介

该节为选学内容，请读者扫描二维码自行参考学习。

该部分为拓展内容，请读者扫描二维码自行参考学习。

【参考图文】

10－1 选择题

(1) 带传动中，在初拉力相同的条件下，V带能比平带传递更大的功率，因为V带____。

A. 强度高　　B. 尺寸小

C. 有楔形增压作用　　D. 没有接头

(2) 如图所示的V带在轮槽中的三种安装情况，正确的是____。

A. 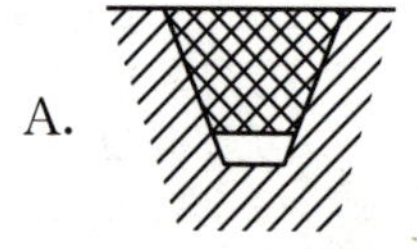 B. 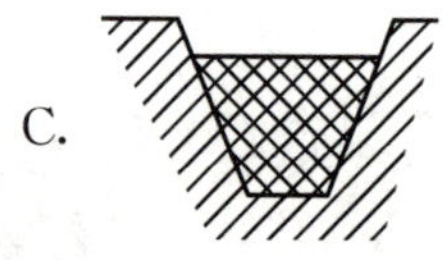 C.

(3) 为了保证V带与带轮的轮槽面有很好的接触，V带轮的轮槽角____。

A. ≤40°　　B. ≥40°　　C. <40°　　D. >40°

(4) 带传动正常工作时，紧边拉力 F_1 和松边拉力 F_2 满足关系____。

A. $F_1=F_2$　　B. $F_1-F_2=F$　　C. $F_1+F_2=F_0$

(5) 带传动正常工作时，不能保证准确的传动比是因为____。

A. 带的材料不符合胡克定律　　B. 带容易变形和磨损

C. 带在带轮上打滑　　D. 带的弹性滑动

(6) 带传动正常工作时，产生弹性滑动是因为____。

A. 带的初拉力不够　　B. 带的紧边和松边拉力不相等

C. 带绕过带轮时有离心力　　D. 带与带轮间的摩擦力不够

(7) 带传动打滑总是____。

A. 先在小带轮上开始　　B. 先在大带轮上开始

C. 同时在两轮上开始

(8) 带传动中，若小带轮为主动轮，则带的最大应力发生在带____处。

A. 进入主动轮　　B. 进入从动轮

C. 退出主动轮　　　　　　D. 退出从动轮

(9) 工作条件与型号一定的V带，其寿命随小带轮直径的增大而____。

A. 缩短　　B. 延长　　C. 不变

(10) 带传动的主要失效形式之一是带的____。

A. 松弛　　B. 颤动　　C. 疲劳破坏　　D. 弹性滑动

(11) V带传动设计中，限制小带轮的最小直径主要是为了____。

A. 使结构紧凑　　　　B. 保证带与带轮接触面间有足够的摩擦力

C. 限制弯曲应力　　　D. 限制小带轮上的包角

(12) 在带传动中，小带轮包角一般应大于或等于____。

A. 90°　　B. 100°　　C. 120°　　D. 150°

(13) 带传动的中心距与小带轮的直径一定时，若增大传动比，则小带轮上的包角____。

A. 减小　　B. 增大　　C. 不变

(14) 带传动采用张紧装置的目的是____。

A. 减轻带的弹性滑动　　B. 延长带的寿命

C. 改变带的运动方向　　D. 调节带的初拉力

(15) 设计链传动时，链的节数最好取____。

A. 偶数　　B. 奇数

C. 质数　　D. 链轮齿数的倍数

(16) 多排链排数一般不超过3排或4排，主要是为了____。

A. 使安装简便　　B. 不使轴向过宽

C. 使各排受力均匀　　D. 减轻链的质量

10-2　思考题

(1) 带传动的工作原理及主要特点分别是什么？为什么一般将带传动配置在高速级？

(2) 如何判别带传动的紧边与松边？带传动允许的最大有效拉力与哪些因素有关？

(3) 带传动中的弹性滑动与打滑有什么区别？带传动的弹性滑动是如何产生的？对传动有何影响？影响打滑的因素有哪些？如何避免打滑？为避免打滑，安装带传动装置时，初拉力 F_0 是否越大越好？

(4) 带在工作时受到哪些应力作用？最大应力发生在何处？应力分布情况说明什么问题？

(5) 带传动的失效形式有哪些？其设计准则如何？单根V带所能传递的功率是根据哪些条件得来的？

(6) 在设计带传动时，为什么要限制带速 v、小带轮直径 d_{d1} 和带轮包角 α_1？为什么中心距要限制在一定的范围内？

(7) 带轮一般采用什么材料？带轮的结构形式有哪些？选定带轮的结构形式的根据是什么？

(8) 与带传动相比，链传动有什么优缺点？

10-3　计算题

(1) 已知V带传动所传递的功率 $P=7.5\text{kW}$，带速 $v=10\text{m/s}$，现测得初拉力 $F_0=1125\text{N}$。试求：紧边拉力 F_1 和松边拉力 F_2。

(2) V带传动传递的功率 $P=7.5kW$，小带轮直径 $d_{d1}=140mm$，转速 $n_1=1440r/min$，大带轮直径 $d_{d2}=400mm$，V带传动的滑动率 $\varepsilon=2\%$。试求：从动轮的转速 n_2 及有效拉力 F。

(3) 单根普通V带传动，能传递的最大功率 $P=10kW$，主动轮的转速 $n_1=1450r/min$。主动轮、从动轮的基准直径分别为 $d_{d1}=180mm$、$d_{d2}=355mm$，中心距 $a=630mm$，带与带轮间的当量摩擦因数 $f_v=0.2$。试求：带速 v、小带轮的包角 α_1 及紧边拉力 F_1、有效拉力 F。

提示：本章其他设计习题见模块五实训项目任务书一。

第11章 齿轮传动设计

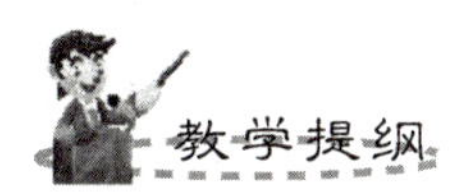

教学提纲

本章主要介绍齿轮传动的失效形式及设计准则；齿轮材料及选择；标准直齿圆柱齿轮、平行轴斜齿圆柱齿轮和直齿锥齿轮传动的受力分析、强度计算；齿轮的结构设计；齿轮传动的润滑。

教学目标

1. 了解齿轮传动在不同的工作条件和齿面硬度下的失效形式及设计准则。
2. 了解齿轮常用材料的特性，掌握齿轮常用材料及热处理方法的选择。
3. 掌握直齿圆柱齿轮、平行轴斜齿圆柱齿轮和直齿锥齿轮的受力分析、强度计算和参数选择。
4. 掌握齿轮的结构设计，了解齿轮传动的润滑。

齿轮是传递空间任意两轴之间的运动和动力的传动零件。除了第 5 章对齿轮的分类外，齿轮（齿轮传动）还可以按如下方法进行分类。

按齿面硬度不同，齿轮分为硬齿面齿轮和软齿面齿轮。齿面硬度大于 350HBW（或 38HRC）的齿轮称为硬齿面齿轮，其承载能力强、寿命长，主要应用于载荷大、尺寸要求紧凑的场合；齿面硬度小于或等于 350HBW（或 38HRC）的齿轮称为软齿面齿轮，其承载能力较弱，一般用于载荷不大或尺寸较大的场合。一对齿轮传动，只有当两齿轮均为硬齿面时，方为硬齿面齿轮传动；否则为软齿面齿轮传动。

按工作情况不同，齿轮传动分为开式齿轮传动、闭式齿轮传动及半开式齿轮传动。开式齿轮传动没有防护罩或机壳，齿轮完全暴露在外，不能防尘且润滑不良，工作条件不好，故齿轮易磨损、寿命短，用于低速或不重要的场合，如水泥搅拌机齿轮、卷扬机齿轮等；闭式齿轮传动安装在密闭的箱体内，密封条件好，具有良好的润滑效果，使用寿命长，用于较重要的场合，如机床、汽车等；半开式齿轮传动介于开式齿轮和闭式齿轮传动之间，通常在齿轮的外面安装简易的防护罩，有时把大齿轮部分浸入油池中，如车床交换齿轮架齿轮等。

11.1 齿轮传动的失效形式及设计准则

11.1.1 齿轮传动的失效形式

齿轮传动是靠轮齿的啮合来传递运动和动力的，轮齿一旦失效，齿轮也就丧失了工作能力，故齿轮传动的失效一般是指轮齿的失效。而齿轮的其他部分（如轮辐、轮毂等）通常按经验设计，所确定的尺寸对强度及刚度均较富裕，实践中也极少失效。

齿轮轮齿的失效形式主要有5种，见表11.1。

表11.1 齿轮传动的失效形式

轮齿折断	
【参考动画】 图例	折断面 (a) 全齿折断 (b) 局部折断
产生原因	轮齿折断是指齿轮的一个或多个齿的整体或局部断裂，是齿轮最危险的失效形式，通常有疲劳折断和过载折断两种。 (1) 疲劳折断。轮齿类似于悬臂梁，受载时齿根部分产生的弯曲应力最大，所以轮齿折断一般发生在轮齿根部。齿根所受弯曲应力为交变应力，而且由于齿根处过渡部分的截面突变及加工刀痕等均会引起应力集中，当轮齿在过高的交变弯曲应力的反复作用下，应力值超过齿轮材料的弯曲疲劳极限时，轮齿根部就会产生疲劳裂纹，并不断地扩展，致使轮齿疲劳折断。本章只讨论轮齿的疲劳折断。 (2) 过载折断。齿轮工作时，轮齿短时严重过载或受到较大冲击载荷时发生的突然折断。淬火钢或铸铁制成的齿轮容易发生过载折断。 对齿宽较小的直齿轮，轮齿一般沿整个齿宽折断[图(a)]；对接触线倾斜的斜齿轮或人字齿轮及齿宽较大的直齿轮，多发生轮齿的局部折断[图(b)]

续表

<table>
<tr><th colspan="2">轮齿折断</th></tr>
<tr><td>改善措施</td><td>增大齿根过渡圆角半径、提高表面精度以减小应力集中、对齿根处进行强化处理（如喷丸、碾压）、采用正变位齿轮等</td></tr>
<tr><th colspan="2">齿面点蚀</th></tr>
<tr><td>图例</td><td>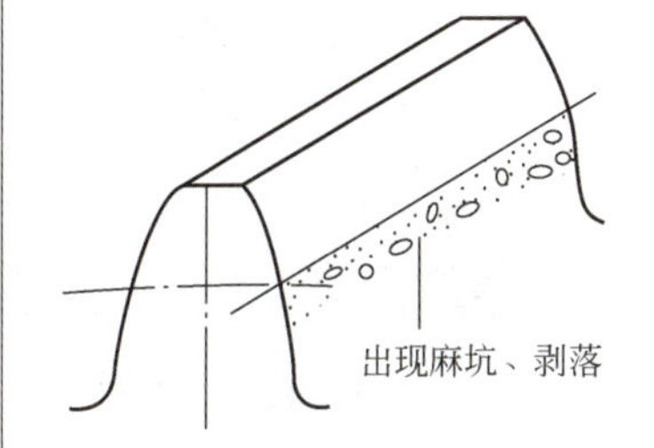【参考图文】</td></tr>
<tr><td>产生原因</td><td>齿轮啮合时，轮齿工作表面在法向力的作用下将产生脉动循环变化的接触应力，在交变的接触应力的反复作用下，若齿面接触应力超过材料的接触疲劳极限，齿面表层就会产生细微的疲劳裂纹，裂纹的蔓延扩展使金属微粒剥落下来形成麻点状的凹坑，造成疲劳点蚀。齿面点蚀使齿面有效承载面积减小，点蚀的扩展将严重损坏齿廓表面精度，引起冲击和噪声，造成传动不平稳而失效。
齿面点蚀是润滑良好的闭式软齿面齿轮传动的主要失效形式。由于齿廓在节线附近啮合时齿面相对滑动速度较低，不利于形成润滑油膜，而且节线附近通常处于单齿啮合区，齿面承受载荷较大，故齿面点蚀通常首先发生在节线附近的齿根表面处。在开式齿轮传动中，由于齿面磨损速度较快，点蚀还来不及出现或扩展时即被磨掉，因此一般看不到点蚀现象</td></tr>
<tr><td>改善措施</td><td>提高齿面硬度、减小表面粗糙度、增大润滑油黏度等</td></tr>
<tr><th colspan="2">齿面磨损</th></tr>
<tr><td>图例</td><td>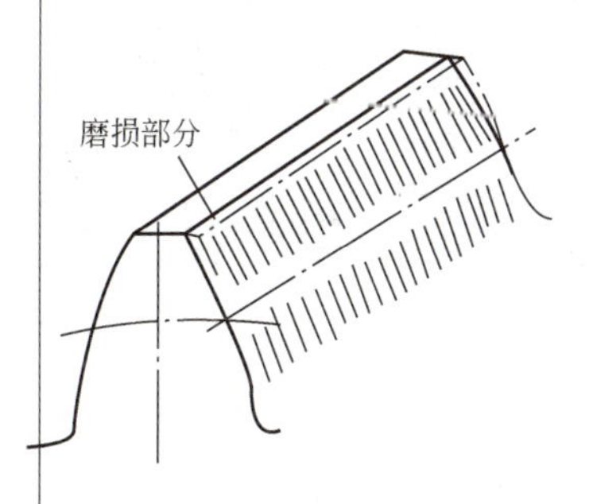【参考图文】</td></tr>
<tr><td>产生原因</td><td>当灰尘、砂粒、金属屑等硬质颗粒落入轮齿齿面之间，相互啮合的两齿廓相对滑动时，在载荷作用下齿面会磨损。齿面严重磨损后，轮齿将失去正确的齿形，齿侧间隙不断增大，导致严重的噪声和振动，影响轮齿正常工作，最终使传动失效。同时齿面磨损可使轮齿变薄，间接导致轮齿折断。齿面磨损是开式齿轮传动的主要失效形式之一</td></tr>
</table>

续表

齿面磨损	
改善措施	采用闭式传动、提高齿面硬度、减小齿面粗糙度、保持良好的润滑等
齿面胶合	
 【参考图文】 图例	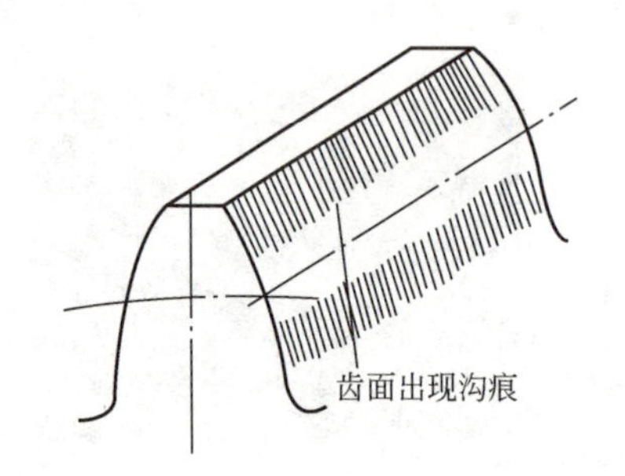 
产生原因	在高速重载的齿轮传动中，由于齿面间的接触压力很大，因此摩擦力大，进而发热，润滑油膜因温度升高容易破裂，润滑效果变差，使齿面金属直接接触，其接触区产生瞬时高温，致使两轮齿表面局部金属熔焊在一起。随着两齿面相对运动，较硬金属齿面将较软的轮齿齿面金属表层沿滑动方向撕划出沟痕，造成齿面胶合。 低速重载齿轮传动，由于不易形成油膜，也可能发生胶合失效
改善措施	提高齿面硬度和表面精度、采用抗胶合能力强的润滑油（如硫化油）、减小模数、降低齿面相对滑动速度、选用抗胶合性能好的齿轮副材料等
齿面塑性变形	
 【参考图文】 图例	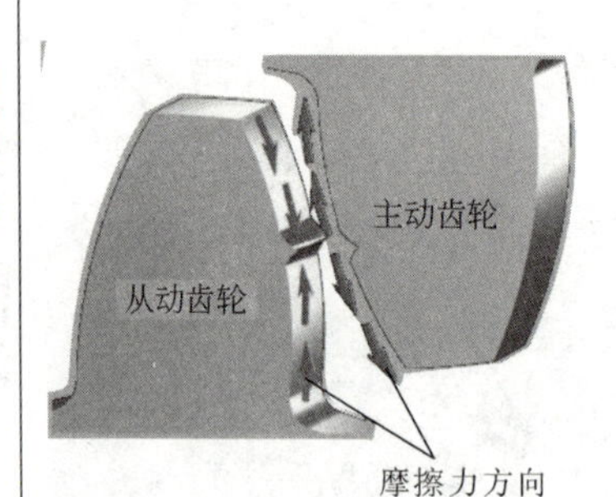  (a)主动轮塑性变形  (b)从动轮塑性变形
产生原因	在重载的条件下，由于齿面接触处压力过大，较软的齿面表层金属材料因屈服可能沿摩擦力方向发生滑移，出现局部金属塑性流动现象而产生塑性变形。主动轮表面摩擦力方向背离节线，使齿面节线附近碾出凹沟[图（a）]；而从动轮表面摩擦力方向指向节线，使齿面节线附近挤出凸棱[图（b）]
改善措施	提高齿面硬度、改善润滑情况、避免起动频繁和过载传动等

11.1.2 齿轮传动的设计准则

在不同的工作条件下，齿轮传动有不同的失效形式，故对应有不同的设计准则。因此，在设计齿轮传动时，应根据实际工作条件，分析其可能发生的主要失效形式，选择相应的齿轮传动设计准则。但由于对齿面磨损和塑性变形两种失效尚未建立适合工程使用的计算方法和设计数据，所以一般使用齿轮传动时，通常只进行齿面接触疲劳强度和齿根弯曲疲劳强度两种计算。对于高速大功率的齿轮传动（如航空发动机主传动等），还要进行齿面抗胶合能力计算。对于不同工作条件下的齿轮传动，其设计准则如下。

(1) 闭式软齿面齿轮传动。主要失效形式为齿面点蚀，故先进行齿面接触疲劳强度设计，初步确定齿轮传动的主要参数和尺寸后，再进行齿根弯曲疲劳强度校核，避免发生轮齿折断。

(2) 闭式硬齿面齿轮传动。主要失效形式是轮齿折断，故先进行齿根弯曲疲劳强度设计，初步确定齿轮传动的主要参数和尺寸后，再校核齿面接触疲劳强度，以避免发生齿面点蚀失效。

(3) 开式（半开式）齿轮传动。主要失效形式是齿面磨损和轮齿折断，故按齿根弯曲疲劳强度进行设计，并考虑磨损影响，将强度计算所得的模数适当增大。开式齿轮传动一般不发生齿面点蚀，故通常不校核齿面接触疲劳强度。

11.2 常用齿轮材料及其选择原则

由齿轮的失效形式分析可知，比较理想的齿轮材料是齿面具有较高的抗磨损、抗点蚀、抗胶合及抗塑性变形的能力，齿根具有较高的抗疲劳折断能力的材料。因此，对齿轮材料的基本要求是齿面硬、齿芯韧。另外，选择材料时还应考虑加工和热处理的工艺性、经济性等多种因素。

11.2.1 常用的齿轮材料

工程中常用的齿轮材料是锻钢，其次是铸钢、铸铁，在某些情况下也选用工程塑料等非金属材料。

1. 锻钢

钢料经锻造后可以改善材料性质，提高齿轮的强度和韧性，因此大多数齿轮都采用锻钢。

为了获得适合工作要求的综合性能，锻钢齿轮还应进行必要的热处理来改善其机械性能，得到相应的齿面硬度。

(1) 软齿面齿轮。这类齿轮大多经过调质或正火处理后切齿，切齿后的精度一般为8级，经过精切可达7级精度。常用的材料为中碳钢或中碳合金钢，如45钢、40Cr、38SiMnMo。这类齿轮因齿面硬度不高，限制了承载能力，但容易制造、成本低，常用于强度、速度及精度都要求不高的不太重要的传动。

当大、小齿轮齿面都是软齿面时，考虑到在啮合传动过程中，小齿轮轮齿受载循环次数比大齿轮多，并且小齿轮齿根较薄、弯曲强度较低，如果两齿轮的材料及齿面硬度相同，小齿轮的寿命相对较短，有时可能会过早地出现疲劳失效。为了使大、小齿轮的寿命接近，应使小齿轮的齿面硬度比大齿轮的齿面硬度高30～50HBW，甚至更高。可以通过选择不同的材料或热处理方法来实现该要求。

(2) 硬齿面齿轮。这类齿轮常用的热处理有中碳钢表面淬火，低碳钢渗碳淬火，此外还有氮化和氰化等。由于热处理后齿面硬度较高，因此常在切齿后进行热处理。为了减小热处理后轮齿产生的变形，需对精度要求高的齿轮进行磨齿，精度可达5级或4级。当大、小齿轮齿面都是硬齿面时，小齿轮的齿面硬度应略高，也可与大齿轮硬度相同。常用材料为低碳合金钢、中碳钢、中碳合金钢，如20Cr、20CrMnTi、38SiMnMo等。这类齿轮由于齿面硬度较高，因此承载能力较强，但成本较高，故用于高速、重载及精密机器(如精密机床、航空发动机)的重要齿轮传动中。

2. 铸钢

直径较大(一般毛坯直径大于400mm)、结构形状复杂的齿轮毛坯不便于锻造加工，可采用铸钢齿轮。铸钢毛坯需进行正火处理等，以消除铸造应力和硬度不均匀现象。常用的铸钢材料有ZG310－570、ZG340－640等。

3. 铸铁

用于制造齿轮的铸铁有灰铸铁和球墨铸铁。由于灰铸铁的抗弯强度和耐冲击性能较差，但铸造时浇注容易、加工方便、成本较低，因此只用于低速、轻载、冲击力小的不重要的齿轮传动。常用的灰铸铁材料有HT250、HT300等。球墨铸铁的机械性能和抗冲击性能接近于钢，有时可作为钢的代用材料使用。常用的球墨铸铁材料有QT500－7、QT600－3等。

4. 非金属材料

对于高速、轻载及精度要求不高的齿轮传动，为了降低噪声，常用非金属材料(如尼龙、夹布塑胶、皮革等)制成小齿轮，大齿轮仍用钢或铸铁制造。

齿轮常用材料及力学性能见表11.2。

表11.2 齿轮常用材料及力学性能

材料牌号	热处理方法	抗拉极限 σ_b/MPa	屈服极限 σ_s/MPa	硬度	
				HBW	HRC
45钢	正火	580	290	162～217	
	调质	650	360	217～255	
	表面淬火				40～50
42SiMn	调质	750	470	217～269	
	表面淬火				45～55
40MnB	调质	750	470	217～269	
38SiMnMo	调质	700	550	217～269	
	表面淬火				45～55
35CrMo	调质	700	500	207～269	
	表面淬火				40～45

续表

材料牌号	热处理方法	抗拉极限 σ_b/MPa	屈服极限 σ_s/MPa	硬度	
				HBW	HRC
40Cr	调质	700	500	241～286	
	表面淬火				48～55
38CrMoAlA	调质	1000	850	229	
	氮化				HV>850
20Cr	渗碳淬火	650	400		56～62
20CrMnTi	渗碳淬火	1100	850		56～62
ZG310-570	正火	570	320	156～217	
ZG340-640	正火	640	350	169～229	
	调质	700	380	241～269	
HT200		200		170～241	
HT250		250		170～241	
HT300		300		187～255	
QT500-7	正火	500	350	147～241	
QT600-3	正火	600	420	229～302	
夹布塑胶		100		25～35	

11.2.2 齿轮材料的选择原则

齿轮材料的种类很多，选择材料时，除了依据上述各种材料的应用特点外，还应考虑以下两点。

(1) 满足工作条件要求。由于锻钢的力学性能优于同类铸钢，因此齿轮材料应优先选用锻钢。正火碳钢只能用于载荷平稳或轻度冲击下工作的齿轮；调质碳钢可用于中等冲击载荷下工作的齿轮；合金钢常用于高速、重载并在冲击载荷下工作的齿轮。

(2) 满足加工工艺及热处理工艺要求。尺寸大、结构形状复杂的齿轮一般采用铸造毛坯，可选用铸钢或铸铁；中等或中等以下尺寸、要求较高的齿轮常采用锻造毛坯，可选择锻钢制造；尺寸较小而又要求不高的齿轮，可选用圆钢做毛坯。

11.3 渐开线标准直齿圆柱齿轮传动的强度计算

如前所述，齿轮的失效主要是轮齿的失效，因此，齿轮传动的强度计算也主要是针对轮齿进行的。

11.3.1 直齿圆柱齿轮传动的载荷计算

1. 齿轮传动的受力分析

为了对齿轮传动进行强度计算及对支承齿轮的轴和轴承进行设计计算，需先对齿轮进行受力分析。

在理想情况下，作用在轮齿上的力是沿齿面上的接触线均匀分布的，为简化计算，常以作用在齿宽中点的集中力来代替分布力。在受力分析时，忽略齿面间的摩擦力，则作用于齿面上的法向力 F_n（N）沿轮齿啮合线方向并垂直于齿面，如图 11.1 所示。为便于计算，在分度圆柱上，将法向力 F_n 分解为两个相互垂直的分力，即切于分度圆柱面的圆周力 F_t 和沿半径方向的径向力 F_r，则

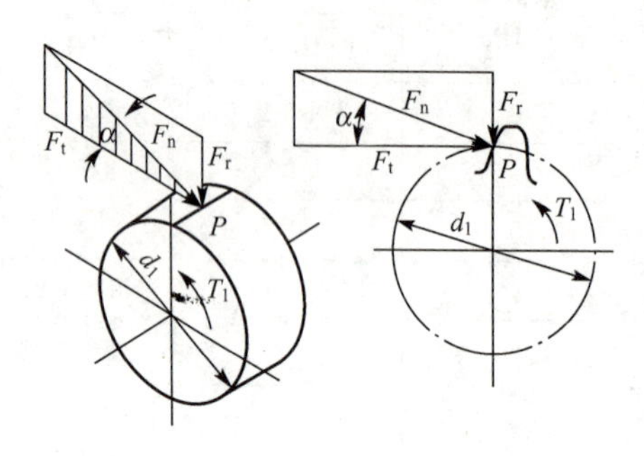

图 11.1 直齿圆柱齿轮的受力分析

$$\left.\begin{aligned} F_t &= 2T_1/d_1 \\ F_r &= F_t\tan\alpha \\ F_n &= F_t/\cos\alpha \end{aligned}\right\} \tag{11-1}$$

式中 T_1——小齿轮传递的转矩（N·mm），如果小齿轮传递的功率为 P_1（kW），转速为 n_1（r/min），则小齿轮上的转矩为

$$T_1 = 9.55\times10^6 P_1/n_1 \tag{11-2}$$

d_1——小齿轮分度圆直径（mm）；

α——分度圆压力角（°），标准齿轮 $\alpha=20°$。

齿轮上的圆周力对于主动轮为阻力，其方向与受力点的圆周速度方向相反；而对于从动轮为驱动力，其方向与受力点的圆周速度方向相同。径向力方向对于两齿轮都是由作用点指向各自的轮心。根据两齿轮受力关系，作用在主动轮和从动轮上的各同名力互为作用力和反作用力，其大小相等、方向相反，即 $F_{t1}=-F_{t2}$，$F_{r1}=-F_{r2}$。

2. 计算载荷

上述齿轮受力分析中的法向力 F_n 是理想状况下作用在轮齿上的载荷，称为名义载荷。但实际传动中，原动机和工作机性能的影响会造成附加动载荷，齿轮的制造、安装误差及受载时产生变形等会使实际载荷比名义载荷大。因此，在计算齿轮传动的强度时，考虑上述各种因素的影响，引入系数修正名义载荷，使之尽可能接近作用在轮齿上的实际载荷。修正后的载荷为计算载荷 F_{nc}，即

$$F_{nc} = KF_n \tag{11-3}$$

式中 K——载荷系数，其值见表 11.3。

表 11.3 载荷系数 K

原动机	工作机特性		
	工作平稳	中等冲击	较大冲击
工作平稳（电动机、汽轮机）	1～1.2	1.2～1.6	1.6～1.8
轻度冲击（多缸内燃机）	1.2～1.6	1.6～1.8	1.9～2.1
中等冲击（单缸内燃机）	1.6～1.8	1.8～2.0	2.1～2.4

注：斜齿圆柱齿轮、圆周速度低、精度高和齿宽系数小时取小值；直齿圆柱齿轮、圆周速度高、精度低及齿宽系数大时取大值。齿轮在两轴承之间对称布置时取小值，不对称布置或悬臂布置时取较大值。

11.3.2 齿面接触疲劳强度计算

计算齿面接触疲劳强度的目的是防止齿面点蚀失效。齿面点蚀是传动过程中齿面受接触应力的反复作用所致，与两齿面的接触应力有关，故齿面接触疲劳强度条件为

$$\sigma_H \leqslant [\sigma_H] \tag{11-4}$$

式中 σ_H——齿面最大的计算接触应力（MPa）；

$[\sigma_H]$——齿轮材料许用接触应力（MPa）。

一对齿轮啮合时，把相互啮合的两个齿廓表面视为两个分别以两齿面啮合点处齿廓曲率半径为半径的相互接触的平行圆柱体，如图 11.2 所示。其接触区产生的最大接触应力 σ_H 可按弹性力学的赫兹公式导出，即

$$\sigma_H = \sqrt{\frac{F_n}{\pi\rho_\Sigma L}\frac{1}{\frac{1-\mu_1^2}{E_1}+\frac{1-\mu_2^2}{E_2}}} \tag{11-5}$$

式中 ρ_Σ——综合曲率半径（mm），$\frac{1}{\rho_\Sigma}=\frac{1}{\rho_1}\pm\frac{1}{\rho_2}$，其中 ρ_1、ρ_2 分别为两圆柱体曲率半径（mm），正号（+）用于外接触，负号（－）用于内接触；

E_1、E_2——两圆柱体的弹性模量（MPa）；

μ_1、μ_2——两圆柱体材料的泊松比；

F_n/L——作用在圆柱体单位接触线长度上的法向力（N/mm）。

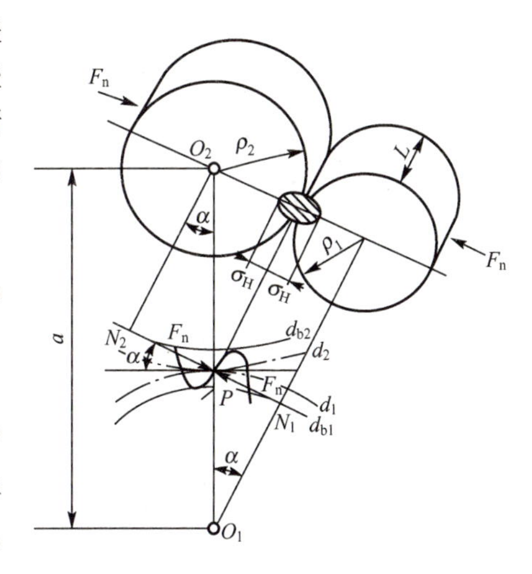

图 11.2 齿面上的接触应力

将式（11－5）应用于相啮合的一对齿廓，以作用于齿廓上的计算载荷 F_{nc} 代替两圆柱体上的法向力 F_n，齿轮的宽度 b 代替接触线长度 L，ρ_1、ρ_2 取两齿面啮合点处齿廓曲率半径，并令

$$Z_E = \sqrt{\frac{1}{\pi\left(\frac{1-\mu_1^2}{E_1}+\frac{1-\mu_2^2}{E_2}\right)}}$$

Z_E 为齿轮材料弹性系数，单位为 $\sqrt{\text{MPa}}$，其值见表 11.4。故齿廓接触处的接触应力为

$$\sigma_H = Z_E\sqrt{\frac{F_{nc}}{\rho_\Sigma b}} \tag{11-6}$$

由于齿廓上各点的曲率半径不同，各啮合点上的载荷不同，因此不同接触点处的接触应力也不同。轮齿在节点接触时往往处于单齿啮合区，是受力最大状态，容易发生点蚀，且实践证明，齿面疲劳点蚀通常先出现在节点附近；按节点计算接触应力又比较方便，故选择节点处的接触应力进行接触疲劳强度计算。

轮齿在节点啮合时，两轮齿廓曲率半径之比等于两轮的直径或齿数之比，即$\frac{\rho_2}{\rho_1}=\frac{d_2}{d_1}=\frac{z_2}{z_1}=u$，$u$ 为大小齿轮齿数比。

表 11.4 材料弹性系数 Z_E (单位：$\sqrt{MPa}$)

齿轮材料	配对齿轮材料及其弹性模量 E/MPa				
	灰铸铁	球墨铸铁	铸钢	锻钢	夹布塑胶
	11.8×10^4	17.3×10^4	20.2×10^4	20.6×10^4	0.785×10^4
锻钢	162.0	181.4	188.9	189.8	56.4
铸钢	161.4	180.5	188.0	—	—
球墨铸铁	156.6	173.9	—	—	—
灰铸铁	143.7	—	—	—	—

注：表中所列夹布塑胶的泊松比 $\mu=0.5$，其余材料的泊松比 $\mu=0.3$。

由图 11.2 可知，齿廓在节点处的曲率半径为

$$\rho_1=\frac{d_1\sin\alpha}{2}\qquad \rho_2=\frac{d_2\sin\alpha}{2}$$

则节点 P 处啮合时的综合曲率半径为

$$\frac{1}{\rho_\Sigma}=\frac{1}{\rho_1}\pm\frac{1}{\rho_2}=\frac{\rho_2\pm\rho_1}{\rho_1\rho_2}=\frac{1}{\rho_1}\times\frac{u\pm1}{u}=\frac{2}{d_1\sin\alpha}\frac{u\pm1}{u}$$

将$\frac{1}{\rho_\Sigma}$及 $F_{nc}=KF_n=\frac{KF_t}{\cos\alpha}=\frac{2KT_1}{d_1\cos\alpha}$代入式 (11－6)，得

$$\sigma_H=Z_E\sqrt{\frac{2KT_1}{bd_1^2}\frac{2}{\cos\alpha\sin\alpha}\frac{u\pm1}{u}}$$

令 $Z_H=\sqrt{\frac{2}{\cos\alpha\sin\alpha}}$，为节点区域系数（标准直齿轮 $\alpha=20°$时，$Z_H=2.5$），则根据强度条件得齿面接触疲劳强度的校核公式，即

$$\sigma_H=Z_EZ_H\sqrt{\frac{2KT_1}{bd_1^2}\frac{u\pm1}{u}}\leqslant[\sigma_H] \tag{11－7}$$

令齿宽系数 $\psi_d=b/d_1$，并代入式 (11－7)，得齿面接触疲劳强度的设计公式，即

$$d_1\geqslant\sqrt[3]{\frac{2KT_1}{\psi_d}\frac{u\pm1}{u}\left(\frac{Z_HZ_E}{[\sigma_H]}\right)^2} \tag{11－8}$$

关于齿面接触疲劳强度计算的三点说明如下。

(1) 齿轮传动的接触疲劳强度取决于齿轮分度圆直径 d_1 或中心距 a。

(2) 相啮合的两个齿轮接触面积相等，故其接触应力也相等，即 $\sigma_{H1}=\sigma_{H2}$。

(3) 由于两齿轮的材料及热处理方法不同，许用接触应力 $[\sigma_H]$ 一般不相同，$[\sigma_H]$较小者接触强度较弱，因此设计计算时，应取两者中的较小值。

11.3.3 齿根弯曲疲劳强度计算

进行齿根弯曲疲劳强度计算是为了防止轮齿疲劳折断失效。轮齿折断是由于传动过程中轮齿反复受弯曲应力作用，在弯曲强度较弱的齿根处发生疲劳折断，为此要计算齿根处的弯曲应力。齿根弯曲疲劳强度条件为

$$\sigma_F\leqslant[\sigma_F] \tag{11－9}$$

式中 σ_F——齿根危险截面处的最大弯曲应力（MPa）；

$[\sigma_F]$——齿轮材料的许用弯曲应力（MPa）。

为了求得轮齿根部的最大弯曲应力 σ_F，必须首先确定载荷作用点的位置和危险截面。

载荷作用点的位置确定：当轮齿在齿顶处啮合时，处于双齿啮合区，由两对轮齿共同分担载荷，此时虽然弯矩的力臂最大，但力不是最大，弯矩并不是最大。然而，考虑到制造、安装的误差，不能保证载荷由两对轮齿平均承担，并且为计算方便，对要求不很高的齿轮传动进行齿根弯曲疲劳强度计算时，仍假定全部载荷由一对轮齿承受且作用于齿顶处。采用这种方法计算，轮齿的抗弯强度偏于安全。

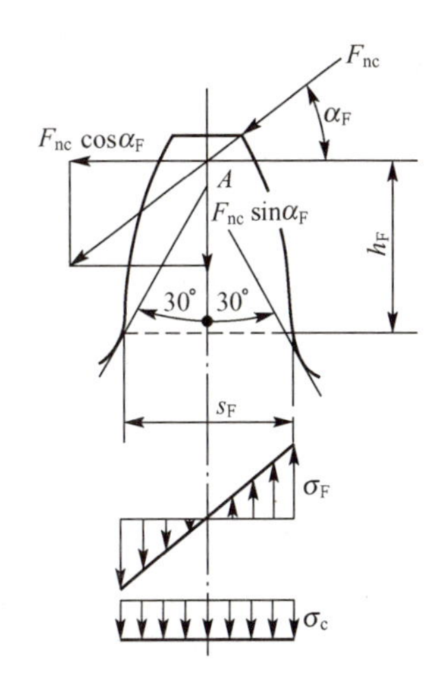

图 11.3 齿根弯曲应力计算分析

齿根危险截面的位置用 30°切线法确定：如图 11.3所示，作与轮齿对称中心线成 30°夹角并与齿根过渡曲线相切的两条斜线，两切点的连线即其危险截面位置，设危险截面处齿厚为 s_F。

当不计摩擦力时，将作用于齿顶的计算载荷 F_{nc} 移至轮齿对称中心线，并分解成相互垂直的两个分力——$F_{nc}\cos\alpha_F$ 和 $F_{nc}\sin\alpha_F$，α_F 为齿轮齿顶圆处的压力角。其中 $F_{nc}\cos\alpha_F$ 对齿根产生弯曲应力；$F_{nc}\sin\alpha_F$ 对齿根产生压应力。与弯曲应力相比，压应力数值较小，为简化计算，压应力不做具体计算，仅按齿根所受弯曲应力进行弯曲疲劳强度计算。设 A 点到齿根危险截面的距离为 h_F，齿根危险截面的弯曲应力为

$$\sigma_F=\frac{M}{W}=\frac{F_{nc}h_F\cos\alpha_F}{bs_F^2/6}=\frac{KF_t}{bm}\frac{6\left(\dfrac{h_F}{m}\right)\cos\alpha_F}{\left(\dfrac{s_F}{m}\right)^2\cos\alpha}=\frac{KF_t}{bm}Y_{Fa}$$

式中 M——齿根最大弯矩（N・mm）；

W——危险截面抗弯截面模量（mm^3），$W=bs_F^2/6$；

Y_{Fa}——齿形系数，$Y_{Fa}=\dfrac{6\left(\dfrac{h_F}{m}\right)\cos\alpha_F}{\left(\dfrac{s_F}{m}\right)^2\cos\alpha}$，该值对标准齿轮，只与齿数有关，与模数大小无关。

实际计算时，考虑齿根过渡曲线处的应力集中和除弯曲应力以外其余应力对轮齿齿根弯曲疲劳强度的影响，引入应力修正系数 Y_{Sa}，则根据强度条件得齿根弯曲疲劳强度校核公式

$$\sigma_F=\frac{KF_t}{bm}Y_{Fa}Y_{Sa}=\frac{2KT_1}{bmd_1}Y_{Fa}Y_{Sa}\leqslant[\sigma_F] \tag{11-10}$$

将 $b=\psi_d d_1$ 及 $d_1=mz_1$ 代入式（11－10），得齿根弯曲疲劳强度的设计公式，即

$$m\geqslant\sqrt[3]{\frac{2KT_1}{\psi_d z_1^2}\frac{Y_{Fa}Y_{Sa}}{[\sigma_F]}} \tag{11-11}$$

式中，齿形系数 Y_{Fa} 和应力修正系数 Y_{Sa} 值可由表 11.5 查得。

表 11.5　齿形系数 Y_{Fa} 和应力修正系数 Y_{Sa}

z (z_v)	17	18	19	20	21	22	23	24	25	26	27	28	29
Y_{Fa}	2.97	2.91	2.85	2.80	2.76	2.72	2.69	2.65	2.62	2.60	2.57	2.55	2.53
Y_{Sa}	1.52	1.53	1.54	1.55	1.56	1.57	1.575	1.58	1.59	1.595	1.60	1.61	1.62
z (z_v)	30	35	40	45	50	60	70	80	90	100	150	200	∞
Y_{Fa}	2.52	2.45	2.40	2.35	2.32	2.28	2.24	2.22	2.20	2.18	2.14	2.12	2.06
Y_{Sa}	1.625	1.65	1.67	1.68	1.70	1.73	1.75	1.77	1.78	1.79	1.83	1.865	1.97

齿根弯曲疲劳强度计算的三点说明如下。

(1) 齿轮传动的齿根弯曲疲劳强度取决于齿轮模数 m，求得的模数 m 应取标准值。对于动力传动，其模数一般应大于 1.5mm。

(2) 由于 Y_{Fa}、Y_{Sa} 与齿数有关，而相啮合的两个齿轮齿数一般不相等，故其弯曲应力也不相等，即 $\sigma_{F1} \neq \sigma_{F2}$。

(3) 由于两齿轮的材料及热处理方法不同，因此许用弯曲应力 $[\sigma_{F1}]$ 和 $[\sigma_{F2}]$ 一般不同。设计计算时，应比较两个齿轮的 $Y_{Fa}Y_{Sa}/[\sigma_F]$ 值，此值大者则弯曲强度弱，应代入大值进行计算；校核时，应分别校核两个齿轮的弯曲强度，并同时满足 $\sigma_{F1} \leqslant [\sigma_{F1}]$ 和 $\sigma_{F2} \leqslant [\sigma_{F2}]$。

11.3.4　齿轮强度计算中的参数、许用应力及精度选择

1. 主要参数的选择

(1) 齿数 z_1。直齿圆柱齿轮齿数的选取，首先应保证不发生根切现象，即 $z_1 \geqslant 17$。

对于闭式软齿面齿轮传动，传动尺寸主要取决于接触疲劳强度，而弯曲疲劳强度往往比较富裕。在小齿轮分度圆直径一定并满足弯曲疲劳强度要求的条件下，小齿轮的齿数应取大些，这样可使传动的重合度增大，改善传动的平稳性和轮齿上的载荷分配；同时，齿数增加则模数减小，齿顶高和齿根高都随之减小，使齿顶圆直径减小，因而减小齿轮毛坯直径能节约材料和减少金属加工切削量。小齿轮齿数 z_1 通常取 20～40。

对于闭式硬齿面齿轮及开式齿轮传动，其承载能力主要由齿根弯曲疲劳强度决定，故应具有较大的模数以保证齿根弯曲疲劳强度。为减小传动尺寸，齿数不宜过多，小齿轮齿数 z_1 一般可取 17～20。

(2) 齿数比 u。齿数比是大齿轮齿数 z_2 与小齿轮齿数 z_1 之比，故其值总大于 1。而传动比 i 为从动轮齿数与主动轮齿数之比，所以减速传动时 $u=i$，增速传动时 $u=1/i$。

设计时，齿数比不宜过大，以免大、小齿轮的尺寸悬殊，使整个传动装置外廓尺寸增大，不利于传动。一般对于直齿圆柱齿轮，$u \leqslant 5$；斜齿圆柱齿轮，$u \leqslant 8$。需要更大传动比时，可采用二级或二级以上的传动。

对传动比无严格要求的一般齿轮传动，允许传动比误差为 3%～5%。

(3) 齿宽系数 ψ_d。齿宽系数 $\psi_d = b/d_1$。齿宽系数选大值时，轮齿齿宽 b 增大，在一定的载荷作用下，可减小两轮分度圆直径和中心距，使齿轮传动结构紧凑。但齿宽增大，承

载能力增强，载荷沿齿宽分布不均匀程度加重。因此，必须考虑各方面的影响因素，合理地选择齿宽系数。齿宽系数值见表 11.6。

表 11.6 齿宽系数值

齿轮相对于轴承的位置	齿面硬度	
	软齿面（HBW≤350）	硬齿面（HBW>350）
对称布置	0.8～1.4	0.4～0.9
非对称布置	0.6～1.2	0.3～0.6
悬臂布置	0.3～0.4	0.2～0.25

大齿轮的齿宽按 $b_2=\psi_d d_1$ 计算并圆整后得到。为了便于装配和调整，设计时通常使小齿轮的齿宽 b_1 比大齿轮的齿宽 b_2 大一些，常取 $b_1=b_2+(5\sim10)$ mm，但计算时按大齿轮齿宽计算。

2. 许用应力的确定

齿轮的许用接触应力可按式（11-12）计算。

$$[\sigma_H]=\frac{K_{HN}\sigma_{Hlim}}{S_{Hmin}} \tag{11-12}$$

齿轮的许用弯曲应力可按式（11-13）计算。

$$[\sigma_F]=\frac{K_{FN}\sigma_{Flim}}{S_{Fmin}} \tag{11-13}$$

式中 S_{Hmin}、S_{Fmin}——接触疲劳强度和弯曲疲劳强度的最小安全系数，对于接触疲劳强度，由于点蚀破坏发生后只引起噪声、振动增大，并不立即导致不能继续工作，故可取 $S_{Hmin}=1$；但对于弯曲疲劳强度，一旦发生断齿，就会引起严重的事故，因此在进行齿根弯曲疲劳强度计算时取 $S_{Fmin}=1.25\sim1.5$。

K_{HN}、K_{FN}——接触疲劳强度和弯曲疲劳强度计算的寿命系数，分别由图 11.4 和图 11.5 查得。两图中横坐标应力循环次数 N 的计算方法：设 n 为齿轮的转速（r/min）；j 为齿轮每转一圈时，同一齿面啮合的次数；L_h 为齿轮的工作寿命（h），则齿轮的工作应力循环次数 N 为

$$N=60njL_h \tag{11-14}$$

σ_{Hlim}、σ_{Flim}——失效概率为 1%时，试验齿轮材料的接触疲劳极限和弯曲疲劳极限（MPa），分别由图 11.6 和图 11.7 查得。

由于材料品质的不同，图 11.6 和图 11.7 中给出了代表材料三个等级——ME、MQ 和 ML 的疲劳强度极限，其中 ME 是齿轮材料品质和热处理质量很高时的疲劳强度极限取值线；MQ 是齿轮材料品质和热处理质量达到中等要求时的疲劳强度极限取值线；ML 是齿轮材料品质和热处理质量达到最低要求时的疲劳强度极限取值线。

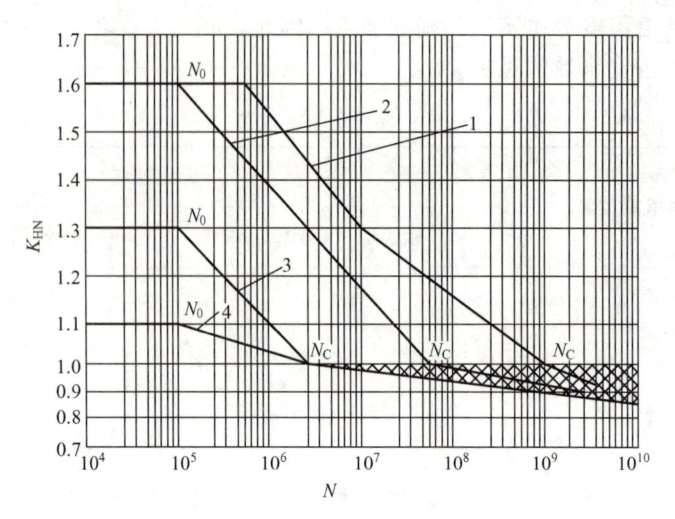

1—允许一定点蚀时的结构钢，调质钢，球墨铸铁（珠光体、贝氏体），珠光体可锻铸铁，渗碳淬火的渗碳钢；2—结构钢，调质钢，渗碳淬火钢，火焰或感应淬火的钢，球墨铸铁（珠光体、贝氏体），珠光体可锻铸铁；3—灰铸铁，球墨铸铁（铁素体），渗氮的渗氮钢，调质钢，渗碳钢；4—氮碳共渗的调质钢，渗碳钢

图 11.4　接触疲劳强度计算的寿命系数 K_{HN}（$N>N_C$ 时，可根据经验在网纹区内取 K_{HN} 值）

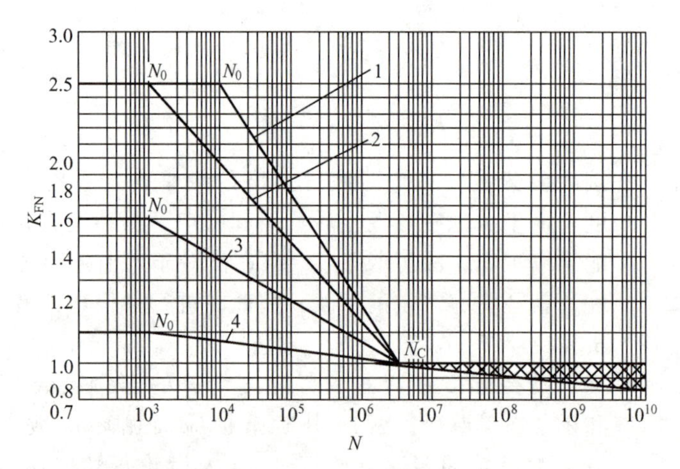

1—调质钢，球墨铸铁（珠光体、贝氏体），珠光体可锻铸铁；2—渗碳淬火的渗碳钢，全齿廓火焰或感应淬火的钢，球墨铸铁；3—渗氮的渗氮钢，球墨铸铁（铁素体），灰铸铁，结构钢；4—氮碳共渗的调质钢，渗碳钢

图 11.5　弯曲疲劳强度计算的寿命系数 K_{FN}（$N>N_C$ 时，可根据经验在网纹区内取 K_{FN} 值）

从图 11.6、图 11.7 中取值时，一般选取中间偏下值，即在 MQ 和 ML 中间选取。若齿面硬度超过图中荐用的范围，可大体按外插法查取相应的极限应力值。图 11.7 所示值是脉动循环应力的极限值。轮齿受对称循环应力时，其极限应力值仅为脉动循环应力的 70%，即将图中值乘以 0.7。

夹布塑胶的许用弯曲应力 $[\sigma_F]=50\text{MPa}$，许用接触应力 $[\sigma_H]=110\text{MPa}$。

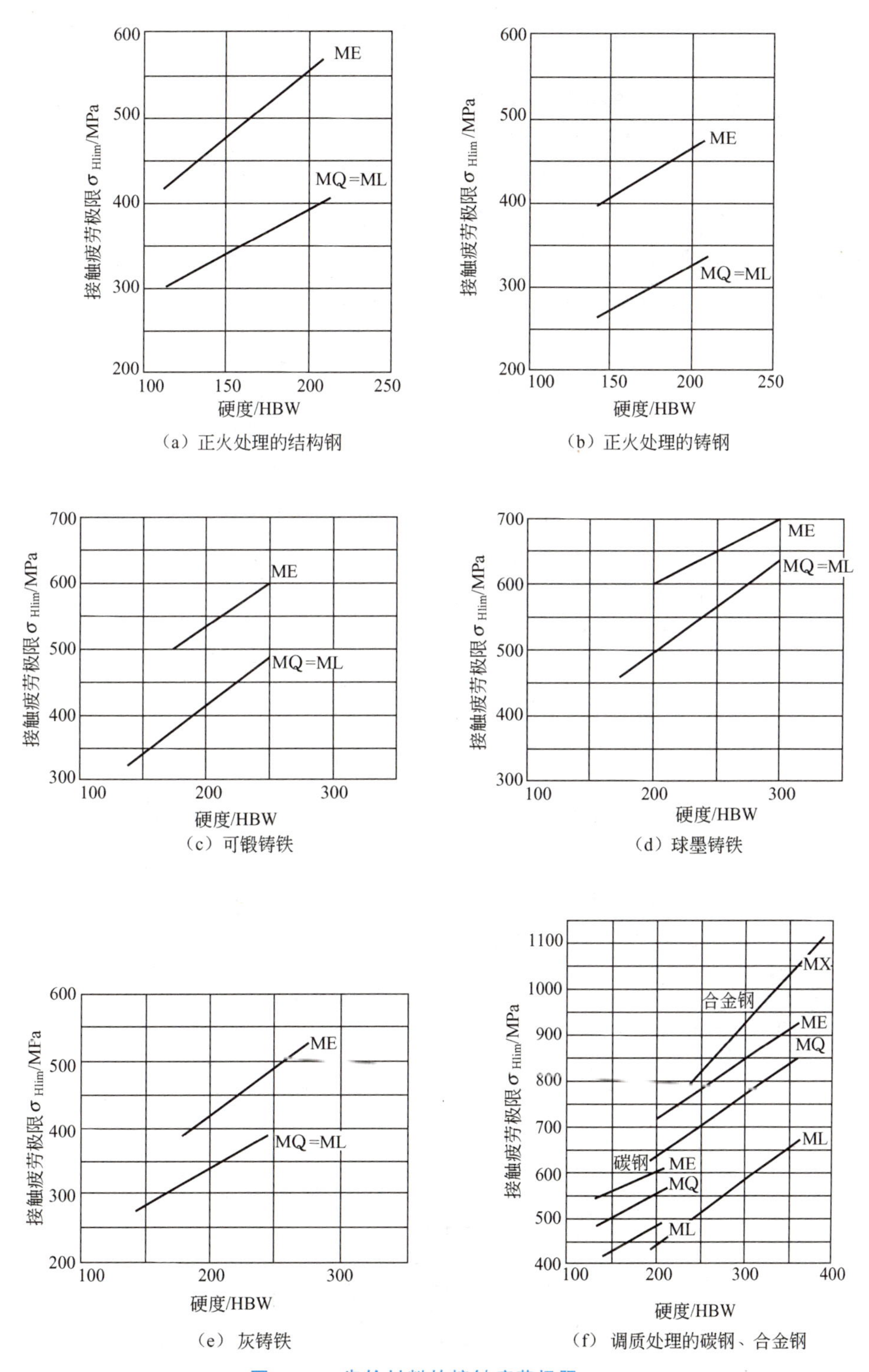

图 11.6 齿轮材料的接触疲劳极限 σ_{Hlim}

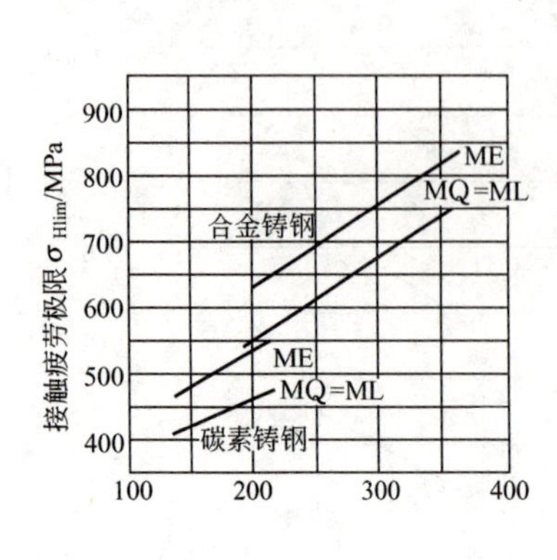

硬度/HBW

（g）调质处理的铸钢

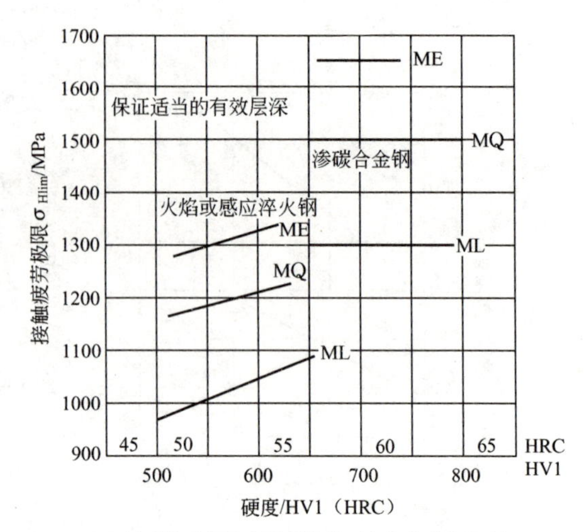

（h）渗碳淬火钢和表面硬化钢（火焰或感应淬火）

图 11.6　齿轮材料的接触疲劳极限 σ_{Hlim}（续）

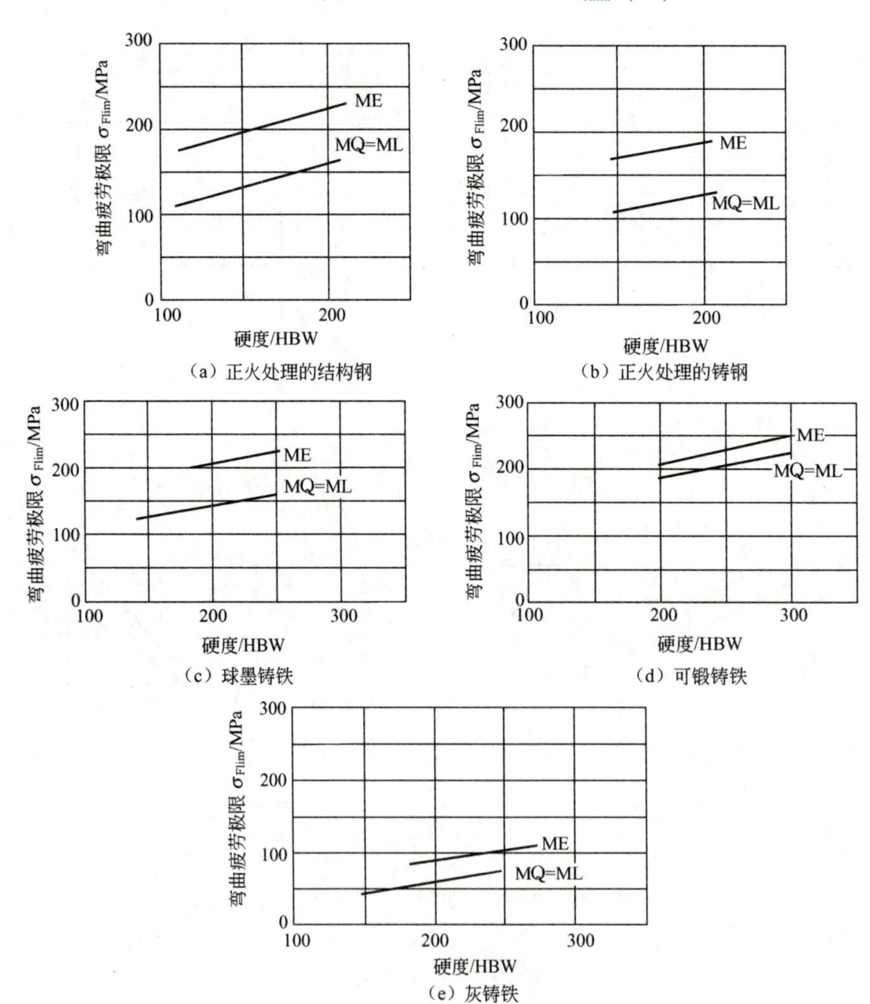

图 11.7　齿轮材料的弯曲疲劳极限 σ_{Flim}

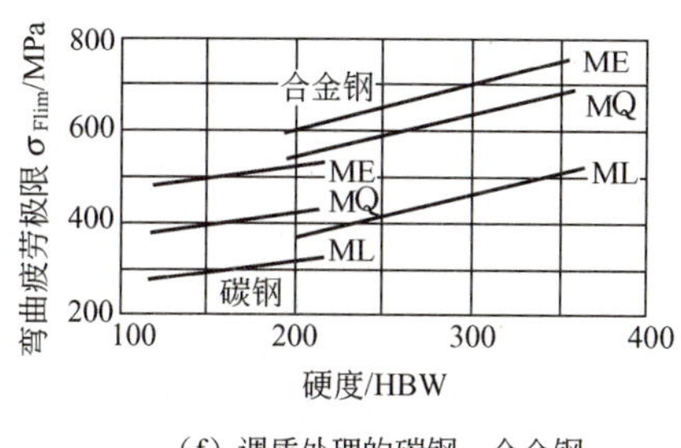

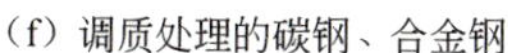

（f）调质处理的碳钢、合金钢

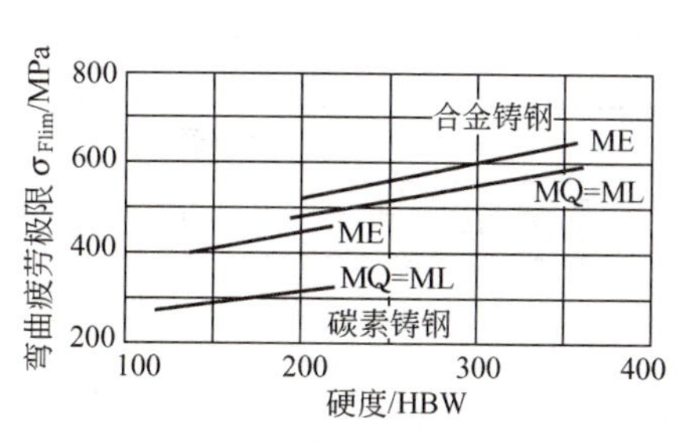

（g）调质处理的铸钢

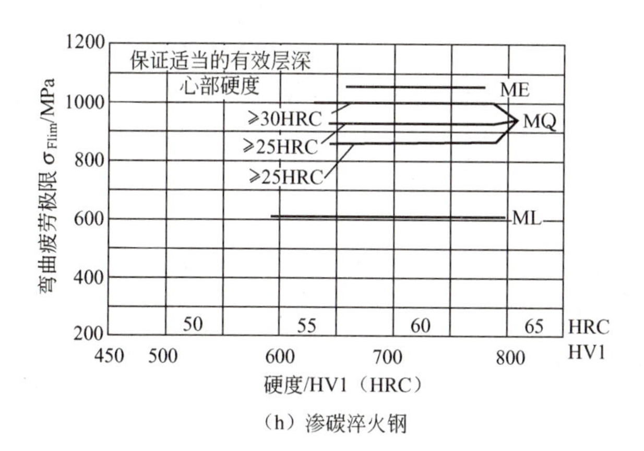

（h）渗碳淬火钢

1000
800
600
400
200
弯曲疲劳极限 σ Flim/MPa
ME
MQ
ML
50
55
60
HRC
450
500
600
700
HV1
硬度/HV1（HRC）

（i）表面硬化钢（火焰或感应淬火）

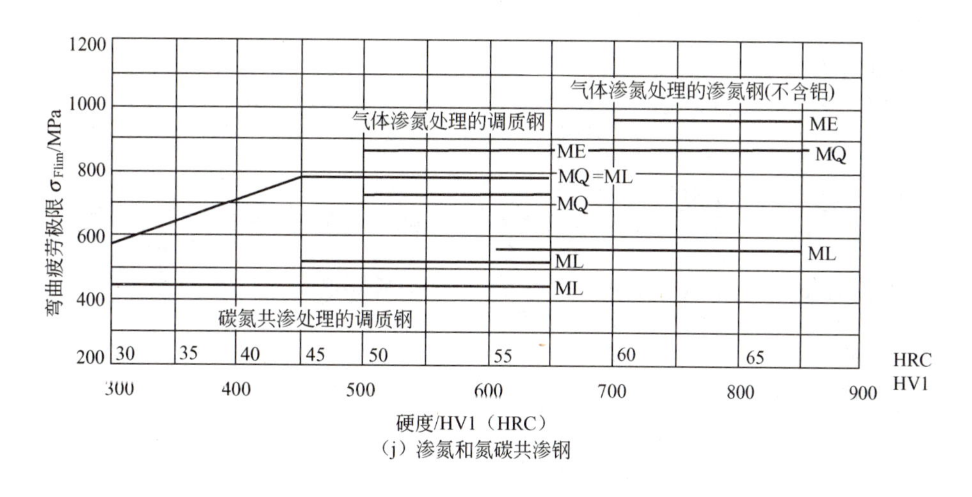

（j）渗氮和氮碳共渗钢

图 11.7　齿轮材料的弯曲疲劳极限 σ_{Flim}（续）

3. 齿轮传动的精度

国家标准对渐开线圆柱齿轮规定了 12 个精度等级，其中 1 级精度最高，12 级精度最低，常用的为 6～9 级精度。按误差特性及其对传动性能的影响，国家标准又将齿轮的各项公差分成三组，分别反映传递运动的准确性、传动的平稳性和载荷分布的均匀性。齿轮传动精度等级及应用见表 11.7。

表 11.7　齿轮传动精度等级及应用

精度等级	圆周速度 v (m/s)			应用
	直齿圆柱齿轮	斜齿圆柱齿轮	直齿锥齿轮	
6	≤15	≤25	≤9	高速重载齿轮传动，如飞机、汽车和机床中的重要齿轮，分度机构的齿轮传动
7	≤10	≤17	≤6	高速中载或中速重载齿轮传动，如标准系列减速器中的齿轮、汽车和机床中的齿轮
8	≤5	≤10	≤3	机械制造中对精度无特殊要求的齿轮，如起重机、农业机械、普通减速器中的齿轮
9	≤3	≤3.5	≤2.5	低速及对精度要求低的齿轮

注：锥齿轮的圆周速度取齿宽中点处的平均速度。

[例 11-1] 如模块四图 (b) 所示带式输送机传动简图，若带式输送机中的减速器采用直齿圆柱齿轮传动，根据例 9-1 设计的齿轮传动比 $i_c=5$，齿轮传动输入功率 $P_1=2.34\text{kW}$，小齿轮转速 $n_1=478.3\text{r/min}$，传递的转矩 $T=46.72\text{N}\cdot\text{m}$，试设计该齿轮传动(其他条件与例 9-1 相同)。

解：设计过程如下。

计算及说明	结果
1. 选择齿轮传动精度等级、材料及齿数 (1) 输送机为一般工作机器，速度不高，参考表 11.7 选用 8 级精度，速度 $v\leqslant 5\text{m/s}$。 (2) 材料选择。由表 11.2 选择小齿轮材料为 40Cr，调质处理，硬度为 250HBW；大齿轮材料为 45 钢，调质处理，硬度为 220HBW。 (3) 初选小齿轮齿数 $z_1=20$，大齿轮齿数 $z_2=i_cz_1=5\times20=100$。	齿轮 8 级精度 小齿轮 40Cr 调质，硬度 250HBW 大齿轮 45 钢调质，硬度 220HBW $z_1=20$ $z_2=100$
2. 按齿面接触疲劳强度设计 由设计式 (11-8) 进行计算 $$d_1\geqslant\sqrt[3]{\frac{2KT_1}{\psi_d}\frac{u+1}{u}\left(\frac{Z_HZ_E}{[\sigma_H]}\right)^2}$$ (1) 根据工作条件查表 11.3，选取载荷系数 $K=1.2$。 (2) 小齿轮传递的转矩 $T_1=46.72\text{N}\cdot\text{m}$。 (3) 由表 11.6 选取齿宽系数 $\psi_d=1$。 (4) 由表 11.4 查得材料的弹性系数 $Z_E=189.8\sqrt{\text{MPa}}$，标准齿轮 $Z_H=2.5$。 (5) 由图 11.6 按齿面硬度查得小齿轮的接触疲劳强度极限 $\sigma_{\text{Hlim1}}=700\text{MPa}$；大齿轮的接触疲劳强度极限 $\sigma_{\text{Hlim2}}=550\text{MPa}$。 (6) 由式 (11-14) 计算应力循环次数。 $N_1=60n_1jL_h=60\times478.3\times1\times(3\times8\times300\times6)\approx1.24\times10^9$ $N_2=1.24\times10^9/5=2.48\times10^8$	$K=1.2$ $T_1=46.72\text{N}\cdot\text{m}$ $\psi_d=1$ $Z_E=189.8\sqrt{\text{MPa}}$ $Z_H=2.5$ $\sigma_{\text{Hlim1}}=700\text{MPa}$ $\sigma_{\text{Hlim2}}=550\text{MPa}$

续表

计算及说明	结果
(7) 由图 11.4 查得接触疲劳寿命系数 $K_{HN1}=1$，$K_{HN2}=1.08$。	$K_{HN1}=1$ $K_{HN2}=1.08$
(8) 计算许用接触应力。 取失效概率 1%，安全系数 $S=1$，由式（11-12）得 $[\sigma_H]_1=\frac{K_{HN1}\sigma_{Hlim1}}{S}=\frac{1\times 700}{1}\text{MPa}=700\text{MPa}$ $[\sigma_H]_2=\frac{K_{HN2}\sigma_{Hlim2}}{S}=\frac{1.08\times 550}{1}\text{MPa}=594\text{MPa}$	$S=1$ $[\sigma_H]_1=700\text{MPa}$ $[\sigma_H]_2=594\text{MPa}$
(9) 计算小齿轮分度圆直径 d_1，代入 $[\sigma_H]$ 中的较小值。 $d_1\geqslant\sqrt[3]{\frac{2KT_1}{\psi_d}\frac{u+1}{u}\left(\frac{Z_H Z_E}{[\sigma_H]}\right)^2}$ $=\sqrt[3]{\frac{2\times 1.2\times 46.72\times 10^3}{1}\times\frac{5+1}{5}\left(\frac{2.5\times 189.8}{594}\right)^2}\text{mm}\approx 44.12\text{mm}$	$d_1\approx 44.12\text{mm}$
(10) 确定齿轮参数。 $m'=\frac{d_1}{z_1}=\frac{44.12}{20}\text{mm}\approx 2.21\text{mm}$ 由表 5.3，取模数 $m=2.5\text{mm}$ $d_1=mz_1=(2.5\times 20)\text{ mm}=50\text{mm}$ $d_2=mz_2=(2.5\times 100)\text{ mm}=250\text{mm}$ $b=\psi_d d_1=(1\times 50)\text{ mm}=50\text{mm}$ 取 $b_2=50\text{mm}$，$b_1=55\text{mm}$	$m=2.5\text{mm}$ $d_1=50\text{mm}$ $d_2=250\text{mm}$ $b_2=50\text{mm}$ $b_1=55\text{mm}$
3. 校核齿根弯曲疲劳强度 由式（11-10）有 $\sigma_F=\frac{2KT_1}{bmd_1}Y_{Fa}Y_{Sa}\leqslant[\sigma_F]$ (1) 由表 11.5 查得齿形系数和应力修正系数：$Y_{Fa1}=2.80$，$Y_{Sa1}=1.55$；$Y_{Fa2}=2.18$，$Y_{Sa2}=1.79$。	$Y_{Fa1}=2.80$ $Y_{Sa1}=1.55$ $Y_{Fa2}=2.18$ $Y_{Sa2}=1.79$
(2) 由应力循环次数查图 11.5 得弯曲疲劳寿命系数 $K_{FN1}=K_{FN2}=1$。	$K_{FN1}=K_{FN2}=1$
(3) 由图 11.7 查得两齿轮的弯曲疲劳强度极限分别为 $\sigma_{Flim1}=580\text{MPa}$，$\sigma_{Flim2}=400\text{MPa}$。	$\sigma_{Flim1}=580\text{MPa}$ $\sigma_{Flim2}=400\text{MPa}$
(4) 计算许用弯曲应力。取弯曲疲劳安全系数 $S=1.4$，由式（11-13）得 $[\sigma_F]_1=\frac{K_{FN1}\sigma_{Flim1}}{S}=\frac{1\times 580}{1.4}\text{MPa}\approx 414.29\text{MPa}$ $[\sigma_F]_2=\frac{K_{FN2}\sigma_{Flim2}}{S}=\frac{1\times 400}{1.4}\text{MPa}\approx 285.71\text{MPa}$	$S=1.4$ $[\sigma_F]_1\approx 414.29\text{MPa}$ $[\sigma_F]_2\approx 285.71\text{MPa}$
(5) 计算轮齿齿根弯曲应力。 $\sigma_{F1}=\frac{2KT_1}{bmd_1}Y_{Fa1}Y_{Sa1}$ $=\left(\frac{2\times 1.2\times 46.72\times 10^3}{50\times 2.5\times 50}\times 2.80\times 1.55\right)\text{MPa}\approx 77.86\text{MPa}\leqslant 414.29\text{MPa}$ $\sigma_{F2}=\frac{2KT_1}{bmd_1}Y_{Fa2}Y_{Sa2}$ $=\left(\frac{2\times 1.2\times 46.72\times 10^3}{50\times 2.5\times 50}\times 2.18\times 1.79\right)\text{MPa}\approx 70\text{MPa}\leqslant 285.71\text{MPa}$ 齿根弯曲强度足够。	$\sigma_{F1}\approx 77.86\text{MPa}$ $\sigma_{F2}\approx 70\text{MPa}$
4. 验算圆周速度 $v=\frac{\pi d_1 n_1}{60\times 1000}=\frac{\pi\times 50\times 478.3}{60\times 1000}\text{m/s}\approx 1.25\text{m/s}<5\text{m/s}$ 选用 8 级精度合适。	$v\approx 1.25\text{m/s}$
5. 齿轮几何参数计算（略） 6. 齿轮结构设计及绘制齿轮零件工作图（略）	

11.4 斜齿圆柱齿轮传动的强度计算

11.4.1 斜齿圆柱齿轮的受力分析

如图 11.8 所示，斜齿圆柱齿轮啮合时，不计摩擦力，作用在齿面上的法向力 F_n 垂直于齿面。在齿轮的分度圆柱面上，F_n 可以分解为三个互相垂直的分力：圆周力 F_t、径向力 F_r和轴向力 F_a。

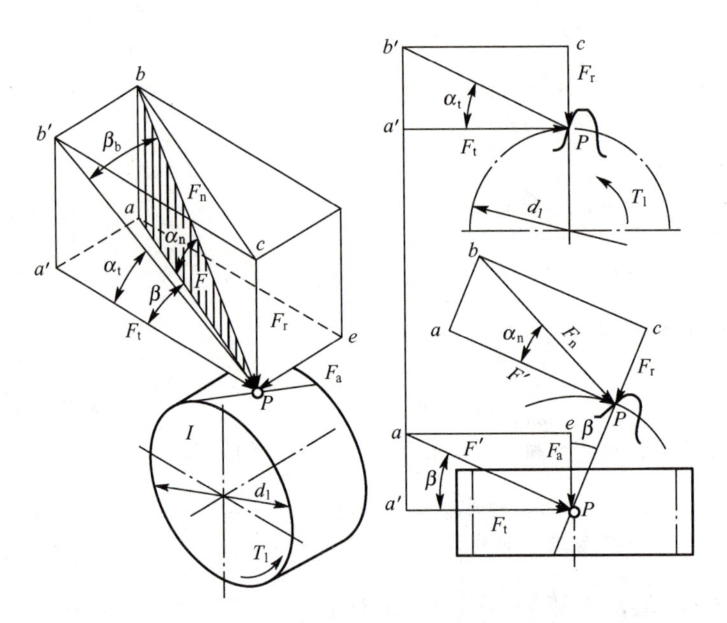

图 11.8 斜齿圆柱齿轮的受力分析

其计算公式为

$$\left.\begin{aligned}F_t&=2T_1/d_1\\F_r&=F_t\tan\alpha_n/\cos\beta\\F_a&=F_t\tan\beta\\F_n&=F_t/(\cos\alpha_n\cos\beta)\end{aligned}\right\}\tag{11-15}$$

式中 β——分度圆螺旋角（°）；

α_n——法面压力角（°），标准值 $\alpha_n=20°$。

由于两齿轮轴线互相平行，作用在主动轮和从动轮上的各同名力大小相等、方向相反。圆周力 F_t 和径向力 F_r 的方向判断与直齿圆柱齿轮相同。轴向力 F_a 的方向取决于主动轮轮齿螺旋线的方向及其转动方向，用“主动轮左、右手定则”来判断，即当主动轮左旋时用左手，主动轮右旋时用右手，以四指的弯曲方向表示主动轮的转向，拇指伸直与轴线平行，其指向即为主动轮的轴向力方向。从动轮的轴向力方向与主动轮的相反。注意，从动轮的轴向力方向不能用“左手定则”或“右手定则”判断。

由于斜齿轮传动存在轴向力，对轴和轴承工作不利，而轴向力随着螺旋角的增大而增大，为了限制轴向力，螺旋角不宜过大；但螺旋角太小，又失去了斜齿轮传动的优越性，所以，在设计中一般取 $\beta=8^\circ\sim20^\circ$。当螺旋角很大时，可采用人字齿轮。

11.4.2 齿面接触疲劳强度计算

斜齿圆柱齿轮传动的齿面接触疲劳强度是以节点处法面当量直齿圆柱齿轮为对象进行计算分析的，其基本原理与直齿圆柱齿轮相似，仍以赫兹公式为依据。但由于斜齿轮传动重合度较大，同时啮合的轮齿较多，并且齿面接触线是倾斜的，因此斜齿圆柱齿轮的齿面接触应力较直齿圆柱齿轮的小。考虑上述特点，引入重合度及螺旋角对齿面接触应力影响的系数，可得标准斜齿圆柱齿轮传动的齿面接触疲劳强度校核公式和设计公式，分别为

$$\sigma_H=Z_E Z_H Z_\varepsilon Z_\beta\sqrt{\frac{2KT_1}{bd_1^2}\frac{u\pm1}{u}}\leqslant[\sigma_H] \tag{11-16}$$

$$d_1\geqslant\sqrt[3]{\frac{2KT_1}{\psi_d}\frac{u\pm1}{u}\left(\frac{Z_H Z_E Z_\varepsilon Z_\beta}{[\sigma_H]}\right)^2} \tag{11-17}$$

式中 Z_H——节点区域系数，按式 $Z_H=\sqrt{2\cos\beta_b/(\sin\alpha_t\cos\alpha_t)}$ 计算，β_b 为斜齿轮基圆柱上的螺旋角（°），α_t 为斜齿轮端面压力角（°）；

Z_ε——重合度系数，$Z_\varepsilon=\sqrt{\frac{4-\varepsilon_\alpha}{3}(1-\varepsilon_\beta)+\frac{\varepsilon_\beta}{\varepsilon_\alpha}}$，$\varepsilon_\alpha$ 为端面重合度，$\varepsilon_\alpha=\left[1.88-3.2\left(\frac{1}{z_1}\pm\frac{1}{z_2}\right)\right]\cos\beta$，正号用于外啮合，负号用于内啮合，$\varepsilon_\beta$ 为轴向重合度，$\varepsilon_\beta=0.318\psi_d z_1\tan\beta$，若 $\varepsilon_\beta\geqslant1$，取 $\varepsilon_\beta=1$；

Z_β——螺旋角系数，$Z_\beta=\sqrt{\cos\beta}$。

11.4.3 齿根弯曲疲劳强度计算

进行齿根弯曲疲劳强度计算时，通常也是按斜齿轮法面当量直齿圆柱齿轮来进行的。由于斜齿轮啮合时，重合度大，同时啮合的轮齿对数较多，而且轮齿接触线是倾斜的，有利于减小齿轮的弯曲应力，轮齿抗弯曲折断的能力有所增强。所以参照直齿轮齿根弯曲疲劳强度计算式的推导，引入重合度及螺旋角对齿根弯曲应力影响的系数，可得标准斜齿圆柱齿轮传动的齿根弯曲疲劳强度校核公式和设计公式，分别为

$$\sigma_F=\frac{2KT_1}{bd_1m_n}Y_{Fa}Y_{Sa}Y_\varepsilon Y_\beta\leqslant[\sigma_F] \tag{11-18}$$

$$m_n\geqslant\sqrt[3]{\frac{2KT_1\cos^2\beta}{\psi_d z_1^2}\frac{Y_{Fa}Y_{Sa}Y_\varepsilon Y_\beta}{[\sigma_F]}} \tag{11-19}$$

式中 Y_{Fa}——齿形系数，按当量齿数 $z_V=z/\cos^3\beta$ 查表 11.5；

Y_{Sa}——应力修正系数，按当量齿数 $z_V=z/\cos^3\beta$ 查表 11.5；

Y_ε——重合度系数，$Y_\varepsilon=0.25+0.75/\varepsilon_\alpha$；

Y_β——螺旋角系数，$Y_\beta=1-\varepsilon_\beta\frac{\beta}{120^\circ}$（若 $\varepsilon_\beta\geqslant1$，取 $\varepsilon_\beta=1$，若 $Y_\beta<0.75$，取 $Y_\beta=0.75$）。

11.5 直齿锥齿轮传动的强度计算

11.5.1 直齿锥齿轮的受力分析

受力分析中，将沿齿宽分布的载荷简化为集中作用于齿宽中部节点上的法向力 F_n，如图 11.9 所示。作用在主动轮上的法向力 F_{n1} 可以分解为三个互相垂直的分力：圆周力 F_{t1}、径向力 F_{r1} 和轴向力 F_{a1}，其计算公式为

$$\left.\begin{aligned} F_{t1} &= 2T_1/d_{m1} \\ F_{r1} &= F_{t1}\tan\alpha\cos\delta_1 \\ F_{a1} &= F_{t1}\tan\alpha\sin\delta_1 \end{aligned}\right\} \tag{11-20}$$

式中 d_{m1}——主动小齿轮齿宽中点处平均分度圆直径（mm），$d_{m1}=(1-0.5\psi_R)d_1$，其中 ψ_R 为齿宽系数，由齿宽 b 和锥距 R 来确定，$\psi_R=b/R$，为了保证锥齿轮小端必需的强度并便于加工，齿宽 b 一般不应大于 $R/3$，故通常取 $\psi_R=0.25\sim0.35$；

δ_1——小齿轮分度圆锥角（°）。

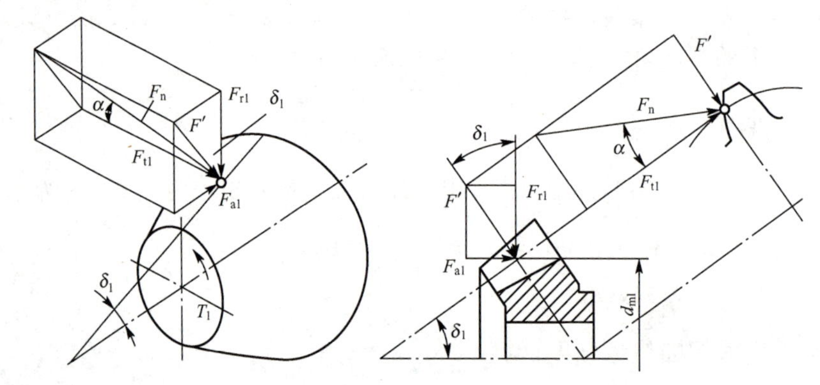

图 11.9 直齿锥齿轮的受力分析

圆周力和径向力的方向判断与直齿圆柱齿轮相同。轴向力的方向分别沿各自的轴线方向并指向轮齿大端。由于相互啮合的两个锥齿轮的轴线垂直相交，因此作用在主动轮和从动轮上的各分力的对应关系为 $F_{t1}=-F_{t2}$，$F_{r1}=-F_{a2}$，$F_{a1}=-F_{r2}$，负号表示方向相反。

11.5.2 直齿锥齿轮传动的强度计算

直齿锥齿轮传动的强度计算是以齿宽中点处的当量直齿圆柱齿轮为对象进行计算分析的。把直齿锥齿轮转换为齿宽中点处的当量直齿圆柱齿轮后，将其参数代入直齿圆柱齿轮强度计算公式中，即可推导出直齿锥齿轮的强度计算公式。

锥齿轮的齿面接触疲劳强度校核公式和设计公式分别为

$$\sigma_H = Z_E Z_H \sqrt{\frac{4KT_1}{\psi_R(1-0.5\psi_R)^2 d_1^3 u}} \leqslant [\sigma_H] \tag{11-21}$$

$$d_1 \geqslant \sqrt[3]{\frac{4KT_1}{\psi_R(1-0.5\psi_R)^2 u}\left(\frac{Z_H Z_E}{[\sigma_H]}\right)^2} \tag{11-22}$$

式中　Z_H——节点区域系数，对直齿锥齿轮 $Z_H=2.5$。

锥齿轮的齿根弯曲疲劳强度校核公式和设计公式分别为

$$\sigma_F=\frac{4KT_1}{\psi_R(1-0.5\psi_R)^2 z_1^2 m^3\sqrt{1+u^2}}Y_{Fa}Y_{Sa}\leqslant[\sigma_F] \tag{11-23}$$

$$m\geqslant\sqrt[3]{\frac{4KT_1}{\psi_R(1-0.5\psi_R)^2 z_1^2\sqrt{1+u^2}}\frac{Y_{Fa}Y_{Sa}}{[\sigma_F]}} \tag{11-24}$$

式中　Y_{Fa}、Y_{Sa}——齿形系数和应力修正系数，按当量齿数 $z_V=z/\cos\delta$ 查表 11.5。

11.6　齿轮的结构设计

可通过齿轮传动的强度计算确定齿轮的主要参数和尺寸，如齿数、模数、分度圆直径和齿宽等，而齿轮的结构形式及齿圈、轮辐和轮毂等其他结构尺寸由齿轮的结构设计确定。齿轮的结构设计与齿轮直径、毛坯材料、加工方法、生产批量、使用要求及经济性等因素有关。通常先根据齿轮直径的大小选择合理的结构形式，再根据推荐使用的经验公式确定有关尺寸，进行结构设计。

【参考图文】

常用齿轮结构形式见表 11.8。

表 11.8　常用齿轮结构形式

结构形式	图例	
齿轮轴	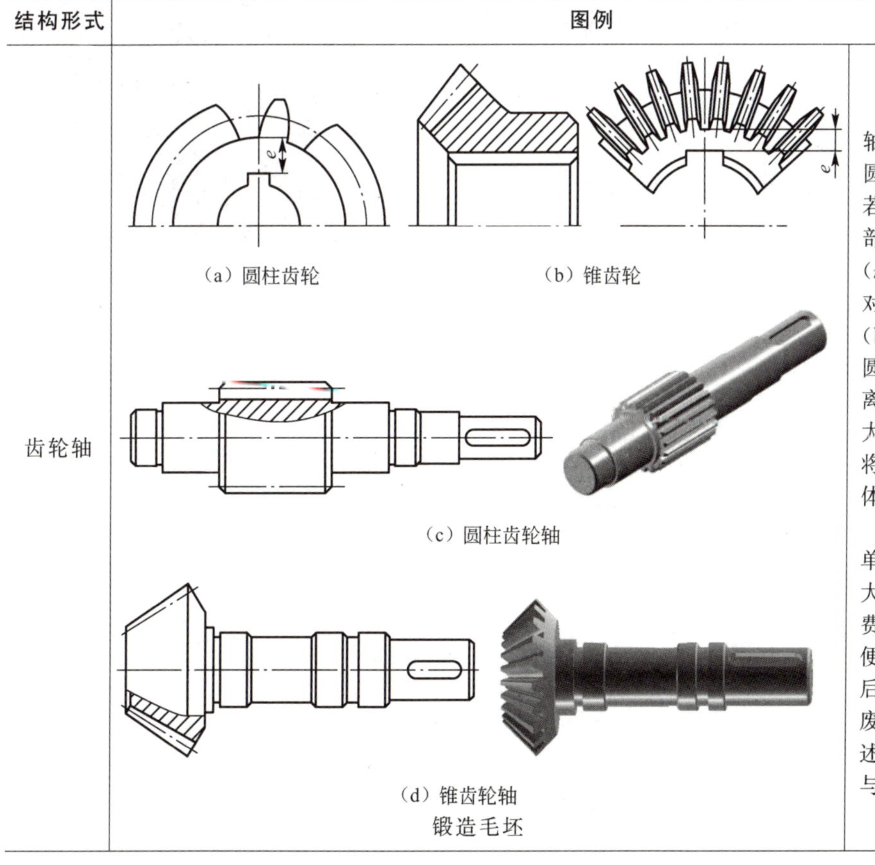 （a）圆柱齿轮 （b）锥齿轮 （c）圆柱齿轮轴 （d）锥齿轮轴 锻造毛坯	当齿根圆直径与轴径接近时，对于圆柱齿轮[图（a)]，若齿根圆至键槽底部的距离 $e<2m_t$（m_t 为端面模数）；对于锥齿轮[图（b)]，若小端齿根圆至键槽底部的距离 $e<1.6m$（m 为大端模数），均应将齿轮与轴做成一体，称为齿轮轴。 齿轮轴结构简单，但齿轮尺寸较大时，易造成浪费，加工也不方便，而且齿轮损坏后，轴也随之报废。故当 e 超过上述值时，应将齿轮与轴分开制造

续表

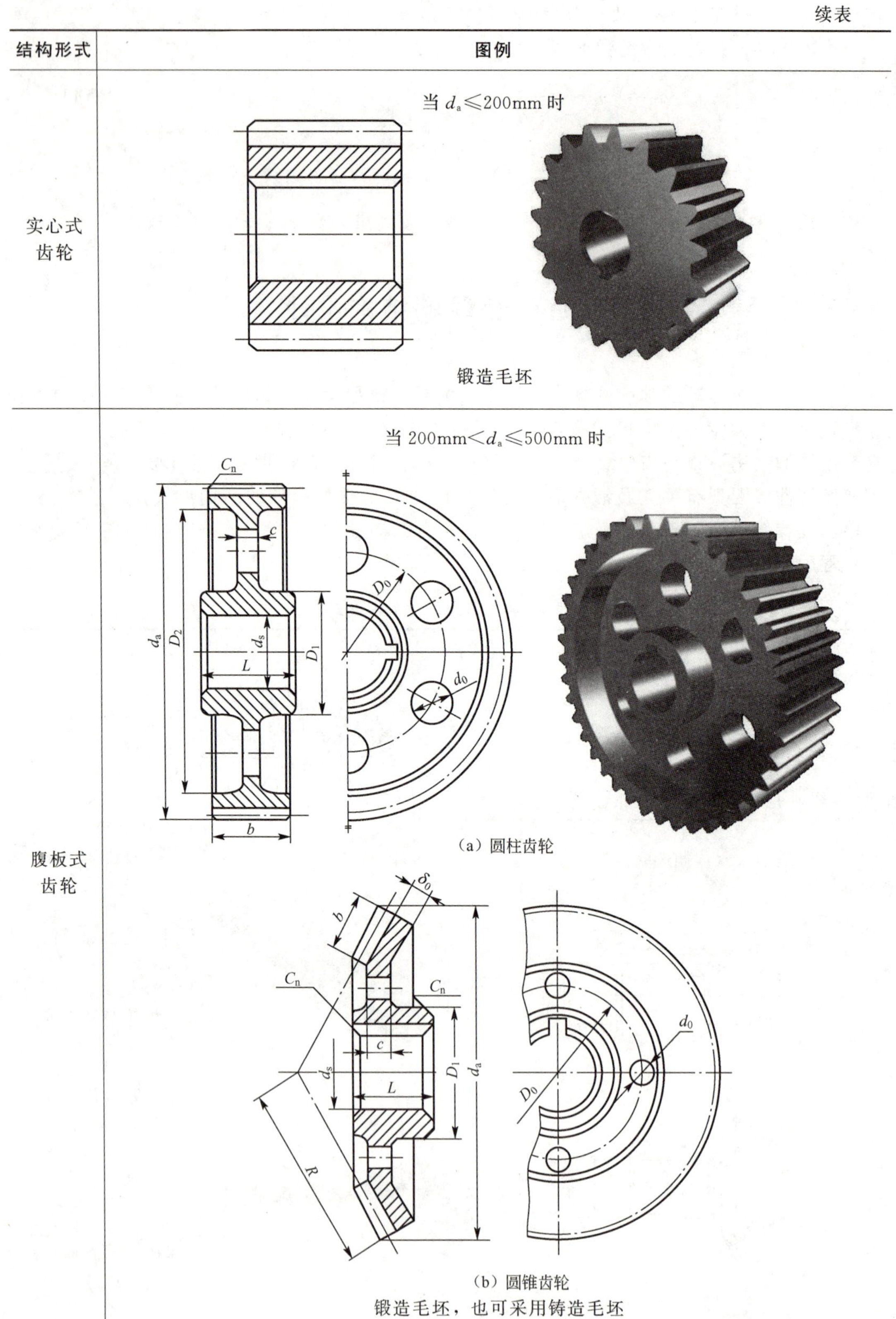

结构形式	图例
实心式齿轮	当 $d_a\leqslant 200$mm 时 锻造毛坯
腹板式齿轮	当 $200\text{mm}<d_a\leqslant 500$mm 时 （a）圆柱齿轮 （b）圆锥齿轮 锻造毛坯，也可采用铸造毛坯

续表

<table>
<tr><th>结构形式</th><th colspan="2">图例</th></tr>
<tr><td>腹板式齿轮</td><td colspan="2">$D_1=1.6d_s$（钢材）；$D_1=1.7d_s$（铸铁）
圆柱齿轮：$D_0=0.5(D_1+D_2)$；$D_2=d_a-(10\sim14)m_n$；$L=(1.2\sim1.5)d_s\geqslant b$；
$d_0=(0.25\sim0.35)(D_2-D_1)$；$c=(0.2\sim0.3)b$；$n=0.5m_n$
锥齿轮：$L=(1\sim1.2)d_s$；$c=(0.1\sim0.17)R$；$\delta_0=(2.5\sim4)m$，但不小于10mm；
D_0、d_0、n 按结构确定</td></tr>
<tr><td rowspan="2">轮辐式齿轮</td><td colspan="2">当 $d_a>500\text{mm}$ 时
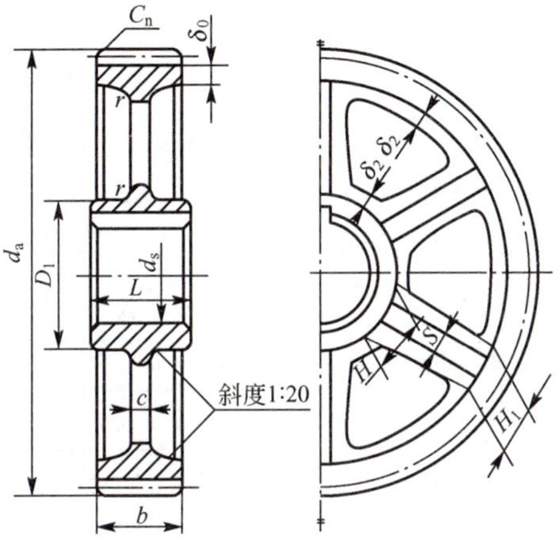

铸造毛坯（铸钢或铸铁）制造</td></tr>
<tr><td colspan="2">$D_1=1.6d_s$（铸钢）；$D_1=1.8d_s$（铸铁）；$L=(1.2\sim1.5)d_s\geqslant b$；$H=0.8d_s$；$H_1=0.8H$；
$c=0.2H$；$S=H/6$，但不小于10mm；$n=0.5m_n$；$\delta_0=(2.5\sim4)m_n$，但不小于8mm；
$\delta_2=0.8\delta_0$；轮辐数常取6</td></tr>
<tr><td>组装式齿轮</td><td>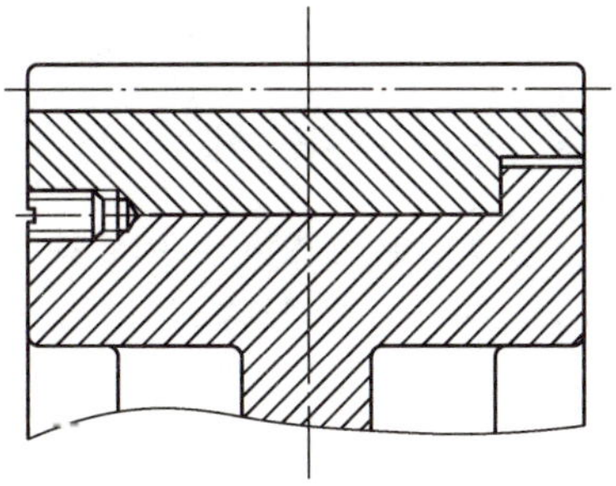</td><td>对于大型齿轮，为节省贵重金属材料，可用优质钢材做的齿圈套于铸钢或铸铁的轮芯上，做成组装式齿轮</td></tr>
<tr><td>焊接式齿轮</td><td>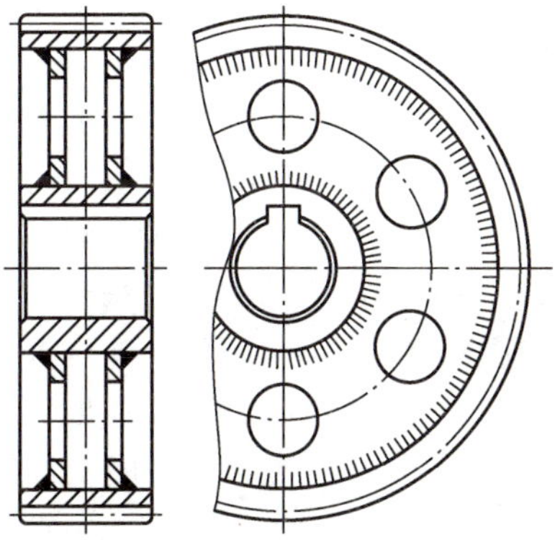</td><td>单件或小批量生产的大型齿轮，也可做成焊接结构的齿轮</td></tr>
</table>

11.7 齿轮传动的润滑

齿轮在啮合传动时会产生摩擦和磨损，造成功率损耗，降低传动效率，因此齿轮传动的润滑特别是高速重载的齿轮传动的润滑非常必要。良好的润滑可以避免金属直接接触，减少摩擦和磨损，提高传动效率；还可以散热及防锈蚀，改善齿轮传动的工作状况，延长使用寿命。

11.7.1 润滑剂的选择

齿轮传动常用的润滑剂有润滑油和润滑脂。润滑油的运动黏度可按表 11.9 选取。选择润滑油时，根据齿轮材料和圆周速度查得运动黏度值，由选定的黏度确定润滑油的牌号。一般来讲，转速越高，所用润滑油的黏度越低；反之越高。对于变速、重载或者频繁开车、停车等的齿轮传动，宜用黏度高的润滑油。

表 11.9 齿轮传动润滑油运动黏度荐用值 （单位：mm^2/s）

齿轮材料	强度极限 σ_b/MPa	圆周速度 v/（m/s）						
		<0.5	0.5～1	1～2.5	2.5～5	5～12.5	12.5～25	>25
塑料、铸铁、青铜	—	320	220	150	100	80	60	—
钢	450～1000	500	320	220	150	110	80	60
	1000～1250	500	500	320	220	150	100	80
渗碳或表面淬火的钢	1250～1600	1000	500	500	320	220	150	100

注：多级减速器的润滑油黏度应按各级黏度的平均值选取。

11.7.2 润滑方式

半开式齿轮传动、开式齿轮传动、速度较低的闭式齿轮传动采用人工定期添加润滑油或润滑脂的方法进行润滑。闭式齿轮传动通常采用油润滑，其润滑方式根据齿轮的圆周速度确定。

（1）浸油润滑。当齿轮的圆周速度 $v<12$m/s 时，通常将大齿轮的轮齿浸入油池中进行浸油润滑，如图 11.10（a）所示。齿轮传动时，大齿轮将润滑油带到啮合的齿面上进行润滑，同时将油甩到齿轮箱壁上散热，使油温下降。大齿轮浸入油池的深度可根据齿轮的圆周速度而定，浸入过浅将造成润滑不良；浸入过深则将增大齿轮的搅油阻力，损失功率增大并使油温升高。对圆柱齿轮通常不宜超过一个齿高，但不应小于 10mm；对锥齿轮传动应浸入全齿宽，至少应浸入齿宽的一半。油池应保持一定的深度，一般大齿轮齿顶圆到油池底面的距离不应小于 40～50mm。在多级齿轮传动中，可采用带油轮将油带到未浸入油池内的轮齿齿面上，如图 11.10（b）所示。

（2）喷油润滑。当齿轮圆周速度 $v>12$m/s 时，由于圆周速度大，齿轮搅油剧烈，而且离心力较大，会使黏附在齿面上的油被甩掉，因此不宜采用浸油润滑，可采用喷油润滑，即用油泵以一定的压力供油，经喷油嘴喷到啮合的齿面上，如图 11.10（c）所示。当

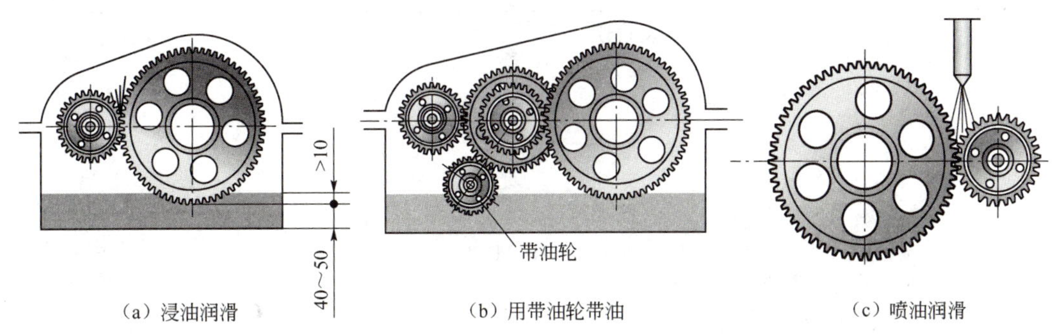

图 11.10　齿轮传动的润滑

【参考动画】

$v \leqslant 25$m/s时，喷油嘴位于轮齿啮入边或啮出边均可；当 $v > 25$m/s 时，喷油嘴位于轮齿的啮出边，以便借润滑油及时冷却刚啮合过的轮齿，同时对轮齿进行润滑。喷油润滑适用于高速、重载的重要齿轮传动。

[例 11-2]　将例 11-1 设计的直齿圆柱齿轮传动改为设计标准斜齿圆柱齿轮传动，已知条件、材料、热处理及精度等级等均不变。

解：设计过程如下。

计算及说明	结果
1. 选择齿轮传动精度等级、材料、齿数及螺旋角 (1) 精度等级同例 11-1，8 级精度，速度 $v \leqslant 10$m/s。 (2) 材料、热处理及齿面硬度同例 11-1。 (3) 初选小齿轮齿数 $z_1=20$，大齿轮齿数 $z_2=i_c z_1=5\times 20=100$。 (4) 初选螺旋角 $\beta=14°$。	齿轮 8 级精度 小齿轮 40Cr 调质，硬度 250HBW 大齿轮 45 钢调质，硬度 220HBW $z_1=20$ $z_2=100$ $\beta=14°$
2. 按齿面接触疲劳强度设计 由设计式（11-17）进行计算 $$d_1 \geqslant \sqrt[3]{\frac{2KT_1}{\psi_d}\frac{u+1}{u}\left(\frac{Z_H Z_E Z_\varepsilon Z_\beta}{[\sigma_H]}\right)^2}$$	
(1) 根据工作条件查表 11.3，选取载荷系数 $K=1.2$。	$K=1.2$
(2) 小齿轮传递的转矩 $T_1=46.72$N·m。	$T_1=46.72$N·m
(3) 由表 11.6 选取齿宽系数 $\psi_d=1$。	$\psi_d=1$
(4) 由表 11.4 查得材料的弹性系数 $Z_E=189.8\sqrt{\text{MPa}}$。	$Z_E=189.8\sqrt{\text{MPa}}$
(5) 节点区域系数 $$\tan\alpha_t=\frac{\tan\alpha_n}{\cos\beta}=\frac{\tan 20°}{\cos 14°}\approx 0.37 \quad \alpha_t\approx 20.3°$$ $$\tan\beta_b=\tan\beta\cos\alpha_t=\tan 14°\cos 20.3°\approx 0.23 \quad \beta_b\approx 12.95°$$ $Z_H=\sqrt{2\cos\beta_b/(\sin\alpha_t\cos\alpha_t)}$ $=\sqrt{2\cos 12.95°/(\sin 20.3°\cos 20.3°)}\approx 2.45$	$Z_H\approx 2.45$
(6) 重合度系数 $\varepsilon_\alpha=\left[1.88-3.2\left(\frac{1}{z_1}+\frac{1}{z_2}\right)\right]\cos\beta$ $=\left[1.88-3.2\left(\frac{1}{20}+\frac{1}{100}\right)\right]\cos 14°\approx 1.64$ $\varepsilon_\beta=0.318\psi_d z_1\tan\beta=0.318\times 1\times 20\times\tan 14°\approx 1.58>1$ 取 $\varepsilon_\beta=1$	

续表

计算及说明	结果
$Z_\varepsilon=\sqrt{\frac{4-\varepsilon_\alpha}{3}(1-\varepsilon_\beta)+\frac{\varepsilon_\beta}{\varepsilon_\alpha}}=\sqrt{\frac{4-1.64}{3}(1-1)+\frac{1}{1.64}}\approx0.78$	$Z_\varepsilon\approx0.78$
(7) 螺旋角系数 $Z_\beta=\sqrt{\cos\beta}=\sqrt{\cos14^\circ}\approx0.985$。	$Z_\beta\approx0.985$
(8) 许用接触应力 $[\sigma_H]_1=700\text{MPa}$，$[\sigma_H]_2=594\text{MPa}$。	$[\sigma_H]_1=700\text{MPa}$ $[\sigma_H]_2=594\text{MPa}$
(9) 计算小齿轮分度圆直径 d_1，代入 $[\sigma_H]$ 中较小值。 $d_1\geqslant\sqrt[3]{\frac{2KT_1}{\psi_d}\frac{u+1}{u}\left(\frac{Z_HZ_EZ_\varepsilon Z_\beta}{[\sigma_H]}\right)^2}=\sqrt[3]{\frac{2\times1.2\times46.72\times10^3}{1}\frac{5+1}{5}\left(\frac{2.45\times189.8\times0.78\times0.985}{594}\right)^2}\text{mm}\approx36.45\text{mm}$	$d_1\approx36.45\text{mm}$
(10) 确定齿轮参数。 $m_n'=\frac{d_1\cos\beta}{z_1}=\frac{36.45\cos14^\circ}{20}\text{mm}\approx1.77\text{mm}$	
由表5.3，取模数 $m_n=2\text{mm}$	$m_n=2\text{mm}$
$a=\frac{m_n(z_1+z_2)}{2\cos\beta}=\frac{2\times(20+100)}{2\cos14^\circ}\text{mm}\approx123.71\text{mm}$ 圆整取 $a=124\text{mm}$	$a\approx124\text{mm}$
$\beta=\arccos\frac{m_n(z_1+z_2)}{2a}=\left[\arccos\frac{2\times(20+100)}{2\times124}\right]^\circ\approx14.59^\circ$	$\beta\approx14.59^\circ$
$d_1=\frac{m_nz_1}{\cos\beta}=\frac{2\times20}{\cos14.59^\circ}\text{mm}\approx41.34\text{mm}$	$d_1\approx41.34\text{mm}$
$d_2=\frac{m_nz_2}{\cos\beta}=\frac{2\times100}{\cos14.59^\circ}\text{mm}\approx206.66\text{mm}$	$d_2\approx206.66\text{mm}$
$b=\psi_dd_1=(1\times41.34)\text{mm}=41.34\text{mm}$ 取 $b_1=46\text{mm}$，$b_2=41\text{mm}$	$b_1=46\text{mm}$ $b_2=41\text{mm}$
3. 校核齿根弯曲疲劳强度 由校核公式(11-18)有 $\sigma_F=\frac{2KT_1}{bd_1m_n}Y_{Fa}Y_{Sa}Y_\varepsilon Y_\beta\leqslant[\sigma_F]$	
(1) 齿形系数和应力修正系数 $z_{V1}=\frac{z_1}{\cos^3\beta}=\frac{20}{\cos^314.59^\circ}\approx22$	$z_{V1}\approx22$
$z_{V2}=\frac{z_2}{\cos^3\beta}=\frac{100}{\cos^314.59^\circ}\approx111$	$z_{V2}\approx111$
由表11.5查得齿形系数和应力修正系数：$Y_{Fa1}=2.72$，$Y_{Sa1}=1.57$；$Y_{Fa2}=2.17$，$Y_{Sa2}=1.80$。	$Y_{Fa1}=2.72$ $Y_{Sa1}=1.57$ $Y_{Fa2}=2.17$ $Y_{Sa2}=1.80$
(2) 重合度系数 $Y_\varepsilon=0.25+0.75/\varepsilon_\alpha=0.25+0.75/1.64\approx0.71$。	$Y_\varepsilon\approx0.71$
(3) 螺旋角系数 $Y_\beta=1-\varepsilon_\beta\frac{\beta}{120^\circ}=1-1\times\frac{14.59^\circ}{120^\circ}\approx0.88$。	$Y_\beta\approx0.88$
(4) 许用弯曲应力 $[\sigma_F]_1\approx414.29\text{MPa}$，$[\sigma_F]_2\approx285.71\text{MPa}$。	$[\sigma_F]_1\approx414.29\text{MPa}$ $[\sigma_F]_2\approx285.71\text{MPa}$
(5) 计算轮齿齿根弯曲应力 $\sigma_{F1}=\frac{2KT_1}{bd_1m_n}Y_{Fa1}Y_{Sa1}Y_\varepsilon Y_\beta=\left(\frac{2\times1.2\times46.72\times10^3}{41\times41.34\times2}\times2.72\times1.57\times0.71\times0.88\right)\text{MPa}\approx88.26\text{MPa}\leqslant414.29\text{MPa}$	$\sigma_{F1}\approx88.26\text{MPa}$

续表

计算及说明	结果
$\sigma_{F2}=\dfrac{Y_{Fa2}Y_{Sa2}}{Y_{Fa1}Y_{Sa1}}\sigma_{F1}=\left(\dfrac{2.17\times1.80}{2.72\times1.57}\times88.26\right)MPa\approx80.73MPa\leqslant285.71MPa$ 齿根弯曲强度足够。	$\sigma_{F2}\approx80.73MPa$
4. 验算圆周速度 $v=\dfrac{\pi d_1 n_1}{60\times1000}=\dfrac{\pi\times41.34\times478.3}{60\times1000}m/s\approx1.03m/s<10m/s$ 选用 8 级精度合适。	$v\approx1.03m/s$
5. 齿轮几何参数计算（略）	
6. 齿轮结构设计 根据表 11.8，齿轮结构	
小齿轮：$d_{a1}=d_1+2h_{an}^{*}m_n=(41.34+2\times1\times2)$ mm＝45.34mm，因 $e<2m_t$，故采用齿轮轴结构	小齿轮采用齿轮轴
大齿轮：$d_{a2}=d_2+2h_{an}^{*}m_n=(206.66+2\times1\times2)$ mm＝210.66mm，因 200mm＜$d_{a2}\leqslant$500mm，故采用腹板式齿轮	大齿轮采用腹板式
7. 绘制齿轮零件工作图 大齿轮零件工作图如图 11.11 所示	

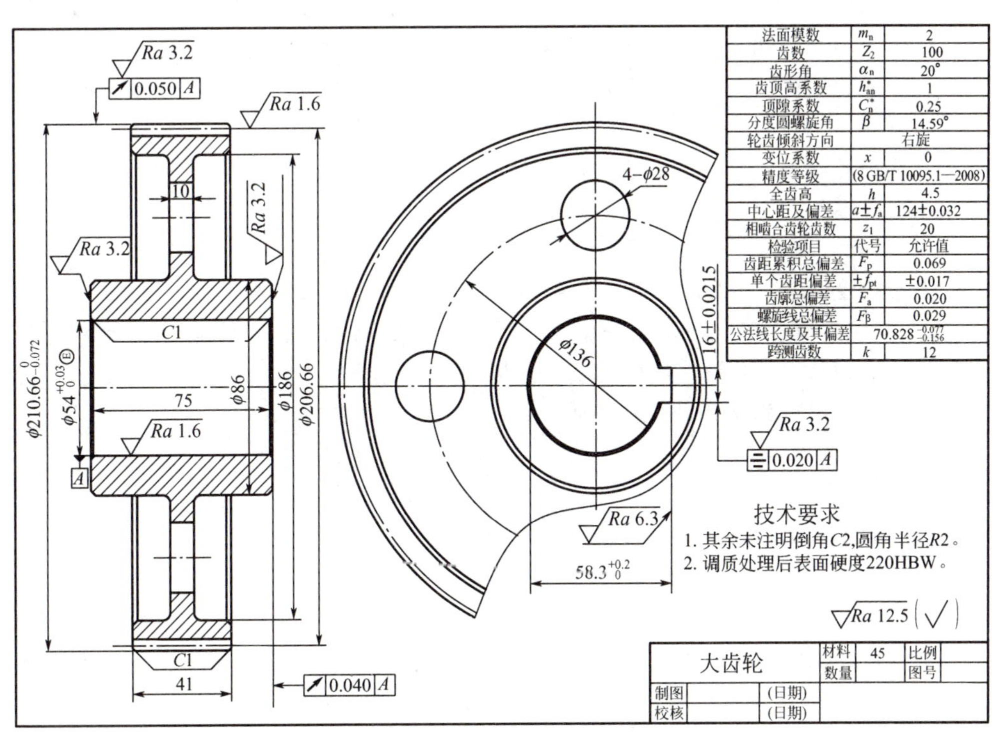

图 11.11　大齿轮零件工作图

该部分为拓展内容，请读者扫描二维码自行参考学习。

【参考图文】

习　　题

11-1　选择题

(1) 一般开式齿轮传动的主要失效形式是____。

A. 齿面点蚀　　B. 齿面磨损

C. 轮齿折断　　D. 齿面胶合

(2) 一般参数的闭式软齿面齿轮传动的主要失效形式是____。

A. 齿面胶合　　B. 齿面点蚀

C. 齿面磨粒磨损　　D. 轮齿折断

(3) 齿轮传动设计时，计算齿根弯曲疲劳强度是为了避免____失效。

A. 齿面胶合　　B. 齿面点蚀

C. 齿面磨粒磨损　　D. 轮齿折断

(4) 对齿轮材料性能的基本要求是____。

A. 齿面硬，齿芯脆　　B. 齿面软，齿芯韧

C. 齿面硬，齿芯韧　　D. 齿面软，齿芯脆

(5) 对于一对材料相同的钢制软齿面齿轮传动，常用的热处理方法是____。

A. 小齿轮淬火，大齿轮调质　　B. 小齿轮调质，大齿轮淬火

C. 小齿轮正火，大齿轮调质　　D. 小齿轮调质，大齿轮正火

(6) 设计一对材料相同的软齿面齿轮传动时，一般小齿轮齿面硬度 HBW_1 ____大齿轮齿面硬度 HBW_2。

A. 小于　　B. 等于　　C. 大于

(7) 齿面硬度为 56～62HRC 的合金钢齿轮的加工工艺过程为____。

A. 齿坯加工→淬火→磨齿→滚齿　　B. 齿坯加工→淬火→滚齿→磨齿

C. 齿坯加工→滚齿→渗碳淬火→磨齿　　D. 齿坯加工→滚齿→磨齿→淬火

(8) 齿面接触疲劳强度条件是以不产生____破坏为前提建立起来的。

A. 疲劳点蚀　　B. 磨损

C. 胶合　　D. 塑性变形

(9) 齿轮的齿面疲劳点蚀失效首先发生的部位是____。

A. 靠近节线的齿根表面上　　B. 靠近节线的齿顶表面上

C. 节线上　　D. 同时在齿根和齿顶表面上

(10) 在斜齿轮传动设计计算中，对于下列参数和尺寸，应标准化的有____；应圆整的有____；应取精确值的有____。

A. 斜齿圆柱齿轮的法面模数 m_n　　B. 斜齿圆柱齿轮的端面模数 m_t

C. 分度圆直径 d　　D. 齿顶圆直径 d_a

E. 齿轮宽度 b　　F. 分度圆压力角 α

G. 斜齿轮螺旋角 β　　H. 中心距 a

(11) 下列斜齿圆柱齿轮的螺旋角中，____值是实际可行的。

A. $\beta=2°\sim8°$　　B. $\beta=8°\sim20°$

C. $\beta=20°\sim40°$　　D. $\beta=40°\sim60°$

(12) 在圆柱齿轮减速器中，一般小齿轮的宽度 b_1 ____大齿轮的宽度 b_2。

A. 大于　　B. 小于　　C. 等于

(13) 当分度圆直径一定时，在满足轮齿弯曲强度的条件下，应尽可能选取____。

A. 较大的中心距　　B. 较大的模数　　C. 较多的齿数

(14) 按齿根弯曲疲劳强度设计齿轮传动时，应将 $\frac{Y_{Fa1}Y_{sa1}}{[\sigma_{F1}]}$ 和 $\frac{Y_{Fa2}Y_{sa2}}{[\sigma_{F2}]}$ 中____数值代入设计式进行计算。

A. 任何一个　　B. 较大　　C. 较小　　D. 两者平均

(15) 按齿面接触疲劳强度设计齿轮传动时，若大、小齿轮的许用应力不相等，应将 $[\sigma_{H1}]$ 或 $[\sigma_{H2}]$ 中____代入设计式中进行计算。

A. 任何一个值　　B. 较大值　　C. 较小值

(16) 设计斜齿轮传动时，螺旋角 β 一般在 $8^\circ \sim 20^\circ$ 选取，β 太小，斜齿轮传动的优点不明显；太大则会引起____。

A. 轴向力太大　　B. 啮合不良　　C. 制造困难

(17) 一对标准直齿圆柱齿轮，已知 $z_1=20$，$z_2=40$，则这对齿轮的接触应力____。

A. $\sigma_{H1}>\sigma_{H2}$　　B. $\sigma_{H1}<\sigma_{H2}$

C. $\sigma_{H1}=\sigma_{H2}$　　D. $\sigma_{H1}\leqslant\sigma_{H2}$

(18) 齿轮传动在以下几种工况中，____的齿宽系数可取大些。

A. 悬臂布置　　B. 不对称布置　　C. 对称布置

(19) 标准斜齿圆柱齿轮传动中，应按____查取齿形系数值。

A. 法面模数　　B. 齿宽　　C. 实际齿数　　D. 当量齿数

(20) 直齿锥齿轮传动的强度计算，以____的当量圆柱齿轮为计算基础。

A. 小端　　B. 大端　　C. 齿宽中点处

11-2　思考题

(1) 齿轮传动的主要失效形式有哪几种？这些失效形式常发生在哪种场合的齿轮传动中？

(2) 在工程设计中，齿轮传动的设计准则是什么？其齿面接触疲劳强度计算和齿根弯曲疲劳强度计算各控制什么失效形式？

(3) 齿轮材料的选择原则是什么？常用齿轮材料和热处理方法有哪些？

(4) 软齿面与硬齿面齿轮的齿面硬度范围如何？对于软齿面齿轮，为何应使小齿轮的齿面硬度比大齿轮高 30～50HBW？

(5) 一对圆柱齿轮传动，小齿轮和大齿轮在啮合处的接触应力是否相等？如大、小齿轮的材料及热处理情况均相同，则其许用接触应力是否相等？如其许用接触应力相等，则大、小齿轮的接触疲劳强度是否相等？

(6) 什么是齿形系数？齿形系数与哪些因素有关？如两个齿轮的齿数和变位系数相同，而模数不同，齿形系数是否有变化？相同齿数的标准直齿圆柱齿轮、标准斜齿圆柱齿轮和标准直齿锥齿轮的齿形系数是否相同？为什么？

(7) 斜齿圆柱齿轮的齿数 z 与其当量齿数 z_V 有什么关系？在下列几种情况下应分别采用哪种齿数：①计算斜齿圆柱齿轮的传动比；②用仿形法切制斜齿轮时选盘形铣刀；③计算斜齿轮的分度圆直径；④弯曲强度计算时查取齿形系数。

(8) 齿轮结构形式有哪些？应如何选择？

(9) 齿轮传动有哪些润滑方式？它们的使用范围如何？

11－3　受力分析题

(1) 画出图11.12中齿轮所受的各分力方向，图 (a)、图 (c)、图 (d) 为主动轮，图 (b)、图 (e) 为从动轮（图中“。”表示啮合点位置）。

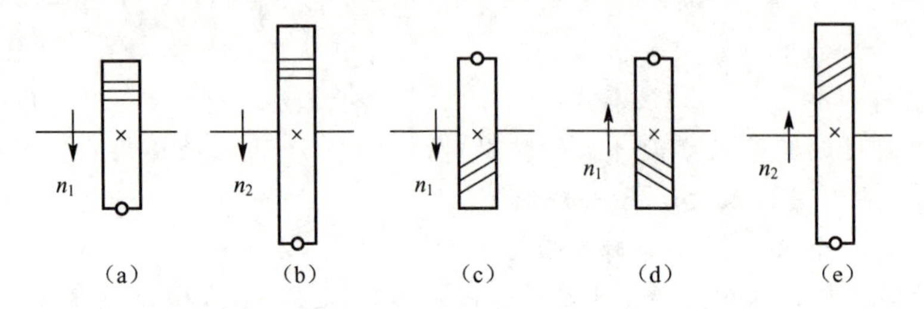

图11.12　题11－3 (1) 图

(2) 如图11.13所示的二级标准斜齿圆柱齿轮减速器，已知齿轮2的模数 $m_n = 3$mm，齿数 $z_2 = 51$，$\beta = 15°$，旋向如图所示；齿轮3的模数 $m_n = 5$mm，$z_3 = 17$。试问：

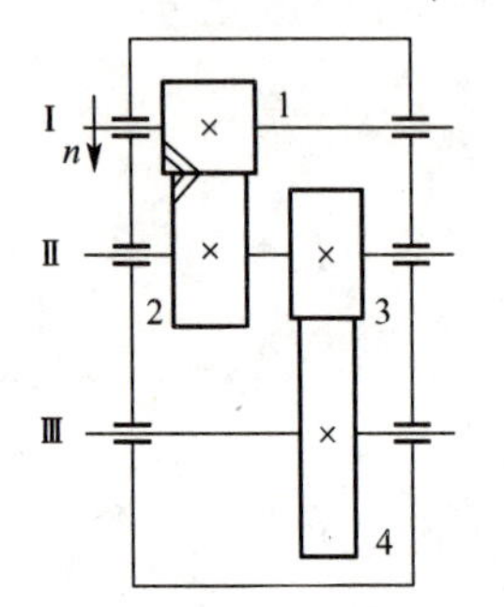

图11.13　题11－3 (2) 图

① 使中间轴Ⅱ上两齿轮的轴向力方向相反，确定斜齿轮3、斜齿轮4的轮齿旋向；

② 若Ⅰ轴转向如图所示，标明各齿轮的圆周力 F_t、径向力 F_r 和轴向力 F_a 的方向；

③ 斜齿轮3的螺旋角 β 应取多大值，才能使Ⅱ轴的轴向力相互抵消。

(3) 图11.14所示为直齿锥齿轮—斜齿圆柱齿轮减速器。已知Ⅰ轴为输入轴，其转动方向如图所示。为使中间轴Ⅱ上的轴向力尽可能小，要求：

① 确定齿轮3和齿轮4的螺旋线方向；

② 在图上标明各齿轮的圆周力 F_t、径向力 F_r 和轴向力 F_a 的方向。

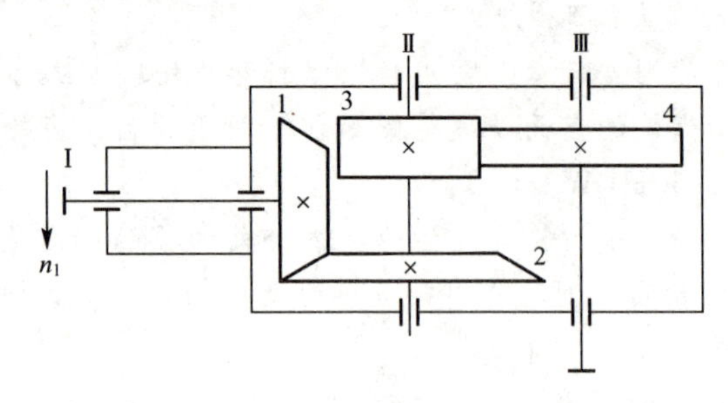

图11.14　题11－3 (3) 图

11－4　设计计算题

(1) 某一级直齿圆柱齿轮减速器。已知小齿轮材料为45钢，做调质处理，齿面硬度为220HBW；大齿轮材料为ZG310－570，做正火处理，齿面硬度为180HBW。两轮的齿数分别为 $z_1 = 20$，$z_2 = 80$，中心距 $a = 250$mm，小齿轮齿宽 $b_1 = 65$mm，大齿轮齿宽 $b_2 =$

60mm。若输出转速 $n_2=250\text{r/min}$，使用寿命为20年（设每年300个工作日），每日两班制，单向转动，载荷平稳。试计算该齿轮能传递的最大功率。

(2) 现有开式标准直齿圆柱齿轮传动。已知小齿轮材料为40Cr，调质处理，齿面硬度为250HBW；大齿轮材料为45钢，调质处理，齿面硬度为220HBW。齿轮的基本参数：$m=4\text{mm}$，$z_1=18$，$z_2=55$，$b_1=74\text{mm}$，$b_2=68\text{mm}$，传递功率 $P=4\text{kW}$，小齿轮转速 $n_1=720\text{r/min}$。齿轮双向运转，载荷中等冲击，齿轮相对轴承非对称布置，工作寿命 $L_h=10000\text{h}$。试校核该对齿轮传动的强度。

(3) 某闭式单级斜齿圆柱齿轮减速器。已知齿轮齿数 $z_1=20$，齿数比 $u=3$，模数 $m_n=6\text{mm}$，螺旋角 $\beta=16°15'36''$，齿宽 $b_1=125\text{mm}$，$b_2=120\text{mm}$，齿轮8级精度。小齿轮材料为45钢，调质处理，齿面硬度为255HBW；大齿轮材料为45钢，正火处理，齿面硬度为200HBW。输入功率 $P_1=22\text{kW}$，输入转速 $n_1=720\text{r/min}$，单向转动，原动机为电动机，载荷有中等冲击，工作寿命 $L_h=25000\text{h}$。试验算齿轮的接触疲劳强度和弯曲疲劳强度。

提示：本章其他设计习题见模块五实训项目任务书二。

第12章 蜗杆传动设计

本章主要介绍蜗杆传动的失效形式和设计准则；蜗杆传动的材料选择和结构设计；蜗杆传动的强度计算、效率及热平衡计算。

1. 掌握蜗杆传动的失效形式和设计准则。
2. 了解蜗杆、蜗轮的材料选择和结构设计。
3. 掌握蜗杆传动的受力分析、强度计算及热平衡计算。

蜗杆传动由蜗杆和蜗轮组成，用于传递空间两交错轴之间的运动和动力，通常两轴交错角为90°，广泛应用于各种机器和仪器中。

12.1 蜗杆传动的失效形式及常用材料

12.1.1 蜗杆传动的失效形式

在蜗杆传动中，由于材料和结构上的原因，蜗杆螺旋部分的强度总是高于蜗轮轮齿强度，因此失效常发生在蜗轮轮齿上，一般只对蜗轮轮齿进行承载能力计算。因为蜗杆传动中的相对滑动速度较大、效率低、发热量大，所以蜗杆传动的主要失效形式是蜗轮齿面胶合、点蚀及磨损。但目前对胶合和磨损尚无比较完善的计算方法，故通常仿照设计圆柱齿轮的方法进行齿面接触疲劳强度和齿根弯曲疲劳强度的计算，但在选取许用应力时，适当考虑胶合和磨损等因素的影响。

12.1.2 蜗杆传动的设计准则

对于闭式蜗杆传动，齿面胶合或点蚀为主要失效形式，所以通常按齿面接触疲劳强度来设计。当 $z_2 \geqslant 90$ 时，还应校核齿根弯曲疲劳强度。

对于开式蜗杆传动，传动时载荷变动较大，齿面磨损和轮齿折断为主要失效形式，所以通常按齿根弯曲疲劳强度进行设计。

由于蜗杆传动时摩擦严重、发热大、效率低，对于闭式蜗杆传动，传动散热较困难，还必须做热平衡计算，以免发生胶合失效。

12.1.3 蜗杆传动的材料

基于蜗杆传动的主要失效形式，蜗杆传动的材料组合首先要求具有良好的减摩、耐磨、易磨合的性能和抗胶合能力；其次要求具有足够的强度。

蜗杆绝大多数采用碳素钢或合金钢制造，其螺旋齿面硬度越高，齿面越光洁，耐磨性就越好。对于高速重载的蜗杆，可用 15Cr、20Cr、20CrMnTi 和 20MnVB 等，经渗碳淬火至硬度为 58～63HRC；也可用 40 钢、45 钢、40Cr、40CrNi 等经表面淬火至硬度为 40～55HRC。对于不太重要的传动及低速中载蜗杆，常用 45 钢、40 钢等经调质或正火处理，硬度为 220～300HBW。蜗杆常用材料及热处理见表 12.1。

表 12.1　蜗杆常用材料及热处理

蜗杆材料	热处理	硬度	表面粗糙度/μm
45 钢、40Cr、40CrNi、42SiMn、35CrMo	表面淬火	40～55HRC	1.6～0.80
20Cr、20CrMnTi、12CrNi3A	表面渗碳淬火	58～63HRC	1.6～0.80
45 钢、40Cr、42CrMo、35SiMn	调质	<350HBW	6.3～3.2
38CrMoAlA、50CrV、35CrMo	表面渗氮	60～70HRC	3.2～1.6

蜗轮常用锡青铜、无锡青铜或铸铁制造。锡青铜用于滑动速度 $v_s > 3\text{m/s}$ 的重要传动，耐磨性最好，但价格较高，常用牌号有 ZCuSn10P1 和 ZCuSn5Pb5Zn5；无锡青铜一般用于 $v_s \leqslant 4\text{m/s}$ 的传动，该材料耐磨性较锡青铜差一些，但价格较便宜，常用牌号为 ZCuAl10Fe3；铸铁用于滑动速度 $v_s < 2\ \text{m/s}$ 的传动，常用牌号有 HT150 和 HT200 等。近年来，随着塑料工业的发展，也可用尼龙或增强尼龙来制造蜗轮。

12.1.4 蜗杆传动的精度及其选择

GB/T 10089—2018《圆柱蜗杆、蜗轮精度》对蜗杆、蜗轮和蜗杆传动规定了 12 个精度等级，其中 1 级精度最高，12 级精度最低。普通圆柱蜗杆传动的精度，一般以 6～9 级应用最多。表 12.2 中列出了普通圆柱蜗杆传动 6～9 级精度等级的适用范围及蜗轮圆周速度。

表 12.2 普通圆柱蜗杆传动 6～9 级精度等级的适用范围及蜗轮圆周速度

精度等级	蜗轮圆周速度 v_2/(m/s)	适用范围
6	＞5	中等精度机床分度机构，发动机调整机构
7	≤5	中等精度、中等速度、中等功率减速器
8	≤3	不重要的传动，速度较低的间歇工作动力装置
9	≤1.5	一般手动、低速、间歇、开式传动

12.2 蜗杆蜗轮的结构

12.2.1 蜗杆的结构

由于蜗杆螺旋部分的直径不大，因此蜗杆通常与轴做成一体，称为蜗杆轴。除螺旋部分的结构尺寸取决于蜗杆的几何尺寸外，其余结构尺寸可参考轴的结构尺寸而定。图 12.1 (a) 所示为铣制蜗杆，在轴上直接铣出螺旋部分，刚性较好；图 12.1 (b) 所示为车制蜗杆，刚性稍差。

对于铣削的蜗杆，轴径 d 可大于齿根圆，以增大蜗杆刚度。对于车制的蜗杆，轴径应比蜗杆齿根圆直径小 2～4mm，以便加工螺旋部分有退刀槽。只有在蜗杆直径很大时，才分别制造蜗杆齿圈和轴，然后套装在一起。

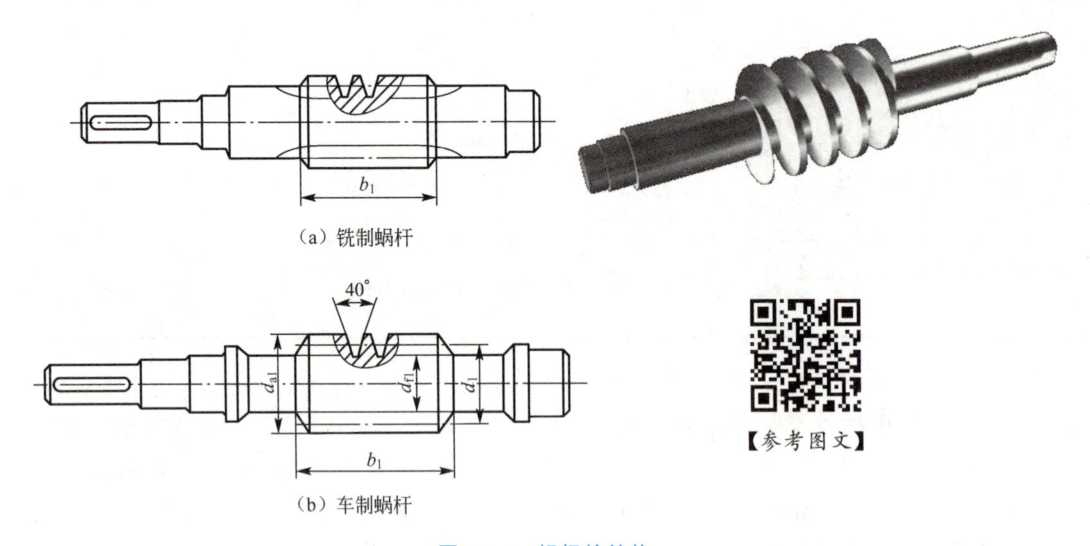

图 12.1 蜗杆的结构

12.2.2 蜗轮的结构

蜗轮的结构形式取决于蜗轮所用的材料和蜗轮的尺寸。常用的蜗轮有整体式和齿圈式两类。

铸铁蜗轮或直径小于100mm的青铜蜗轮做成整体式，如图12.2（a）所示。为了节约有色金属、降低材料成本，尺寸较大的蜗轮常采用齿圈式结构，即齿圈用青铜制造，而轮芯用价格较低的铸铁或钢制造。齿圈与轮芯的联接方式有以下三种。

（1）压配式蜗轮[图12.2（b）]。齿圈和轮芯采用过盈配合联接，配合面处制有定位凸肩。为使联接更可靠，可加装4～6个螺钉，拧紧后切去螺钉头部。由于青铜较软，为避免将孔钻偏，应将螺孔中心线向较硬的轮芯偏移2～3mm。这种结构多用于尺寸不太大或工作温度变化较小的蜗轮。

（2）螺栓联接式蜗轮[图12.2（c）]。齿圈和轮芯常用普通螺栓联接，也可用铰制孔螺栓联接。螺栓数目由剪切强度确定。这种联接方式拆装方便，常用于尺寸较大或磨损后需要更换齿圈的蜗轮。

（3）拼铸式蜗轮[图12.2（d）]。在轮芯上预制出榫槽，浇注上青铜轮缘后切齿。该结构适用于大批生产的蜗轮。

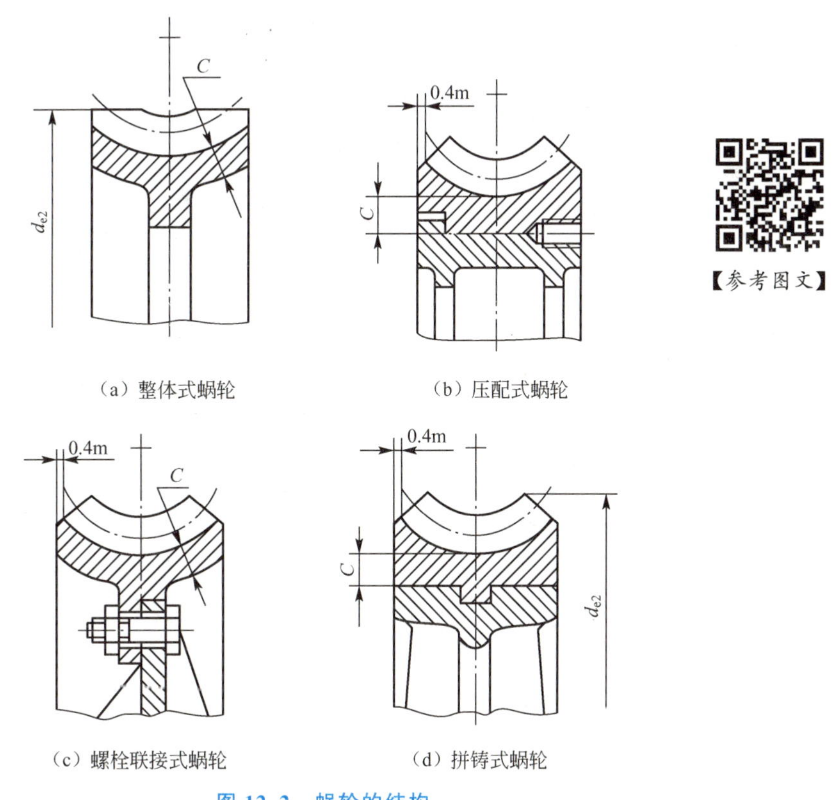

（a）整体式蜗轮　（b）压配式蜗轮

（c）螺栓联接式蜗轮　（d）拼铸式蜗轮

图12.2　蜗轮的结构

12.3　蜗杆传动的强度与刚度计算

12.3.1　蜗杆传动的受力分析

蜗杆传动的受力分析与斜齿圆柱齿轮传动的相似。如图12.3所示，右旋蜗杆为主动件并沿图示方向转动。啮合节点 P 处集中作用于法向力 F_n，F_n 可分解为三个互相垂直的分力：圆周力 F_t、轴向力 F_a 和径向力 F_r。由于蜗杆与蜗轮轴在空间交错成 90°，因此作用于蜗杆上的圆周力 F_{t1} 等于蜗轮上的轴向力 F_{a2}，但方向相反；作用于蜗轮上的圆周力 F_{t2} 等于蜗杆上的轴向力 F_{a1}，方向也相反；蜗杆、蜗轮上的径向力 F_{r1} 和 F_{r2} 大小相等、方向相反。如果 T_1 和 T_2 分别表示作用于蜗杆和蜗轮上的转矩，则各力的大小按式 (12 - 1) 确定。

$$\left.\begin{aligned} F_{t1} &= F_{a2} = \frac{2T_1}{d_1} \\ F_{a1} &= F_{t2} = \frac{2T_2}{d_2} \\ F_{r1} &= F_{r2} = F_{t2}\tan\alpha \end{aligned}\right\} \tag{12 - 1}$$

式中 T_1、T_2——蜗杆和蜗轮轴上的转矩（N · mm），$T_2 = i\eta T_1$，i 为传动比，η 为蜗杆传动的效率（%）；

d_1、d_2——蜗杆和蜗轮的分度圆直径（mm）；

α——压力角（°），$\alpha = 20°$。

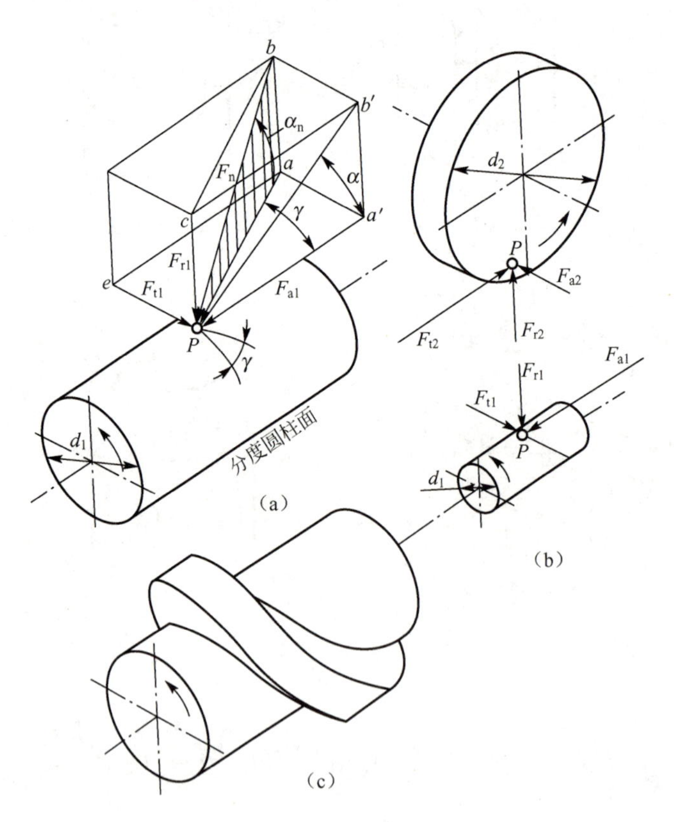

图 12.3 蜗杆传动的受力分析

蜗杆受力方向确定如下：圆周力 F_{t1} 与主动蜗杆转向相反；径向力 F_{r1} 指向蜗杆旋转中

心；轴向力 F_{a1} 的方向由左、右手定则确定。图 12.4 所示为右旋蜗杆，则用右手握住蜗杆，四指所指方向为蜗杆转向，拇指所指方向为轴向力 F_{a1} 的方向。

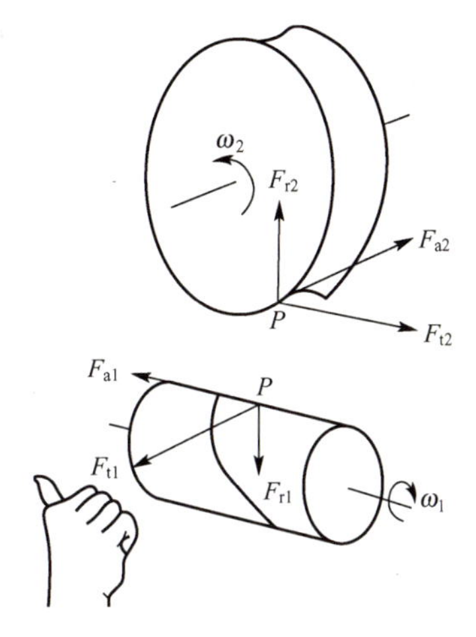

图 12.4 确定蜗杆轴向力 F_{a1} 的方向

蜗轮受力方向确定如下：圆周力 F_{t2} 驱动蜗轮转动，与蜗轮转动方向相同；径向力 F_{r2} 指向蜗轮轮心；轴向力 F_{a2} 可根据与 F_{t1} 方向相反来判断。

12.3.2 蜗杆传动的强度计算

1. 蜗轮齿面接触疲劳强度计算

蜗杆传动的齿面接触疲劳强度计算与斜齿轮类似，也是以赫兹公式为计算基础。将蜗杆作为齿条、蜗轮作为斜齿轮，以其节点处啮合的相应参数代入赫兹公式，对于钢制蜗杆和青铜或铸铁制的蜗轮，整理得蜗轮的齿面接触疲劳强度校核公式为

$$\sigma_H = 500\sqrt{\frac{KT_2}{m^2 d_1 z_2^2}} \leqslant [\sigma_H] \tag{12-2}$$

由式（12-2）可得蜗轮齿面接触疲劳强度设计公式为

$$m^2 d_1 \geqslant KT_2\left(\frac{500}{z_2[\sigma_H]}\right)^2 \tag{12-3}$$

式中 K——载荷系数，其引入是考虑工作时载荷性质、载荷沿齿向分布情况及动载荷影响，一般取 $K=1.1\sim1.3$。当载荷平稳、滑动速度 $v_s\leqslant 3\text{m/s}$ 时，取小值，否则取大值。

T_2——蜗轮上的转矩（N·mm）。

m——模数（mm）。

d_1——蜗杆分度圆直径（mm）。

z_2——蜗轮齿数。

σ_H、$[\sigma_H]$——蜗轮齿面接触应力和许用接触应力（MPa），分别见表 12.3 和表 12.4。

由式（12-3）求得 $m^2 d_1$ 值后，按表 5.11 确定模数 m 和蜗杆分度圆直径 d_1 的标准值，然后计算蜗杆和蜗轮的主要几何尺寸。

表 12.3　锡青铜蜗轮齿面的许用接触应力 $[\sigma_H]$　（单位：MPa）

蜗轮材料	铸造方法	适用的滑动速度 v_s/（m/s）	蜗杆齿面硬度	
			HBW≤350	HRC>45
ZCuSn10P1	砂型	≤12	180	200
	金属型	≤25	200	220
ZCuSn5Pb5Zn5	砂型	≤10	110	125
	金属型	≤12	135	150

表 12.4　铝铁青铜及铸铁蜗轮齿面的许用接触应力 $[\sigma_H]$　（单位：MPa）

蜗轮材料	蜗杆材料	滑动速度 v_s/（m/s）						
		0.5	1	2	3	4	6	8
ZCuAl10Fe3	淬火钢①	250	230	210	180	160	120	90
HT150 HT200	渗碳钢	130	115	90	—	—	—	—
HT150	调质钢	110	90	70	—	—	—	—

① 蜗杆未经淬火时，需将表中许用应力值降低 20%。

2. 蜗轮齿根弯曲疲劳强度计算

齿根折断失效一般发生在 $z_2>90$ 的情况或开式传动中。在闭式蜗杆传动中通常做弯曲疲劳强度校核计算，目的是保证承受重载的蜗杆传动，蜗轮轮齿的弯曲变形量不会影响蜗杆传动的运动平稳性和运动精度。由于蜗轮轮齿的齿形比较复杂，要精确计算轮齿的弯曲应力比较困难，通常将蜗轮近似地看作斜齿轮，按圆柱齿轮弯曲强度公式来计算。化简后的蜗轮齿根弯曲疲劳强度的校核公式为

$$\sigma_F=\frac{1.53KT_2}{d_1d_2m}Y_{Fa2}Y_\beta\leqslant[\sigma_F] \tag{12-4}$$

将 $d_2=mz_2$ 代入式（12-4），整理得设计公式为

$$m^2d_1\geqslant\frac{1.53KT_2}{z_2[\sigma_F]}Y_{Fa2}Y_\beta \tag{12-5}$$

式中　Y_{Fa2}——蜗轮的齿形系数，按蜗轮的当量齿数 $z_V=\frac{z_2}{\cos^3\gamma}$查表 12.5；

Y_β——螺旋角系数，$Y_\beta=1-\frac{\gamma}{140°}$；

σ_F——蜗轮齿根弯曲应力（MPa）；

$[\sigma_F]$——蜗轮材料的许用弯曲应力（MPa），$[\sigma_F]=Y_N[\sigma_{0F}]$，其中 $[\sigma_{0F}]$ 为蜗轮材料的基本许用弯曲应力，见表 12.6，Y_N为寿命系数，$Y_N=\sqrt[9]{10^6/N}$，其中 N 为应力循环次数，计算方法同前，当 $N>25\times10^7$ 时，取 $N=25\times10^7$，当$N<10^5$时，取 $N=10^5$。

表 12.5 蜗轮的齿形系数 Y_{Fa2} ($\alpha=20°$，$h_a^*=1$)

z_V	10	11	12	13	14	15	16	17	18	19	20	22	24	26
Y_{Fa2}	4.55	4.14	3.70	3.55	3.34	3.22	3.07	2.96	2.89	2.82	2.76	2.66	2.57	2.51
z_V	28	30	35	40	45	50	60	70	80	90	100	150	200	300
Y_{Fa2}	2.48	2.44	2.36	2.32	2.27	2.24	2.20	2.17	2.14	2.12	2.10	2.07	2.04	2.04

表 12.6 蜗轮材料的基本许用弯曲应力 [σ_{0F}] ($N=10^6$) （单位：MPa）

材料	铸造方法	蜗杆硬度≤45HRC		蜗杆硬度>45HRC	
		单向受载	双向受载	单向受载	双向受载
ZCuSn10P1	砂模	51	32	64	40
	金属模	58	40	73	50
ZCuSn5Pb5Zn5	砂模	37	29	46	36
	金属模	39	32	49	40
ZCuAl10Fe3	砂模 金属模	90	80	113	100
HT150	砂模	38	24	48	30
HT200	砂模	48	30	60	38

在进行蜗轮强度计算时，需要选择蜗杆的头数和蜗轮的齿数。蜗杆头数和蜗轮齿数可根据传动比 i 参考表 12.7 选择。

表 12.7 蜗杆头数 z_1 和蜗轮齿数 z_2 的推荐值

传动比 $i=\frac{z_2}{z_1}$	5～8	7～13	14～27	28～40	>40
蜗杆头数 z_1	6	4	2	2、1	1
蜗轮齿数 z_2	29～31	28～52	28～54	28～80	>40

12.3.3 蜗杆的刚度计算

一般要对细长的蜗杆轴进行刚度计算，主要是为了避免受力后产生过大的变形而造成轮齿上载荷集中，影响蜗杆与蜗轮的正确啮合，加剧齿面磨损。校核蜗杆的刚度时，通常把蜗杆螺旋部分看作以蜗杆齿根圆直径为直径的轴段，主要校核蜗杆的弯曲刚度，其最大挠度 y 可按式（12-6）做近似计算，并得其刚度条件为

$$y=\frac{\sqrt{F_{t1}^2+F_{r1}^2}}{48EI}L'^3\leqslant[y] \tag{12-6}$$

式中 F_{t1}——蜗杆所受的圆周力（N）；

F_{r1}——蜗杆所受的径向力（N）；

E——蜗杆材料的弹性模量（MPa）；

I——蜗杆危险截面的惯性矩（mm^4），$I=\frac{\pi d_{f1}^4}{64}$，其中 d_{f1} 为蜗杆齿根圆直径（mm）；

L'——蜗杆两端支承间跨距（mm），视具体结构定，设计时取 $L' \approx 0.9d_2$，其中 d_2 为蜗轮分度圆直径（mm）；

$[y]$——许用最大挠度（mm），$[y]=\frac{d_1}{1000}$，d_1 为蜗杆分度圆直径（mm）。

12.4 蜗杆传动的效率、润滑及热平衡计算

12.4.1 蜗杆传动的效率

闭式蜗杆传动工作时，功率的损耗有三部分：轮齿啮合摩擦损耗、轴承摩擦损耗和箱体内润滑油搅动的油阻损耗。所以，闭式蜗杆传动的总效率 η 为

$$\eta=\eta_1\eta_2\eta_3 \tag{12-7}$$

式中 η_1——考虑轮齿啮合摩擦损耗的效率；

η_2——考虑轴承摩擦损耗的效率；

η_3——考虑搅油损耗的效率。

上述三部分效率中，轮齿啮合摩擦效率 η_1 是总效率 η 的主要部分。蜗杆为主动件时，轮齿啮合摩擦效率 η_1 按螺旋传动公式求出

$$\eta_1=\frac{\tan\gamma}{\tan(\gamma+\rho_V)} \tag{12-8}$$

式中 γ——蜗杆导程角（°）；

ρ_V——蜗杆与蜗轮齿面间的当量摩擦角（°），$\rho_v=\tan^{-1}f_V$，其中 f_V 为当量摩擦系数，见表 12.8。

而轴承摩擦损耗和搅油损耗不大，其效率一般为 0.95～0.97。因此，蜗杆主动时，蜗杆传动的总效率可写为

$$\eta=(0.95\sim0.97)\frac{\tan\gamma}{\tan(\gamma+\rho_V)} \tag{12-9}$$

由式（12-8）可知，η_1 随 ρ_V 的减小而增大，而 ρ_V 与蜗杆蜗轮的材料、表面质量、润滑油的种类及齿面相对滑动速度 v_s 有关，并随 v_s 的增大而减小。在一定范围内，η_1 随蜗杆导程角 γ 的增大而增大，故动力传动常用多头蜗杆以增大 γ 值、提高效率。但 γ 过大时，蜗杆制造困难，效率提高很少，故通常取 $\gamma<30°$。

表 12.8 当量摩擦系数 f_V 和当量摩擦角 ρ_V

蜗轮材料	锡青铜				无锡青铜		灰铸铁			
蜗杆齿面硬度	≥45HRC		<45HRC		≥45HRC		≥45HRC		<45HRC	
滑动速度 v_s/(m/s)	f_V	ρ_V	f_V	ρ_V	f_V	ρ_V	f_V	ρ_V	f_V	ρ_V
0.01	0.110	6°17′	0.120	6°51′	0.180	10°12′	0.18	10°12′	0.190	10°45′

续表

蜗轮材料	锡青铜				无锡青铜		灰铸铁			
蜗杆齿面硬度	≥45HRC		<45HRC		≥45HRC		≥45HRC		<45HRC	
滑动速度 v_s/(m/s)	f_V	ρ_V	f_V	ρ_V	f_V	ρ_V	f_V	ρ_V	f_V	ρ_V
0.05	0.090	5°09′	0.100	5°43′	0.140	7°58′	0.140	7°58′	0.160	9°05′
0.10	0.080	4°34′	0.090	5°09′	0.130	7°24′	0.130	7°24′	0.140	7°58′
0.25	0.065	3°43′	0.075	4°17′	0.100	5°43′	0.100	5°43′	0.120	6°51′
0.50	0.055	3°09′	0.065	3°43′	0.090	5°09′	0.090	5°09′	0.100	5°43′
1.00	0.045	2°35′	0.055	3°09′	0.070	4°00′	0.070	4°00′	0.090	5°09′
1.50	0.040	2°17′	0.050	2°52′	0.065	3°43′	0.065	3°43′	0.080	4°34′
2.00	0.035	2°00′	0.045	2°35′	0.055	3°09′	0.055	3°09′	0.070	4°00′
2.50	0.030	1°43′	0.040	2°17′	0.050	2°52′				
3.00	0.028	1°36′	0.035	2°00′	0.045	2°35′				
4.00	0.024	1°22′	0.031	1°47′	0.040	2°17′				
5.00	0.022	1°16′	0.029	1°40′	0.035	2°00′				
8.00	0.018	1°02′	0.026	1°29′	0.030	1°43′				
10.0	0.016	0°55′	0.024	1°22′						
15.0	0.014	0°48′	0.020	1°09′						
24.0	0.013	0°45′								

注：对于齿面硬度≥45HRC的蜗杆，ρ_V 值指蜗杆齿面 Ra< 0.32～1.25μm、经磨合并充分润滑的情况。

当蜗杆为主动件时，蜗杆传动的效率可由表12.9近似选取。当蜗轮主动且具有自锁性时，其正行程传动效率 η<0.5。

表12.9 蜗杆传动的效率

蜗杆头数 z_1	1	2	4	6
传动效率 η	0.7～0.8	0.8～0.86	0.86～0.91	0.9～0.92

12.4.2 蜗杆传动的相对滑动速度

如图12.5所示，蜗杆传动中，v_1 与 v_2 相互垂直，蜗杆和蜗轮的啮合齿面间有很大的相对滑动速度 v_s，其方向沿轮齿齿向，其大小为

$$v_s=\frac{v_1}{\cos\gamma}=\frac{\pi d_1 n_1}{60\times1000\cos\gamma} \tag{12-10}$$

式中 γ——蜗杆导程角(°)；

v_1——蜗杆分度圆的圆周速度(m/s)；

n_1——蜗杆转速(r/min)。

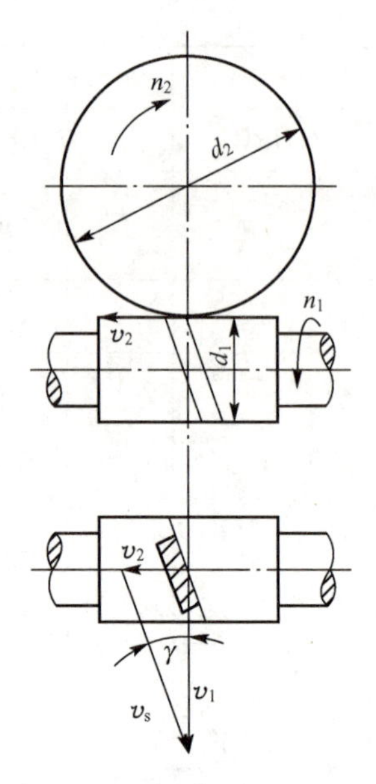

图 12.5　蜗杆传动的滑动速度

12.4.3　蜗杆传动的润滑

由于蜗杆传动的相对滑动速度 v_s 较大、效率低、发热量大，因此必须注意蜗杆传动的润滑。润滑对蜗杆传动特别重要，因为润滑不良时，蜗杆传动的效率将显著降低，并会导致磨损和胶合。通常采用黏度较大的矿物油进行润滑，为提高其抗胶合能力，可加入油性添加剂以提高油膜的刚度。但不允许青铜蜗轮采用活性大的油性添加剂，以免被腐蚀。

一般根据相对滑动速度及载荷类型选择润滑油的黏度及润滑方法。闭式蜗杆传动的润滑油黏度和润滑方法可参考表 12.10 选择。开式传动则采用黏度较高的齿轮油或润滑脂进行润滑。

表 12.10　闭式蜗杆传动的润滑油黏度和润滑方法

<table>
<tr><th>滑动速度 v_s/(m/s)</th><th><1</th><th><2.5</th><th><5</th><th>>5～10</th><th>>10～15</th><th>>15～25</th><th>>25</th></tr>
<tr><td>工作条件</td><td>重载</td><td>重载</td><td>中载</td><td>—</td><td>—</td><td>—</td><td>—</td></tr>
<tr><td>运动黏度 ν/(mm²/s)，40℃</td><td>900</td><td>500</td><td>350</td><td>220</td><td>150</td><td>100</td><td>80</td></tr>
<tr><td rowspan="2">润滑方式</td><td rowspan="2" colspan="3">油池润滑</td><td rowspan="2">油池润滑或喷油润滑</td><td colspan="3">用压力喷油润滑/MPa</td></tr>
<tr><td>0.7</td><td>2</td><td>3</td></tr>
</table>

闭式蜗杆传动用油池润滑时，在搅油损耗不致过大的情况下，应有适当的油量，不仅有利于动压油膜的形成，而且有助于散热。当 $v_s<5$m/s 时，常采用蜗杆下置式，浸油深度约为一个齿高，但油面不得超过蜗杆轴承的最低滚动体中心，如图 12.6 (a)、图 12.6 (b) 所示；当 $v_s\geqslant 5$m/s 时，蜗杆搅油阻力太大，此时应采用上置式蜗杆[图 12.6 (c)]，油面允许达到蜗轮外径 1/3 处。如果采用喷油润滑，喷油嘴要对准蜗杆啮入端；蜗杆正、反转时，两边都要装有喷油嘴，而且要保证一定的油压。

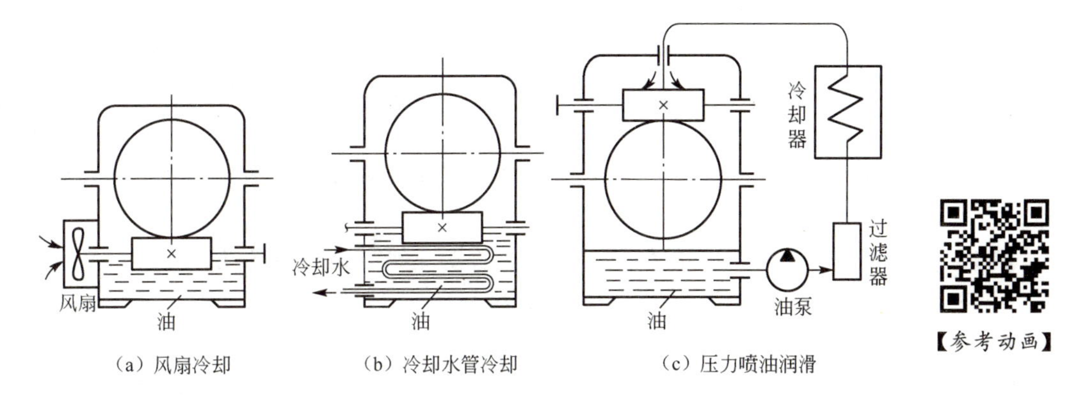

(a) 风扇冷却　(b) 冷却水管冷却　(c) 压力喷油润滑

图 12.6　蜗杆传动的散热措施

12.4.4 蜗杆传动的热平衡计算

所谓热平衡，就是要求蜗杆传动正常连续工作时，由摩擦产生的热量应小于或等于箱体表面散发的热量，以保证油的工作温度不超过许用值。蜗杆传动的发热量较大，对于闭式传动，如果散热不充分，温升过高，就会使润滑油的黏度降低，减轻润滑作用，导致齿面磨损加剧，甚至引起齿面胶合。所以，应对连续工作的闭式蜗杆传动进行热平衡计算。

在热平衡状态下，蜗杆传动单位时间内由摩擦功耗产生的热量等于箱体散发的热量，即

$$1000P_1(1-\eta)=\alpha_s(t_1-t_0)A$$

可得达到热平衡时润滑油的工作温度为

$$t_1=t_0+\frac{1000P_1(1-\eta)}{\alpha_s A} \tag{12-11}$$

式中　P_1——蜗杆传递功率（kW）；

η——蜗杆传动总效率；

α_s——箱体表面散热系数[W/(m^2·℃)]，其数值表示单位面积、单位时间、温差1℃所能散发的热量，根据箱体周围的通风条件，一般取 $\alpha_s=10\sim17$W/(m^2·℃)，通风条件好时取大值；

A——散热面积（m^2），即箱体外壁与空气接触而内壁被油飞溅到的箱体表面积，凸缘和散热片面积按50%计算，初算时，A 由经验公式 $A=0.33(a/100)^{1.75}$ 估算，其中 a 为蜗杆蜗轮的中心距（mm）；

t_0——周围空气温度（℃），常温情况下可取20℃；

t_1——润滑油的工作温度（℃），一般限制在60～70℃，最高不超过80℃。

也可以由热平衡方程得出该传动装置所必需的最小散热面积为

$$A=\frac{1000(1-\eta)P_1}{\alpha_s(t_1-t_0)} \tag{12-12}$$

如果实际散热面积小于最小散热面积 A_{min} 或润滑油的工作温度超过80℃，则需采取强制散热措施。常用的四种散热措施如下。

(1) 在箱体外壁加散热片以增大散热面积。

(2) 在蜗杆轴上安装风扇[图 12.6 (a)]。

(3) 采用上述方法后，如散热能力还不够，可在箱体油池内铺设冷却水管，用循环水冷却[图 12.6 (b)]。

(4) 采用压力喷油循环润滑。油泵将高温的润滑油抽到箱体外，经过滤器、冷却器冷却后，喷射到传动的啮合部位[图 12.6 (c)]。

[例 12-1] 已知某传递动力的蜗杆传动，蜗杆为主动件，传递的功率 $P=3\text{kW}$，转速 $n_1=960\text{r/min}$，$n_2=70\text{r/min}$，载荷平稳，试设计此蜗杆传动。

解：设计过程如下。

计算及说明	结果
由于蜗杆传动的强度计算是针对蜗轮进行的，而且对载荷平稳的传动，蜗轮轮齿接触强度和热平衡计算所限定的承载能力，通常都能满足弯曲强度的要求，因此，本题只需进行接触强度和热平衡计算。	
1. 选择蜗杆、蜗轮材料，确定许用应力	
蜗杆传动传递的功率不大，速度不高，故蜗杆采用 45 钢，轮齿表面淬火，齿面硬度 45～55HRC；蜗轮齿圈采用铸锡磷青铜 ZCuSn10P1，砂型铸造，$v_s>3\text{m/s}$。由表 12.3 查得 $[\sigma_H]=200\text{MPa}$。	蜗杆：45 钢 蜗轮齿圈：ZCuSn10P1 $[\sigma_H]=200\text{MPa}$
2. 蜗轮齿面接触疲劳强度计算	
由式 (12-3)，蜗轮齿面接触疲劳强度设计式为 $$m^2d_1\geqslant KT_2\left(\frac{500}{z_2\ [\sigma_H]}\right)^2$$	
(1) 选择蜗杆头数 z_1，确定蜗轮齿数 z_2。	
传动比 $i_{12}=\frac{n_1}{n_2}=\frac{960}{70}=13.71$，因传动比不算大，为了提高传动效率，根据表 12.7，取 $z_1=2$，则 $z_2=i_{12}z_1=13.71\times2=27.42$，取 $z_2=28$。	$i_{12}=13.71$ $z_1=2$ $z_2=28$
(2) 确定作用在蜗轮上的转矩 T_2。	
因 $z_1=2$，查表 12.9 初步选取 $\eta=0.80$，则 $$T_2=T_1i\eta=9.55\times10^6\frac{P}{n_1}i\eta$$ $$=9.55\times10^6\times\frac{3\times0.8\times13.71}{960}\text{N}\cdot\text{m}\approx327326.3\text{N}\cdot\text{mm}$$	$\eta=0.80$ $T_2\approx327326.3\text{N}\cdot\text{mm}$
(3) 确定载荷系数 K。 因载荷平稳，速度较低，取 $K=1.1$。	$K=1.1$
(4) 接触疲劳强度计算。 $$m^2d_1\geqslant KT_2\left(\frac{500}{z_2\ [\sigma_H]}\right)^2=\left[1.1\times327326.3\times\left(\frac{500}{28\times200}\right)^2\right]\text{mm}^3\approx2870\text{mm}^3$$ 由表 5.11 取模数 $m=6.3\text{mm}$，蜗杆分度圆直径 $d_1=80\text{mm}$，直径系数 $q=12.698$，$m^2d_1=3175\text{mm}^3$。	$m=6.3\text{mm}$ $d_1=80\text{mm}$ $q=12.698$ $m^2d_1=3175\text{mm}^3$
(5) 计算主要几何尺寸。 蜗杆分度圆直径：$d_1=80\text{mm}$ 蜗轮分度圆直径：$d_2=mz_2=(6.3\times28)\ \text{mm}=176.4\text{mm}$ 蜗杆导程角：$\gamma=\arctan\frac{z_1}{q}=\left[\arctan\frac{2}{12.698}\right]^\circ\approx8.95^\circ$	$d_2=176.4\text{mm}$ $\gamma\approx8.95^\circ$

续表

计算及说明	结果
中心距：$a=\frac{1}{2}(d_1+d_2)=\left[\frac{1}{2}\times(80+176.4)\right]\text{mm}=128.2\text{mm}$	$a=128.2\text{mm}$
(6) 计算滑动速度及传动效率。 齿面相对滑动速度： $v_s=\frac{\pi d_1 n_1}{60\times1000\cos\gamma}=\frac{\pi\times80\times960}{60\times1000\cos8.95^\circ}\text{m/s}\approx4.1\text{m/s}>3\text{m/s}$	$v_s\approx4.1\text{m/s}$
蜗杆传递效率：查表12.8，由插入法得 $\rho_V=1.357^\circ$。传动效率 $\eta=(0.95\sim0.97)\frac{\tan\gamma}{\tan(\gamma+\rho_V)}$ $=(0.95\sim0.97)\frac{\tan8.95^\circ}{\tan(8.95^\circ+1.357^\circ)}\approx0.82\sim0.84$	$\eta=0.82$
取实际传递效率 $\eta=0.82$。由于 $\eta=0.82$ 大于初估值0.80，因此对 m^2d_1 值进行验算。 $T_2=T_1 i\eta=9.55\times10^6\frac{P}{n_1}i\eta$ $=\left(9.55\times10^6\times\frac{3\times0.82\times13.71}{960}\right)\text{N}\cdot\text{m}\approx335509\text{N}\cdot\text{mm}$ $m^2d_1=KT_2\left(\frac{500}{z_2[\sigma_H]}\right)^2=\left[1.1\times335509\times\left(\frac{500}{28\times200}\right)^2\right]\text{mm}^3$ $\approx2942\text{mm}^3<3175\text{mm}^3$ 故强度满足。	
3. 热平衡计算 取室温 $t_0=20$℃，散热系数 $\alpha_s=15\text{W/(m}^2\cdot℃)$，保证工作温度 $t_1\leqslant60$℃。所需箱体散热面积为 $A=\frac{1000(1-\eta)P_1}{\alpha_s(t_1-t_0)}=\left[\frac{1000\times3\times(1-0.82)}{15\times(60-20)}\right]\text{m}^2\approx0.9\text{m}^2$	$A\approx0.9\text{m}^2$
4. 其他参数（略） 5. 绘制蜗杆和蜗轮零件工作图（略）	

习　　题

12-1　填空题

(1) 蜗杆传动的主要失效形式有＿＿＿＿＿＿、＿＿＿＿＿＿和磨损。

(2) 其他条件相同时，若增加蜗杆头数，则滑动速度＿＿＿＿＿＿。

(3) 蜗杆传动的工作油温最高不应超过＿＿＿＿＿＿。

(4) 在蜗杆传动中，蜗杆头数越少，则传动的效率越＿＿＿＿＿＿，自锁性越＿＿＿＿＿＿。一般蜗杆头数取＿＿＿＿＿＿。

(5) 蜗杆传动的滑动速度越大，所选润滑油的黏度值越＿＿＿＿＿＿。

12-2　选择题

(1) 一般中速中载条件下，蜗轮齿圈常用＿＿材料。

A. 碳钢　　B. 合金钢　　C. 青铜　　D. 铸铁

(2) 为提高蜗杆传动效率，在润滑保证下，最有效的措施是＿＿。

A. 采用单头蜗杆　　B. 采用多头蜗杆

C. 采用大直径系数蜗杆　　D. 采用提高蜗杆转速

(3) 蜗杆传动的总效率主要取决于____时的效率。

A. 轴承摩擦损耗　　B. 啮合摩擦损耗

C. 加装风扇损耗　　D. 溅油损耗

(4) 蜗杆传动的失效形式与____关系不大。

A. 蜗杆传动副的材料　　B. 蜗杆传动的载荷性质

C. 蜗杆传动的滑动速度　　D. 蜗杆传动的散热条件

(5) 比较理想的蜗杆与蜗轮的材料组合是____。

A. 钢与青铜　　B. 钢与铸铁　　C. 铜与钢　　D. 钢与钢

(6) 在蜗杆传动中，当需要自锁时，应使蜗杆导程角____当量摩擦角。

A. 小于　　B. 大于　　C. 等于

(7) 蜗杆传动中，轮齿承载能力的计算主要是按____进行的。

A. 蜗杆齿面接触强度和蜗轮齿根抗弯强度

B. 蜗轮齿面接触强度和蜗杆齿根抗弯强度

C. 蜗杆齿面接触强度和齿根抗弯强度

D. 蜗轮齿面接触强度和齿根抗弯强度

12-3　思考题

(1) 与齿轮传动相比，蜗杆传动的失效形式有何特点？为什么？

(2) 蜗杆传动的设计计算中有哪些主要参数？如何选择这些参数？

(3) 确定蜗杆的头数 z_1 和蜗轮的齿数 z_2 时应考虑哪些因素？

(4) 为何要对闭式蜗杆传动进行热平衡计算？如何进行热平衡计算？

12-4　分析计算题

(1) 指出图 12.7 中未注明的蜗杆或蜗轮的螺旋线旋向、蜗杆或蜗轮的转向及蜗杆和蜗轮所受三个分力的方向。

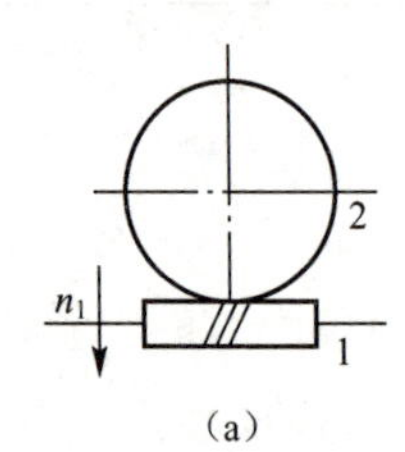

(a)

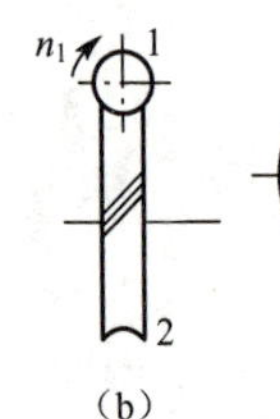

(b)

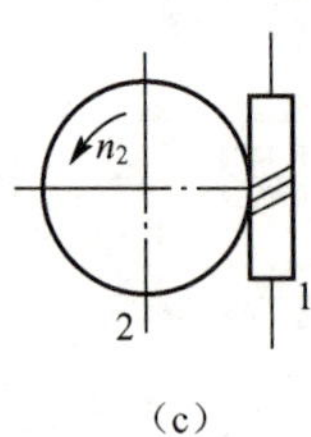

(c)

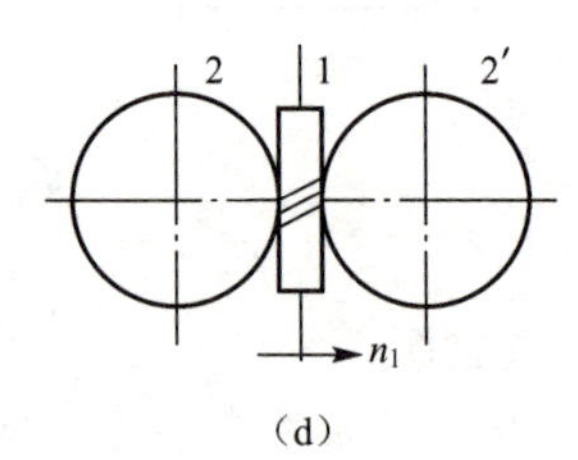

(d)

图 12.7　题 12-4 (1) 图

(2) 在图 12.8 所示的蜗杆传动中，已知蜗杆的螺旋线旋向和旋转方向。①确定蜗轮转向；②标出节点处作用于蜗杆和蜗轮上三个分力的方向；③若蜗杆为主动件，已知蜗杆转矩 $T_1=15\text{N}\cdot\text{m}$，$m=4\text{mm}$，$d_1=40\text{mm}$，$\alpha=20°$，$z_1=2$，$z_2=46$，传动啮合效率 $\eta=0.75$。试求节点处三个作用力的大小。

(3) 图 12.9 所示为蜗杆传动和锥齿轮传动的组合。已知输出轴上的锥齿轮 z_4 的转向 n。①欲使中间轴上的轴向力能部分抵消，试确定蜗杆传动的螺旋线方向和蜗杆的转向；②在图中标出各轮轴向力的方向。

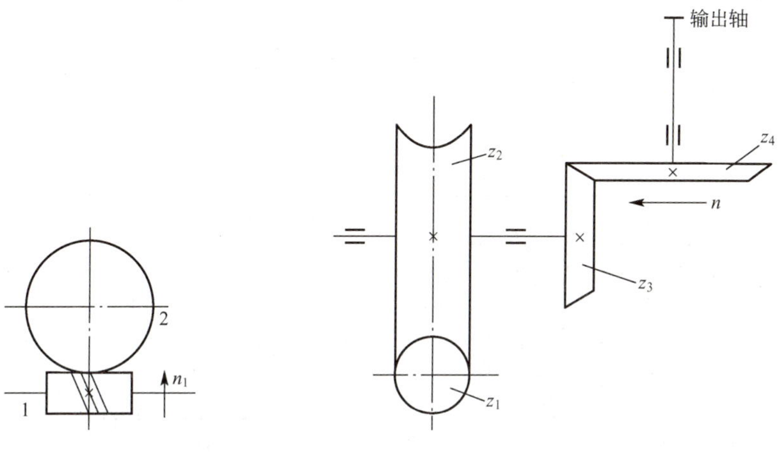

图 12.8 题 12-4（2）图

图 12.9 题 12-4（3）图

提示：本章其他设计习题见模块五实训项目任务书三。

模块五实训

实训项目任务书一

实训名称	普通 V 带传动设计
实训目的	1. 深化理解带传动的设计理论知识。 2. 掌握带传动的设计方法及设计步骤，合理选择设计参数
实训内容	1. 根据模块四实训中求得的传动比及电动机轴的功率和转速，设计模块四实训图中的普通 V 带传动。 2. 设计带式输送机中的普通 V 带传动。已知原动机为电动机，传递功率 $P=4\text{kW}$，小带轮转速 $n_1=1440\text{r/min}$，传动比 $i=2.25$，允许传动比误差为 $\pm5\%$，两班制工作，要求中心距 a 不超过 600mm
实训要求	1. 完成 V 带传动的设计计算。 2. 完成带轮的结构设计。 3. 用 A3 图纸完整绘制小带轮的零件工作图（设小带轮内孔直径 $d_s=28\text{mm}$）

实训项目任务书二

实训名称	齿轮传动设计
实训目的	1. 掌握齿轮传动设计的一般步骤和方法，培养综合运用所学知识完成齿轮传动设计的能力。 2. 培养运用标准和图表进行设计的基本技能。 3. 掌握齿轮的结构设计
实训内容	1. 根据模块四实训中求得的传动比及各轴的功率、转速和转矩，设计模块四实训图中减速器低速级一对斜齿圆柱齿轮传动。 2. 设计单级直齿圆柱齿轮减速器中的齿轮传动。已知传递功率 $P=5\text{kW}$，输入轴转速 $n_1=960\text{r/min}$，传动比 $i=4.6$，每日工作 8h，预期寿命 15 年，每年工作 300 日，单向运转，载荷平稳。 3. 将上题改为设计斜齿圆柱齿轮传动。 4. 设计蜂窝煤成型机中闭式直齿锥齿轮传动。轴交角 $\Sigma=90°$，传递功率 $P_1=3\text{kW}$，小齿轮转速 $n_1=750\text{r/min}$，传动比 $i=2.5$，原动机为电动机，工作载荷有中等冲击，单向运转，寿命为 10 年（每年工作 300 日），每日两班制，小齿轮作悬臂布置
实训要求	1. 完成齿轮传动的设计计算。 2. 完成齿轮的结构设计。 3. 完成齿轮的精度设计。 4. 用 A3 图纸完整绘制大齿轮的零件工作图（设大齿轮内孔直径 $d_s=40\text{mm}$）

实训项目任务书三

实训名称	蜗杆传动设计
实训目的	1. 掌握蜗杆传动设计的一般步骤和方法。 2. 掌握蜗杆传动的强度计算及热平衡计算。 3. 掌握蜗轮、蜗杆的结构设计

续表

实训名称	蜗杆传动设计
实训内容	设计提升设备用的蜗杆传动。已知输入功率 $P_1=5.5\text{kW}$，转速 $n=960\text{r/min}$，传动比 $i=20$，电动机驱动，连续单向运转，载荷平稳，单班制工作，预期寿命 10 年（每年工作 250 日）
实训要求	1. 完成蜗杆传动的强度计算。 2. 完成蜗杆传动的热平衡计算。 3. 用 A3 图纸绘制蜗轮的零件工作图

模块六

支承件及其设计

教学导入

模块六图1所示为带式输送机传动装置中的减速器，由一对圆柱齿轮减速传动机构实现运动和动力的传递。齿轮传动时需要进行回转运动，而机械中不只是齿轮，所有做回转或摆动的零部件（如带轮、蜗轮等）都必须用轴支承实现回转运动。轴还需要采用一定结构形式和特性的轴承支承，以保证其稳定、高效、可靠地转动。

轴和轴承均为机械中的主要支承件，主要用来支承回转运动的零件。在模块六图中，大齿轮做回转运动必须用轴1支承，同时轴将齿轮的转矩及转动传递给工作装置；而轴需要用滚动轴承2支承，滚动轴承同时支承轴上的大齿轮，由于滚动轴承支承在箱体上，保证了轴的旋转精度、避免了轴的磨损、延长了轴的使用寿命。

本模块主要介绍支承件——轴和轴承的结构特点、类型、设计理论及设计方法等。

【参考图文】

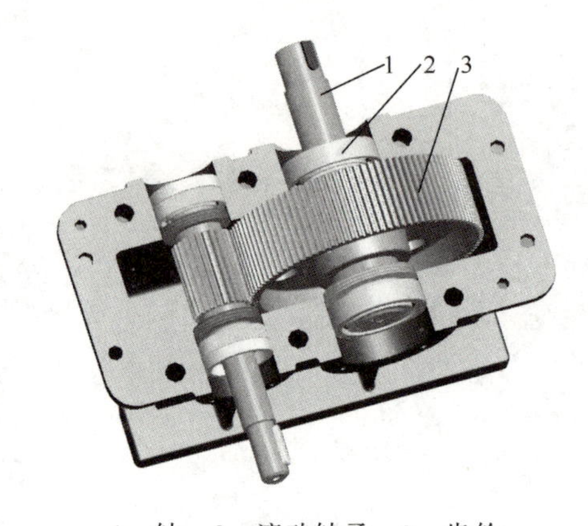

1—轴；2—滚动轴承；3—齿轮

模块六图1　带式输送机传动装置中的减速器

第13章 轴

教学提纲

本章主要介绍轴的类型和材料；轴的结构设计；轴的强度和刚度计算。

教学目标

1. 了解轴的功用、分类及常用材料。
2. 掌握轴的结构设计及轴的扭转强度、弯扭合成强度计算。
3. 了解轴的刚度计算方法。

13.1 概　　述

轴是机械中普遍使用的重要零件之一。一切做回转运动的零件（如齿轮、蜗轮、带轮等）都必须安装在轴上才能具有确定的工作位置、传递运动及动力。

13.1.1 轴的功用与分类

轴是用来支承回转运动的零件，以传递运动和动力。

轴的类型很多，按轴线形状不同可以分为直轴、曲轴和挠性轴，见表13.1；按所承受载荷不同可以分为转轴、心轴和传动轴，其类型、受载等情况见表13.2。

表 13.1　轴按轴线形状不同分类

类型		图例	特点及应用
【参考图文】	光轴		结构简单，加工方便，应力集中源少。但不便于轴上零件的拆装和定位，故光轴常作为传动轴。光轴在组合机床、纺织机械和仪器仪表中使用较多
直轴	【参考视频】 阶梯轴		由于各段轴直径的变化，其结构较光轴复杂，直径突变处会产生应力集中。其优点如下：①受力大的轴段直径大，受力小的轴段直径小，各轴段接近等强度；②通过阶梯，便于轴上零件的拆装与定位；③节省材料，减轻轴的质量；④便于保证各轴段的加工精度。所以阶梯轴常作为转轴。在一般机械传动中，阶梯轴应用最广泛
曲轴			轴线不在同一条直线上。曲轴常用于往复式运动机械中，如压力机、内燃机、空气压缩机等
挠性轴			由几层紧贴在一起的钢丝层构成，可以把转矩和旋转运动灵活地传到任意位置。常用于医疗设备、管道疏通机及振捣器等设备中

表 13.2　轴按所承受载荷不同分类

类型	转轴	心轴		传动轴
		回转心轴	固定心轴	
图例及受载情况	轴承 联轴器 轴 齿轮（直齿） M T 同时承受弯矩 M 和转矩 T	M 只承受弯矩 M	M 只承受弯矩 M	T 只承受转矩 T

续表

类型	转轴	心轴		传动轴
		回转心轴	固定心轴	
应用举例	齿轮减速器中的轴	铁路车辆的轴	自行车的前轴	汽车的传动轴

【参考图文】

【参考动画】

【参考动画】

13.1.2 轴的常用材料

由于轴在工作时受载荷作用，因此对轴的材料的基本要求要有足够的强度和刚度，具有良好的机械加工工艺性，价格低廉，供应方便。轴的材料常采用碳素钢和合金钢。

因35钢、45钢、50钢等优质碳素结构钢具有较高的综合力学性能（碳素钢比合金钢价廉，对应力集中的敏感性低），应用较多，其中以45钢应用最广泛。为了改善其力学性能，应进行正火或调质处理。不重要或受力较小的轴，可采用Q235、Q275等普通碳素结构钢。

合金钢具有较高的力学性能，但价格较贵，多用于有特殊要求的轴。例如，采用滑动轴承的高速轴，常用20Cr、20CrMnTi等低碳合金结构钢，经渗碳淬火后可提高轴颈耐磨性；汽轮发电机转子轴在高温、高速和重载条件下工作，必须具有良好的高温力学性能，常采用40CrNi、38CrMoAlA等合金结构钢。钢材的种类和热处理对其弹性模量的影响甚小，因此采用合金钢或通过热处理来提高轴的刚度并无实效。此外，合金钢对应力集中的敏感性较高，因此设计合金钢轴时，更应从结构上避免或减小应力集中，并减小其表面粗糙度。

轴的毛坯一般用圆钢或锻件。圆钢棒料可直接加工，成本较低；锻造轴内部组织比较均匀，强度高，重要轴常采用锻件；制造形状复杂的轴时，不便于锻造，可采用铸钢或球墨铸铁材料的铸造毛坯，如用球墨铸铁制造曲轴、凸轮轴，具有成本低廉、吸振性较好、对应力集中的敏感性较低、强度较好等优点。

表13.3列出了轴的常用材料及主要力学性能。

表13.3 轴的常用材料及主要力学性能

材料及热处理	毛坯直径/mm	硬度/HBW	强度极限 σ_B/MPa	屈服极限 σ_S/MPa	弯曲疲劳极限 σ_{-1}/MPa	应用说明
Q235			440	240	200	用于不重要或载荷不大的轴

续表

材料及热处理	毛坯直径/mm	硬度/HBW	强度极限 σ_B/MPa	屈服极限 σ_S/MPa	弯曲疲劳极限 σ_{-1}/MPa	应用说明
35 钢正火	≤100	149～187	520	270	250	有好的塑性和适当的强度，可做一般曲轴、转轴等
45 钢正火	≤100	170～217	600	300	275	用于较重要的轴，应用最广泛
45 钢调质	≤200	217～255	650	360	300	
40Cr 调质	25		1000	800	500	用于载荷较大而无很大冲击的重要轴
	≤100	241～286	750	550	350	
	>100～300	241～266	700	550	340	
40MnB 调质	25		1000	800	485	性能接近于40Cr，用于重要的轴
	≤200	241～286	750	500	335	
35CrMo 调质	≤100	207～269	750	550	390	用于重载荷的轴
20Cr 渗碳淬火回火	15	表面 56～62HRC	850	550	375	用于要求强度、韧性及耐磨性均较高的轴
	≤60		650	400	280	

13.1.3 轴的设计要求和设计步骤

合理的结构和足够的强度是轴的设计必须满足的基本要求。轴的结构设计不合理会影响轴的加工和装配工艺，增加制造成本，甚至影响轴的强度和刚度。足够的强度是轴的承载能力的基本保证。如果轴的强度不够，会发生塑性变形或断裂失效，不能正常工作。不同的机器对轴的设计要求不同，如机床主轴、电动机轴要有足够的刚度，防止轴变形失效；对一些高速机械轴，如高速磨床主轴、汽轮机主轴等要考虑振动稳定性问题。

轴的一般设计步骤如下。

(1) 按工作要求选择轴的材料。

(2) 估算轴的最小直径。

(3) 设计轴的结构。

(4) 轴的强度校核计算。

(5) 必要时做刚度或振动稳定性等校核计算。

在轴的设计计算过程中，涉及齿轮、轴承、联轴器等的选择与计算，必须结合计算。

13.2 轴的结构设计

轴的结构设计就是确定轴的合理外形和全部结构尺寸。

轴的结构主要与下列因素有关：①载荷的性质、大小、方向及分布情况；②轴上零件的数目和布置情况；③零件在轴上的定位及固定方法；④轴承的类型及尺寸；⑤轴的加工工艺及装配方法等。所以，轴的结构设计的主要要求如下：①满足制造安装要求，轴应便于加工，轴上零件要易于装拆；②轴和轴上零件要有准确的工作位置，各零件要牢固而可靠地相对固定；③改善受力状况，减小应力集中；④受力合理，有利于节约材料，减轻轴的质量。此外，轴为非标准零件，轴的结构没有标准形式，其结构与整体结构有关，设计时应根据具体情况进行分析。

下面结合图13.1中的单级齿轮减速器中的轴加以说明。

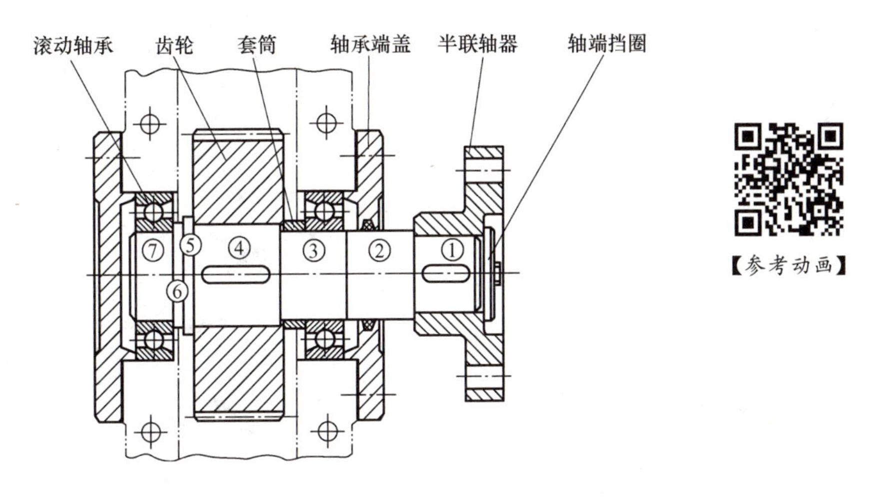

图13.1 单级齿轮减速器的轴

13.2.1 拟订轴上零件的装配方案

拟订轴上零件的装配方案是设计轴的结构的前提，决定了轴的基本形式。所谓装配方案，就是预定出轴上主要零件的装配方向、顺序和相互关系。

对于一般剖分式箱体中的轴，为了方便轴上零件的装拆和定位，常将轴做成中间粗、两端细的阶梯轴。如图13.1所示，装配方案是依次将齿轮、套筒、右端滚动轴承、轴承端盖和半联轴器从轴的右端装拆，另一个滚动轴承从左端装拆。拟订装配方案时，一般应考虑多个方案，比较分析后选择一个最佳方案。

13.2.2 轴上零件的定位和固定

为了使轴上零件在工作时有准确的工作位置，必须对其进行轴向和周向固定。

1. 轴上零件的轴向固定

轴上零件的轴向固定方法很多，常采用的方法有轴肩和轴环、套筒、圆螺母及轴端挡圈等。常见的轴向固定方法及其应用见表13.4。为保证轴上零件沿轴向固定，可将各种方法联合使用。

轴肩分为定位轴肩（图13.1中的④、⑤间轴肩使齿轮轴向定位；①、②间轴肩使半联轴器定位；⑥、⑦间轴肩使左端滚动轴承定位）和非定位轴肩（图13.1中②、③和③、④间轴肩）。非定位轴肩主要是便于轴上零件的拆装，其高度一般为1.5～2mm。

【参考动画】

表 13.4　常见的轴向固定方法及其应用

轴向固定方法及图例		特点和应用	设计注意要点
轴肩与轴环		阶梯轴上截面变化处称为轴肩或轴环，起轴向定位作用。其结构简单可靠，不需要附加零件，能承受较大的轴向力，广泛应用于各种轴上零件的固定。 该方法会使轴径增大，阶梯处形成应力集中，并且阶梯过多将不利于加工	为保证零件与定位面靠紧，轴上过渡圆角半径 r 应小于零件圆角半径 R 或倒角尺寸 c，即 $r<c<h$，$r<R<h$。 一般取定位轴肩高度 $h=(0.07\sim0.1)d$，轴环宽度 $b\geqslant1.4h$
套筒		简单可靠，简化了轴的结构且不削弱轴的强度。 常用于轴上两个近距离零件间的相对固定。 不宜用于高转速轴	套筒内径与轴配合较松，套筒结构、尺寸可视需要灵活设计，但为确保固定可靠，与轴上零件相配合的轴段长度应比轮毂宽度略短，即 $l=B-(1\sim3)$ mm
轴端挡圈	轴端挡圈（GB/T 891—1986，GB/T 892—1986）	工作可靠，能承受较大的轴向力，应用广泛	只用于轴端。应采用止动垫片等防松措施。 为确保固定可靠，与轴上零件相配合的轴段长度应比轮毂宽度略短
圆锥面		装拆方便，并且可兼作周向固定。 宜用于高速、承受冲击载荷及零件对中性要求高的场合	只用于轴端，常与轴端挡圈联合使用，实现零件的双向固定

续表

轴向固定方法及图例		特点和应用	设计注意要点
圆螺母	圆螺母(GB/T 812—1988) 止动垫圈(GB/T 858—1988)	固定可靠，可承受较大的轴向力。 常用于轴上两零件间距较大处，也可用于轴端	为减少对轴强度的削弱，常用细牙螺纹。为防松，需加止动垫圈或使用双螺母
弹性挡圈	弹性挡圈(GB/T 894—2017)	结构紧凑、简单，装拆方便，但受力较小，且轴上切槽将引起应力集中。常用于深沟球轴承的固定	
紧定螺钉与锁紧挡圈	紧定螺钉 (GB/T 71—1985) 锁紧挡圈 (GB/T 884—1986)	结构简单，但受力较小，而且不适用于高速场合	

2. 轴上零件的周向固定

【参考动画】

轴上零件的周向固定大多采用键联接、花键联接、销联接、紧定螺钉联接、过盈联接等形式（图 13.2），详见第 16 章。

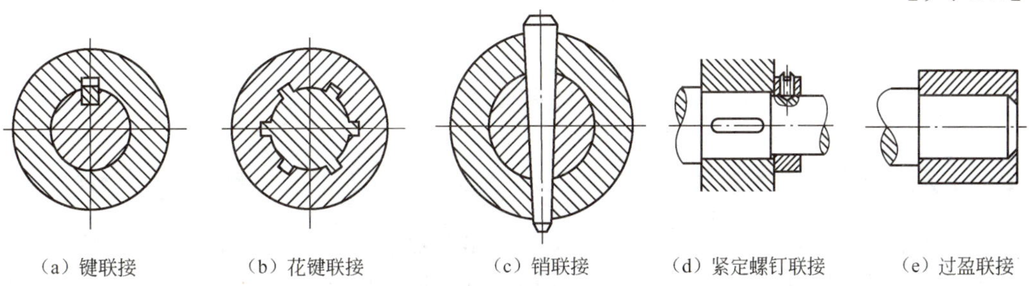
(a) 键联接　(b) 花键联接　(c) 销联接　(d) 紧定螺钉联接　(e) 过盈联接

图 13.2　轴上零件的周向固定

13.2.3 提高轴疲劳强度的措施

轴和轴上零件的结构工艺及轴上零件的安装布置等对轴的强度有很大影响，所以应充分考虑这些方面，以提高轴的承载能力，减小轴的尺寸和机器的质量，降低制造成本。

合理布置轴上的零件可以改善轴的受力状况。例如，图 13.3 所示为起重机卷筒的两种布置方案。图 13.3（a）所示结构中，大齿轮和卷筒联成一体，转矩经大齿轮直接传给卷筒，故卷筒轴只受弯矩而不传递转矩，在起重相同载荷 W 时，轴的直径可小于图 13.3（b）所示的结构。再如，当动力从两轮输出时，为了减小轴上载荷，应将输入轮布置在中间，如图 13.4（a）所示，此时轴的最大转矩为 T_1；而在图 13.4（b）所示的布置方案中，轴的最大转矩为 T_1+T_2。

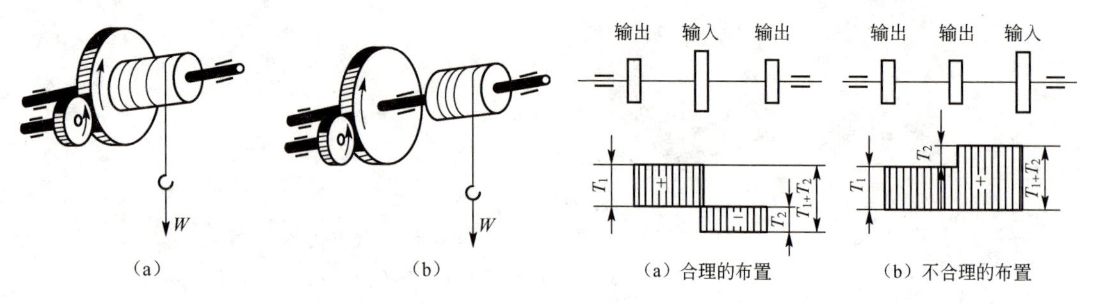

图 13.3 起重机卷筒的两种布置方案

图 13.4 力矩输入

改善轴的受力状况的另一个重要方面就是减小应力集中。合金钢对应力集中比较敏感，尤需注意。

零件截面发生突然变化的地方都会产生应力集中现象。因此对阶梯轴来说，应在截面尺寸变化处采用圆角过渡，而且圆角半径不宜过小，并尽量避免在轴上（特别是应力大的部位）开横孔、切口或凹槽。必须开横孔时，孔边要倒圆。在重要的结构中，可采用卸载槽 B[图 13.5（a）]、过渡肩环[图 13.5（b）]或凹切圆角[图 13.5（c）]，增大轴肩圆角半径，以减小局部应力。在轮毂上做出卸载槽 B[图 13.5（d）]，也能减小过盈配合处的局部应力。

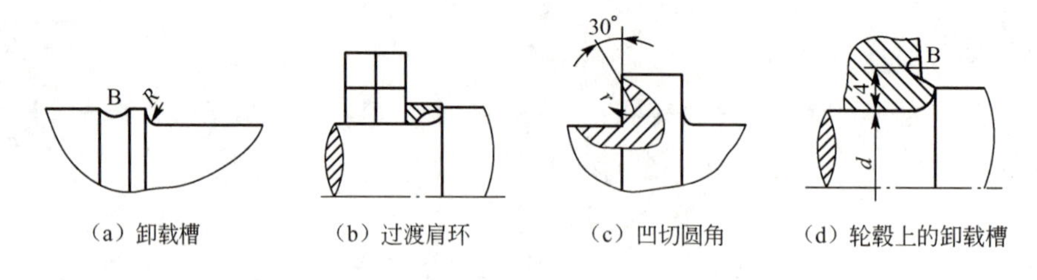

图 13.5 减小应力集中的措施

13.2.4 轴的结构工艺性

为了便于切削加工，轴的形状应简单，阶梯数尽可能少。轴上有需磨削的轴段或需切削螺纹时，应相应留有砂轮越程槽或退刀槽（图13.6）；轴上各处的圆角半径、砂轮越程槽、退刀槽及倒角等尺寸尽可能分别相同；各轴段上的键槽应开在同一母线上（图13.7），以减少加工装夹的次数；与滚动轴承、联轴器等标准件配合的轴颈直径应取相应的标准值；为了便于装配零件，轴端应加工成45°倒角（图13.8），并去毛刺。

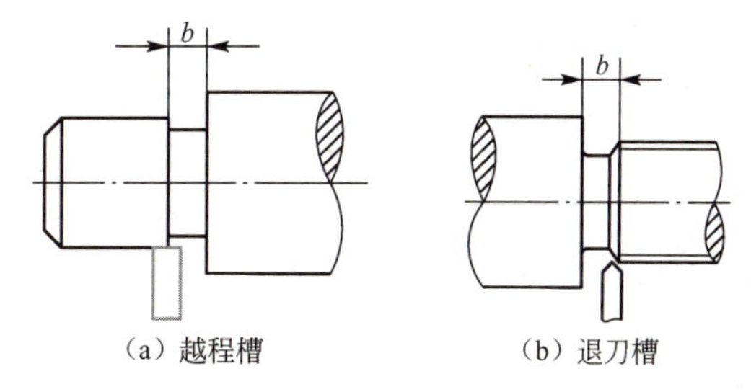

图13.6 砂轮越程槽和加工螺纹退刀槽

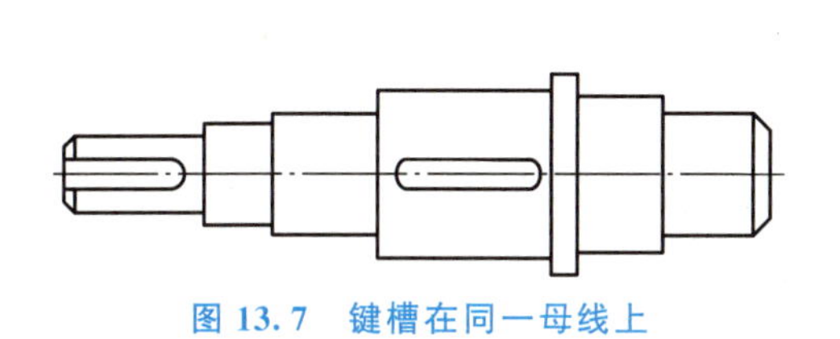

图13.7 键槽在同一母线上

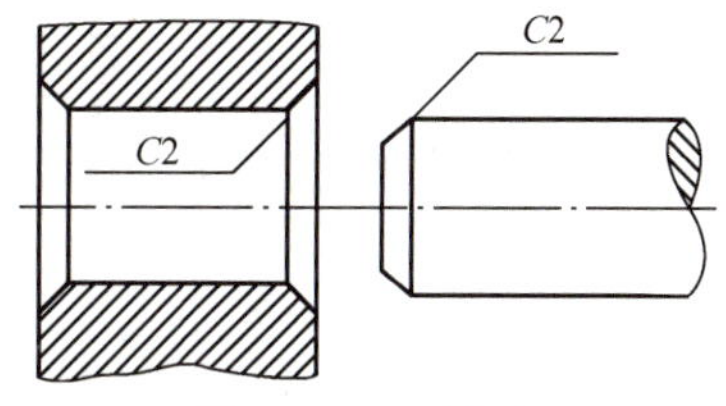

图13.8 45°倒角

13.3 轴的强度计算

轴的强度计算应根据轴的承载情况，采用相应的计算方法。常见的轴的强度计算方法有以下两种。

13.3.1 按扭转强度计算

按扭转强度计算适用于只承受转矩的传动轴的精确计算，也可用于既受弯矩又受转矩的转轴的近似计算。在设计转轴结构之前，轴承间的距离尚未确定，还不知道支承反力的作用点，不能确定弯矩的大小及分布情况，因而不能按轴所受的实际载荷确定直径。所以设计时，只能先按转矩或用类比法初步估算轴的直径（这样求出的直径只能作为仅受扭矩的那段轴的最小直径），并以此为基础进行轴的结构设计，定出轴的全部直径尺寸，最后校核轴的强度。

对于只传递转矩的圆截面轴，其扭转强度条件为

$$\tau=\frac{T}{W_T}=\frac{9.55\times10^6P}{0.2d^3n}\leqslant[\tau] \tag{13-1}$$

式中 τ——轴的扭转切应力（MPa）；

T——轴传递的转矩（N·mm）；

W_T——轴的抗扭截面系数（mm^3），对圆截面轴，$W_T=\frac{\pi d^3}{16}\approx0.2d^3$；

P——轴传递的功率（kW）；

d——轴的直径（mm）；

n——轴的转速（r/min）；

$[\tau]$——材料的许用扭转切应力（MPa）。

对于既传递转矩又承受弯矩的转轴，也可用式（13-1）初步估算轴的直径。但必须

适当减小轴的许用扭转切应力 [τ]（表 13.5），以补偿弯矩对轴的影响。将减小后的许用应力代入式（13-1），并改写为

$$d \geqslant \sqrt[3]{\frac{9.55 \times 10^6}{0.2[\tau]}} \sqrt[3]{\frac{P}{n}} = C\sqrt[3]{\frac{P}{n}} \tag{13-2}$$

式中 C——由轴的材料和承载情况确定的系数，见表 13.5。

表 13.5 轴常用材料的 [τ] 值和 C 值

轴的材料	Q235、20	Q275、35	45	40Cr、35SiMn
[τ] /MPa	15～25	20～35	25～45	35～55
C	149～126	135～112	126～103	112～97

注：当作用在轴上的弯矩比转矩小或只传递转矩时，C 取较小值；否则取较大值。

若计算的截面上有键槽，直径要适当增大以补偿键槽对轴强度的削弱。有一个键槽时，轴的直径增大 3%～5%；同一截面上有两个键槽时轴径增大 7%～10%。这样求出的直径只能作为承受扭矩作用的轴段的最小直径。

此外，也可采用经验公式估算轴的直径。例如，在一般减速器中，高速输入轴的直径可按与其相联的电动机轴的直径 D 估算，$d=(0.8\sim1.2)D$；各级低速轴的轴径可按同级齿轮中心距 a 估算，$d=(0.3\sim0.4)a$。初定的最小直径还要与相配零件（如带轮、联轴器）的孔径一致，标准零件的孔径可从有关手册中查出。

13.3.2 按弯扭合成强度计算

当轴的结构设计完成后，外载荷和支承反力的作用位置即可确定，由此可作轴的受力分析及绘制弯矩图和扭矩图，此时即可按弯扭合成强度条件对轴进行强度校核计算。

对于一般钢制的轴，在受弯矩和扭矩共同作用时，可用第三强度理论（即最大切应力理论）求出危险截面的当量应力 σ_e，其强度条件为

$$\sigma_e = \sqrt{\sigma_b^2 + 4\tau^2} \leqslant [\sigma_b] \tag{13-3}$$

式中 σ_b——危险截面上弯矩 M 产生的弯曲应力（MPa）；

τ——扭矩 T 产生的扭转切应力（MPa）；

$[\sigma_b]$——轴的许用弯曲应力（MPa）。

对于直径为 d 的圆轴，有

$$\sigma_b = \frac{M}{W} = \frac{M}{\pi d^3/32} \approx \frac{M}{0.1d^3}$$

$$\tau = \frac{T}{W_T} = \frac{T}{2W} = \frac{T}{0.2d^3}$$

式中 W——轴的抗弯截面系数（mm^3）；

W_T——轴的抗扭截面系数（mm^3）。

将 σ_b 和 τ 值代入式（13-3），得强度条件公式

$$\sigma_e = \sqrt{\left(\frac{M}{W}\right)^2 + 4\left(\frac{T}{2W}\right)^2} = \frac{1}{W}\sqrt{M^2 + T^2} \leqslant [\sigma_b] \tag{13-4}$$

由于一般转轴的弯曲应力为对称循环变应力，而扭转切应力的循环特性与弯曲应力往往不同，考虑两者循环特性不同的影响，将式（13-4）中的转矩 T 乘以折合系数 α，即

$$\sigma_e=\frac{M_e}{W}=\frac{1}{0.1d^3}\sqrt{M^2+(\alpha T)^2}\leqslant[\sigma_{-1b}] \quad (13-5)$$

式中 M_e——当量弯矩（N·mm），$M_e=\sqrt{M^2+(\alpha T)^2}$；

α——根据转矩性质而定的折合系数（对不变的转矩，取 $\alpha=\frac{[\sigma_{-1b}]}{[\sigma_{+1b}]}\approx 0.3$，当转矩脉动变化时（如轴单向运转），取 $\alpha=\frac{[\sigma_{-1b}]}{[\sigma_{0b}]}\approx 0.6$，对于频繁正反转的轴，$\tau$ 可视为对称循环变应力，取 $\alpha=1$，若扭矩的变化规律不清楚，一般按脉动循环处理，取$\alpha=0.6$）；

$[\sigma_{-1b}]$、$[\sigma_{0b}]$、$[\sigma_{+1b}]$——对称循环、脉动循环及静应力状态下的许用弯曲应力（MPa），见表13.6。

表13.6 轴的许用弯曲应力 （单位：MPa）

材料	σ_B	$[\sigma_{+1b}]$	$[\sigma_{0b}]$	$[\sigma_{-1b}]$
碳素钢	400	130	70	40
	500	170	75	45
	600	200	95	55
	700	230	110	65
合金钢	800	270	130	75
	900	300	140	80
	1000	330	150	90
铸钢	400	100	50	30
	500	120	70	40

对轴进行弯扭合成强度计算时，需对轴进行受力分析，求出轴所受的弯矩和转矩。所以，用弯扭合成强度条件校核轴的一般步骤如下。

（1）画出轴的空间受力简图。为简化计算，将轴上齿轮、链轮等传动零件对轴的分布载荷视为作用于轮毂宽度中点的集中载荷；作用在轴上的转矩一般从传动件轮毂宽度中点算起。把轴当作梁，把轴承看作铰链支座，将支反力作用点取在轴承的载荷作用中心（图13.9）。不计零件自重。将齿轮等轴上零件对轴的载荷分解到水平面和垂直面内[下图（b）]。

（2）作水平面受力图及弯矩 M_H 图[下图（c）、下图（d）]。

（3）作垂直面受力图及弯矩 M_V 图[下图（e）、下图（f）]。

（4）作合成弯矩 M 图（$M=\sqrt{M_H^2+M_V^2}$）[下图（g）]。

（5）作转矩 T 图[下图（h）]。

（6）作当量弯矩 M_e 图（$M_e=\sqrt{M^2+(\alpha T)^2}$）[下图（i）]。

（7）计算强度。

① 确定危险截面。根据弯矩、扭矩最大或弯矩、扭矩较大和相对尺寸较小的原则选一个或多个危险截面。

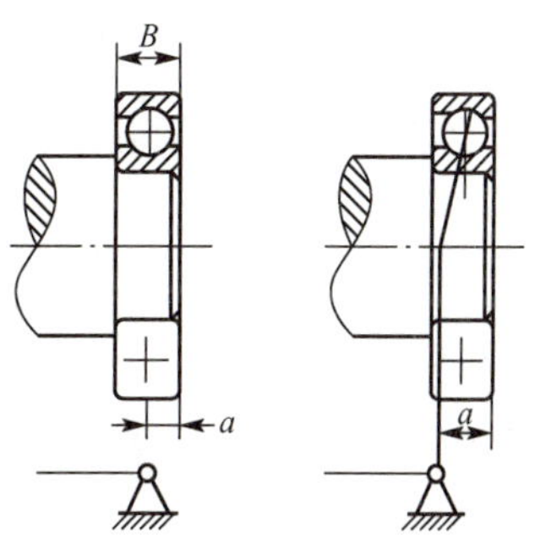

(a) 向心轴承 （b）角接触轴承

图13.9 轴的支反力作用点

② 按式（13－5）强度条件校核危险截面的强度。

［例 13－1］ 模块四图所示的带式输送机传动简图，试设计其中单级斜齿圆柱齿轮减速器的输出轴Ⅱ轴。根据例 9－1 设计，已知该轴输入功率 $P=2.25\text{kW}$，转速 $n=95.7\text{r/min}$，传递的转矩 $T=224.53\text{N}\cdot\text{m}$；根据例 11－2 设计，已知斜齿圆柱齿轮传动的分度圆直径 $d_2=206.66\text{mm}$，齿宽 $b_2=41\text{mm}$，螺旋角 $\beta=14.59°$，右旋。其他条件与例 9－1 相同。

解：设计见下表。

计算及说明	结果
1. 估算轴的最小直径 选轴的材料为 45 钢，正火处理，估计直径 $d<100\text{mm}$，由表 13.3 查得 $\sigma_B=600\text{MPa}$。查表 13.5，取 $C=120$。由式（13－2）得 $d\geqslant C\sqrt[3]{\frac{P}{n}}=\left(120\times\sqrt[3]{\frac{2.25}{95.7}}\right)\text{mm}\approx34.38\text{mm}$	材料：45 钢正火 $\sigma_B=600\text{MPa}$
所求 d 值为受扭部分的最细处，即装联轴器处的轴径。但因该处有一个键槽，故轴径应增大 3%，即 $d=(1.03\times34.38)\text{mm}\approx35.41\text{mm}$。 为使所选的直径与联轴器的孔径相适应，需同时选择联轴器。根据该轴传递的转矩 $T=224.53\text{N}\cdot\text{m}$ 查设计手册，选用 LT7 型弹性套柱销联轴器，该联轴器传递的公称转矩为 $T_n=560\text{N}\cdot\text{m}$。其半联轴器的孔径 $d=40\text{mm}$，与轴配合部分长度 $L=84\text{mm}$。	LT7 型弹性套柱销联轴器 $T_n=560\text{N}\cdot\text{m}$ $d=40\text{mm}$ $L=84\text{mm}$
2. 轴的结构设计 （1）拟订轴上零件装配方案。 根据模块四图（b）斜齿轮减速器简图可知，输出轴上的主要零件有齿轮、联轴器、轴承，根据这些主要零件的相互位置关系可确定装配方案，如下图（a）所示。齿轮、套筒、左端轴承、轴承端盖、联轴器从轴的左端依次装入；右端轴承、轴承端盖从轴的右端依次装入。 （2）初定各轴段直径和长度。	

轴的位置	直径和长度/mm	说　　明	结果
装联轴器段 Ⅰ	$d_Ⅰ=40$	与联轴器内孔直径一致	$d_Ⅰ=40\text{mm}$
	$l_Ⅰ=82$	已知联轴器与轴配合部分长度 $L=84\text{mm}$，为保证轴端挡圈能压紧联轴器，此轴段长度应略小于联轴器轮毂宽度，故取长度为 $l_Ⅰ=L-2=(84-2)\text{mm}=82\text{mm}$	$l_Ⅰ=82\text{mm}$
装左轴承端盖段 Ⅱ	$d_Ⅱ=46$	为满足联轴器的轴向固定要求而设一轴肩，由表 13.4知，定位轴肩高度 $h=(0.07\sim0.1)\ d_Ⅰ=[(0.07\sim0.1)\times40]\ \text{mm}=(2.8\sim4)\ \text{mm}$，取 $h=3\text{mm}$，故 $d_Ⅱ=(40+2\times3)\ \text{mm}=46\text{mm}$	$d_Ⅱ=46\text{mm}$
	$l_Ⅱ=50$	此段长度包括两部分：为便于轴承端盖的拆装及对轴承加润滑剂，本例取轴承端盖外端面与联轴器右端面的距离为 30mm；由减速器箱体及轴承盖的结构设计，取轴承左面与轴承端盖外端面的距离（即轴承端盖的总宽度）为 20mm。故该轴段长度为 $l_Ⅱ=(30+20)\ \text{mm}=50\text{mm}$	$l_Ⅱ=50\text{mm}$

续表

计算及说明			结果
轴的位置	直径和长度/mm	说　明	
装左轴承段Ⅲ	$d_{Ⅲ}=50$	因轴承要承受径向力和轴向力，故选用角接触球轴承，为便于从左端装拆，轴承内径应稍大于左轴承端盖段轴径，并符合滚动轴承标准内径，故取轴径为 $d_{Ⅲ}=$（46＋2×2）mm＝50mm，初定轴承代号7210AC，其尺寸为 $d\times D\times B=50\text{mm}\times90\text{mm}\times20\text{mm}$	$d_{Ⅲ}=50\text{mm}$ 角接触球轴承7210AC
	$l_{Ⅲ}=47$	此轴段长度包括四部分：轴承宽度 $B=20\text{mm}$；考虑到箱体的铸造误差，装配时留有余地，轴承右端面与箱体内壁的距离为5～10mm，取5mm；箱体内壁与齿轮左端面的距离为10～20mm，取20mm；齿轮轮毂宽度与齿轮处轴段长度之差为2mm，故该轴段长度为 $l_{Ⅲ}=$（20＋5＋20＋2）mm＝47mm	$l_{Ⅲ}=47\text{mm}$
齿轮段Ⅳ	$d_{Ⅳ}=54$	考虑齿轮从左端装入方便，齿轮孔径应大于左轴承段轴径，取 $d_{Ⅳ}=$（50＋2×2）mm＝54mm	$d_{Ⅳ}=54\text{mm}$
	$l_{Ⅳ}=39$	已知齿轮轮毂宽度为 $b_2=41\text{mm}$，为保证套筒能压紧齿轮，此轴段长度应略小于齿轮轮毂宽度，故取长度 $l_{Ⅳ}=b_2-2=$（41－2）mm＝39mm	$l_{Ⅳ}=39\text{mm}$
轴环段Ⅴ	$d_{Ⅴ}=64$	齿轮右端用轴环定位，按齿轮段轴径 $d=54\text{mm}$，得轴环高度 $h=$（0.07～0.1）$d_{Ⅳ}=$［（0.07～0.1）×54］mm＝（3.78～5.4）mm，取 $h=5\text{mm}$，故 $d_{Ⅴ}=$（54＋2×5）mm＝64mm	$d_{Ⅴ}=64\text{mm}$
	$l_{Ⅴ}=12$	轴环宽度 $b=1.4h=$（1.4×5）mm＝7mm，取 $l_{Ⅴ}=b=12\text{mm}$	$l_{Ⅴ}=12\text{mm}$
右端轴承段Ⅵ	$d_{Ⅵ}=50$	Ⅲ段和Ⅵ段轴上轴承相同，均为7210AC，故轴径相同	$d_{Ⅵ}=50\text{mm}$
	$l_{Ⅵ}=33$	齿轮相对于轴承对称布置，故其长度 $l_{Ⅵ}=B+5+20-b=$（20＋5＋20－12）mm＝33mm	$l_{Ⅵ}=33\text{mm}$

（3）轴上零件的周向固定。

齿轮及联轴器轴段均采用A型普通平键，按轴径及轮毂宽度查手册，齿轮段为键16×32（GB/T 1096—2003）；联轴器段为键12×70（GB/T 1096—2003）。为保证配合良好，选择齿轮与轴的配合为H7/r6；联轴器与轴的配合为H7/k6；滚动轴承与轴的周向定位靠过渡配合来保证，取配合为H7/m6。

（4）其他尺寸。

为加工方便，轴上轴肩过渡圆角半径 R 值如下图所示；轴端倒角为 $C2$。

3. 齿轮的受力分析

（1）轴传递的转矩。

续表

计算及说明	结果
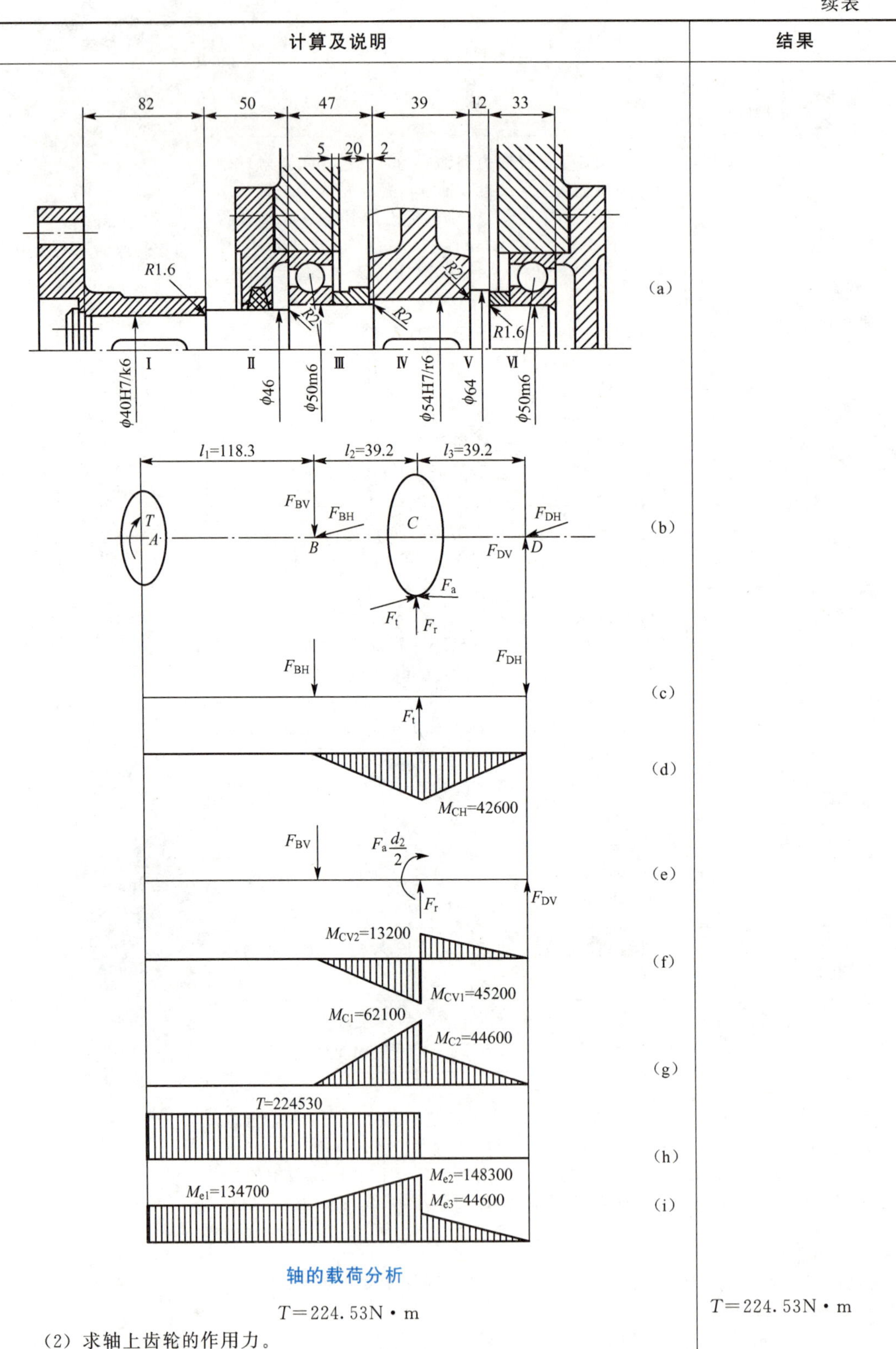 **轴的载荷分析** $T=224.53\text{N}\cdot\text{m}$ (2) 求轴上齿轮的作用力。	$T=224.53\text{N}\cdot\text{m}$

续表

计算及说明	结果
齿轮上的圆周力 $$F_t=\frac{2T}{d_2}=\frac{2\times224530}{206.66}\text{N}\approx2173\text{N}$$	$F_t\approx2173\text{N}$
齿轮上的径向力 $$F_r=\frac{F_t\tan\alpha_n}{\cos\beta}=\frac{2173\times\tan20°}{\cos14.59°}\text{N}\approx817\text{N}$$	$F_r\approx817\text{N}$
齿轮上的轴向力 $$F_a=F_t\tan\beta=(2173\times\tan14.59°)\text{N}\approx566\text{N}$$	$F_a\approx566\text{N}$
圆周力、径向力和轴向力的方向如上图（b）所示。 （3）确定轴的跨距。 由设计手册查得 7210AC 型轴承的 a 值为 26.3mm，联轴器力作用点与左端轴承支反力作用点的距离为 $$l_1=L_1/2+l_{\text{II}}+a=(84/2+50+26.3)\text{mm}=118.3\text{mm}$$	$l_1=118.3\text{mm}$
左、右轴承的支反力作用点至齿轮力作用点的距离皆为 $$l_2=l_3=b_2/2+l_{\text{V}}+l_{\text{VI}}-a=(41/2+12+33-26.3)\text{mm}=39.2\text{mm}$$	$l_2=l_3=39.2\text{mm}$
4. 按弯扭合成应力校核轴的强度 （1）作轴的空间受力简图[上图（b）]。 （2）作水平面受力图及弯矩 M_H 图[上图（c）、上图（d）]。 水平面支反力 $$F_{BH}=F_{DH}=\frac{F_t}{2}=(2173/2)\text{N}\approx1087\text{N}$$	$F_{BH}=F_{DH}\approx1087\text{N}$
截面 C 处弯矩 $$M_{CH}=F_{BH}l_2=F_{DH}l_3=(1087\times39.2)\text{N}\cdot\text{mm}\approx42.6\times10^3\text{N}\cdot\text{mm}$$	$M_{CH}\approx42.6\times10^3\text{N}\cdot\text{mm}$
（3）作垂直面受力图及弯矩 M_V 图[上图（e）、上图（f）]。 垂直面支反力 $$F_{DV}=\frac{F_a\times\frac{d_2}{2}-F_r\times l_2}{l_2+l_3}=\left(\frac{566\times\frac{206.66}{2}-817\times39.2}{39.2+39.2}\right)\text{N}\approx337\text{N}$$	$F_{DV}\approx337\text{N}$
$$F_{BV}=F_r+F_{DV}=(817+337)\text{N}\approx1154\text{N}$$	$F_{BV}=1154\text{N}$
截面 C 左边弯矩 $$M_{CV1}=F_{BV}l_2=(1154\times39.2)\text{N}\cdot\text{mm}\approx45.2\times10^3\text{N}\cdot\text{mm}$$	$M_{CV1}\approx45.2\times10^3\text{N}\cdot\text{mm}$
截面 C 右边弯矩 $$M_{CV2}=F_{DV}l_3=(337\times39.2)\text{N}\cdot\text{mm}\approx13.2\times10^3\text{N}\cdot\text{mm}$$	$M_{CV2}\approx13.2\times10^3\text{N}\cdot\text{mm}$
（4）作合成弯矩 M 图[上图（g）]。 截面 C 左边弯矩 $$M_{C1}=\sqrt{M_{CH}^2+M_{CV1}^2}=\sqrt{(42.6\times10^3)^2+(45.2\times10^3)^2}\text{N}\cdot\text{m}\approx62.1\times10^3\text{N}\cdot\text{mm}$$	$M_{C1}\approx62.1\times10^3\text{N}\cdot\text{mm}$
截面 C 右边弯矩 $$M_{C2}=\sqrt{M_{CH}^2+M_{CV2}^2}=\sqrt{(42.6\times10^3)^2+(13.2\times10^3)^2}\text{N}\cdot\text{mm}\approx44.6\times10^3\text{N}\cdot\text{mm}$$	$M_{C2}\approx44.6\times10^3\text{N}\cdot\text{mm}$
（5）作转矩 T 图[上图（h）]。 $$T=224.53\times10^3\text{N}\cdot\text{mm}$$ （6）作当量弯矩 M_e 图[上图（i）]。 因轴单向运转，取系数 $\alpha\approx0.6$，轴各截面的当量弯矩为	

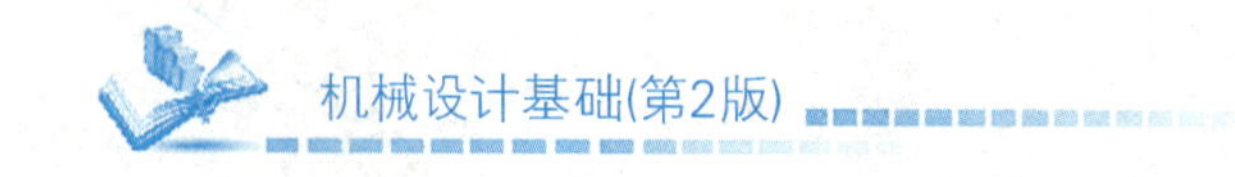

续表

计算及说明	结果
$M_{e1}=\alpha T=(0.6\times224.53\times10^3)\ \text{N}\cdot\text{mm}\approx134.7\times10^3\ \text{N}\cdot\text{mm}$ $M_{e2}=\sqrt{M_{C1}^2+(\alpha T)^2}=\sqrt{(62.1\times10^3)^2+(0.6\times224.53\times10^3)^2}\ \text{N}\cdot\text{mm}\approx148.3\times10^3\ \text{N}\cdot\text{mm}$ $M_{e3}=\sqrt{M_{C2}^2+(\alpha T)^2}=M_{C2}=44.6\times10^3\ \text{N}\cdot\text{mm}$	$M_{e1}\approx134.7\times10^3\ \text{N}\cdot\text{mm}$ $M_{e2}\approx148.3\times10^3\ \text{N}\cdot\text{mm}$ $M_{e3}=44.6\times10^3\ \text{N}\cdot\text{mm}$
(7) 按当量弯矩校核轴的强度。 由上图 (i) 可见，截面 C 处当量弯矩最大，故应对此校核。由表 13.6 查得，对于 45 钢，$\sigma_B=600\text{MPa}$，$[\sigma_{-1b}]=55\text{MPa}$，故按式 (13-5) 得 $\sigma_e=\dfrac{M_e}{0.1d^3}=\dfrac{148.3\times10^3}{0.1\times54^3}\text{MPa}\approx9.42\text{MPa}<[\sigma_{-1b}]$ 故轴的强度满足。	$[\sigma_{-1b}]=55\text{MPa}$ $\sigma_e\approx9.42\text{MPa}$
5. 绘制轴的零件工作图 (图 13.10)	

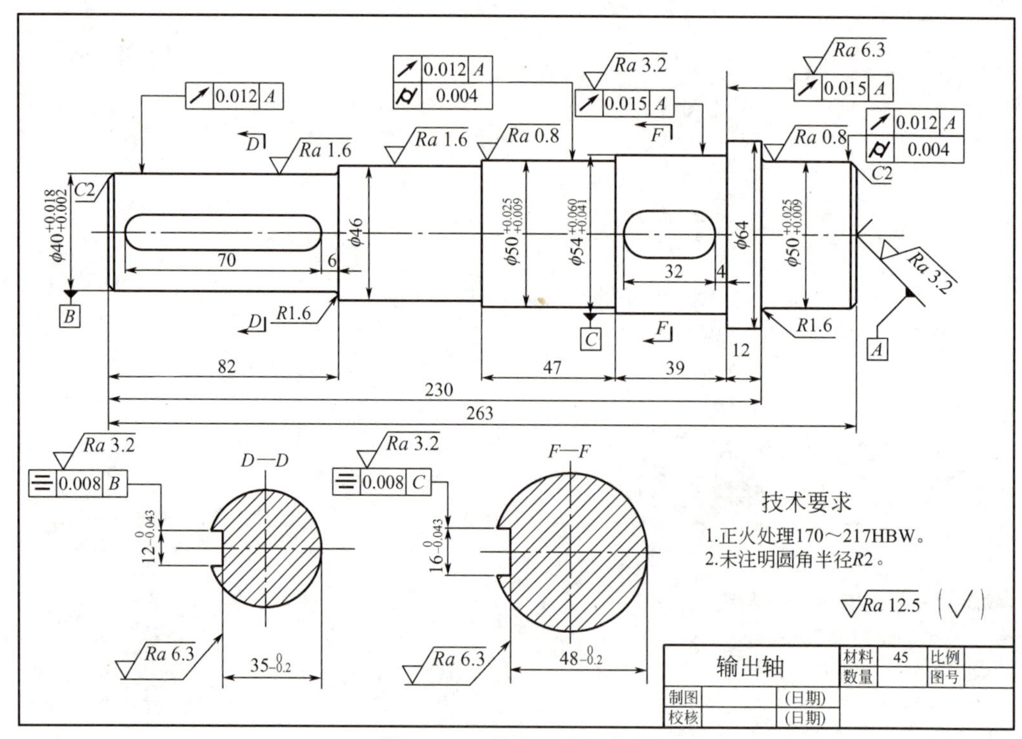

图 13.10　轴的零件工作图

13.4　轴的刚度计算

轴受弯矩作用会产生弯曲变形[图 13.11 (a)]，受扭矩作用会产生扭转变形[图 13.11 (b)]。如果轴的刚度不够，就会影响轴的正常工作。例如，电动机转子轴的挠度过大，会改变转子与定子的间隙而影响电动机的性能；机床主轴的刚度不够，将影响加工精度。因此，为了使轴不致因刚度不够而变形失效，对轴的刚度要求比较高时，需进行刚度校核计算。

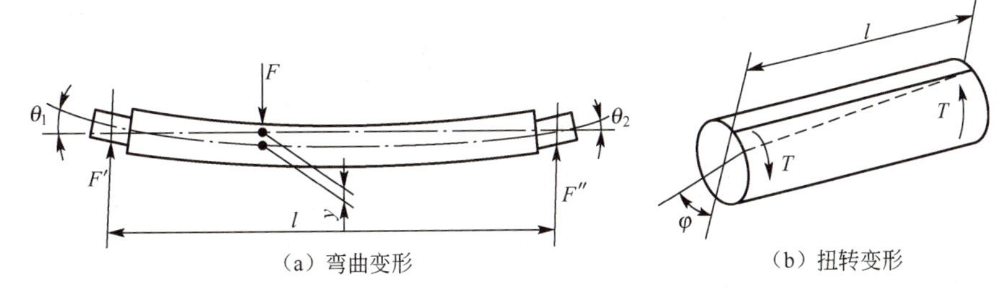

(a) 弯曲变形　　(b) 扭转变形

图 13.11　轴的变形

1. 弯曲刚度计算

弯曲刚度计算用来限制弯曲变形量，其变形量用挠度 y 和转角 θ 来表示，弯曲刚度条件为

$$\left.\begin{aligned} y &\leqslant [y] \\ \theta &\leqslant [\theta] \end{aligned}\right\} \tag{13-6}$$

式中　$[y]$ ——许用挠度（mm），见表 13.7；

　　　$[\theta]$ ——许用转角（rad），见表 13.7。

表 13.7　轴的许用挠度和许用转角

<table>
<tr><th>变形种类</th><th>适用场合</th><th>许用值</th><th>变形种类</th><th>适用场合</th><th>许用值</th></tr>
<tr><td rowspan="9">许用挠度 $[y]$ /mm</td><td>一般用途的轴</td><td>(0.0003～0.0005) l</td><td rowspan="6">许用转角 $[\theta]$ / rad</td><td>滑动轴承</td><td>≤0.001</td></tr>
<tr><td>刚度要求较高的轴</td><td>≤0.0002l</td><td>向心球轴承</td><td>≤0.05</td></tr>
<tr><td>感应电动机轴</td><td>≤0.1Δ</td><td>调心球轴承</td><td>≤0.05</td></tr>
<tr><td>安装齿轮的轴</td><td>(0.01～0.05) m_n</td><td>圆柱滚子轴承</td><td>≤0.0025</td></tr>
<tr><td>安装蜗轮的轴</td><td>(0.02～0.05) m</td><td>圆锥滚子轴承</td><td>≤0.0016</td></tr>
<tr><td colspan="2" rowspan="4">l——支承间跨距；
Δ——电动机定子与转子间的空隙；
m_n——齿轮法面模数；
m——蜗轮模数</td><td>安装齿轮处轴的截面</td><td>0.001～0.002</td></tr>
<tr><td rowspan="3">每米长的许用扭转角 $[\varphi]$/(°/m)</td><td>一般传动</td><td>0.5～1</td></tr>
<tr><td>较精密的传动</td><td>0.25～0.5</td></tr>
<tr><td>重要传动</td><td><0.25</td></tr>
</table>

计算轴在弯矩作用下产生的挠度 y 和转角 θ 的方法很多。在“材料力学”课程中已研究过两种：①按挠度曲线的近似微分方程式积分求解；②变形能法。

2. 扭转刚度计算

扭转刚度计算用来限制扭转变形量，其变形量用扭转角 φ 来表示，扭转刚度条件为

$$\varphi \leqslant [\varphi] \tag{13-7}$$

式中　$[\varphi]$——每米长的许用扭转角（°/m），见表 13.7。

13.5　轴的临界转速简介

【参考图文】

该节为选学内容，请读者扫描二维码自行参考学习。

习　　题

13-1　填空题

(1) 工作中只受弯矩不传递转矩的轴称为__________轴；只传递转矩不受弯矩的轴称为__________轴；同时承受弯矩和扭矩的轴称为__________轴。

(2) 轴肩或轴环是一种常用的__________方法，具有结构简单、__________可靠和能承受较大的__________等特点。

(3) 为便于零件的装拆、定位，一般机械中的轴多设计成__________形状。

(4) 在轴的初步计算中，轴的直径是按__________初步确定的。

(5) 需切削螺纹的轴段应留有螺纹退刀槽，其主要目的是______________。

13-2　选择题

(1) 自行车的前轴是____。

A. 转动的心轴　　B. 转轴　　C. 固定心轴

(2) 当轴上安装的零件要承受轴向力时，采用____进行轴向固定，所能承受的轴向力较大。

A. 圆螺母　　B. 紧定螺钉　　C. 弹性挡圈

(3) 按初估轴直径公式 $d \geqslant C\sqrt[3]{\frac{P}{n}}$ 计算出的直径，通常作为阶梯轴的____尺寸。

A. 最大处直径　　B. 中间段直径

C. 最小处直径　　D. 危险截面处直径

(4) 增大轴在截面变化处的过渡圆角半径，可以____。

A. 使零件的轴向定位比较可靠　　B. 减小应力集中，提高轴的疲劳强度

C. 使轴的加工方便

(5) 按弯扭合成计算轴的强度时，当量弯矩 $M_e=\sqrt{M^2+(\alpha T)^2}$，式中 α 是为了考虑扭矩 T 与弯矩 M 产生的应力____。

A. 方向不同　　B. 循环特性可能不同

C. 类型不同　　D. 位置不同

13-3　思考题

(1) 如何选用轴的材料？

(2) 轴的结构设计应考虑哪几个方面的问题？

(3) 轴上最常用的轴向固定的结构是什么？

(4) 带式输送机减速器中，高速轴的直径大还是低速轴的直径大？为什么？

(5) 计算转轴疲劳强度时，为什么要在计算公式中的扭矩前乘以系数 α？

13-4　分析计算题

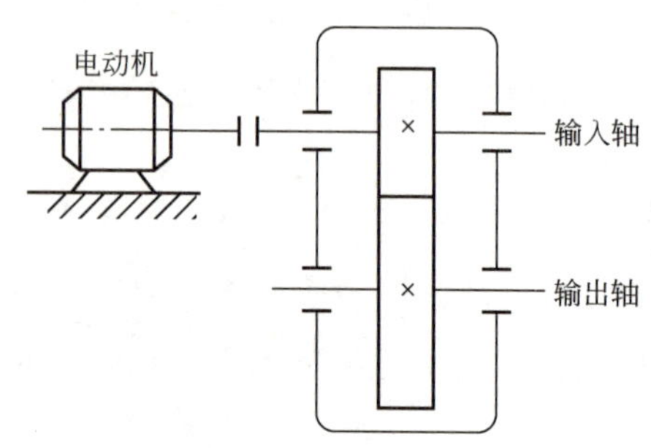

图 13.12　题 13-4 (1) 图

(1) 在图 13.12 所示的齿轮减速器中，已知电动机的转速 $n=1440\text{r/min}$，传递的功率 $P=5.5\text{kW}$，轴材料的许用应力 $[\tau]=40\text{MPa}$。试确定

减速器输入轴的最小直径。

(2) 已知转动轴直径 $d=35\text{mm}$，转速 $n=1440\text{r/min}$，如果不允许轴上的扭转切应力超过 50MPa，该轴能传递多大功率？

(3) 指出图 13.13 中轴的结构不合理的地方。

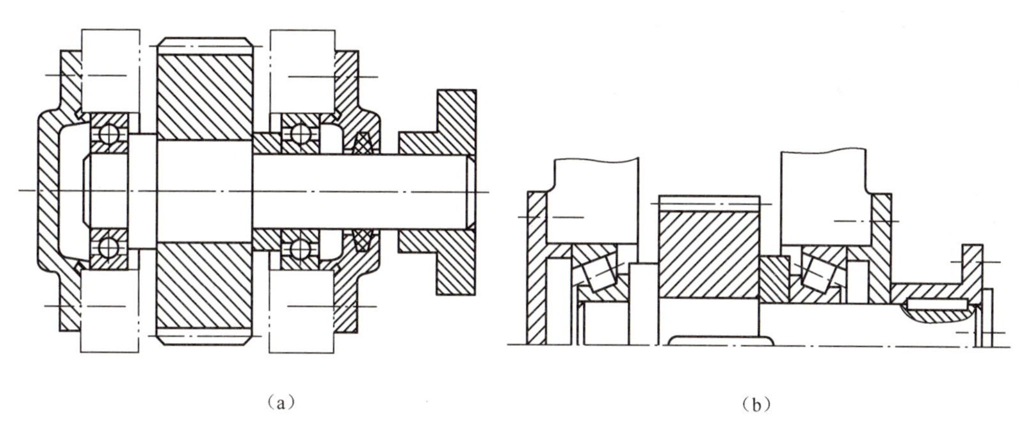

图 13.13 题 13-4 (3) 图

(4) 图 13.14 所示为轴及轴上的零部件，试分析确定轴上零部件的装配方案。

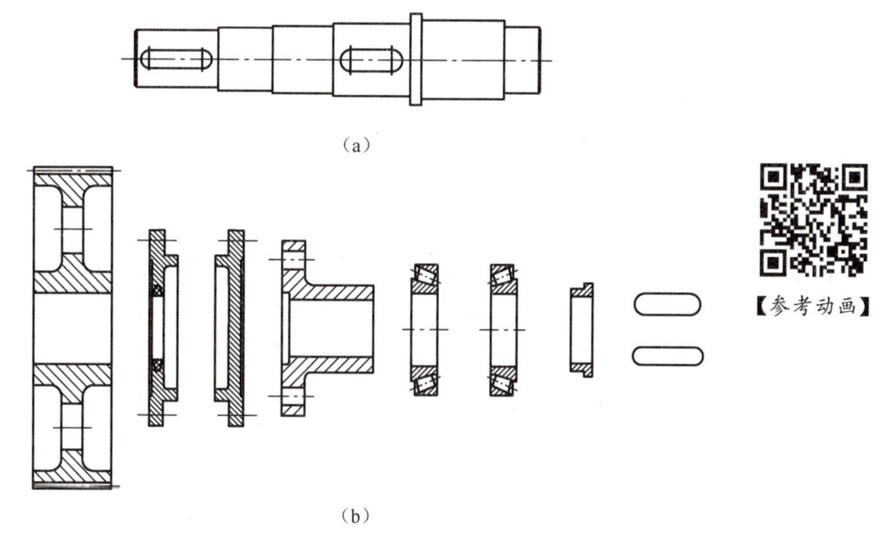

图 13.14 题 13-4 (4) 图

提示：本章其他设计习题见模块六实测项目任务书。

第14章 轴　　承

教学提纲

本章主要介绍滚动轴承的结构、类型和代号；滚动轴承的类型选择；滚动轴承的失效形式和计算准则；滚动轴承的寿命计算；滚动轴承的组合设计；滑动轴承的类型、结构、材料、润滑剂和润滑装置；非液体摩擦滑动轴承的设计计算。

教学目标

1. 熟悉滚动轴承的结构、类型和代号。
2. 能正确选择滚动轴承的类型，并掌握滚动轴承寿命的计算方法。
3. 根据外载荷、结构等要求，能进行滚动轴承组合设计。
4. 了解滑动轴承的主要类型与结构、润滑与润滑装置、轴承的材料和选择。
5. 掌握非液体摩擦向心滑动轴承的设计计算。

轴承是用来支承轴或轴上的回转零件，并保持轴的旋转精度，减少摩擦和磨损的部件。

根据轴承工作时表面摩擦的性质不同，轴承可分为滑动摩擦轴承（简称滑动轴承）和滚动摩擦轴承（简称滚动轴承）两大类。

14.1 滚动轴承的结构、类型和代号

14.1.1 滚动轴承的结构

滚动轴承的基本结构如图14.1所示，由内圈1、外圈2、滚动体3和保持架4组成。内圈装在轴颈上，外圈装在轴承座孔内，通常外圈固定，内圈随轴回转。但也有外圈回转、

内圈不转或内、外圈分别按不同转速回转等情况。如汽车车轮的支承轴承，外圈支承在车轮轮毂的内孔中，随车轮一起转动，而内圈与固定在车架上的半轴套配合，为不动圈。内、外圈上一般制有弧形滚道，以限制滚动体的轴向移动，并可减小滚动体与内、外圈上的接触应力，工作时滚动体沿着内、外圈滚道间滚动。滚动体是滚动轴承中不可缺少的重要元件，使相对运动表面间的滑动摩擦变为滚动摩擦。滚动体分为球和滚子两类，滚子的形状有圆柱滚子、圆锥滚子、滚针和球面滚子等，如图 14.2 所示。保持架的作用是使滚动体均匀地隔开，防止运转时滚动体间彼此接触，以减少滚动体的摩擦和磨损。

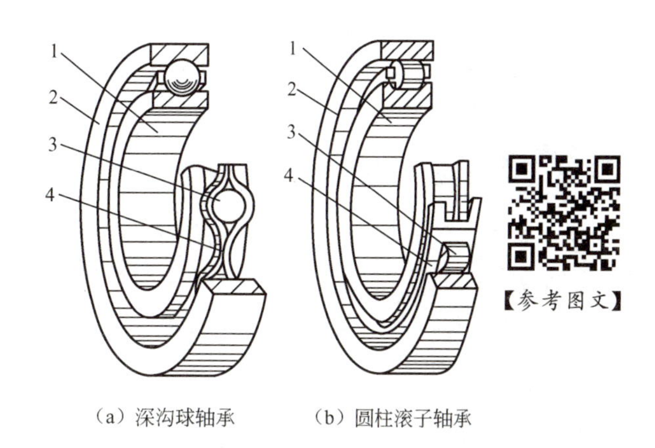

（a）深沟球轴承　　（b）圆柱滚子轴承

1—内圈；2—外圈；3—滚动体；4—保持架

图 14.1　滚动轴承的基本结构

【参考图文】

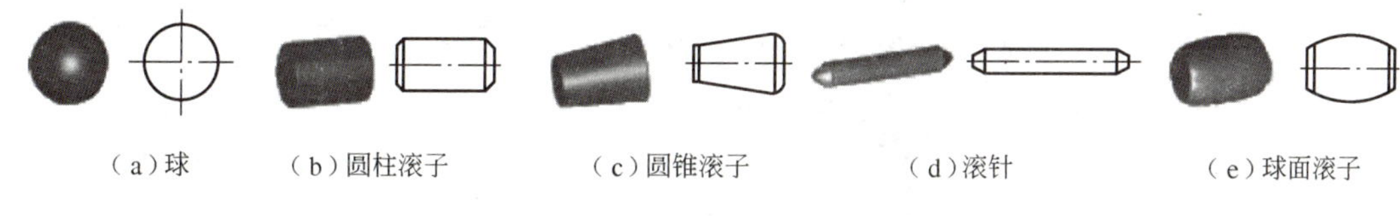

（a）球　（b）圆柱滚子　（c）圆锥滚子　（d）滚针　（e）球面滚子

图 14.2　滚动体的形状

在某些情况下，滚动轴承可以没有内圈、外圈或保持架，此时轴颈或轴承座起到内圈或外圈的作用，此时的工作表面应具有相应的硬度和强度，但不能没有滚动体。除以上四个基本元件外，滚动轴承还可以增加其他特殊零件，如图 14.3所示，在轴承的一面加有防尘罩。

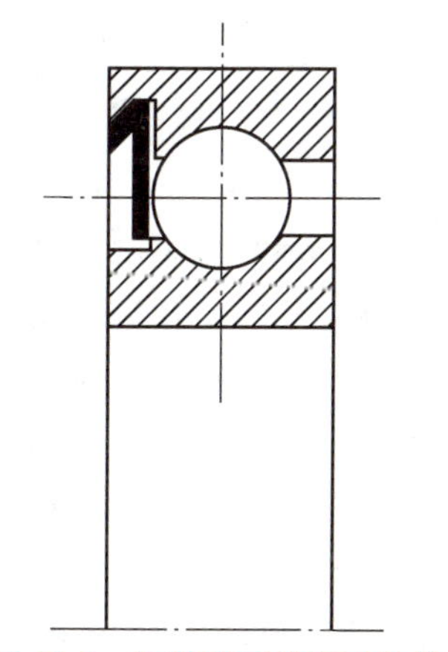

图 14.3　滚动轴承的特殊结构

轴承的内、外圈和滚动体一般用强度高、耐磨性好的轴承钢制造，常用牌号有滚动轴承钢 GCr9、GCr15、GCr15SiMn 等，经过热处理后，硬度一般可达 60～65HRC，工作表面需经磨削、抛光。由于一般轴承的这些元件都经过 150℃的回火处理，所以通常当轴承的工作温度不高于 120℃时，零件的硬度不会降低。保持架有冲压式和实体式两种形式。冲压式保持架一般用低碳钢冲压后经铆接或焊接而成，与滚动体间有较大的间隙；实体式保持架常用铜合金、铝合金、酚醛胶布或塑料等制成，有较好的定心准确度。

滚动轴承是标准件，由专门的轴承工厂成批生产，所以成本低，选用和更换都很方便。与滑动轴承相比，滚动轴承以滚动摩擦代替了滑动摩擦，具有摩擦阻力小、起动灵活、效率高、润滑与维护方便等优点，并且能在较广

【参考视频】

泛的载荷、转速和工作温度范围内工作，因此，滚动轴承得到了广泛应用。但滚动轴承承受冲击载荷的能力较差，高速重载时噪声大、寿命较低，小批量生产特殊滚动轴承时成本较高，径向外廓尺寸较大。

14.1.2 滚动轴承的主要类型

滚动轴承的类型繁多，有多种分类方法，通常按滚动体形状、公称接触角或承受载荷的方向及调心性能等进行分类。

1. 按滚动体形状分类

按滚动体形状的不同，可将滚动轴承分为球轴承和滚子轴承两类。球轴承是指滚动体的形状为球形；滚子轴承是指滚动体的形状为滚子。

2. 按公称接触角或承受载荷的方向分类

公称接触角是滚动轴承的一个重要参数，是指滚动体与外圈接触处的法线和轴承径向平面（垂直于轴承轴心线的平面）之间的夹角，用 α 表示。公称接触角反映了轴承承受轴向载荷的能力，公称接触角越大，承受轴向载荷的能力越强。按轴承能承受载荷方向或公称接触角的不同，滚动轴承的分类见表 14.1。

表 14.1 滚动轴承及其公称接触角

轴承种类	向心轴承（主要承受径向载荷）		推力轴承（主要承受轴向载荷）	
	径向接触	向心角接触	推力角接触	轴向接触
公称接触角 α	$\alpha=0°$	$0°<\alpha\leqslant 45°$	$45°<\alpha<90°$	$\alpha=90°$
图例	$\alpha=0°$　$\alpha=0°$	α	α	$\alpha=90°$

3. 按调心性能分类

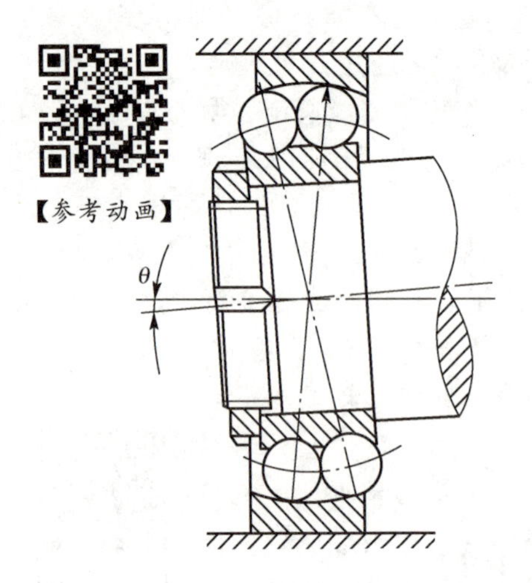

图 14.4 调心轴承的调心特性

由于安装误差或轴的变形等原因，轴承内外圈中心线会发生相对倾斜。偏斜角 θ 较大时，会影响轴承正常运转，故应采用调心轴承。调心轴承外圈滚道的表面是球面，能自动补偿两滚道轴心线的角偏差，从而保证轴承正常工作，如图 14.4 所示。轴承按照工作时能否调心，可以分为刚性轴承（轴承的内外圈轴线之间的允许偏斜角很小或为零）和调心轴承（轴承的内外圈轴线之间的允许偏斜角较大）两种。

常用滚动轴承的类型、结构、代号及特性见表 14.2。

表 14.2 常用滚动轴承的类型、结构、代号及特性

类型	代号	图例	承受载荷方向	极限转速	特性和应用
【参考图文】调心球轴承	1			中	主要承受径向载荷，也可同时承受少量的双向轴向载荷。外圈滚道为球面，具有自动调心性能，允许内圈（轴）对外圈（外壳）轴线偏斜量≤2°～3°。适用于弯曲刚度小的轴
调心滚子轴承	2			低	用于承受径向载荷，其承载能力比调心球轴承强，也能承受少量的双向轴向载荷。外圈滚道为球面，具有调心性能，允许内圈对外圈轴线偏斜量≤1.5°～2.5°。适用于弯曲刚度小的轴
推力调心滚子轴承	2			中	承受轴向载荷为主的径向、轴向联合载荷。外圈滚道为球面，调心性能好。常用于水轮机轴和起重机转盘等重型机械部件中
圆锥滚子轴承	3			中	能承受较大的径向载荷和单向轴向载荷。内外圈可分离，故可在安装时调整轴承游隙，通常成对使用，对称安装。适用于转速不太高、刚性较大的轴
推力球轴承	5	(a) 单向		低	单向推力球轴承[图 (a)]只能承受单向轴向载荷。两个圈的内孔直径不同，内孔较小的是紧圈，与轴配合；内孔较大的是松圈，与机座固定在一起。双向推力球轴承[图 (b)]可承受双向轴向力。适用于轴向力大而转速较低的场合

续表

类型	代号	图例	承受载荷方向	极限转速	特性和应用
推力球轴承	5	(b) 双向		低	单向推力球轴承[图(a)]只能承受单向轴向载荷。两个圈的内孔直径不同,内孔较小的是紧圈,与轴配合;内孔较大的是松圈,与机座固定在一起。双向推力球轴承[图(b)]可承受双向轴向力。适用于轴向力大而转速较低的场合
深沟球轴承	6			高	主要承受径向载荷,也可同时承受少量的双向轴向载荷。摩擦阻力小,极限转速高,结构简单,价格低廉,应用最广泛
角接触球轴承	7	α		高	能同时承受径向载荷与单向轴向载荷,接触角α有15°、25°和40°三种。通常成对使用,对称安装。适用于转速较高、同时承受径向和轴向载荷的场合
推力圆柱滚子轴承	8			低	只能承受单向轴向载荷,承载能力比推力球轴承强得多,不允许轴线偏移。适用于轴向载荷大而不需要调心的场合

续表

类型	代号	图例	承受载荷方向	极限转速	特性和应用
内圈无挡边圆柱滚子轴承	NU		↑	高	只能承受径向载荷，不能承受轴向载荷。承受载荷能力比同尺寸的球轴承强，尤其是承受冲击载荷的能力强。内外圈沿轴线可分离。适用于刚性较大的轴，并要求轴承孔对中
滚针轴承	NA		↑	低	只能承受径向载荷，不能承受轴向载荷。承载能力强。内外圈可分离。价格低廉。常用于转速较低而径向尺寸受限制的场合

14.1.3 滚动轴承代号

滚动轴承的类型很多，而每个类型的轴承在结构、尺寸、精度和技术要求等方面又各不相同。为了便于组织生产和合理选用，GB/T 272—2017《滚动轴承 代号方法》规定了滚动轴承的代号表示法。滚动轴承的代号用字母和数字表示，并由前置代号、基本代号和后置代号三部分构成。前置代号和后置代号是基本代号的补充，无须做说明时，可部分或全部省略。滚动轴承代号的构成见表14.3。

表 14.3 滚动轴承代号的构成

前置代号	基本代号					后置代号								
	五	四	三	二	一									
轴承分部件代号	类型代号	尺寸系列代号		内径代号		内部结构代号	密封和防尘与外部形状代号	保持架及其材料代号	轴承零件材料代号	公差等级代号	游隙代号	配置代号	振动及噪声代号	其他代号
		宽度系列代号	直径系列代号											

1. 前置代号

前置代号用字母来表示轴承分部件，代号及含义见表 14.4。

表 14.4　滚动轴承前置代号及含义

代号	含义	示例
L	可分离轴承的可分离内圈或外圈	LN207
K	滚子和保持架组件	K81107
R	不带可分离内圈或外圈的组件	RNU207，NU 表示内圈无挡边圆柱滚子轴承

2. 基本代号

滚动轴承的基本代号是轴承代号的核心，表示轴承的类型结构和尺寸，由类型代号、尺寸系列代号和内径代号组成。

(1) 类型代号。用数字或字母表示轴承的类型。常用类型代号见表 14.2。

(2) 尺寸系列代号。尺寸系列代号由两位数字组成。前一位数字表示宽度系列（向心轴承）或高度系列（推力轴承）；后一位数字表示直径系列。宽度系列或高度系列是指结构、内径和外径都相同的轴承，在宽度或高度方面的变化系列。当宽度系列代号为“0”时可省略不标，但调心滚子轴承和圆锥滚子轴承不能省略。直径系列是指结构相同、内径相同的轴承在外径方面的变化系列，即对同一类型的轴承，相同的内径可以有不同的外径和不同的宽度。各直径系列轴承的尺寸对比如图 14.5 所示。常用的向心轴承和推力轴承的尺寸系列代号见表 14.5。

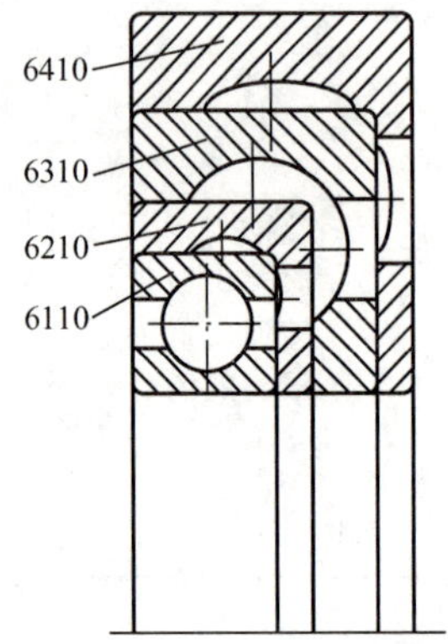

图 14.5　各直径系列轴承的尺寸对比

表 14.5　常用的向心轴承和推力轴承的尺寸系列代号

直径系列代号	向心轴承								推力轴承			
	宽度系列代号								高度系列代号			
	8	0	1	2	3	4	5	6	7	9	1	2
	特窄	窄	正常	宽	特宽				特低	低	正常	正常
	尺寸系列代号											
7（超特轻）	—	—	17	—	37	—	—	—	—	—	—	—
8（超轻）	—	08	18	28	38	48	58	68	—	—	—	—
9（超轻）	—	09	19	29	39	49	59	69	—	—	—	—
0（特轻）	—	00	10	20	30	40	50	60	70	90	10	—
1（特轻）	—	01	11	21	31	41	51	61	71	91	11	—
2（轻）	82	02	12	22	32	42	52	62	72	92	12	22
3（中）	83	03	13	23	33	—	—	—	73	93	13	23
4（重）	—	04	—	24	—	—	—	—	74	94	14	24
5（特重）	—	—	—	—	—	—	—	—	—	95	—	—

（3）内径代号。内径代号表示轴承内径的大小，用数字表示，表示方法见表14.6。

表14.6 滚动轴承内径代号

轴承公称内径/mm		内径代号	示例
0.6～10（非整数）		用公称直径毫米数直接表示，在其与尺寸系列代号之间用“/”分开	深沟球轴承 617/0.6 $d=0.6$mm 深沟球轴承 618/2.5 $d=2.5$mm
1～9（整数）		用公称直径毫米数直接表示，对深沟及角接触球轴承直径系列7、8、9，内径与尺寸系列代号之间用“/”分开	深沟球轴承 625 $d=5$mm 深沟球轴承 618/5 $d=5$mm 角接触球轴承 707 $d=7$mm 角接触球轴承 719/7 $d=7$mm
10～17	10	00	深沟球轴承 6200 $d=10$mm
	12	01	调心球轴承 1201 $d=12$mm
	15	02	圆柱滚子轴承 NU202 $d=15$mm
	17	03	推力球轴承 51103 $d=17$mm
20～480（22，28，32除外）		公称直径除以5的商数，商数为个位数，需在商数左边加“0”，如08	调心滚子轴承 22308 $d=40$mm 圆柱滚子轴承 NU1096 $d=480$mm
≥500以及22，28，32		用公称直径毫米数直接表示，但在与尺寸系列之间用“/”分开	调心滚子轴承 230/500 $d=500$mm 深沟球轴承 62/22 $d=22$mm

3. 后置代号

后置代号用字母或字母加数字表示，说明轴承的内部结构、密封和防尘与外部形状、材料、公差等级等，代号及含义随技术内容的不同而不同。常用代号如下。

（1）内部结构代号。表示同一类型轴承的不同内部结构，用紧跟在基本代号后面的字母表示。例如，C、AC、B分别表示公称接触角 $\alpha=15°$、25°、40°的角接触球轴承。

（2）公差等级代号。按精度依次由低到高，轴承公差等级分为普通级、6、6X、5、4、2共6级，分别用代号/PN、/P6、/P6X、/P5、/P4、/P2表示。普通级为最低级，应用最广，并且/PN在轴承代号中可省略不标。

（3）游隙代号。游隙为滚动轴承中滚动体与内、外圈滚道之间的间隙。径向游隙是指一个套圈不动，另一个套圈沿径向从一个极限位置移至另一个极限位置的移动量。常用轴承游隙有2、N、3、4、5共5组，游隙依次由小到大，N组游隙是常用组别，可不标注。其余代号分别为/C2、/C3、/C4、/C5。

（4）配置代号。配置代号表示成对使用的角接触轴承的配置形式，其中，/DF表示成对面对面安装；/DB表示成对背对背安装；/DT表示成对串联安装。

[例14-1] 说明轴承代号7210AC/DB和62/22/P4的含义。

解：（1）7210AC/DB。

代号	代号类型	含义
7	类型代号	角接触球轴承
(0) 2	尺寸系列代号	宽度系列代号 0 省略，直径系列代号 2
10	内径代号	轴承内径 $d=$ (10×5)mm=50mm
AC	内部结构代号	公称接触角 $\alpha=25°$
/DB	配置代号	两轴承背对背安装
(NN)	公差等级代号和游隙代号	轴承公差等级为 N 级（省略），游隙为 N 组（省略）

(2) 62/22/P4。

代号	代号类型	含义
6	类型代号	深沟球轴承
(0) 2	尺寸系列代号	宽度系列代号 0 省略，直径系列代号 2
/22	内径代号	轴承内径 $d=22$mm
/P4	公差等级代号	轴承公差等级为 4 级

14.2 滚动轴承的类型选择

【参考视频】

滚动轴承是标准件，设计滚动轴承时，首先要合理选择轴承类型，这就要求对各类轴承的性能特点有充分的了解，在此基础上综合考虑多种因素，如载荷的大小、方向和性质，转速的高低，结构尺寸的限制，刚度要求，调心性能，装拆方便性，经济性等因素，选择时可以参考以下几点原则。

1. 载荷的大小、方向和性质

在相同的外廓尺寸条件下，线接触的滚子轴承比点接触的球轴承承载能力和抗冲击能力都强，故载荷大、有振动和冲击时优先选择滚子轴承；反之，应选择球轴承。

当受纯径向载荷时，应选用向心轴承，如深沟球轴承、圆柱滚子轴承等；当受纯轴向载荷时，应选用推力轴承，如推力球轴承等；同时受径向载荷和轴向载荷作用时，应根据二者的相对大小来选择，当与径向载荷相比，轴向载荷较小时，可选用深沟球轴承或接触角不大的角接触球轴承及圆锥滚子轴承；当与径向载荷相比，轴向载荷较大时，可选用接触角较大的角接触球轴承及圆锥滚子轴承；当轴向载荷比径向载荷大很多时，可选用向心轴承和推力轴承组合安装的结构，以分别承受径向载荷和轴向载荷。

2. 轴承的转速

在一般转速情况下，转速高低对轴承类型的选择不产生影响，只有在转速较高时，才考虑这个问题。轴承手册中列出了各种类型、各种尺寸轴承的极限转速 $n_{\lim}$ (r/min) 值。极限转速是指载荷不太大（$P\leqslant 0.1C$，P 为当量动载荷，C 为基本额定动载荷）、冷却条件正常、公差等级为/PN级轴承的最大允许转速。在设计时应使轴承在低于极限转速下工作。

通常球轴承的极限转速高于滚子轴承的极限转速，因此当轴承转速较高时，宜选用球轴承。在同类型的轴承中，不同尺寸系列的轴承，其极限转速各不相同。

3. 调心性能要求

对于跨度大、弯曲变形大或多支点支承的轴为适应轴的变形，应选用内、外圈轴线能有较大偏斜角的调心轴承，如调心球轴承、调心滚子轴承。

4. 拆装要求

经常拆装的轴承可用分离型轴承，如圆锥滚子轴承和圆柱滚子轴承。如汽车车轮的轮毂轴承需经常拆装，故采用圆锥滚子轴承。

5. 安装尺寸要求

要求径向尺寸小，可选用适当的直径系列或滚针轴承；要求轴向尺寸小，可选择适当的宽度系列轴承。

6. 经济性要求

球轴承比滚子轴承价廉，所以只要满足使用要求，应优先选用球轴承。同型号、不同公差等级轴承的差价悬殊，所以选择高精度轴承时必须慎重。

14.3 滚动轴承的尺寸选择

14.3.1 滚动轴承的失效形式和设计准则

1. 向心轴承载荷的分布

滚动轴承在中心轴向载荷 F_a 的作用下，可认为载荷由各个滚动体均匀承受。当受纯径向载荷 F_r 作用时（图14.6），设轴承外圈固定、内圈转动，其各元件的受力情况如下：滚动体处于上半圈时不受载荷作用，当其转至下半圈时，载荷由小变大，达到最下面位置时，载荷最大，然后又由大变小，到上半圈时不受载；内圈处于上半圈时不受载，当转到下半圈时，与滚动体接触的点或线受载荷作用，不同位置载荷的大小也不同，处于最下面与滚动体接触时载荷最大；外圈不动，在下半圈有滚动体接触的位置处受到载荷作用，并且载荷的大小与接触点的位置有关，当接触点处于最下面位置时受力最大，不与滚动体接触的位置，其载荷等于零。由

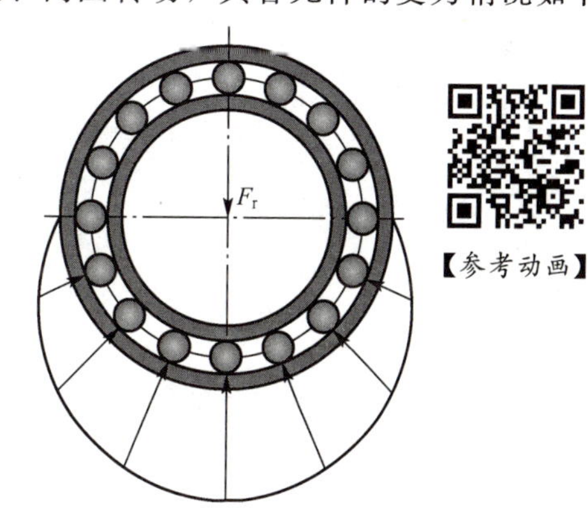

图14.6 向心轴承中径向载荷的分布

上述分析可知，滚动体及内、外圈滚道上各点载荷为交变载荷，引起的应力为脉动循环的接触应力。

2. 滚动轴承的失效形式

(1) 疲劳点蚀（图14.7）。轴承在安装、润滑、维护良好的条件下工作时，由于各承载元件承受脉动循环变应力的反复作用，在各接触表面产生疲劳裂纹。随着应力循环次数的增加，裂纹进一步扩展，使表面金属材料发生局部剥落，产生疲劳点蚀。疲劳点蚀是滚动轴承的主要失效形式。轴承在发生疲劳点蚀后，通常在运转时会产生振动和噪声，旋转精度下降，影响机器的正常工作。

(2) 塑性变形（图14.8）。当轴承的转速很低（$n<10$r/min）或间歇摆动时，一般不会发生疲劳点蚀，此时轴承往往因受过大的静载荷或冲击载荷作用，内、外圈滚道与滚动体接触处的局部应力超过材料的屈服极限而产生永久变形，形成不均匀的凹坑，使轴承在运转中产生剧烈振动和噪声而失效。

图14.7　滚动轴承的疲劳点蚀

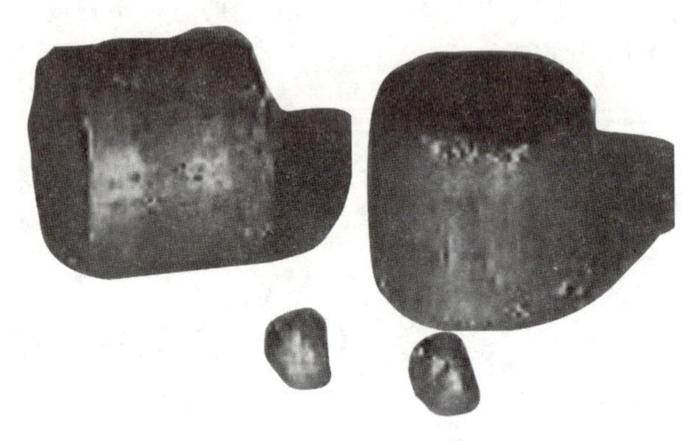

图14.8　滚动轴承的塑性变形

(3) 磨损（图14.9）。使用、维护不当或密封、润滑不良等，还可能引起轴承的磨粒磨损。轴承在高速运转时，还可产生胶合磨损。所以，应限制最高转速，采取良好的润滑和密封措施。

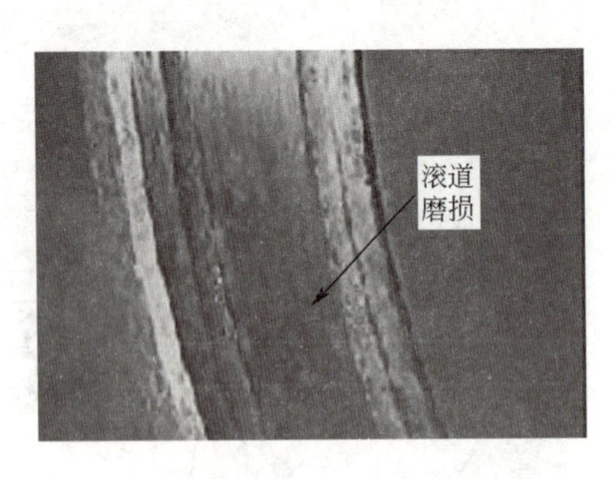

图14.9　滚动轴承的磨损

3. 滚动轴承的设计准则

在确定滚动轴承类型后，还应确定其型号和尺寸，并针对滚动轴承的主要失效形式进行必要的计算。滚动轴承的设计准则：对于一般工作条件的滚动轴承，主要失效形式是疲劳点蚀，因此主要进行以疲劳强度计算为依据的寿命计算，并校核静强度；对于不转动、间歇摆动或转速很低的轴承，可认为轴承各元件是在静应力作用下工作的，其失效形式是塑性变形，因此主要进行静强度计算；对于高速轴承，除计算寿命外，还应校核极限转速，防止发生胶合。

14.3.2 滚动轴承的寿命计算

1. 滚动轴承的基本额定寿命

单个轴承中的任一元件出现疲劳点蚀前的实际运转总转数（r）或在一定转速下的实际运转小时数（h），称为该轴承的疲劳寿命。

由于制造精度、材料的均质程度的差异，即使是同种类型、同种材料、同一尺寸及同一批生产出来的轴承在完全相同的工作条件下进行运转实验，其轴承寿命是相当离散的，相差几倍甚至几十倍。显然，用单个轴承的寿命作为轴承的寿命值是不当的。因此，在轴承寿命计算中，常用一定概率下的轴承寿命作为计算依据，这就是轴承的基本额定寿命。轴承的基本额定寿命是指一批相同型号的轴承在相同条件下工作，其中90％的轴承未发生疲劳点蚀前转过的总转数，或在一定转速下总的工作小时数，分别用 L_{10}（单位为 10^6 r）和 L_h（单位为 h）表示。可见，基本额定寿命与破坏概率有关。对于一批同型号轴承，有10％的轴承未达到基本额定寿命而提前失效，即失效概率为10％；有90％的轴承实际寿命超过基本额定寿命而正常工作，即可靠度为90％。

2. 滚动轴承的基本额定动载荷

滚动轴承的基本额定寿命与所受的载荷有关，载荷越大，引起的接触应力越大，轴承的基本额定寿命越短。滚动轴承的基本额定动载荷是指使轴承的基本额定寿命为 10^6 r 时，轴承所能承受的最大载荷值，用 C 表示。基本额定动载荷对向心轴承而言，是指纯径向载荷，称为径向基本额定动载荷，用 C_r 表示；对于推力轴承而言，是指纯轴向载荷，称为轴向基本额定动载荷，用 C_a 表示。每种型号轴承的 C_r、C_a 值可以在轴承手册中查出。基本额定动载荷代表了滚动轴承的承载能力。

3. 滚动轴承的寿命计算公式

当滚动轴承所受的载荷 P 恰为基本额定动载荷 C 时，其基本额定寿命是 10^6 r。但当所受的载荷 $P \neq C$ 时，轴承的寿命就是轴承寿命计算所要解决的一类问题。轴承寿命计算所要解决的另一类问题是，轴承在载荷 P 的作用下具有已知的基本额定寿命时，需要选用具有多大基本额定动载荷的轴承。下面就来讨论并解决上述问题。

图14.10所示为在大量试验研究基础上得到的某型号轴承载荷-寿命曲线。该曲线表示轴承所受的载荷与基本额定寿命 L_{10} 之间的关系。曲线方程为

$$P^{\varepsilon} L_{10} = 常数 \qquad (14-1)$$

式中 ε——寿命指数，球轴承 $\varepsilon=3$，滚子轴承 $\varepsilon=10/3$；

P——当量动载荷（N）。

当 $L_{10}=1$ 时，即 $L_{10}=10^6$ r，$P=C$，故有 $P^{\varepsilon} L_{10}=C^{\varepsilon} \cdot 1$，则轴承寿命计算式为

$$L_{10}=\left(\frac{C}{P}\right)^{\varepsilon} \qquad (14-2)$$

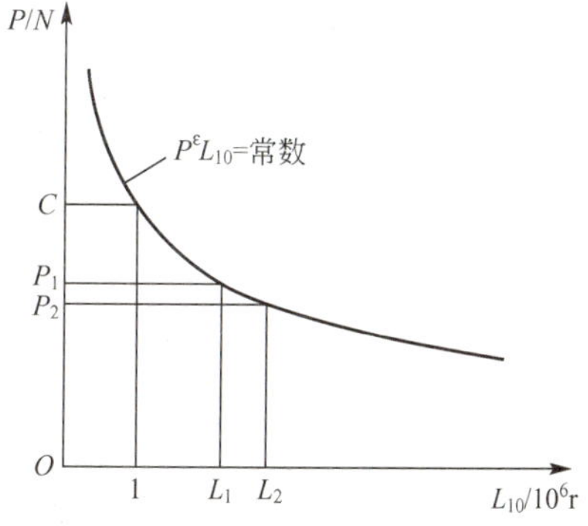

图14.10 某型号轴承的载荷-寿命曲线

实际计算时，人们习惯以 h 表示轴承的寿

命。若轴承转速为 n(r/min)，则经换算得轴承寿命计算的另一个表达式为

$$L_h=\frac{10^6}{60n}\left(\frac{C}{P}\right)^{\varepsilon} \tag{14-3}$$

由于在轴承标准中列出的基本额定动载荷 C 仅适用于一般工作温度，当轴承在温度高于 120°的环境下工作时，轴承元件材料的组织将发生变化，硬度减小，使轴承的基本额定动载荷值有所减小，故引入温度系数 f_t 予以修正，其值可查表 14.7。

表 14.7　温度系数 f_t

工作温度/℃	≤120	125	150	200	250	300	350
温度系数 f_t	1	0.95	0.9	0.8	0.7	0.6	0.5

进行上述修正后，寿命计算公式为

$$L_h=\frac{10^6}{60n}\left(\frac{f_t C}{P}\right)^{\varepsilon} \tag{14-4}$$

若已知轴承转速 n、当量动载荷 P 及轴承的预期寿命 L'_h，则轴承应能承受的额定动载荷 C' 为

$$C'=\frac{P}{f_t}\left(\frac{60nL'_h}{10^6}\right)^{\frac{1}{\varepsilon}} \tag{14-5}$$

式（14-4）和式（14-5）是设计时经常用到的计算公式，由此可确定轴承的基本额定寿命或尺寸型号。在选取滚动轴承时，必须使其基本额定寿命 L_h 大于预期寿命 L'_h。各类机器中，轴承预期寿命 L'_h 列于表 14.8 中。

表 14.8　轴承预期寿命 L'_h

机器类型		预期寿命 L'_h/h
不经常使用的仪器或设备，如闸门开闭装置等		500
航空发动机		500～2000
间断使用的机械	中断使用不致引起严重后果的手动机械、农业机械等，如手动工具等	4000～8000
	中断使用会引起严重后果的机械设备，如升降机、输送机、吊车等	8000～12000
每日工作 8h 的机械	利用率不高的齿轮传动、电动机等	12000～20000
	利用率较高的通风设备、机床等	20000～30000
每日工作 24h 的机械	一般可靠性的空气压缩机、电动机、水泵等	50000～60000
	高可靠性的电站设备、给排水装置等	>100000

4. 滚动轴承的当量动载荷

轴承的寿命计算公式中所用的载荷，对于只承受纯径向载荷 F_r 的向心轴承或只受纯轴向载荷 F_a 的推力轴承来说，即外载荷 F_r、F_a。实际上，有些类型的轴承常常同时承受径向载荷和轴向载荷，如深沟球轴承、角接触球轴承、圆锥滚子轴承等。而基本额定动载荷是在特定受载条件下得到的，即对向心轴承指纯径向载荷，对推力轴承指纯轴向载荷。

为了能与基本额定动载荷进行比较，必须把实际作用的复合外载荷折算成与基本额定动载荷条件相同的假想载荷，即纯径向或纯轴向载荷，并使在该假想载荷作用下轴承的寿命与在实际的复合载荷作用下轴承的寿命相同，则该假想载荷为当量动载荷，用 P 表示，计算公式为

$$P=XF_r+YF_a \tag{14-6}$$

式中　F_r、F_a——轴承所受的径向载荷和轴向载荷（N）；

　　X、Y——径向动载荷系数和轴向动载荷系数，其值见表 14.9。

表 14.9　径向动载荷系数 X 和轴向动载荷系数 Y

<table>
<tr><th colspan="2" rowspan="2">轴承类型</th><th rowspan="2">相对轴向载荷 F_a/C_{0r}</th><th rowspan="2">e</th><th colspan="2">$F_a/F_r>e$</th><th colspan="2">$F_a/F_r\leq e$</th></tr>
<tr><th>X</th><th>Y</th><th>X</th><th>Y</th></tr>
<tr><td colspan="2" rowspan="9">深沟球轴承</td><td>0.014</td><td>0.19</td><td rowspan="9">0.56</td><td>2.30</td><td rowspan="9">1</td><td rowspan="9">0</td></tr>
<tr><td>0.028</td><td>0.22</td><td>1.99</td></tr>
<tr><td>0.056</td><td>0.26</td><td>1.71</td></tr>
<tr><td>0.084</td><td>0.28</td><td>1.55</td></tr>
<tr><td>0.11</td><td>0.30</td><td>1.45</td></tr>
<tr><td>0.17</td><td>0.34</td><td>1.31</td></tr>
<tr><td>0.28</td><td>0.38</td><td>1.15</td></tr>
<tr><td>0.42</td><td>0.42</td><td>1.04</td></tr>
<tr><td>0.56</td><td>0.44</td><td>1.00</td></tr>
<tr><td rowspan="11">角接触球轴承</td><td rowspan="9">$\alpha=15^\circ$</td><td>0.015</td><td>0.38</td><td rowspan="9">0.44</td><td>1.47</td><td rowspan="9">1</td><td rowspan="9">0</td></tr>
<tr><td>0.029</td><td>0.40</td><td>1.40</td></tr>
<tr><td>0.058</td><td>0.43</td><td>1.30</td></tr>
<tr><td>0.087</td><td>0.46</td><td>1.23</td></tr>
<tr><td>0.12</td><td>0.47</td><td>1.19</td></tr>
<tr><td>0.17</td><td>0.50</td><td>1.12</td></tr>
<tr><td>0.29</td><td>0.55</td><td>1.02</td></tr>
<tr><td>0.44</td><td>0.56</td><td>1.00</td></tr>
<tr><td>0.58</td><td>0.56</td><td>1.00</td></tr>
<tr><td>$\alpha=25^\circ$</td><td>—</td><td>0.68</td><td>0.41</td><td>0.87</td><td>1</td><td>0</td></tr>
<tr><td>$\alpha=40^\circ$</td><td>—</td><td>1.14</td><td>0.35</td><td>0.57</td><td>1</td><td>0</td></tr>
<tr><td colspan="2">圆锥滚子轴承</td><td>—</td><td>轴承手册</td><td>0.40</td><td>轴承手册</td><td>1</td><td>0</td></tr>
<tr><td colspan="2">调心球轴承</td><td>—</td><td>轴承手册</td><td>0.65</td><td>轴承手册</td><td>1</td><td>轴承手册</td></tr>
</table>

注：1. C_{0r}为径向基本额定静载荷，单位为 N。

　　2. 对于表中未列出的相对轴向载荷值，可按线性插值法求出相应的 e、X、Y 值。

对于只能承受纯径向载荷 F_r 的轴承（如 N、NA 类轴承）

$$P=F_r$$

对于只能承受纯轴向载荷 F_a的轴承（如 5 类轴承）

$$P=F_a$$

由式（14－6）求得的当量动载荷只是一个理论值。实际上，由于机器中存在振动、冲击和其他载荷的影响，该值与实际值往往有差别，故应将当量动载荷乘以一个根据经验而定的载荷系数 f_p进行修正，其值见表 14.10。故实际计算时，轴承的当量动载荷为

$$P=f_p(XF_r+YF_a) \tag{14-7}$$

表 14.10　载荷系数 f_p

载荷性质	f_p	举例
无冲击或轻微冲击	1.0～1.2	电动机、汽轮机、通风机等
中等冲击	1.2～1.8	车辆、动力机械、起重机、造纸机、冶金机械、选矿机、水力机械、卷扬机、木材加工机械、传动装置、机床等
强大冲击	1.8～3.0	破碎机、轧钢机、钻探机、振动筛等

［例 14－2］　某轴上轴承受径向载荷 $F_{r1}=4500\text{N}$，轴向载荷 $F_{a1}=1590\text{N}$，轴的转速 $n=320\text{r/min}$，轴的直径 $d=50\text{mm}$，载荷平稳，工作温度低于 120°，要求轴承预期寿命为 14000h。试选择轴承型号。

解：设计过程如下。

计算及说明	结果
1. 初选轴承型号 根据轴承所受载荷及轴颈直径，初选 6210 型深沟球轴承，由设计手册查得 $C_r=35\text{kN}\quad C_{0r}=23.2\text{kN}$	初选 6210 型轴承 $C_r=35\text{kN}$ $C_{0r}=23.2\text{kN}$
2. 计算当量动载荷 因 $F_{a1}/C_{0r}=\dfrac{1590}{23200}\approx0.069$，查表 14.9，用插入法得 $e=0.27$ 因为 $F_{a1}/F_{r1}=\dfrac{1590}{4500}\approx0.35>e$，查表 14.9，用插入法得 $X=0.56\quad Y=1.63$ 由表 14.10，取 $f_p=1.0$，由式（14－7）可得当量动载荷为 $P=f_p(XF_r+YF_a)=[1.0\times(0.56\times4500+1.63\times1590)]\text{N}=5111.7\text{N}$	$e=0.27$ $X=0.56$ $Y=1.63$ $P=5111.7\text{N}$
3. 校核轴承寿命 由表 14.7 可得 $f_t=1.0$，由式（14－4）可得 $L_h=\dfrac{10^6}{60n}\left(\dfrac{f_tC}{P}\right)^\varepsilon=\left[\dfrac{10^6}{60\times320}\left(\dfrac{1.0\times35000}{5111.7}\right)^3\right]\text{h}\approx16719\text{h}$ 因为 $L_h>14000\text{h}$，满足寿命要求，故选用 6210 轴承合适	$L_h\approx16719\text{h}$ 轴承 6210 合适

5. 角接触球轴承和圆锥滚子轴承轴向载荷的计算

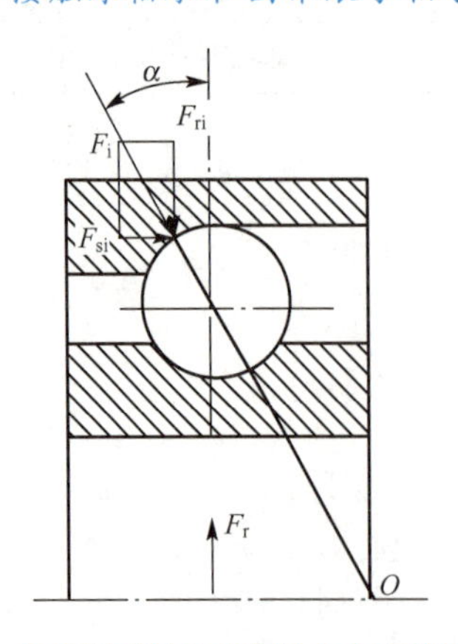

图 14.11　角接触球轴承内部轴向力和载荷作用中心

角接触球轴承和圆锥滚子轴承在承受径向载荷 F_r 时，因其结构特点，要产生内部轴向力 F_s。内部轴向力 F_s 等于轴承中承受载荷的各滚动体产生的附加轴向分力 $F_i\sin\alpha$ 之和，如图 14.11 所示。内部轴向力大小按表 14.11 中的公式计算，其方向总是由轴承外圈的宽边一端指向窄边一端，有迫使轴承内圈与外圈分离的趋势。

为了使角接触球轴承和圆锥滚子轴承的内部轴向力得到平衡，以免产生轴向窜动，轴承通常都要成对使用、对称安装。

图 14.12 所示为角接触球轴承的两种安装方式，图 14.12（a）中两端轴承外圈窄边相对，称为正装或“面对面”安装；图 14.12（b）中两端轴承外圈宽边相对，称为反装或“背靠背”安装。

表 14.11　角接触球轴承和圆锥滚子轴承的内部轴向力 F_s

轴承类型	圆锥滚子轴承	角接触球轴承		
内部轴向力 F_s	$\frac{F_r}{2Y}$（Y 是 $\frac{F_a}{F_r}>e$ 时的轴向载荷系数）	70000C（$\alpha=15°$）	70000AC（$\alpha=25°$）	70000B（$\alpha=40°$）
		eF_r（e 见表 14.9）	$0.68F_r$	$1.14F_r$

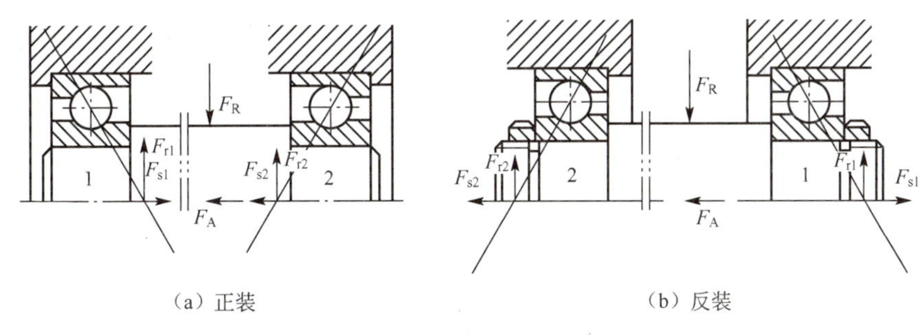

（a）正装　　（b）反装

图 14.12　角接触球轴承的两种安装方式

图 14.13（a）所示为面对面安装的角接触球轴承，F_R 和 F_A 分别为作用在轴上的径向外载荷和轴向外载荷。根据力的径向平衡条件，由径向外载荷 F_R 计算出作用在两个轴承上的径向载荷 F_{r1}、F_{r2}，当 F_R 的大小及作用位置固定时，径向载荷 F_{r1}、F_{r2} 也就固定了。由径向载荷产生的内部轴向力分别为 F_{s1}、F_{s2}。

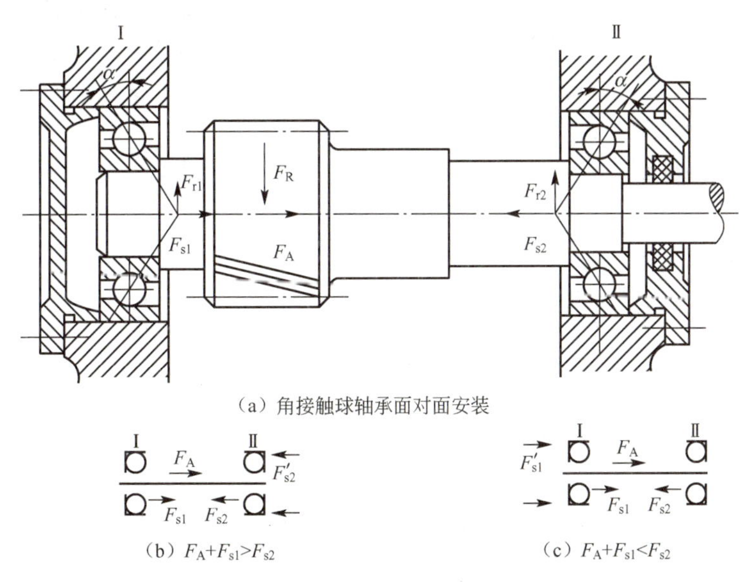

（a）角接触球轴承面对面安装

（b）$F_A+F_{s1}>F_{s2}$　　（c）$F_A+F_{s1}<F_{s2}$

图 14.13　角接触球轴承轴向载荷分析

根据轴的平衡关系，按下列两种情况分析轴承所受的轴向力 F_a。

（1）$F_A+F_{s1}>F_{s2}$。如图 14.13（b）所示，轴系有向右移动的趋势，轴承Ⅱ由于被端盖顶住而被“压紧”为紧端；而轴承Ⅰ则被“放松”为松端。但实际上轴并没有移动。为了保持平衡，右端端盖将给轴承Ⅱ一个附加轴向力 F'_{s2}，重新达到平衡 $F_A+F_{s1}=F_{s2}+F'_{s2}$，由此可求得轴承Ⅱ上的轴向力为

$$F_{a2}=F_{s2}+F'_{s2}=F_A+F_{s1}$$

此时，轴承Ⅰ只受内部轴向力 F_{s1} 作用，即轴承Ⅰ上的轴向力为

$$F_{a1}=F_{s1}$$

(2) $F_A+F_{s1}<F_{s2}$。如图 14.13 (c) 所示，轴系有向左移动的趋势，此时轴承Ⅰ由于被端盖顶住而“压紧”为紧端，轴承Ⅱ则被“放松”为松端。为了保持平衡，左端端盖将给轴承Ⅰ一个附加轴向力 F'_{s1}，有 $F_A+F_{s1}+F'_{s1}=F_{s2}$，由此可求得轴承Ⅰ上的轴向力为

$$F_{a1}=F_{s1}+F'_{s1}=F_{s2}-F_A$$

此时，轴承Ⅱ只受内部轴向力 F_{s2} 作用，即轴承Ⅱ上的轴向力为

$$F_{a2}=F_{s2}$$

对于图 14.12 (b) 所示的轴承反装，当轴系有向左移动趋势时，轴承 1 被“压紧”，轴承 2 被“放松”；反之，轴系有向右移动趋势时，轴承 2 被“压紧”，轴承 1 被“放松”。

综上分析，计算角接触球轴承、圆锥滚子轴承轴向载荷的步骤和方法如下。

(1) 根据轴承的安装方式，确定内部轴向力的大小及方向。

(2) 判断全部轴向载荷合力的方向，确定被“压紧”的轴承及被“放松”的轴承。

(3) 被“压紧”轴承所受的轴向载荷，应为除了自身内部轴向力之外，其他所有轴向力的代数和；被“放松”轴承所受的轴向载荷，等于自身内部轴向力。

[例 14-3] 试选择模块四图 (b) 所示带式输送机中单级斜齿圆柱齿轮减速器输出轴上的一对轴承。根据例 13-1 设计[例 13-1 图 (a)]，初选轴由一对角接触球轴承 7210AC 支承，支承简图如图 14.14 所示。已知：轴向外载荷 $F_a=566N$（方向如图所示），轴承径向载荷 $F_{BH}=F_{DH}=1087N$，$F_{BV}=1154N$，$F_{DV}=337N$，转速 $n=95.7r/min$。其他条件与例 9-1 相同。

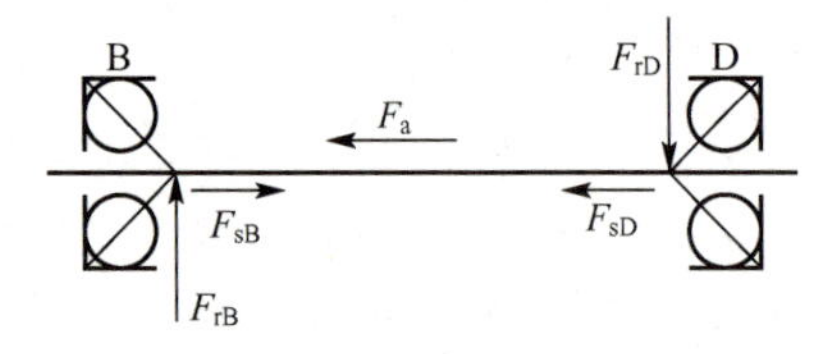

图 14.14 例 14-3 图

解：设计过程如下。

计算及说明	结果
1. 计算轴承所受的径向载荷 F_r $F_{rB}=\sqrt{F_{BH}^2+F_{BV}^2}=\sqrt{1087^2+1154^2}N\approx1585.3N$ $F_{rD}=\sqrt{F_{DH}^2+F_{DV}^2}=\sqrt{1087^2+337^2}N\approx1138.0N$	$F_{rB}\approx1585.3N$ $F_{rD}\approx1138.0N$
2. 计算轴承所受内部轴向力 F_s 查表 14.11，内部轴向力 F_s 为 $F_{sB}=0.68F_{rB}=(0.68\times1585.3)N\approx1078.0N$ $F_{sD}=0.68F_{rD}=(0.68\times1138.0)N\approx773.8N$ F_{sB}、F_{sD} 的指向如图 14.14 所示。	$F_{sB}\approx1078.0N$ $F_{sD}\approx773.8N$
3. 计算轴承所受的轴向载荷 F_a 因为 $F_a+F_{sD}=(566+773.8)N=1340N>F_{sB}=1078.0N$，故轴系有向左移动的趋势，使轴承 B 被压紧，轴承 D 被放松，有	

续表

计算及说明	结果
$F_{aB}=F_a+F_{sD}=1340\text{N}$ $F_{aD}=F_{sD}=773.8\text{N}$	$F_{aB}=1340\text{N}$ $F_{aD}=773.8\text{N}$
4. 计算轴承所受当量动载荷 P 由于载荷平稳，查表14.10取 $f_p=1.1$。由表14.9	$f_p=1.1$
$\dfrac{F_{aB}}{F_{rB}}=\dfrac{1340}{1585.3}\approx0.85>e=0.68$，$X=0.41$，$Y=0.87$，则 $P_B=f_p(XF_{rB}+YF_{aB})=[1.1\times(0.41\times1585.3+0.87\times1340)]\text{N}\approx1997\text{N}$	$P_B\approx1997\text{N}$
$\dfrac{F_{aD}}{F_{rD}}=\dfrac{773.8}{1138.0}\approx0.68=e$，$X=1$，$Y=0$，则 $P_D=f_p(XF_{rD}+YF_{aD})=(1.1\times1138)\text{N}\approx1252\text{N}$	$P_D\approx1252\text{N}$
5. 计算轴承的寿命 L_h 由设计手册查得，7210AC轴承 $C_r=40.8\text{kN}$；查表14.7，取 $f_t=1.0$。因为是球轴承，$\varepsilon=3$。又因为 $P_B>P_D$，由式(14-4)按 P_B 计算 $L_h=\dfrac{10^6}{60n}\left(\dfrac{f_tC_r}{P_B}\right)^\varepsilon=\left[\dfrac{10^6}{60\times95.7}\left(\dfrac{1.0\times40800}{1997}\right)^3\right]\text{h}\approx1485194\text{h}$	$C_r=40.8\text{kN}$ $f_t=1.0$ $L_h\approx1485194\text{h}$
由表14.8，输送机中轴承预期寿命为8000～12000h，因为 L_h 远远超过了预期寿命，故满足要求，采用7210AC角接触球轴承合适	采用7210AC角接触球轴承合适

14.3.3 滚动轴承的静强度计算

对于在工作载荷作用下基本不旋转的轴承（如起重吊钩上用的推力轴承）或者缓慢摆动及转速极低的轴承，一般不会发生疲劳点蚀，其主要失效形式是由于载荷过大，在滚动体和滚道上产生过大的塑性变形，影响轴承旋转的精度和灵活性。因此，应按静强度选择轴承的尺寸。轴承静强度计算的目的是防止轴承元件产生过大的塑性变形，以保证轴承正常工作。

国家标准中规定了不同型号的轴承的静载荷界限。在该静载荷作用下，受载最大的滚动体与套圈滚道接触处的接触应力达到某个特定值（调心球轴承为4600MPa，其他所有的向心球轴承为2400MPa），该静载荷称为轴承的基本额定静载荷，用 C_0（C_{0r}或 C_{0a}）表示，使用时可查设计手册。

按静强度选择轴承的公式为

$$\frac{C_{0r}}{P_{0r}}\geqslant S_0 \text{或} \frac{C_{0a}}{P_{0a}}\geqslant S_0 \tag{14-8}$$

式中 C_{0r}——径向基本额定静载荷（N），其值见设计手册；

C_{0a}——轴向基本额定静载荷（N），其值见设计手册；

P_{0r}——径向当量静载荷（N）；

P_{0a}——轴向当量静载荷（N）；

S_0——静强度安全系数，其值见表14.12。

当轴承上同时作用有径向载荷 F_r 和轴向载荷 F_a 时，也应折合成一个当量静载荷 P_0，其作用与基本额定静载荷相同。P_0 也为假想载荷，其含义与当量动载荷 P 相似，计算公式为

$$\left.\begin{array}{l} P_0=X_0F_r+Y_0F_a \\ P_0=F_r \quad \text{（取两式中计算值大者）} \end{array}\right\} \tag{14-9}$$

式中 X_0——径向静载荷系数，可查相关手册；

Y_0——轴向静载荷系数，可查相关手册。

表 14.12 静强度安全系数 S_0

轴承使用情况	使用要求、载荷性质或使用场合	S_0	
		球轴承	滚子轴承
旋转轴承	旋转精度及平稳性要求较高，或受冲击载荷	1.5～2	2.5～4
	正常使用	0.5～2	1～3.5
	旋转精度及平稳性要求较低，没有冲击或振动	0.5～2	1～3
静止或摆动的轴承	水坝闸门装置、大型起重吊钩（附加载荷小）	≥1	
	吊桥、小型起重吊钩（附加载荷大）	≥1.5～1.6	

14.4 滚动轴承的组合设计

为保证滚动轴承正常工作，除了要合理选择轴承的类型和尺寸外，还必须正确、合理地进行轴承的组合设计。轴承的组合设计主要解决轴承的支承、调整、配合、装拆、润滑和密封等问题。

14.4.1 滚动轴承的支承结构方式

为防止轴工作时发生轴向窜动，保证轴及轴上零件相对机座有确定的工作位置，轴系必须固定，同时要保证滚动轴承不致因轴受热膨胀而被卡死。

1. 两端固定式支承结构

对于两支点距离 $L \leqslant 350$mm 的短轴或在工作中温升较小（$t \leqslant 70$℃）的轴，可采用两端固定的方式，即两端支点分别承受一个方向的轴向力，限制轴在一个方向的移动，两个支点合起来就限制了轴的双向移动。

轴向力不大时，可采用一对深沟球轴承支承，如图 14.15 (a) 所示，轴两端的轴承内圈用轴肩固定，外圈用轴承端盖固定，两端轴承分别做了双向轴向固定。轴向力较大时，选用一对角接触球轴承支承[图 14.15 (b)]或一对圆锥滚子轴承支承[图 14.15 (c)]。为补偿轴的受热伸长，对于内部间隙不可调的轴承（如深沟球轴承），应在一端轴承外圈与端盖间留有 0.25～0.4mm 的轴向间隙（间隙很小，结构图上不必画出）。但应注意轴向间隙不能太大，否则在轴开始工作时温度较低，由于过大的间隙而产生窜动。内部间隙可以调整的轴承（如角接触球轴承、圆锥滚子轴承）不必在外部留间隙，而在装配时，将轴向间隙留在轴承内部。

2. 一端固定、一端游动式支承结构

当轴的支点跨距较大（$L > 350$mm）或工作温度较高（$t > 70$℃）时，因轴的热伸长量

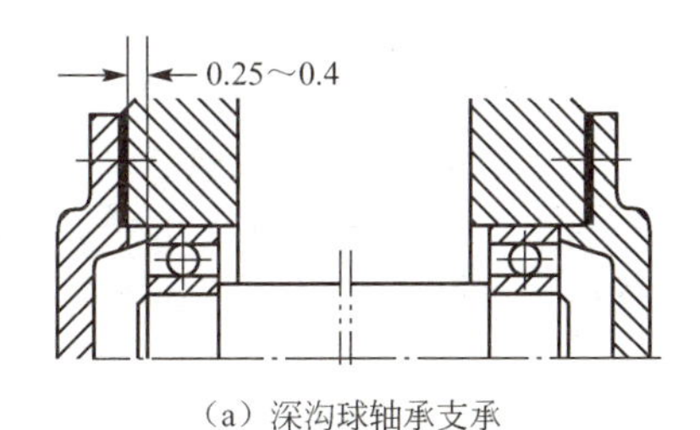

（a）深沟球轴承支承

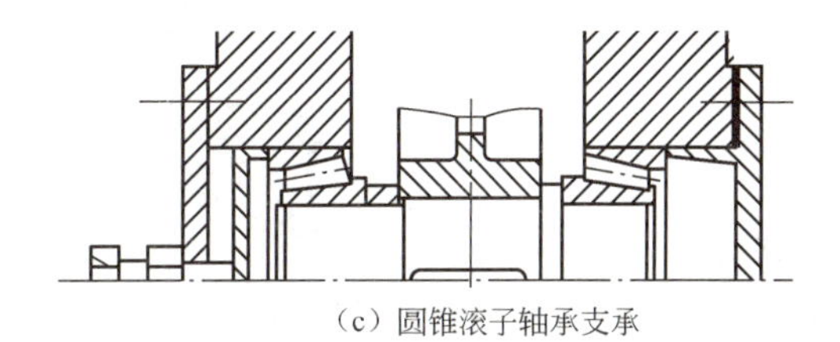

（b）角接触球轴承支承　　（c）圆锥滚子轴承支承

图 14.15　两端固定式支承

较大，采用上一种支承预留间隙的方式已不能满足要求，应采用一端固定、一端游动式支承结构，如图 14.16 所示。右端轴承的内、外圈两侧均轴向固定，限制轴的左、右两个方向的移动，是固定端；而左端轴承可采用深沟球轴承做游动端，为防止轴承从轴上脱落，轴承内圈两侧应轴向固定，而其外圈两侧均不固定，并且与轴承座孔之间是间隙配合，能沿轴承座孔轴向自由移动，补偿轴的热伸长变形。左端也可采用外圈无挡边的圆柱滚子轴承为游动端，此时轴承的内、外圈相对于轴和孔均双向固定，靠滚子在外圈内表面上的移动来保证轴的自由伸缩，如图 14.16（下半部）所示。

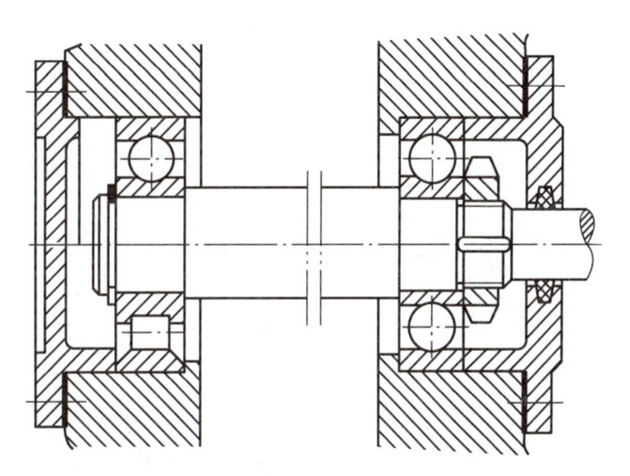

图 14.16　一端固定、一端游动式支承Ⅰ

当轴向载荷较大时，固定支点可采用两个圆锥滚子轴承（或角接触球轴承）“正装”或“反装”组合在一起的结构，如图 14.17（a）所示；也可采用推力轴承和向心轴承组合在一起的结构，如图 14.17（b）所示。

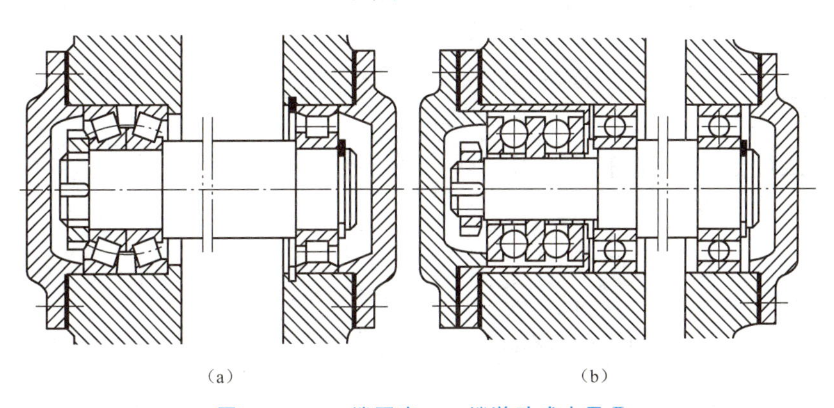

（a）　　（b）

【参考动画】

图 14.17　一端固定、一端游动式支承Ⅱ

3. 两端游动式支承结构

如图 14.18 所示，轴系左、右两端都采用圆柱滚子轴承，轴承的内、外圈都要固定，以保证在轴承内圈的内表面与滚动体之间能够产生左右轴向游动。此种支承方式一般应用在双斜齿轮轴系或人字齿轮传动中的小齿轮轴系中。在人字齿轮轴系中，通常将小齿轮轴系做成两端游动式轴承支承，大齿轮轴系必须采用两端固定式轴承支承结构。该结构可避免人字齿轮传动中，由加工误差导致的干涉甚至卡死现象。

【参考动画】

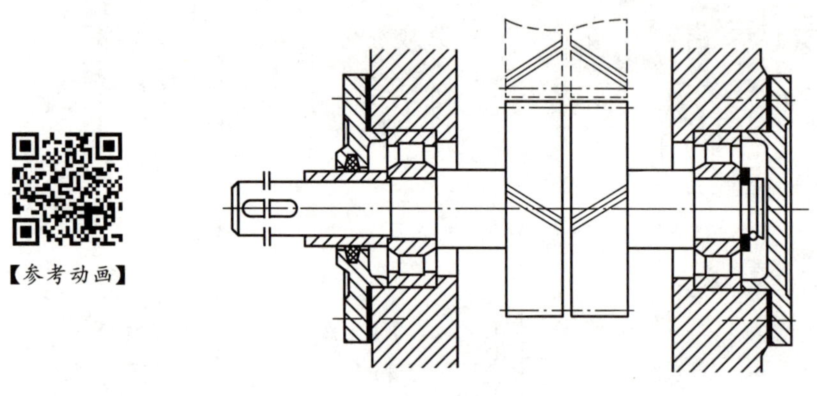

图 14.18　两端游动式支承

14.4.2　滚动轴承内外圈的轴向固定

轴承内圈与轴颈间的锁紧、轴承外圈与轴承座孔间的固定，都是为了实现轴在机器中的准确定位。

轴承的轴向紧固方式很多，选用时应考虑轴向载荷大小、转速高低、轴承类型及装拆等因素。表 14.13 列出了常用轴承内圈轴向固定方式及其特点；表 14.14 列出了常用轴承外圈轴向固定方式及其特点，可供设计时参考。

表 14.13　常用轴承内圈轴向固定方式及其特点

固定方式	用轴肩固定	用弹性挡圈固定	用圆螺母与止动垫圈固定	用轴端挡圈和螺钉固定
图例				
特点	结构简单，定位可靠，是最常见的形式	结构简单，装拆方便，占用空间小，多用于轴向力不大及转速不高的场合	结构简单，装拆方便，固定可靠，适用于高速、重载场合	不能调整轴承游隙，允许转速较高，多用于轴端切制螺纹有困难的场合

表 14.14　常用轴承外圈轴向固定方式及其特点

固定方式	用端盖固定	用孔用弹性挡圈固定	用止动卡环固定	用螺纹环的凸肩固定
图例				
特点	结构简单，固定可靠，调整方便，用于高速及轴向力较大的各类轴承	结构简单，装拆方便，占用空间小，多用于向心类轴承	适用于机座上不便制作凸台，而且外圈带有止动槽的深沟球轴承	在使用过程中，可以通过螺纹环调节间隙，进行轴向固定，通过螺钉实现防松

14.4.3 滚动轴承的调整

滚动轴承的调整包括轴承间隙的调整和轴系轴向位置的调整。

1. 轴承间隙的调整

轴承间隙的大小将影响轴承的旋转精度及传动零件工作的平稳性，故轴承间隙必须能够调整。轴承间隙调整的方法如下。

(1) 调整垫片。如图 14.15 (a) 所示，利用加减轴承端盖与箱体间垫片厚度的方法调整轴承间隙。

(2) 调整压盖。如图 14.19 所示，利用端盖上的调整螺钉推动压盖，移动滚动轴承外圈进行调整，调整后用螺母锁紧。

2. 轴系轴向位置的调整

轴系轴向位置调整的目的是使轴上零件有准确的工作位置，如蜗杆传动，要求蜗轮的中间平面必须通过蜗杆轴线；直齿锥齿轮传动，要求两锥齿轮的锥顶点必须重合。轴系轴向位置的调整是通过调整垫片来实现的。图 14.20 所示为小锥齿轮轴的轴承组合结构，轴承装在轴承套杯内，通过调整套杯与箱体间垫片的厚度来调整轴承套杯的轴向位置，从而调整小锥齿轮的轴向位置。通过调整套杯与端盖间垫片的厚度可调整轴承间隙。

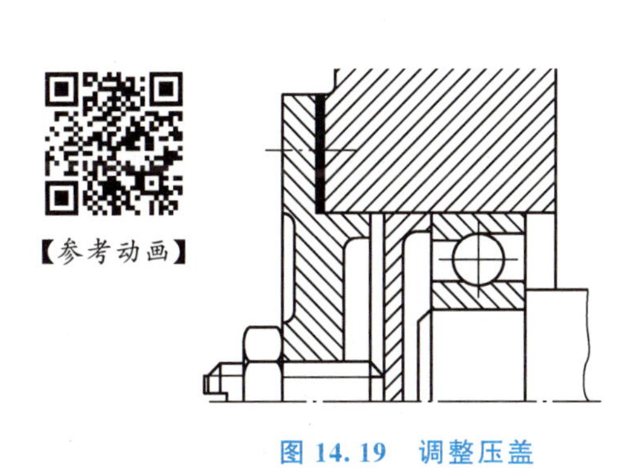

图 14.19　调整压盖

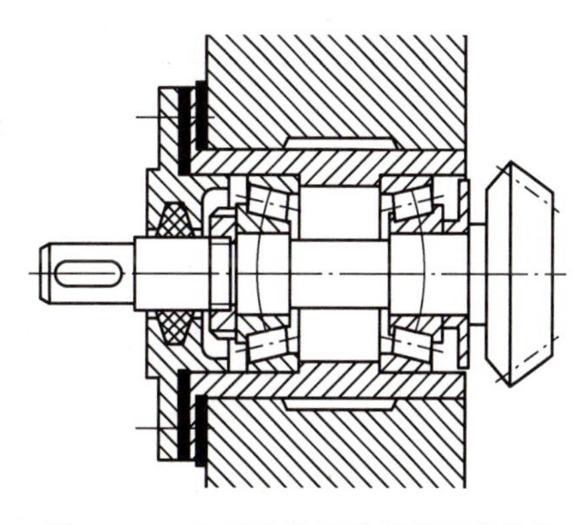

图 14.20　小锥齿轮轴的轴承组合结构

14.4.4 滚动轴承的配合

滚动轴承的配合是指滚动轴承内圈与轴颈及外圈与轴承座孔的配合。滚动轴承的配合直接影响轴承的周向定位与固定的效果。

滚动轴承是标准件，它的内、外圈与轴颈和轴承座孔相配合的表面无须再加工，所以以轴承的内、外圈为基准，轴承内圈与轴颈配合时采用基孔制，轴承外圈与轴承座孔配合时采用基轴制。滚动轴承大多是内圈随轴一起转动，外圈与轴承座孔固定在一起。为保证轴承内圈随轴一起旋转，防止其相对运动，轴承内圈与轴颈配合要有适当的过盈量，但过盈量不能太大，以保证拆卸方便及内圈材料不因产生过大的应力而变形或破坏。所以，滚动轴承的公差标准中，规定其内径和外径的公差带均为单向制，而且统一采用上偏差为零、下偏差为负值的分布，如图 14.21 所示。与普通圆柱公差标准中基孔制的尺寸公差带相比，滚动轴承内圈与轴颈的配合要紧一些；轴承外圈与轴承座孔的配合也稍紧一些。内圈与轴颈常取具有过盈量的过渡配合，如轴颈的公差采用 n6、m6、k6、js6 等；外圈与座孔常取较松的过渡配合，如座孔的公差采用 K7、J7、H7、G7 等。

在装配图中进行尺寸标注时，不需要标注滚动轴承的内圈或外圈的公差符号，只标注与之配合的轴颈和轴承座孔的公差符号，如图 14.22 所示。

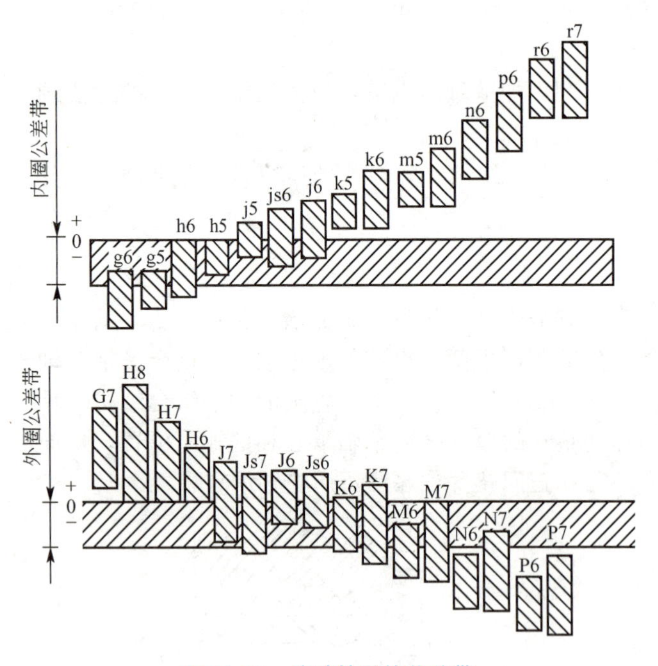

图 14.21 滚动轴承的公差带

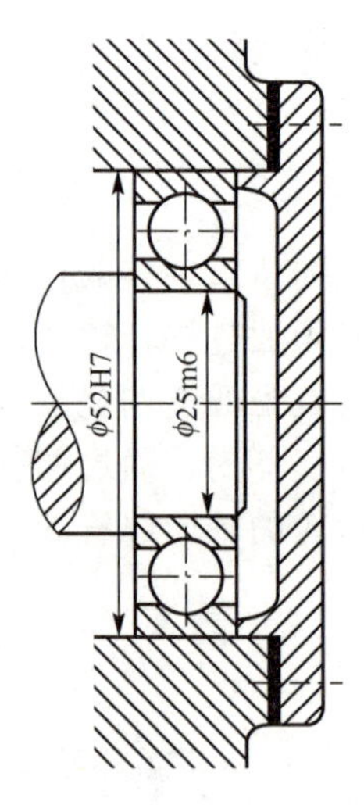

图 14.22 装配图中滚动轴承配合的标注

14.4.5 滚动轴承的安装与拆卸

由于滚动轴承的配合通常较紧，为便于拆装，防止损坏轴承，应采取合理的拆装方法。轴承安装有热套法和冷压法。所谓热套法就是将轴承放入油池中，加热至 80～100℃，由于热胀尺寸增大，可套装在轴上。冷压法如图 14.23 所示，需有专用压套，用压力机压入。

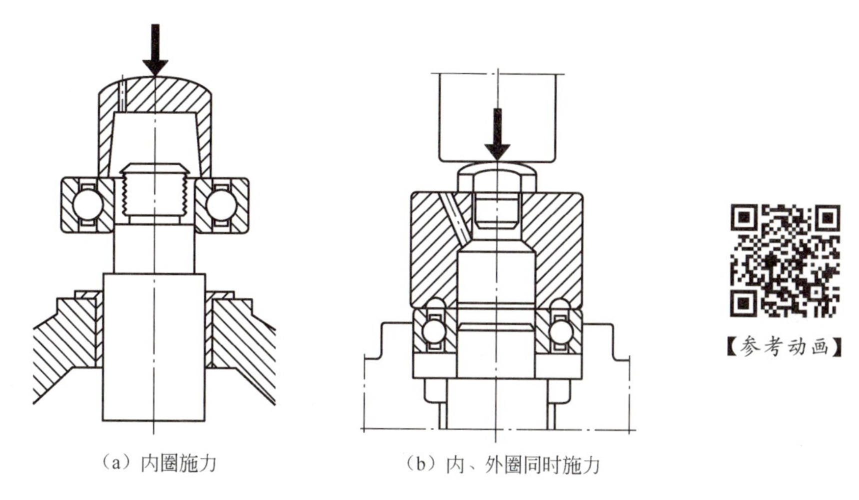

（a）内圈施力　　　（b）内、外圈同时施力

图 14.23　冷压法安装滚动轴承

拆卸轴承时，可采用专用工具，图 14.24 所示为滚动轴承的拆卸。为便于拆卸，轴承的定位轴肩高度应低于轴承内圈高度，否则难以放置拆卸工具的钩头。在外圈施加力以拆卸轴承时，轴承座孔的结构也应留出拆卸高度。

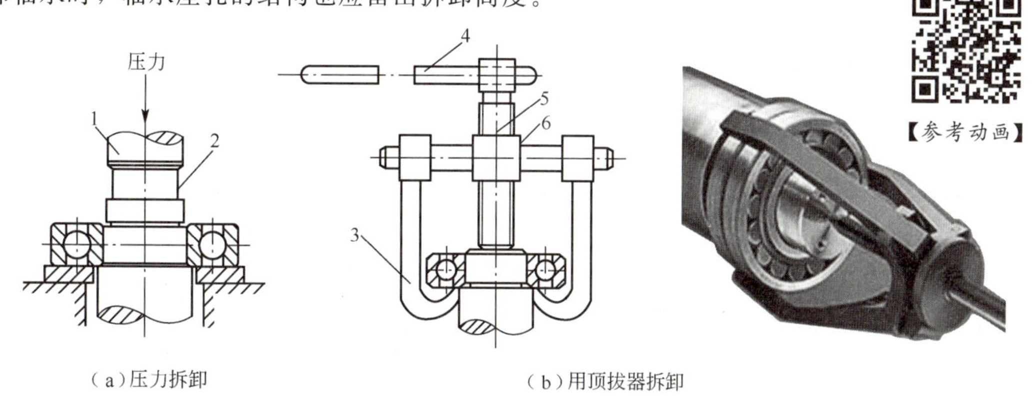

（a）压力拆卸　　　（b）用顶拔器拆卸

1—压头；2—轴；3—钩爪；4—手柄；5—螺杆；6—螺母

图 14.24　滚动轴承的拆卸

14.4.6　滚动轴承的润滑

润滑对滚动轴承有重要意义，润滑不仅可以减小摩擦与磨损，还可以起到散热、减小接触应力、防锈、吸振等作用。合理的润滑能够提高轴承的性能、延长轴承的使用寿命。

轴承常用的润滑剂有润滑油和润滑脂两类。此外，也有使用固体润滑剂的。润滑方式和润滑剂的选用与轴承的速度有关，一般高速时采用润滑油，低速时采用润滑脂，可根据表征滚动轴承速度大小的速度因素 dn 值来确定（d 为滚动轴承内径，单位为 mm；n 为轴承转速，单位为 r/min ）。表 14.15 可作为选择润滑剂与润滑方式时的参考。

一般情况下，滚动轴承多采用润滑脂润滑，其特点是黏度大、不易流失、便于密封和维护、承载能力强，并且不需要经常加油；但是转速较高时，功率损失较大。润滑脂在轴承中的填充量不要超过轴承内空隙的 1/3～1/2，否则轴承容易过热。油润滑适用于高速、高温条件下工作的轴承。润滑油的优点是摩擦阻力小、润滑可靠、具有冷却作用；缺点是对密封和供油的要求高。当采用浸油润滑时，要注意油面高度不要超过轴承中最低滚动体的中心；否则搅油损失大，轴承温升较高。高速时则应采用滴油或油雾润滑。

表 14.15 滚动轴承润滑剂与润滑方式的选择

轴承类型	dn 值/[mm·(r/min)]				
	脂润滑	浸油润滑、飞溅润滑	滴油润滑	喷油润滑	油雾润滑
深沟球轴承	$\leqslant 1.6\times 10^5$	$\leqslant 2.5\times 10^5$	$\leqslant 4\times 10^5$	$\leqslant 6\times 10^5$	$>6\times 10^5$
角接触球轴承					
圆柱滚子轴承	$\leqslant 1.2\times 10^5$				
圆锥滚子轴承	$\leqslant 1.0\times 10^5$	$\leqslant 1.6\times 10^5$	$\leqslant 2.3\times 10^5$	$\leqslant 3\times 10^5$	—
推力球轴承	$\leqslant 0.4\times 10^5$	$\leqslant 0.6\times 10^5$	$\leqslant 1.2\times 10^5$	$\leqslant 1.5\times 10^5$	—

14.4.7 滚动轴承的密封

轴承的密封是为了防止外部尘埃、水分及其他杂物进入轴承，并防止轴承内润滑剂流失。密封装置的形式很多，原理和作用也各不相同，使用时应根据轴承部件的结构特点、工作环境、转速及润滑剂种类等选择。密封装置分为接触式和非接触式，表 14.16 为常用轴承密封装置。

表 14.16 常用轴承密封装置

密封类型		图例	特点	应用
非接触式密封	油沟密封		在端盖配合面上开 3 个以上宽 3～4mm、深 4～5mm 的沟槽，槽内填充润滑脂，增强密封效果	适用于脂润滑
	迷宫密封	径向曲路 轴向曲路（只用于轴承端盖剖分结构）	利用曲折狭缝密封，在间隙中填充润滑脂	适用于工作环境比较脏的场合，如金属切削机床的工作端；要求轴颈圆周速度小于 30m/s 的脂润滑和油润滑。轴向曲路只适用于剖分式结构中

续表

密封类型		图例	特点	应用
接触式密封	毛毡密封		用羊毛毡填充在凹槽中，使毡圈与轴颈表面接触，实现密封	用于干净环境中的脂润滑，一般接触处圆周速度不大于4～5m/s，抛光轴可达7～8m/s
	皮碗密封		皮碗用弹簧圈把密封唇紧箍在轴上，密封唇朝向轴承，可以防止油泄出；密封唇朝外可以防尘。若成对使用皮碗密封，密封唇一个朝向内侧，一个朝向外侧，则既可以防止泄油又可以防尘	用于油润滑密封，滑动速度不高于7m/s，工作温度不高于100℃

14.5 滑动轴承的类型、结构和材料

与滚动轴承一样，滑动轴承在机器中也起支承轴的作用。滑动轴承的应用虽不及滚动轴承广泛，但由于其具有一些独特优点，在某些特殊场合仍有重要地位。滑动轴承包含零件少，元件间一般有润滑油膜存在，而且为面接触，所以承载能力强、抗冲击能力强、噪声低、工作平稳可靠、回转精度高。在高速、重载、冲击、高精度、径向结构小、水或腐蚀介质等工作场合下，滑动轴承比滚动轴承具有更优越的性能。此外，由于滑动轴承结构简单、制造容易、成本低，在水泥搅拌机、滚筒清砂机、破碎机等低速而带有冲击载荷的机械中广泛采用。

14.5.1 滑动轴承的类型

根据承受载荷的方向，滑动轴承主要分为向心滑动轴承（主要承受径向载荷）和推力滑动轴承（承受轴向载荷）。

根据轴颈和轴瓦间的摩擦状态，滑动轴承分为液体摩擦滑动轴承和非液体摩擦滑动轴承。下面主要介绍非液体摩擦滑动轴承。

1. 向心滑动轴承

向心滑动轴承的结构主要有整体式和剖分式两种形式，其类型、结构及应用见表14.17。

表 14.17　向心滑动轴承的类型、结构及应用

轴承类型	图例	组成	特点及应用
整体式向心滑动轴承 【参考图文】	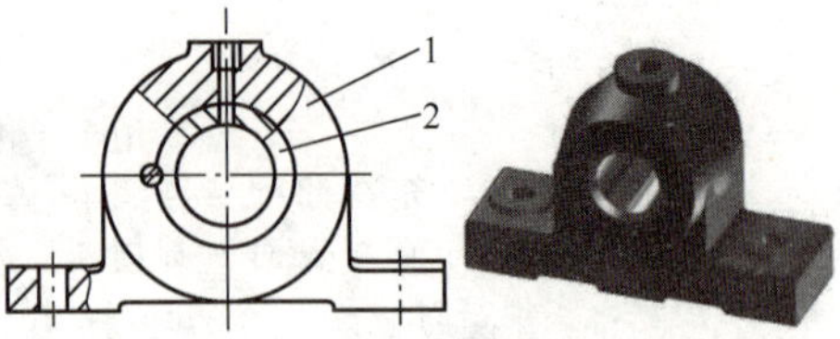 1—轴承座；2—轴瓦	由轴承座及轴瓦组成。轴承座用螺栓与机座联接，顶部设有安装油杯的螺纹孔	结构简单，成本低，但磨损后轴承的径向间隙无法调整，而且装拆不如剖分式轴承方便。 多用于轻载、低速、间歇工作的场合
剖分式向心滑动轴承 【参考动画】	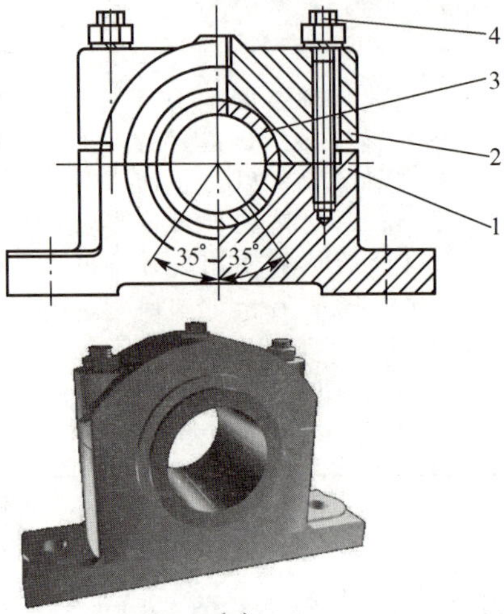 (a) 1—轴承座；2—轴承盖；3—剖分轴瓦；4—双头螺柱 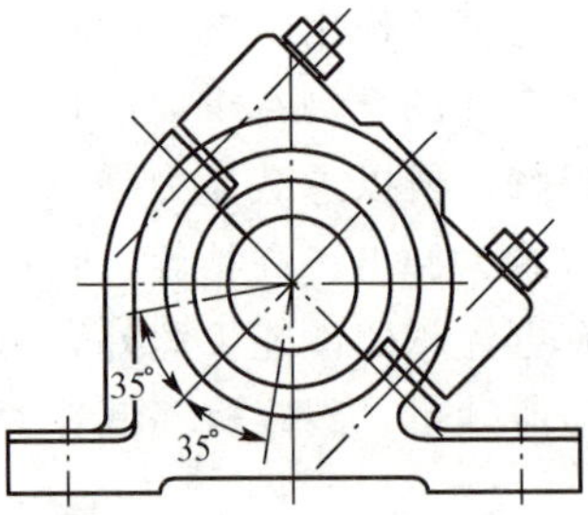 (b)	由轴承座、轴承盖、剖分轴瓦、双头螺柱等组成	轴承盖与轴承座间的剖分面最好与载荷方向垂直，多数轴承的剖分面是水平的[图（a）]，个别剖分面是倾斜的[图（b）]。在剖分面上设有阶梯形的定位止口，以便安装时对中。剖分面间放有垫片，以便磨损后调整轴承的径向间隙。 由于剖分式滑动轴承可以调整间隙及装拆方便，因此应用较广，并已标准化
自动调心轴承 【参考动画】	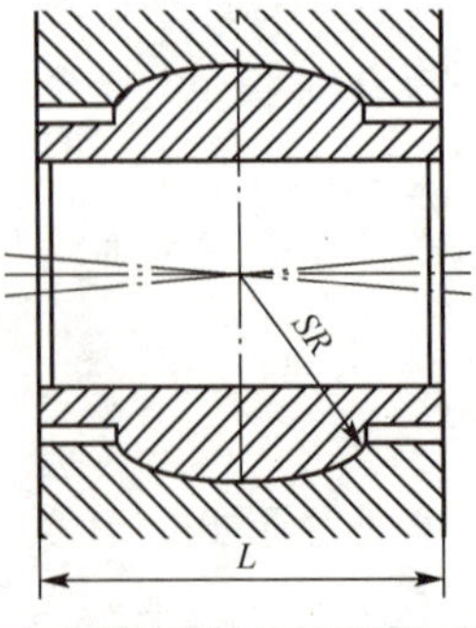 SR　L	轴瓦外表面为球面，与轴承座的球状内表面相配合	轴瓦可自动调位以适应轴弯曲时产生的偏斜，从而可以避免轴颈与轴瓦的局部磨损。 轴承的宽度 L 大于轴颈直径 d 的 1.5 倍、轴的刚度较小或两轴难以保证同心时，宜采用自动调心球轴承

2. 推力滑动轴承

工作时主要承受轴向载荷的滑动轴承称为推力滑动轴承。

图 14.25 (a) 所示为实心式推力滑动轴承，这种轴承结构简单，但由于轴颈端面与止推轴瓦组成摩擦副，工作面上相对滑动速度不相等，易造成工作面上压强分布不均，因此常设计成图 14.25 (b) 所示的空心轴颈或图 14.25 (c) 所示的单环轴颈。当载荷较大时，可采用多环轴颈，如图 14.25 (d) 所示，这种结构的轴承能承受双向载荷。轴向接触环数目不宜过多，一般为 2～5 个，否则载荷分布不均现象较严重。

推力滑动轴承结构简单、润滑方便，多用于低速、轻载的场合。

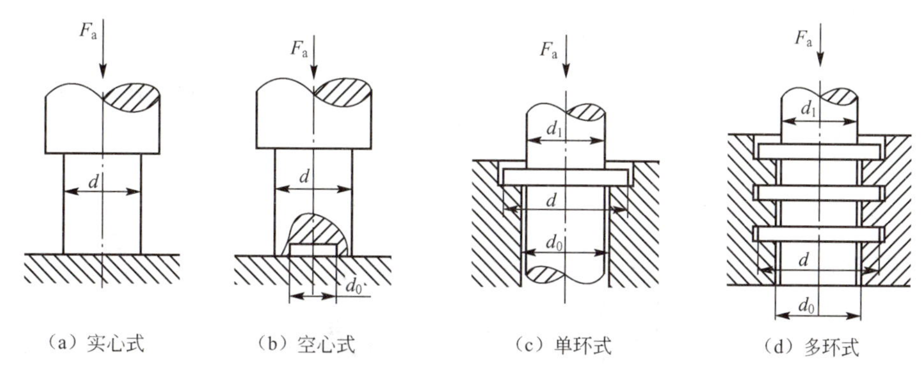

图 14.25 推力滑动轴承

14.5.2 轴瓦的结构

轴瓦安装在轴承座孔内，直接与轴接触。所以设计滑动轴承时，除了选择合适的轴瓦材料外，还应合理地设计轴瓦结构。

1. 轴承衬

对于重要轴承，为了改善轴瓦表面的摩擦性质，常在轴瓦基体内表面上浇注一层或两层减摩性能好的材料，通常称为轴承衬，基体称为瓦背。轴承衬应可靠地贴合在轴瓦基体表面上，为此可采用图 14.26 所示的结合形式。轴承衬厚度通常为十分之几毫米到 6mm，直径大的取大值。

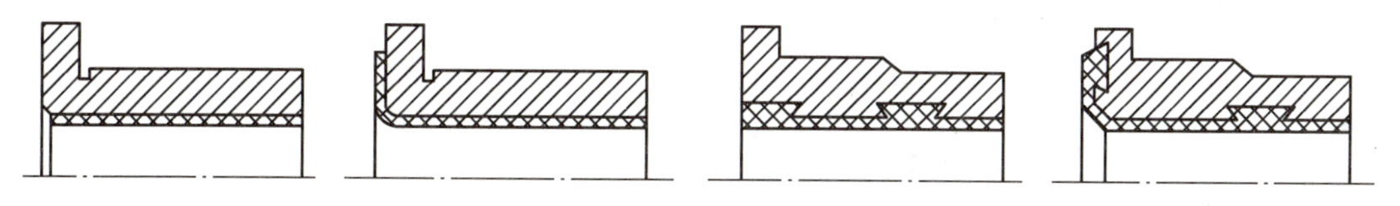

图 14.26 轴瓦与轴承衬的结合形式

2. 轴瓦

轴瓦是滑动轴承的主要零件，有整体式轴瓦和剖分式轴瓦两种。

图 14.27 所示为整体式轴瓦（也称轴套），有无油沟轴瓦[图 14.27 (a)]和有油沟轴瓦[图 14.27 (b)]两种，用于整体式轴承。轴瓦和轴承座一般采用过盈配合。为使轴瓦在轴

承座孔内固定可靠，通常在轴瓦端部做出凸缘或用紧定螺钉固定[图 14.27（c)]。轴瓦外径与内径之比一般为 1.15～1.2。

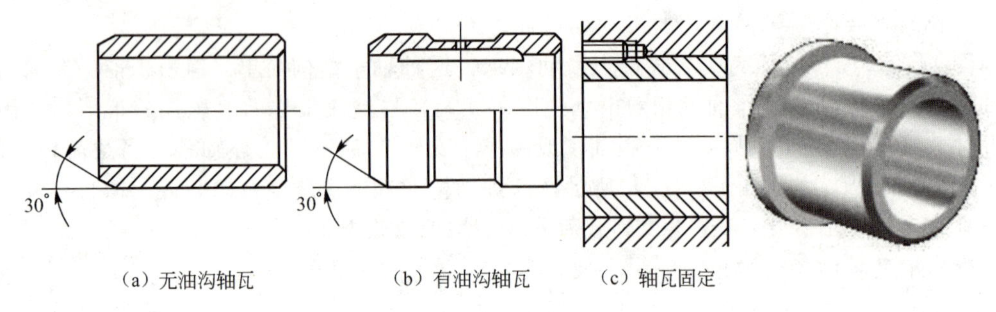

(a) 无油沟轴瓦　(b) 有油沟轴瓦　(c) 轴瓦固定

图 14.27　整体式轴瓦

剖分式轴瓦如图 14.28 所示，由上、下两半轴瓦组成，用于剖分式轴承。轴瓦两端的凸缘用来实现轴向固定，周向固定采用定位销，如图 14.29 所示。

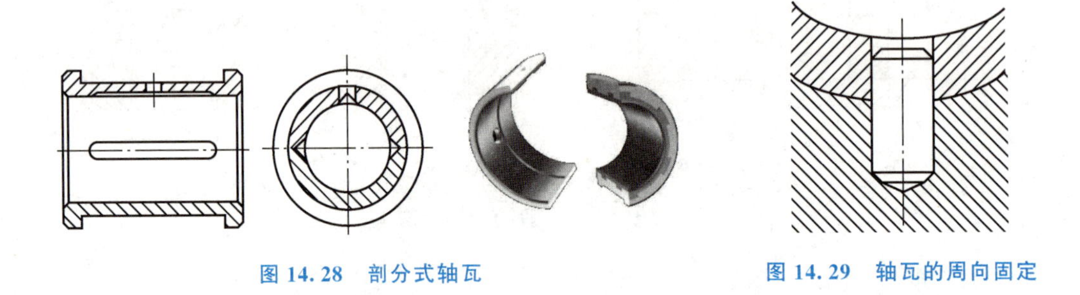

图 14.28　剖分式轴瓦

图 14.29　轴瓦的周向固定

3. 油孔与油沟

为了便于向轴承内加注润滑剂以减小摩擦，通常在轴瓦上制出油孔与油沟，油孔用来供应润滑油，油沟用来输送润滑油。图 14.30 所示为常见的油沟形式。设计油孔、油沟时必须注意以下两个问题：油孔的位置应设置在油膜压力最小的非承载区，否则将降低油膜的承载能力；轴向油沟长度应为轴承宽度的 80%，以免润滑剂流失过多。

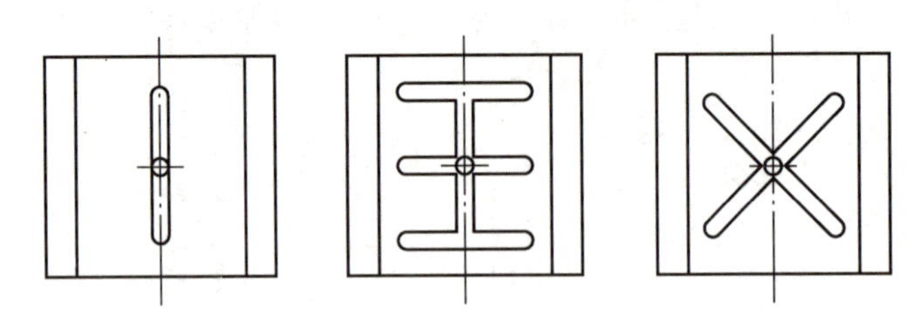

图 14.30　常见的油沟形式

14.5.3　滑动轴承的材料

滑动轴承的材料是指与轴颈直接接触的轴瓦或轴承衬的材料。

1. 轴承盖和轴承座的材料

轴承盖和轴承座一般不与轴颈直接接触，主要起支撑轴瓦的作用，常用灰铸铁制造，只在载荷较大及有冲击载荷时才用铸钢制造。

2. 轴瓦的材料

滑动轴承最常见的失效形式是轴瓦磨损、胶合（烧瓦）和疲劳破坏，如图 14.31 所示。根据失效形式要求轴瓦材料应具有以下性能：足够的强度（包括抗压强度、疲劳强度）；良好的减摩性、耐磨性和跑合性；较好的抗胶合性；较好的顺应性和嵌藏性；良好的导热性及加工工艺性等。

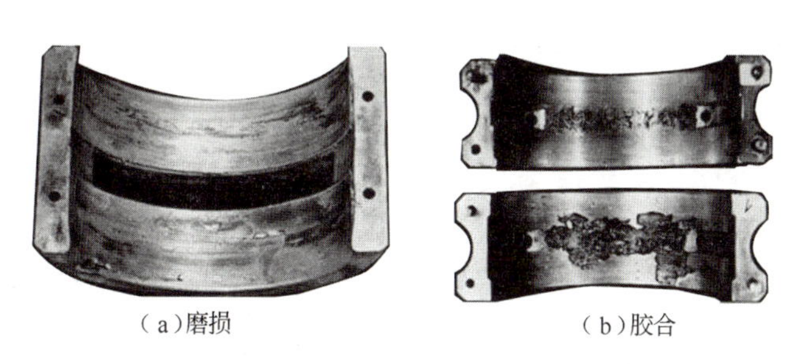

（a）磨损　　（b）胶合

图 14.31　滑动轴承的失效形式

任何一种材料都很难全面满足这些要求，因此在选材料时，应根据轴承的具体工作条件，有侧重地选用较合适的材料。

常用的轴瓦材料有以下几种。

(1) 轴承合金（巴氏合金）。轴承合金有锡锑轴承合金和铅锑轴承合金两类。这两类合金分别以锡、铅作为基体，加入适量的锑、铜制成。基体较软，使材料具有塑性，硬的锑、铜晶粒起抗磨作用。因此，这两类材料减摩性、跑合性好，抗胶合能力强，适用于高速、重载的轴承。但合金的机械强度较低、价格较高，故只用作轴承衬材料。

(2) 铜合金。铜合金是常用的轴瓦材料，主要有锡青铜、铝青铜和铅青铜三种。青铜的强度高，减摩性、耐磨性和导热性都较好，但材料的硬度较高、不易跑合，适用于中速重载、低速重载的轴承。

(3) 铸铁。铸铁分为灰铸铁和球墨铸铁。材料中的片状或球状石墨成分覆盖在材料表面上后，可以形成一层起润滑作用的石墨层。这是这类材料可以用作轴瓦材料的主要原因。铸铁的性能不如轴承合金和铜合金，但价格低廉，适用于低速、轻载、不重要的轴承。

(4) 粉末冶金。粉末冶金是一种多孔金属材料，由铜、铁、石墨等粉末经压制、烧结而成，若轴承浸在润滑油中，使微孔中充满润滑油，则称为含油轴承，具有自润滑性能。但该材料韧性小，只适用于平稳的无冲击载荷及中、小速度的轴承。

除了上述几种材料外，还可采用非金属材料（如塑料、尼龙、橡胶等）作为轴瓦材料。

常用轴瓦材料的性能及应用见表 14.18。

表 14.18 常用轴瓦材料的性能及应用

材料	牌号	[p]/MPa	[v]/(m/s)	[pv]/[MPa·(m/s)]	轴颈硬度/HBW	应用
锡锑轴承合金	ZSnSb11Cu6	25（平稳）	80	20	150	用作轴承衬，用于重载、高速的重要轴承，如汽轮机、高速的机床主轴的轴承等
	ZSnSb8Cu4	20（冲击）	60	15		
铅锑轴承合金	ZPbSb16Sn16Cu2	15	12	10	150	用于没有显著冲击的重载、中速的轴承，如车床、发电机的轴承
锡青铜	ZCuSn10P1	15	10	15	300～400	用于重载、中速工作的轴承
铝青铜	ZCuAl10Fe3	15	4	12	280	用于润滑充分的低速、重载轴承
灰铸铁	HT150～HT250	2～4	0.5～1	1～4	200～250	用于不受冲击的低速、轻载轴承

14.6 滑动轴承的润滑

轴承润滑的目的是减少摩擦面的摩擦和磨损、提高效率、延长寿命，同时有冷却、吸振、绝缘、防腐、密封和排污等作用。采用的润滑剂有气体、液体、半固体和固体物质，其中液体的润滑油和半固体的润滑脂被广泛采用。

14.6.1 润滑油及其选择

选择滑动轴承润滑油时，主要考虑润滑油的黏度和润滑性。黏度是润滑油的重要性能指标，表示液体流动的内摩擦性能，黏度越大，液体的流动性越差；润滑性表示润滑油在金属表面上的吸附能力，润滑性越强，对金属的吸附能力越强，油膜越容易形成。选择润滑油时应综合考虑轴承的承载量、轴颈转速、润滑方式、滑动轴承的表面粗糙度等因素，一般原则如下。

（1）在高速轻载的工作条件下，为了减少摩擦损耗可选择黏度小的润滑油，如选用N5或N7号机械油。

（2）在重载或冲击载荷工作条件下，应采用润滑性强、黏度大的润滑油，以形成稳定的润滑油膜，如选用N100和N150号机械油。

（3）表面粗糙或未经跑合的表面应选择黏度大的润滑油。

（4）一般要求的滑动轴承可选用N15、N22、N32号机械油。

我国石油产品使用的黏度指标是运动黏度。润滑油的黏度与温度有关，随温度的升高而降低。国家标准中规定的各种润滑油牌号的黏度是在40℃时测量的。滑动轴承的润滑油选择可参考表14.19。

表 14.19　滑动轴承的润滑油选择

<table>
<tr><th rowspan="2">轴颈
圆周速度
v/（m/s）</th><th colspan="2">$p<3N/mm^2$
工作温度 $t=10\sim60℃$</th><th colspan="2">$p=3\sim7.5N/mm^2$
工作温度 $t=10\sim60℃$</th><th colspan="2">$p=7.5\sim30N/mm^2$
工作温度 $t=20\sim80℃$</th></tr>
<tr><th>运动黏度/（$40/mm^2\cdot s^{-1}℃$）</th><th>适用油牌号</th><th>运动黏度（$40/mm^2\cdot s^{-1}℃$）</th><th>适用油牌号</th><th>运动黏度（$100/mm^2\cdot s^{-1}℃$）</th><th>适用油牌号</th></tr>
<tr><td><0.1</td><td>80～145</td><td>68、100、150、30 号汽油机油</td><td>130～190</td><td>150、40 号汽油机油</td><td>30～50</td><td>28 号轧钢机油；38、52 号气缸油</td></tr>
<tr><td>0.1～0.3</td><td>65～115</td><td>68、100、30 号汽油机油</td><td>105～160</td><td>100、150、40 号汽油机油</td><td>20～35</td><td>28 号轧钢机油；38 号气缸油</td></tr>
<tr><td>0.3～1.0</td><td>60～80</td><td>46、68、30 号汽油机油
20 号汽轮机油</td><td>85～115</td><td>100、30 号汽油机油</td><td>10～20</td><td>30、40 号汽油机油；100、150、15、22 号压缩机油</td></tr>
<tr><td>1.0～2.5</td><td>40～80</td><td>46、68、30 号汽油机油
20 号汽轮机油</td><td>65～90</td><td>100、150、20 号汽油机油</td><td></td><td></td></tr>
<tr><td>5.0～9.0</td><td>15～50</td><td>15、22、32、20、30 号汽油机油</td><td></td><td></td><td></td><td></td></tr>
<tr><td>>9.0</td><td>5～22</td><td>7、10、15 号汽油机油</td><td></td><td></td><td></td><td></td></tr>
</table>

注：7～150 为全损耗系统用油或液压油，p 为轴承压强。

14.6.2 润滑脂及其选择

轴颈速度小于 1～2m/s 的滑动轴承可以采用润滑脂。润滑脂是润滑油与稠化剂的膏状混合物，主要用于速度低、载荷大、不经常加油、使用要求不高的场合。

选择润滑脂时主要考虑针入度和滴点，通常可按轴承压强、滑动速度和工作温度参考表 14.20 选用。

表 14.20　滑动轴承润滑脂的选择

<table>
<tr><td>轴承压强 p/MPa</td><td><1</td><td colspan="5">1～6.5</td><td>>6.5</td></tr>
<tr><td>滑动速度 v/（m/s）</td><td>～1</td><td>0.5～5</td><td>～0.5</td><td>0.5～5</td><td>～0.5</td><td>～1</td><td>～0.5</td></tr>
<tr><td>最高工作温度/℃</td><td>75</td><td>55</td><td>75</td><td>120</td><td>110</td><td>50～100</td><td>60</td></tr>
<tr><td rowspan="2">适用脂牌号</td><td colspan="3">钙基脂</td><td rowspan="2">2 号钠基脂</td><td rowspan="2">1 号钙钠基脂</td><td rowspan="2">2 号锂基脂</td><td rowspan="2">2 号压延基脂</td></tr>
<tr><td>3 号</td><td>2 号</td><td>3 号</td></tr>
</table>

14.6.3 润滑装置

为了获得良好的润滑效果，除了正确选择润滑剂外，还需要正确选择润滑方法和相应的润滑装置。常见的润滑装置见表14.21。

表14.21 常见的润滑装置

润滑装置	图例	特点及应用
【参考图文】 压注油杯	钢球 弹簧 杯体	注油杯中的弹簧和钢球可防止灰尘等进入轴承。手工定期向轴承加油是小型、低速或间歇润滑机器的一种常见润滑方式
旋套式注油杯	杯体 旋套	手工加油润滑。打开旋套，通过油孔将润滑油注入轴承。只适用于低速、轻载、间歇工作和不重要的轴承
旋盖油杯		油杯中填满润滑脂，定期旋转杯盖，使空腔体积减小而将润滑脂压入轴承内。只能间歇供油
油芯式油杯	盖 杯体 接头 油芯	依靠毛线或棉纱的毛细管作用，将油杯中的润滑油滴入轴承。供油是自动且连续的，但不能调节给油量，油杯中油面高时给油多，油面低时给油少，停车时仍在继续给油，直到流完为止

续表

润滑装置	图例	特点及应用
针阀式油杯	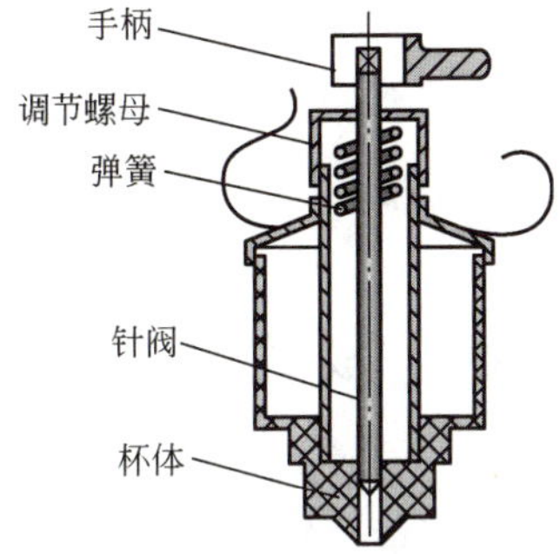 	油杯接头与轴承进油孔相连。手柄平放时，针阀因弹簧的推压而堵住底部油孔停止供油。直立手柄时，针阀被提起，油孔敞开，润滑油靠重力作用滴到轴颈上。通过调节螺母来调节针阀下端开油口的大小，以调节供油量。用于转速较高的轴承
压力循环润滑	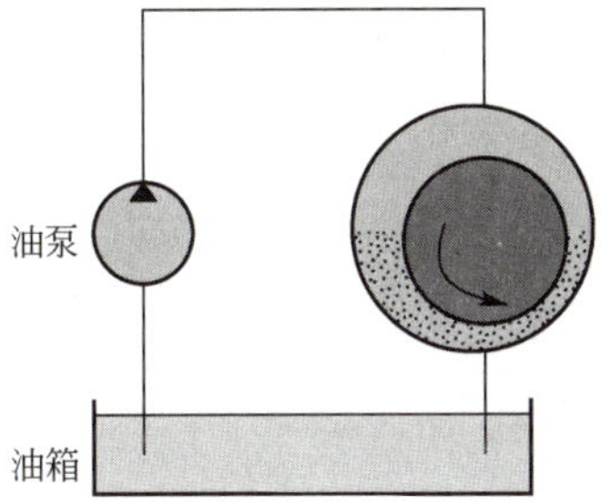	利用油泵循环给油，给油量充足，供油压力只需 $5\times10^{5}\,N/m^{2}$。在油的循环系统中常配置过滤器、冷却器。还可以设置油压控制开关，当管路内油压下降时可以报警，或启动辅助油泵，或指令主机停车。 这种供油方法安全可靠，但设备价格较高，常用于高速且精密的重要机器中
油环润滑	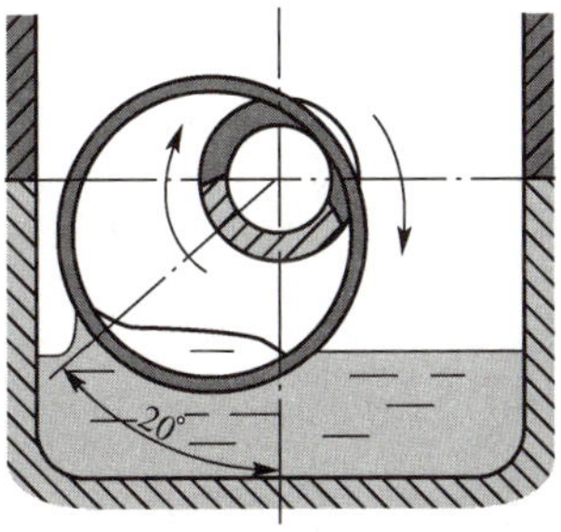	在轴颈上套一个油环，油环下部浸入油池中，当轴颈旋转时，靠摩擦力带动油环旋转，从而把润滑油引入轴承。当油环浸在油池内的深度约为直径的 1/4 时，供油量足以维持液体润滑状态的需要。常用于大型电动机的滑动轴承润滑

14.7　非液体摩擦滑动轴承的设计计算

对于速度较低、载荷不大、工作要求不高、难以维护等条件下工作的滑动轴承，要建立液体摩擦滑动状态在技术上是有困难的，而且是不经济、不必要的。在这些情况下，通常设计成非液体摩擦滑动轴承。事实上，机器中的滑动轴承多为非液体摩擦滑动轴承。

14.7.1　非液体摩擦滑动轴承的设计准则

设计准则的确定取决于轴承的失效形式。滑动轴承的失效形式往往是几种失效形式并存，相互影响，很难将它们截然分开。非液体摩擦滑动轴承工作时，因其摩擦表面不能被润滑油完全隔开，只能形成边界油膜，可能存在局部金属表面的直接接触。因此，轴承工作表面的磨损和边界油膜的破坏导致工作表面的胶合是其主要失效形式。所以，以维持轴颈和轴瓦间边界油膜不受破坏为设计准则。

目前，非液体摩擦滑动轴承的设计计算主要是在轴承的直径 d 和长度 L 确定以后，进行压强 p 和压强与轴颈表面圆周速度 v 的乘积 pv 的验算。对于压力小的轴承，还要做圆周速度 v 的验算。实践证明，这种方法基本上能够保证轴承的工作能力。

14.7.2　非液体摩擦向心滑动轴承的设计计算

进行滑动轴承计算时，通常已知轴颈所受的径向载荷 F_r、轴的转速 n、轴颈的直径 d 和轴承的工作条件。轴承设计的计算内容：确定轴承的长径比 L/d，选择轴承材料，校核 p、pv、v 值。轴承的长径比一般取 0.5～1.5。

1. 验算平均压强 p 值

边界油膜的强度与轴瓦材料有关，还与摩擦表面的压力和温度有关。温度高、压力大，边界膜容易破坏。设计非液体摩擦滑动轴承时一旦选定材料，应限制温度、压力和速度。但计算每个点的压力很困难，目前只能用限制平均压强 p 的方法进行条件性计算，以防止磨损发生。

$$p=\frac{F_r}{Ld}\leqslant[p] \tag{14-10}$$

式中　F_r——轴承承受的径向载荷（N）；

L——轴承长度（mm）；

d——轴颈直径（mm）；

$[p]$——轴承材料的许用平均压强（MPa），见表 14.18。

2. 验算轴承的 pv 值

轴承温度对边界膜的影响很大，而轴承内各点的温度不同，目前尚无适用的温度计算公式。但 pv 值越大，摩擦功耗越大，发热量越大，轴承温升越大。所以为避免轴承过热产生胶合，可限制 pv 值。

$$pv=\frac{F_r}{Ld}\frac{\pi dn}{60\times1000}\leqslant[pv] \tag{14-11}$$

式中　n——轴的转速（r/min）；

v——轴颈的圆周速度（m/s）；

$[pv]$——轴承材料的许用值[MPa·（m/s）]，见表14.18。

3. 验算轴承的 v 值

当 p 值很小时，即使 p 与 pv 值都在允许的范围内，也可能由于滑动速度过高而加速轴承磨损，因此还要验算 v 值。

$$v=\frac{\pi dn}{60\times1000}\leqslant[v] \tag{14-12}$$

式中　$[v]$——轴承的许用速度（m/s），见表14.18。

如以上几项计算不满足要求，可改选轴瓦材料或改变几何参数。

14.7.3 非液体摩擦推力滑动轴承的设计计算

对于推力轴承，只需要校核轴承的压强 p 及 pv 值。如图14.25（c）所示的单环滑动轴承，其校核公式为

$$p=\frac{F_a}{\pi(d^2-d_0^2)/4}\leqslant[p] \tag{14-13}$$

式中　F_a——作用在轴承上的轴向载荷（N）；

d、d_0——分别为止推面的外圆直径和内圆直径（mm）；

$[p]$——轴承材料的许用平均压强（MPa），见表14.18。

$$pv_m\leqslant[pv_m] \tag{14-14}$$

式中　v_m——环形推力面的平均线速度（m/s），其值为

$$v_m=\frac{\pi d_m n}{60\times1000} \tag{14-15}$$

式中　d_m——环形推力面的平均直径（mm），$d_m=(d+d_0)/2$；

$[pv_m]$——pv_m的许用值[MPa·（m/s）]，由于该特征值是用平均直径计算的，轴承推力环边缘上的速度较大，因此$[pv_m]$值较表14.18中给定的值小。

如以上几项计算不满足要求，可改选轴瓦材料或改变几何参数。

［例14-4］ 已知某滑动轴承主要承受径向载荷 $F_r=80$kN，轴颈的转速 $n=10$r/min，轴颈直径 $d=80$mm。试按非液体摩擦滑动轴承设计此轴承。

解：设计过程如下。

计算及说明	结果
1. 选择轴承的类型和轴承材料 为了装拆方便，选用剖分式结构的轴承。轴承所受载荷大、转速低，根据表14.18，选用轴承材料为ZCuAl10Fe3，$[p]$ =15MPa，$[pv]$ =12MPa·（m/s），$[v]$ =4m/s 2. 选择轴承的长径比 取滑动轴承的长径比 $L/d=1.1$，则轴承长度 $L=1.1\times d=1.1\times80$mm=88mm，取 $L=90$mm，则 $L/d=1.125$	剖分式结构 材料：ZCuAl10Fe3 $[p]$ =15MPa $[pv]$=12MPa·(m/s) $[v]$ =4m/s $L=90$mm $L/d=1.125$

续表

计算及说明	结果
3. 轴承工作能力计算 (1) 校核压强 p。 $$p=\frac{F_r}{Ld}=\frac{80\times10^3}{90\times80}\text{MPa}\approx11.1\text{MPa}<[p]=15\text{MPa}$$	$p\approx11.1$MPa
(2) 校核 pv 值。 $$pv=\frac{F_r}{Ld}\frac{\pi dn}{60\times1000}=11.1\times\frac{3.14\times80\times10}{60\times1000}\text{MPa}\cdot(\text{m/s})\approx0.465\,[\text{MPa}\cdot(\text{m/s})]<[pv]$$ 因为轴承转速较低，可不必校核速度 v。 经校核，所设计的轴承符合使用要求	$pv\approx0.465$MPa·(m/s) 轴承符合使用要求

该部分为拓展内容，请读者扫描二维码自行参考学习。

【参考图文】

14-1 选择题

(1) 中等转速正常润滑的滚动轴承的主要失效形式是____。

A. 疲劳点蚀　　B. 塑性变形　　C. 胶合

(2) 按基本额定动载荷选定的滚动轴承，在预定的使用期限内的失效概率最大为____。

A. 1%　　B. 5%　　C. 10%　　D. 50%

(3) 外圈固定、内圈随轴转动的滚动轴承，其内圈上任一点的接触应力为____。

A. 对称循环交变应力　　B. 静应力

C. 不稳定的脉动循环交变应力　　D. 稳定的脉动循环交变应力

(4) 角接触球轴承承受轴向载荷的能力，随公称接触角 α 的增大而____。

A. 增大　　B. 减小　　C. 不变

(5) 下列滚动轴承密封中，____是接触式密封。

A. 毡圈密封　　B. 油沟式密封　　C. 迷宫式密封

(6) 滚动轴承中，为防止轴承发生疲劳点蚀，应进行____。

A. 疲劳寿命计算　　B. 静强度计算　　C. 极限转速验算

(7) 下列四种轴承中，____必须成对使用。

A. 深沟球轴承　　B. 圆锥滚子轴承

C. 推力球轴承　　D. 圆柱滚子轴承

(8) 保持其他条件不变，在合理范围内增大滑动轴承的长径比 L/d，滑动轴承的承载能力____。

A. 减弱　　B. 增强

C. 不变　　　　　　　　　　　　D. 可能增强也可能减弱

(9) 温度对润滑油黏度的影响是随着温度的升高，润滑油的黏度____。

A. 增大　　　　B. 不变　　　　C. 减小

(10) 含油轴承是采用____制成的。

A. 硬木　　　　B. 硬橡皮　　　　C. 粉末冶金　　　　D. 塑料

(11) 在非液体摩擦滑动轴承中，限制 p 值的主要目的是____。

A. 防止轴承衬材料过度磨损　　　　B. 防止轴承衬材料发生塑性变形

C. 防止轴承衬材料因压力过大而过度发热　　D. 防止出现过大摩擦阻力矩

14-2　判断题

(1) 滚动轴承的主要失效形式是磨损。(　　)

(2) 滚动轴承的基本额定动载荷是指轴承的基本额定寿命为 10^6 转时所能承受的最大载荷。(　　)

(3) 一批在相同载荷和工作条件下运转的同型号滚动轴承，其寿命相同。(　　)

(4) 滚动轴承尺寸系列代号表示轴承内径和外径的大小。(　　)

(5) 滚动轴承的当量动载荷是指轴承所受径向力与轴向力的代数和。(　　)

(6) 滚动轴承的内圈与轴的配合采用基轴制。(　　)

(7) 滑动轴承比滚动轴承承受更大的载荷。(　　)

(8) 滚动轴承的精度等级分为 6 个，其中 2 级精度最高。(　　)

(9) 推力轴承只能承受轴向载荷，不能承受径向载荷。(　　)

(10) 选用滑动轴承的润滑油时，转速越高，选用油的黏度越大。(　　)

14-3　思考题

(1) 滚动轴承和滑动轴承各有什么优缺点？各适用于什么场合？

(2) 滚动轴承的基本元件有哪些？各起什么作用？

(3) 滚动轴承的常用类型有哪些？试画出其结构简图。

(4) 球轴承和滚子轴承各有什么特点？各适用于什么场合？

(5) 选择滚动轴承的类型时要考虑哪些因素？

(6) 什么是滚动轴承的基本额定寿命？什么是基本额定动载荷？什么是当量动载荷？

(7) 为什么角接触球轴承和圆锥滚子轴承要成对使用？

(8) 轴承内、外圈有哪些轴向固定方式？各有什么特点？

(9) 滚动轴承配合中的基准制是如何确定的？其公差带有什么特点？配合标注有何特点？

(10) 滚动轴承密封的作用是什么？密封装置有哪些？

(11) 试说明下列各轴承的内径有多大？哪个轴承公差等级最高？哪个轴承一般成对使用？哪个轴承不能承受径向载荷？哪个轴承不能承受轴向载荷？①圆柱滚子轴承 N308/P4；②深沟球轴承 6208/P2；③圆锥滚子轴承 30208；④推力球轴承 5308/P6。

(12) 选择滑动轴承材料时应满足哪些要求？

(13) 进行非液体摩擦滑动轴承的设计计算时，计算 p、pv、v 值时各考虑什么问题？

14-4　设计计算题

(1) 某支承根据工作条件决定选用深沟球轴承。轴承轴向载荷 $F_a=2000\text{N}$，径向载荷 $F_r=5000\text{N}$，工作转速 $n=1250\text{r/min}$，载荷平稳，工作温度在 100℃以下，要求轴承寿命 $L_h'\geqslant 5000\text{h}$，轴承内径 $d=60\text{mm}$。试选择轴承型号。

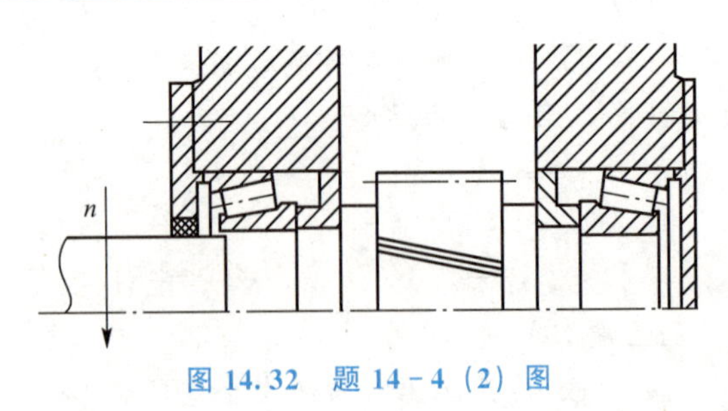

图 14.32　题 14-4（2）图

（2）某齿轮轴的结构如图 14.32 所示，轴系由一对 30206 轴承支承。已知：两支点间的跨距为 200mm，齿轮位于两支点的中间。斜齿轮的模数 $m_n=2.5$mm，齿数 $z=17$，螺旋角 $\beta=16.5°$，传递功率 $P=2.6$kW，齿轮轴转速 $n=384$r/min，有中等冲击。试求该轴承的寿命。

（3）某工程机械的传动装置中，根据工作条件决定采用一对角接触球轴承(图 14.33)。初选轴承型号为 7210AC（$\alpha=25°$），已知轴承所受载荷 $F_{r1}=3000$N，$F_{r2}=1000$N，轴向外载荷 $F_A=800$N，轴的转速 $n=1460$r/min，轴承在常温下工作，运转中受中等冲击，轴承预期寿命 $L'_h=10000$h。① 说明轴承代号的意义；② 计算轴承的内部轴向力 F_{s1}、F_{s2} 及轴向载荷 F_{a1}、F_{a2}；③ 计算当量动载荷 P_1、P_2；④ 计算轴承寿命，说明所选轴承型号是否恰当。

（4）已知一对 7206AC 角接触球轴承支承的轴系（图 14.34），轴上作用的径向载荷 $F_R=6000$N，轴向外载荷 $F_A=600$N。试计算轴承的轴向力 F_{a1}、F_{a2}。

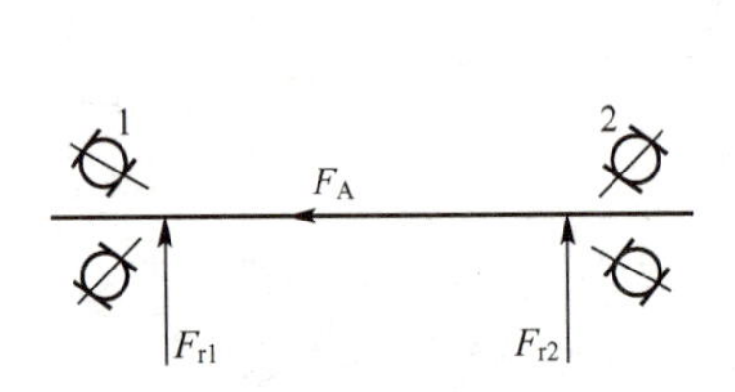

图 14.33　题 14-4（3）图

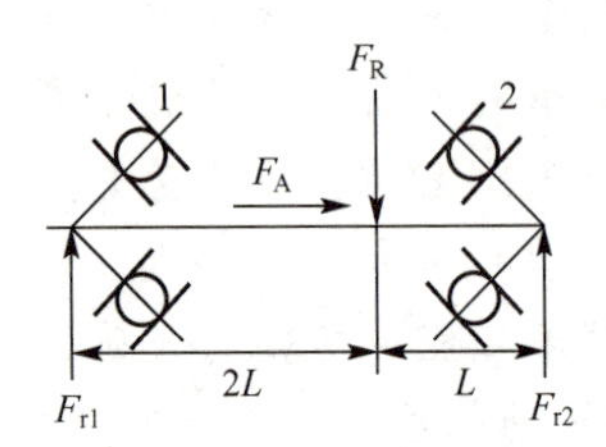

图 14.34　题 14-4（4）图

（5）锥齿轮减速器的小锥齿轮轴由两个型号为 30208 的圆锥滚子轴承支承（图 14.35）。已知轴的转速 $n=1450$r/min，轴承所受的径向载荷 $F_{r1}=600$N，$F_{r2}=2000$N，轴向外载荷 $F_A=250$N，运转过程中受中等冲击。试计算轴承寿命。

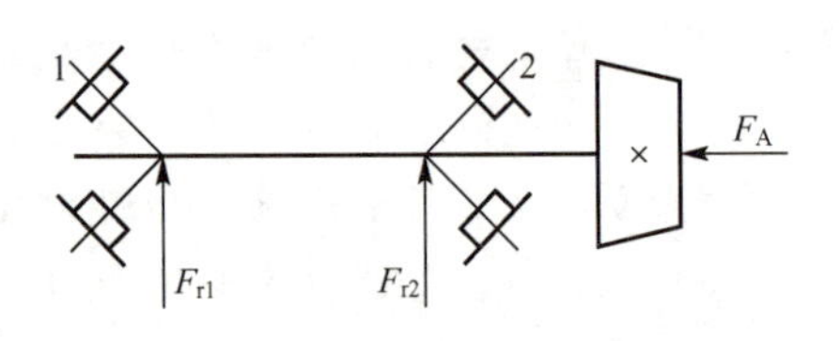

图 14.35　题 14-4（5）图

（6）某机器主轴向心滑动轴承受径向载荷 $F_r=5$kN，轴的转速 $n=300$r/min，轴的直径 $d=160$mm。试按非液体摩擦滑动轴承设计此轴承。

（7）某非液体摩擦向心滑动轴承，轴颈直径 $d=100$mm，轴承宽度 $L=120$mm，轴承承受径向载荷 $F_r=150000$N，轴的转速 $n=200$r/min，轴颈材料为淬火钢，设选用轴瓦材料为 ZCuSn10P1。试进行轴承的校核设计计算，并验算该轴瓦材料的选择是否合适。

（8）某非液体摩擦向心滑动轴承，已知轴的直径 $d=100$mm，轴瓦的长度 $L=100$mm，轴的转速 $n=1200$r/min，所选用轴瓦材料为 ZCuSn10P1。试问该滑动轴承允许承受多大的径向载荷？

（9）已知某推力滑动轴承，其轴颈结构为空心[图 14.25（b）]，大径 $d=120$mm，内径 $d_0=90$mm，轴颈部分淬火，转速 $n=300$r/min，轴瓦材料为锡青铜。试求该轴承能承受多大的轴向载荷？

提示：本章其他设计习题见模块六实训项目任务书。

模块六实训

实训项目任务书

实训名称	轴及滚动轴承的设计
实训目的	1. 掌握轴的设计方法及结构设计中应注意的问题。 2. 掌握轴的结构设计及轴的强度计算。 3. 正确选择滚动轴承的类型，掌握滚动轴承寿命的计算方法
实训内容	1. 根据模块四实训中所求得的轴的功率、转速和转矩及模块五实训中设计的斜齿圆柱齿轮参数，完成模块四实训图中的减速器输出轴（Ⅲ轴）及轴上支承轴承的设计。 2. 某设备的输送装置以圆锥-圆柱齿轮减速器为减速装置，其传动简图如模块六实训图 1 所示。输入轴与电动机相连，输出轴与工作机相连，输出轴为单向旋转，其转动方向如图所示。已知电动机功率 $P=10\text{kW}$，转速 $n_1=1450\text{r/min}$。高速级齿轮参数 $z_1=20$，$z_2=75$，$m=3.5\text{mm}$，大锥齿轮轮毂长 $L=50\text{mm}$；低速级齿轮参数 $z_3=23$，$z_4=95$，$m_n=4\text{mm}$，螺旋角 $\beta=8°06'34''$，齿宽 $B_4=80\text{mm}$。试设计该减速器的输出轴及轴上轴承。 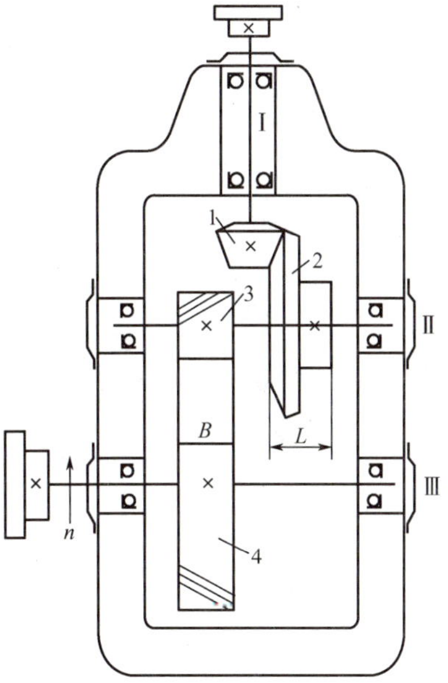 模块六实训图 1
实训要求	1. 完成轴的结构设计。 2. 根据弯扭合成强度条件校核轴的强度。 3. 选择轴承类型，并通过轴承寿命的计算校核所选轴承是否合适。 4. 用 A3 图纸绘制轴的零件工作图

模块七

联接件及其设计

教学导入

如模块七图1所示，减速器中各零件之间需要通过某种形式相互联接。例如，为了实现轴传递转矩的作用，轴与轴上零件（齿轮、带轮等）必须同步运转，不允许相互之间产生相对转动，则轴与轴上零件需要用键9联接；为了减少轴与轴承之间的摩擦和磨损，轴与轴承之间采用过盈联接以防止相对转动；为了将减速器的运动和动力传递给工作装置输送带，减速器的输出轴5与工作装置的输入轴——卷筒轴7必须相联，在该装置中通过联轴器6实现联接；减速器箱体内的零件安装后，需将箱盖1与箱体2扣合，先用销3联接确定箱盖与箱体的相互位置，然后用螺栓进行联接；为了对轴承密封，轴承端部需安装轴承端盖8，通过螺钉与箱体联接。

【参考视频】

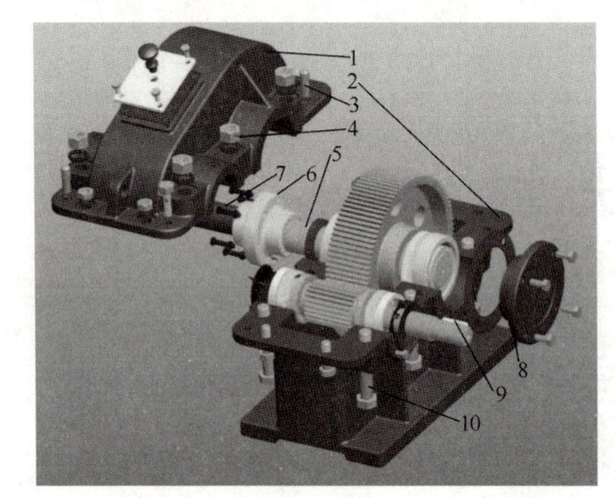

1—箱盖；2—箱体；3—销；4—螺母；5—输出轴；6—联轴器；
7—卷筒轴；8—轴承端盖；9—键；10—螺栓

模块七图1　减速器中零件之间的联接

上述的键、联轴器、销、螺栓、螺钉等均为联接件。在机械中，为了便于机器的制造、安装、运输、维修及提高劳动生产率等，广泛使用各种联接。

机械中的联接分为动联接和静联接两大类。动联接即在机器工作时，被联接的零（部）件之间可以有相对运动的联接，如构件之间的各种运动副联接；静联接即在机器工作时，被联接的零（部）件之间不允许产生相对运动的刚性联接。在本书中除了特别注明为动联接外，所用到的“联接”均指机械静联接。

机械静联接按是否可拆，分为可拆联接和不可拆联接两种。无须损伤联接中的任一零件即可拆开的联接称为可拆联接，常见的有螺纹联接、键联接、销联接及联轴器等；拆开时至少要损伤联接中的一个零件的联接称为不可拆联接，常见的有铆接、焊接、胶接、黏结等。

机械静联接类型较多，在选择联接类型时应主要考虑使用要求和经济要求。当要求制造成本低廉时通常采用不可拆联接，不可拆联接的制造成本通常较可拆联接低廉；当考虑结构、安装、运输、维修等方面的要求时，采用可拆联接。在具体选择联接类型时，还须考虑联接的加工条件和被联接零件的材料、形状及尺寸等因素。例如，板件与板件的联接多选用螺纹联接、焊接、铆接或胶接；杆件与杆件的联接多选用螺纹联接或焊接；轴与轮毂的联接则常选用键联接、花键联接或过盈联接；轴与轴之间的联接采用联轴器或离合器等。有时也可综合使用两种联接。

本模块主要介绍机械静联接中的可拆联接，如螺纹联接、轴毂联接、联轴器和离合器、弹簧等的结构、类型、工作原理、设计理论或选用方法等内容。

第15章 螺纹联接

本章主要介绍螺纹的形成、分类和主要参数；螺纹联接的基本类型及预紧、防松方法；螺栓组联接的设计与受力分析；单个螺栓联接的强度计算方法。

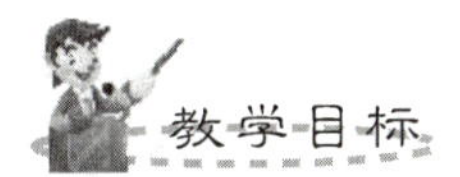

1. 了解螺纹的形成与类型，各类螺纹联接件及螺纹联接的类型与特点。
2. 了解螺纹联接的预紧与防松方法。
3. 掌握螺栓组联接的受力分析和单个螺栓联接的强度计算方法。

15.1 螺纹联接的基本知识

15.1.1 螺纹的类型和应用

将一个底边长度 ab 等于 πd_1 的直角三角形 abc 绕在直径为 d_1 的圆柱体上，并使底边 ab 绕在圆柱体的底边上，则它的斜边 ac 在圆柱体上形成螺旋线。取任一平面图形，使它的一边靠在圆柱的母线上并沿螺旋线移动，移动时保持该图形的平面通过圆柱体的轴线，就可以得到相应的螺纹，如图 15.1 所示。

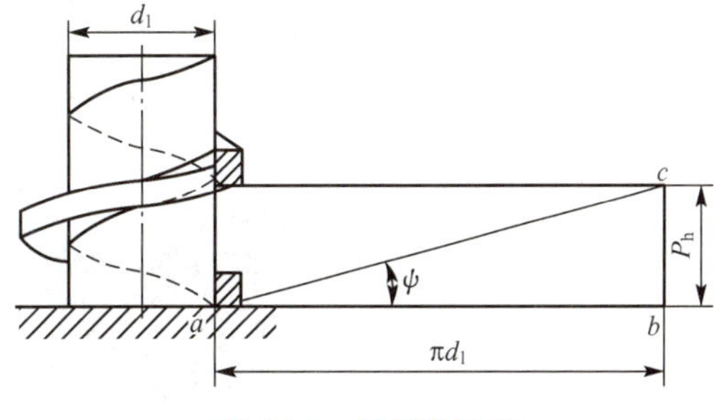

图 15.1　螺纹的形成

螺纹类型较多，按照形成的平面图形形状不同，可分为三角形螺纹、矩形螺纹、

【参考动画】

【参考动画】

梯形螺纹和锯齿形螺纹等，除矩形螺纹外，其他螺纹都已标准化。常用螺纹的类型、特点和应用见表15.1。按照用途不同，螺纹分为联接用螺纹和传动用螺纹。按照螺旋线旋绕方向不同，螺纹分为右旋螺纹和左旋螺纹，机械中一般采用右旋螺纹，有特殊要求的场合可采用左旋螺纹。按照螺旋线数目不同，螺纹分为单线螺纹和多线螺纹，联接螺纹一般为单线。按照螺纹分布在圆柱体（或圆锥体）外（内）表面上不同，螺纹分为外螺纹和内螺纹，外内螺纹旋合在一起构成螺旋副。按照所采用单位制不同，螺纹分为米制螺纹和英制螺纹，我国除管螺纹外，一般都采用米制螺纹。

【参考动画】

表15.1　常用螺纹的类型、特点和应用

螺纹类型		图例	特点及应用
联接螺纹（三角形螺纹）	普通螺纹		牙形为等边三角形，牙形角 $\alpha=60°$，同一公称直径的普通螺纹，按螺距大小的不同分为粗牙和细牙两种，螺距最大的一种是粗牙，其余均为细牙。细牙螺纹螺距小、升角小、自锁性较好、强度高，但不耐磨、易滑扣。一般联接都用粗牙螺纹，细牙螺纹常用于细小零件、薄壁管件或受冲击、振动和变载荷的场合，也可用作微调机构的调整螺纹
	圆柱管螺纹		牙形为等腰三角形，牙形角 $\alpha=55°$，圆柱管螺纹为英制细牙螺纹，公称直径为管子的内径。牙顶有较大的圆角，内、外螺纹旋合后牙型间无径向间隙，多用于水、煤气、润滑和电缆管路等有紧密性要求的联接中
	圆锥管螺纹		牙形为等腰三角形，牙形角 $\alpha=55°$，圆锥管螺纹多用于高温、高压或密封性要求高的管路联接中

续表

螺纹类型		图例	特点及应用
传动螺纹	矩形螺纹		牙形为正方形，牙形角 $\alpha=0°$，其传动效率较其他螺纹高，但牙根强度弱，螺纹磨损后难以补偿，使传动精度降低，目前已逐渐被梯形螺纹替代
	梯形螺纹	30°	牙形为等腰梯形，牙形角 $\alpha=30°$，与矩形螺纹相比，传动效率略低，但其工艺性好、牙根强度高、对中性好，磨损后还可以调整间隙，是最常用的传动螺纹
	锯齿形螺纹	3° 30°	牙形为非等腰梯形，其工作面牙形斜角 $\beta=3°$，非工作面牙型斜角 $\beta=30°$。兼有矩形螺纹传动效率高和梯形螺纹牙根强度高的特点，但只能用于单向受力的螺旋传动中

【参考图文】

15.1.2 螺纹的主要参数

以普通螺纹为例说明螺纹的主要参数，见表15.2。

表 15.2　螺纹的主要参数

图　　例	参数及符号	含　　义
	大径 d (D)	螺纹的最大直径，即与外螺纹牙顶或内螺纹牙底相重合的假想圆柱面直径，也称公称直径
	小径 d_1(D_1)	螺纹的最小直径，即与外螺纹牙底或内螺纹牙顶相重合的假想圆柱面直径，一般为外螺纹危险剖面的计算直径
	中径 d_2(D_2)	在轴向剖面内，牙厚与牙间宽相等处的假想圆柱面的直径，$d_2 \approx 0.5\ (d+d_1)$
	螺距 P	在中径圆柱面的母线上，相邻两螺纹牙对应两点间的轴向距离
	导程 P_h	在中径圆柱面的母线上，同一螺旋线上相邻两牙对应两点间的轴向距离
	线数 n	螺纹螺旋线数目，一般为便于制造，线数 $n \leqslant 4$。螺距、导程、线数之间的关系为 $P_h = nP$
	螺旋升角 ψ	中径圆柱面上，螺旋线的切线与垂直于螺纹轴线的平面的夹角。由图可得 $\tan\psi = \dfrac{P_h}{\pi d_2} = \dfrac{nP}{\pi d_2}$
	牙型角 α	螺纹轴向平面内，螺纹牙型两侧边的夹角
	接触高度 h	内、外螺纹旋合后的接触面的径向高度

标准螺纹的基本尺寸可查阅有关标准或手册。

15.1.3　螺纹联接的基本类型

【参考图文】

【参考动画】

机械中常用的螺纹联接件有螺栓、螺钉、双头螺柱、紧定螺钉、螺母、垫圈等。用这些螺纹联接件形成的螺纹联接的基本类型有螺栓联接、双头螺柱联接、螺钉联接和紧定螺钉联接，其类型、特点及应用见表 15.3。

表 15.3　螺纹联接的类型、特点及应用

类　　型		图　　例	特点及应用
螺栓联接	普通螺栓联接		利用螺栓一端穿过被联接件的通孔旋紧螺母，从而将被联接件联成一体。孔壁和螺栓杆之间存在一定的间隙。由于被联接件的孔不需要加工螺纹，结构简单、拆装方便，因此广泛应用于被联接件不太厚、便于加工成通孔的场合

续表

类　　型		图　　例	特点及应用
螺栓联接	铰制孔螺栓联接	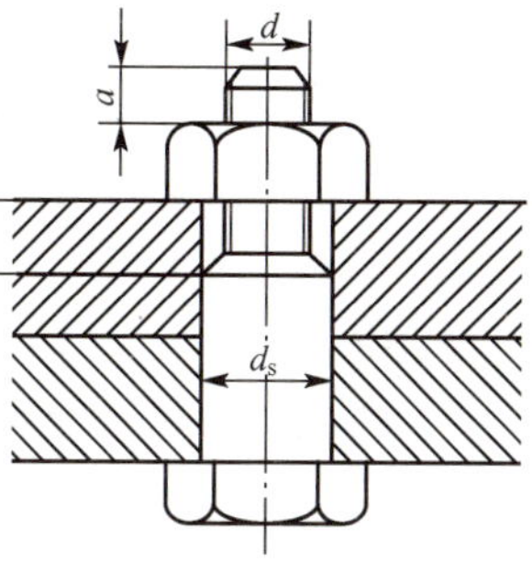 d, a, l_1, d_s	螺栓杆与被联接件孔壁间采用过渡配合，能精确固定被联接件的相对位置，被联接件的孔需要精加工，所以铰制孔螺栓联接兼有定位作用。这种联接广泛应用于被联接件不太厚、便于加工成通孔的场合
双头螺柱联接		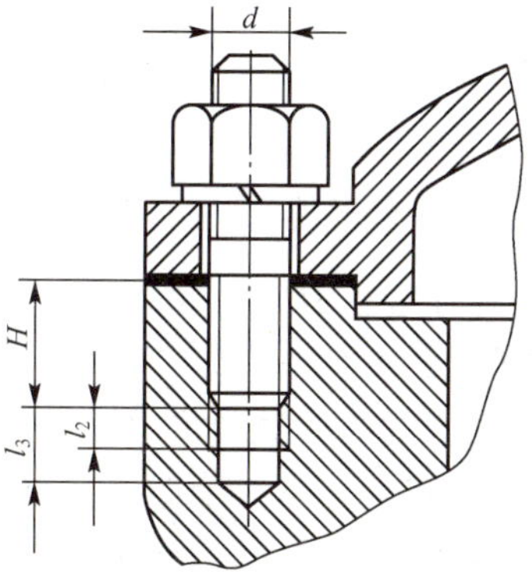 d, H, l_2, l_3	【参考动画】 利用两端均有螺纹的螺柱，将其一端拧入较厚的被联接件螺纹孔中，另一端穿过其余被联接件的通孔，旋上螺母并拧紧，从而将被联接件联成一体。这种联接适用于一被联接件较厚、不宜制成通孔，并且需经常拆卸的场合
螺钉联接		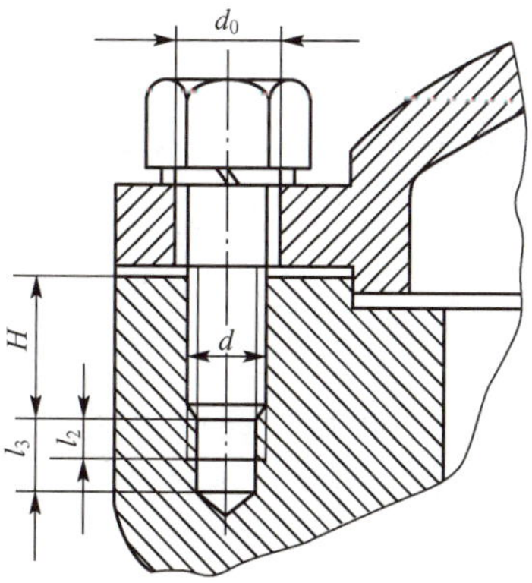 d_0, d, H, l_2, l_3	【参考图文】 不使用螺母，而是利用螺栓穿过被联接件的通孔，直接拧入另一被联接件的螺纹孔内实现联接。这种联接在结构上比双头螺柱联接简单，但由于经常拆装易损坏螺纹孔，因此适用于被联接件较厚、不宜制成通孔，并且不经常拆卸的场合

续表

类　型	图　例	特点及应用
【参考动画】 紧定螺钉联接		利用紧定螺钉旋入一被联接件，用其末端顶紧另一被联接件，以固定两者间的相对位置。这种联接可传递不大的力及转矩，多用于轴与轴上零件的固定

螺纹余留长度 l_1：静载荷 $l_1 \geqslant (0.3 \sim 0.5)d$，变载荷 $l_1 \geqslant 0.75d$，冲击载荷或弯曲载荷 $l_1 \geqslant d$，铰制孔螺栓联接 $l_1 \approx d$；螺纹伸出长度 $a \approx (0.2 \sim 0.3)d$；螺栓轴线到被联接件边缘的距离 $e = d + (3 \sim 6)$ mm；通孔直径 $d_0 \approx 1.1d$

拧入深度 H：当螺孔零件材料为钢或青铜时，$H \approx d$；铸铁 $H = (1.25 \sim 1.5)d$；铝合金 $H = (1.5 \sim 2.5)d$。内螺纹余留长度 $l_2 \approx (2 \sim 2.5)P$，钻孔余量 $l_3 \approx l_2 + (0.5 \sim 1)d$

普通螺栓联接、双头螺柱联接、螺钉联接既可用于承受轴向载荷也可用于承受横向载荷。当用于承受横向载荷时，主要靠被联接件接合面间的摩擦力传递载荷。无论承受轴向载荷还是横向载荷，这些联接件都只受到沿轴向的拉力作用。

铰制孔螺栓联接只用于承受横向载荷，靠孔与螺栓杆间的挤压和螺栓杆上的剪切来承受载荷。虽铰制孔螺栓联接承受横向载荷的能力强，但孔需精加工、安装困难，故无特殊需要常采用普通螺栓联接、双头螺柱联接或螺钉联接来传递横向载荷。

15.2　螺纹联接的预紧与防松

15.2.1　螺纹联接的预紧

在装配时，绝大多数的螺纹联接都需要预紧，以增强联接的刚性、紧密性和可靠性，防止受载后被联接件间出现缝隙或发生相对移动。预紧后螺栓受到的轴向拉力称为预紧力，用 F' 表示。对于重要的螺纹联接，应控制其预紧力。

1. 拧紧力矩

在拧紧螺母时，拧紧力矩 T 需要克服做相对运动的螺纹阻力矩 T_1 和螺母与被联接件

支承面间的摩擦阻力矩 T_2（图 15.2），即

$$T = T_1 + T_2 \qquad (15-1)$$

对于 M10～M68 的粗牙普通螺纹，式（15-1）可简化为

$$T \approx 0.2F'd \qquad (15-2)$$

式中　d——螺纹的公称直径（mm）；

F'——螺栓所受预紧力（N）。

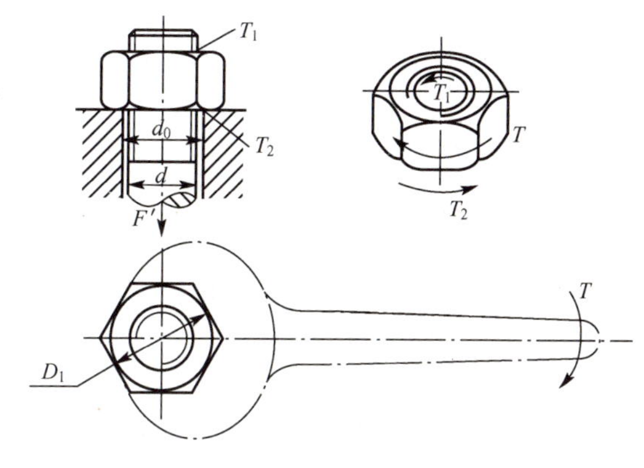

图 15.2　螺栓拧紧时的力矩

2. 预紧力的控制

预紧力的大小应根据螺栓组受力和联接的工作要求来定，既不能过大也不能过小。为了充分发挥螺栓的工作能力和保证预紧可靠，一般规定拧紧后，螺纹联接件的预紧应力不得大于其材料屈服极限的 80%。

对于普通场合使用的螺纹联接，必须有一套控制和测量预紧力的方法。常用的控制方法有力矩法、螺母转角法和测定螺栓伸长法三种。

力矩法是一种用力矩扳手来测定力矩的方法。图 15.3（a）所示为指针式力矩扳手，可通过指示表读出所加力矩的大小。图 15.3（b）所示为定力矩扳手，当拧紧力矩超过规定值时将产生打滑，不能对联接施加更大的力矩，可以通过扳手内的螺母装置调整扳手的最大工作力矩。

【参考动画】

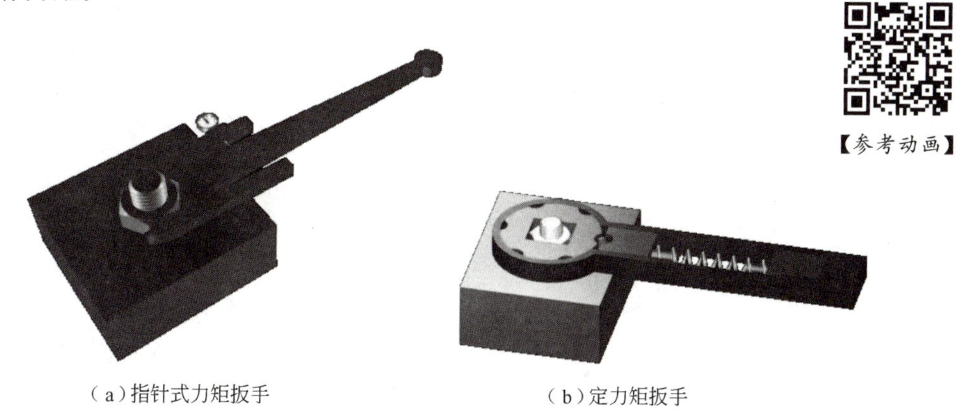

（a）指针式力矩扳手　　（b）定力矩扳手

图 15.3　力矩扳手

螺母转角法是将螺母拧到与被联接件紧贴后，再旋转一定角度以获得所需预紧力的方法。

测定螺栓长度法是用测量螺栓受力伸长后的弹性伸长量的方法来控制预紧力，常用于直径较大的螺栓。

小直径螺栓装配时不应施加过大的拧紧力矩，否则螺栓容易被拧断。因此，对重要的、有强度要求的螺栓联接，当无控制拧紧力矩的措施，而只能凭安装经验来拧紧螺栓时，不宜采用小于 M12 的螺栓。

15.2.2　螺纹联接的防松

联接用螺纹标准件都能满足自锁条件。拧紧螺母后，螺母或螺钉与被联接件支承面间

的摩擦力也有助于防止螺母松脱。因此在受静载荷和常温下，螺纹联接一般不会产生松动。若温度变化较大或联接受到冲击、振动及不稳定载荷的作用，则摩擦力减小，甚至消失，致使螺纹联接件逐渐松脱，引起机器设备的严重损坏或造成重大的人身事故。因此，为了保证联接的可靠性，在设计和安装时必须按照工作条件、工作可靠性要求考虑设置螺纹防松结构或装置。

防松的目的就是防止螺旋副产生相对转动。根据工作原理的不同，防松可分为摩擦防松、机械防松和不可拆卸防松等；摩擦防松是使螺旋副元素间的摩擦力不随联接的外载荷波动而变化，保持较大的摩擦力；机械防松是利用便于更换的元件约束螺旋副，使之不能相对转动。不可拆卸防松是将螺纹拧紧之后，用点焊、冲点或在螺栓旋合部分涂黏结剂等方法把螺旋副转变为非运动副，从而排除相对转动的可能。表 15.4 为螺纹联接常用的防松方法。

表 15.4　螺纹联接常用的防松方法

【参考图文】

防松方法		结构形式	特点及应用
摩擦防松	对顶螺母		两螺母对顶拧紧后，使旋合螺纹间始终受到附加的压力和摩擦力的作用，从而起到防松作用。工作载荷有变动时，该摩擦力依然存在。下面的螺母螺纹牙受力较小，其高度可小些，但为了防止装错，两螺母的高度取相同值为宜。该结构简单，适用于平稳、低速和重载的联接
	弹簧垫圈		螺母拧紧后，靠垫圈压平面产生的弹性反力使旋合螺纹间压紧，同时垫圈斜口的尖端抵住被联接件的支撑面有防松作用。 该结构简单、防松方便，但在冲击振动的条件下的防松效果较差。一般用于不重要的联接
	自锁螺母		螺母一端制成非圆形收口或开缝后径向收口，当螺母拧紧后，收口胀开，利用收口的弹力使旋合螺母间压紧。 该结构简单、防松可靠，可多次装拆而不影响防松功能，适用于较重要的联接

续表

防松方法		结构形式	特点及应用
机械防松	开口销与槽形螺母	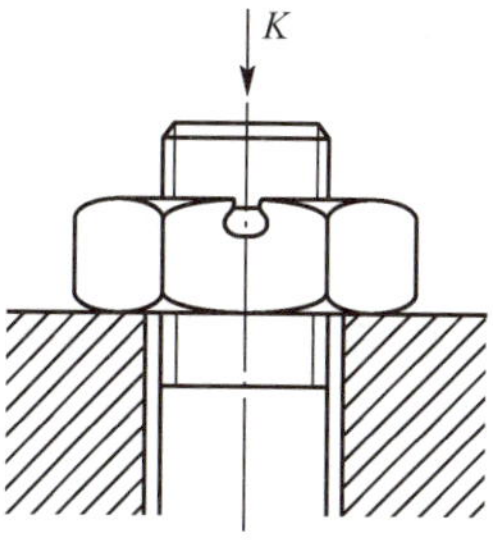 	槽形螺母拧紧后将开口销穿入螺栓尾部小孔和螺母的槽内，并将开口销尾部掰开，与螺母侧面贴紧；也可用普通螺母代替槽形螺母，但需拧紧螺母后再配钻销孔。适用于受较大冲击、振动的高速机械中的联接
	止动垫圈	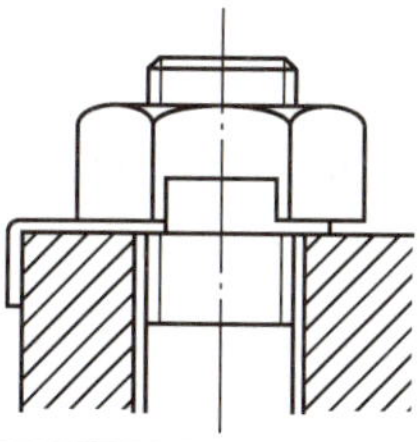 	螺母拧紧后，将单耳或双耳止动垫圈上的耳分别向螺母和被联接件的侧面折弯贴紧，即可将螺母锁住。 该结构简单、防松可靠
	串联钢丝	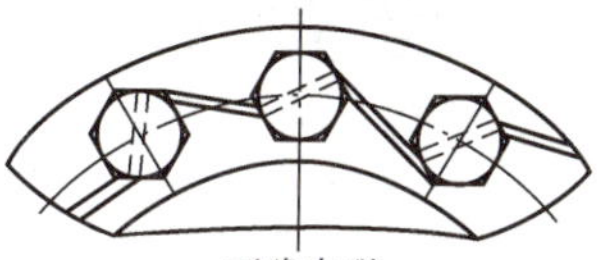 正确串联 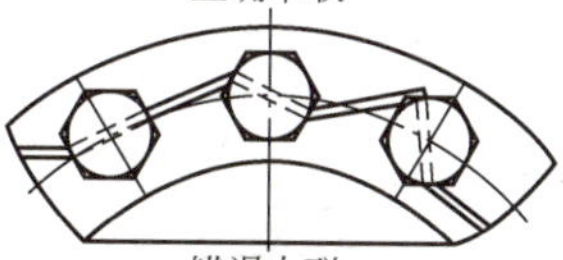 错误串联 	用低碳钢丝穿入螺钉头部的孔内，将各螺钉串联起来，使其相互制动。使用时必须注意钢丝的穿入方向(上图正确，下图错误)。适用于螺钉组联接，防松可靠，但装拆不方便
不可拆卸防松	冲点	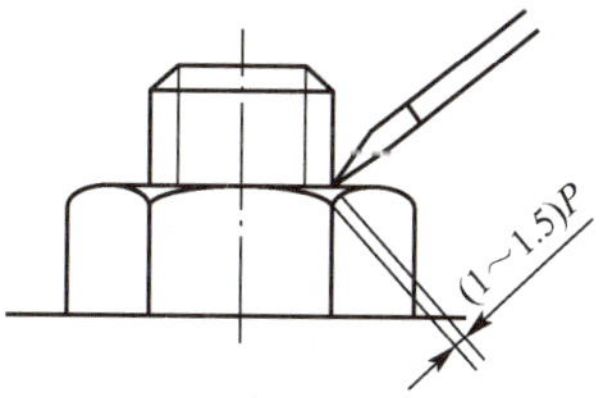 $(1\sim1.5)P$	螺母拧紧后，利用冲头在螺栓末端与螺母的旋合处打冲，利用冲点防松。这种防松方式效果好，但拆卸后联接件不能重复使用。适用于不需要拆卸的特殊联接
	黏结	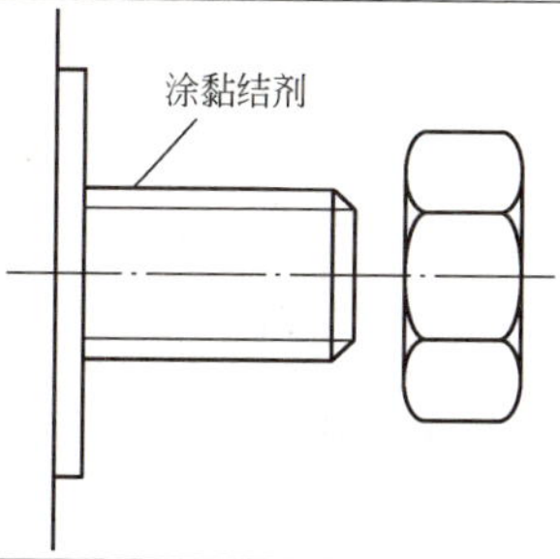 涂黏结剂	在旋合表面涂黏结剂，固化后即可防松

15.3 螺栓组联接的结构设计与受力分析

工程中螺栓多成组使用，因此须研究螺栓组的结构设计和受力分析，这是单个螺栓联接强度计算的基础和前提条件。螺栓组联接设计的基本程序如下：先根据被联接件的结构进行螺栓组的结构设计；再进行螺栓组受力分析，找出受力最大的螺栓并确定其所受的工作载荷；最后，对受力最大的螺栓进行单个螺栓的强度计算。

15.3.1 螺栓组联接的结构设计

螺栓组联接的结构设计目的是确定被联接件接合面的形状、螺纹联接的类型、螺栓的数目等。其设计原则如下。

(1) 螺栓要尽量对称分布。螺栓组中心与联接接合面的形心重合，从而保证联接接合面受力比较均匀。联接接合面的几何形状通常都设计成轴对称的简单几何形状，如圆形、环形、矩形、三角形等（图 15.4）。对于圆周布置的螺栓，螺栓数尽可能取偶数，有利于零件加工（分度、划线、钻孔）。

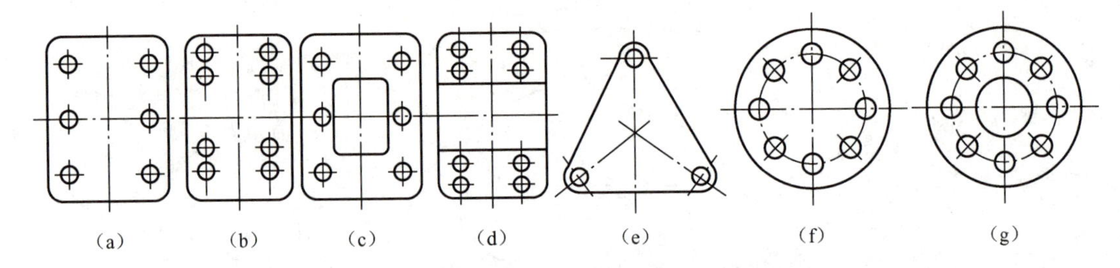

图 15.4 螺栓组联接常见的接合面形状

(2) 一组螺栓的规格（直径、长度、材料）应一致，有利于加工和美观。

(3) 螺栓周围要设计合理的间距和边距，应满足扳手空间位置（图 15.5），以利于用扳手装拆。

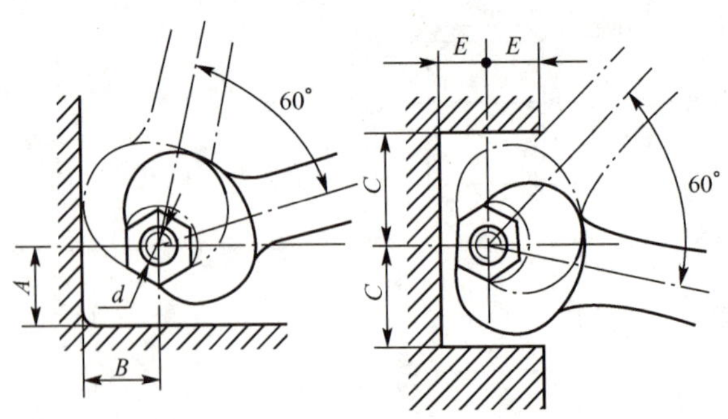

图 15.5 扳手空间

对于压力容器等紧密性要求较高的重要联接，螺栓间距 t_0 不得大于表 15.5推荐的数值。

表 15.5 螺栓间距 t_0

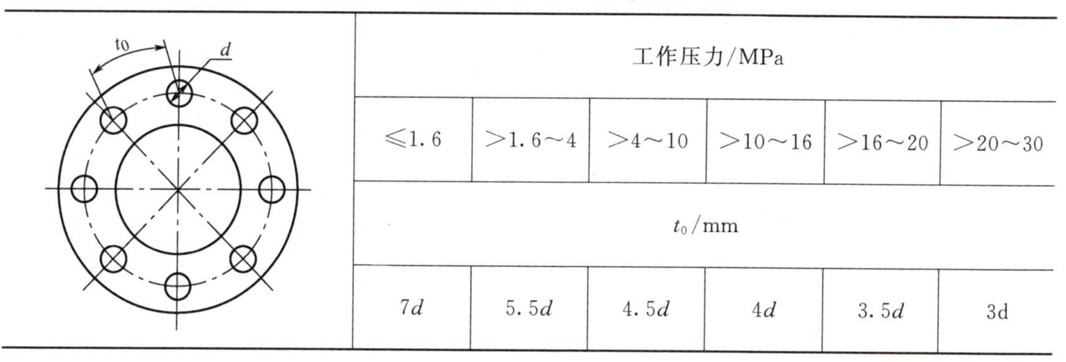

工作压力/MPa					
≤1.6	>1.6~4	>4~10	>10~16	>16~20	>20~30
t_0/mm					
$7d$	$5.5d$	$4.5d$	$4d$	$3.5d$	3d

(4) 装配时，对于紧螺栓联接，应使每个螺栓的预紧程度（预紧力）尽量一致。

(5) 避免螺栓承受偏心载荷作用，保证被联接件上螺母和螺栓头的支撑面平整，并与螺栓轴线垂直。

15.3.2 螺栓组联接的受力分析

螺栓组受力分析的目的在于根据联接所受的载荷和螺栓的布置与结构求出受力最大的螺栓及其所受载荷，然后按相应的单个螺栓的强度计算公式设计螺栓的直径或对螺栓进行强度校核。

理想假设：①被联接件为刚性体；②各个螺栓的材料、直径、长度和预紧力完全相同；③螺栓的应变在弹性范围内。

根据这个假设，讨论当作用于螺栓组的外载荷是轴向力和横向力时，螺栓组中受力最大的螺栓及其所受的力。

1. 螺栓组联接受轴向载荷 F_Q 作用

如图 15.6 所示，作用于螺栓组几何形心的载荷为 F_Q，与螺栓轴线平行，联接采用的螺栓为普通螺栓，并且每个螺栓所受的轴向工作载荷 F 相等。设有 z 个螺栓，每个螺栓所受的工作拉力为

$$F=\frac{F_Q}{z} \tag{15-3}$$

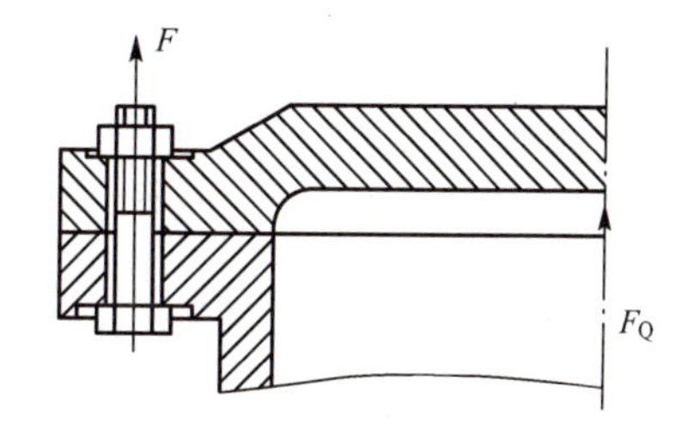

图 15.6 受轴向载荷作用的螺栓组联接

2. 螺栓组联接受横向载荷 F_R 作用

如图 15.7 所示，受横向载荷 F_R作用的螺栓组联接，载荷的作用线通过螺栓组的对称中心并与螺栓轴线垂直。联接采用的螺栓有两种形式：普通螺栓和铰制孔螺栓。如果采用普通螺栓联接，则螺栓只受拉力而不受剪切力作用；如果采用铰制孔螺栓联接，则螺栓承受剪切力作用。

(1) 普通螺栓联接。如图 15.7 (a) 所示，此时的螺栓在安装时每个螺栓受预紧力 F' 作用，而被联接件接合面间受夹紧力（正压力）作用，从而产生摩擦力与外载荷平衡。为保证接合面间不产生相对滑移，接合面间产生的摩擦力必须大于或等于横向载荷，即

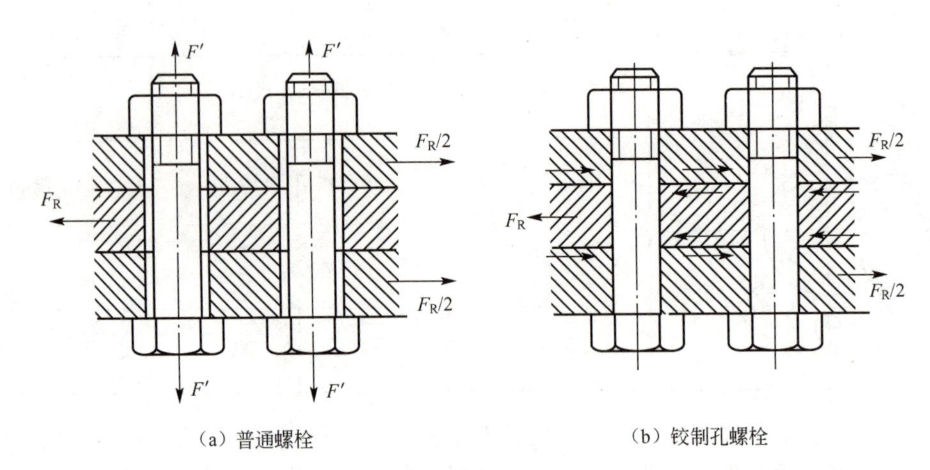

(a) 普通螺栓　　　　(b) 铰制孔螺栓

图 15.7　受横向载荷作用的螺栓组联接

$$F'zfm \geqslant K_f F_R$$

$$F' \geqslant \frac{K_f F_R}{zfm} \tag{15-4}$$

式中　f——接合面间的摩擦系数，见表 15.6；

K_f——可靠度系数，$K_f=1.1\sim1.5$；

m——接合面数。

表 15.6　接合面间的摩擦系数 f

被联接件	接合面的表面状态	摩擦系数 f
钢或铸铁零件	干燥的加工表面	0.10～0.16
	有油的加工表面	0.06～0.10
钢结构件	轧制表面，钢丝刷清理浮锈	0.30～0.35
	涂富锌漆	0.35～0.40
	喷砂处理	0.45～0.55
铸铁对砖料、混凝土或木材	干燥表面	0.40～0.45

(2) 铰制孔螺栓联接。如图 15.7 (b) 所示，螺栓杆与被联接件的孔壁直接接触，联接是靠螺栓杆的剪切和螺栓杆与被联接件的孔壁间的挤压作用来传递载荷的。假设每个螺栓所受横向力相等，则每个螺栓的横向工作载荷为

$$F=\frac{F_R}{z} \tag{15-5}$$

15.4　单个螺栓联接的强度计算

对单个螺栓而言，当螺栓组传递轴向载荷时，螺栓受轴向拉力，故称受拉螺栓。当螺栓组传递横向载荷时，一种是采用普通螺栓联接，靠螺栓联接的预紧力使被联接件接合面

间产生的摩擦力来传递横向载荷，此时螺栓受的是预紧力，仍为轴向拉力；另一种是采用铰制孔螺栓联接，螺杆与铰制孔间是过渡配合，工作时靠螺栓受剪及杆壁与孔相互挤压来传递横向载荷，此时螺栓受剪，故称受剪螺栓。

螺栓在机械设备中的受力不同，故失效形式不同。受拉螺栓受轴向静载荷作用时，其失效形式多为螺纹部分的塑性变形和断裂；受变载荷作用时，其失效形式多为螺栓杆的疲劳断裂。因此，其设计准则是保证螺栓有足够的抗拉强度或疲劳强度。

受剪螺栓联接的主要失效形式是螺栓杆和孔壁间的压溃或螺栓杆被剪断，以及由于经常拆卸使螺纹牙间相互磨损而发生滑扣。其设计准则是保证螺栓杆、孔壁的挤压强度或螺栓杆的抗剪强度。

螺栓联接的设计计算，就是根据其设计准则来确定螺纹小径 d_1，再根据有关标准来选定标准螺栓。这种方法同样适用于双头螺柱、螺钉的强度计算。

15.4.1 普通螺栓联接的强度计算

根据工作状态的不同，受拉普通螺栓分为松螺栓联接和紧螺栓联接两种。

1. 松螺栓联接的强度计算

图 15.8 所示为起重机吊钩联接螺栓。该螺栓在装配时不需要拧紧，无工作载荷时螺栓不受力，工作时螺栓所受最大拉力为 F，为松螺栓联接。根据设计准则，其强度校核与设计计算式分别为

$$\sigma=\frac{4F}{\pi d_1^2}\leqslant[\sigma] \qquad (15-6)$$

$$d_1\geqslant\sqrt{\frac{4F}{\pi[\sigma]}} \qquad (15-7)$$

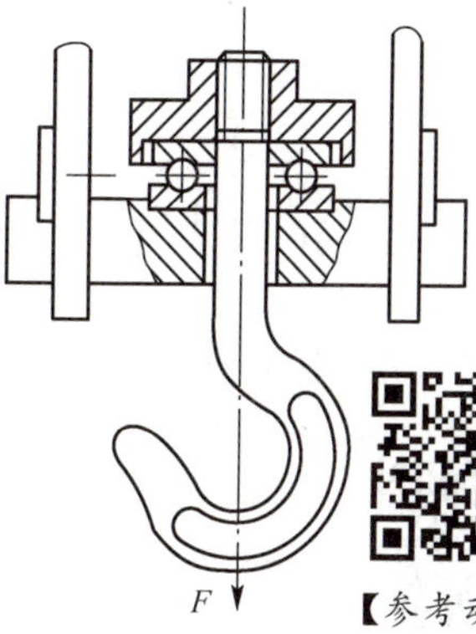

式中 F——螺杆承受的轴向工作载荷（N）；

d_1——螺纹小径（mm）；

$[\sigma]$——松螺栓联接的许用应力（MPa）。

F

【参考动画】

图 15.8 起重机吊钩联接螺栓

2. 紧螺栓联接的强度计算

（1）受横向工作载荷的紧螺栓联接。图 15.7（a）所示为受横向工作载荷的紧螺栓联接。受横向外载荷的紧螺栓，除了受到预紧力 F'的拉伸作用外，还受螺纹阻力矩 T 的扭转作用。在螺纹危险截面上的拉伸应力 σ 和扭转切应力 τ 分别为

$$\sigma=\frac{4F'}{\pi d_1^2} \qquad (15-8)$$

$$\tau=\frac{T}{\frac{\pi d_1^3}{16}}=\frac{F'\tan(\psi+\rho_V)\frac{d_2}{2}}{\frac{\pi d_1^3}{16}}=\tan(\psi+\rho_V)\frac{2d_2}{d_1}\sigma \qquad (15-9)$$

对于 M10～M68 的普通螺栓，取 d_2、d_1 和 ψ 的平均值，并取 $\tan\rho_V=f_V=0.15$，则可得 $\tau=0.5\sigma$。

根据第四强度理论，螺栓的当量应力 σ_e 为

$$\sigma_e=\sqrt{\sigma^2+3\tau^2}=\sqrt{\sigma^2+3\times(0.5\sigma)^2}\approx 1.3\sigma$$

则螺栓的强度条件为

$$\frac{1.3\times 4F'}{\pi d_1^2}\leqslant[\sigma] \tag{15-10}$$

设计计算式为

$$d_1\geqslant\sqrt{\frac{4\times 1.3F'}{\pi[\sigma]}} \tag{15-11}$$

式中 F'——螺栓所受的轴向预紧力（N）；

d_1——螺纹小径（mm）；

$[\sigma]$——紧螺栓联接的许用应力（MPa）。

要求这种靠摩擦力来抵抗横向载荷的紧螺栓联接有较大的预紧力。例如，当 $f=0.15$，$K_f=1.2$，$z=2$，$m=1$ 时，$F'=4F_R$，其结果是螺栓的结构尺寸增大。为了避免出现这种情况，可用各种减载零件来承受横向工作载荷，如图 15.9 所示。

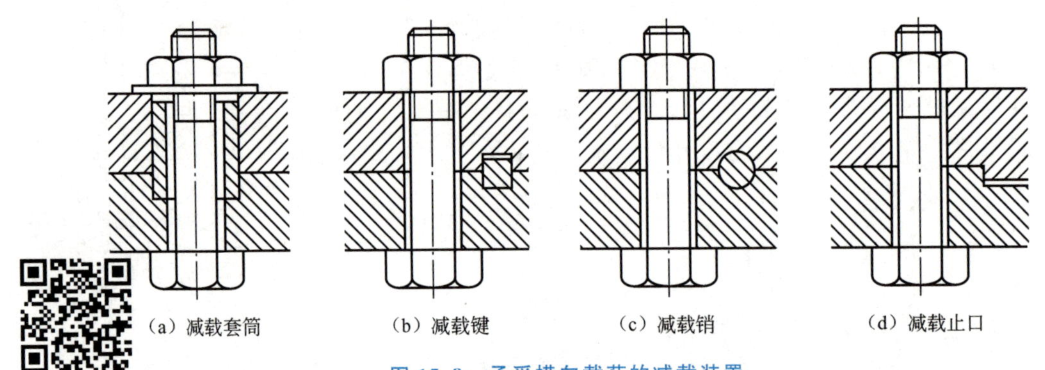

图 15.9 承受横向载荷的减载装置

这种结构中螺栓联接的主要作用是保证联接，承受工作载荷较小，因此预紧力不必很大。

(2) 受轴向工作载荷的紧螺栓联接。此类螺栓联接大多应用于气缸、油缸中的法兰联接等对紧密性要求较高的压力容器。这种联接的受力和变形过程如图 15.10 所示。

图 15.10（a）为联接拧紧前，螺栓和被联接件均不受力作用；图 15.10（b）为联接拧紧后，施加工作载荷前只受预紧力 F' 作用，被联接件被压缩 δ_2，螺栓被拉长 δ_1，由于被联接件和螺栓的材料一般不同，故 $\delta_1\neq\delta_2$；图 15.10（c）为施加工作载荷后，螺栓所受拉力增大到 F_0，拉力增量为 F_0-F'，伸长增量为 $\Delta\delta_1$，而被联接件随着螺栓的伸长而放松，此时被联接件的压力减小，由 F' 减小到 F''，F'' 称为剩余预紧力，压缩减小量为 $\Delta\delta_2$，$\Delta\delta_1=\Delta\delta_2$。根据上述分析可知，旋加工作载荷后螺栓所受的总拉力 F_0 不是 F' 与工作载荷 F 之和，而是剩余预紧力 F'' 与 F 之和，即

$$F_0=F+F'' \tag{15-12}$$

式中 F'' 值可参考如下取值范围：对有密封性要求的螺栓联接，取 $F''=(1.5\sim1.8)F$；在一般的螺栓联接中，当工作载荷稳定时，取 $F''=(0.2\sim0.6)F$，当工作载荷不稳定时，取 $F''=(0.6\sim1.0)F$。

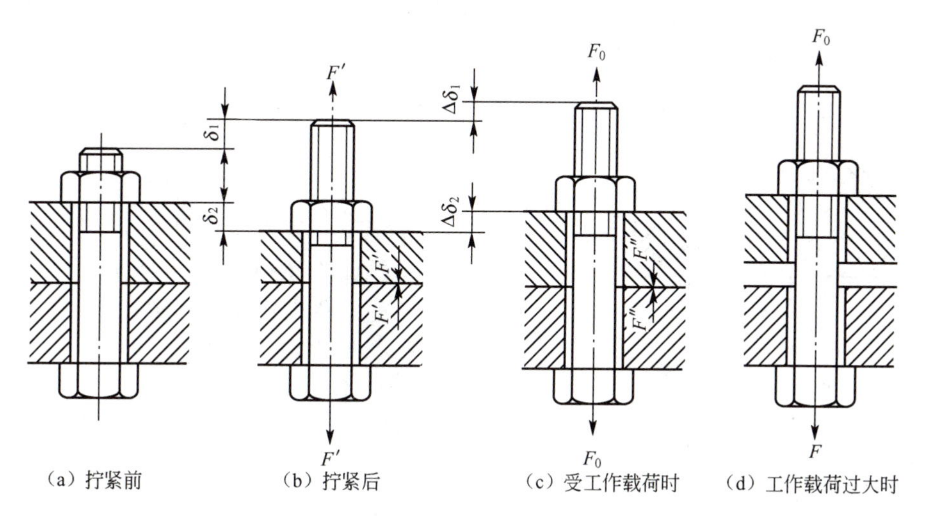

图 15.10 螺栓和被联接件的受力和变形

考虑联接在工作载荷作用下可能补充拧紧，与前述紧螺栓联接类似，受轴向工作载荷紧螺栓联接的强度校核和设计计算式分别为

$$\sigma=\frac{1.3F_0}{\frac{\pi d_1^2}{4}}\leqslant[\sigma] \tag{15-13}$$

$$d_1\geqslant\sqrt{\frac{4\times1.3F_0}{\pi[\sigma]}} \tag{15-14}$$

式中 F_0——螺栓所受总拉力（N）。

根据螺栓受工作载荷 F 作用的伸长增量 $\Delta\delta_1$ 与被联接件压缩变形减少量 $\Delta\delta_2$ 的关系，可以推导出预紧力 F' 与剩余预紧力 F'' 的关系为

$$F'=F''+\left(1-\frac{C_1}{C_1+C_2}\right)F \tag{15-15}$$

式中 C_1、C_2——螺栓和被联接件的刚度（N/m），$\frac{C_1}{C_1+C_2}$称为螺栓相对刚性系数。设计时，对于刚性被联接件，可根据垫片材料（参见表 15.7）选取。

表 15.7 螺栓相对刚性系数

垫片类型	$\frac{C_1}{C_1+C_2}$	垫片类型	$\frac{C_1}{C_1+C_2}$
金属垫片或无垫片	0.2～0.3	铜皮石棉垫片	0.8
皮革垫片	0.7	橡胶垫片	0.9

15.4.2 铰制孔螺栓联接强度计算

铰制孔螺栓联接的受力如图 15.11 所示。该螺栓受横向载荷 F 的作用，螺栓在接合面处受剪，并与被联接件孔壁相互挤压。根据设计准则，联接的剪切强度和挤压强度公式分别为

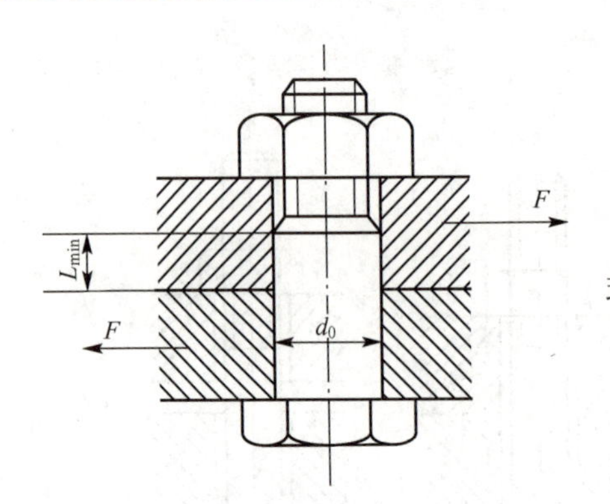

图 15.11　铰制孔螺栓联接的受力

$$\tau=\frac{F}{\frac{1}{4}\pi m d_0^2}\leqslant[\tau] \quad (15-16)$$

$$\sigma_P=\frac{F}{d_0 L_{min}}\leqslant[\sigma]_P \quad (15-17)$$

式中　F——单个螺栓所受横向载荷（N）；

d_0——铰制孔螺栓剪切面直径（mm）；

L_{min}——螺栓杆与孔壁间挤压面的最小高度(mm)；

m——螺栓受剪的接合面数；

$[\tau]$——螺栓许用切应力（MPa）；

$[\sigma]_P$——螺栓或被联接件的许用挤压应力(MPa)。

15.4.3 螺纹联接的常用材料与许用应力

螺纹联接的常用材料及其拉伸机械性能见表 15.8。

螺纹联接的许用应力和安全系数见表 15.9，紧螺栓联接的安全系数见表 15.10，供设计参考。国家标准规定螺栓、螺柱、螺钉的性能等级分为十级，标记代号分别为 3.6、4.6、4.8、5.6、5.8、6.8、8.8、9.8、10.9、12.9。代号小数点前的数字为公称抗拉强度 R_m 的 1/100；小数点后面的数字为材料下屈服强度 R_{eL} 与抗拉强度 R_m 之比的 10 倍，即（R_{eL}/R_m）×10。由此可根据性能等级计算其下屈服强度 R_{eL}。

表 15.8　螺纹联接的常用材料及其拉伸机械性能（GB/T 699—2015，GB/T 700—2006 摘录）

牌号	抗拉强度 R_m/MPa	下屈服强度 R_{eL}/MPa
10	335	205
Q215	335～450	215
Q235	370～500	235
35	530	315
45	600	355

表 15.9　螺纹联接的许用应力和安全系数

联接情况	受载情况	许用应力 $[\sigma]$ 和安全系数 S
松联接	静载荷	$[\sigma]=\frac{R_{eL}}{S}$　$S=1.2\sim1.7$
紧联接	静载荷	$[\sigma]=\frac{R_{eL}}{S}$ 控制预紧力时，$S=1.2\sim1.5$；不控制预紧力时，S 查表 15.10
铰制孔螺栓联接	静载荷	$[\tau]=\frac{R_{eL}}{2.5}$ 被联接件为钢，$[\sigma]_P=\frac{R_{eL}}{1.25}$ 被联接件为铸铁，$[\sigma]_P=R_m/(2\sim2.5)$
铰制孔螺栓联接	变载荷	$[\tau]=R_{eL}/(3.5\sim5)$ $[\sigma]_P$ 按静载荷的 $[\sigma]_P$ 值降低 20%～30%

表 15.10 紧螺栓联接的安全系数（静载不控制预紧力时）

材料	螺栓		
	M6～M16	M16～M30	M30～M60
碳素钢	4～3	3～2	2～1.3
合金钢	5～4	4～2.5	2.5

15.4.4 提高螺栓联接强度的措施

螺栓联接承受轴向变载荷时，螺栓杆部分的疲劳断裂通常发生在应力集中较严重的地方，即螺栓头部、螺纹收尾部和螺母支撑平面所在处的螺纹，如图 15.12 所示。以下简要说明影响螺栓联接强度的因素和提高强度的措施。

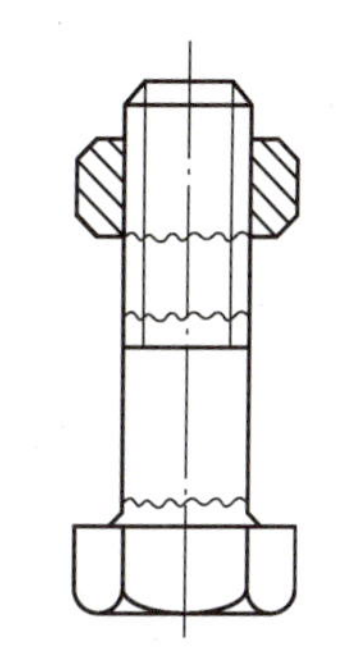
图 15.12 螺栓疲劳断裂的部位

1. 降低螺栓总拉伸载荷 F_0 的变化范围

螺栓所受轴向工作载荷 F 在 $0\sim F$ 间变化时，可得螺栓总拉伸载荷 F_0 的变化范围为 $F'\sim\left(F'+\frac{C_1}{C_1+C_2}F\right)$，减小螺栓刚度 C_1 和增大被联接件刚度 C_2 都可以减小 F_0 的变化范围。这对防止螺栓的疲劳损坏是十分有利的。

为了减小螺栓刚度，可减小螺栓光杆部分直径或采用空心螺杆（图 15.13），也可增加螺栓的长度。

若被联接件本身的刚度较大，但被联接件的接合面因需要密封而采用软垫片时(图 15.14)，其刚度降低。若采用金属薄垫片或 O 形圈作为密封元件（图 15.15），则仍可保持被联接件原来的刚度值。

2. 改善螺纹牙间的载荷分布

采用普通螺母时，轴向载荷在旋合螺纹各圈间的分布是不均匀的，如图 15.16 (a) 所示，从螺母支承面算起，第一圈受载最大，以后各圈递减。理论分析和实验证明，旋合圈数越多，载荷分布不均的程度越显著，到第 8～10 圈以后，螺纹几乎不受载荷。所以，采用圈数多的厚螺母并不能提高联接强度。采用图 15.16 (b)所示的悬置螺母，有助于减小螺母与螺栓杆的螺距变化差，从而使载荷分布均匀。图 15.16 (c) 所示为环形螺母，其作用与悬置螺母相似。

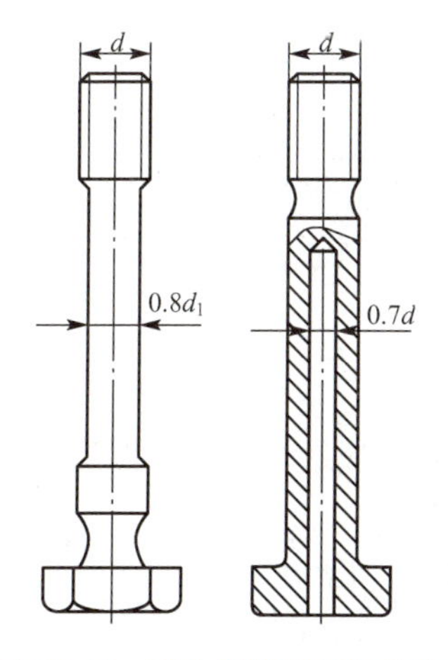

图 15.13 减小螺栓刚度的结构

3. 减小应力集中

螺纹的牙根和收尾、螺栓头到螺栓杆的过渡处、螺栓杆的剖面变化处都是产生应力集中的地方。如图 15.17 所示，增大过渡处圆角[图 15.17 (a)]、切制卸载槽[图 15.17 (b)、和图 15.17 (c)]都是使螺栓截面变化均匀、减小应力集中的有效方法。

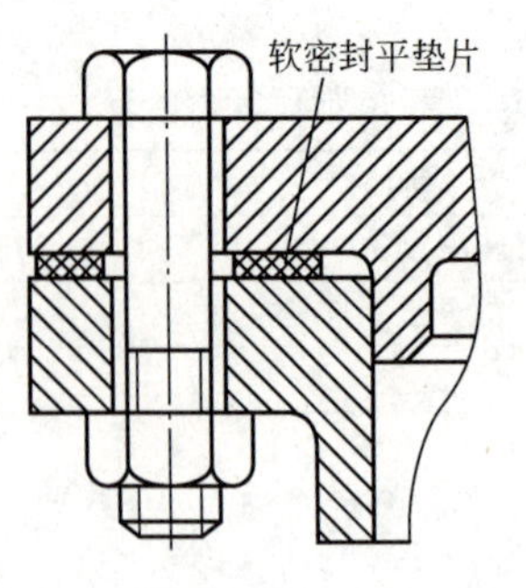

图 15.14 用软垫片密封

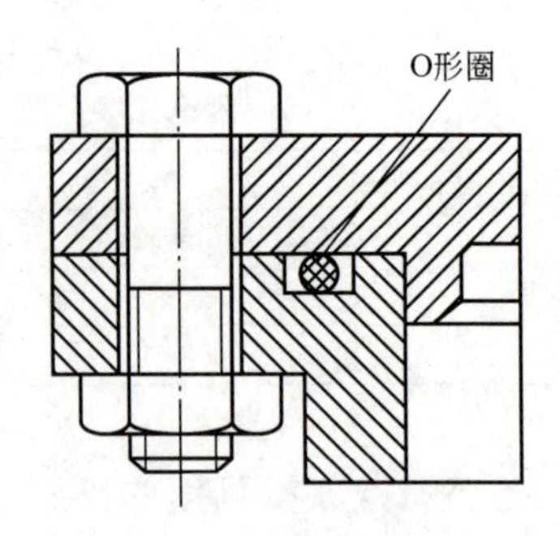

图 15.15 用 O 形圈密封

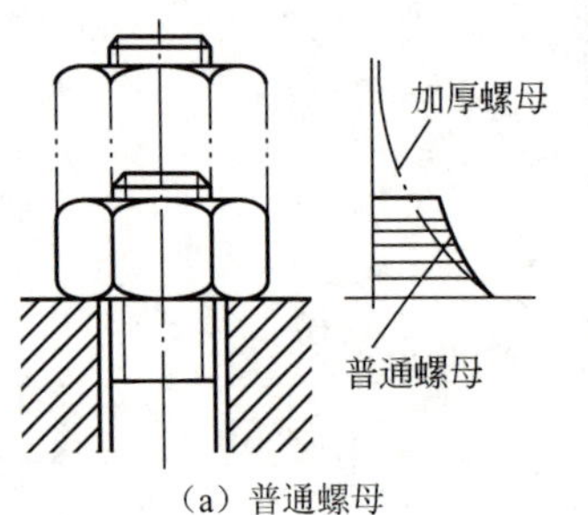

(a) 普通螺母

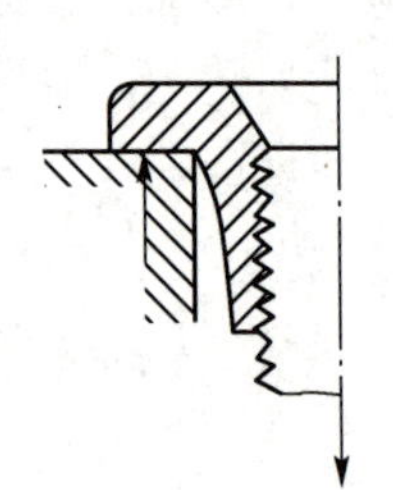

(b) 悬置螺母

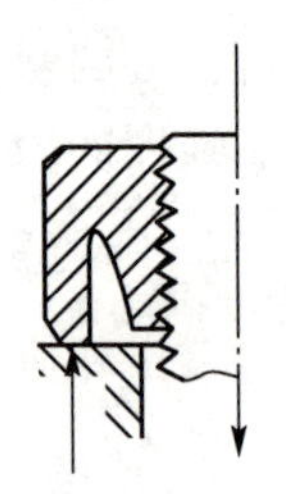

(c) 环形螺母

图 15.16 改善螺纹牙的载荷分布

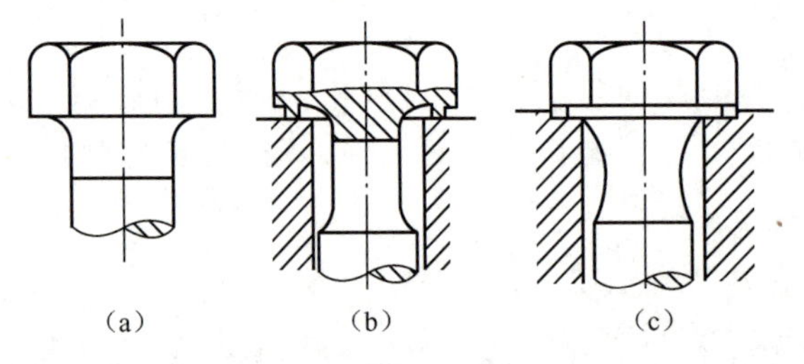

图 15.17 减小螺栓应力集中的方法

4. 避免或减小附加应力

如图 15.18 所示，螺栓受到附加弯曲应力作用会对螺栓的强度有很大影响，应设法避免。因此，在铸铁或锻件等未加工表面上安装螺栓时，常采用凸台或沉头座等结构，经局部加工后可获得平整的支承面以减轻附加弯曲的影响，如图 15.19 所示。

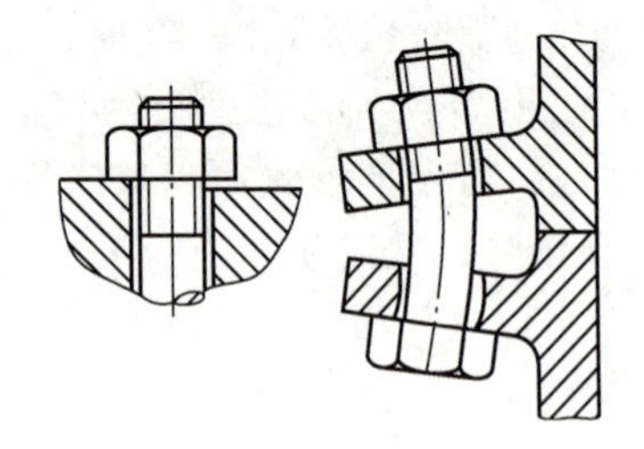

图 15.18 引起附加应力的原因

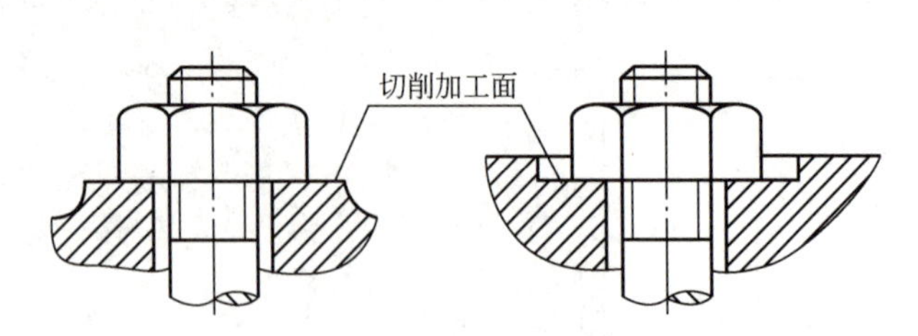

图 15.19 避免附加应力的方法

除上述方法外，在制造工艺上采取冷镦头部和碾压螺纹的螺栓，其疲劳强度约比车制螺栓高 30%，碳氮共渗、渗氮等表面热处理也能提高疲劳强度。

[例 15-1] 试设计压力容器的螺栓联接（图 15.20）。已知：容器内压力 $p=1.5\text{MPa}$，气缸内径 $D=250\text{mm}$，螺栓分布的直径 $D_0=346\text{mm}$，凸缘与垫片厚度之和 $h=50\text{mm}$，为保证紧密性要求，螺栓间距不得大于 120mm。

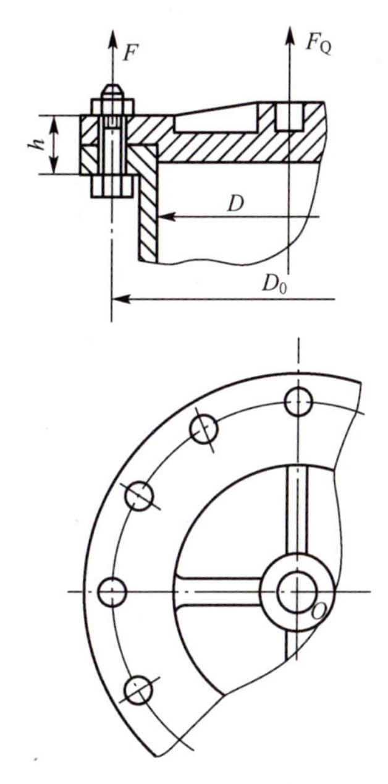

图 15.20　例 15-1 图

解：设计过程如下。

计算及说明	结果
1. 确定螺栓数目 根据容器内压力，查表 15.5，螺栓间距 $t_0 \leqslant 7d$，但 d 待求，先取螺栓间距 $t_0=100\text{mm}$，则螺栓个数为 $z=\dfrac{\pi D_0}{t_0}=\dfrac{3.14\times 346}{100}\approx 10.9$ 考虑螺栓孔的加工方便，取 $z=12$。	$z=12$
2. 选择螺栓材料 由表 15.8 选螺栓材料为 35 钢，取 $R_m=530\text{MPa}$，$R_{eL}=315\text{MPa}$。	螺栓材料 35 钢 $R_m=530\text{MPa}$ $R_{eL}=315\text{MPa}$
3. 计算螺栓所受总载荷 (1) 每个螺栓的工作载荷 F。 $F=\dfrac{p\dfrac{\pi D^2}{4}}{z}=\dfrac{1.5\times\pi\times 250^2}{4\times 12}\text{N}\approx 6133\text{N}$	$F\approx 6133\text{N}$
(2) 求剩余预紧力 F''。对压力容器有密封性要求，取 $F''=1.5F=(1.5\times 6133)\ \text{N}\approx 9200\text{N}$ (3) 单个螺栓所受总拉力 F_0 $F_0=F+F''=(6133+9200)\ \text{N}=15333\text{N}$	$F_0=15333\text{N}$
4. 选取螺栓的许用应力 由表 15.9，$[\sigma]=R_{eL}/S$。不控制预紧力，安全系数查表 15.10，设螺栓公称直径为 M16～M30，取 $S=3$。故许用应力为 $[\sigma]=R_{eL}/S=(315/3)\ \text{MPa}=105\text{MPa}$	$[\sigma]=105\text{MPa}$
5. 计算螺栓直径 由式 (15-14) 得 $d_1\geqslant\sqrt{\dfrac{4\times 1.3F_0}{\pi[\sigma]}}=\sqrt{\dfrac{4\times 1.3\times 15333}{3.14\times 105}}\text{mm}\approx 15.55\text{mm}$	M20×70 $d_1=17.294$

续表

计算及说明	结果
由设计手册选用 M20×70 的普通螺栓，$d_1=17.294\text{mm}>15.55\text{mm}$，并且 M20 位于 M16～M30 之间。 螺栓间距 $t_0=\dfrac{\pi D_0}{Z}=\left(\dfrac{3.14\times346}{12}\right)\text{mm}\approx91\text{mm}<7d$，所选间距合适	$t_0\approx91\text{mm}$

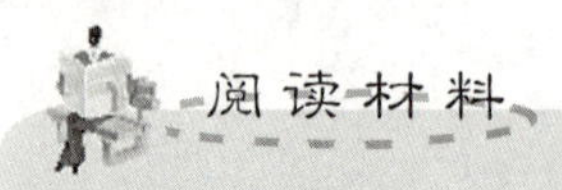

该部分为拓展内容，请读者扫描二维码自行学习。

【参考图文】

习题

15－1 填空题

(1) 普通螺纹的牙型角 $\alpha=$________，适用于__________；梯形螺纹的牙型角 $\alpha=$________，适用于____________。

(2) 螺栓联接和双头螺柱联接必须有____________相配才能实现联接。

(3) 螺纹联接预紧的目的是____________________________。

(4) 螺纹联接防松的根本问题是____________________，其防松方法有________、________和________。

(5) 被联接件受横向载荷作用时，若采用普通螺栓联接，则螺栓受________载荷作用，可能发生的失效形式为________。

15－2 选择题

(1) 当螺纹公称直径、牙型角、螺纹线数相同时，细牙螺纹的自锁性能比粗牙螺纹的自锁性能____。

A. 好　　B. 相同　　C. 差　　D. 不一定

(2) 用于联接的螺纹多为普通螺纹，因为普通螺纹____。

A. 传动效率高　　B. 防振性能好

C. 牙根强度高，自锁性能好　　D. 自锁性能差

(3) 在下列具有相同公称直径和螺距，并采用相同配对材料的螺旋副中，自锁性最好的是____。

A. 双线矩形螺旋副　　B. 单线梯形螺旋副

C. 双线普通螺旋副　　D. 单线普通螺旋副

(4) 当两个被联接件不太厚、便于加工成通孔时，宜采用____。

A. 螺栓联接　　B. 双头螺柱联接

C. 螺钉联接　　D. 紧定螺钉联接

(5) 承受横向载荷作用的铰制孔螺栓联接，其螺栓受____。

A. 剪切作用　　B. 拉伸作用

C. 剪切和拉伸作用　　D. 既可能受剪切作用也可能受挤压作用

(6) 被联接件受横向载荷作用时，若采用一组普通螺栓联接，则载荷靠____来平衡。

A. 螺栓的剪切力　　B. 接合面间的摩擦力

C. 螺栓的挤压力　　D. 螺栓的剪切力和挤压力

15-3　思考题

(1) 螺纹联接有哪几种类型？各有何特点？在实际机械中找出螺纹联接的应用实例。

(2) 重要螺纹联接中，如何控制预紧力？

(3) 为什么螺纹联接要防松？试按防松原理举例说明各种防松方法。

(4) 螺栓组结构设计要点有哪些？

(5) 受轴向工作载荷的紧螺栓联接，为什么螺栓所受总轴向载荷 F_0 不等于预紧力 F' 与轴向工作载荷 F 的代数和？

(6) 常用的提高螺栓联接强度的措施有哪些？

15-4　设计计算题

(1) 某拉杆螺纹联接，在工作中经常转动螺母，以调节拉杆长度。已知：拉杆所受载荷为 F=20kN，拉杆材料为Q235钢。试求拉杆的螺纹直径。

(2) 某受预紧力 F' 和轴向工作载荷 F=1000N作用的紧螺栓联接，已知预紧力 F'=1000N，螺栓的刚度 C_1 与被联接件的刚度 C_2 相等。试计算该螺栓所受的总拉力 F_0 和剩余预紧力 F''。在预紧力 F' 不变的条件下，若保证被联接件间不出现缝隙，该螺栓的最大轴向工作载荷 F_{max} 为多少？

(3) 如图15.21所示，缸体与缸盖凸缘用普通螺栓联接，已知气缸内径 D=100mm，气缸内气体压强 p=1MPa，螺栓均匀分布于 D_0=140mm的圆周上，结合面间采用橡胶垫片。试设计该螺栓组联接的螺栓数目与螺栓的公称尺寸。

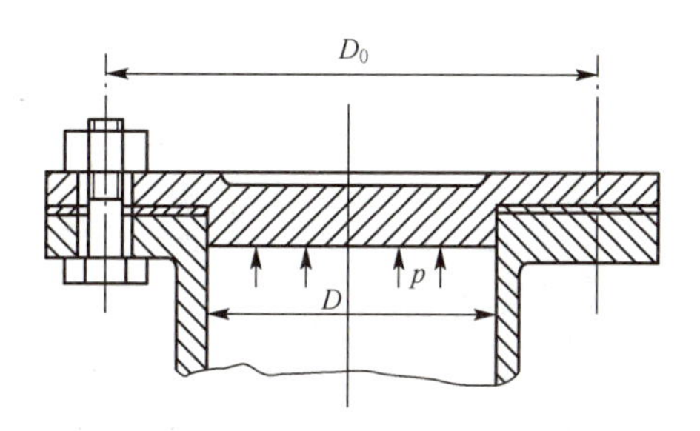

图15.21　题15-4(3)图

(4) 用两个M10的螺钉固定一个牵曳钩，如图15.22所示，若螺钉的性能等级为4.8级，装配时控制预紧力，接合面摩擦系数 f=0.15。求其允许的牵曳力 F。

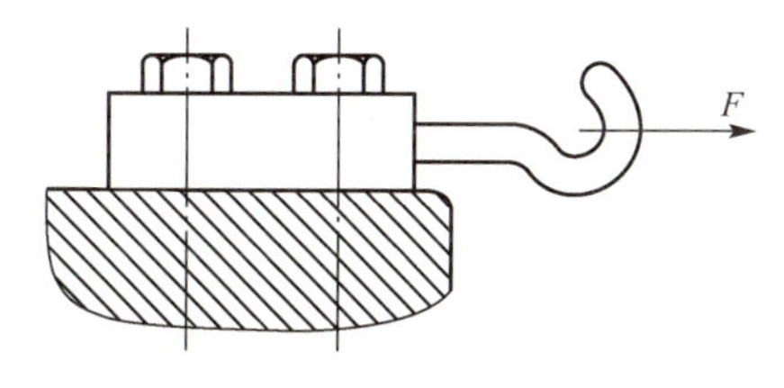

图15.22　题15-4(4)图

(5) 图15.23所示的方形盖板用4个M16螺钉与箱体联接，在盖板中心 O 点装有吊环。

已知 $Q=20\text{kN}$，螺钉的强度级别为 6.8 级。当剩余预紧力 $F''=0.6F$ 时，校核螺钉的强度。

(6) 图 15.24 所示的联接由 2 个 M20 的螺栓组成，螺栓的性能等级为 5.8 级，安装时不控制预紧力，被联接件接合面的摩擦系数 $f=0.1$，可靠度系数 $K_f=1.2$。试计算该联接许可传递的静载荷 F_R。

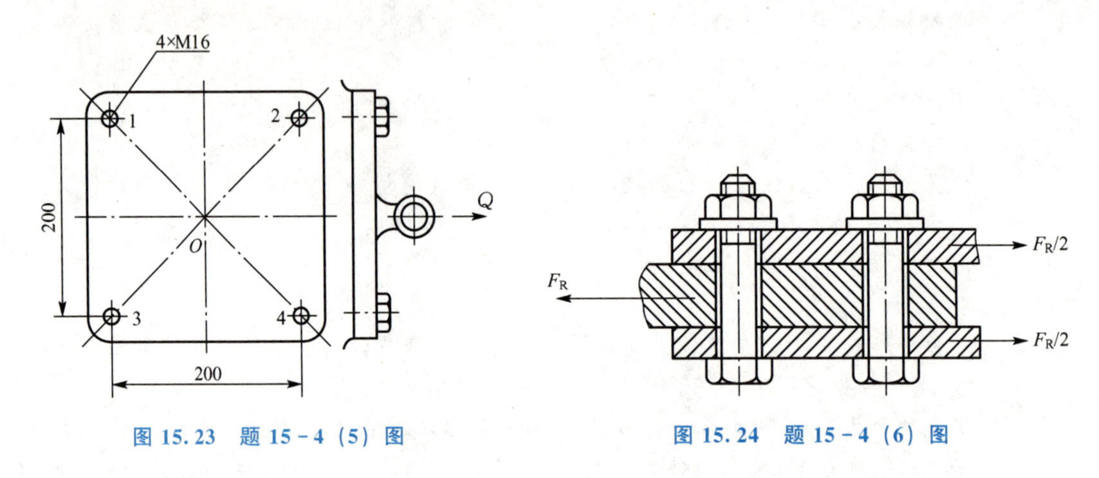

图 15.23 题 15-4 (5) 图

图 15.24 题 15-4 (6) 图

第16章 轴毂联接

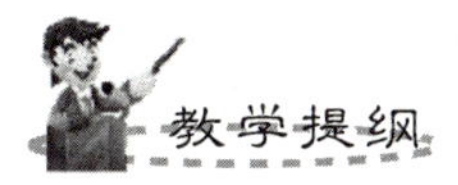

教学提纲

本章主要介绍键联接、花键联接、销联接与过盈联接的工作原理、类型、特点和应用；键联接和花键联接的设计计算。

教学目标

1. 了解键联接、花键联接、销联接和过盈联接类型、特点和应用。
2. 掌握各种联接的工作原理。
3. 掌握平键联接的尺寸选择和强度计算。

轴毂联接的功用主要是实现轴与轴上零件（如齿轮、带轮、飞轮等）轮毂之间的周向固定并传递运动和转矩，有的还可以实现轴上零件的轴向固定或轴向移动。轴毂联接的类型很多，常用的有键联接、花键联接、销联接和过盈联接等。

16.1 键联接

16.1.1 键联接的类型及特点

键是标准件。键联接种类较多，常用的有平键联接、半圆键联接、楔键联接和切向键联接等，其类型及特点见表16.1。

表 16.1　键联接的类型及特点

<table>
<tr><th colspan="2">类型</th><th>图例</th><th>工作原理</th><th>特点及应用</th></tr>
<tr><td rowspan="3">平键联接</td><td>普通型平键</td><td> 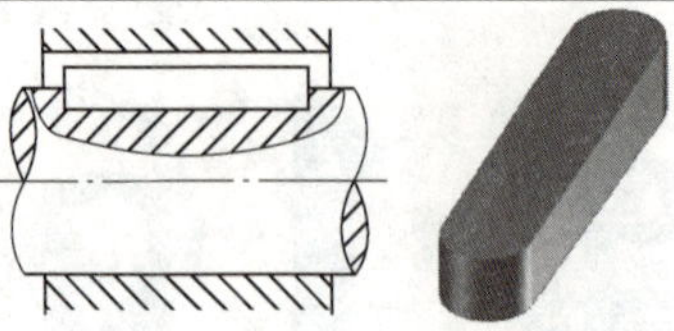(a) 圆头平键（A型） 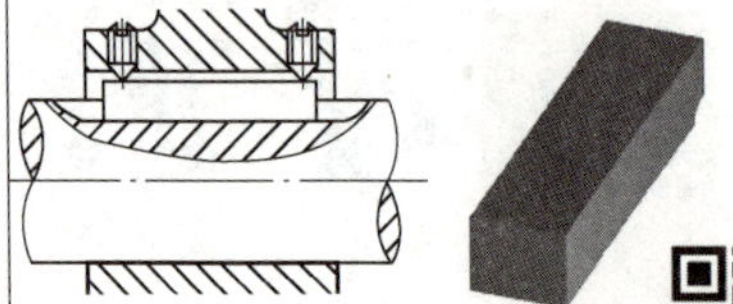
(b) 平头平键（B型）
【参考动画】 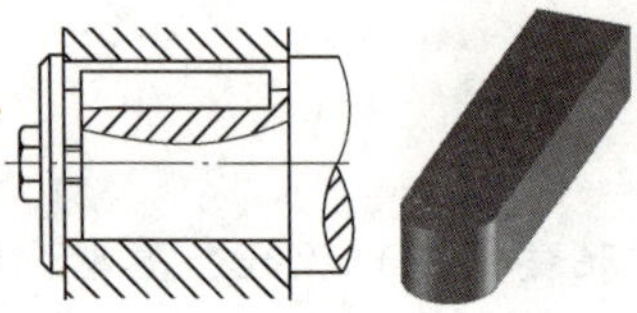
(c) 单圆头平键（C型） 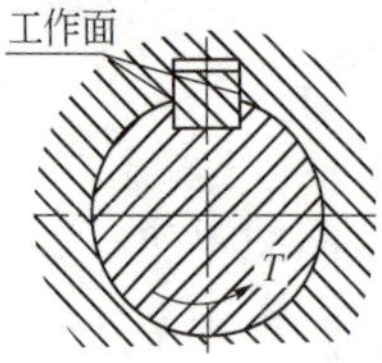
工作面
T
(d) 平键联接横截面</td><td rowspan="3">平键联接工作时，靠键与键槽的侧面相互挤压传递动力，因此，键的两侧面是工作面，上、下表面是非工作面，键的上表面与轮毂键槽底面间留有间隙。但平键联接不能实现轴上零件的轴向固定，不能承受轴向力</td><td>普通型平键用于轴毂间无相对轴向移动的静联接。根据键端部形状不同，普通型平键分为圆头（A 型）、平头（B 型）和单圆头（C 型）三种。其中，A 型键和 C 型键轴上的键槽用指状铣刀铣出，键与键槽形状相同，键在键槽中固定较好，但轴上键槽端部对轴引起的应力集中较大；B 型键轴上的键槽用盘形铣刀铣出，键槽对轴引起的应力集中较小，但键在槽中固定不好，所以尺寸大的键宜用紧定螺钉固定在轴上的键槽中，以防松动。A 型、B 型键常用于轴的中部；C 型键则用于轴的端部
平键联接结构简单、装拆方便，轴与轮毂的对中性较好，因而应用十分广泛</td></tr>
<tr><td>导向型平键</td><td>【参考动画】 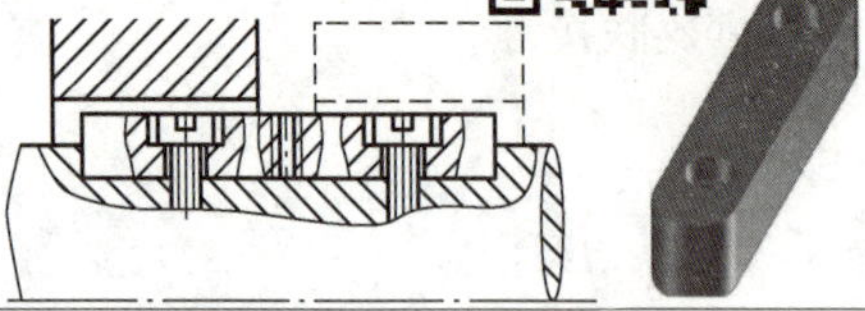</td><td>用于动联接。导向型平键是一种较长的平键，需用螺钉固定在轴上的键槽中，使轮毂沿键做轴向移动。为便于拆装，在键中部制出起键螺纹孔。
适用于轴上零件轴向移动量不大的联接，如变速箱中的滑移齿轮</td></tr>
<tr><td>滑键</td><td> 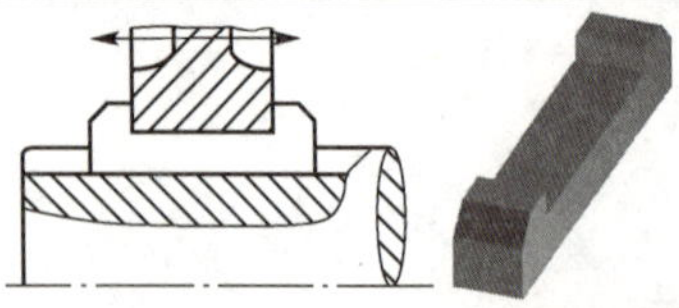 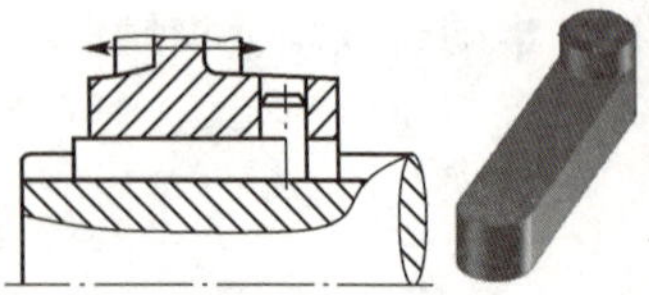【参考动画】</td><td>若轴上零件移动距离较大，为避免制造过长的导向型平键，可采用滑键联接。滑键固定在轮毂上，键随轮毂沿着轴上键槽移动，所以轴上需铣出较长的键槽。滑键在轮毂上常有两种固定方式</td></tr>
</table>

续表

类型		图例	工作原理	特点及应用
半圆键联接		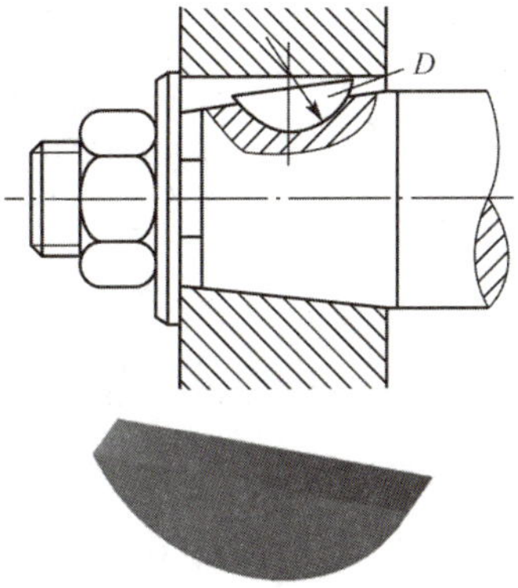	半圆键工作面也是两侧面，工作时，靠其侧面相互挤压来传递转矩	用于静联接。轴上键槽用尺寸与半圆键相同的半圆键铣刀铣出，因而键在槽中能绕其几何中心摆动，以适应轮毂中键槽的斜度。 这种键联接工艺性较好、装配方便，尤其适用于锥形轴端与轮毂的联接。但轴上键槽较深，较大地削弱了轴的强度。所以，半圆键联接一般只适用于轻载或辅助性的联接 【参考动画】
楔键联接	普通型楔键	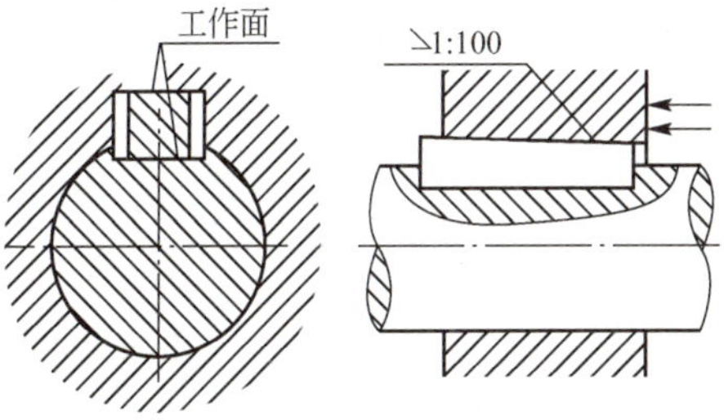 （a）圆头普通楔键 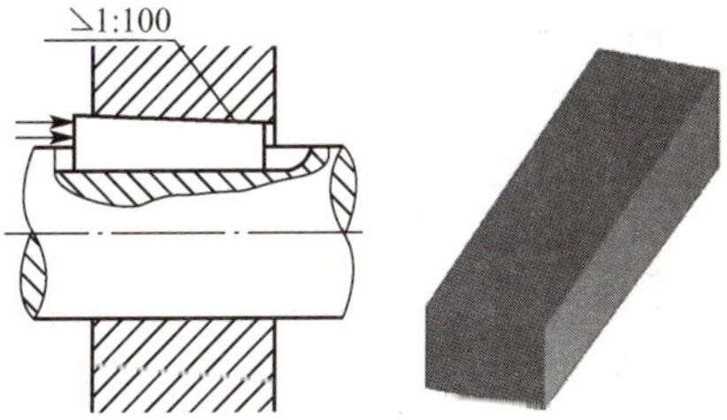 （b）平头普通楔键	楔键装配后，键即楔紧在轴与轮毂的键槽里，所以键的上、下两面是工作面。工作时，靠键楔紧后键与键槽接触处产生的摩擦力来传递转矩，同时可以承受单向的轴向载荷，对轮毂起到单向的轴向固定作用。楔键的两侧面与键槽侧面间有很小的间隙	【参考动画】 用于静联接。键的上表面和与它配合的轮毂键槽底面均具有1∶100的斜度。普通型楔键有圆头、平头和单圆头三种形式。装配时，圆头楔键要先放入轴上键槽中，然后打紧轮毂；平头、单圆头和钩头楔键则在轮毂装好后才放入键槽并打紧。钩头楔键的钩头供拆卸用。 楔键联接在传递有冲击和振动的较大转矩时，仍能保证联接的可靠性。但由于键楔紧后，轴与轮毂的配合产生偏心，因此主要用于毂类零件的定心精度要求不高和转速低的场合
	钩头型楔键	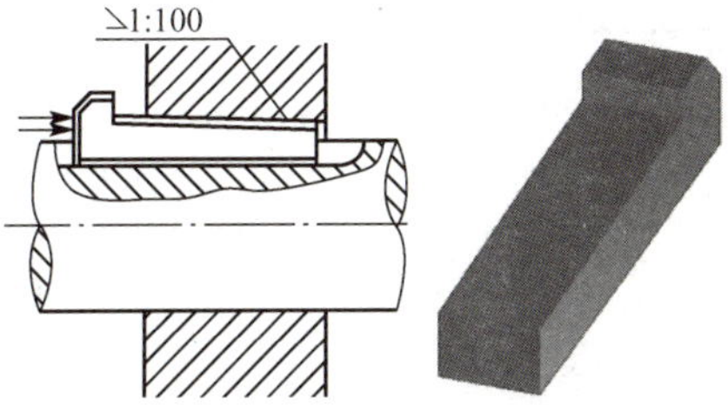		

续表

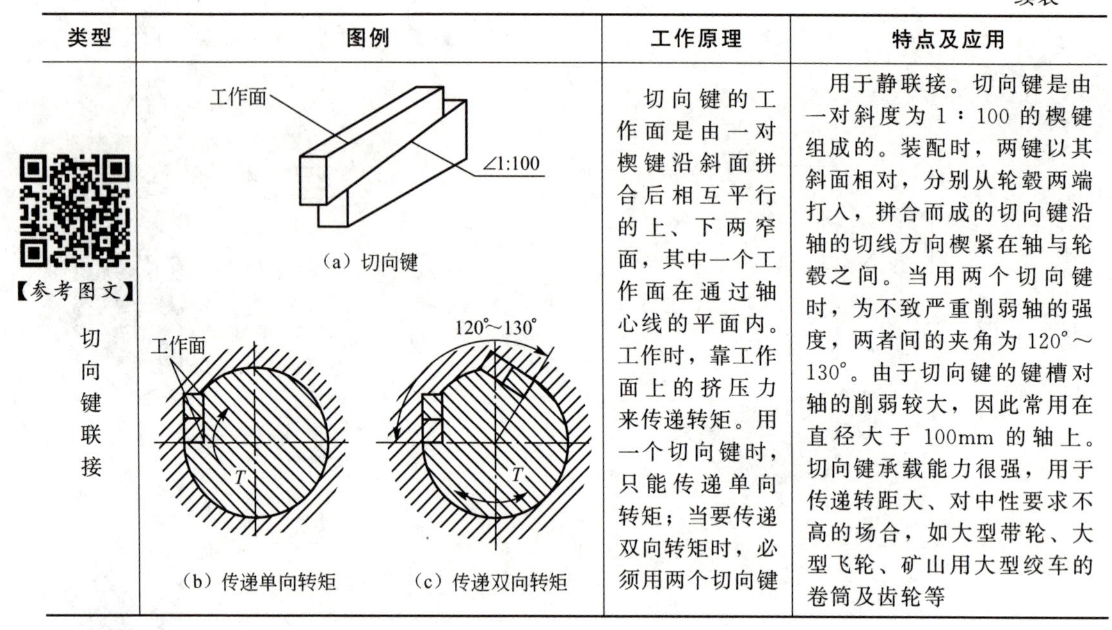

类型	图例	工作原理	特点及应用
【参考图文】 切向键联接	(a) 切向键 (b) 传递单向转矩　(c) 传递双向转矩	切向键的工作面是由一对楔键沿斜面拼合后相互平行的上、下两窄面，其中一个工作面在通过轴心线的平面内。工作时，靠工作面上的挤压力来传递转矩。用一个切向键时，只能传递单向转矩；当要传递双向转矩时，必须用两个切向键	用于静联接。切向键是由一对斜度为 1∶100 的楔键组成的。装配时，两键以其斜面相对，分别从轮毂两端打入，拼合而成的切向键沿轴的切线方向楔紧在轴与轮毂之间。当用两个切向键时，为不致严重削弱轴的强度，两者间的夹角为 120°～130°。由于切向键的键槽对轴的削弱较大，因此常用在直径大于 100mm 的轴上。切向键承载能力很强，用于传递转距大、对中性要求不高的场合，如大型带轮、大型飞轮、矿山用大型绞车的卷筒及齿轮等

16.1.2 平键联接的选用和强度计算

1. 平键联接的失效形式

普通型平键联接为静联接，其主要失效形式是键或轮毂中较弱的零件的工作面被压溃，当严重过载时也可能发生键体剪断。一般只需对普通型平键联接进行挤压强度校核，而不必进行剪切强度校核。

导向型平键联接和滑键联接为动联接，其主要失效形式是工作面产生过量的磨损，因此，应对其进行耐磨性计算，限制压强。

2. 平键联接的设计计算

平键已经标准化，设计时先选择平键类型。选择平键类型时应考虑：传递转矩的大小；轴上零件是否需要沿轴向移动及滑移距离的长短；对中性要求；键在轴的中间还是端部等。然后确定键的尺寸，键的主要尺寸为其剖面尺寸（键宽 b×键高 h）与长度 L。键的剖面尺寸 $b×h$ 根据轴的直径 d 从标准中选取；键的长度 L 一般可按轮毂的长度选定，即键长略短于轮毂长，并符合标准规定的长度系列。普通型平键的主要尺寸（GB/T 1096—2003）见表 16.2。

表 16.2　普通型平键的主要尺寸（GB/T 1096—2003）　（单位：mm）

轴的直径 d	>10～12	>12～17	>17～22	>22～30	>30～38	>38～44	>44～50
键宽 b×键高 h	4×4	5×5	6×6	8×7	10×8	12×8	14×9
轴的直径 d	>50～58	>58～65	>65～75	>75～85	>85～95	>95～110	>110～130
键宽 b×键高 h	16×10	18×11	20×12	22×14	25×14	28×16	32×18

续表

键的长度 L 系列	6，8，10，12，14，16，18，20，22，25，28，32，36，40，45，50，56，63，70，80，90，100，110，125，140，160，180，200，220，250，280，320，360，400，450，500

在选取键的类型及尺寸之后，还应进行键联接的强度校核计算。如果忽略平键联接中的摩擦，其受力情况如图 16.1 所示。设载荷沿键长和键高均匀分布，则普通型平键静联接的挤压强度条件为

$$\sigma_p=\frac{F}{kl}=\frac{2T}{dkl}\leqslant[\sigma_p] \qquad (16-1)$$

对导向型平键和滑键等动联接，其耐磨性计算条件为

$$p=\frac{2T}{dkl}\leqslant[p] \qquad (16-2)$$

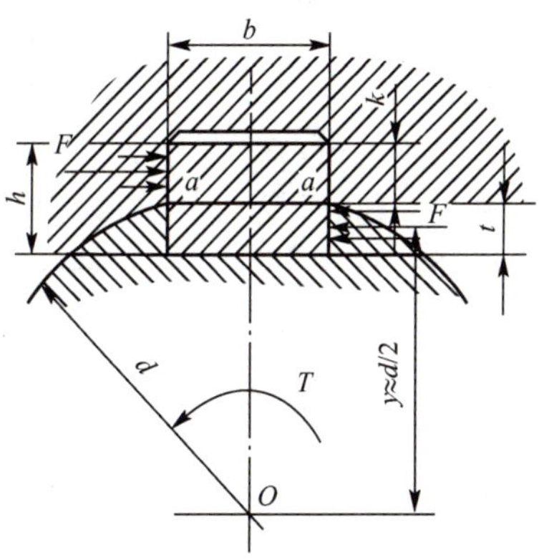

图 16.1 平键联接的受力情况

式中 σ_p——挤压应力（MPa）；

F——挤压力（N）；

k——键与轮毂槽的接触高度（mm），近似可取 $k=h/2$，其中 h 为键的高度（mm）；

l——键的工作长度（mm），圆头平键 $l=L-b$，平头平键 $l=L$，单圆头平键 $l=L-0.5b$，其中 L 为键的公称长度（mm），b 为键的宽度（mm）；

T——传递的转矩（N·mm）；

d——轴径（mm）；

p——压强（MPa）；

$[\sigma_p]$——键、轮毂、轴三者中较弱材料的许用挤压应力（MPa），见表 16.3；

$[p]$——键、轮毂、轴三者中较弱材料的许用压强（MPa），见表 16.3。

表 16.3 键联接的许用挤压应力和许用压强 （单位：MPa）

许用值种类	联接方式	联接零件中较弱零件材料	载荷性质		
			载荷平稳	轻微冲击	冲击
$[\sigma_p]$	静联接	钢	125～150	100～120	60～90
		铸铁	70～80	50～60	30～45
$[p]$	动联接	钢	50	40	30

若联接强度不够，采取的措施有：①增大键的工作长度和轮毂长，但键长一般不超过 $2.5d$；②增加键的数量，采用两平键时，两键应相隔 180°布置（图 16.2），此时考虑到载

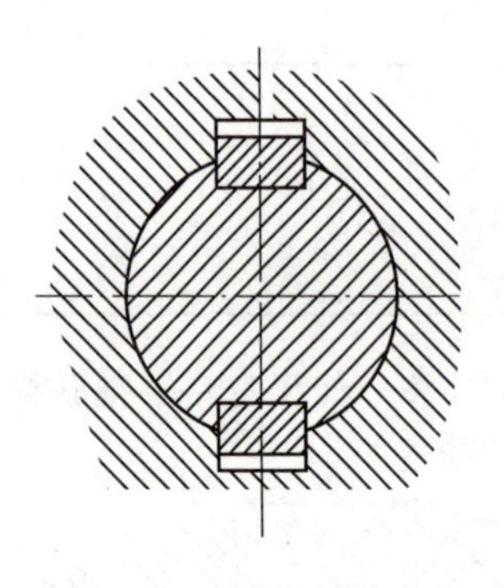

图 16.2　双平键联接布置

荷在两键上分布不均匀，只能按 1.5 个键校核联接强度；③改换联接件中较弱零件的材料，如将铸钢材料换为钢。

键的材料一般采用抗拉强度（σ_b）不小于 600MPa 的碳素钢，通常用 45 钢。当轮毂用有色金属或非金属材料时，键可用 20 钢或 Q235 钢。

［例 16－1］ 试设计模块四图（b）带式输送机中单级斜齿圆柱齿轮减速器输出轴上齿轮轴段的键联接。根据例 13－1 设计［图 13.10（a）］，已知装齿轮处轴的直径 d=54mm，齿轮轮毂宽度为 41mm，传递转矩 T=224.53N·m。其他条件与例 9－1 相同。

解：设计过程如下。

计算及说明	结果
1. 选择键的类型 选 A 型普通平键。	A 型普通平键
2. 确定键的尺寸 由表 16－2 可知，d＞50～58mm 时，键剖面尺寸应选 b=16mm，h=10mm；参考齿轮轮毂宽度及键长 L 的尺寸系列，取 L=32mm（静联接，一般键长可比轮毂宽度小 5～10mm）。所选 A 型普通平键标记为键 16×32（GB/T 1096—2003）。	b=16mm h=10mm L=32mm 键 16 × 32（GB/T 1096—2003）
3. 强度校核 挤压强度按式（16－1），并取 $k=h/2$，$l=L-b$，工作表面的挤压应力为 $\sigma_p=2T/dkl=\frac{2\times224530}{54\times(10/2)\times(32-16)}\text{MPa}\approx103.95\text{MPa}$ 齿轮材料为 45 钢，并且载荷平稳，由表 16－3 可知，许用挤压应力 $[\sigma_p]$=125～150MPa。σ_p=103.95MPa＜$[\sigma_p]$，故联接能满足挤压强度要求	$\sigma_p\approx$103.95MPa $[\sigma_p]$=125～150MPa 强度满足

16.2　花键联接

花键联接是由带有多个纵向键齿的轴（外花键）与毂孔（内花键）组成的，如图 16.3 所示。花键可视为由多个平键组成，键齿侧面为工作面，依靠内、外花键齿侧的相互挤压传递转矩。花键可用于静联接，也可用于动联接。

【参考图文】

（a）外花键

（b）内花键

（c）花键联接

图 16.3　花键的组成

16.2.1 花键联接的类型及特点

花键联接可以看作平键联接在数目上的发展。但是，由于结构形式和制造工艺不同，与平键联接相比，花键联接在强度、工艺和使用方面有以下优点。

(1) 因为在轴上与毂孔上直接而匀称地制出较多齿与槽，齿数增加，总接触面积增大，因而可承受较大的载荷，联接受力较均匀。

(2) 因槽较浅，齿根处应力集中较小，轴与毂的强度削弱较小。

(3) 轴上零件与轴的对中性好（对高速及精密机器很重要）、导向性较好（对动联接很重要）。

(4) 可用磨削的方法提高加工精度及联接质量。

花键联接的缺点是齿根处仍有应力集中；有时需要专门设备加工，成本较高。因此，花键联接适用于定心精度要求高、载荷大或经常滑移的联接。

花键按齿形不同，可分为矩形花键和渐开线花键两类，均已标准化。

1. 矩形花键

如图 16.4 所示，矩形花键两侧面为相互平行的平面，易加工，应用广泛。矩形花键的定心方式为小径定心，即外花键和内花键的小径为配合面。其特点是定心精度高、定心的稳定性好、能用磨削的方法消除热处理引起的变形。

按齿高的不同，矩形花键的齿形尺寸在标准中规定了两个系列，即轻系列和中系列。轻系列的承载能力较差，多用于静联接或轻载联接；中系列多用于中等载荷的联接。

2. 渐开线花键

渐开线花键的齿廓为渐开线，分度圆压力角（α）有 30°和 45°两种，如图 16.5 所示。齿顶高分别为 $0.5m$ 和 $0.4m$，此处 m 为模数。与渐开线齿轮相比，渐开线花键齿较短、齿根较宽、不发生根切的最小齿数较少。

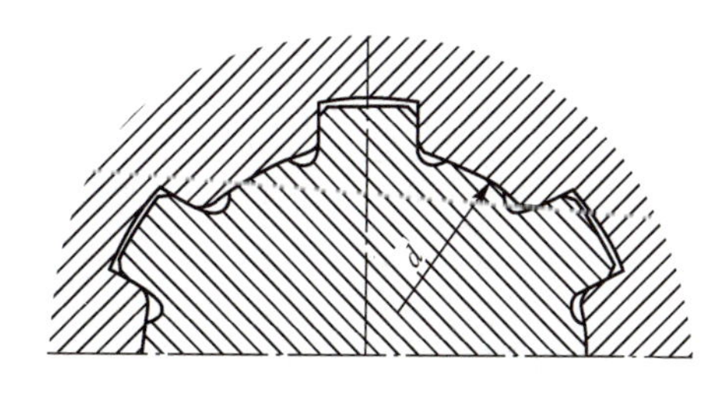

图 16.4 矩形花键联接

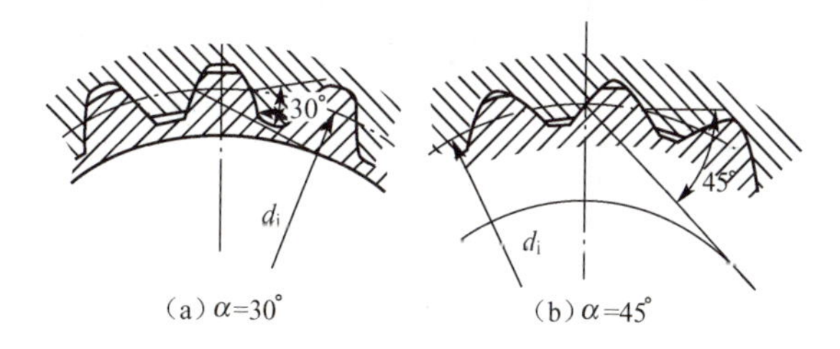

图 16.5 渐开线花键联接

可以用制造齿轮的方法来加工渐开线花键，工艺性较好，制造精度也较高，花键齿的根部强度高，应力集中小，易定心，当传递的转矩较大且轴径也大时，宜采用渐开线花键联接。由于压力角为 45°的渐开线花键齿形钝而短，与压力角为 30°的渐开线花键相比，对联接件强度的削弱较少，但齿的工作面高度较小，故承载能力较差，多用于载荷较轻、直径较小的静联接，特别适用于薄壁零件的轴毂联接。

渐开线花键的定心方式为齿形定心。当齿受载时，齿上有径向力，能起到自动定心作用，有利于各齿均匀承载。

16.2.2 花键联接的设计

花键联接的设计与平键联接的设计相似，首先根据联接的结构特点、使用要求和工作条件选定花键联接的类型和尺寸，然后进行必要的强度校核计算。

花键联接的主要失效形式有工作面被压溃（静联接）和工作面过度磨损（动联接）。因此，静联接通常按工作面的挤压强度进行计算，动联接则按工作面的耐磨性进行计算。花键联接的受力情况如图16.6所示。假定载荷在键的工作面上均匀分布，每个齿工作面上压力的合力 F 作用在平均直径 d_m 处，即传递的转矩 $T=zF\times d_m/2$，并引入系数 ψ 来考虑实际载荷在各花键齿上分配不均的影响，则花键联接的强度条件如下。

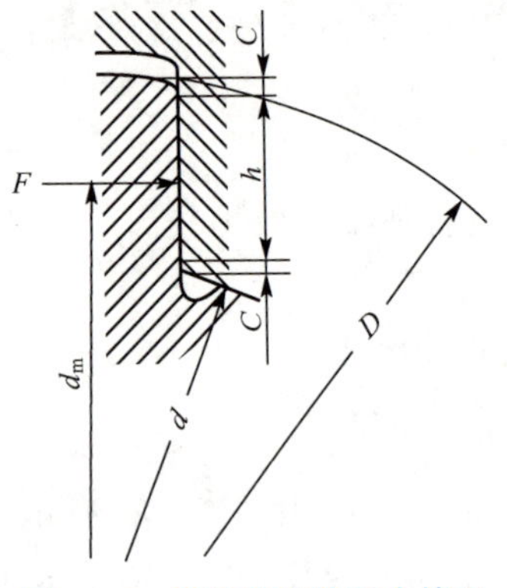

图16.6 花键联接的受力情况

静联接
$$\sigma_p=\frac{2T\times10^3}{\psi zhld_m}\leqslant[\sigma_p] \tag{16-3}$$

动联接
$$p=\frac{2T\times10^3}{\psi zhld_m}\leqslant[p] \tag{16-4}$$

式中 ψ——载荷分配不均系数，与齿数有关，一般取 $\psi=0.7\sim0.8$，齿数多时取偏小值；

z——花键的齿数；

l——齿的工作长度（mm）；

h——花键齿侧面的工作高度（mm），矩形花键 $h=\frac{D-d}{2}-2C$，其中 D 为外花键的大径（mm），d 为内花键的小径（mm），C 为倒角尺寸（mm），渐开线花键 $h=m$（$\alpha=30°$）或 $h=0.8m$（$\alpha=45°$），m 为模数；

d_m——花键的平均直径（mm），矩形花键 $d_m=\frac{D+d}{2}$，渐开线花键 $d_m=d_i$，d_i 为分度圆直径（mm）；

$[\sigma_p]$——花键联接的许用挤压应力（MPa），见表16.4；

$[p]$——花键联接的许用压强（MPa），见表16.4。

表16.4 花键联接的许用挤压应力和许用压强 （单位：MPa）

许用值类别	联接工作方式	使用和制造情况	齿面未经热处理	齿面经过热处理
$[\sigma_p]$	静联接	不良 中等 良好	35～50 60～100 80～120	40～70 100～140 120～200
$[p]$	空载下移动的动联接	不良 中等 良好	15～20 20～30 25～40	20～35 30～60 40～70
	在载荷作用下移动的动联接	不良 中等 良好	— — —	3～10 5～15 10～20

注：1. 使用和制造情况不良是指受变载荷，有双向冲击、振动频率高和振幅大、润滑不良（对动联接）、材料硬度不高或精度不高等。

2. 相同情况下，$[\sigma_p]$ 或 $[p]$ 的较小值用于工作时间长和重要的场合。

花键材料采用抗拉强度极限不低于600MPa的高强度钢。

16.3 销 联 接

销联接的主要作用：确定零件之间的相互位置，一般称为定位销，如图 16.7（a）、图 16.7（b）所示；传递不大的转矩，一般称为联接销，如图 16.7（c）所示；作为安全保护中的过载保护元件，一般称为安全销，如图 16.7（d）所示。

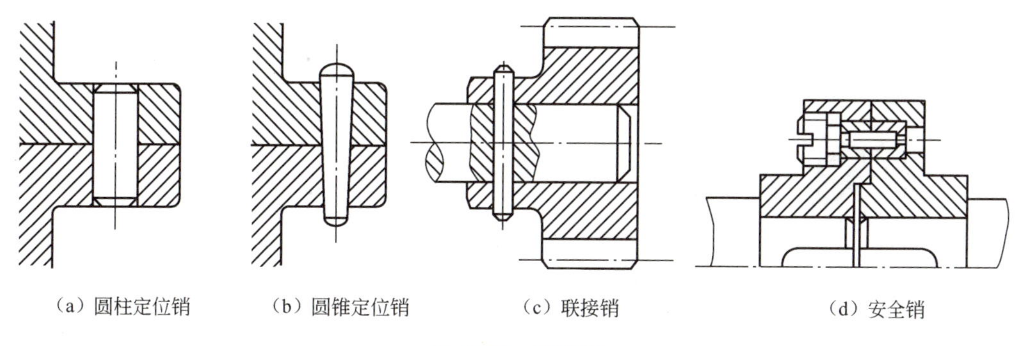

（a）圆柱定位销　（b）圆锥定位销　（c）联接销　（d）安全销

图 16.7 销联接

销是标准件，基本形式有圆柱销和圆锥销两种，其他形式都由此演化而来，如内螺纹圆锥销、螺尾圆锥销、开尾圆锥销、槽销和开口销等。销联接的类型及特点见表 16.5。

表 16.5 销联接的类型及特点

类　型	图　例	特点及应用
圆柱销		【参考图文】 圆柱销是靠销和孔过盈配合固定在孔中的，经过多次拆装后，联接的紧固性及定位精度降低，所以圆柱销只适用于不常拆卸处。销孔需铰制
圆锥销		圆锥销具有 1∶50 的锥度，其小头直径为标准值。圆锥销拆装比较方便，有可靠的自锁性能，定位精度高于圆柱销，而且在同一销孔中经多次拆装不会影响被联接零件的相互位置精度。因此，圆锥销应用广泛，尤其适用于需要经常拆装的场合。销孔需铰制

续表

类型	图例	特点及应用
内螺纹圆锥销	 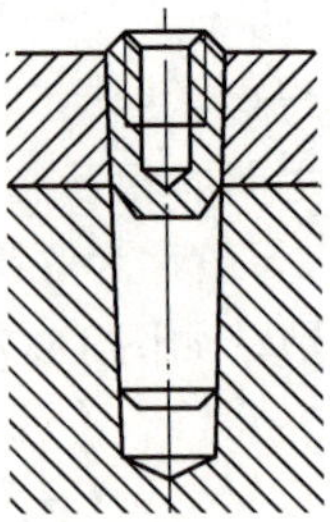	内螺纹圆锥销一般用于盲孔的联接及拆装不便的场合
螺尾圆锥销	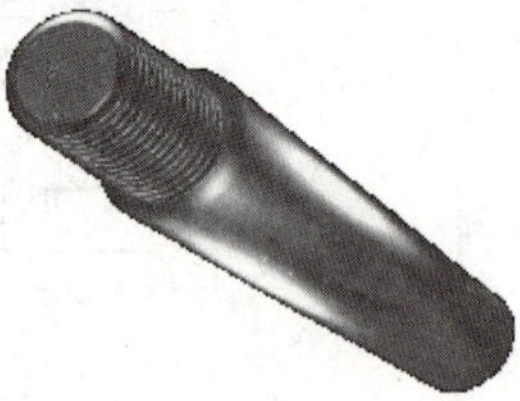 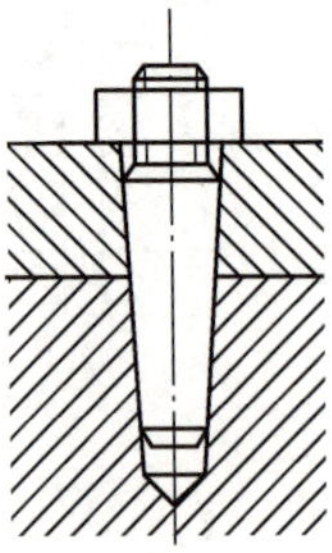	螺尾圆锥销一般用于盲孔的联接及拆装不便的场合
开尾圆锥销	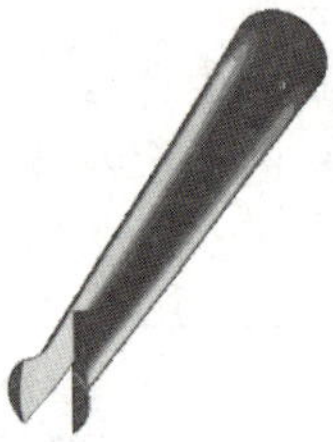 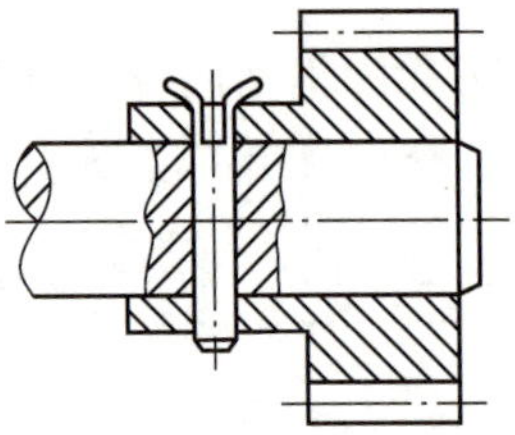	开尾圆锥销用于受冲击、振动的场合
槽销		槽销上有三条纵向沟槽，槽销打入销孔后，由于凹槽产生收缩变形而挤紧在销孔中。多用于传递载荷，也适用于受振动载荷的联接。销孔无须铰制，加工方便，可多次拆装
开口销	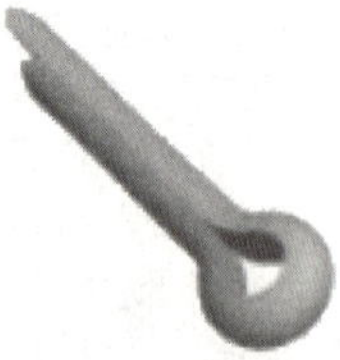 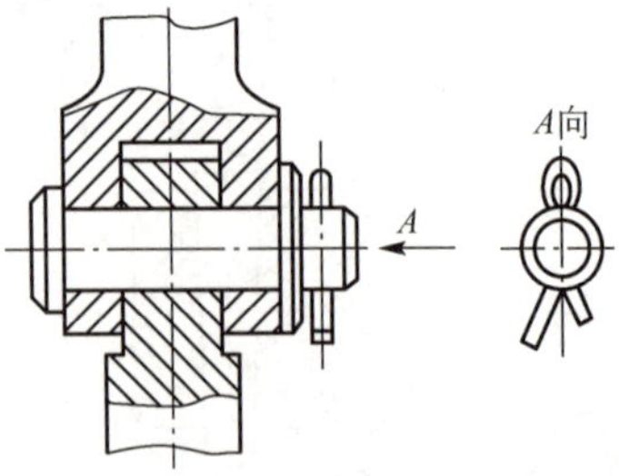 A向 A	装配开口销时将尾部分开，以防松脱

销一般用 35 钢、45 钢等材料制造。

16.4 过盈联接

过盈联接是利用包容件（轮毂）和被包容件（轴）间的过盈配合实现的联接。由于材料具有弹性，配合后在两者的配合面间产生径向压力，工作时靠此压力产生的摩擦力来传递转矩及轴向力，如图16.8所示。过盈联接的配合面通常为圆柱面，有时为圆锥面。

过盈联接结构简单、定心性较好、承载能力较强，并能在变载荷及冲击的情况下工作。由于其承载能力主要取决于装配过盈量，因此对配合面的加工精度要求较高。由于其装配不便，不宜用于经常拆装的场合。常与平键联合使用以承受大的变载、振动和冲击载荷。

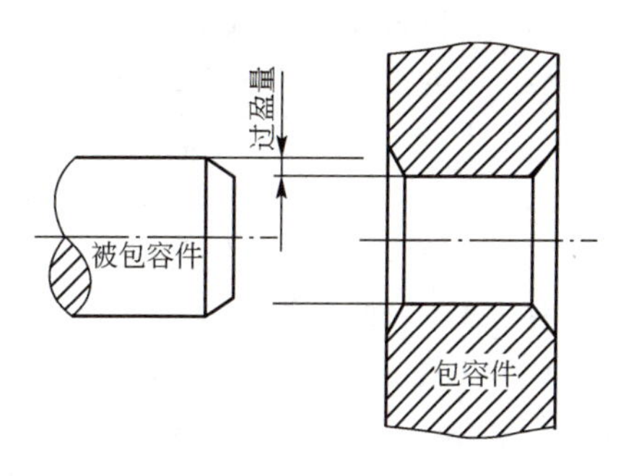

图16.8 过盈联接

圆柱面过盈联接的过盈量或尺寸较小时，一般用压入法装配；过盈量或尺寸较大时，常用温差法（加热包容件或冷却被包容件）装配；大型零件的圆锥面过盈联接可以用高压油进行拆装。

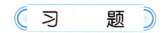

16－1 选择题

(1) 普通平键联接的主要用途是使轴与轮毂之间____。
　A. 沿轴向固定并传递轴向力　　B. 安装与拆卸方便
　C. 沿周向固定并传递转矩

(2) 普通平键的工作面是____，工作时靠工作面的相互挤压来传递转矩。
　A. 键的上、下面　　B. 键的两侧面

(3) 轴上可移动的变速齿轮与轴的联接可选用____。
　A. 普通平键　　B. 滑键　　C. 楔键

(4) 能够构成紧键联接（即楔紧）的两种键是____。
　A. 楔键和半圆键　　B. 平键和切向键
　C. 半圆键和切向键　　D. 楔键和切向键

(5) 对于平键，静联接的主要失效形式是____，动联接的主要失效形式是____。
　A. 工作面过度磨损　　B. 键被剪断
　C. 键被弯断　　D. 工作面的压溃

(6) 键的剖面尺寸主要是根据____按标准来选择。
　A. 传递功率　　B. 轮毂的长度
　C. 轴的直径　　D. 传递转矩

(7) 键的长度主要是根据____按标准来选择。
　A. 传递功率　　B. 轮毂的长度
　C. 轴的直径　　D. 传递转矩

(8) 在同一轴段上，若采用两个平键联接，一般两键____布置。

A. 在同一母线　　B. 相隔90°

C. 相隔120°　　D. 相隔180°

(9) 设计键联接的主要内容：①按轮毂长度选择键的长度；②按工作要求选择键的类型；③按轴径选择键的剖面尺寸；④进行必要的强度校核。具体设计时一般顺序为____。

A. ③-④-②-①　B. ②-③-①-④　C. ①-③-②-④

16-2　思考题

(1) 键联接的功用是什么？有哪些结构类型？

(2) 平键联接和楔键联接在工作原理上有什么不同？各有什么特点？

(3) 花键与平键相比有哪些优缺点？花键有哪几种？各如何定心？

(4) 销联接的功用是什么？有哪些结构类型？

(5) 过盈联接有哪几种装配方法？

16-3　设计计算题

(1) 带轮与轴采用平键联接，带轮材料为铸铁，轴和键的材料均为45钢，轴径$d=80$mm，带轮轮毂宽$B=150$mm，传递功率$P=5$kW，转速$n=135$r/min，载荷有轻微冲击。试确定平键的类型及尺寸，并校核其强度。

(2) 在直径$d=80$mm的轴端安装钢制直齿圆柱齿轮（图16.9），轮毂宽度$B=1.5d$，载荷有轻微冲击。试选择键的尺寸，并计算其能传递的最大转矩。

(3) 图16.10所示为变速箱中的双联滑移齿轮，传递的额定功率$P=4$kW，转速$n=250$r/min。齿轮在空载下移动，工作情况良好。试选择花键的类型和尺寸，并校核其强度。

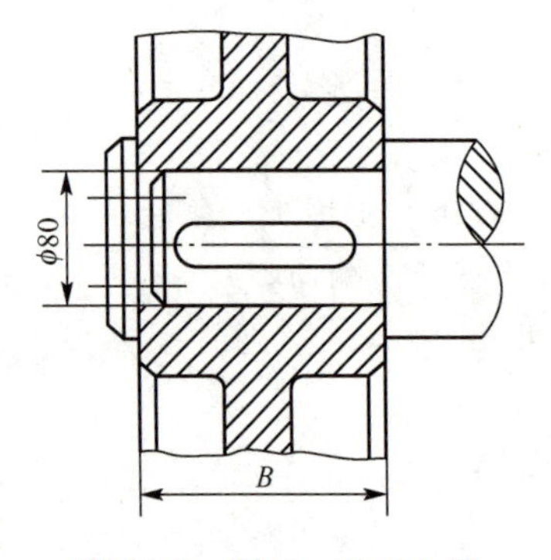

图16.9　题16-3(2)图

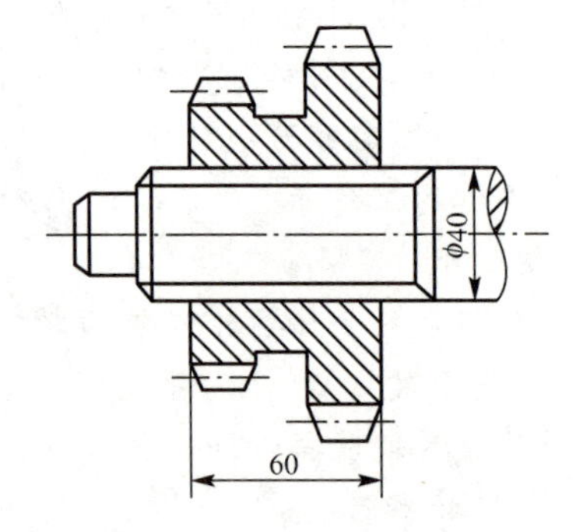

图16.10　题16-3(3)图

提示：本章其他设计习题见模块七实训项目任务书。

第17章 联轴器和离合器

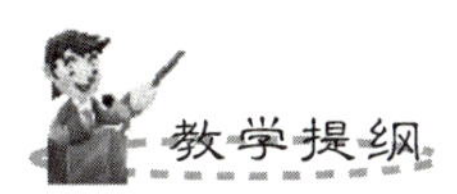

本章主要介绍几种典型的联轴器和离合器的工作原理、类型、特点和应用。

教学目标

1. 了解常用联轴器与离合器的工作原理、结构、特点和应用。
2. 掌握联轴器的选用原则。

联轴器和离合器都是机械传动中常用的部件。图 17.1 所示为液体搅拌机，减速器 2 的输出轴与搅拌轴 5 通过凸缘联轴器 4 相联，将电动机的运动和动力传递给搅拌轴，以实现液体搅拌的目的。所以，联轴器和离合器主要实现轴与轴的联接，有时也联接轴与其他回转零件，如齿轮、带轮等，使它们一起旋转并传递运动和动力；有时也可作为一种安全装置以防止被联接件承受过大的载荷，起到过载保护的作用。

联轴器与离合器的不同之处如下：用联轴器联接两轴时，在机器运转时两轴是不能分离的，只有在机器停止运转后，经过拆卸才能分离；而用离合器联接两轴时，在机器运转过程中，可以根据工作需要随时接合或分离两轴，机器不需要停车，从而达到操纵机器传动系统的断续，以便进行变速及换向。

1—电动机；2—减速器；3—机架；
4—凸缘联轴器；5—搅拌轴

图 17.1 液体搅拌机

联轴器和离合器的种类很多，其中大多已

标准化和系列化。设计时可根据工作要求，先选定合适的类型，再按被联接轴的直径、转矩和转速，从有关手册中查出相应的型号和尺寸，必要时验算其中主要工作零件的强度和其他性能。

17.1 联 轴 器

联轴器一般由两个半联轴器及联接件组成。通常两个半联轴器分别与主、从动轴采用键联接。

联轴器联接的两轴常属于不同的机器或部件，理论上被联接的两轴应该是共线的，但由于制造和安装的误差、运转时零件的受载变形、轴承的磨损、温度的变化、基础下沉和转动零件的不平衡等原因，被联接两轴的相对位置发生变化，出现图 17.2 所示的相对位移和偏斜。由此可知，联轴器除了传递所需的转矩外，还应具有补偿两轴线的相对位移或偏斜、减振与缓和冲击及保护机器等性能。

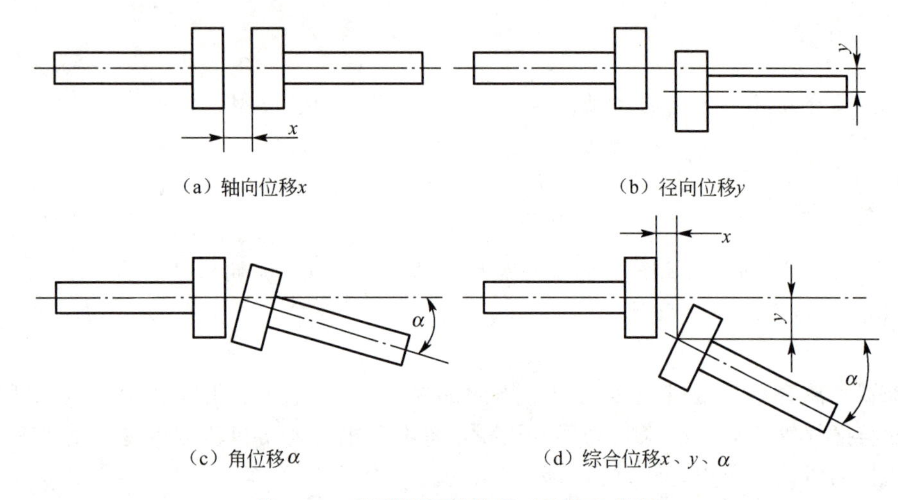

(a) 轴向位移x　(b) 径向位移y

(c) 角位移α　(d) 综合位移x、y、α

图 17.2　被联接两轴的相对位移和偏斜

17.1.1 联轴器的类型及特性

联轴器按照组成中是否具有弹性变形元件及过载安全保护作用分为三大类：刚性联轴器、弹性联轴器和安全联轴器。

1. 刚性联轴器

刚性联轴器全部由刚性零件组成，将两轴联接成刚体，没有缓冲减振能力，故适用于载荷平稳或有轻微冲击的两轴联接。在刚性联轴器中，还可以根据其能否补偿被联接两轴间的位移，分为固定式刚性联轴器和可移式刚性联轴器两大类。

(1) 固定式刚性联轴器。

固定式刚性联轴器结构简单、零件少、质量轻、制造容易、成本低，在一些转速不高、载荷平稳的场合应用广泛。固定式刚性联轴器不具有补偿两轴相对位移的能力，如果安装调整时未达到对中要求或工作中因轴承磨损等原因引起两轴相对位移，将产生附加载荷，影响传动性能和使用寿命。为了减小附加载荷的影响，所联两轴应采用刚度大且稳固的轴承，同时所联两轴的中心线应严格对中。

常用的固定式刚性联轴器有凸缘联轴器、套筒联轴器和夹壳联轴器，其结构及特点见表 17.1。

表 17.1　常用的固定式刚性联轴器的结构及特点

凸缘联轴器	
 【参考动画】 图例	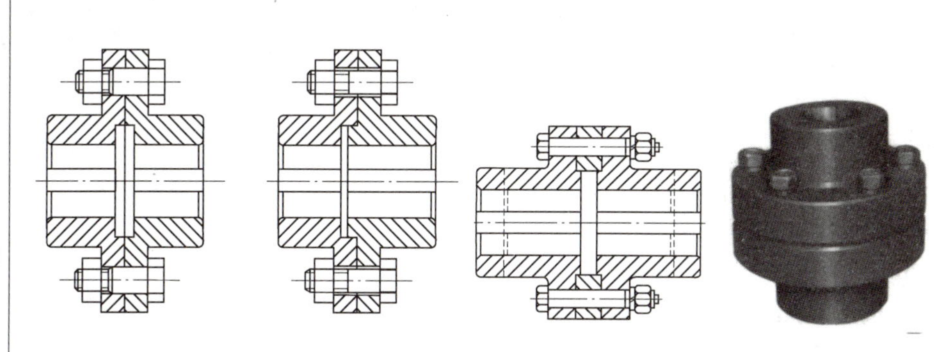 （a）GY型铰制孔螺栓对中（b）GYS型凸肩和凹槽对中　（c）GYH型对中环对中
组成	由两个带凸缘的半联轴器和联接螺栓等组成
特点及应用	凸缘联轴器是固定式刚性联轴器中应用最广的一种，有三种对中方式。图（a）所示结构是靠铰制孔螺栓来实现两轴对中的，靠螺栓杆承受剪切及螺栓杆与孔壁间的挤压来传递转矩；图（b）是靠一个半联轴器上的凸肩与另一个半联轴器上的凹槽相配实现对中的，用普通螺栓联接，依靠螺栓拧紧后两个半联轴器接触面间的摩擦力传递转矩，当尺寸相同时，前者可传递较大的转矩，而且在装拆时不需要使轴做轴向移动，但铰孔加工较麻烦；图（c）是靠两半联轴器之间的对中环对中的。 凸缘联轴器结构简单、制造成本低、工作可靠、拆装较方便、可传递较大转矩，主要用于联接载荷平稳、要求对中性较高的两轴
套筒联轴器	
 【参考图文】 图例	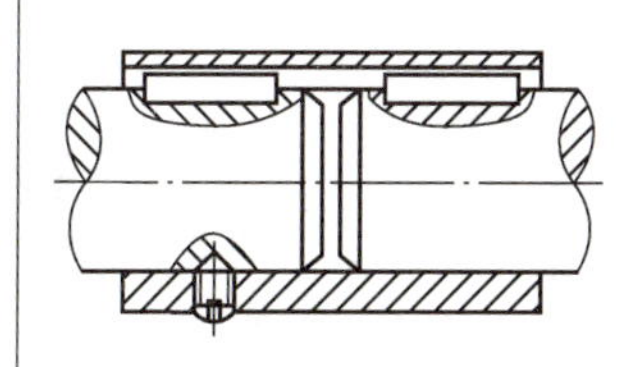 （a）键联接 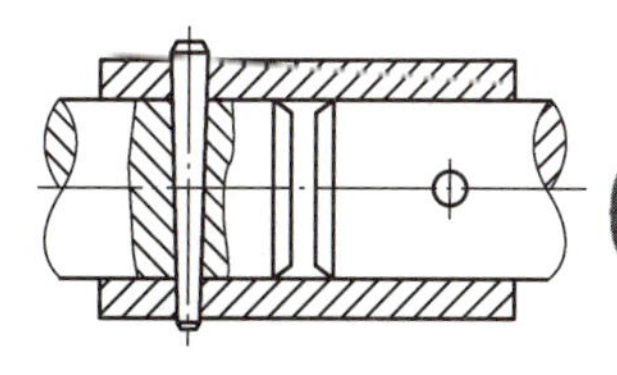 （b）销联接
组成	由联接两轴轴端的套筒和联接零件（销或键）组成
特点及应用	套筒联轴器是最简单的联轴器。其结构简单、径向尺寸小、制造容易、成本低，但装拆时轴需做较大的轴向移动。多用于两轴对中严格、传递转矩较小、低速且较平稳的场合，如机床

续表

夹壳联轴器	
【参考图文】 图例	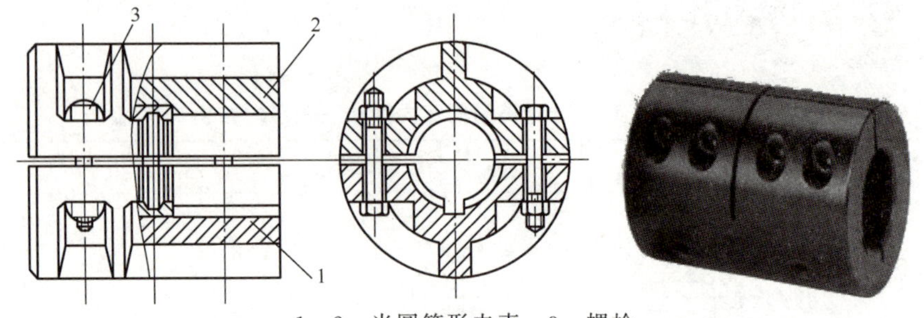 1、2—半圆筒形夹壳；3—螺栓
组成	由纵向剖分的两个半圆筒形夹壳 1、2 和联接它们的螺栓 3 组成
特点及应用	夹壳联轴器在拆装时不用移动轴，所以使用起来很方便，常用于垂直传动的轴。为了使两轴对中方便并使联轴器固定在垂直轴上，在两轴的端部还有一部分半环，固定在轴端相应的环形槽中。夹壳材料一般为铸铁，少数用钢。 中小尺寸的夹壳联轴器主要依靠夹壳与轴之间的摩擦力来传递转矩；大尺寸的夹壳联轴器主要用键传递转矩。为了改善平衡状况，螺栓应正、倒相间安装。夹壳联轴器主要用于载荷平稳的低速场合

（2）可移式刚性联轴器。

可移式刚性联轴器的组成元件都是刚性件，故承载能力较强。其零件之间的刚性相对移动对两轴间的位移误差有一定的补偿作用。用于两轴有一定限度的轴线位移场合，但不宜用于有冲击振动的场合。这类联轴器补偿两轴间的相对位移时，元件间有相对滑动，为了减小摩擦、提高传动效率，应重视联轴器的润滑。

常用的可移式刚性联轴器有十字滑块联轴器、万向联轴器和齿式联轴器等，其结构及特点见表 17.2。

表 17.2　常用的可移式刚性联轴器的结构及特点

十字滑块联轴器	
【参考动画】 图例	 1、3—半联轴器；2—十字滑块
组成	由两个半联轴器 1、3 和十字滑块 2 组成
特点及应用	十字滑块 2 两侧互相垂直的凸牙分别与两个半联轴器的凹槽组成移动副。工作时，十字滑块随两轴转动，同时相对于两轴移动以补偿两轴的径向位移。这种联轴器允许的径向位移较大，并允许有不大的角度位移和轴向位移。十字滑块偏心回转会产生离心力，故不宜用于有剧烈冲击的高速场合。为了减少十字滑块相对移动时的磨损及提高传动效率，需要定期润滑

续表

万向联轴器	
图例	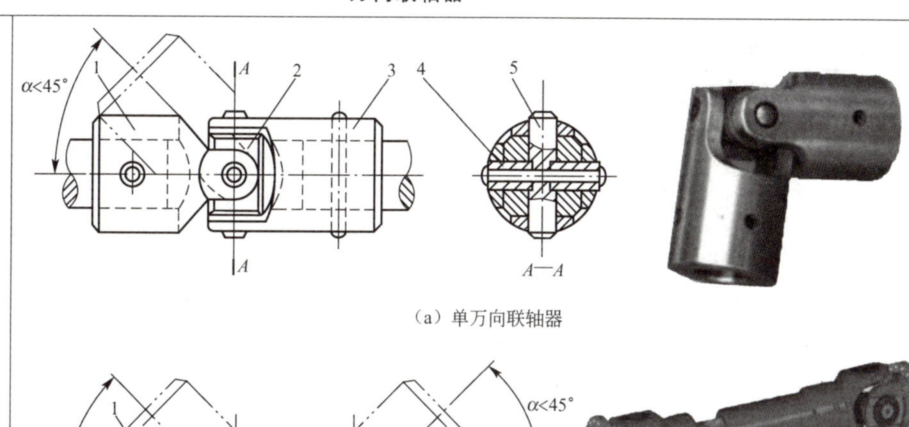 (a) 单万向联轴器 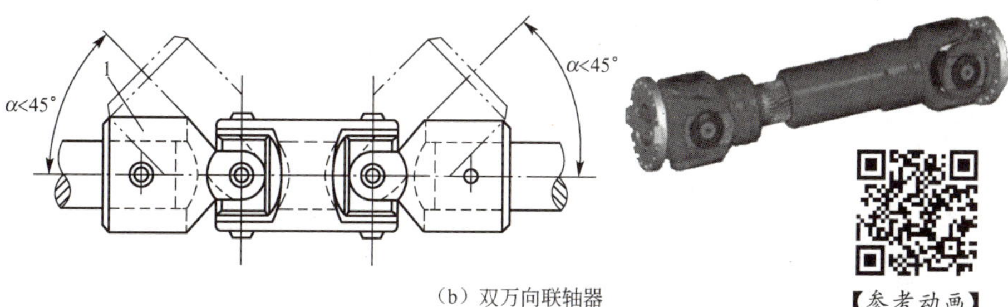 (b) 双万向联轴器 【参考动画】 1、3—叉形接头；2—十字形接头；4、5—轴销
组成	由两个叉形接头1、3（半联轴器），一个十字形接头2和轴销4、5组成
特点及应用	允许两轴间有较大的角度偏差，两轴夹角 α 最大可达45°，而且夹角改变时仍可正常传动。单万向联轴器[图（a）]主、从动轴的角速度不同步。当主动轴以等角速度回转时，从动轴的角速度将在一定范围内做周期性变化，在传动中引起附加动载荷，所以很少在机器中单独使用。为了消除该缺点，常将单万向联轴器成对使用，即构成双万向联轴器[图（b）]。 万向联轴器结构紧凑、维护方便、能够补偿较大的角位移，广泛应用于汽车、拖拉机、轧钢机和金属切削机床中

齿式联轴器	
图例	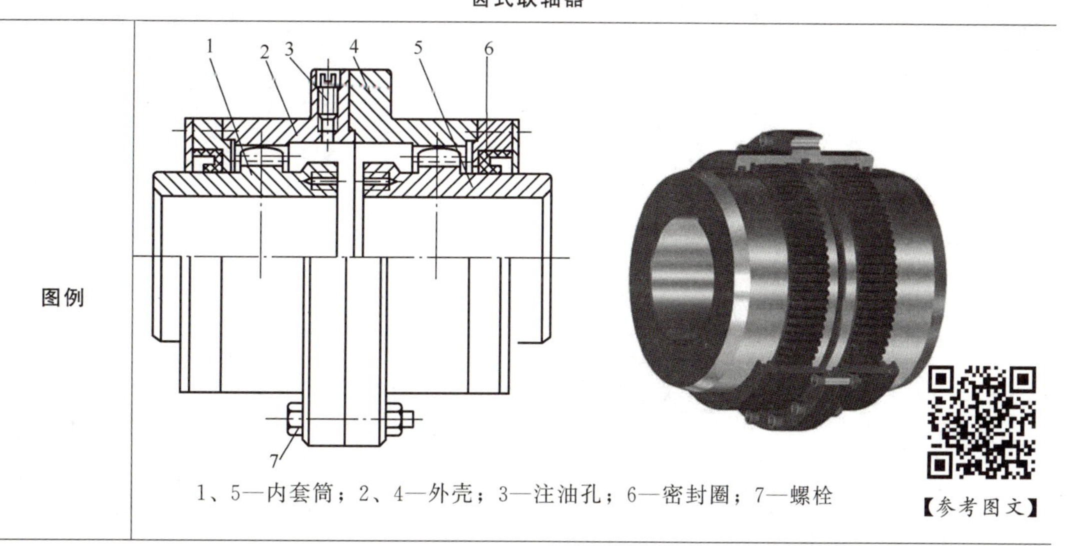 1、5—内套筒；2、4—外壳；3—注油孔；6—密封圈；7—螺栓 【参考图文】

续表

齿式联轴器	
组成	由两个具有外齿的内套筒 1、5 及两个具有内齿和凸缘的外壳 2、4 组成
特点及应用	两个内套筒用键分别与两轴相联，两个外壳用螺栓相联，外壳与内套筒通过内、外齿的相互啮合而相联。外齿的齿顶做成球面，球面中心位于轴线上，齿侧制成鼓形，轮齿间留有较大的齿侧间隙和顶隙，因此具有良好的综合位移补偿能力。为了减少齿式联轴器在补偿位移时齿面的滑动摩擦和磨损，可通过注油孔 3 向壳体内注入润滑油，并通过内套筒旋转将油甩向四周以便润滑啮合轮齿。 齿式联轴器能传递较大转矩，工作可靠，具有较强的综合位移补偿能力；但结构复杂，成本较高，工作时需良好的润滑，通常用于正反转多变、起动频繁、高速重载的重型机械中

2. 弹性联轴器

弹性联轴器在结构中设有弹性元件，可以依靠弹性元件的变形来缓冲减振，还可以补偿一定范围内两轴间的相对位移。制造弹性元件的材料有金属材料和非金属材料两种。金属材料制成的弹性元件（主要为各种弹簧）强度高、尺寸小而寿命长，但制造成本高；非金属材料（如橡胶、尼龙、工程塑料等）制成的弹性元件具有良好的缓冲或减振性能，质量轻、成本低，但强度较低、承载能力较差、易老化、寿命较短。

目前，弹性联轴器应用较广泛，品种也越来越多，常用的有弹性套柱销联轴器、弹性柱销联轴器、梅花形弹性联轴器、轮胎式联轴器等，其结构及特点见表 17.3。

表 17.3 常用的弹性联轴器结构及特点

弹性套柱销联轴器	
【参考图文】 图例	1—圆柱形孔；2—圆锥形孔
组成	由两个带凸缘的半联轴器和套有弹性套的柱销等组成
特点及应用	弹性套柱销联轴器的构造与凸缘联轴器的构造相似，只是用套有弹性套的柱销代替了联接螺栓，利用弹性套的弹性变形来补偿两轴的径向位移和角位移，并具有缓冲、减振作用。弹性套常用耐油橡胶制成，并制成齿形或鼓形截面以增大弹性。为了补偿轴向位移，安装时应留出相应的间隙 c。 弹性套柱销联轴器结构简单、装拆方便；但弹性套易磨损、寿命较短，主要用于冲击载荷小，经常正、反转，起动频繁的中、小功率传动中，是弹性联轴器中应用最广泛的一种

续表

弹性柱销联轴器	
图例	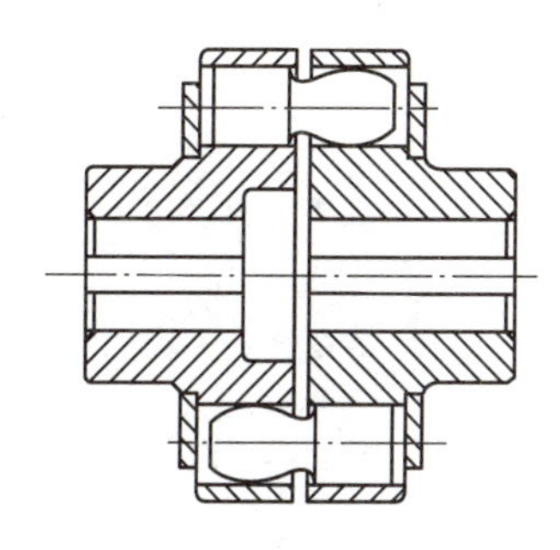   【参考图文】
组成	由两个带凸缘的半联轴器和弹性柱销等组成
特点及应用	弹性柱销联轴器的结构与弹性套柱销联轴器的结构相似，主要区别是利用若干个非金属材料制成的柱销置于两个半联轴器凸缘的孔中，以实现两轴的联接。柱销通常用尼龙制成，而尼龙具有一定的弹性。为了防止柱销脱出，在柱销两端配置挡圈。 弹性柱销联轴器结构简单、加工容易、更换柱销方便。由于尼龙柱销的弹性不如橡胶，故补偿位移量不大，有一定的吸振能力，但强度高、传递转矩较大、耐磨性好、寿命长，一般用于正、反向运转，起动频繁，转速较高的场合
梅花形弹性联轴器	
图例	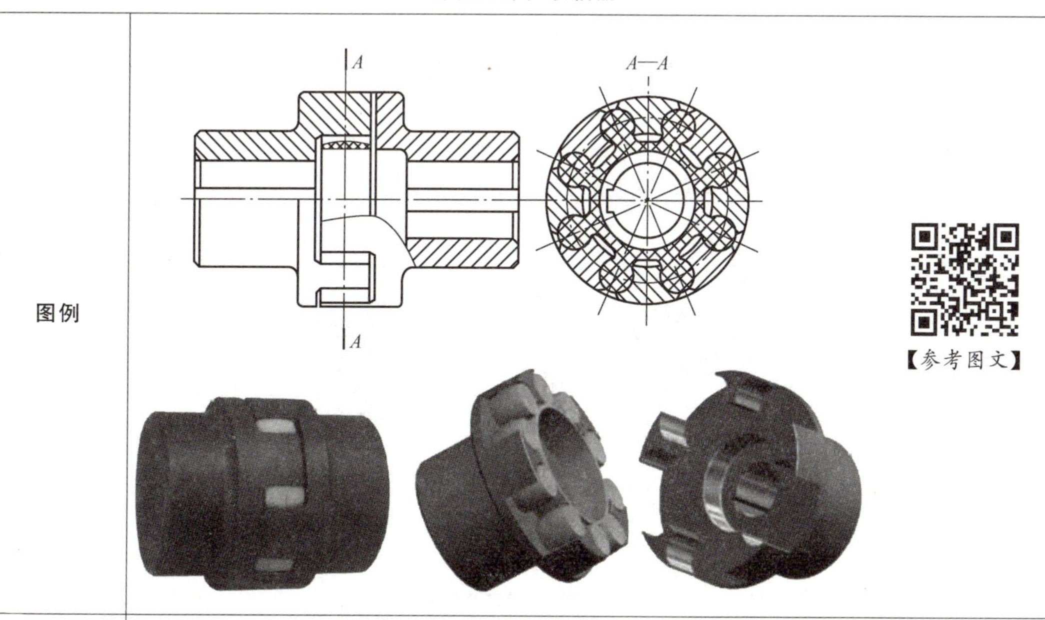
组成	由两个带凸牙的半联轴器和呈梅花形的弹性元件组成
特点及应用	弹性元件置于两半联轴器的凸牙之间，工作时，弹性元件受径向挤压以传递转矩。通过弹性元件的弹性变形，具有缓冲、吸振作用，并且有较大的补偿两轴线相对综合位移的作用。 弹性元件用聚氨酯橡胶及尼龙等材料制成，其强度高、耐磨性好、传递转矩较大、使用寿命长。梅花形弹性联轴器还具有结构简单、装拆方便、径向尺寸小等特点，适用于各种机械传动中

续表

轮胎式联轴器	
【参考图文】 图例	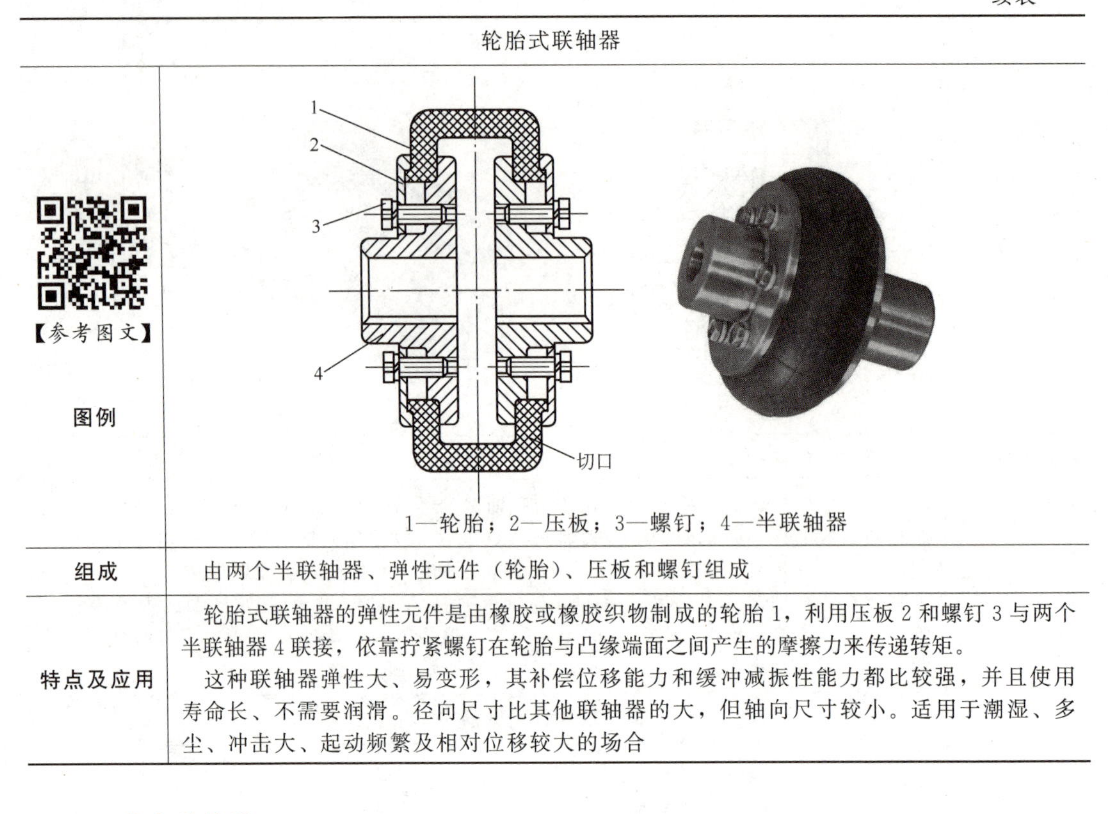 1—轮胎；2—压板；3—螺钉；4—半联轴器
组成	由两个半联轴器、弹性元件（轮胎）、压板和螺钉组成
特点及应用	轮胎式联轴器的弹性元件是由橡胶或橡胶织物制成的轮胎 1，利用压板 2 和螺钉 3 与两个半联轴器 4 联接，依靠拧紧螺钉在轮胎与凸缘端面之间产生的摩擦力来传递转矩。 这种联轴器弹性大、易变形，其补偿位移能力和缓冲减振性能力都比较强，并且使用寿命长、不需要润滑。径向尺寸比其他联轴器的大，但轴向尺寸较小。适用于潮湿、多尘、冲击大、起动频繁及相对位移较大的场合

3. 安全联轴器

在安全联轴器（图 17.3）的工作转矩超过允许的极限转矩时，联接件将折断或脱开，从动轴自动停止转动，以使机器中的重要零件不致损坏，起到保护作用。

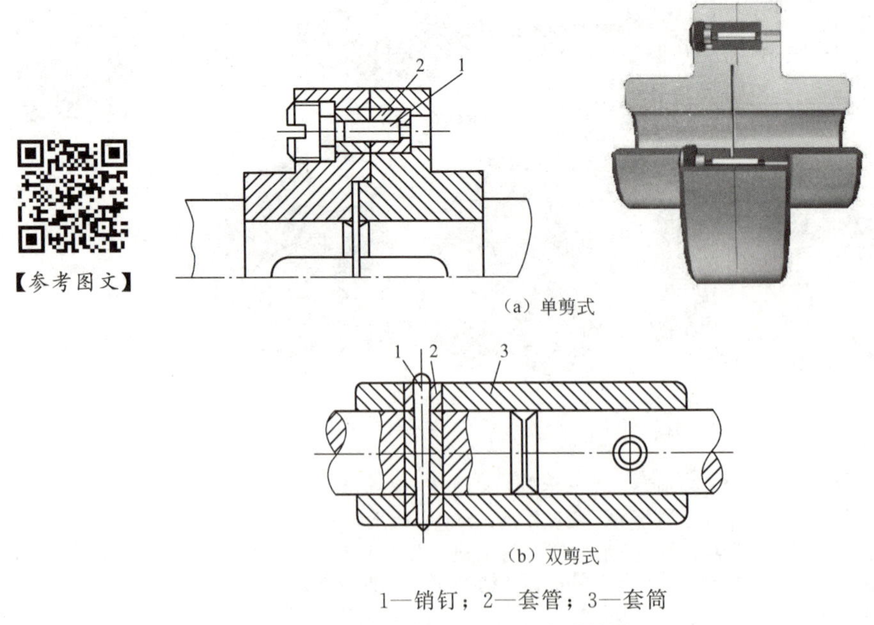

(a) 单剪式

(b) 双剪式

1—销钉；2—套管；3—套筒

图 17.3　安全联轴器

安全联轴器不用螺栓联接，而用特定的销钉代替联接螺栓，销钉装入经过淬火的钢制套管中。当载荷超过限定值时，销钉被剪断，转矩的传递被终止。

安全联轴器结构简单，但在更换销钉时必须停机操作，也不能补偿两轴的相对位移。所以，不宜用在经常发生过载而需更换销钉的场合，也不宜用在被联接两轴对中不易保证的场合。

17.1.2 联轴器的选择

一般根据受荷情况、计算转矩、轴端直径、工作转速及两轴相对位置等来选择联轴器。

1. 类型的确定

全面了解常用联轴器的特点、应用范围及使用场合是正确选用联轴器类型的前提。其选用的原则：低速、刚性大的轴，选用固定式联轴器；低速、刚性小的轴或长轴，选用可移式刚性联轴器；大功率重载传动，选用齿式联轴器；高速且有冲击或振动的轴，选用弹性联轴器；轴线相交的两轴，选用万向联轴器；有严重冲击或要求减振的传动，选用轮胎联轴器；有过载安全保护要求的场合，选用安全联轴器。

2. 型号的确定

类型确定以后，根据转矩 T、轴端直径 d 及转速 n 等从有关标准手册中选择联轴器型号和尺寸，选择时应满足如下需求。

（1）联轴器计算转矩 T_{ca}（N·mm）应小于或等于所选型号的公称转矩 T_n，即

$$T_{ca} \leqslant T_n$$

（2）联轴器工作转速 n 应小于或等于所选型号的许用转速 $[n]$，即

$$n \leqslant [n]$$

（3）被联接两轴直径在所选型号的孔径范围内，即

$$d_{min} \leqslant d \leqslant d_{max}$$

联轴器的计算转矩可按式（17-1）计算

$$T_{ca} = KT \tag{17-1}$$

式中 T——联轴器传递的名义转矩（N·mm）；

K——工作情况系数，见表17.4。

表17.4 工作情况系数 K

工　作　机	原动机为电动机
发电机、小型通风机、小型离心泵	1.3
透平压缩机、木工机械、输送机	1.5
搅拌机、增压泵、有飞轮的压缩机、冲床	1.7
织布机、水泥搅拌机、拖拉机	1.9
挖掘机、起重机、碎石机、造纸机	2.3

［例17-1］ 试选择模块四图（b）带式输送机中斜齿圆柱齿轮减速器输出轴与卷筒轴之间的联轴器型号。根据例13-1的设计，已知减速器输出轴功率 P=2.25kW，转速 n=95.7r/min，传递的转矩 T=224.53N·m，输出轴安装联轴器轴段直径 d=40mm。经初

估轴的直径计算，卷筒轴安装联轴器轴段直径 $d=35\text{mm}$。

解：设计过程如下。

计算及说明	结果
1. 确定联轴器类型 为了缓和冲击和减轻振动，选用弹性套柱销联轴器。	选用弹性套柱销联轴器
2. 计算转矩 由表 17.4 查得，工作机为输送机时工作情况系数 $K=1.5$。由式（17-1）得计算转矩 $T_{ca}=KT=1.5\times224.53\text{N}\cdot\text{m}\approx337\text{N}\cdot\text{m}$	$T_{ca}\approx337\text{N}\cdot\text{m}$
3. 确定联轴器型号 由设计手册选取弹性套柱销联轴器型号为 LT7，该联轴器的公称转矩为 560N·m；半联轴器材料为铸铁时，许用转速为 3600r/min，以上数据均能满足本题的要求，故合适。LT7 联轴器允许的轴孔直径为 40～48mm，故输出轴与卷筒轴安装联轴器轴段直径均为 40mm。 联轴器的标记为 LT7 联轴器 J40×84（GB/T 4323—2017）	型号为 LT7 LT7 联轴器 J40×84（GB/T 4323—2017）

17.2 离合器

由于离合器在机器工作中能随时使被联接两轴分离或接合，因此对离合器的基本要求如下。

(1) 接合与分离迅速，平稳无冲击，分离彻底，动作准确可靠。

(2) 操纵方便省力，易制造，调整、维修方便。

(3) 接合元件耐磨性强、寿命长、散热条件好。

(4) 结构简单，质量轻，惯性小，外形尺寸小，工作安全。

离合器的类型很多，常用的有牙嵌式离合器和圆盘摩擦式离合器两类，其结构及特点见表 17.5。

表 17.5 常用离合器的结构及特点

牙嵌式离合器	
【参考动画】 图例	1—主动轴；2—主动半离合器；3—对中环；4—从动半离合器；5—滑环；6—从动轴
工作原理	由两个端面带牙的半离合器组成。主动半离合器 2 用平键固定在主动轴 1 上，从动半离合器 4 通过导向平键（或花键）与从动轴 6 联接，可用操纵杆移动滑环 5 使其做轴向滑移，以实现两个半离合器的接合与分离。牙嵌式离合器借助牙齿的相互嵌合来传递运动和转矩。为便于对中，在主动轴端的半离合器上装有对中环 3，能使从动轴端在环中自由转动

续表

		牙嵌式离合器
特点及应用		牙嵌离合器结构简单、外廓尺寸小、工作可靠、能传递较大的转矩，故应用广泛；但在运转时接合有冲击，容易打坏牙，故只能在低速或静止状态下接合
		圆盘摩擦式离合器
单盘摩擦式离合器	图例	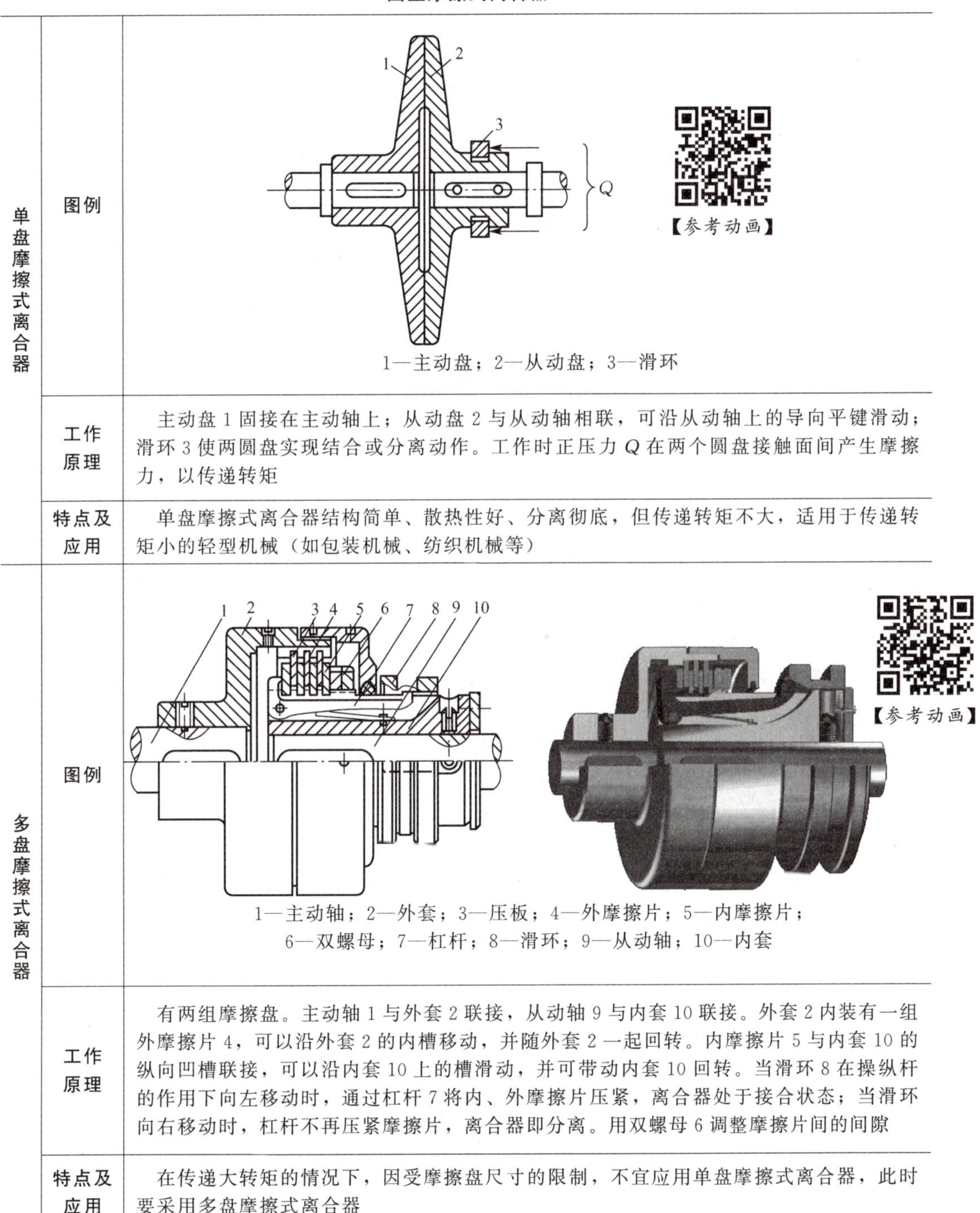 1—主动盘；2—从动盘；3—滑环
	工作原理	主动盘 1 固接在主动轴上；从动盘 2 与从动轴相联，可沿从动轴上的导向平键滑动；滑环 3 使两圆盘实现结合或分离动作。工作时正压力 Q 在两个圆盘接触面间产生摩擦力，以传递转矩
	特点及应用	单盘摩擦式离合器结构简单、散热性好、分离彻底，但传递转矩不大，适用于传递转矩小的轻型机械（如包装机械、纺织机械等）
多盘摩擦式离合器	图例	 1—主动轴；2—外套；3—压板；4—外摩擦片；5—内摩擦片； 6—双螺母；7—杠杆；8—滑环；9—从动轴；10—内套
	工作原理	有两组摩擦盘。主动轴 1 与外套 2 联接，从动轴 9 与内套 10 联接。外套 2 内装有一组外摩擦片 4，可以沿外套 2 的内槽移动，并随外套 2 一起回转。内摩擦片 5 与内套 10 的纵向凹槽联接，可以沿内套 10 上的槽滑动，并可带动内套 10 回转。当滑环 8 在操纵杆的作用下向左移动时，通过杠杆 7 将内、外摩擦片压紧，离合器处于接合状态；当滑环向右移动时，杠杆不再压紧摩擦片，离合器即分离。用双螺母 6 调整摩擦片间的间隙
	特点及应用	在传递大转矩的情况下，因受摩擦盘尺寸的限制，不宜应用单盘摩擦式离合器，此时要采用多盘摩擦式离合器

续表

圆盘摩擦式离合器	
摩擦式离合器与牙嵌式离合器比较	优点：两轴能在不同速度下接合；接合和分离过程比较平稳，冲击振动小；从动轴的加速时间和所传递的最大转矩可以调节；过载时摩擦面间将发生打滑，避免其他零件受到损坏。 缺点：结构复杂，成本高，当产生滑动时不能保证被联接两轴间的精确同步转动
滚柱式超越离合器	
【参考动画】 图例	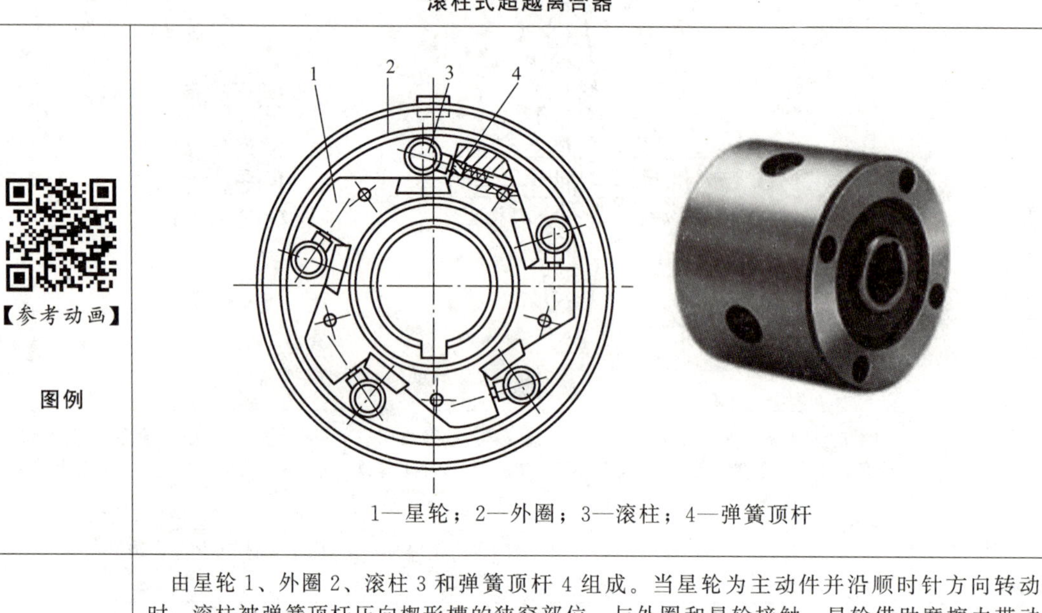 1—星轮；2—外圈；3—滚柱；4—弹簧顶杆
工作原理	由星轮 1、外圈 2、滚柱 3 和弹簧顶杆 4 组成。当星轮为主动件并沿顺时针方向转动时，滚柱被弹簧顶杆压向楔形槽的狭窄部位，与外圈和星轮接触，星轮借助摩擦力带动外圈同步转动，离合器处于接合状态；当星轮逆时针方向转动时，滚柱被带到楔形槽的较宽部位，星轮无法带动外圈一起转动，离合器处于分离状态。即星轮的角速度大于外圈的角速度时，星轮可以带动外圈转动；当星轮的角速度小于外圈的角速度时，星轮将与外圈脱开，外圈自行向前转动
特点及应用	超越离合器根据两轴角速度的相对关系自动接合和分离。当主动轴转速大于从动轴转速时，离合器将两轴接合起来，把运动和动力传递给从动轴；当主动轴转速小于从动轴转速时，两轴脱开。因此，这种离合器只能传递单向转矩。 这种离合器工作时没有噪声，但对制造精度要求较高，故适用于高速传动，常用于汽车、拖拉机和机床等的传动装置中，自行车后轴上也安装有超越离合器

常用的牙嵌式离合器的牙型有三角形、矩形、梯形及锯齿形，其径向剖面如图 17.4 所示。三角形牙多用于轻载情况，容易接合与分离，但牙尖强度低；矩形牙没有轴向力，但不便于接合，分离也困难，磨损后无法补偿，所以很少使用，仅用于静止时手动接合；梯形牙的侧面制成 2°～8°的斜角，牙根强度较高，能传递较大的转矩，并可补偿磨损而产生的齿侧间隙，从而减小冲击，接合与分离比较容易，因此梯形牙应用较广。三角形牙、矩形牙、梯形牙都可以双向工作；而锯齿形牙只能传递单向转矩，实现单向工作，但它的牙根强度很高，传递转矩很大，当反转时，由于有较大的轴向力而迫使离合器自行分离，所以只能用于特定的场合。

摩擦式离合器中的摩擦片结构如图 17.5 所示。摩擦片常用淬火钢片或压制石棉片制成。摩擦片数目多，可以增大所传递的转矩，但数目过多将使各层间压力分布不均匀，影

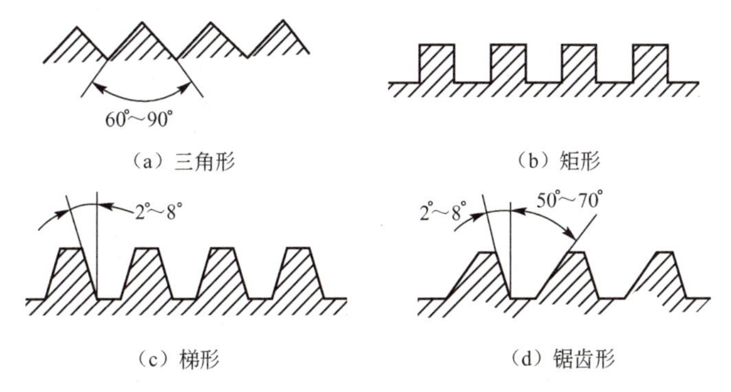

图 17.4　常用的牙嵌式离合器的牙型

响离合器的灵活性，所以一般不超过 12～15 片。接合面的材料对摩擦式离合器的正常工作影响很大，因此要正确匹配摩擦材料。接合面材料不仅要有较大的摩擦系数，而且要耐磨、耐高温。润滑不完善的离合器可采用铸铁与铸铁或铸铁与钢材料。在干摩擦下工作的离合器，最好采用铸铁与混有塑料的石棉制品。

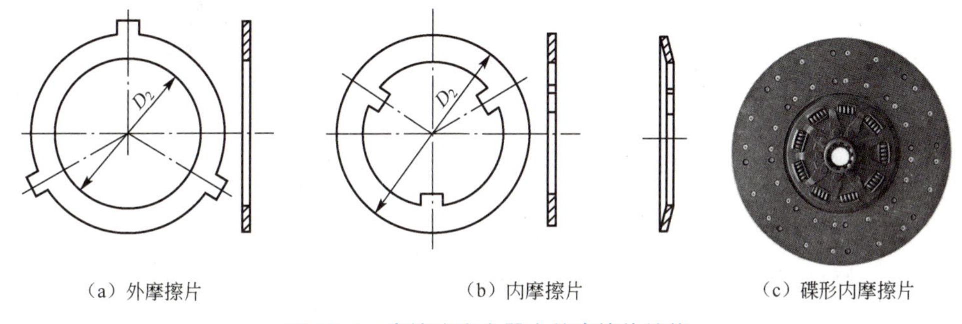

图 17.5　摩擦式离合器中的摩擦片结构

17－1　选择题

(1) 联轴器和离合器的主要作用是____。

A. 联接两轴，使其一起旋转并传递转矩　　B. 补偿两轴的相对位移

C. 防止机器发生过载　　D. 缓和冲击和振动

(2) 联轴器与离合器的根本区别在于____。

A. 联轴器只能用来联接两轴；离合器还可用来联接轴上的其他回转零件

B. 联轴器只能用来传递转矩；离合器除传递转矩外，还可用作安全、定向或起动装置

C. 要把被联轴器联接的两轴分开，需要使机器停车进行拆卸；离合器可在机器工作过程中随时使两轴接合或分离

(3) 弹性套柱销联轴器属于____联轴器。

A. 固定式刚性　　B. 可移式刚性

C. 弹性　　D. 安全

(4) 使用____离合器时，只能在低速或停车后离合，否则会产生严重冲击甚至损坏离合器。

A. 超越　　B. 牙嵌式　　C. 摩擦式

(5) 在载荷平稳、冲击不大但两轴线具有一定程度的相对位移的情况下，通常采用____联轴器。

A. 固定式刚性　　B. 可移式刚性

C. 弹性　　D. 安全

(6) 工作载荷平稳、转速稳定且对中性好的两轴宜选用____联轴器。

A. 刚性凸缘　　B. 十字滑块　　C. 弹性柱销

(7) 要求某机器的两轴在任何转速下都能接合，应选择____。

A. 摩擦式离合器　　B. 凸缘联轴器

C. 弹性联轴器　　D. 牙嵌式离合器

17-2　思考题

(1) 联轴器和离合器的功用分别是什么？两者有何不同？

(2) 为什么有的联轴器要求严格对中，而有的联轴器可以有较大的综合位移？

(3) 刚性联轴器和弹性联轴器各有何优缺点？举例说明各适用于什么场合。

(4) 选择联轴器的类型时要考虑哪些因素？选择原则是什么？确定联轴器的型号应满足什么要求？

(5) 试比较牙嵌式离合器与摩擦式离合器的特点和应用。

(6) 解释联轴器的标记：LT3 联轴器 $\frac{ZC16\times 30}{JB18\times 30}$ (GB/T 4323—2017)。

17-3　设计计算题

电动机与增压油泵用联轴器相联。已知电动机功率 $P=7.5\text{kW}$，转速 $n=960\text{r/min}$，电动机伸出轴端的直径 $d_1=42\text{mm}$，油泵轴的直径 $d_2=45\text{mm}$。试选择联轴器型号。

提示：本章其他设计习题见模块七实训项目任务书。

第18章 弹　　簧

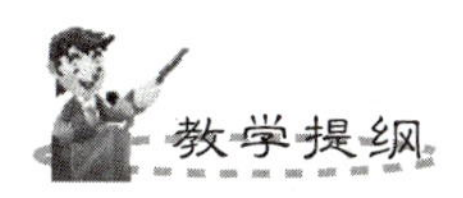

本章主要介绍弹簧的功用、类型、结构形式、制造方法及材料；圆柱螺旋压缩（拉伸）弹簧的设计计算方法。

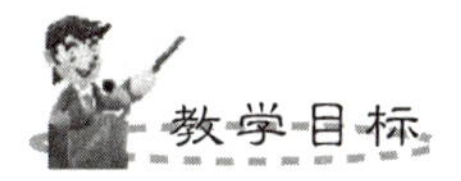

1. 了解弹簧的功用、类型、结构形式、制造方法及材料。
2. 掌握弹簧的应力、变形及特性曲线。
3. 掌握圆柱螺旋弹簧的设计计算。

弹簧是机械设备中广泛应用的一种弹性元件。它是利用材料的弹性和结构特点，通过变形提供弹性力和储存能量进行工作的。与多数零件不同，对弹簧的主要要求是弹性好，能多次重复地随外载荷的变化做相应的弹性变形，卸载后又能立即恢复原状。

【参考图文】

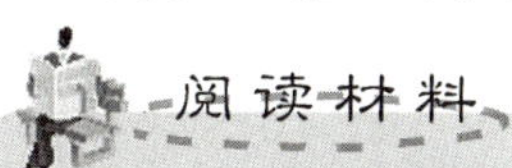

该部分为选学内容，请读者扫描二维码自行参考学习。

【参考图文】

18-1　选择题

(1) 弹簧是一种____元件。

A. 刚性　　　　B. 弹性

(2) 蝶形弹簧属于____弹簧。

A. 拉伸　　B. 压缩　　C. 扭转　　D. 弯曲

(3) 圆柱螺旋弹簧的旋绕比是____的比值。

A. 弹簧丝直径 d 与中径 D_2　　B. 中径 D_2 与弹簧丝直径 d

C. 自由高度 H_0 与弹簧丝直径 d　　D. 弹簧丝直径 d 与自由高度 H_0

(4) 旋绕比选得过小时，弹簧____。

A. 易产生失稳现象　　B. 刚度过小，易颤动

C. 尺寸过大，结构不紧凑　　D. 卷绕困难，并且工作时内侧应力大

(5) 圆柱螺旋压缩弹簧的最大应力发生在弹簧丝法向剖面的____。

A. 内侧　　B. 外侧　　C. 中心　　D. 任意位置

18－2　思考题

(1) 弹簧的功用是什么？有哪些类型？

(2) 对弹簧材料的主要要求是什么？常用弹簧材料有哪些？

(3) 圆柱螺旋弹簧的主要参数有哪些？

(4) 什么是弹簧的特性曲线？

(5) 对圆柱螺旋弹簧进行应力计算和变形计算的目的分别是什么？如何计算？

(6) 在什么情况下压缩弹簧会出现失稳现象？可采用哪些措施来提高弹簧的稳定性？

18－3　设计计算题

(1) 某Ⅱ类圆柱螺旋压缩弹簧材料为B级碳素弹簧钢丝，$D_2=40$mm，$d=5$mm，$n=6$。试求该弹簧能承受的最大工作载荷及相应的变形量。

(2) 设计受静载荷的圆柱螺旋压缩弹簧，两端固定，使用条件一般。当弹簧所受工作载荷为1500N时，弹簧变形量为39mm，要求弹簧自由高度 H_0 为180mm。

模块七实训

实训项目任务书

实训名称	键及联轴器的设计
实训目的	1. 掌握平键联接的工作原理及尺寸选择和强度计算。 2. 掌握联轴器的选用原则
实训内容	根据模块四实训中求得的轴的功率、转速和转矩及模块六实训中设计的轴，完成模块四实训图中减速器的输出轴（Ⅲ轴）与卷筒轴之间的联轴器及输出轴上齿轮与轴周向固定的平键联接设计
实训要求	1. 选择平键的类型、尺寸并校核强度。 2. 选择联轴器型号，并进行正确标记

参 考 文 献

冯立艳，李建功，陆玉，2016. 机械设计课程设计 [M]. 5版. 北京：机械工业出版社.
李威，王小群，2009. 机械设计基础 [M]. 2版. 北京：机械工业出版社.
刘莹，吴宗泽，2008. 机械设计教程 [M]. 2版. 北京：机械工业出版社.
吕宏，王慧，2009. 机械设计 [M]. 北京：北京大学出版社.
马秋生，2006. 机械设计基础 [M]. 北京：机械工业出版社.
门艳忠，2010. 机械设计 [M]. 北京：北京大学出版社.
濮良贵，纪名刚，2006. 机械设计 [M]. 8版. 北京：高等教育出版社.
邱宣怀，1997. 机械设计 [M]. 4版. 北京：高等教育出版社.
曲玉峰，关晓平，王跃进，等，2006. 机械设计基础 [M]. 北京：中国林业出版社.
孙建东，李春书，舒小龙，等，2007. 机械设计基础 [M]. 北京：清华大学出版社.
王大康，韩泽光，傅燕鸣，2014. 机械设计基础 [M]. 3版. 北京：机械工业出版社.
王慧，吕宏，2011. 机械设计课程设计 [M]. 北京：北京大学出版社.
王军，田同海，2015. 机械设计 [M]. 北京：机械工业出版社.
王少岩，郭玲，2009. 机械设计基础实训指导 [M]. 3版. 大连：大连理工大学出版社.
吴宗泽，高志，罗圣国，等，2012. 机械设计课程设计手册 [M]. 4版. 北京：高等教育出版社.
阎秀华，苗淑杰，2002. 机械设计与制造基础 [M]. 北京：机械工业出版社.
杨可桢，程光蕴，1999. 机械设计基础 [M]. 4版. 北京：高等教育出版社.
殷玉枫，2006. 机械设计课程设计 [M]. 北京：机械工业出版社.
张莹，1997. 机械设计基础（下册）[M]. 北京：机械工业出版社.
郑甲红，朱建儒，刘喜平，2006. 机械原理 [M]. 北京：机械工业出版社.
中国机械工业教育协会，2003. 机械设计基础 [M]. 北京：机械工业出版社.
周玉丰，2008. 机械设计基础 [M]. 北京：机械工业出版社.